今すぐ使えるかんたん

Outlook

Office 2021/2019/2016/Microsoft 365 対応版

完全ガイドブック

困った
解決&
便利技

Imasugu Tsukaeru Kantan Series
Outlook Kanzen Guide book
AYURA

技術評論社

本書の使い方

- 本書は、Outlook の操作に関する質問に、Q&A 方式で回答しています。
- 目次やインデックスの分類を参考にして、知りたい操作のページに進んでください。
- 画面を使った操作の手順を追うだけで、Outlook の操作がわかるようになっています。

クエスチョンのタイトルは具体的な質問や疑問を表しています。

利用できないバージョンがある場合に示しています。

クエスチョンという単位ごとに、Outlookの機能や操作について解説しています。

クエスチョンに対する回答を簡潔に表しています。複数の回答を表示する場合もあります。

操作の基本的な流れ以外は、このように番号がない記述になっています。

番号付きの記述で、操作の順番が一目瞭然です。

特 長 1

質問は、読者の方から実際に寄せられたものを参考に作成されています！

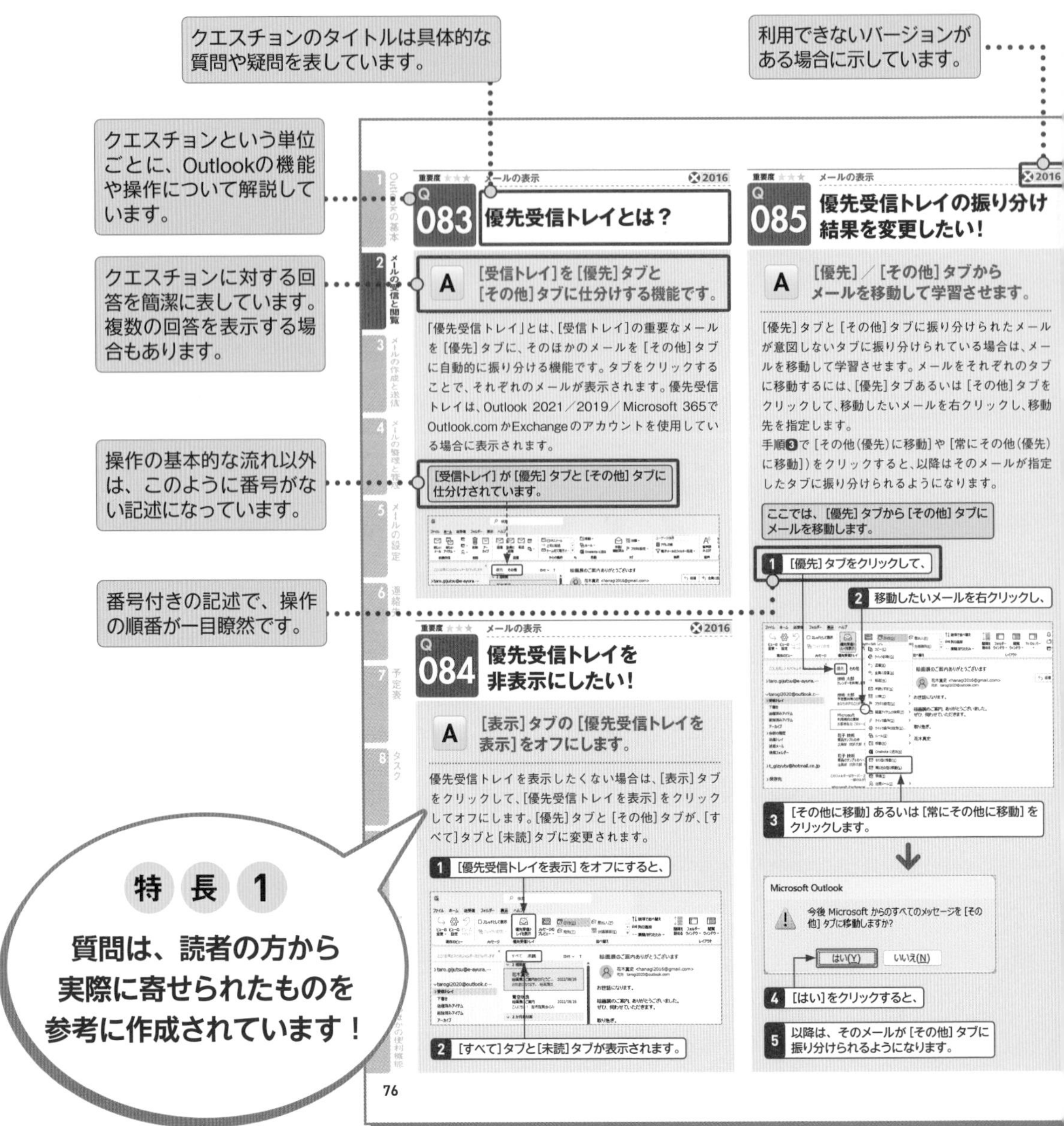

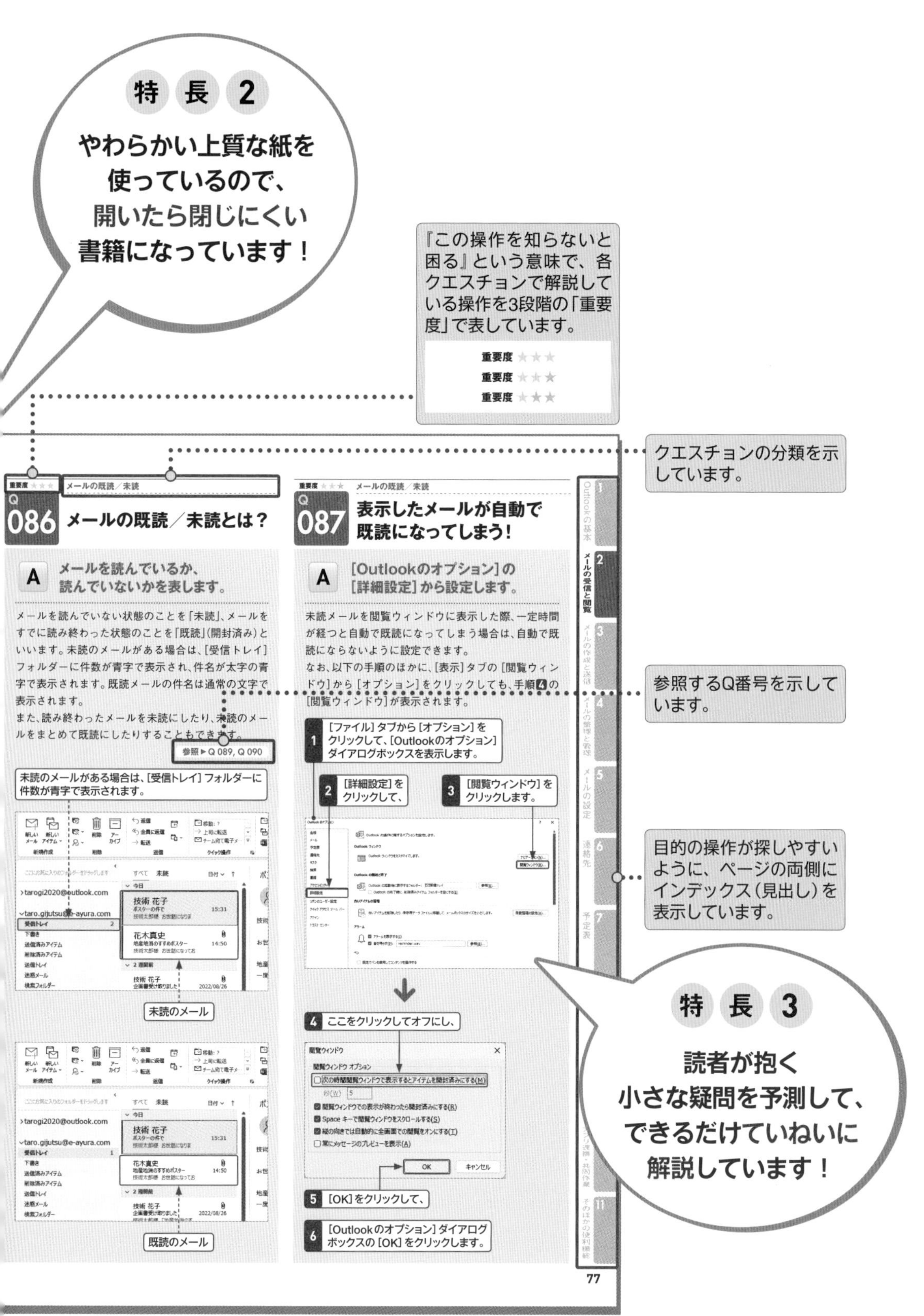
特 長 2
やわらかい上質な紙を
使っているので、
開いたら閉じにくい
書籍になっています！
『この操作を知らないと困る』という意味で、各クエスチョンで解説している操作を3段階の「重要度」で表しています。
重要度
重要度
重要度
クエスチョンの分類を示しています。
参照するQ番号を示しています。
目的の操作が探しやすいように、ページの両側にインデックス（見出し）を表示しています。
特 長 3
読者が抱く
小さな疑問を予測して、
できるだけていねいに
解説しています！
重要度
メールの既読／未読
Q 086 メールの既読／未読とは？
A メールを読んでいるか、読んでいないかを表します。
メールを読んでいない状態のことを「未読」、メールをすでに読み終わった状態のことを「既読」（開封済み）といいます。未読のメールがある場合は、［受信トレイ］フォルダーに件数が青字で表示され、件名が太字の青字で表示されます。既読メールの件名は通常の文字で表示されます。
また、読み終わったメールを未読にしたり、未読のメールをまとめて既読にしたりすることもできます。
参照 ▶ Q 089, Q 090
未読のメールがある場合は、［受信トレイ］フォルダーに件数が青字で表示されます。
未読のメール
既読のメール
Q 087 表示したメールが自動で既読になってしまう！
A ［Outlookのオプション］の［詳細設定］から設定します。
未読メールを閲覧ウィンドウに表示した際、一定時間が経つと自動で既読になってしまう場合は、自動で既読にならないように設定できます。
なお、以下の手順のほかに、［表示］タブの［閲覧ウィンドウ］から［オプション］をクリックしても、手順4の［閲覧ウィンドウ］が表示されます。
1 ［ファイル］タブから［オプション］をクリックして、［Outlookのオプション］ダイアログボックスを表示します。
2 ［詳細設定］をクリックして、
3 ［閲覧ウィンドウ］をクリックします。
4 ここをクリックしてオフにし、
5 ［OK］をクリックして、
6 ［Outlookのオプション］ダイアログボックスの［OK］をクリックします。
77

Contents

第1章 Outlookの基本

Outlookの概要

Outlookの起動／終了

メールアカウントの基本

Outlook操作の基本

第2章 メールの受信と閲覧

メールの検索／翻訳

メールの並べ替え

メールの表示設定

スレッド

HTML形式メールの作成

第4章 メールの整理と管理

メールの削除

メールのアーカイブ

フォルダー

Contents

第5章 メールの設定

メールの送受信の設定

メールアカウントの設定

そのほかのメールの設定

第6章 連絡先

Contents

Contents

定期的な予定の登録

終日の予定

予定の管理

会議／共有

タスクの管理

タスクの依頼

分類項目

第9章 印刷

印刷の基本

メールの印刷

連絡先の印刷

予定表の印刷

そのほかの印刷

第10章 アプリ連携・共同作業

第11章 そのほかの便利機能

ご注意：ご購入・ご利用の前に必ずお読みください

- 本書に記載された内容は、情報提供のみを目的としています。したがって、本書を用いた運用は、必ずお客様自身の責任と判断によって行ってください。これらの情報の運用の結果について、技術評論社および著者はいかなる責任も負いません。

- アプリに関する記述は、特に断りのないかぎり、2023年3月現在での最新バージョンをもとにしています。アプリはバージョンアップされる場合があり、本書の説明とは機能内容や画面図などが異なってしまうこともあり得ます。特にMicrosoft 365は、随時最新の状態にアップデートされる仕様になっています。あらかじめご了承ください。また、本書では画面の表示を「クラシックリボン」にして解説しています。詳しくは、P.49、P.316～319を参照してください。

- インターネットの情報については、URLや画面などが変更されている可能性があります。ご注意ください。

- 本書では、以下のOSおよびアプリを使用して動作確認を行っています。ほかのバージョンのOSおよびアプリを使用した場合、本書で解説している操作を再現できない場合があります。
  Windows 11 Home／Microsoft Office 2021（Outlook 2021）、Microsoft 365 Personal
  Windows 10 Home／Microsoft Office 2019/2016（Outlook 2019/2016）

以上の注意事項をご承諾いただいた上で、本書をご利用願います。これらの注意事項をお読みいただかずに、お問い合わせいただいても、技術評論社および著者は対処しかねます。あらかじめご承知おきください。

第1章

Outlook の基本

重要度 ★★★　Outlookの概要

Q 001 Outlookのおもな機能を知りたい！

A メール、予定表、連絡先、タスク、メモ機能などがあります。

Outlookでは、メールの送受信を行う「メール」、友人や仕事関係者などのメールアドレスや氏名、住所などを管理する「連絡先」、スケジュールを管理する「予定表」、仕事を期限管理する「タスク」、デスクトップ上に表示できる「メモ」など、さまざまな機能を利用することができます。

それぞれの機能は単独に管理するだけでなく、メールの内容を予定表やタスクに登録したり、タスクを予定表に登録したり、タスクの進捗状況をメールで報告したりといったように、これらを関連付けて管理することができます。

メール機能

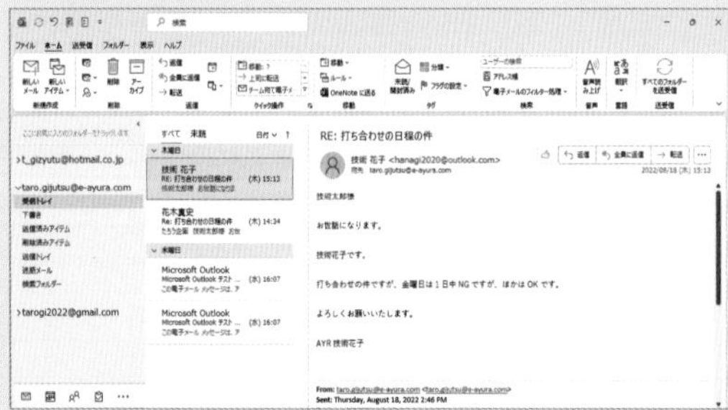

メールを送受信したり、受信したメールを日付順や差出人ごとに並べ替えるなど、ルールを決めて管理することができます。

連絡先機能

友人や仕事関係者などのメールアドレスや氏名、住所、会社名、電話番号などを管理することができます。

予定表機能

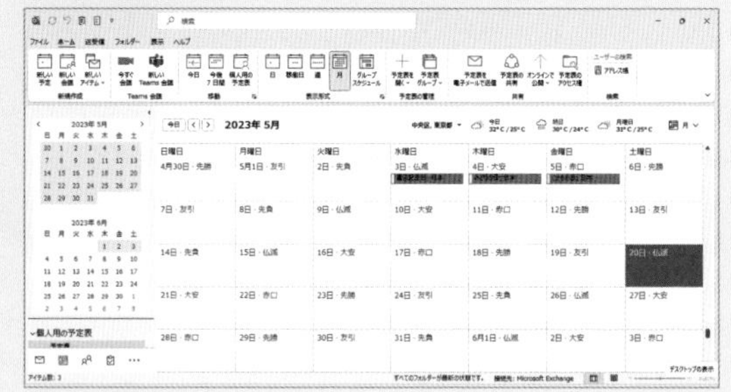

仕事やプライベートのスケジュールを効率よく管理することができます。

タスク機能

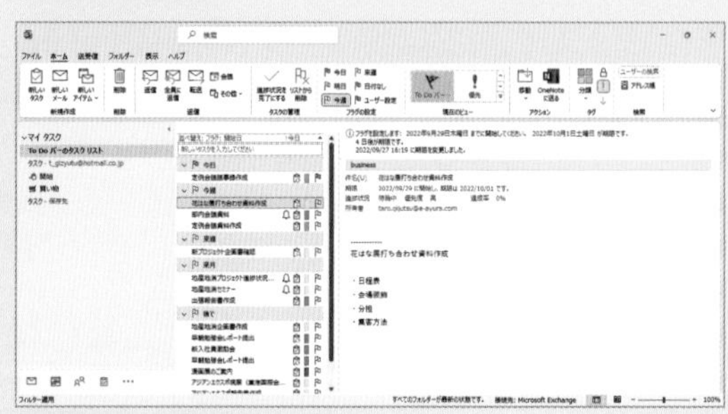

期限までにやるべきことをリストにして、進捗状況などを管理、閲覧することができます。

メモ機能

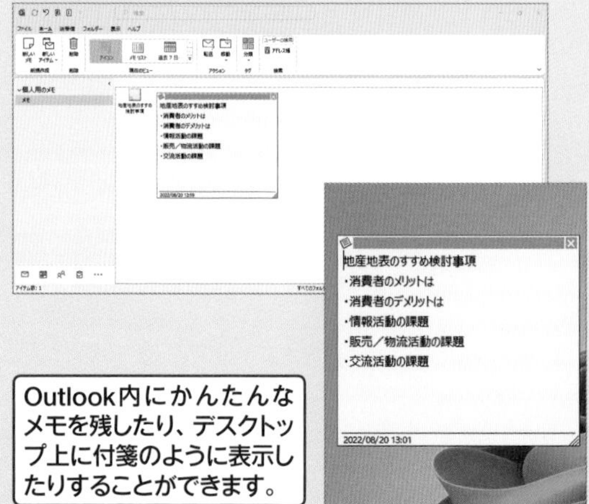

Outlook内にかんたんなメモを残したり、デスクトップ上に付箋のように表示したりすることができます。

重要度 ★★★ Outlookの概要

Q 002 Outlookのバージョンによって違いはある？

A 画面表示や操作手順などが異なる場合があります。

「バージョン」とは、アプリの改良、改訂の段階を表すもので、アプリ名の後ろに数字で表記され、新しいものほど数字が大きくなります。

Windows版のOutlookには、「2016」「2019」「2021」などのバージョンがあり、現在発売されている最新バージョンは「2021」です（2023年3月現在）。そのほかに、サブスクリプション型のMicrosoft 365版のOutlookもあります（Q 003参照）。バージョンによって、画面表示や利用できる機能、操作手順などが異なる場合があります。使用中のOutlookのバージョンを確認するには、［ファイル］タブをクリックして、［Officeアカウント］をクリックします。

なお、Outlook 2021と Microsoft 365では、リボンのレイアウトを従来型の「クラシックリボン」と、ボタンなどが1行に並ぶ「シンプルリボン」の2種類から選択できます。本書ではクラシックリボンを使って解説を行います。リボンの違いについては、P.316～319を参照してください。

● 使用中のバージョンを確認する

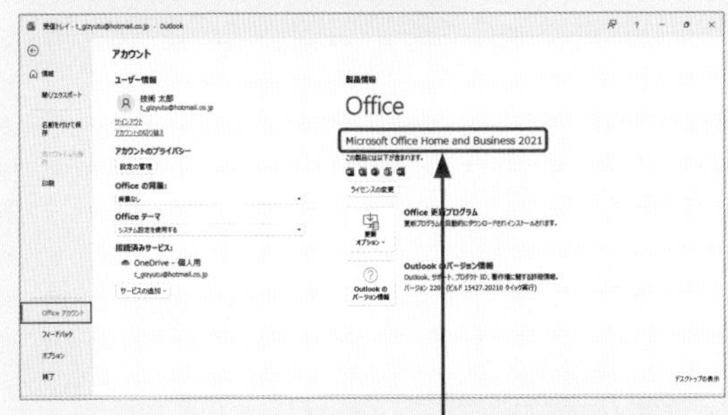

● リボンのレイアウトを切り替える

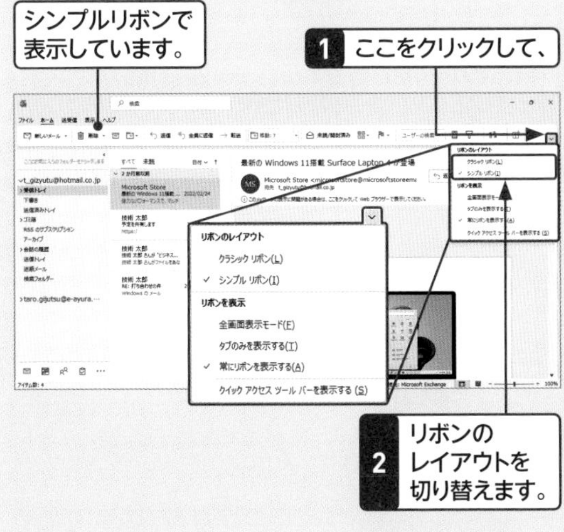

● Outlook 2021の画面

● Outlook 2019の画面

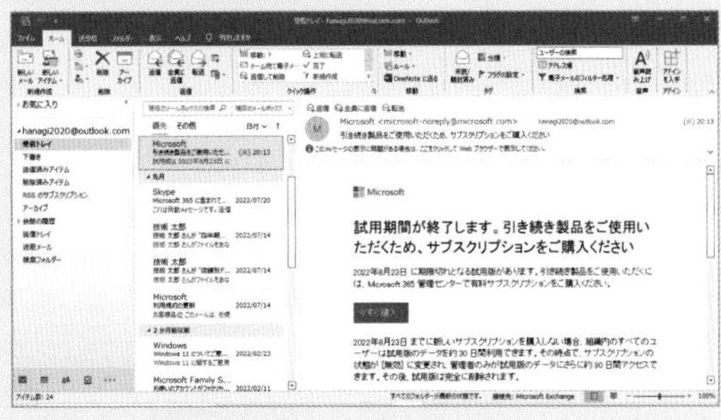

● Outlook 2016の画面

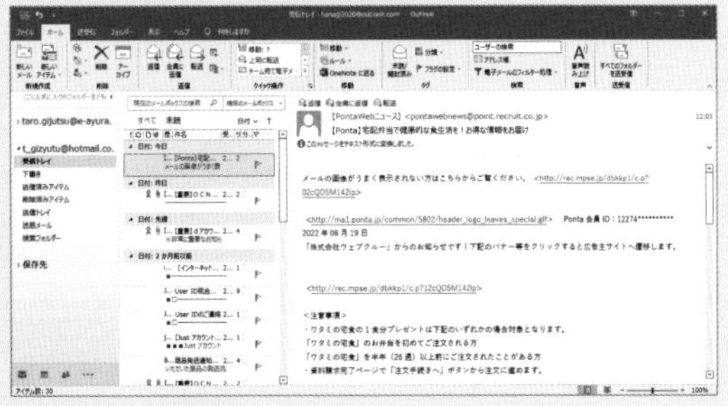

Q 003 Microsoft 365って何？

A 月額や年額の料金を支払って利用するOfficeです。

「Microsoft 365」は、月額や年額の料金を支払って利用できるOfficeです。Office 2021とはライセンス形態やインストールできるデバイス、利用可能なOneDriveの容量などが異なります。
Office 2021は永続ライセンス型で、料金を支払って購入すれば、永続的に使用できます。Microsoft 365はサブスクリプション型で、月額あるいは年額の料金を支払い続ければ、常に最新版のOfficeアプリケーションが利用できます。Microsoft 365には個人用、法人用のさまざまな料金プランがあり、個人用のMicrosoft 365 Personalであれば月額1,284円から使用できます。契約は自動的に更新されますが、いつでもキャンセルが可能です。
Office 2021とMicrosoft 365のOutlookの画面は、ナビゲーションバーの位置が異なりますが、操作方法や操作手順などはほとんど変わりません。ただし、Microsoft 365にあって、Outlook 2021にはない機能が多少あります。また、更新プログラムが毎月提供されるため、今後も機能が追加されていきます。
Outlook 2021を購入する前に、試しに使ってみたいという場合は、Microsoft 365の試用版を1か月間無料で利用することができます。

● Microsoft 365の画面

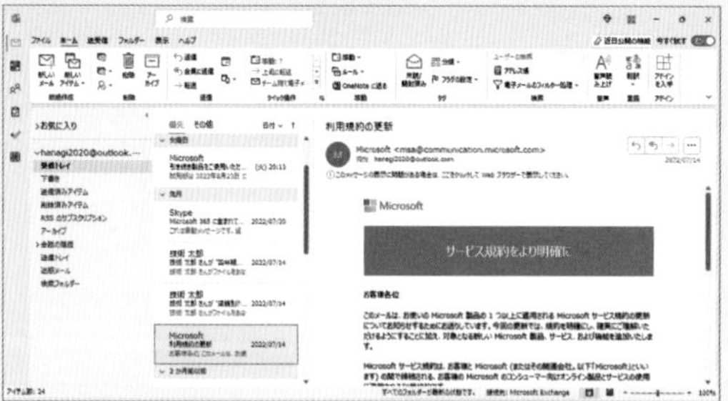

● Office 2021の画面

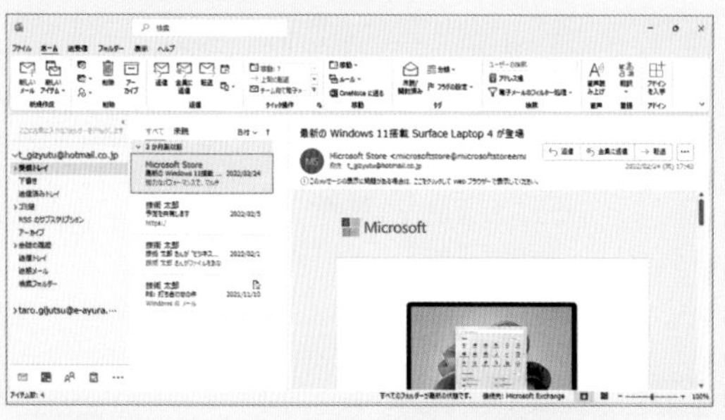

● Microsoft 365 Personalの料金

契約期間	料　金
1か月	1,284円
年間一括払い	12,984円

※2023年3月現在

● Microsoft 365試用版のダウンロードページ

「https://products.office.com/ja-jp/try/」にアクセスして、[1か月無料で試す]をクリックします。

● Office 2021とMicrosoft 365 Personalの違い

	Office 2021	Microsoft 365 Personal
ライセンス形態	永続ライセンス	サブスクリプション（月または年毎の支払い）
インストールできるデバイス	Windows、Macに2台まで	Windows、Mac、タブレット、スマートフォンなど台数無制限。同時利用は5台まで
OneDriveの容量	5GB	1TB
最新バージョンへのアップグレード	Office 2021以降のアップグレードはできない	常に最新版にアップグレード

重要度 ★★★ Outlookの概要

Q 004 「メール」アプリとはどう違う？

A 「メール」アプリは、Windows 11／10以降に搭載されているアプリです。

「メール」アプリは、Windows 11／10に標準で搭載されているアプリで、Outlook.com やGmail、Yahoo! メールなどのWebメールや、プロバイダーメールのメールアドレスを複数登録して利用することができます。
連絡先や予定表、To Do（タスク）などの機能もありますが、本書で解説するOutlookとはまったく別のアプリで、機能も少なく操作も異なります。

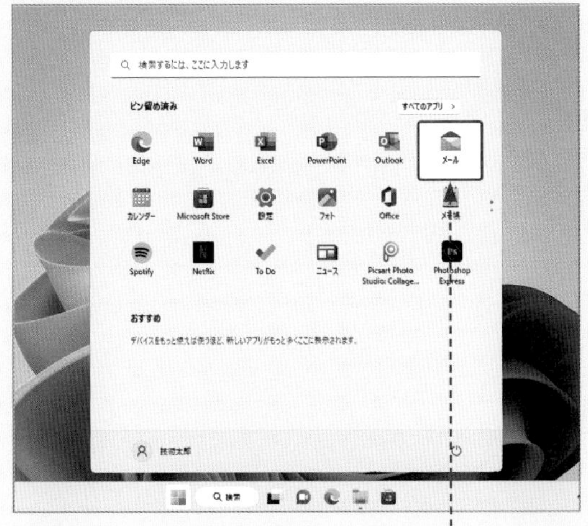

「メール」アプリは、Windows11／10に標準で搭載されているアプリです。

「メール」アプリは、メールを送受信するために必要最低限な機能だけを備えたシンプルな画面で構成されています。

重要度 ★★★ Outlookの概要

Q 005 Web版のOutlook.comとはどう違う？

A Outlook.comは、マイクロソフトが提供しているWebメールサービスです。

Outlook.com は、マイクロソフトが無償で提供しているWebメールサービスです。Microsoftアカウントのメールが利用でき、Webブラウザーを利用できる環境であれば、どこからでもメールを送受信することができます。
連絡先や予定表も利用でき、名前も似ていますが、本書で解説するOutlookとは機能も操作も異なります（Q 450～452参照）。また、OutlookにOutlook.com のメールアカウントを設定したり（Q 453参照）、スマートフォンから利用したりすることもできます（Q 456～457参照）。

Outlook.comは、Webブラウザーを利用できる環境であれば、どこからでもメールを送受信することができます。

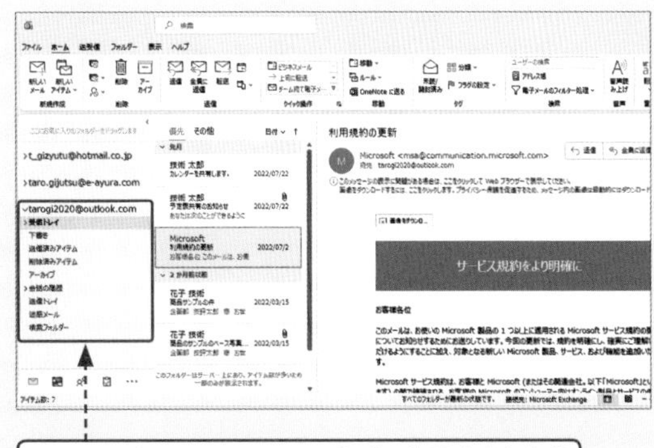

OutlookにOutlook.comのメールアカウントを設定してメールを送受信することができます。

Q 006 Outlookを起動したい！

A スタートメニューから起動します。

Windows 11でOutlookを起動するには、[スタート]をクリックして、スタートメニューを表示し、[Outlook]をクリックします。スタートメニューに[Outlook]が表示されていない場合は、[すべてのアプリ]をクリックして、アプリの一覧を表示し、[Outlook]をクリックします。

1 Windows 11を起動します。

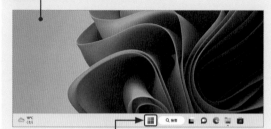

2 [スタート]をクリックして、

3 [Outlook]をクリックすると、

4 Outlookが起動します。

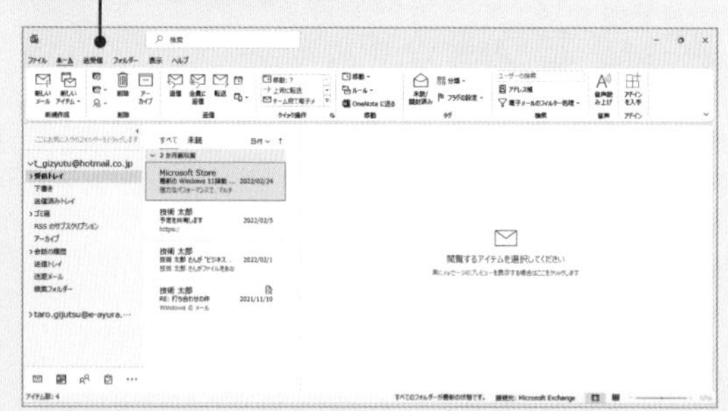

スタートメニューに[Outlook]が表示されていない場合は、手順❸で[すべてのアプリ]をクリックして、[Outlook]をクリックします。

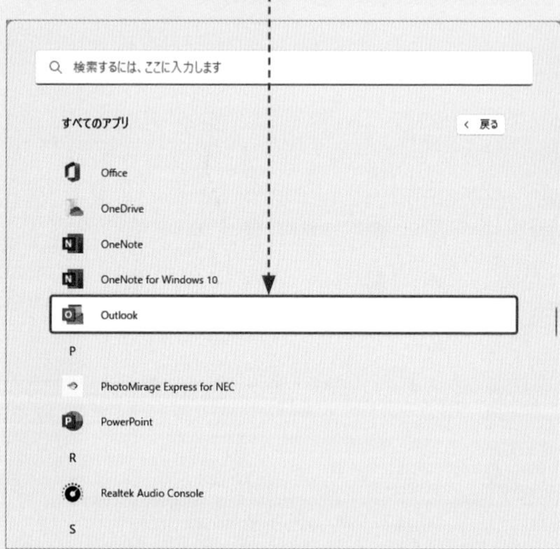

Windows 10の場合

Windows 10でOutlookを起動するには、[スタート]をクリックして、表示されるメニューを下方向にスクロールし、[Outlook]をクリックします。

1 [スタート]をクリックして、

2 [Outlook]をクリックします。

Q 007 Outlookをもっとすばやく起動したい！

A タスクバーにOutlookのアイコンを登録します。

Outlookのアイコンをタスクバーに登録しておくと、アイコンをクリックするだけですばやくOutlookを起動することができます。タスクバーに登録する方法は、スタートメニューから登録する方法と、起動したOutlookのアイコンから登録する方法があります。
アイコンの登録を外したいときは、タスクバーのアイコンを右クリックして、[タスクバーからピン留めを外す]をクリックします。

● スタートメニューからタスクバーに登録する

1 スタートメニューを表示します。

2 [Outlook]を右クリックして、

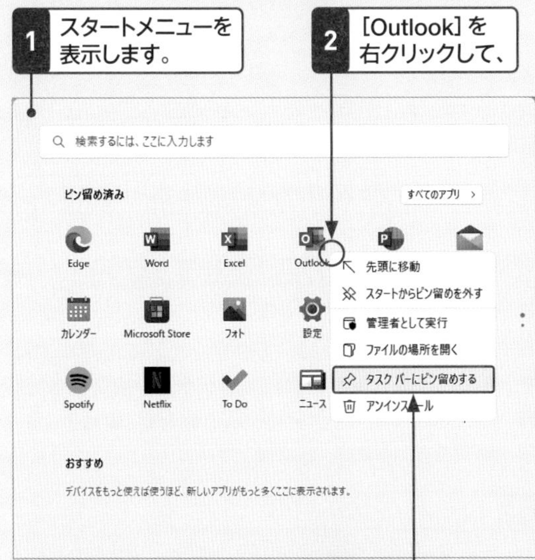

Windows 10の場合は、[Outlook]を右クリックして、[その他]から[タスクバーにピン留めする]をクリックします。

3 [タスクバーにピン留めする]をクリックすると、

4 タスクバーにOutlookのアイコンが登録されます。

● 起動した状態からタスクバーに登録する

1 Outlookを起動しています。

2 タスクバーのOutlookアイコンを右クリックして、

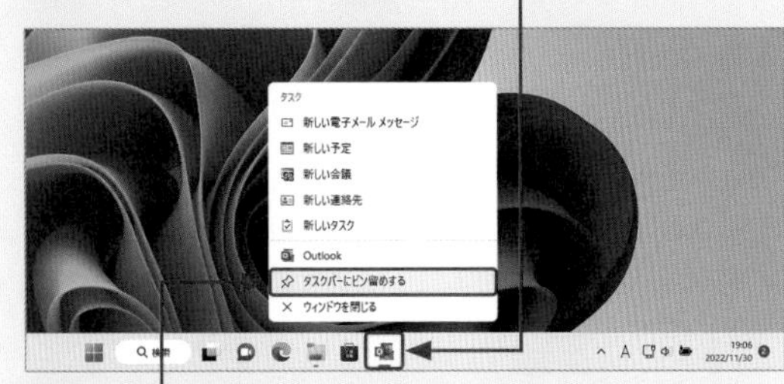

3 [タスクバーにピン留めする]をクリックすると、

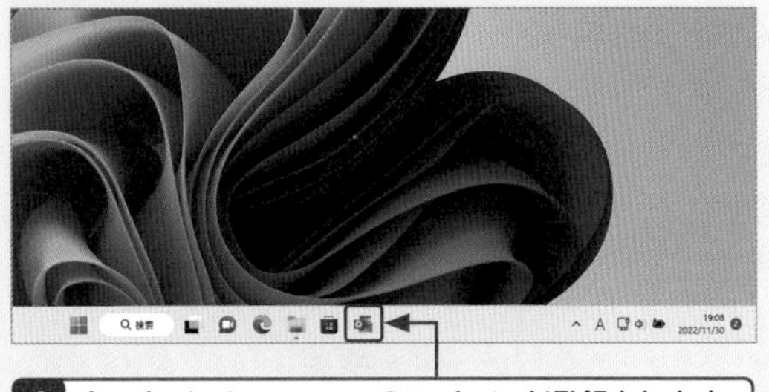

4 タスクバーにOutlookのアイコンが登録されます。

● タスクバーからアイコンの登録を外す

1 表示したアイコンを右クリックして、

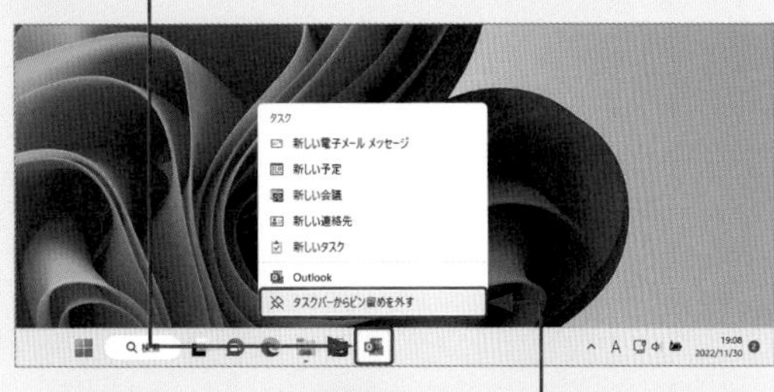

2 [タスクバーからピン留めを外す]をクリックすると、

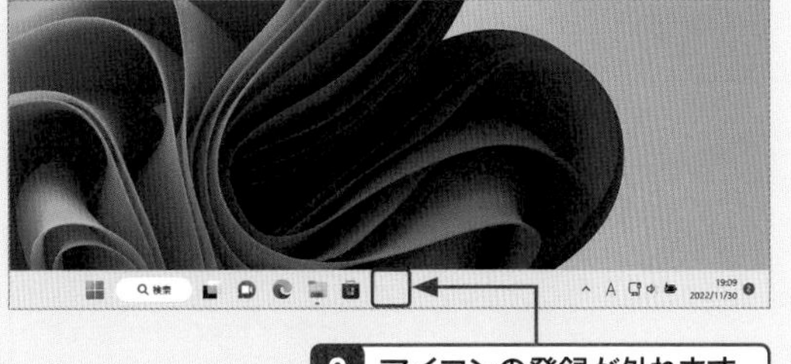

3 アイコンの登録が外れます。

重要度 ★★★ Outlookの起動／終了

Q 008 [ライセンス契約に同意します]画面が表示された！

A [同意する]をクリックして次に進みます。

Outlookをはじめて起動したときに[ライセンス契約に同意します]という画面が表示された場合は、[同意する]をクリックして、Microsoft Officeの使用許諾契約書を承諾します。続いて表示される画面で[次へ]から[完了]をクリックして、利用するアカウントを設定します。

参照▶Q 019, Q 020

1 [同意する]をクリックして、Microsoft Officeの使用許諾契約書を承諾し、

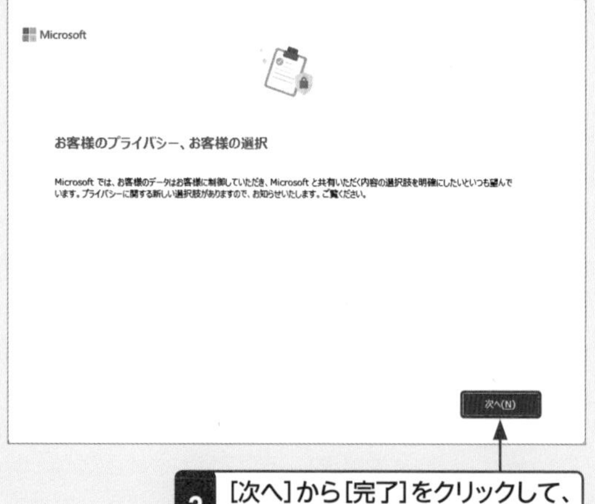

2 [次へ]から[完了]をクリックして、アカウントを設定します。

重要度 ★★★ Outlookの起動／終了

Q 009 Outlookを最新の状態に更新したい！

A 通常は自動的に更新されます。

Office製品では通常、更新プログラム（アップデート）が自動的にダウンロードされ、インストールされるように設定されています。自動更新が有効になっているかを確認するには、[ファイル]タブから[Officeアカウント]をクリックします。もし、「この製品は更新されません」と表示されている場合は、[更新オプション]をクリックして、[更新を有効にする]をクリックします。

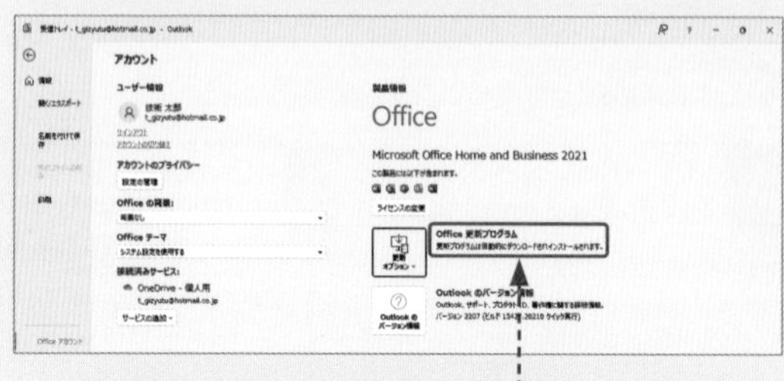

更新プログラムは自動的にダウンロードされます。

更新プログラムを手動でインストールする

更新プログラムを確認して今すぐインストールしたい場合は、[更新オプション]をクリックして、[今すぐ更新]をクリックします。更新プログラムが確認され、適用されていないプログラムがある場合は、ダウンロードしてインストールされます。

1 [更新オプション]をクリックして、

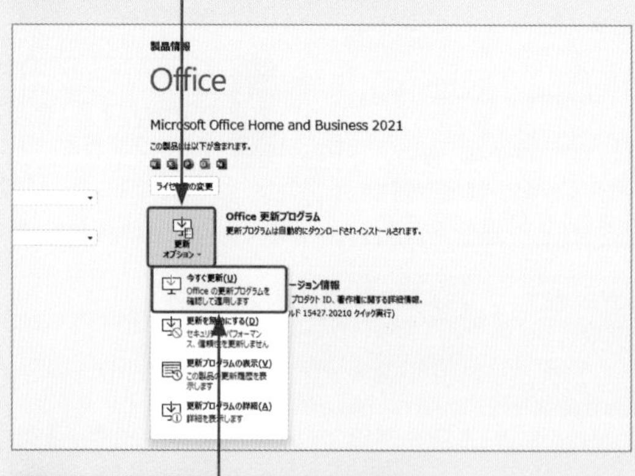

2 [今すぐ更新]をクリックします。

Q 010 Outlookを終了したい！

A ［ファイル］タブをクリックして、［終了］をクリックします。

Outlookを終了するには、［ファイル］タブをクリックして、［終了］をクリックします。また、画面右上の［閉じる］をクリックすることでも終了できます。

1 ［ファイル］タブをクリックして、

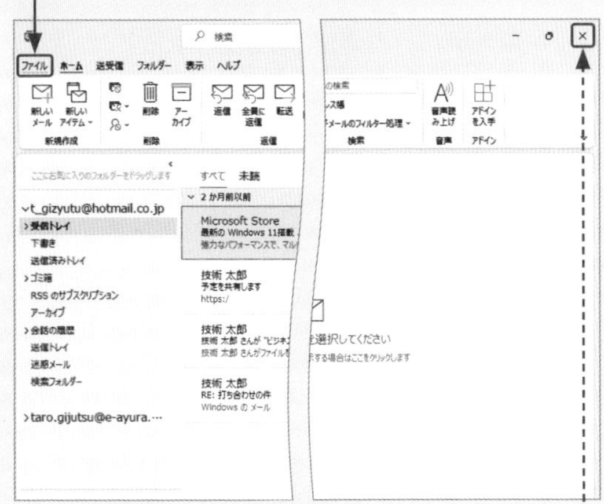

［閉じる］をクリックすることでも、終了できます。

2 ［終了］をクリックすると、

3 Outlookが終了します。

Q 011 Outlookのデータは保存しなくてもよい？

A Outlookデータファイルに自動的に保存されます。

Outlookのメール、予定表、タスクなどのデータは、Outlookデータファイル（.pst）内に自動的に保存されます。保存場所を開くには、以下の手順で操作します。データファイルは、「ドキュメント」フォルダー内の「Outlookファイル」フォルダーに保存されています。

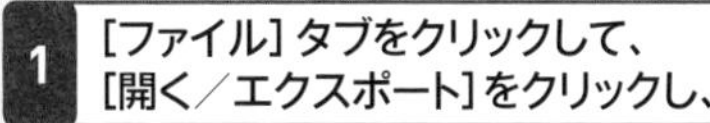

1 ［ファイル］タブをクリックして、［開く／エクスポート］をクリックし、

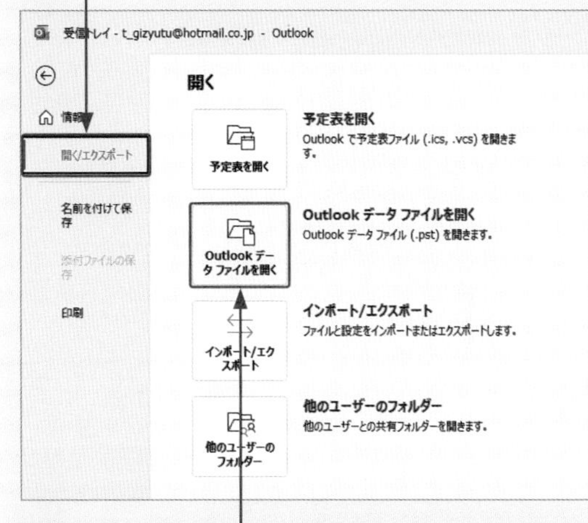

2 ［Outlookデータファイルを開く］をクリックすると、

3 Outlookデータファイルの保存場所が開きます。

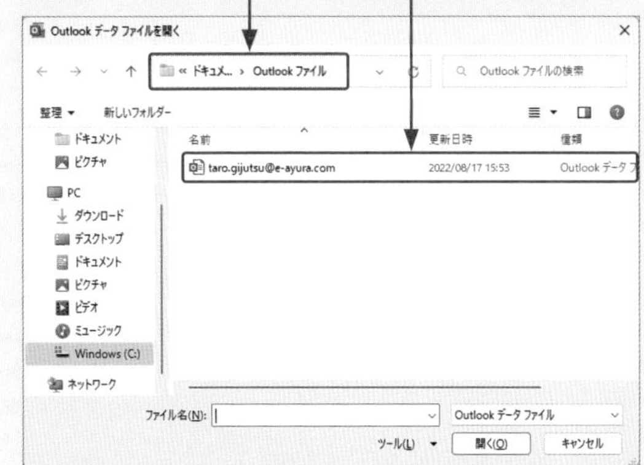

重要度 ★★★ Outlookの起動／終了 2021 2019

Q 012 Outlookの起動時にパスワードが要求される！

A パスワードを入力してOutlookを起動します。

メールアカウントを設定した際に、[パスワードを保存する]をクリックしてオンにしなかった場合、Outlookの起動時に毎回パスワードの入力を要求されます。毎回入力するのが面倒な場合は、[パスワードをパスワード一覧に保存する]をクリックしてオンにします。

参照▶Q 233

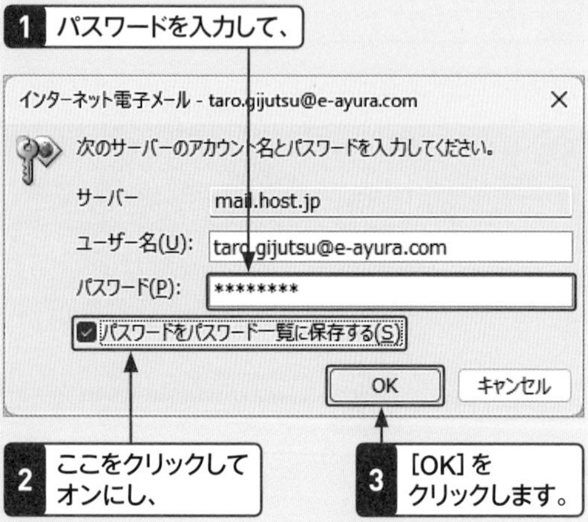

1 パスワードを入力して、

インターネット電子メール - taro.gijutsu@e-ayura.com
次のサーバーのアカウント名とパスワードを入力してください。
サーバー mail.host.jp
ユーザー名(U): taro.gijutsu@e-ayura.com
パスワード(P): ********
パスワードをパスワード一覧に保存する(S)
OK キャンセル

2 ここをクリックしてオンにし、

3 [OK]をクリックします。

重要度 ★★★ メールアカウントの基本

Q 013 メールアカウントとは？

A メールを利用するための権限および使用権です。

「メールアカウント」とは、メールサーバーにアクセスしてメールを利用するための権限および使用権のことです。また、メールサーバーを利用するためのユーザー名（ユーザーIDやアカウント名ともいいます）とパスワード、メールサーバー情報を総称してメールアカウントということもあります。

重要度 ★★★ メールアカウントの基本

Q 014 メールアカウントの設定に必要なものは？

A メールアドレス、アカウント名、パスワードなどが必要です。

メールアカウントの設定には、メールアドレス、アカウント名、パスワード、メールサーバー情報などが必要です。必要な情報や名称は、Outlookに設定するプロバイダーによって異なります。これらの情報は、プロバイダーと契約したときの書類に明記されています。

● メールアカウントの設定に必要なもの

- メールアドレス
- アカウント名（ユーザー名／ユーザーID）
- パスワード（メールパスワード）
- 受信メールサーバー（POP／IMAP）
- 送信メールサーバー（SMTP）

アカウントの変更
POP と IMAP のアカウント設定
お使いのアカウントのメール サーバーの設定を入力してください。
ユーザー情報
名前(Y): 技術太郎
電子メール アドレス(E): taro.gijutsu@e-ayura.com
サーバー情報
アカウントの種類(A): POP3
受信メール サーバー(I): mail.host.jp
送信メール サーバー (SMTP)(O): mail.host.jp
メール サーバーへのログオン情報
アカウント名(U): taro.gijutsu@e-ayura.com
パスワード(P): ********
パスワードを保存する(R)
メール サーバーがセキュリティで保護されたパスワード認証 (SPA) に対応している場合には、チェック ボックスをオンにしてください(Q)

メールアカウントの設定に必要な情報は、プロバイダーから提供されます。

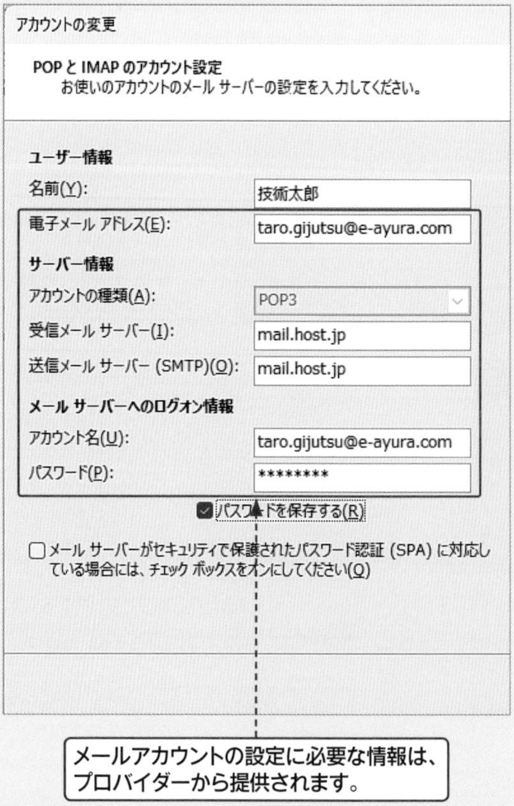

重要度 ★★★　メールアカウントの基本

Q 015 メールアドレスとパスワードとは？

メールを利用するために必要な文字列です。

「メールアドレス」とは、メールを送受信する際に利用者を特定するための文字列のことです。単に「アドレス」とも呼びます。

一般的には、「taro.gijutsu@example.com」のような形式で表記され、@より前が個人を識別するためのユーザー名、@より後ろがメールサービスを提供する事業者や組織を識別するための文字列（ドメイン名）です。通常は、半角の英数字で表記されています。

taro.gijutsu@example.com

個人を識別するためのユーザー名

メールサービスを提供する事業者や組織を識別するためのドメイン名

「パスワード」とは、メールやインターネット上のサービスを利用する際に、正規の利用者であることを証明するために入力する文字列のことです。半角の英数字で入力します。

パスワードは自由に設定できますが、同じパスワードを複数のサービスで利用したり、氏名や生年月日、単純な英単語や数字などの安易なパスワードは使用しないようにしましょう。

重要度 ★★★　メールアカウントの基本

Q 016 メールサーバーとは？

メールの送受信を管理するコンピューターです。

「メールサーバー」とは、ネットワークを通じたメールの送受信を管理するサーバー（ネットワーク上でファイルやデータを提供するコンピューター）の総称です。一般的にメールを受信するためのサーバーを受信メールサーバー（POP／IMAP）、メールを送信するためのサーバーを送信メールサーバー（SMTP）と呼びます。

重要度 ★★★　メールアカウントの基本

Q 017 POPとは？

メールサーバーからメールを受信するための通信規約の1つです。

「POP」（Post Office Protocol Version）とは、メールサーバーに届いたメールをユーザーが自分のパソコンにダウンロードする際に使用するプロトコル（通信規約）です。メールの送信に使われるSMTPとセットで利用されます。POPでは、サーバーにメールを残さないため、サーバーの負荷が軽くてすみます。プロバイダーメールではPOPにしか対応していないことがあります。

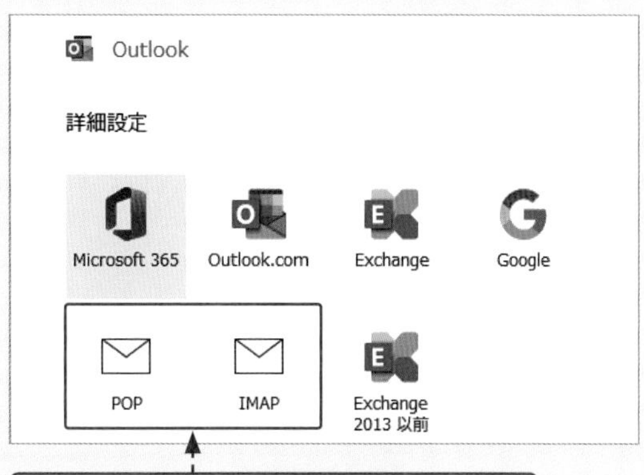

重要度 ★★★　メールアカウントの基本

Q 018 IMAPとは？

メールサーバーからメールを受信するための通信規約の1つです。

「IMAP」（Internet Message Access Protocol）とは、メールサーバーにメールを置いたまま、メールボックスの一覧だけをパソコンに表示する方式のプロトコル（通信規約）です。メールをサーバーに残したまま閲覧したり管理したりすることができるので、インターネットに接続できる環境があれば、どこからでもメールを見ることができます。POPと比べて、複数のパソコンからメールを操作するのに適しています。IMAPは、Webメールサービスでよく利用されています。

重要度 ★★★　メールアカウントの基本

Q 019 自動でメールアカウントを設定したい！

A メールアカウントの設定画面から設定します。

Outlookをはじめて起動すると、[ライセンス契約に同意します]という画面が表示されます。[同意する]をクリックして、Microsoft Officeの使用許諾契約書を承諾し、続いて表示される画面で[次へ]→[完了]とクリックすると、メールアカウントの設定画面が表示されます。通常は自動セットアップで設定を行います。
なお、[ライセンス契約に同意します]画面が表示されずに直接Outlookが起動した場合は、[ファイル]タブをクリックして、[アカウントの追加]をクリックすると、手順5の画面が表示されます。

1 Outlookをはじめて起動すると、[ライセンス契約に同意します]画面が表示されるので、

Microsoft
ライセンス契約に同意します
同意する

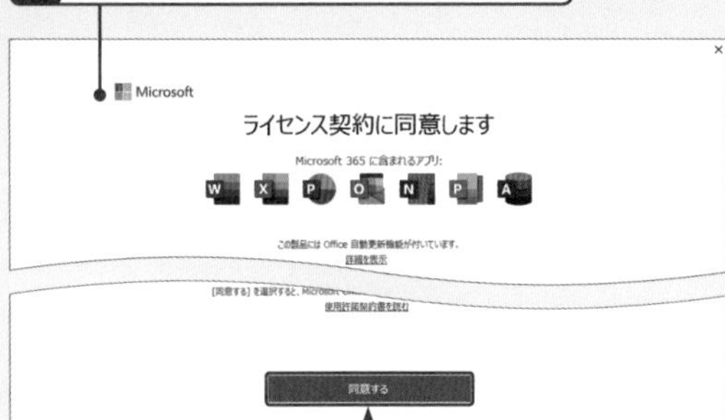

2 [同意する]をクリックして、Microsoft Officeの使用許諾契約書を承諾します。

Microsoft
お客様のプライバシー、お客様の選択
次へ(N)

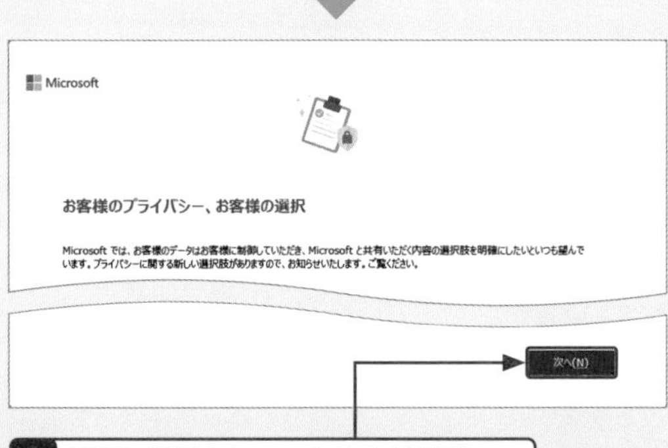

3 画面に記載されている内容を確認して、[次へ]をクリックします。

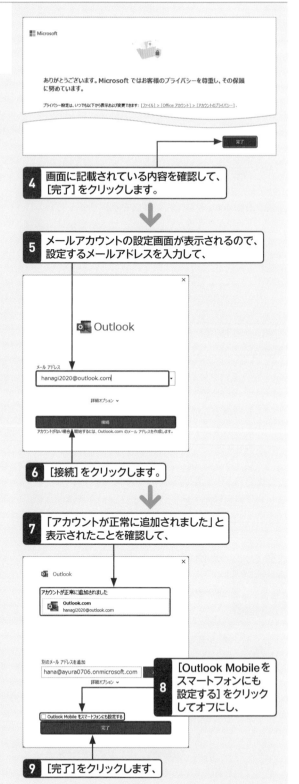

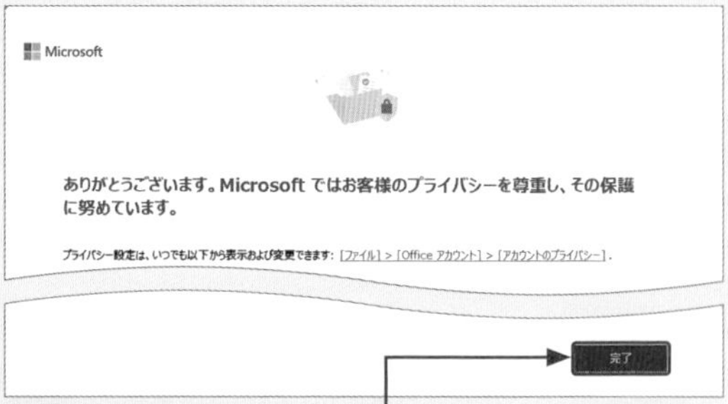

Microsoft
ありがとうございます。Microsoft ではお客様のプライバシーを尊重し、その保護に努めています。
完了

4 画面に記載されている内容を確認して、[完了]をクリックします。

5 メールアカウントの設定画面が表示されるので、設定するメールアドレスを入力して、

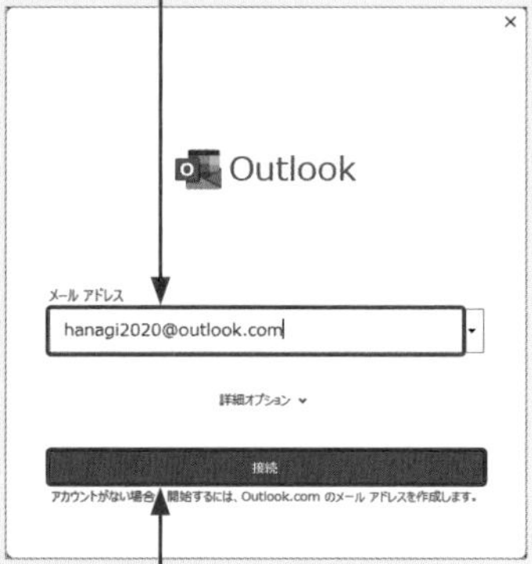

Outlook
メール アドレス
hanagi2020@outlook.com
詳細オプション
接続

6 [接続]をクリックします。

7 「アカウントが正常に追加されました」と表示されたことを確認して、

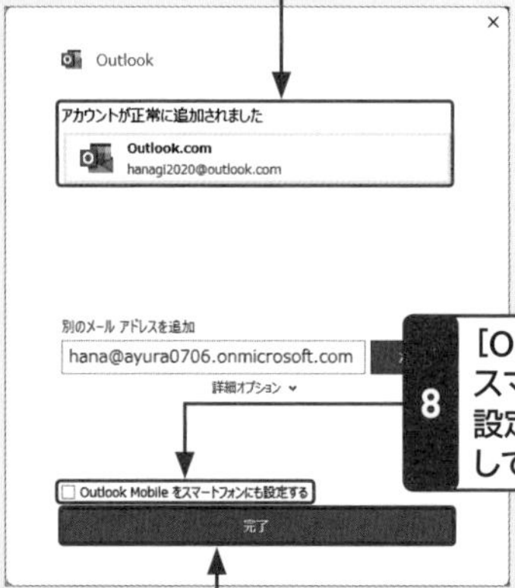

Outlook
アカウントが正常に追加されました
Outlook.com
hanagi2020@outlook.com
別のメール アドレスを追加
hana@ayura0706.onmicrosoft.com
詳細オプション
Outlook Mobile をスマートフォンにも設定する
完了

8 [Outlook Mobileをスマートフォンにも設定する]をクリックしてオフにし、

9 [完了]をクリックします、

Q 020 手動でメールアカウントを設定したい！

A メールアカウントの設定画面の[詳細オプション]から設定します。

自動でメールアカウントのセットアップが行えるかどうかは、契約しているプロバイダーが自動セットアップに対応しているかどうかで異なります。
メールアカウントを手動で設定する場合は、メールサーバー情報を入力する必要があります。あらかじめ、情報が記載された書類などを用意しておきましょう。

参照▶Q 019

1 [ライセンス契約に同意します] 画面が表示された場合は、[同意する] → [次へ] → [完了] とクリックします。

2 メールアカウントの設定画面に設定するメールアドレスを入力して、

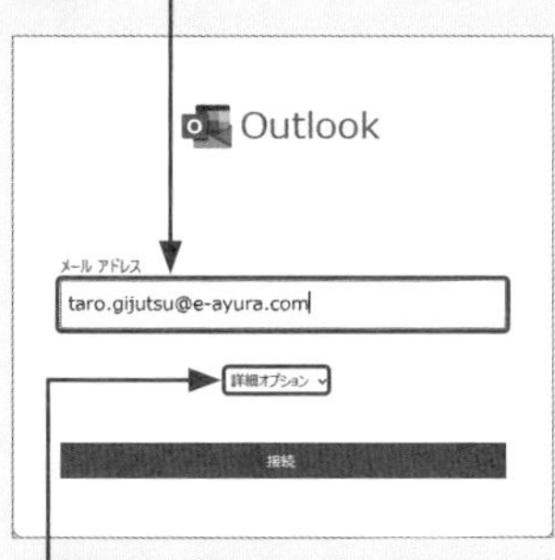

3 [詳細オプション]をクリックします。

4 [自分で自分のアカウントを手動で設定] をクリックしてオンにし、

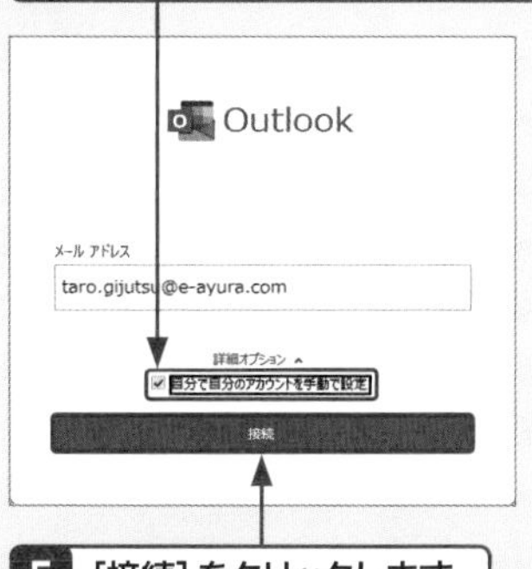

5 [接続] をクリックします。

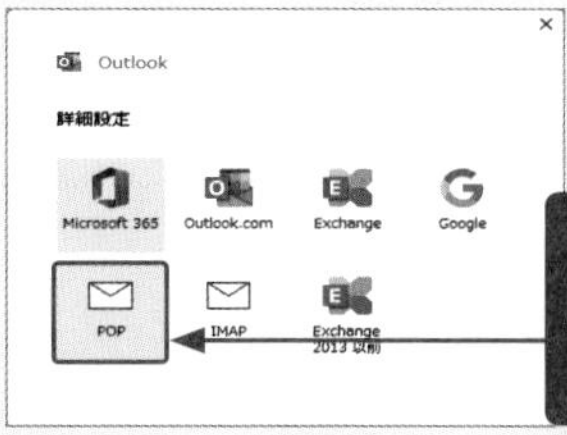

6 設定するメールアカウントの種類（ここでは[POP]）をクリックします。

7 受信メールと送信メールのサーバー情報とポート番号をそれぞれ入力して、

8 [次へ] をクリックします。

9 メールアカウントのパスワードを入力して、

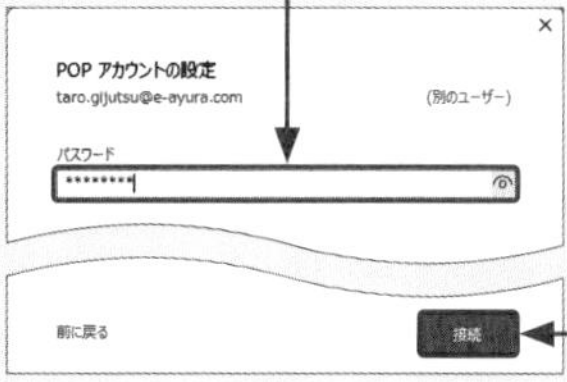

10 [接続] をクリックします。

11 「アカウントが正常に追加されました」と表示されたことを確認して、

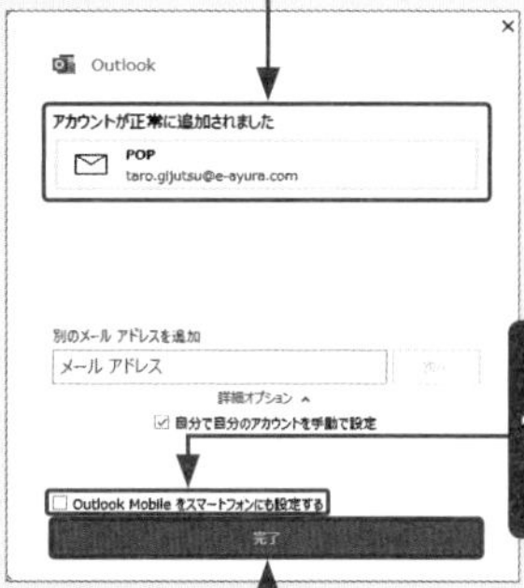

12 [Outlook Mobile をスマートフォンにも設定する] をクリックしてオフにし、

13 [完了] をクリックします。

重要度 ★★★ メールアカウントの基本

Q 021 Microsoftアカウントのメールアカウントを設定するとどうなる?

A マイクロソフトが提供しているWebメールを送受信することができます。

Microsoftアカウントのメールアカウントを Outlookに設定すると、マイクロソフトが提供しているWebメール(Outlook.com、Q 005参照)を送受信することができます。フォルダーウィンドウの内容が多少異なりますが(Q 024参照)、操作方法などはプロバイダーのメールアカウントと変わりません。

また、マイクロソフトがインターネット上で提供しているOutlook.comのカレンダーをOutlook上に表示したり編集したりできるようになります。

Microsoftアカウントのメールアカウントを設定した場合、フォルダーの内容が多少異なります。

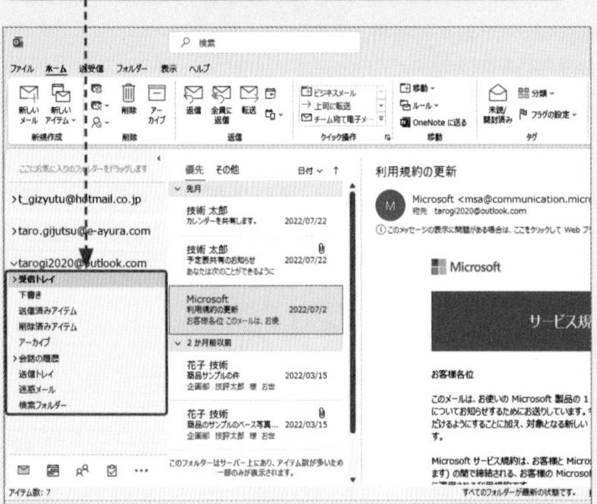

クラウド上のカレンダーをOutlookの[予定表]に表示したり、編集したりすることができます。

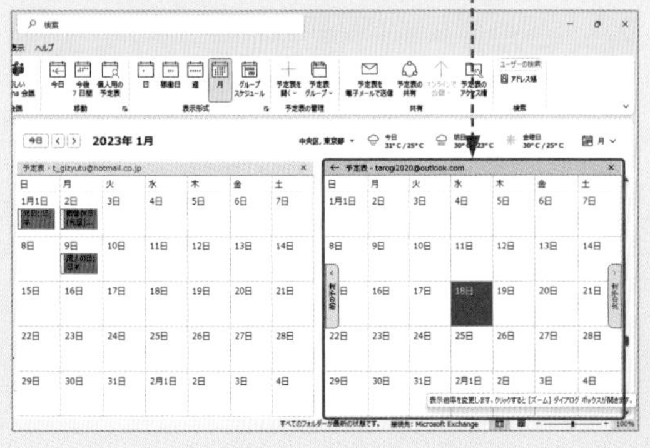

重要度 ★★★ メールアカウントの基本

Q 022 Gmailのメールアカウントを設定するとどうなる?

A Gmailのメールアドレスでメールを送受信することができます。

Gmailは、Googleが提供するWebメールサービスです。Gmailのメールアカウントを Outlookに設定すると、Gmailのメールアドレスでメールを送受信することができます。

なお、Outlookでは、フォルダーを使ってメールを整理しますが、Gmailでは、ラベルを使ってメールを整理します。たとえば、2種類のラベル(「スター付き」「重要」)が付けられたメールは、2つのフォルダーにインポートされるため、フォルダーの数が増える場合があります。

Gmailの画面

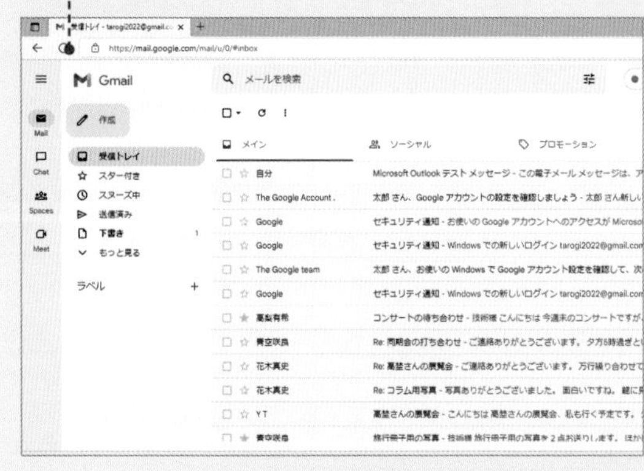

Gmailのメールアカウントを設定した場合、ラベルがフォルダーとなります(Q 024参照)。

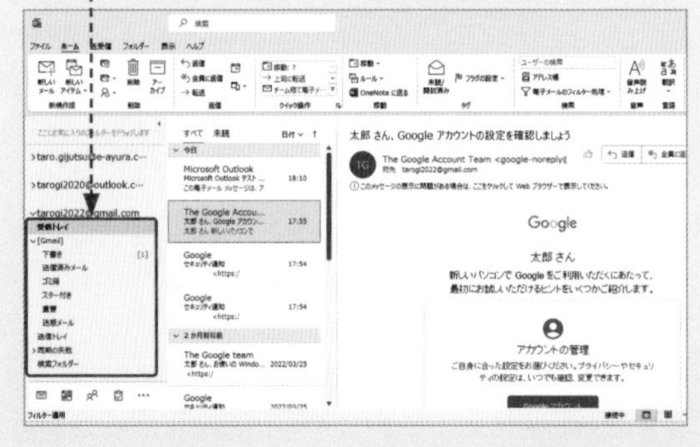

重要度 ★★★　メールアカウントの基本

Q 023 iCloudのメールアカウントを設定するとどうなる?

iCloudメールを送受信することができます。

iCloudは、Appleが提供するiPhoneやMac用のクラウドサービスです。iCloudのメールアカウントをOutlookに設定すると、iCloudのメールや連絡先、カレンダー、タスクなどをOutlookに表示できるようになります。OutlookにiCloudのメールアカウントを設定するには、Windows用iCloudをダウンロードしてインストールする必要があります。

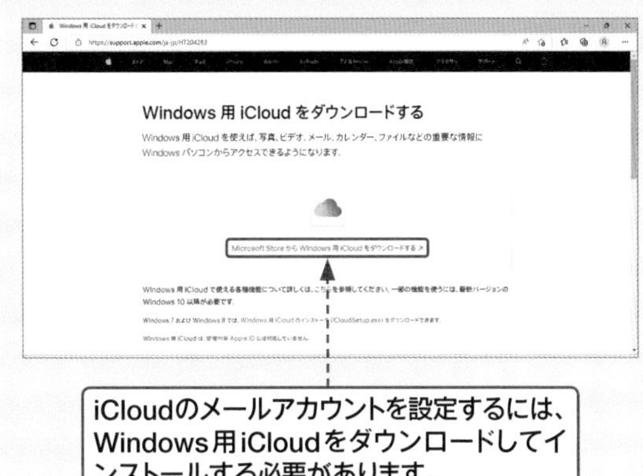

iCloudのメールアカウントを設定するには、Windows用iCloudをダウンロードしてインストールする必要があります。

重要度 ★★★　メールアカウントの基本

Q 024 フォルダーウィンドウの表示内容が本書と違う!

Outlookに設定したメールアカウントによって異なります。

本書では、OutlookにPOPのメールアカウントを設定しています。OutlookにGmailやOutlook.comなどのWebメールのアカウント、IMAPのメールアカウントを設定すると、サーバーの設定が反映されるため、フォルダーウィンドウの表示内容が本書とは異なることがあります。名称が異なっても操作方法は変わりません。

本書で解説しているPOPメールアカウントのフォルダーウィンドウ

● **メールアカウント別フォルダー名の対応表**

POP	Outlook.com	Gmail
受信トレイ	受信トレイ	受信トレイ
下書き	下書き	下書き
送信済みアイテム	送信済みアイテム	送信済みメール
削除済みアイテム	削除済みアイテム	ゴミ箱
アーカイブ*	アーカイブ	——
——	会話の履歴	——
——	——	スター付き**、重要**
送信トレイ	送信トレイ	送信トレイ
迷惑メール	迷惑メール	迷惑メール
検索フォルダー	検索フォルダー	検索フォルダー

* [アーカイブ] フォルダーは、メールをはじめてアーカイブする際に作成されます。
** [スター付き] [重要] フォルダーは、スターや重要マークが付けられたメールが保存されるフォルダーです。

重要度 ★★★ メールアカウントの基本

Q 025 メールアカウントの設定がうまくいかない場合は？

A 入力した情報に間違いがないかを確認します。

メールアカウントの設定が失敗した場合は、サーバーの情報、ポート番号、パスワードなどに入力ミスがないかどうかを確認しましょう。とくにパスワードは「＊＊＊」と表示されるので、注意が必要です。

接続ができない場合は、エラー画面が表示されます。

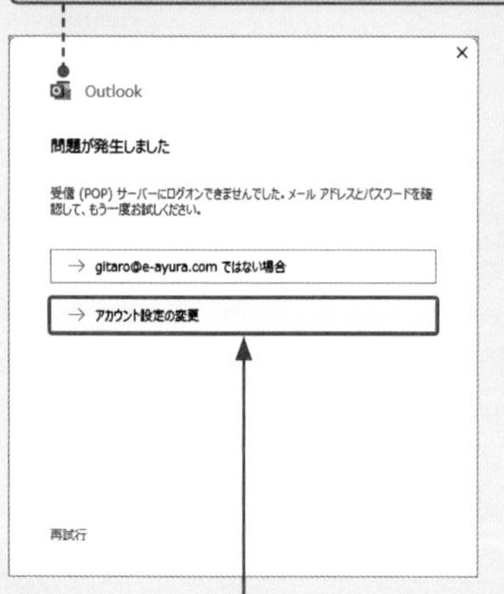

1 ［アカウント設定の変更］をクリックして、

2 入力した情報にミスがないか確認します。ミスがあった場合は修正して、

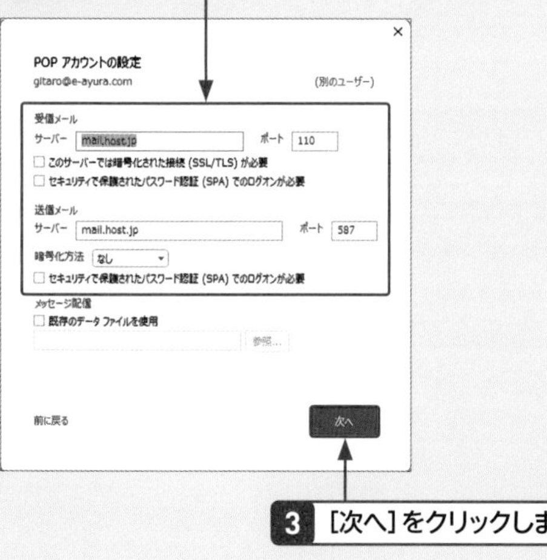

3 ［次へ］をクリックします。

重要度 ★★★ メールアカウントの基本

Q 026 設定したメールアカウントを確認したい！

A ［アカウント設定］ダイアログボックスで確認します。

設定したメールアカウントは、［アカウント設定］ダイアログボックスで確認できます。［アカウント設定］ダイアログボックスには、メールアカウントを設定した順番に表示されています。このダイアログボックスから新規にアカウントを追加したり、アカウントを変更、修復、削除したりすることもできます。

1 ［ファイル］タブをクリックします。

2 ［アカウント設定］をクリックして、

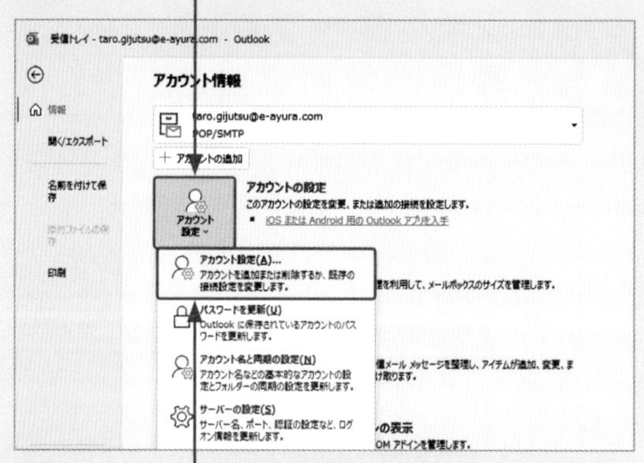

3 ［アカウント設定］をクリックすると、

4 設定したメールアカウントを確認できます。

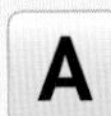

Q 027 Outlookの設定を変更したい!

A [Outlookのオプション] ダイアログボックスで設定を変更します。

Outlookの設定変更を行うには、[Outlookのオプション]ダイアログボックスを使用します。設定項目は、[全般]や[メール][予定表][連絡先][タスク]などの各グループに分けられており、目的のグループをクリックして、設定変更を行います。[Outlookのオプション]ダイアログボックスは、[ファイル]タブから[オプション]をクリックすると表示されます。

1 [ファイル]タブから[オプション]をクリックして、

2 [Outlookのオプション] ダイアログボックスを表示します。

[全般] では、Outlookの使用に関する基本的な設定変更ができます。

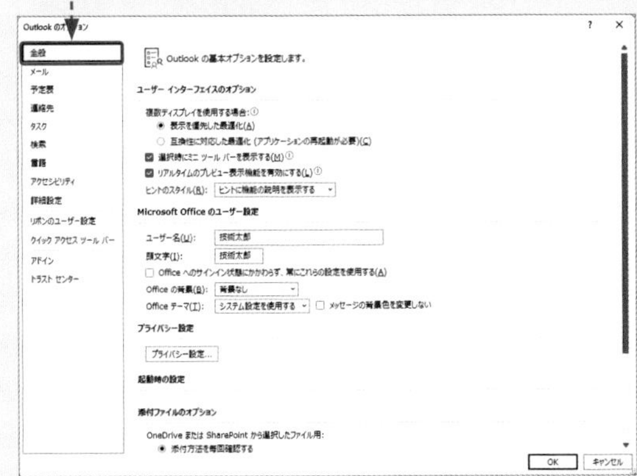

[予定表] では、予定表や会議、タイムゾーンなどの設定変更ができます。

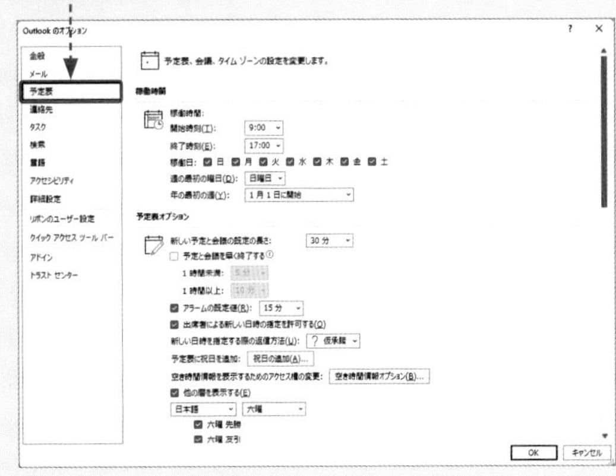

[メール] では、メールの作成や送受信に関する設定変更ができます。

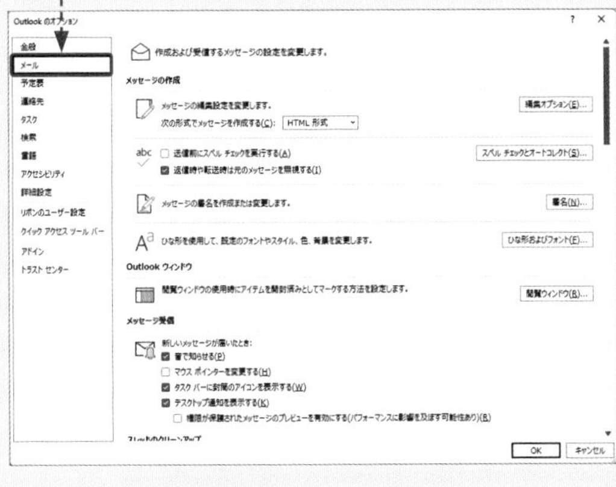

[詳細設定] では、Outlookの操作に関する細かな設定変更ができます。

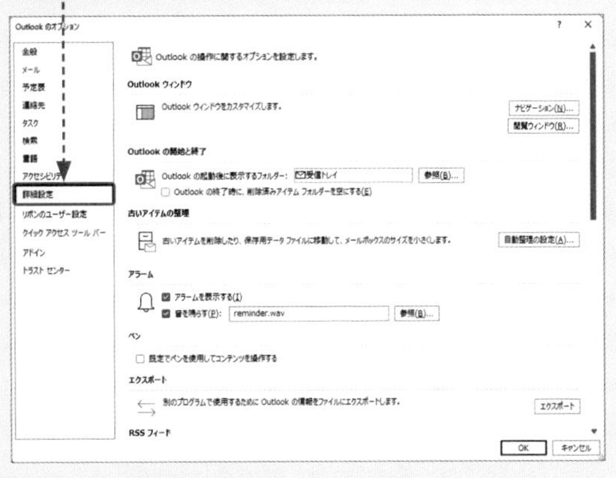

重要度 ★★★ Outlook操作の基本

Q 028 ウィンドウのサイズを変更したい!

A ドラッグ操作か、画面右上のコマンドを使って変更します。

Outlookは通常のアプリのウィンドウと同様、ドラッグ操作でウィンドウサイズを変更することができます。ウィンドウの左右の辺をドラッグすると幅を、上下の辺をドラッグすると高さを、四隅をドラッグすると幅と高さを同時に変更することが可能です。

また、ウィンドウを最小化してタスクバーに格納したり、デスクトップいっぱいに表示したりすることができます。

なお、ウィンドウを移動するには、タイトルバーの何もないところをドラッグします。

● ウィンドウサイズを変更する

1 マウスポインターをウィンドウの四隅に合わせ、ポインターの形が⤡に変わった状態で、

2 そのまま内側（あるいは外側）にドラッグすると、ウィンドウサイズが変更されます。

● ウィンドウを最小化する／最大化する

1 ［最大化］をクリックすると、

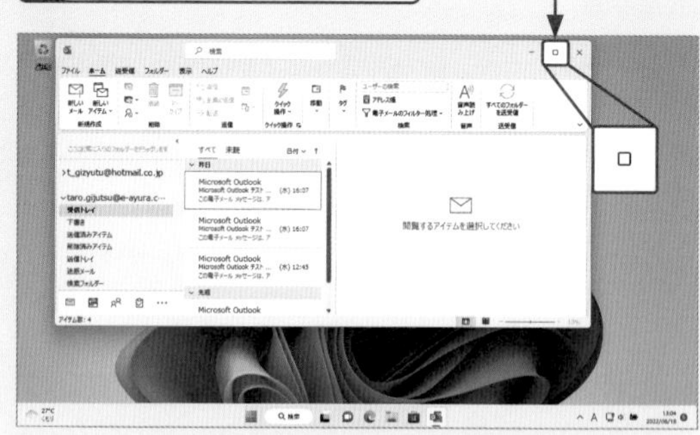

2 ウィンドウがデスクトップいっぱいに表示されます。

3 ［最小化］をクリックすると、

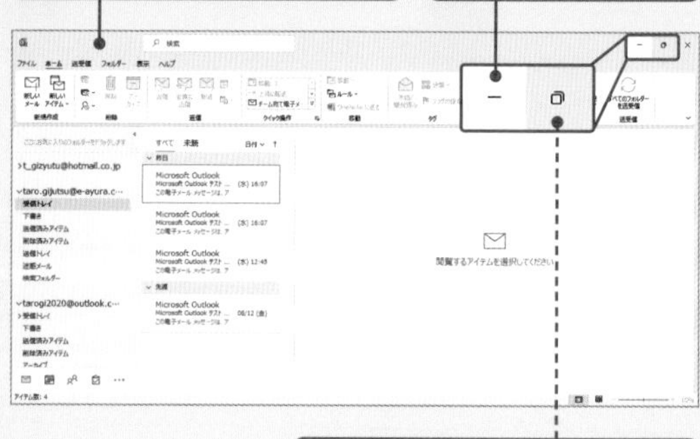

［元に戻す（縮小）］をクリックすると、もとのサイズに戻ります。

4 ウィンドウがタスクバーに格納されます。

重要度 ★★★ Outlook画面の基本

Q 029 Outlookの画面構成を知りたい！

A 下図で各部の名称と機能を確認しましょう。

Outlook 2021の画面構成は、下図のようになっています。画面の上部にはリボンが配置されており、リボンの下には、フォルダーウィンドウ、ビュー、閲覧ウィンドウなどが配置されています。

画面下のナビゲーションバーにある［メール］［予定表］［連絡先］［タスク］の各アイコンをクリックすると、画面が切り替わります。

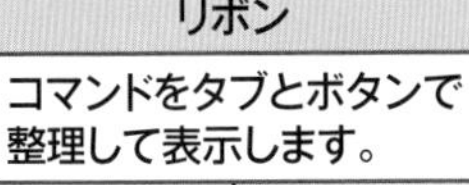

リボン
コマンドをタブとボタンで整理して表示します。

閲覧ウィンドウ
ビューで選択したアイテムの内容（メールの内容や連絡先の詳細など）が表示されます。

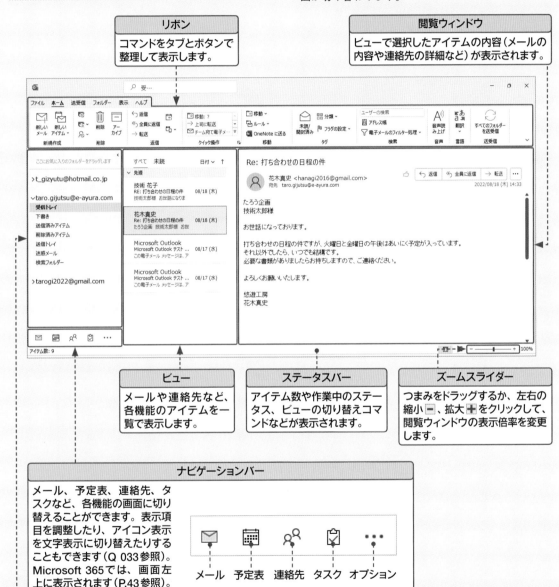

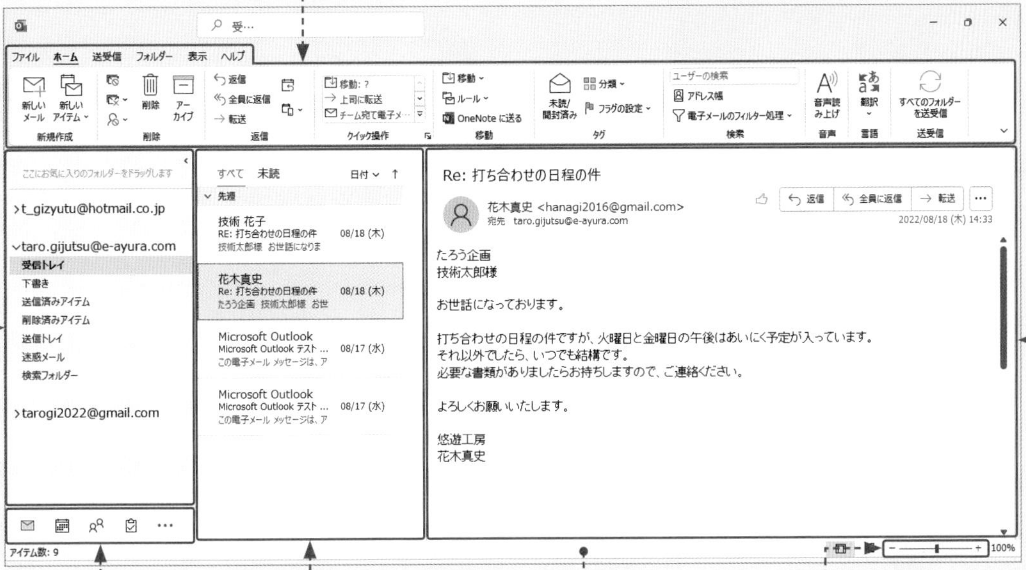

ビュー
メールや連絡先など、各機能のアイテムを一覧で表示します。

ステータスバー
アイテム数や作業中のステータス、ビューの切り替えコマンドなどが表示されます。

ズームスライダー
つまみをドラッグするか、左右の縮小➖、拡大➕をクリックして、閲覧ウィンドウの表示倍率を変更します。

ナビゲーションバー
メール、予定表、連絡先、タスクなど、各機能の画面に切り替えることができます。表示項目を調整したり、アイコン表示を文字表示に切り替えたりすることもできます（Q 033参照）。Microsoft 365では、画面左上に表示されます（P.43参照）。

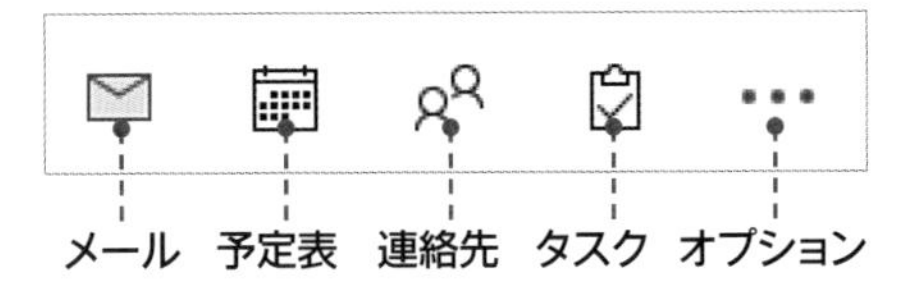

フォルダーウィンドウ
目的のフォルダーやアイテムにすばやくアクセスできます。

重要度 ★★★ Outlook画面の基本

Q 030 Outlookの各機能を切り替えたい!

A ナビゲーションバーで切り替えます。

Outlook 2021／2019／2016の場合

Outlookでは、画面下のナビゲーションバーに表示されている[メール][予定表][連絡先][タスク]のアイコンをクリックすると、画面がその機能に自動的に切り替わります。表示されている以外の機能は、⋯をクリックして切り替えます。

初期設定では、[メール]画面が表示されます。

1 [予定表]アイコンをクリックすると、

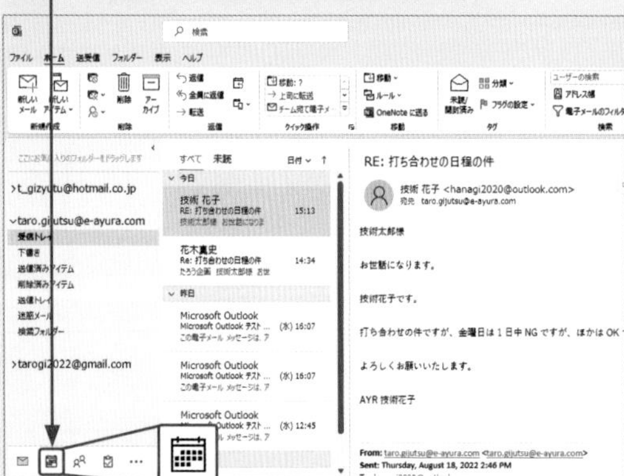

2 [予定表]画面に切り替わります。

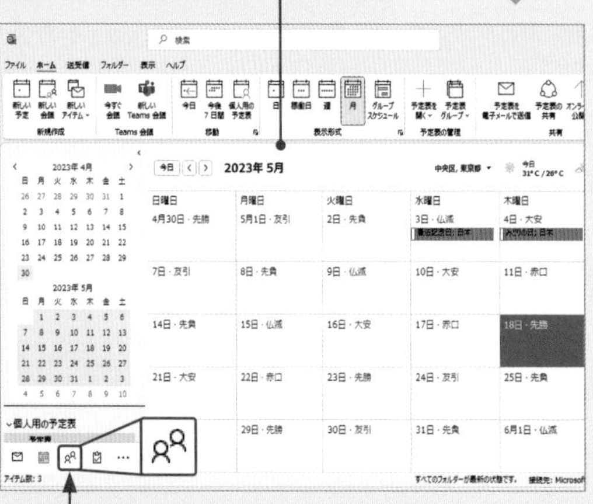

3 [連絡先]アイコンをクリックすると、

4 [連絡先]画面に切り替わります。

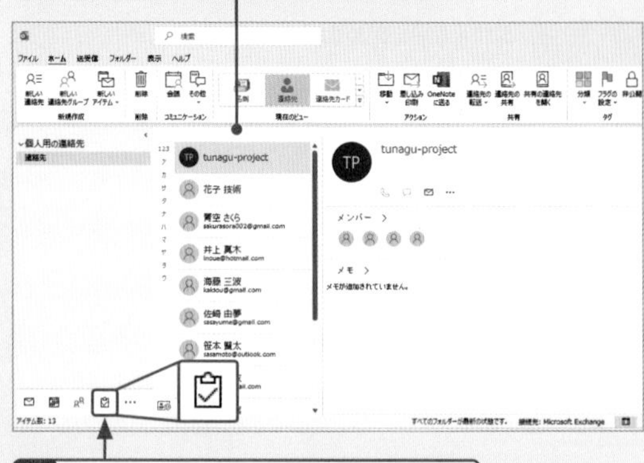

5 [タスク]アイコンをクリックすると、

6 [タスク]画面に切り替わります。

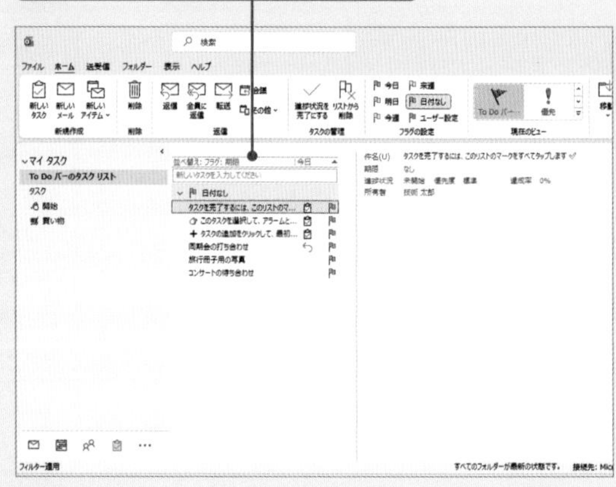

7 ここをクリックすると、

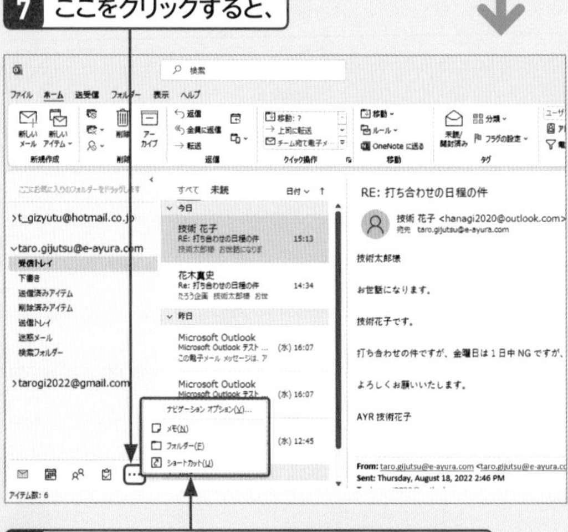

8 [メモ]や[フォルダー]画面に切り替えたり、ナビゲーションバーをカスタマイズしたりすることができます。

● Microsoft 365の場合

Microsoft 365では、ナビゲーションバーが画面の左に表示されています。また、[To Do]や[その他のアプリ]アイコンが追加されており、クリックすると、[フォルダー]や[メモ]画面に切り替えたり、「Microsoft To Do」アプリにアクセスしたりすることができます。なお、本書執筆時点では、[Outlookのオプション]ダイアログボックスの[詳細設定]で[Outlookでアプリを表示する]をクリックしてオフにすると、Outlook 2021と同様のナビゲーションバーが表示されます。

初期設定では、[メール]画面が表示されます。

1 [予定表]アイコンをクリックすると、

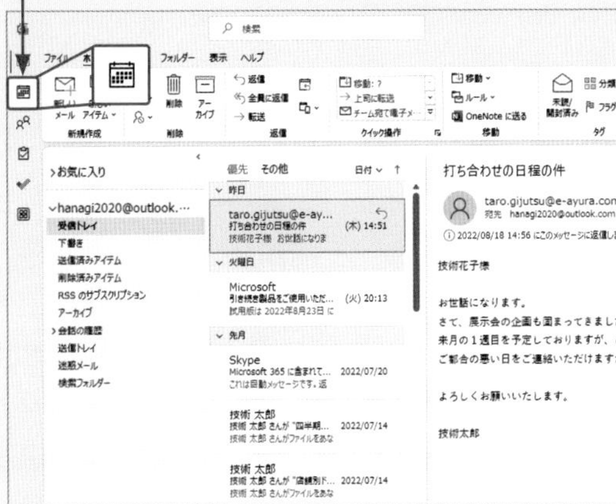

2 [予定表]画面に切り替わります。

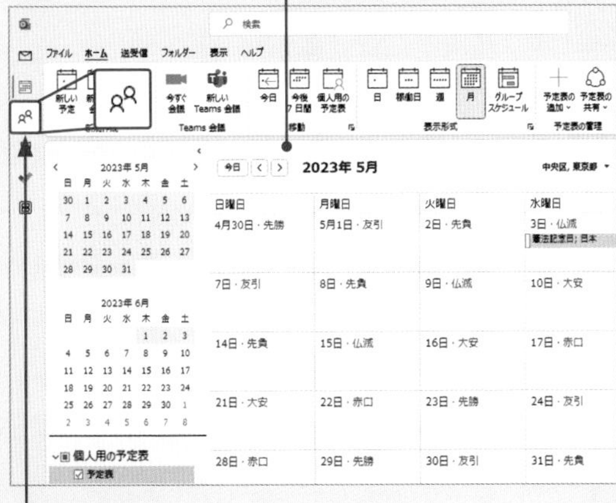

3 [連絡先]アイコンをクリックすると、

4 [連絡先]画面に切り替わります。

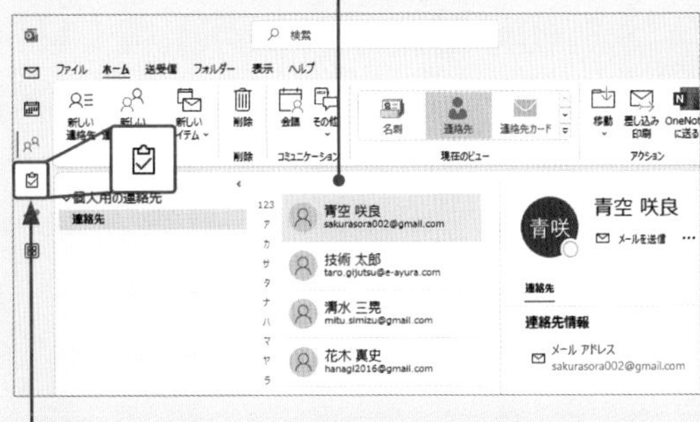

5 [タスク]アイコンをクリックすると、

6 [タスク]画面に切り替わります。

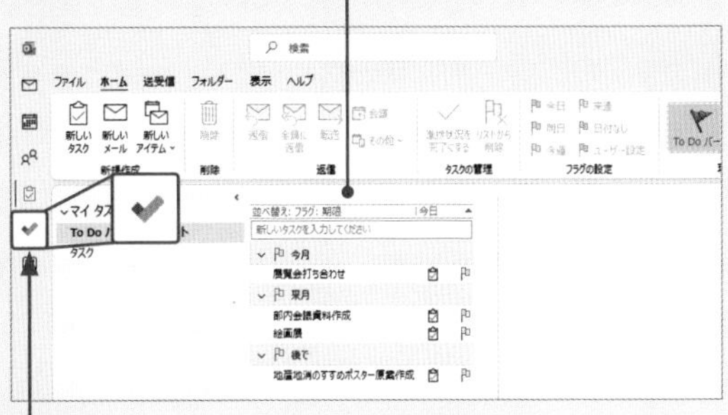

7 [To Do]アイコンをクリックすると、

8 「Microsoft To Do」アプリにアクセスできます。

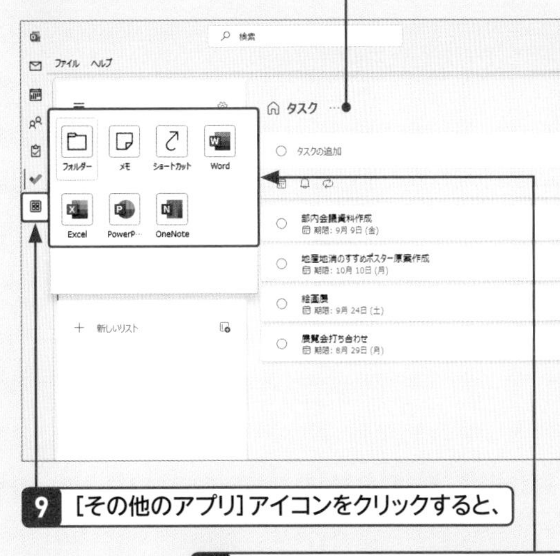

9 [その他のアプリ]アイコンをクリックすると、

10 [フォルダー]や[メモ]画面に切り替えたり、ほかのアプリにアクセスしたりすることができます。

重要度 ★★★ Outlook画面の基本

Q 031 Outlookの機能を切り替えずに表示したい！

A 機能のアイコンにマウスポインターを合わせます。

[予定表][連絡先][タスク]の各アイコンにマウスポインターを合わせると、それぞれの情報がプレビュー表示されます。

予定表のプレビュー表示

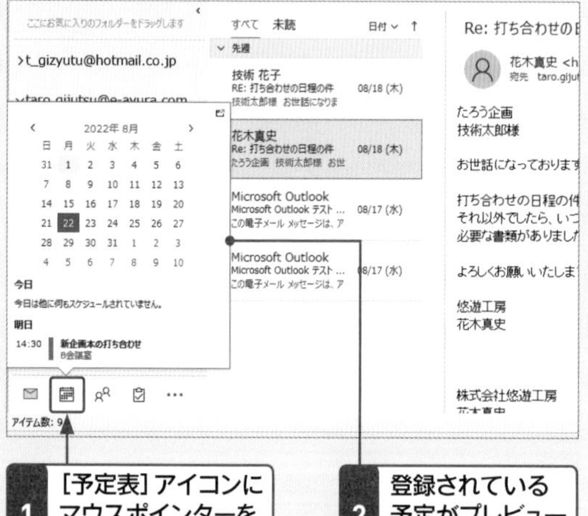

1 [予定表]アイコンにマウスポインターを合わせると、

2 登録されている予定がプレビュー表示されます。

連絡先のプレビュー表示

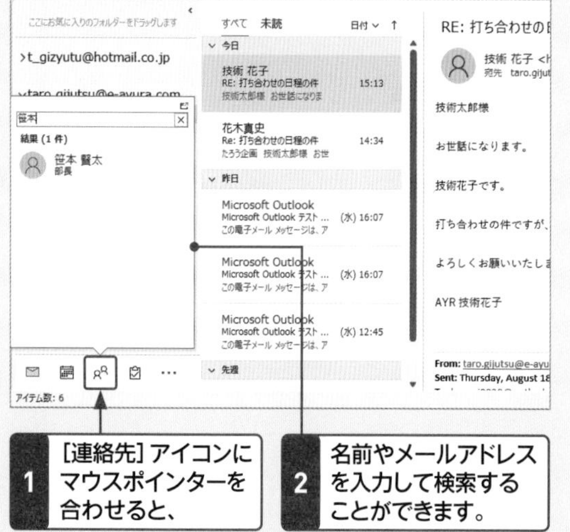

1 [連絡先]アイコンにマウスポインターを合わせると、

2 名前やメールアドレスを入力して検索することができます。

重要度 ★★★ Outlook画面の基本

Q 032 Outlookの機能を新しいウィンドウで表示したい！

A 右クリックして、[新しいウィンドウで開く]をクリックします。

機能を切り替える際に、画面を切り替えるのではなく、新しいウィンドウで表示したいときは、切り替えたい機能アイコンを右クリックして、[新しいウィンドウで開く]をクリックします。

1 切り替えたい機能（ここでは[予定表]）を右クリックして、

2 [新しいウィンドウで開く]をクリックすると、

3 [予定表]が新しいウィンドウで表示されます。

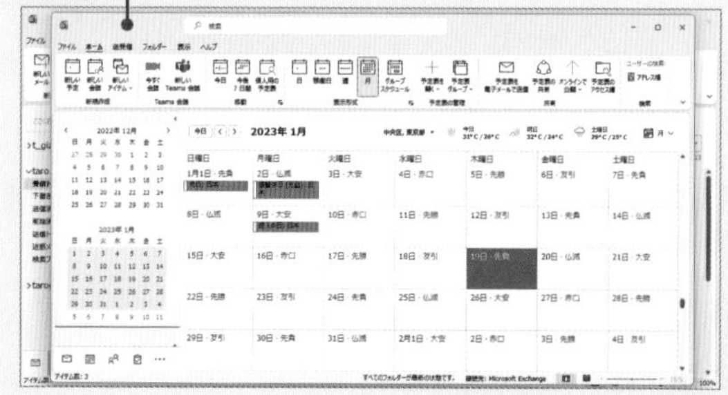

Q 033 ナビゲーションバーのアイコンが文字で表示されている！

A ［ナビゲーションオプション］ダイアログボックスで変更します。

パソコンの環境によってはナビゲーションバーのアイコンが文字で表示されている場合があります。この場合は、［ナビゲーションオプション］ダイアログボックスを表示して、［コンパクトナビゲーション］をクリックしてオンにします。

1 ここをクリックして、

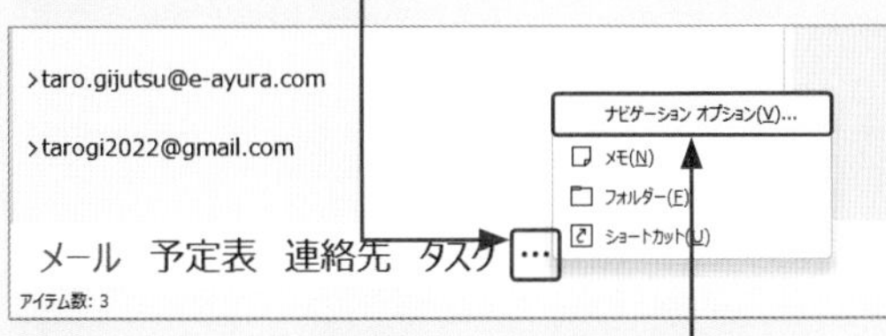

2 ［ナビゲーションオプション］をクリックします。

3 ［コンパクトナビゲーション］をクリックしてオンにし、

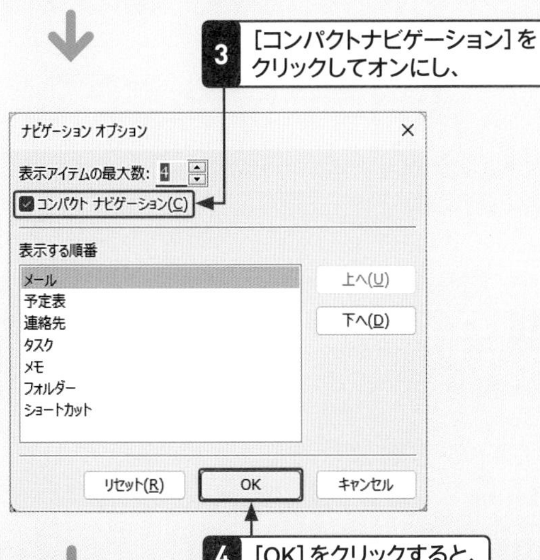

4 ［OK］をクリックすると、

5 ナビゲーションバーが通常表示の状態になります。

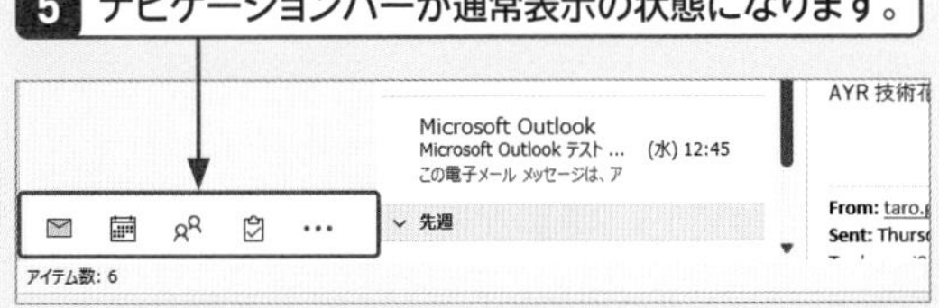

Q 034 ナビゲーションバーの表示順序を変更したい！

A1 ［ナビゲーションオプション］ダイアログボックスで変更します。

ナビゲーションバーに表示されている［メール］［予定表］［連絡先］［タスク］のアイコンの表示順序を変更したい場合は、［ナビゲーションオプション］ダイアログボックスで設定します。

1 表示順を変更したい機能をクリックして、

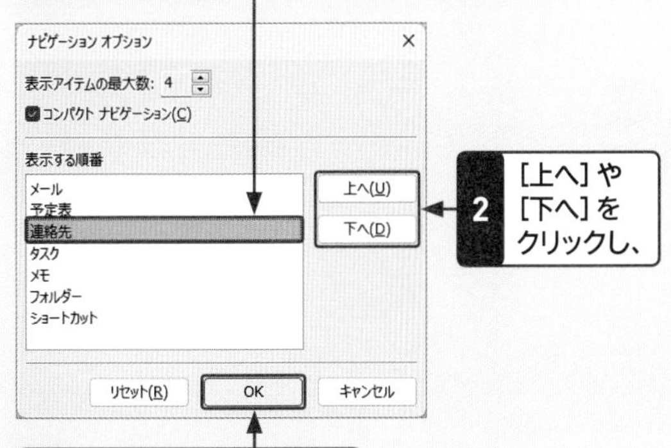

2 ［上へ］や［下へ］をクリックし、

3 ［OK］をクリックします。

A2 アイコンを右クリックして変更します。

Microsoft 365の場合は、ナビゲーションバーに表示されているアイコンを右クリックして、［上へ移動］や［下へ移動］をクリックします。

1 移動したいアイコンを右クリックして、

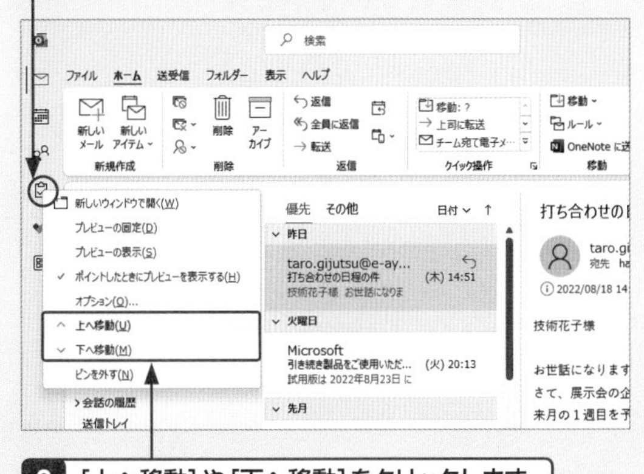

2 ［上へ移動］や［下へ移動］をクリックします。

重要度 ★★★ Outlook画面の基本 365

Q 035 ナビゲーションバーの表示項目数を変更したい!

A [ナビゲーションオプション]ダイアログボックスで変更します。

Outlookのナビゲーションバーには、初期設定で[メール][予定表][連絡先][タスク]の4つのアイコンが表示されています。このほかに、[メモ][フォルダー][ショートカット]を表示させることができます。

ナビゲーションバーの表示数は変更することができますが、項目数を増やす場合は、表示を文字に変更する必要があります。

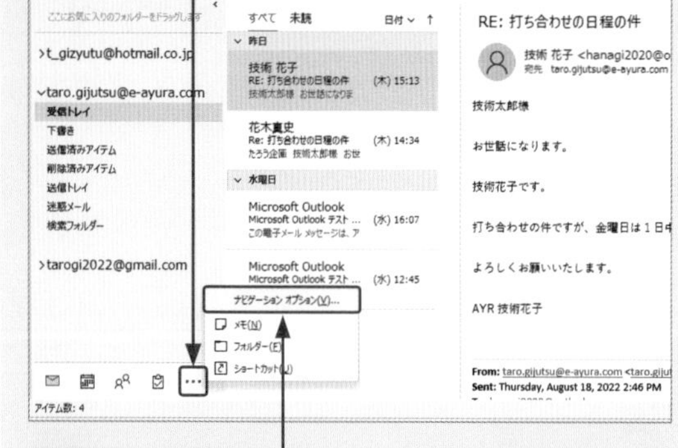

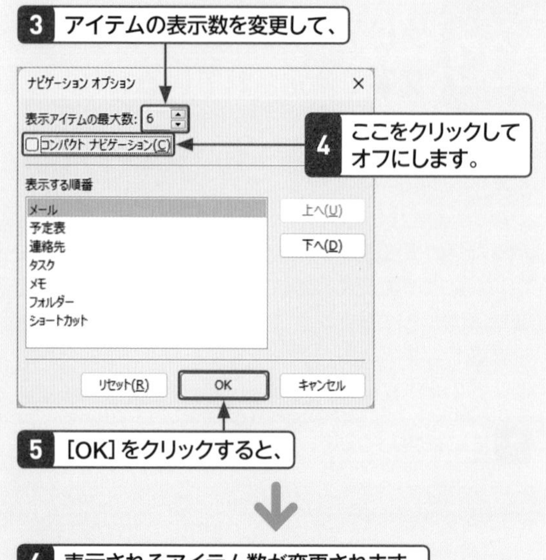

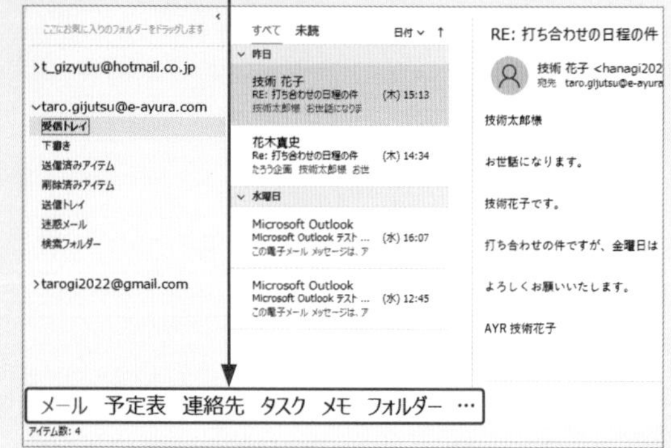

重要度 ★★★ Outlook画面の基本 365

Q 036 ナビゲーションバーの表示をもとに戻したい!

A [ナビゲーションオプション]ダイアログボックスでリセットします。

ナビゲーションバーの表示順序やアイテムの表示数をもとの初期設定に戻したいときは、[ナビゲーションオプション]ダイアログボックスを表示して、[コンパクトナビゲーション]をクリックしてオンにし、[リセット]をクリックします。

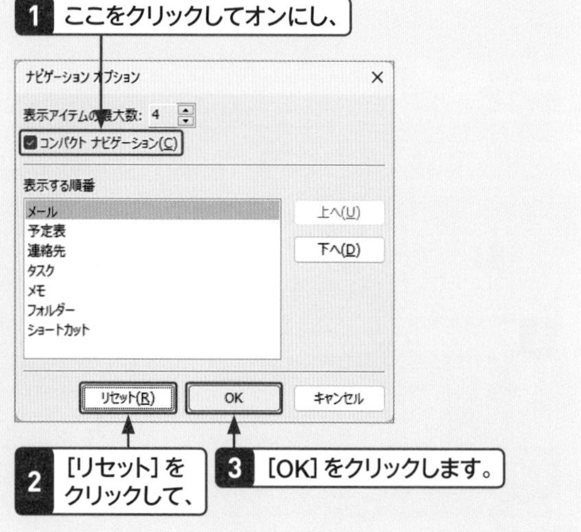

重要度 ★★★ Outlook画面の基本

Q 037 閲覧ビューと標準ビューを切り替えたい！

A 画面右下のコマンドをクリックして切り替えます。

Outlookには、「標準ビュー」と「閲覧ビュー」の2種類の表示モードが用意されており、画面右下の［標準ビュー］コマンド、［閲覧ビュー］コマンドをクリックして切り替えることができます。

初期設定では、標準ビューで表示されています。閲覧ビューでは、フォルダーウィンドウが最小化され、閲覧ウィンドウが大きく表示されます。

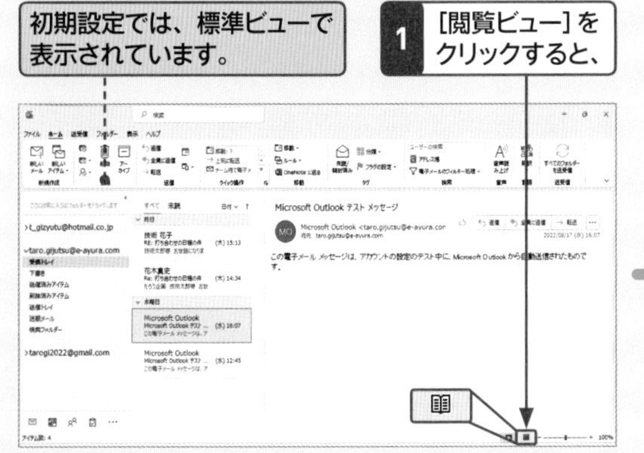

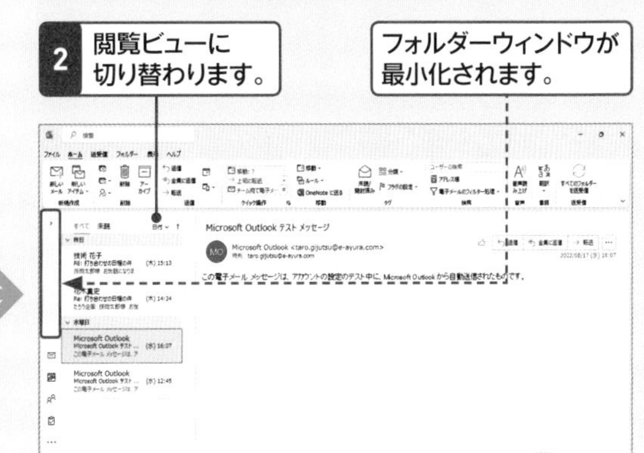

重要度 ★★★ Outlook画面の基本

Q 038 Outlookの起動時に表示される画面を変更したい！

A ［Outlookのオプション］ダイアログボックスで設定します。

初期設定では、Outlookを起動すると、メールの［受信トレイ］が表示されますが、起動時に表示されるフォルダーや画面を変更することもできます。

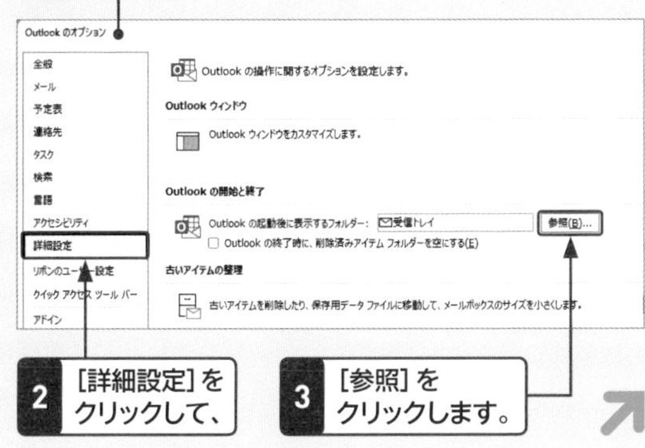

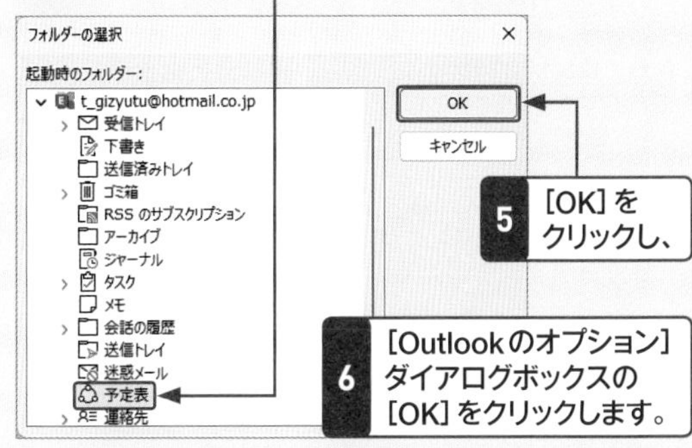

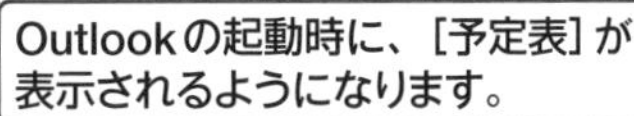

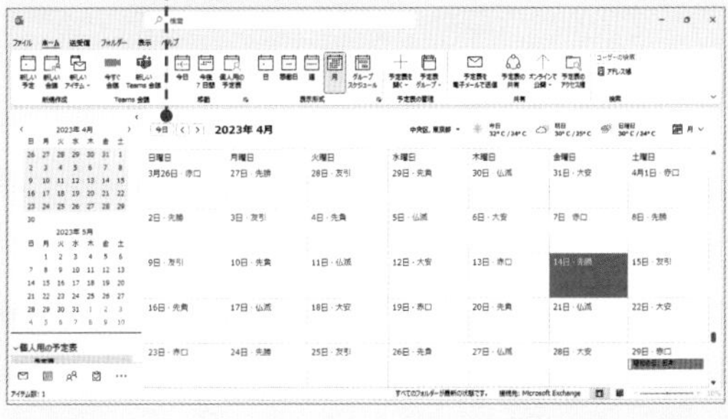

重要度 ★★★ Outlook画面の基本

Q 039 Backstageビューって何？

A [ファイル]タブをクリックしたときに表示される画面です。

「Backstageビュー」とは、[ファイル]タブをクリックすると表示される画面のことをいいます。Backstageビューでは、ファイルの操作や印刷、Officeアカウントの管理、オプションの変更などが行えます。それぞれのメニューをクリックすると、右側にそのメニューの設定画面が表示されます。

1 [ファイル]タブをクリックすると、

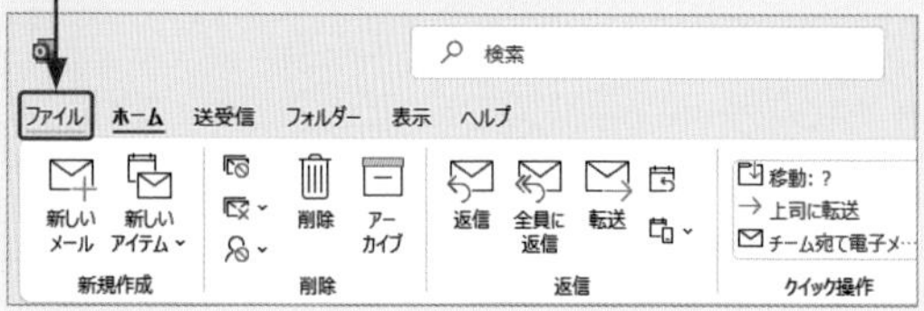

ここをクリックすると、もとの画面に戻ります。

2 Backstageビューが表示されます。

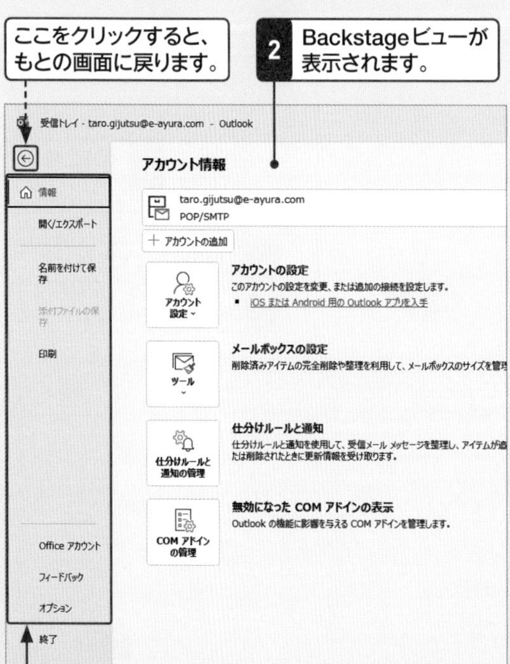

3 それぞれをクリックすると、設定画面が表示されます。

重要度 ★★★ Outlook画面の基本

Q 040 To Doバーって何？

A 予定表、連絡先、タスクを画面の右側に表示する機能です。

「To Doバー」は、予定表や連絡先、タスクの情報を画面の右側に表示する機能です。[メール][予定表][連絡先][タスク]の各画面で表示できます。

To Doバーを表示するには、[表示]タブの[To Doバー]をクリックして、一覧から表示したい項目をクリックしてオンにします。To Doバーを非表示にするには、一覧を表示して[オフ]をクリックするか、オンになっている項目をクリックしてオフにします。

1 [表示]タブをクリックして、

2 [To Doバー]をクリックします。

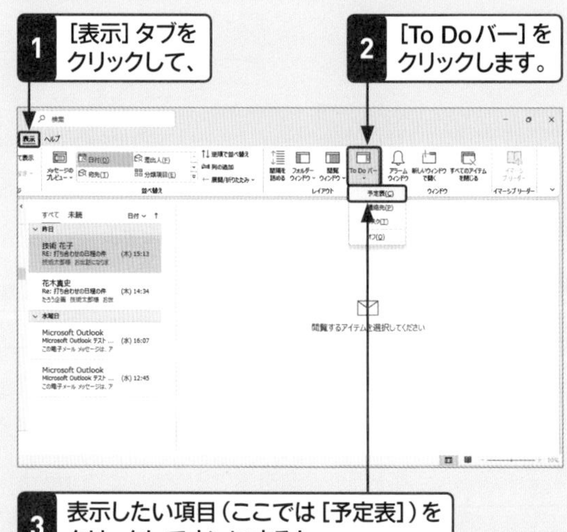

3 表示したい項目（ここでは[予定表]）をクリックしてオンにすると、

4 1か月分のカレンダーと直近の予定が表示されます。

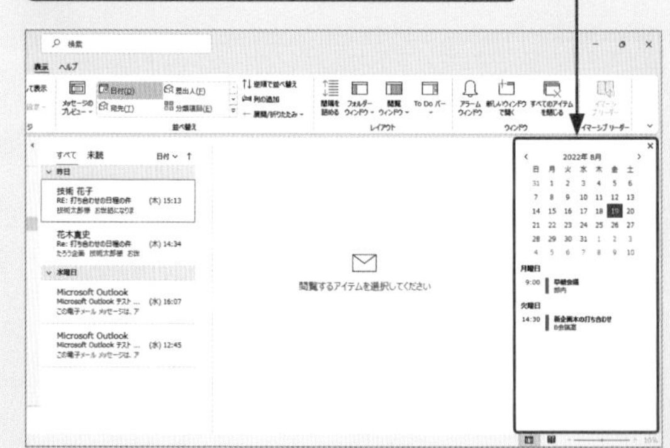

重要度 ★★★ Outlook画面の基本

Q 041 リボンやタブって何？

A Outlookの操作に必要なコマンドが表示されるスペースです。

「リボン」は、Outlookの操作を「コマンド」と呼ばれるボタンでまとめたものです。リボンの上部には、[ファイル][ホーム][送受信][フォルダー][表示][ヘルプ]の6つの「タブ」が配置されています。それぞれのタブの名前の部分をクリックしてタブを切り替え、コマンドをクリックすることで該当する操作を行います。Outlookでは、機能や場面ごとに各タブの内容が異なります。

● メールの[ホーム]タブ

● 予定表の[ホーム]タブ

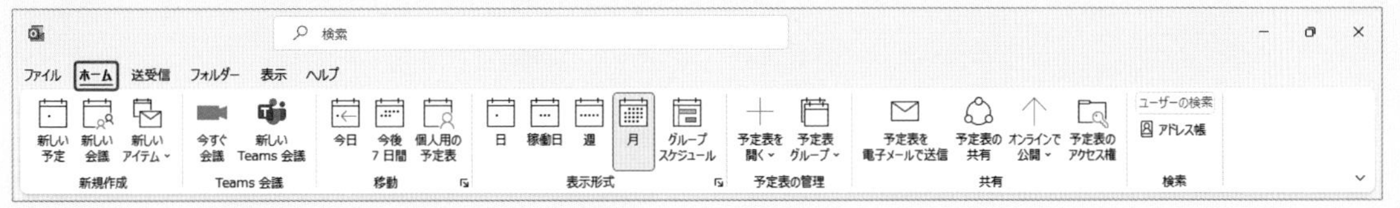

重要度 ★★★ Outlook画面の基本

Q 042 クラシックリボンって何？

A Outlook 2019まで標準で表示されていたリボンのレイアウトです。

「クラシックリボン」は、Outlook 2019まで標準で表示されていたリボンのレイアウトです。Outlook 2021では、シンプルリボンが搭載され、クラシックリボンとシンプルリボンが選択できるようになりました。シンプルリボンは、リボンが簡略化されてコマンドが1行で表示される機能です。簡略化したリボンに表示されていないコマンドは、リボンの右横にある[その他のコマンド]をクリックすると表示されます。

なお、本書では画面の表示をすべてクラシックリボンで統一しています。クラシックリボンとシンプルリボンの違いについては、P.316〜319を参照してください。

● クラシックリボン

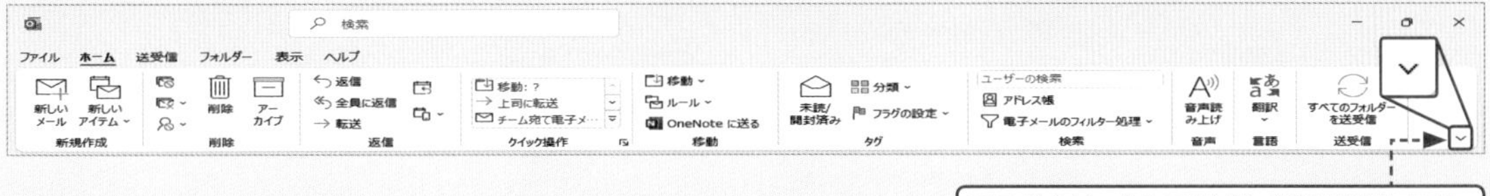

ここをクリックしてリボンを切り替えます。

● シンプルリボン

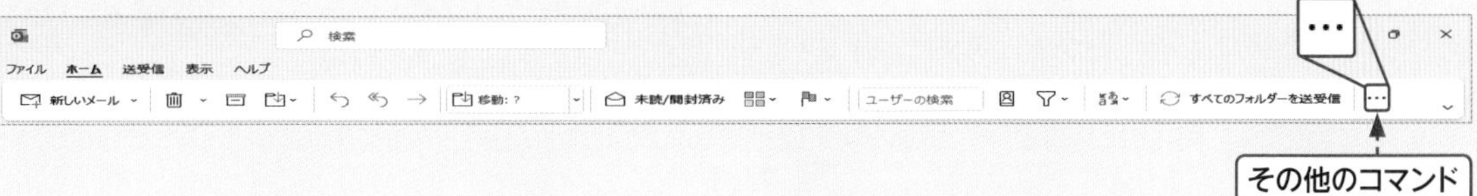

重要度 ★★★ Outlook画面の基本

Q 043 リボンを消すことはできる？

A1 [全画面表示モード]に設定します。

リボンを非表示にして必要なときだけ表示させたいときは、リボンの右下にある ⌵ をクリックして、[全画面表示モード]をクリックします。リボンを使用したいときは、画面の上部をクリックすると、一時的にリボンが表示されます。
リボンをもとの表示に戻すには、⌵ をクリックして、[常にリボンを表示する]をクリックします。

1 ここをクリックして、

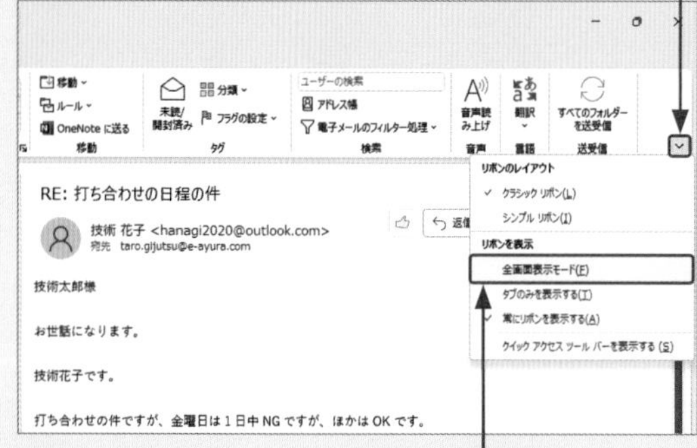

2 [全画面表示モード]をクリックすると、

3 全画面表示になり、リボンが非表示になります

4 画面の上部をクリックすると、

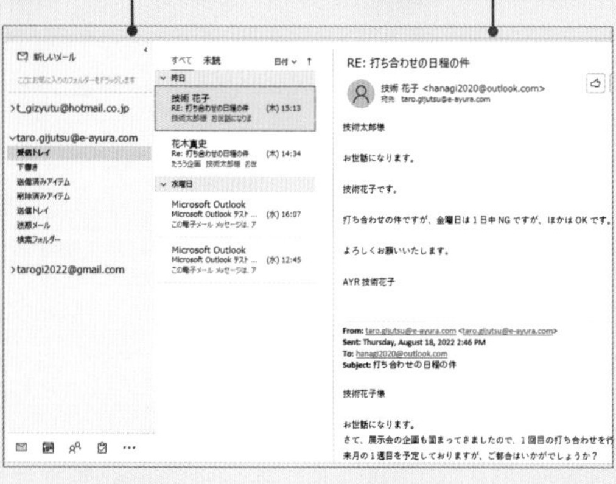

5 一時的にリボンが表示されます。

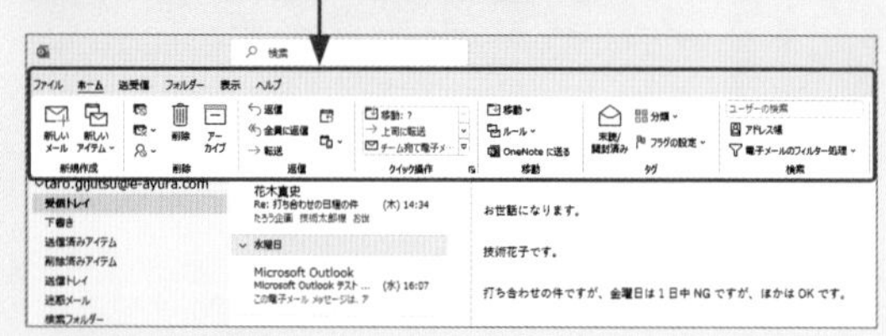

A2 [リボンの表示オプション]からリボンを非表示にします。

Outlook 2019／2016の場合は、[リボンの表示オプション]をクリックして、[リボンを自動的に非表示にする]をクリックします。
リボンをもとの表示に戻すには、[リボンの表示オプション]をクリックして、[リボンとコマンドの表示]をクリックします。

1 [リボンの表示オプション]をクリックして、

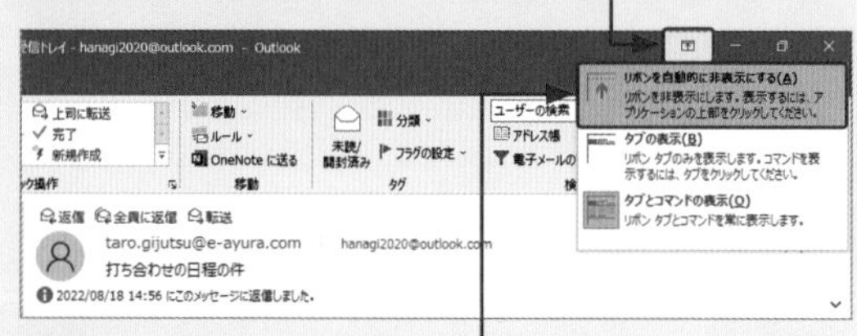

2 [リボンを自動的に非表示にする]をクリックすると、

3 リボンが非表示になります。

4 画面の上部をクリックすると、

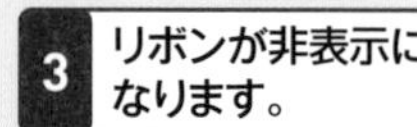

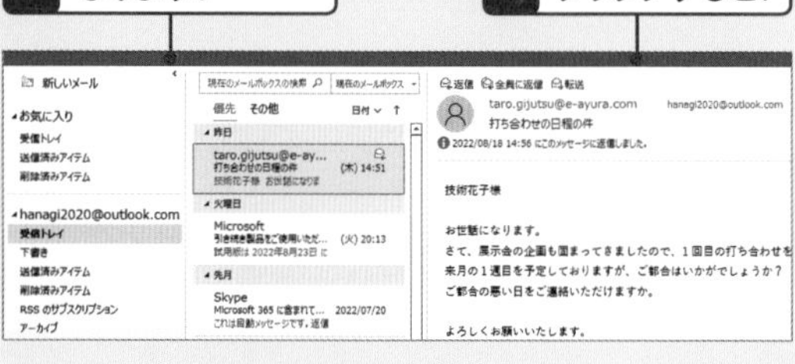

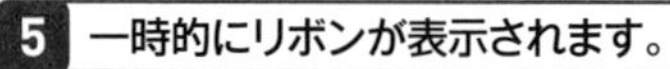

5 一時的にリボンが表示されます。

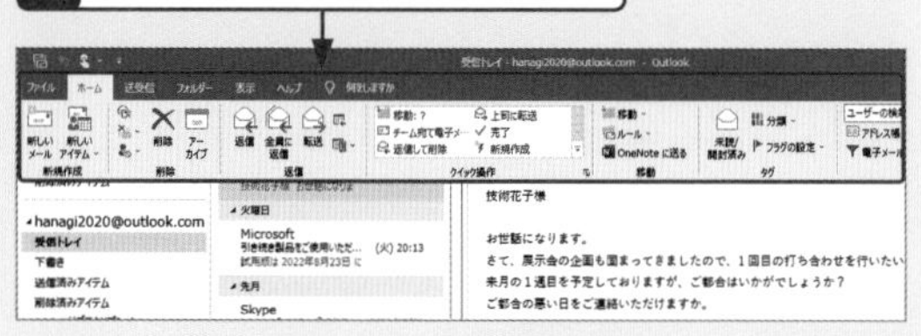

Q 044 タブのみを表示することはできる？

A1 [タブのみを表示する]をクリックします。

リボンを必要なときにのみ表示させたい場合は、リボンの右下にある⌄をクリックして、[タブのみを表示する]をクリックします。一時的にリボンを使用したいときは、表示させたいタブをクリックすれば、その内容のリボンが表示されます。
リボンをもとの表示に戻すには、⌄をクリックして、[常にリボンを表示する]をクリックします。また、アクティブなタブの名前をダブルクリックしても、タブのみを表示させることができます。もとに戻すには、タブを再びダブルクリックします。

1 ここをクリックして、

2 [タブのみを表示する]をクリックすると、

3 リボンが非表示になり、タブのみが表示されます。

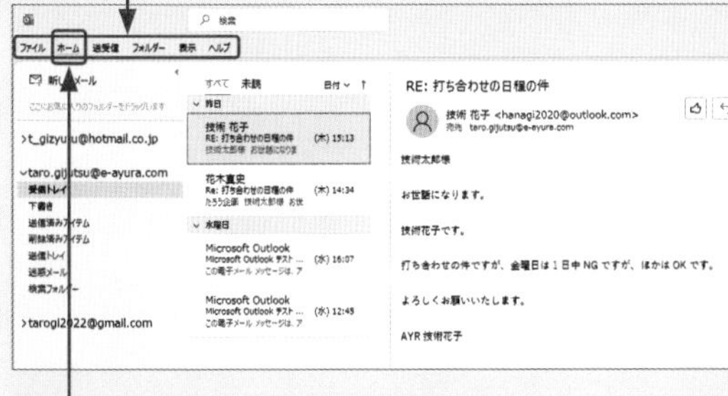

4 いずれかのタブをクリックすると、

5 一時的にリボンが表示されます。

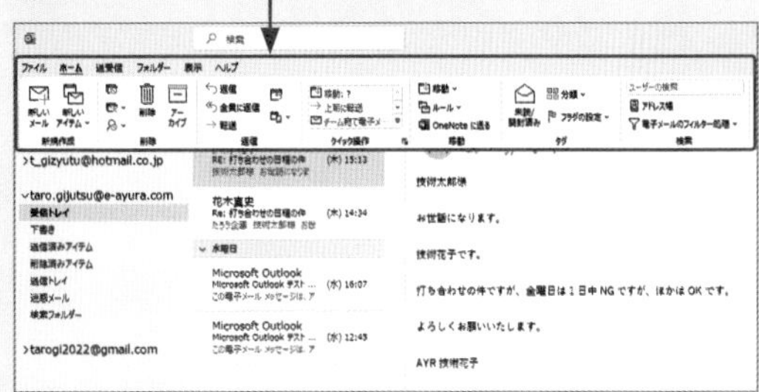

A2 [リボンを折りたたむ]をクリックします。

Outlook 2019／2016の場合は、リボンの右下にある[リボンを折りたたむ]をクリックすると、タブだけが表示されます。
リボンをもとの表示に戻すには、[リボンの表示オプション]をクリックして、[タブとコマンドの表示]をクリックすると、もとの表示に戻ります。

1 [リボンを折りたたむ]をクリックすると、

2 リボンが非表示になり、タブのみが表示されます。

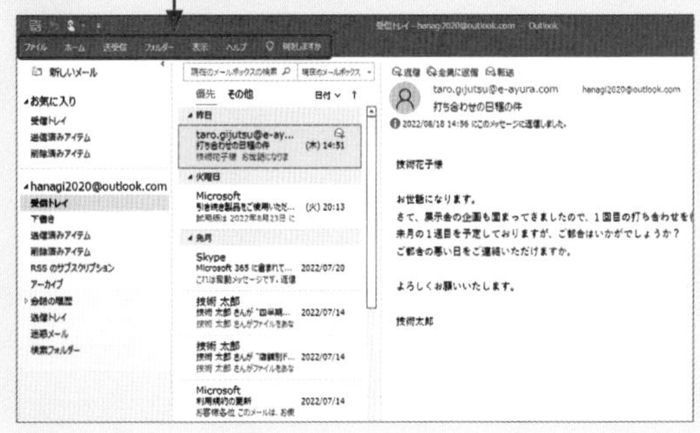

重要度 ★★★ Outlook画面の基本

Q 045 リボンがなくなってしまった!

A [リボンを表示]オプションメニューから表示させます。

リボンが非表示になってしまった場合は、画面の上部をクリックします。リボンが一時的に表示されるので、⌄ をクリックして、[常にリボンを表示する]をクリックすると、もとの表示に戻ります。

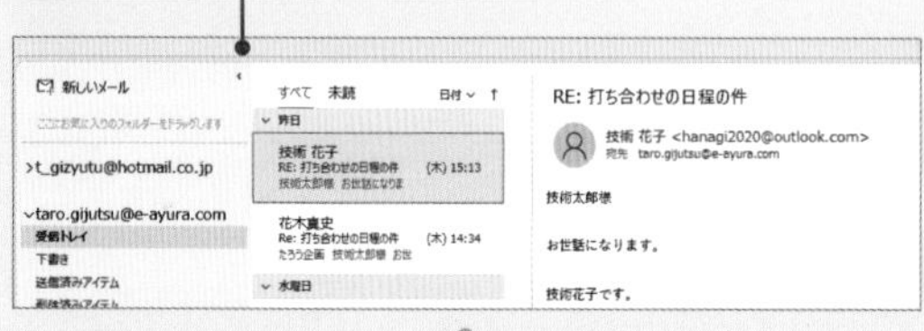

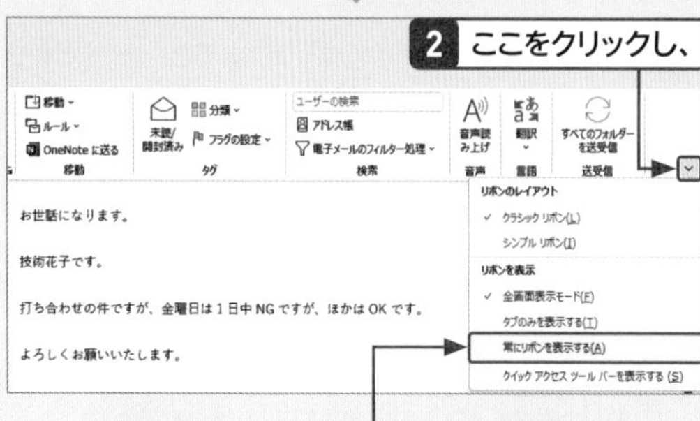

A2 [リボンの表示オプション]をクリックして表示させます。

Outlook 2019／2016の場合は、[リボンの表示オプション]をクリックして、[タブとコマンドの表示]をクリックすると、表示されます。

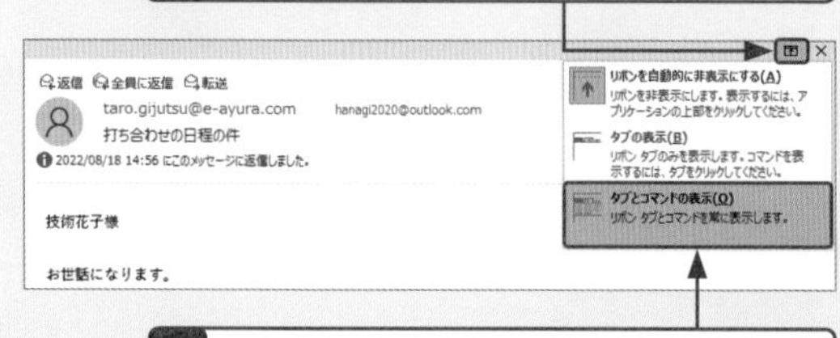

重要度 ★★★ Outlook画面の基本

Q 046 リボンの表示が本書と違う!

A ウィンドウのサイズによって表示が異なります。

リボンのコマンドは、ウィンドウのサイズによって表示のされ方が異なります。ウィンドウのサイズが小さいとグループだけが表示されたり、コマンドが縦に並んで表示されたり、コマンドの名称が表示されずにアイコンだけが表示される場合があります。そのため、本書とは画面の見え方が異なる場合があります。必要に応じてウィンドウのサイズを変更してみてください。

● ウィンドウのサイズが大きい場合

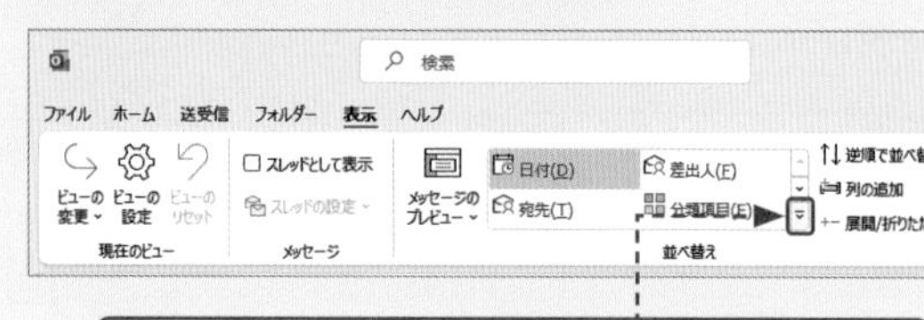

ここをクリックして、並べ替えの方法を選択します。

● ウィンドウのサイズが小さい場合

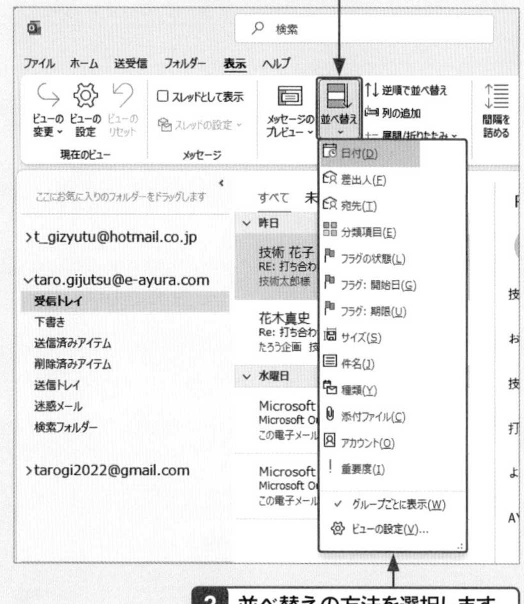

重要度 ★★★ Outlook画面の基本

Q 047 見慣れないタブが表示されている!

A 作業の状態によって表示されるタブがあります。

タブやコマンドは、作業の内容に応じて必要なものが表示される場合もあります。たとえば、Outlookでメールの返信や転送の操作を行うと、返信や転送操作に必要なコマンドが搭載されている［メッセージ］タブが表示されます。

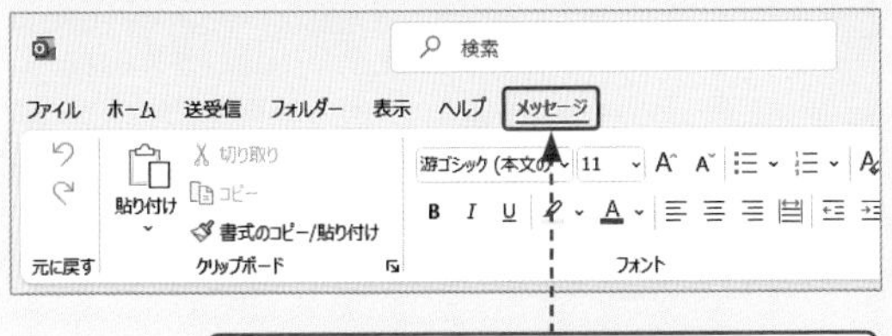

メールの返信／転送操作を行うと、返信／転送に必要なタブが表示されます。

重要度 ★★★ Outlook画面の基本

Q 048 コマンドの名前や機能がわからない!

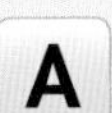

A コマンドにマウスポインターを合わせると確認できます。

コマンドの名称や機能がわからない場合は、コマンドにマウスポインターを合わせると、そのコマンドの名称や機能のかんたんな説明がポップアップで表示されます（ポップヒント）。

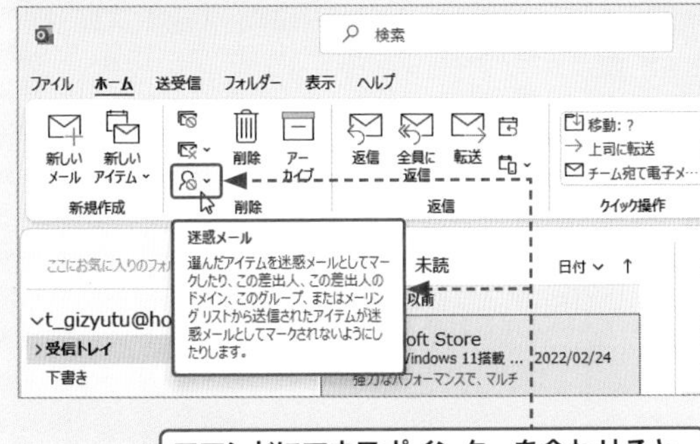

コマンドにマウスポインターを合わせると、名称と機能を確認できます。

重要度 ★★★ Outlook画面の基本

Q 049 ポップヒントを表示しないようにしたい!

A ［Outlookのオプション］ダイアログボックスで設定します。

初期設定では、コマンドにマウスポインターを合わせると、コマンドの名称や機能のかんたんな説明がポップアップで表示されます。この機能がわずらわしい場合は、非表示にすることができます。

1 ［ファイル］タブをクリックして、

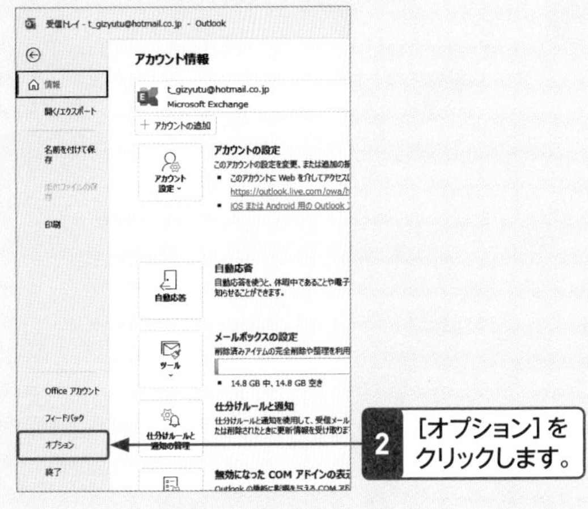

2 ［オプション］をクリックします。

3 ［全般］の［ヒントのスタイル］をクリックして、

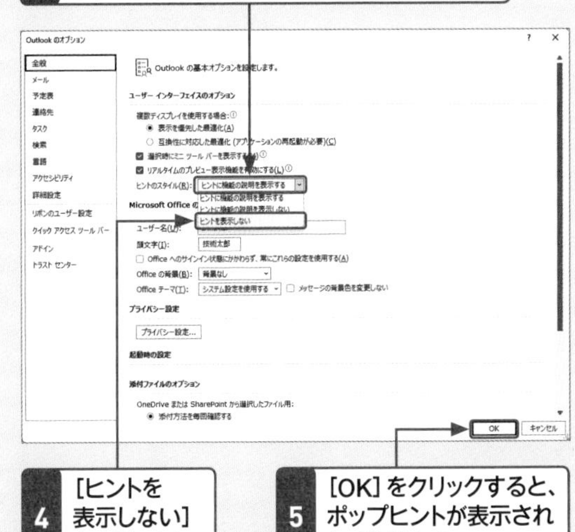

4 ［ヒントを表示しない］をクリックし、

5 ［OK］をクリックすると、ポップヒントが表示されなくなります。

重要度 ★★★ Outlook画面の基本

Q 050 画面の色を変えたい！

A ［アカウント］画面の［Officeテーマ］で変更できます。

画面の色は、［ファイル］タブから［Officeアカウント］をクリックすると表示される［アカウント］画面の［Officeテーマ］で変更することができます。色は、カラフル、濃い灰色、黒、白の4種類が用意されています（Outlook 2016の場合、黒はありません）。

1 ［ファイル］タブから［Officeアカウント］をクリックします。

2 ［Officeテーマ］のここをクリックして、

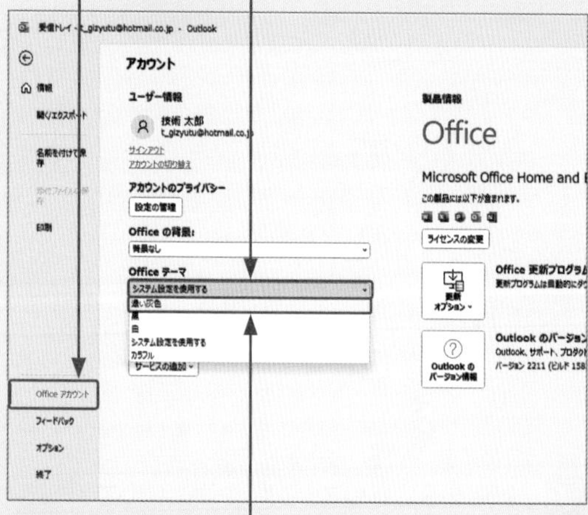

3 変更したい色（ここでは［濃い灰色］）をクリックします。

4 画面の色が濃い灰色に変わります。

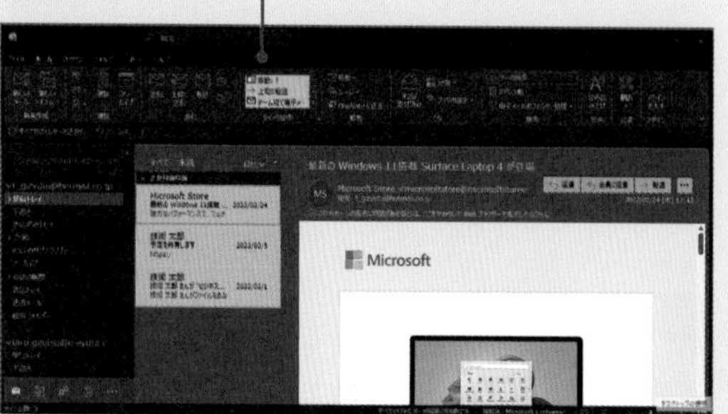

重要度 ★★★ Outlook画面の基本

Q 051 クイックアクセスツールバーって何？

A よく使う機能をコマンドとして登録しておくことができる領域です。

使用頻度の高い機能を配置し、Outlookの操作の向上に役立つのがクイックアクセスツールバーです。Outlook 2019／2016の初期設定では［すべてのフォルダーを送受信］、［元に戻す］の2つのコマンドが表示されています。クイックアクセスツールバーには、コマンドを自由に追加したり削除したりできるので、自分が使いやすいように変更することができます。 参照▶Q 054

すべてのフォルダーを送受信

元に戻す

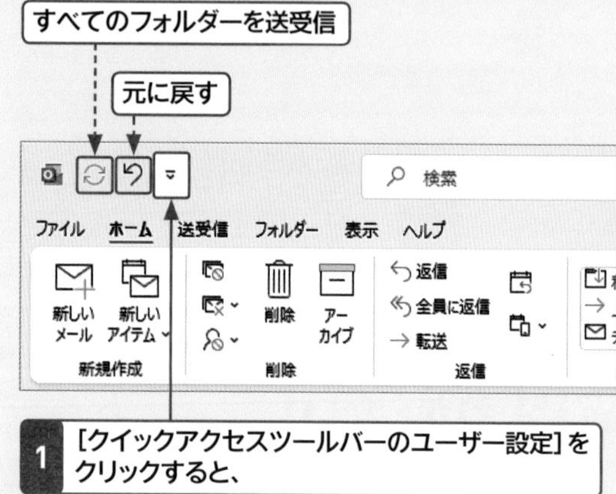

1 ［クイックアクセスツールバーのユーザー設定］をクリックすると、

2 コマンドを追加できます。

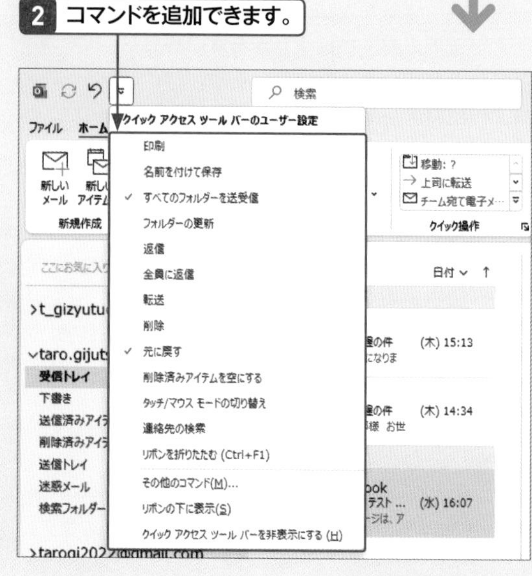

重要度★★★　Outlook画面の基本

Q 052 クイックアクセスツールバーが表示されていない？

A リボン右下の［∨］をクリックして、表示させます。

Outlook 2021／Microsoft 365の初期設定では、クイックアクセスツールバーは非表示になっています。表示させたい場合は、リボン右下の［∨］をクリックして、［クイックアクセスツールバーを表示する］をクリックします。Outlook 2019／2016の場合は、最初から表示されています。

1 ここをクリックして、

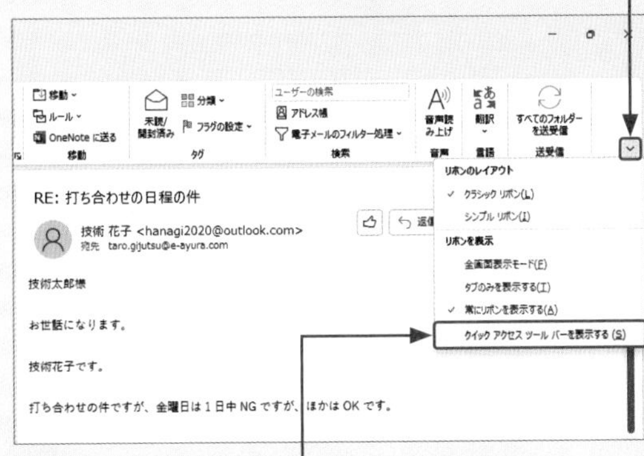

2 ［クイックアクセスツールバーを表示する］をクリックすると、

3 クイックアクセスツールバーが表示されます。

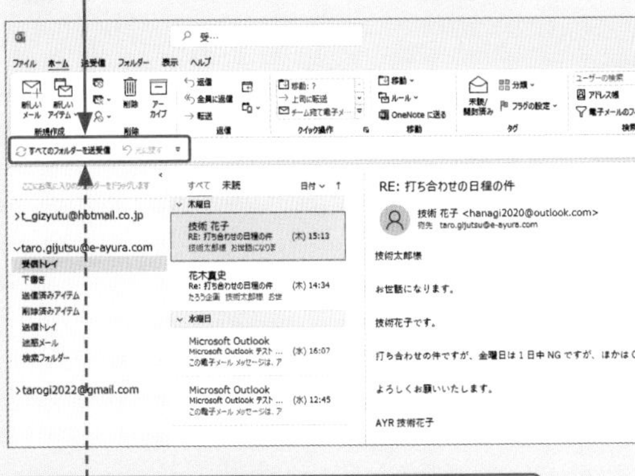

Outlook 2021／Microsoft 365の既定ではリボンの下に表示されます。

重要度★★★　Outlook画面の基本　✕2019 ✕2016

Q 053 クイックアクセスツールバーの表示位置を変更したい！

A ［クイックアクセスツールバーのユーザー設定］から設定します。

Outlook 2021／Microsoft 365でクイックアクセスツールバーを表示すると、既定ではリボンの下に表示されます。リボンの上に移動するには、［クイックアクセスツールバーのユーザー設定］をクリックして、［リボンの上に表示］をクリックします。逆にリボンの下に移動する場合は、［リボンの下に表示］をクリックします。

1 ［クイックアクセスツールバーのユーザー設定］をクリックして、

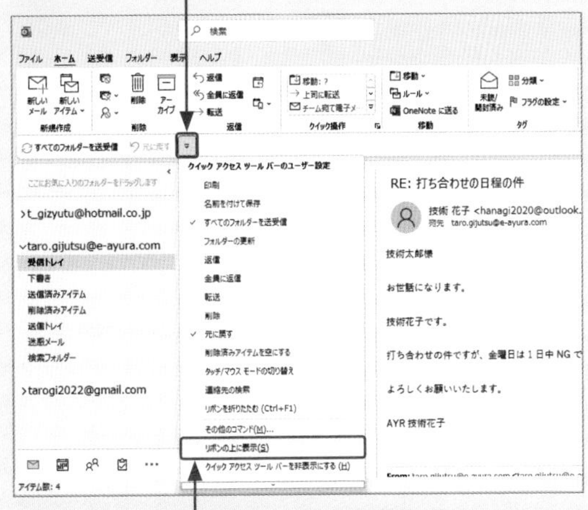

2 ［リボンの上に表示］をクリックすると、

3 リボンの上に表示されます。

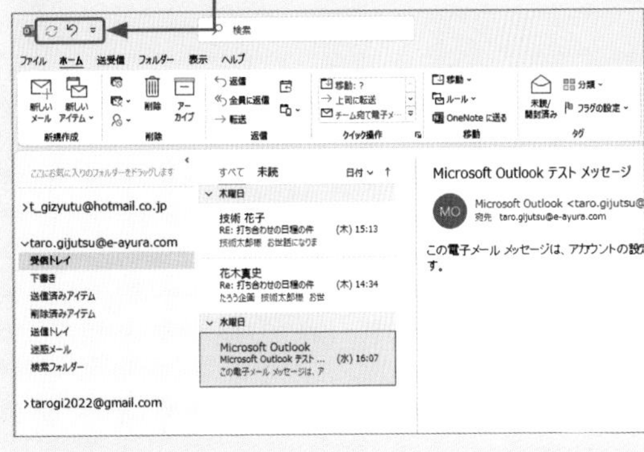

重要度★★★ Outlook画面の基本

Q 054 クイックアクセスツールバーにコマンドを登録したい！

A [クイックアクセスツールバーのユーザー設定]から登録できます。

よく使うコマンドは、クイックアクセスツールバーに登録しておくと便利です。コマンドは複数登録できます。コマンドを登録するには、[クイックアクセスツールバーのユーザー設定]をクリックして、以下の手順で操作します。
なお、クイックアクセスツールバーが表示されていない場合は、Q 052を参照して表示します。ここでは、クイックアクセスツールバーを画面の上に移動しています。

参照▶Q 053

● メニューから登録する

1 [クイックアクセスツールバーのユーザー設定]をクリックして、

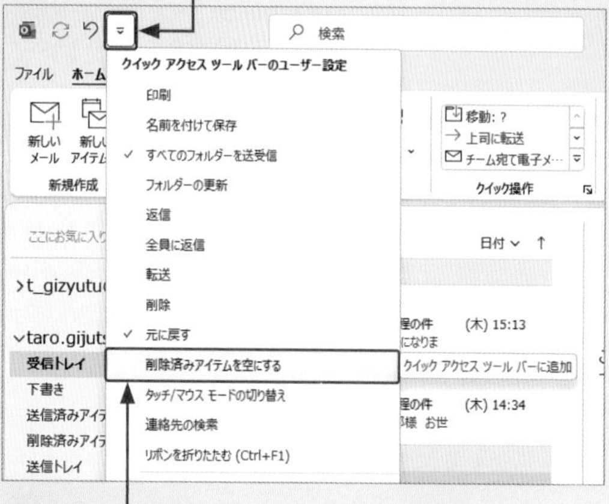

2 表示させたいコマンド（ここでは[削除済みアイテムを空にする]）をクリックすると、

3 [削除済みアイテムを空にする]コマンドが登録されます。

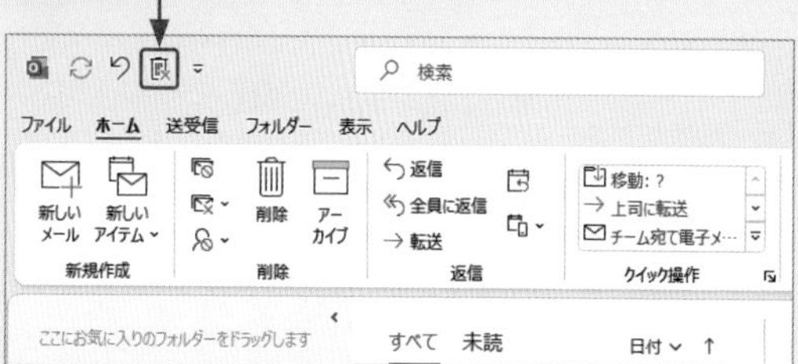

● メニューにないコマンドを登録する

1 [クイックアクセスツールバーのユーザー設定]をクリックして、

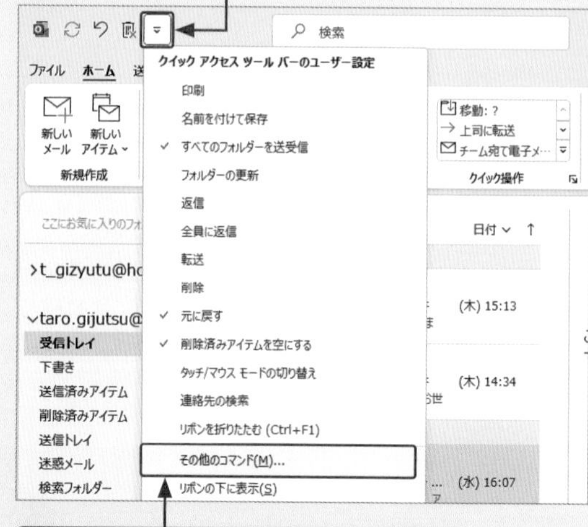

2 [その他のコマンド]をクリックします。

3 [リボンにないコマンド]を選択して、

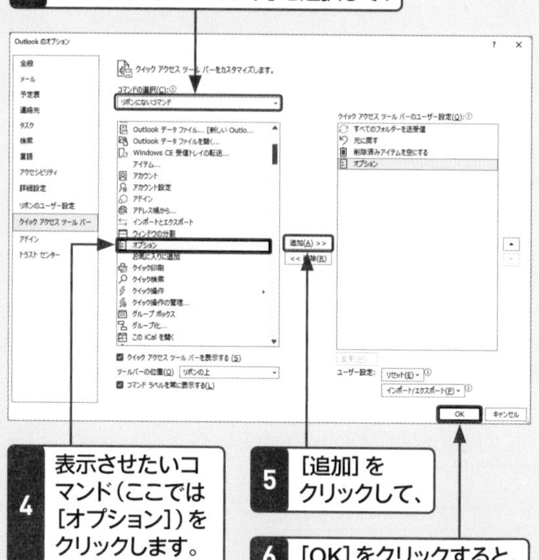

4 表示させたいコマンド（ここでは[オプション]）をクリックします。

5 [追加]をクリックして、

6 [OK]をクリックすると、

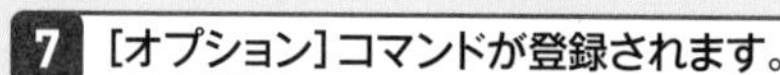

7 [オプション]コマンドが登録されます。

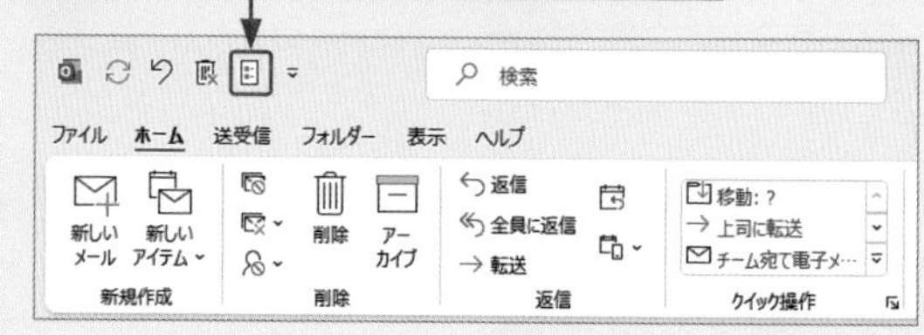

第2章

メールの受信と閲覧

重要度 ★★★ メールの基本

Q 055 [メール]画面の構成を知りたい!

A 下図で各部の名称と機能を確認しましょう。

Outlookを起動すると、初期設定では[メール]画面の[受信トレイ]が表示され、これまでに受信したメールがビューに一覧で表示されます。目的のメールをクリックすると、閲覧ウィンドウにその内容が表示されます。また、フォルダーウィンドウで目的のフォルダーをクリックすると、そのフォルダーの内容がビューに表示されます。

メールを作成・送信するときは、[ホーム]タブの[新しいメール]をクリックして、[メッセージ]ウィンドウを表示します。メールの作成と送信については、第3章で解説します。

● [メール]画面の構成

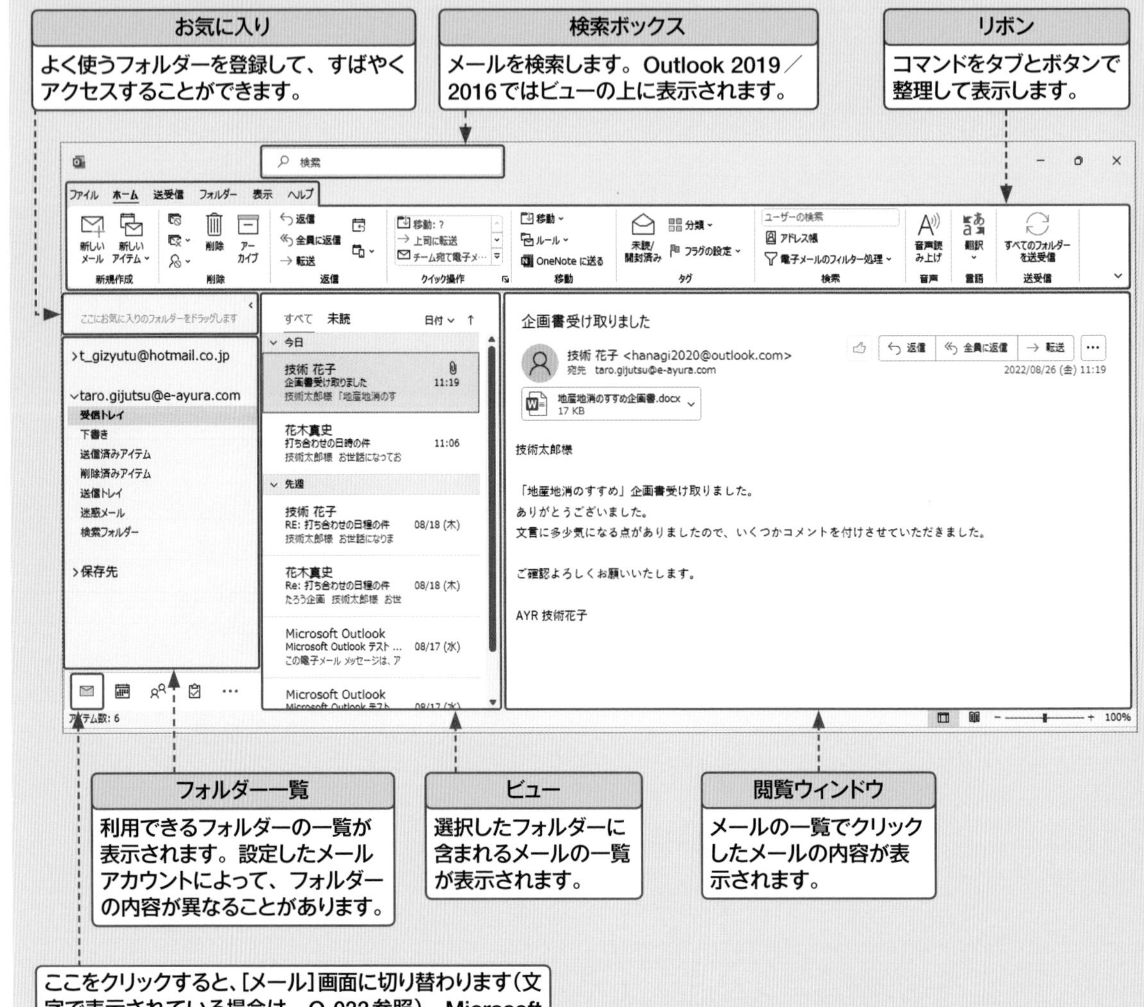

お気に入り
よく使うフォルダーを登録して、すばやくアクセスすることができます。
検索ボックス
メールを検索します。Outlook 2019／2016ではビューの上に表示されます。
リボン
コマンドをタブとボタンで整理して表示します。
フォルダー一覧
利用できるフォルダーの一覧が表示されます。設定したメールアカウントによって、フォルダーの内容が異なることがあります。
ビュー
選択したフォルダーに含まれるメールの一覧が表示されます。
閲覧ウィンドウ
メールの一覧でクリックしたメールの内容が表示されます。
ここをクリックすると、[メール]画面に切り替わります(文字で表示されている場合は、Q 033参照)。Microsoft 365では、画面左上に表示されます(P.43参照)。

● [メッセージ] ウィンドウの画面構成

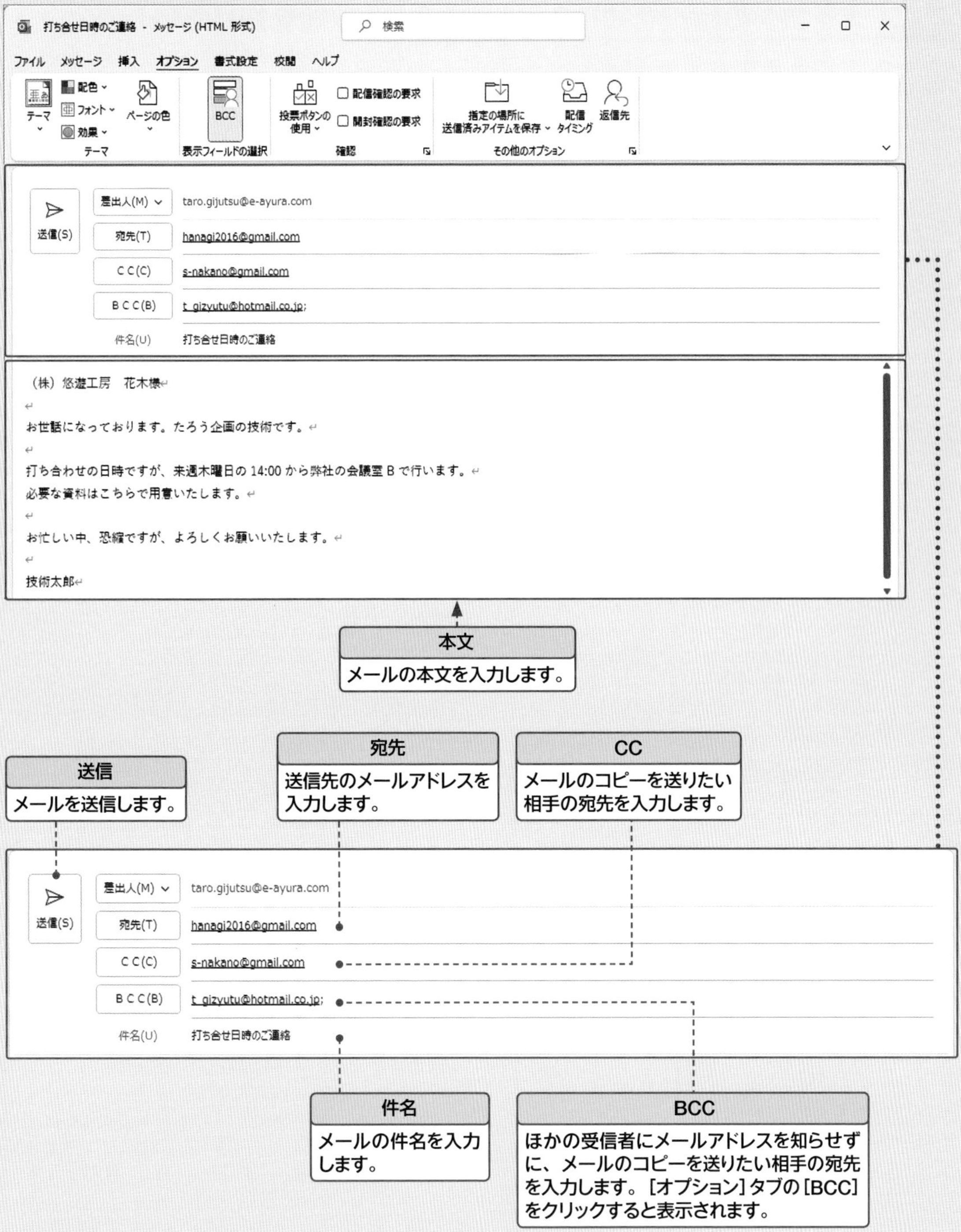

打ち合せ日時のご連絡 - メッセージ (HTML 形式)
検索
ファイル メッセージ 挿入 オプション 書式設定 校閲 ヘルプ
テーマ 配色 フォント 効果 ページの色 テーマ
BCC 表示フィールドの選択
投票ボタンの使用 配信確認の要求 開封確認の要求 確認
指定の場所に送信済みアイテムを保存 配信タイミング 返信先 その他のオプション

送信(S)
差出人(M) taro.gijutsu@e-ayura.com
宛先(T) hanagi2016@gmail.com
ＣＣ(C) s-nakano@gmail.com
ＢＣＣ(B) t_gizyutu@hotmail.co.jp;
件名(U) 打ち合せ日時のご連絡

（株）悠遊工房　花木様

お世話になっております。たろう企画の技術です。

打ち合わせの日時ですが、来週木曜日の 14:00 から弊社の会議室 B で行います。
必要な資料はこちらで用意いたします。

お忙しい中、恐縮ですが、よろしくお願いいたします。

技術太郎

本文
メールの本文を入力します。

送信
メールを送信します。

宛先
送信先のメールアドレスを入力します。

CC
メールのコピーを送りたい相手の宛先を入力します。

送信(S)
差出人(M) taro.gijutsu@e-ayura.com
宛先(T) hanagi2016@gmail.com
ＣＣ(C) s-nakano@gmail.com
ＢＣＣ(B) t_gizyutu@hotmail.co.jp;
件名(U) 打ち合せ日時のご連絡

件名
メールの件名を入力します。

BCC
ほかの受信者にメールアドレスを知らせずに、メールのコピーを送りたい相手の宛先を入力します。[オプション] タブの [BCC] をクリックすると表示されます。

重要度★★★　メールの基本

Q 056 メールの一覧に表示されるアイコンの種類を知りたい！

A 返信や転送、添付ファイル、フラグなどのアイコンが表示されます。

ビューに表示されるメールの一覧には、内容や操作に応じてさまざまなアイコンが表示されます。受信したメールを返信または転送すると、返信／転送したことを示す↩／→アイコンが、メールにファイルが添付されていると、📎アイコンが表示されます。また、メールを重要度「高」に設定すると、!アイコンが表示されます。🏴アイコンはフラグアイコンで、あとで確認したいメールなど特定のメールに対する目印として使用します。

● メールの一覧に表示されるアイコンの種類

アイコン	機　能
📎	ファイルが添付されたメールであることを示します（Q 123参照）。
↩	返信済みのメールであることを示します（Q 149参照）。
→	転送済みのメールであることを示します（Q 150参照）。
🏴	期限管理しているメールであることを示します（Q 213参照）。
🔔	期限管理しているメールにアラームを設定していることを示します（Q 213参照）。
!	メールが重要度「高」に設定されていることを示します（Q 165参照）。

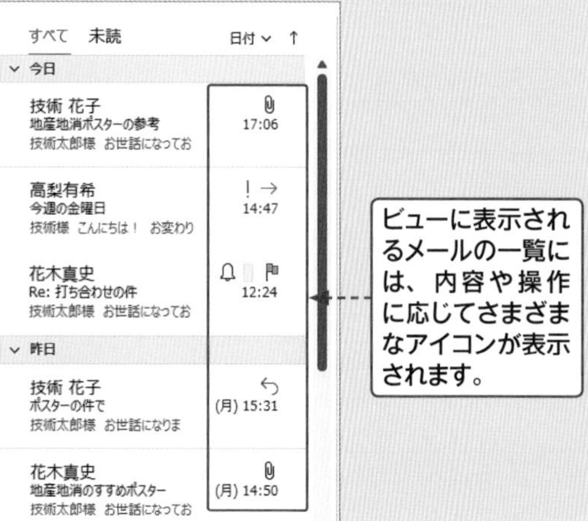

重要度★★★　メールの基本

Q 057 メールの各フォルダーの機能を知りたい！

A 初期設定で用意されているフォルダーの名称と役割を紹介します。

フォルダー一覧には、［メール］画面で利用できるフォルダーが表示されます。設定したメールアカウントによって、フォルダーの内容は異なることもありますが、ここでは、初期設定で用意されているフォルダーの名称と役割を確認しましょう。

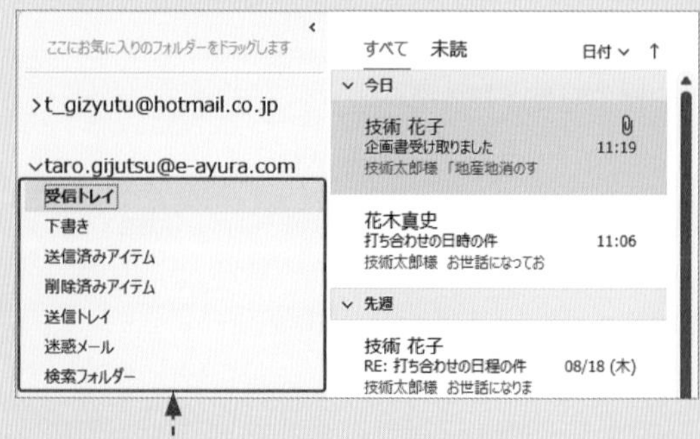

フォルダー名	機　能
受信トレイ	受信したメールが保存されます。
下書き	メールの下書きや作成途中のメールを保存します。保存したメールは再度編集／送信することができます。
送信済みアイテム	送信したメールが保存されます。送信したメールを確認したり、再送信したりする場合に使用します。
削除済みアイテム	ほかのフォルダーで削除したメールが一時的にここに移動します。移動したメールは、もとに戻すこともできます。ここから削除すると、メールが完全に削除されます。
送信トレイ	これから送信するメールが保存されます。ネットワークに接続するとメールが送信されます。
迷惑メール	迷惑メールを受信すると、自動的にこのフォルダーに移動します。迷惑メールではないメールを［受信トレイ］に戻すこともできます。
検索フォルダー	条件を設定しておくと、その条件に一致するメールがこのフォルダーに表示されます。メール自体は移動しません。

重要度 ★★★ メールの基本

Q 058 フォルダーウィンドウを最小化したい！

A [表示]タブの[フォルダーウィンドウ]から設定します。

フォルダーウィンドウを最小化するには、[表示]タブの[フォルダーウィンドウ]から設定します。フォルダーウィンドウを最小化すると、閲覧ウィンドウが広がり、内容を確認しやすくなります。もとのサイズに戻す場合は、手順3で[標準]をクリックします。

1 [表示]タブをクリックして、

2 [フォルダーウィンドウ]をクリックし、

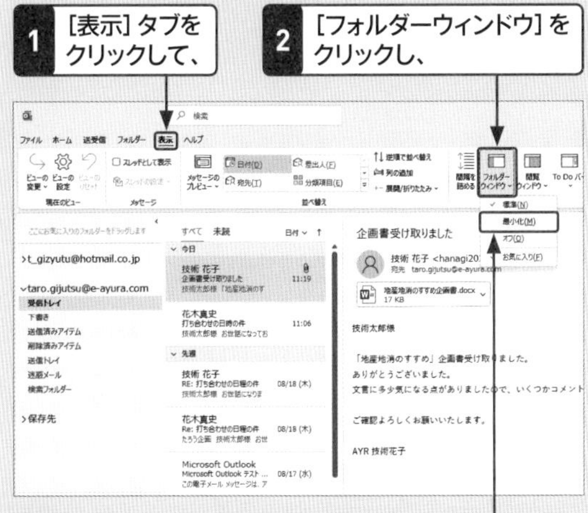

3 [最小化]をクリックすると、

4 フォルダーウィンドウが最小化されます。

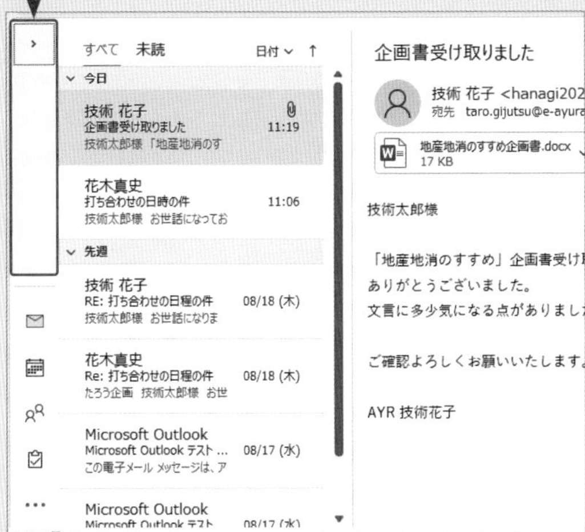

重要度 ★★★ メールの基本

Q 059 表示するフォルダーを切り替えたい！

A フォルダーやサブフォルダーをクリックします。

Outlookには複数のメールアカウントを登録することができ、それぞれのアカウントごとにフォルダーが作成されます。アカウントを切り替えるときは、それぞれのアカウントのフォルダーをクリックします。
同じアカウント内のフォルダーやサブフォルダーを切り替えるときも同様の方法で切り替えることができます。
ここでは、別のアカウントの[受信トレイ]に切り替えてみましょう。

1 切り替えたいアカウントのフォルダー（ここでは[受信トレイ]）をクリックすると、

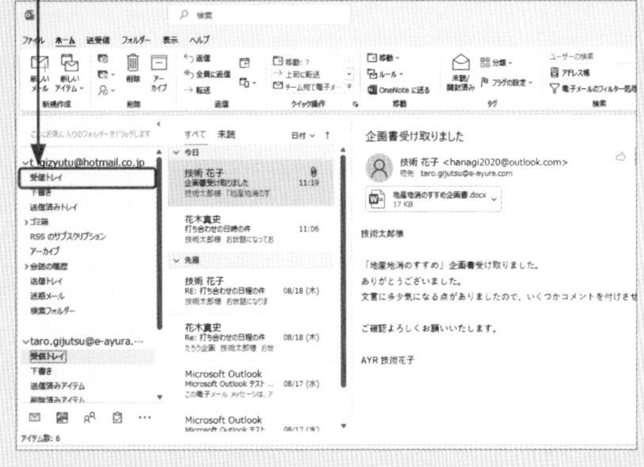

2 クリックしたアカウントの[受信トレイ]の内容に切り替わります。

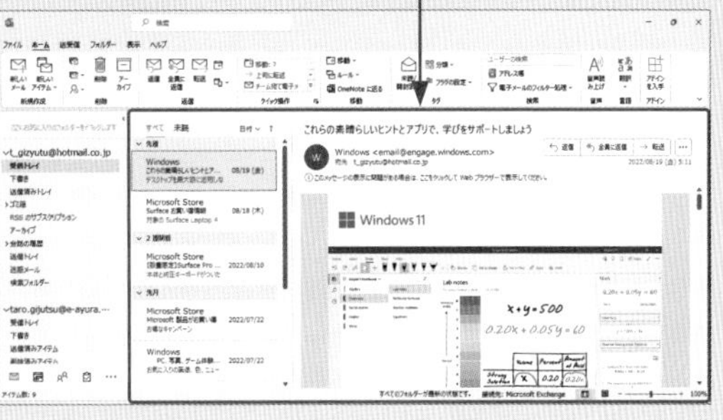

重要度 ★★★ メールの基本

Q 060 フォルダーを展開したい／折りたたみたい！

A フォルダーの頭に表示されているアイコンをクリックします。

Outlookに登録したメールアカウントはフォルダーウィンドウに表示され、それぞれのアカウントごとに必要なフォルダーが作成されます。

アカウントのフォルダーは、折りたたんだり展開したりすることができます。フォルダーにサブフォルダーがある場合も、同様の方法で折りたたんだり展開したりすることができます。

1 ここをクリックすると、

2 アカウントのフォルダーが折りたたまれます。

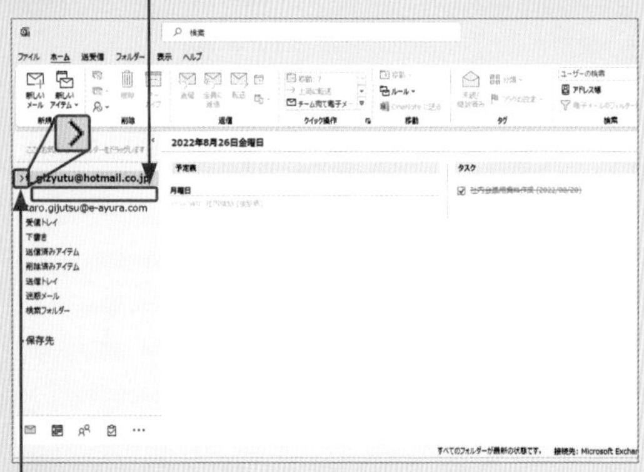

3 ここをクリックすると、フォルダーが展開されます。

重要度 ★★★ メールの基本

Q 061 閲覧ウィンドウのサイズを変更したい！

A フォルダー一覧とビューの境界線をドラッグします。

閲覧ウィンドウのサイズを変更するには、フォルダー一覧とビューの境界線をドラッグします。左方向にドラッグすると閲覧ウィンドウが広がります。右方向にドラッグすると狭まります。なお、Outlookの画面の四辺や四隅をドラッグしてウィンドウサイズを変更することでも、閲覧ウィンドウのサイズを変更できます。また、画面右上の［最大化］□をクリックすると、ウィンドウが最大化されます。

参照▶Q 028

1 ここを左方向にドラッグすると、

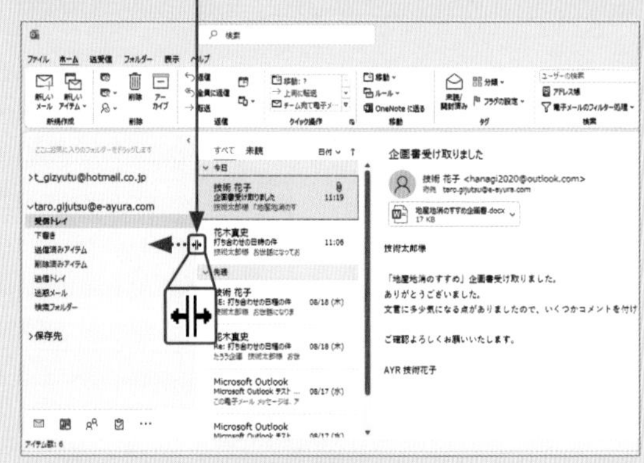

2 閲覧ウィンドウのサイズが広がります。

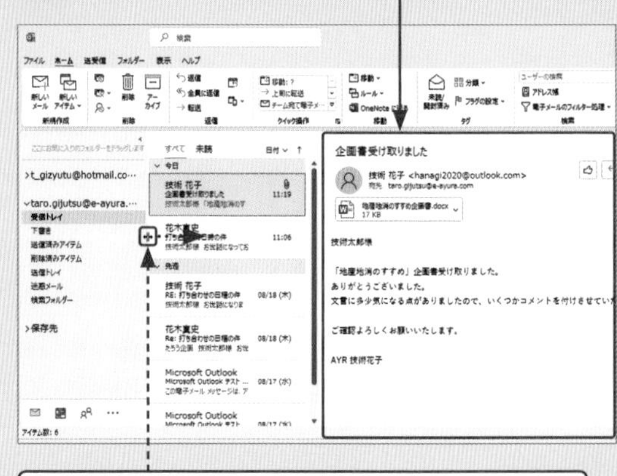

右方向にドラッグすると、閲覧ウィンドウのサイズが狭まります。

重要度 ★★★　メールの基本

Q 062 閲覧ウィンドウの配置を変更したい！

A ［表示］タブの［閲覧ウィンドウ］から変更します。

閲覧ウィンドウは、初期設定では右側に表示されていますが、画面の下に表示したり、非表示にしたりすることができます。［表示］タブをクリックして、［閲覧ウィンドウ］をクリックし、位置を指定します。
また、［オプション］をクリックすると表示される［閲覧ウィンドウ］ダイアログボックスでは、メールを開封済み（既読）にするタイミングなども指定できます。

● 閲覧ウィンドウを下側に表示する

2 ［閲覧ウィンドウ］をクリックし、

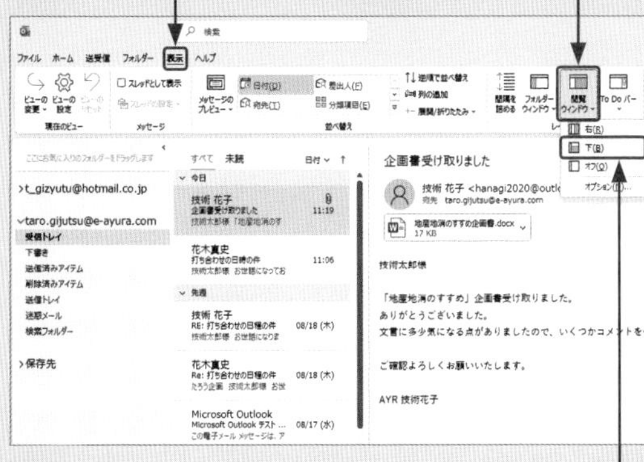

3 ［下］をクリックすると、

4 ビューが上段、閲覧ウィンドウが下段に表示されます。

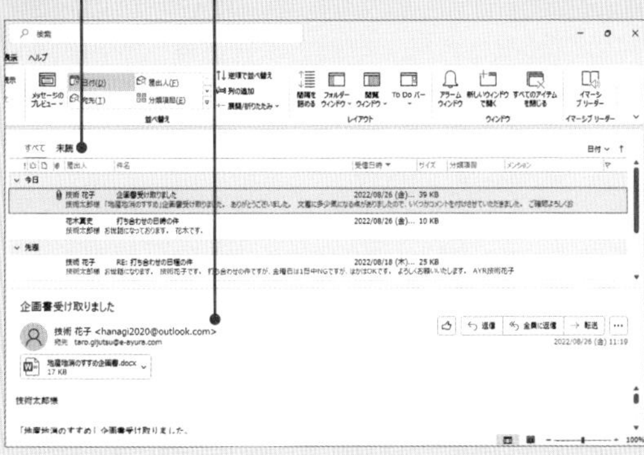

● 閲覧ウィンドウを非表示にする

1 ［表示］タブをクリックして、

2 ［閲覧ウィンドウ］をクリックし、

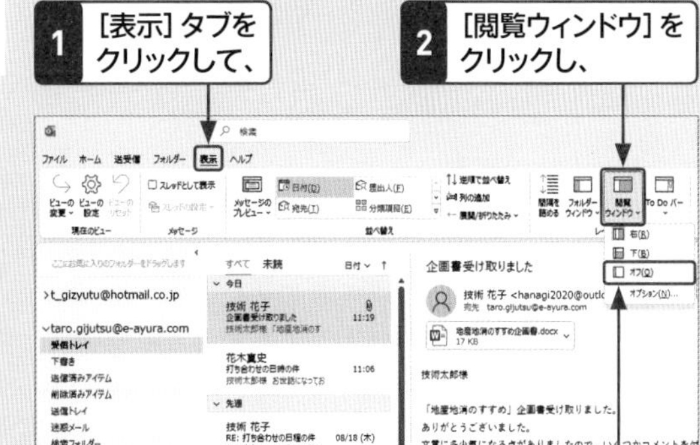

3 ［オフ］をクリックすると、

4 閲覧ウィンドウが消えて、ビューのみが表示されます。

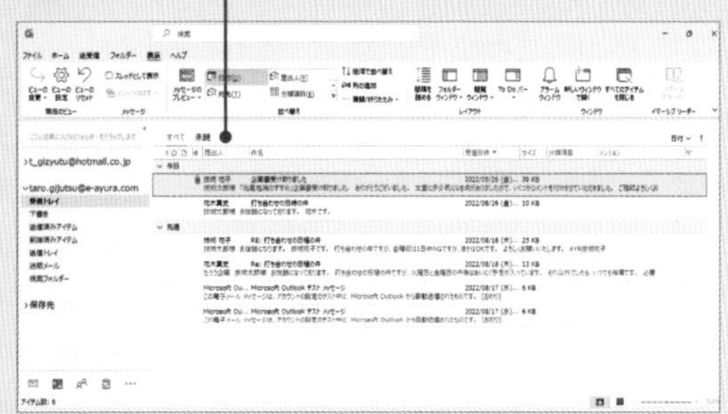

● 閲覧ウィンドウのオプションを設定する

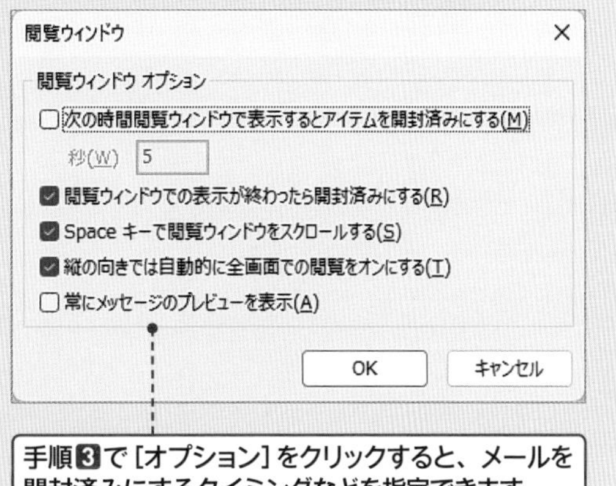

手順3で［オプション］をクリックすると、メールを開封済みにするタイミングなどを指定できます。

Q 063 テキスト形式、HTML形式、リッチテキスト形式とは？

A メールの表示形式のことをいいます。

Outlookでは、テキスト形式、HTML形式、リッチテキスト形式でメールを送受信することができます。ここでは、それぞれの形式の違いを確認しておきましょう。初期設定ではHTML形式が使用されますが、この設定は変更することができます。 参照▶Q 138

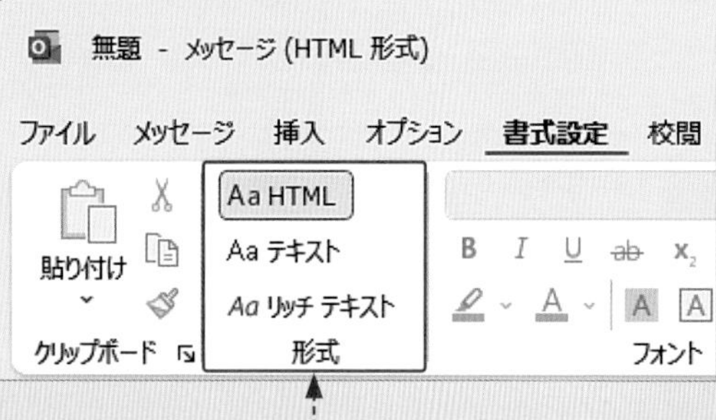

Outlookでは、テキスト形式、HTML形式、リッチテキスト形式でメールを送受信することができます。

● テキスト形式

テキスト（文字）のみで構成された標準的なメールの表示形式です。HTML形式やリッチテキスト形式のような文字の装飾は行えませんが、受信側がどのようなメールアプリでも、問題なくメールを送受信することができます。

● HTML形式

文字サイズやフォント、文字色を変えたり、文章に段落番号や箇条書きを設定したり、背景や画像を付けたりして見栄えのするメールを作成することができます。ただし、受信側のメールアプリがHTML形式に対応していないと内容が正しく表示されなかったり、迷惑メールと判断されたりして、相手に受信してもらえない可能性があるので注意が必要です。

● リッチテキスト形式

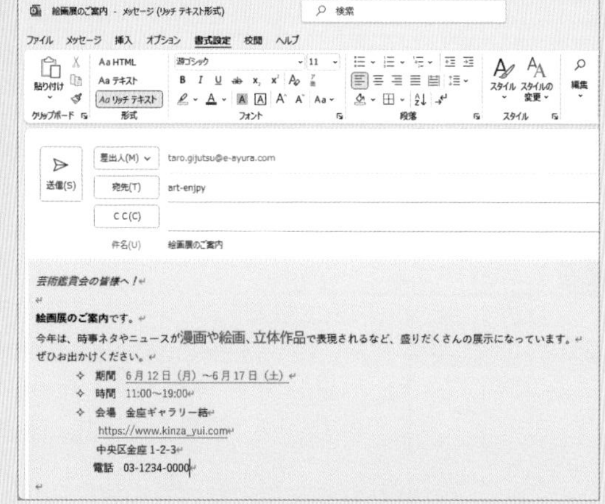

HTML形式と同様、文字の修飾や箇条書き、背景や画像の挿入、テキストの配置などが行えるOutlook独自の形式です。ただし、受信側のメールアプリがリッチテキスト形式に対応していないと内容が正しく表示されない場合があります。

重要度 ★★★　メールの受信

Q 064 メールを受信したい！

A ［送受信］タブの［すべてのフォルダーを送受信］をクリックします。

新しい受信メールは、Outlookの起動時や［Outlookのオプション］ダイアログボックスの［送受信］で設定されている間隔で自動的に受信されますが、以下の手順のように手動で受信することもできます。クイックアクセスツールバーの［すべてのフォルダーを送受信］をクリックしても受信できます。

参照▶Q 052, Q 229

1 ［送受信］タブをクリックして、

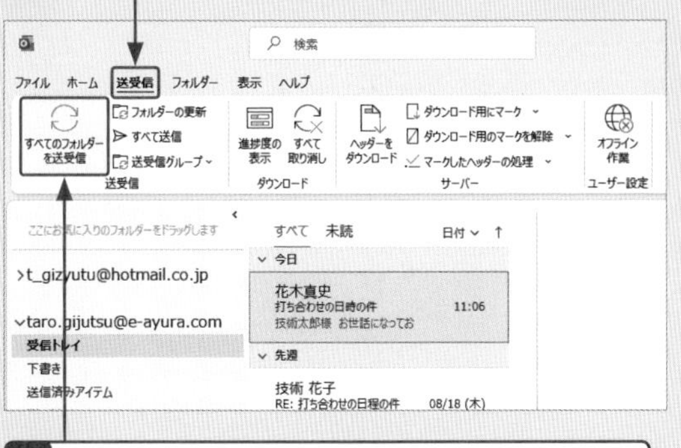

2 ［すべてのフォルダーを送受信］をクリックすると、

3 メールが受信され、［受信トレイ］に新規に受信したメールの数が表示されます。

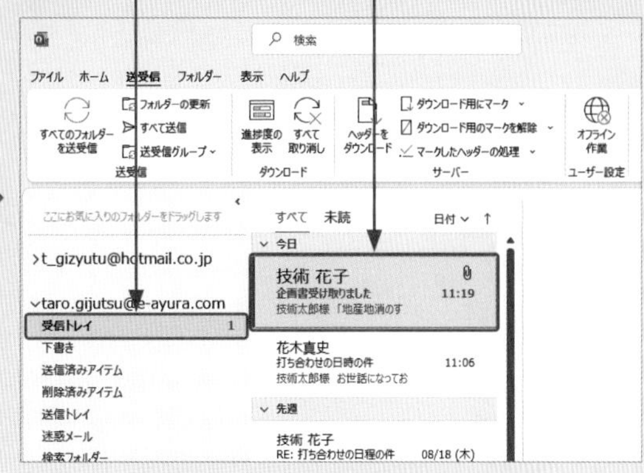

重要度 ★★★　メールの受信

Q 065 受信したメールを読みたい！

A ［受信トレイ］をクリックして、読みたいメールをクリックします。

メールの一覧で読みたいメールをクリックすると、閲覧ウィンドウにメールの内容が表示されます。閲覧ウィンドウの文字が小さい場合は、拡大して表示することもできます。

参照▶Q 117

1 ［受信トレイ］をクリックして、

2 読みたいメールをクリックすると、

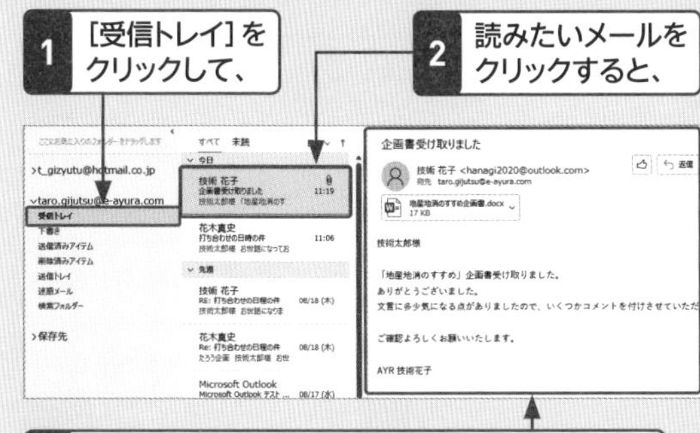

3 閲覧ウィンドウにメールの内容が表示されます。

● 閲覧ウィンドウの文字を大きくする

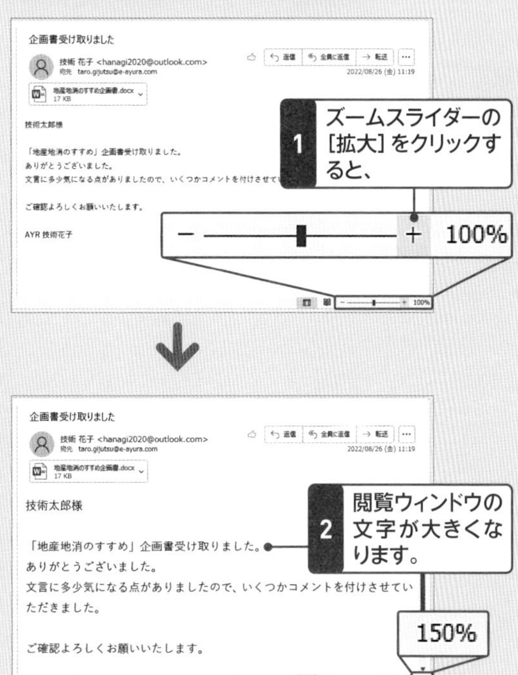

重要度 ★★★ メールの受信

Q 066 メールアカウントごとにメールを受信したい！

A ［送受信］タブの［送受信グループ］から指定します。

複数のメールアカウントをOutlookに登録している場合、メールの受信は、すべてのメールアカウントに対して自動的に行われます。特定のメールアカウントのメールを受信したい場合は、以下の手順で操作します。

1 ［送受信］タブをクリックして、

2 ［送受信グループ］をクリックします。

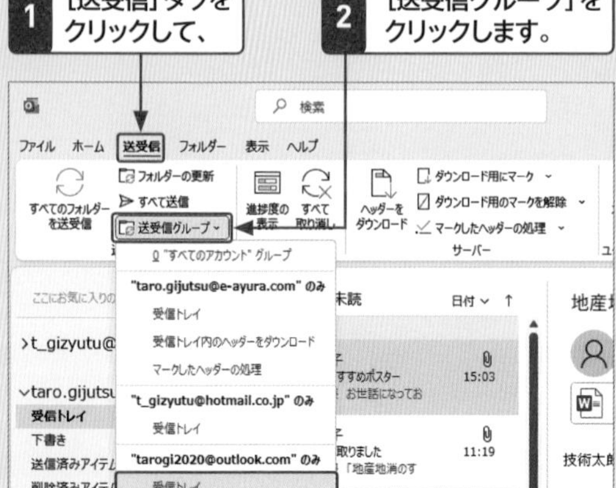

3 「受信したいアカウント名」の［受信トレイ］をクリックすると、

4 特定のアカウントのメールを受信することができます。

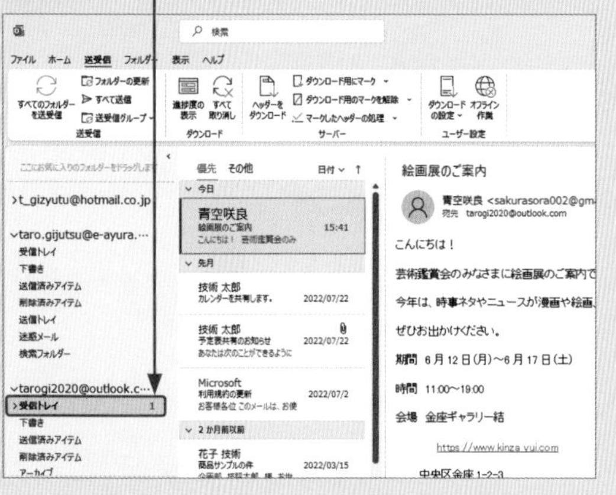

重要度 ★★★ メールの受信

Q 067 メールアカウントごとにメールを読みたい！

A 特定のメールアカウントの［受信トレイ］をクリックします。

複数のメールアカウントをOutlookに登録している場合、登録したメールアカウントごとにフォルダーが作成されます。メールアカウントごとにメールを読むには、特定のアカウントの［受信トレイ］をクリックして、メールの一覧を表示します。

複数のアカウントをOutlookに登録している場合、登録したアカウントごとにフォルダーが作成されます。

1 特定のアカウントの［受信トレイ］をクリックして、

2 読みたいメールをクリックすると、

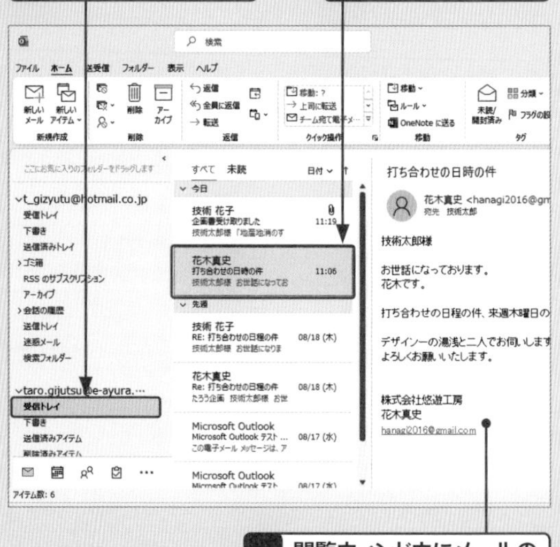

3 閲覧ウィンドウにメールの本文が表示されます。

重要度 ★★★　メールの受信

Q 068 メールの件名だけ受信したい！

A メールのヘッダーをダウンロードします。

Outlook にPOPのメールアカウントを設定している場合、メールの件名のみを受信し、読みたいメールだけあとから本文を受信することができます。
メールの件名のみを受信するには、[送受信] タブをクリックして、[ヘッダーをダウンロード] をクリックします。

参照▶Q 069

1 [送受信] タブをクリックして、

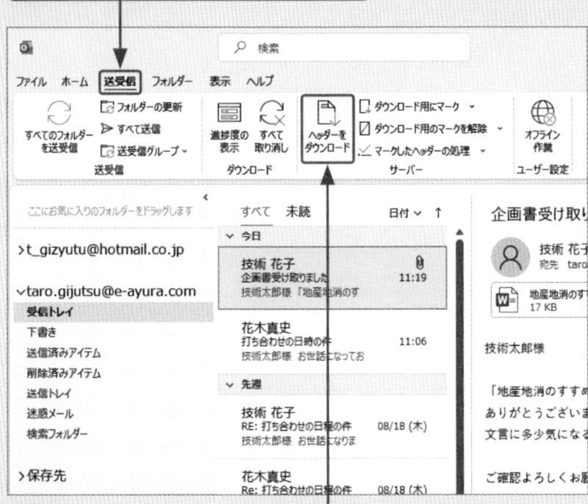

2 [ヘッダーをダウンロード] をクリックすると、

3 メールのヘッダーのみがダウンロードされます。

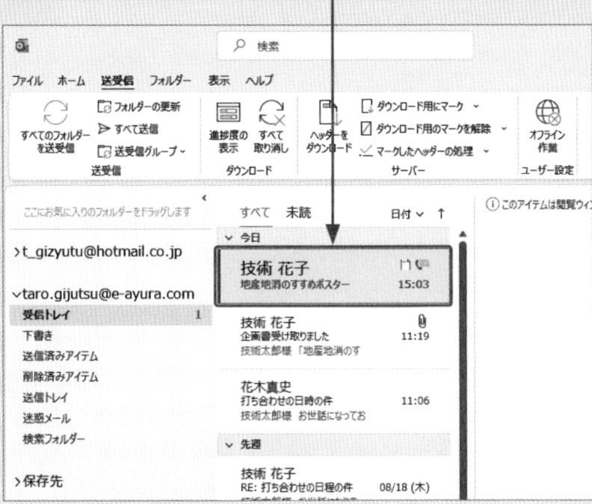

重要度 ★★★　メールの受信

Q 069 メールの件名受信後に本文を受信したい！

A ダウンロード用のマークを付けて受信を行います。

メールの件名のみを受信したメールの中から読みたいメールの本文を受信するには、[送受信] タブをクリックして、本文を受信したいメールをクリックし、[ダウンロード用にマーク] をクリックして、[マークしたヘッダーの処理] をクリックします。

1 [送受信] タブをクリックして、

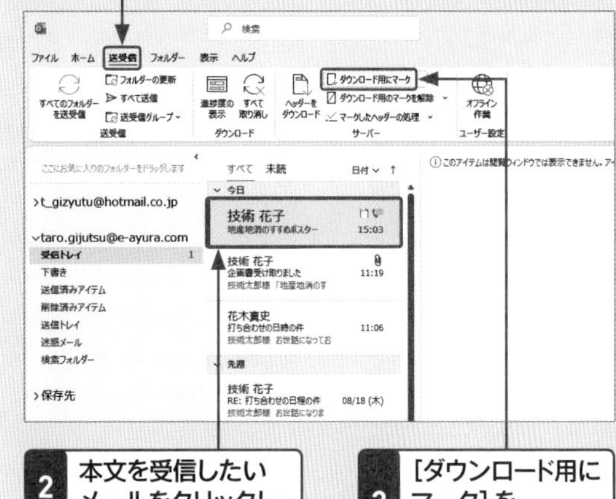

2 本文を受信したいメールをクリックし、

3 [ダウンロード用にマーク] をクリックします。

4 [マークしたヘッダーの処理] をクリックすると、

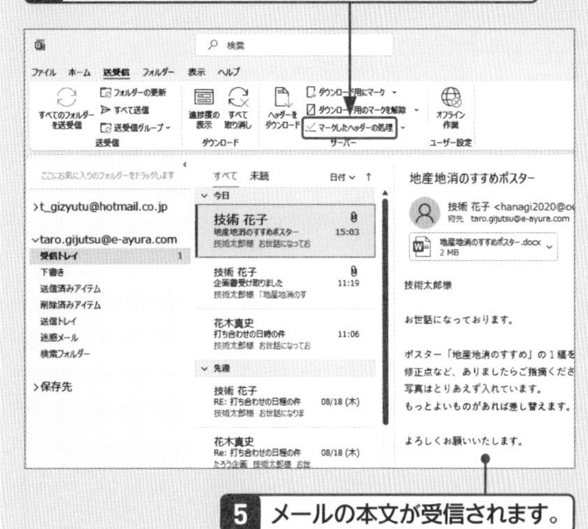

5 メールの本文が受信されます。

重要度 ★★★ メールの受信

Q 070 メールを受信するとデスクトップに何か表示される!

A 受信したメールの内容の通知が表示されています。

初期設定ではメールを受信すると、メールの発信元や件名などを表示したデスクトップ通知が表示されます。通知は ✕ をクリックすると閉じますが、何もしなくても数秒経てば自動的に閉じられます。デスクトップ通知が表示されない場合は、[Outlookのオプション]ダイアログボックスで設定します。 参照▶Q 247

メールを受信すると、デスクトップ通知が表示されます。

クリックすると、デスクトップ通知が閉じます。

● デスクトップ通知が表示されない場合

1 [ファイル]タブから[オプション]をクリックして、[Outlookのオプション]ダイアログボックスを表示します。

2 [メール]をクリックして、

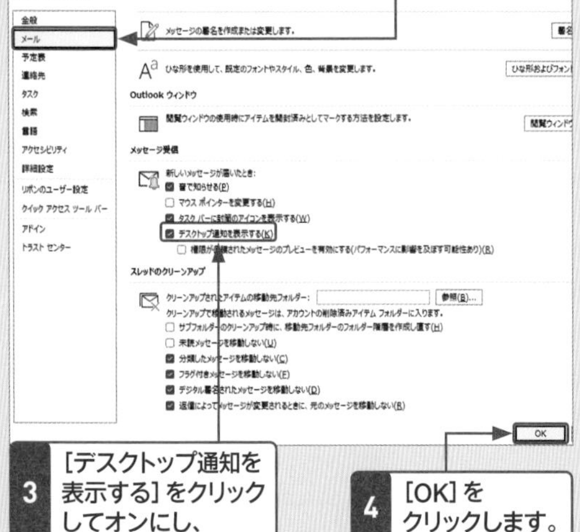

3 [デスクトップ通知を表示する]をクリックしてオンにし、

4 [OK]をクリックします。

重要度 ★★★ メールの受信

Q 071 HTML形式のメールをテキスト形式で表示したい!

A [Outlookのオプション]の[トラストセンター]で設定します。

受信したHTML形式のメールをテキスト形式で表示するには、[Outlookのオプション]ダイアログボックスから[トラストセンター]を表示して、受信メールをテキスト形式で表示するように設定します。

1 [ファイル]タブから[オプション]をクリックして、[Outlookのオプション]ダイアログボックスを表示します。

2 [トラストセンター]をクリックして、

3 [トラストセンターの設定]をクリックします。

4 [電子メールのセキュリティ]をクリックして、

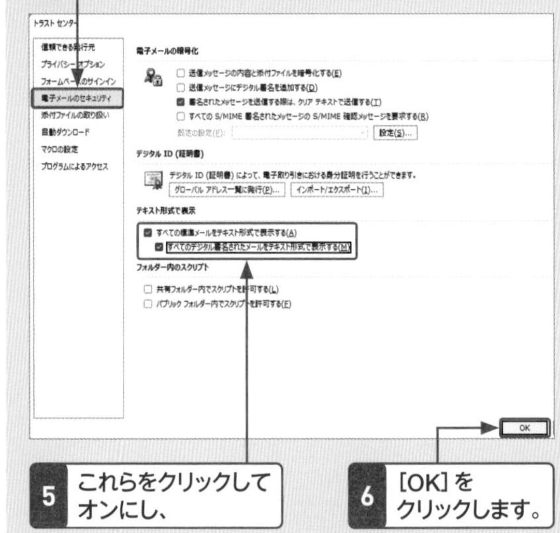

5 これらをクリックしてオンにし、

6 [OK]をクリックします。

重要度 ★★★　メールの受信

Q 072 メールの受信に失敗した場合は？

A 原因によって対処します。

メールが受信できない場合、その原因はいくつか考えられます。原因に応じて対処しましょう。

● Outlookがオフラインになっている

Outlookがオフラインになっていると、メールの送受信はできません。オンラインかオフラインかは、タスクバーの表示で確認できます。オフラインになっている場合は、[送受信]タブをクリックして、[オフライン作業]をクリックします。

クリックしてオンラインにします。

オフライン作業中

Outlookが「オフライン作業中」になっていると、メールの送受信はできません。

● メールアカウントの設定を確認する

メールアカウントの設定が間違っていないかどうかを確認します。[ファイル]タブをクリックして、[アカウント設定]から[サーバーの設定]をクリックし、設定が間違っている場合は修正します。

メールアカウントの設定を確認します。

POP アカウントの設定
taro.gijutsu@e-ayura.com
受信メール
ユーザー名 taro.gijutsu@e-ayura.com
パスワード ********
パスワードを保存する
サーバー mail.host.jp　ポート 110
このサーバーでは暗号化された接続 (SSL/TLS) が必要
セキュリティで保護されたパスワード認証 (SPA) でのログオンが必要
送信メール

● メールサーバーがいっぱいになっている

メールサーバーのメールの容量がいっぱいになっていると、それ以上メールが受信できません。メールサーバーにメールを残しておく日数の設定を確認します。

参照▶Q 212

● ほかのコンピューターで受信済みかどうか確認する

複数のパソコンで同じメールアカウントを使っている場合、[サーバーにメッセージのコピーを残す]をオンにしていないと、ほかのパソコンから再度受信することができなくなります。オフになっている場合は、設定を変更します。

参照▶Q 211

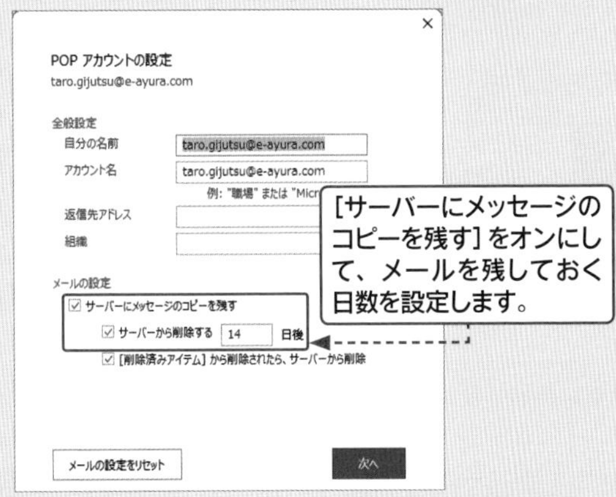

● 送信された添付ファイルのサイズが大きすぎる

メールに添付されたファイルの容量が大きすぎると、受信できない場合があります。この場合は、添付ファイルのサイズを小さくして再送信してもらいましょう。

● [迷惑メール]フォルダーの中を確認する

間違って[迷惑メール]フォルダーに入っていないかどうか確認します。[迷惑メール]フォルダーに入っていた場合は、[受信トレイ]に戻します。

参照▶Q 228

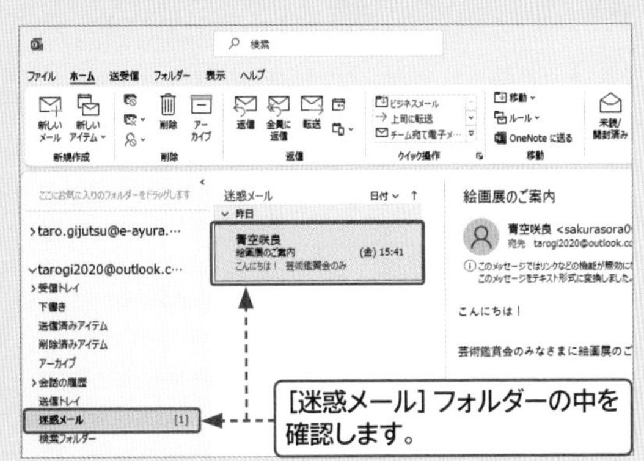

重要度 ★★★ メールの表示

Q 073 表示されるメールの文字サイズを変更したい！

A [Outlookのオプション]の[メール]から設定します。

テキスト形式のメールの文字サイズを変更したい場合は、[Outlookのオプション]ダイアログボックスの[メール]から[ひな形およびフォント]をクリックします。[署名とひな形]ダイアログボックスが表示されるので、[テキスト形式のメッセージの作成と読み込み]の[文字書式]をクリックして、文字サイズを指定します。文字サイズだけでなく、フォントやスタイル、フォントの色なども設定できます。

1 [ファイル]タブから[オプション]をクリックします。

2 [メール]をクリックして、

3 [ひな形およびフォント]をクリックします。

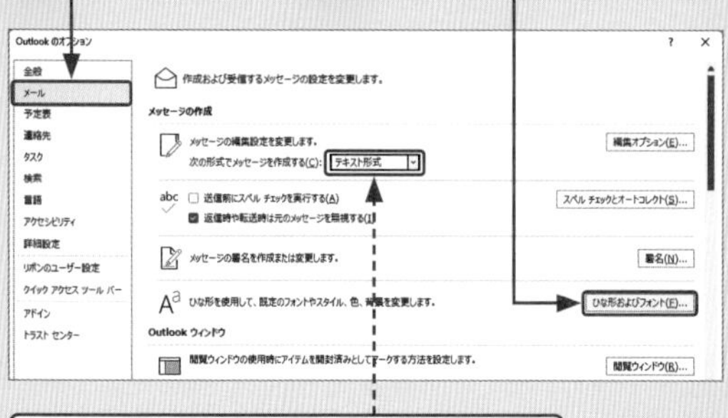

ここが[テキスト形式]になっていることを確認します。

4 [テキスト形式のメッセージの作成と読み込み]の[文字書式]をクリックして、

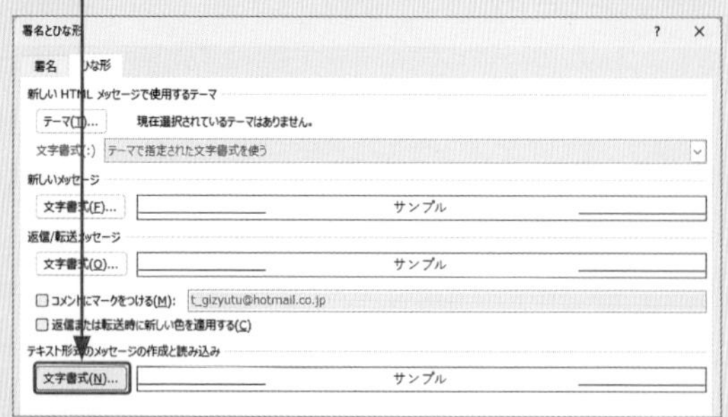

5 [サイズ]で設定したい文字サイズ(ここでは[14])をクリックし、

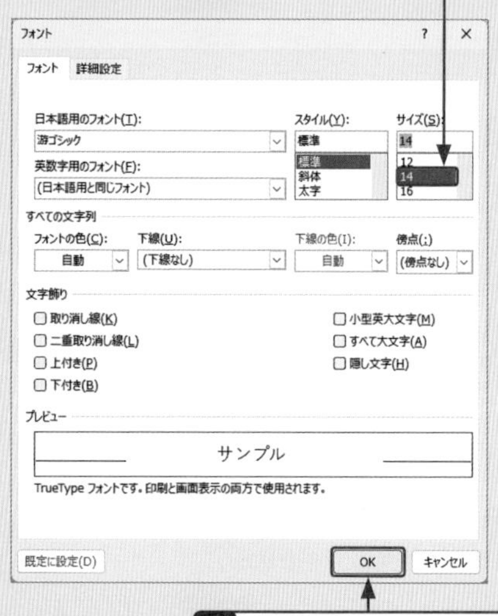

6 [OK]をクリックします。

7 [署名とひな形]と[Outlookのオプション]ダイアログボックスの[OK]を順にクリックすると、

8 文字サイズが変更されます。

重要度★★★ メールの表示

Q 074 特定のメールだけ文字が大きい!

差出人がHTML形式で文字サイズを大きくして送信しています。

受信側で文字サイズを大きくしていないにもかかわらず、受信メールの特定のメールだけ文字が大きい場合は、差出人がHTML形式で文字サイズを大きくしていることが考えられます。Q 073の操作で文字サイズを変更しても反映されないので、差出人に文字を小さくして送ってもらうか、ズームスライダーで文字を小さくしてください。

参照▶Q 065, Q 117

重要度★★★ メールの表示

Q 075 フォルダーを別の新しいウィンドウで開きたい!

A [表示]タブの[新しいウィンドウで開く]をクリックします。

現在表示しているフォルダーを別の新しいウィンドウで表示するには、[表示]タブの[新しいウィンドウで開く]をクリックします。

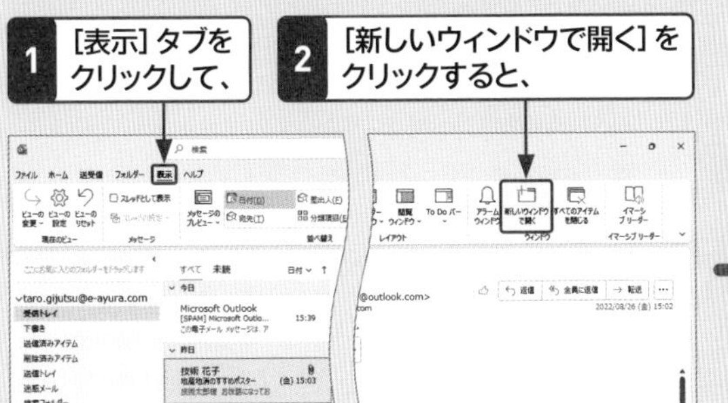

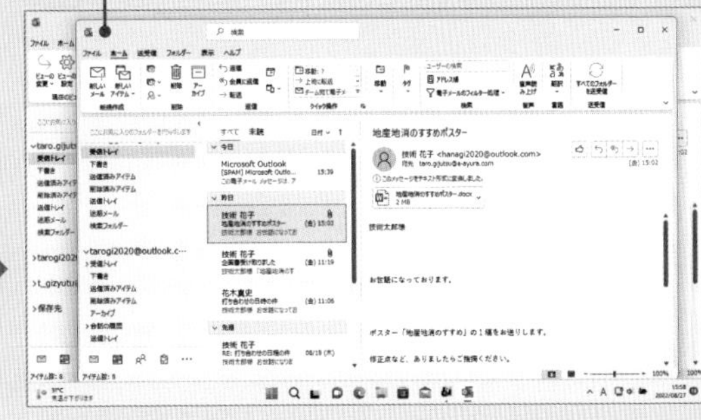

重要度★★★ メールの表示

Q 076 メールを別の新しいウィンドウで読みたい!

A [受信トレイ]をクリックして、メールをダブルクリックします。

メールを閲覧ウィンドウではなく、別の新しいウィンドウで読みたい場合は、メールの一覧で読みたいメールをダブルクリックします。[メッセージ]ウィンドウが表示され、新しいウィンドウでメールを読むことができます。

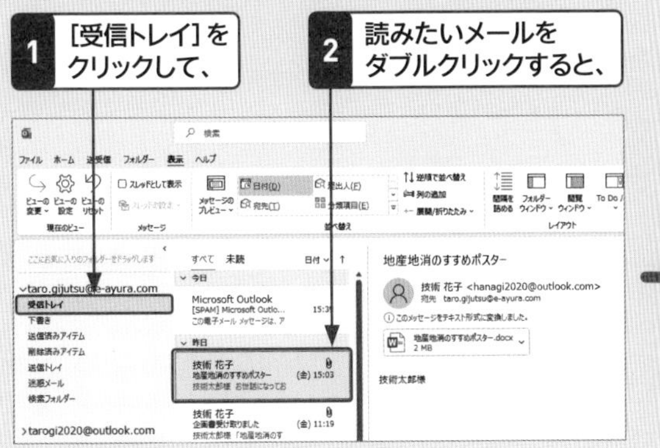

1 [受信トレイ]をクリックして、
2 読みたいメールをダブルクリックすると、

重要度 ★★★　メールの表示

Q 077 表示されていない画像を表示したい！

A メッセージをクリックして、[画像のダウンロード]をクリックします。

迷惑メールの多くはHTML形式のメールを利用しており、添付されている画像をクリックすると、コンピューターウイルスに感染してしまう可能性があります。そのため、Outlookの初期設定では、HTML形式のメール内の画像が表示されないように設定されています。信頼できる相手からのメールの場合は、メールの本文の上に表示されているメッセージをクリックして、[画像のダウンロード]をクリックします。

1 画像が表示されていないメールを表示します。

2 メッセージが表示されている部分をクリックして、

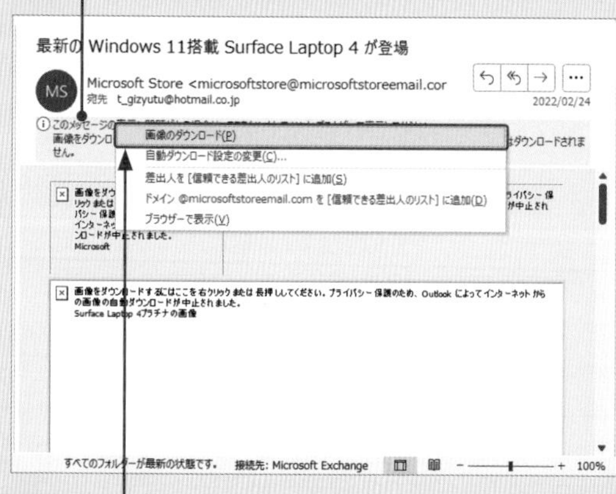

3 [画像のダウンロード]をクリックすると、

4 画像が表示されます。

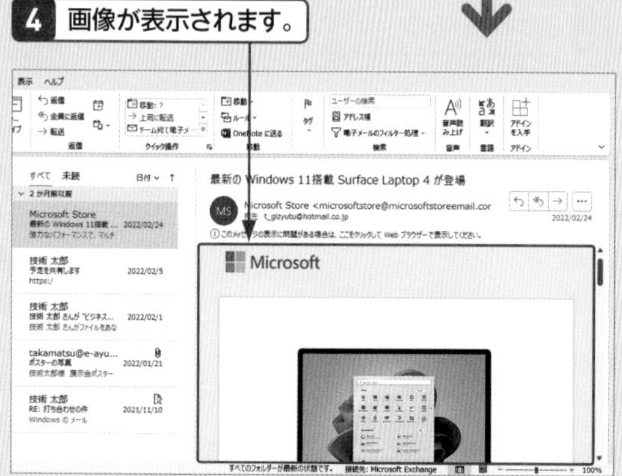

重要度 ★★★　メールの表示

Q 078 特定の相手からの画像を常に表示したい！

A 差出人を[信頼できる差出人のリスト]に追加します。

Outlookの初期設定では、HTML形式のメール内の画像が表示されないように設定されています。そのつど画像をダウンロードすることもできますが、信頼できる相手からの画像を常に表示したい場合は、差出人を[信頼できる差出人のリスト]に追加します。
このリストに追加した差出人は信頼できる相手とみなされ、送られてきたHTML形式のメールの画像も自動で表示されるようになります。 参照▶Q 228

1 画像が表示されていないメールを表示します。

2 メッセージが表示されている部分をクリックして、

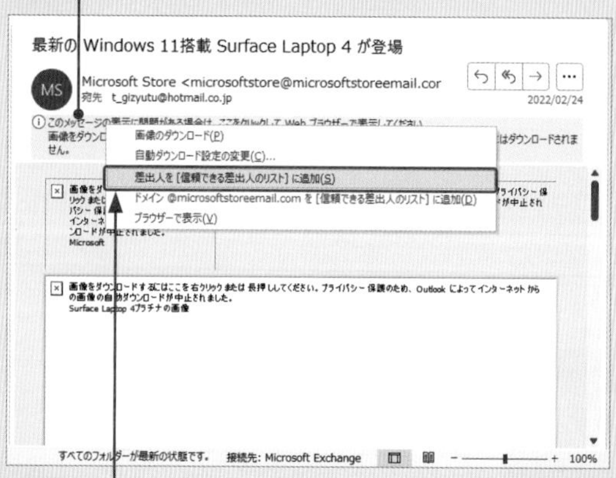

3 [差出人を[信頼できる差出人のリスト]に追加]をクリックし、

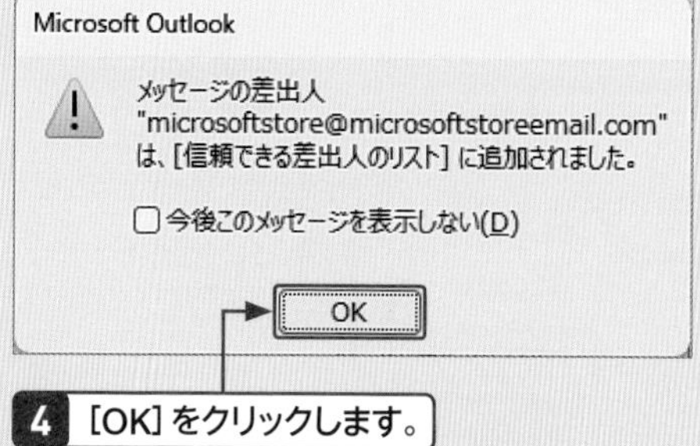

4 [OK]をクリックします。

重要度 ★★★　メールの表示

Q 079 受信したメールを次々に読みたい！

A キーボードの[↑]や[↓]を押します。

受信したメールを次々に読みたいときは、キーボードの[↑]や[↓]を押すと、閲覧ウィンドウに順にメールが表示されます。
また、メールをダブルクリックして別のウィンドウでメールを表示し、[Ctrl]を押しながら[>]や[<]を押すことでも、前や次のメールを読むことができます。

参照▶Q 076

1 キーボードの[↓]を押すと、

2 閲覧ウィンドウに次のメールが表示されます。

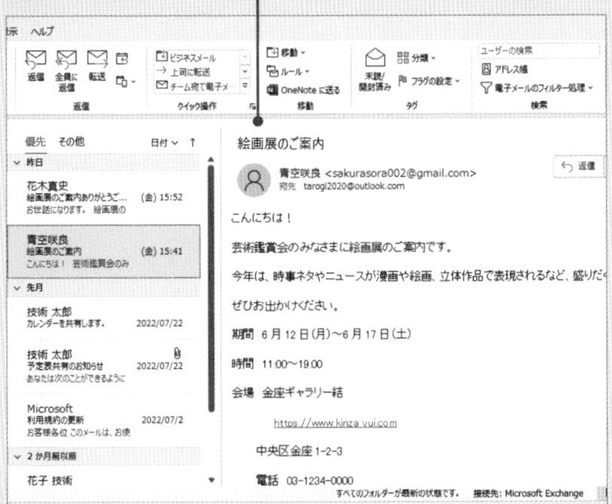

重要度 ★★★　メールの表示

Q 080 メールの文字化けを直したい！

A エンコードを変更します。

受信したメールが文字化けして読めない場合は、エンコードを変更します。文字化けしているメールをダブルクリックして[メッセージ]ウィンドウを表示し、以下の手順で適切なエンコードを指定します。一般的には、日本語のエンコードを何種類か試してみるとよいでしょう。

1 文字化けしているメールをダブルクリックして、[メッセージ]ウィンドウを表示します。

2 [メッセージ]タブの[アクション]をクリックして、

3 [その他のアクション]から[エンコード]にマウスポインターを合わせ、

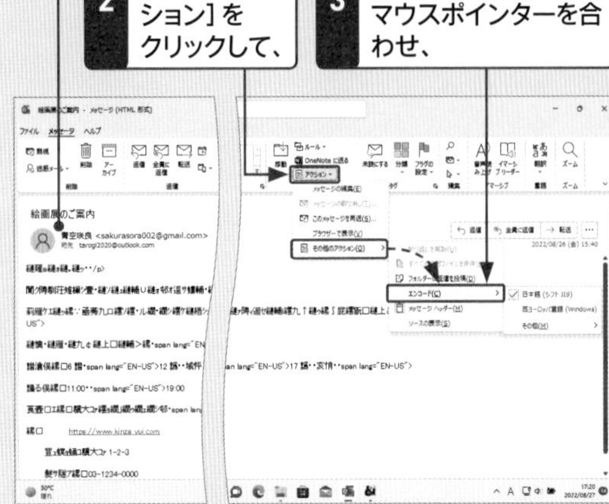

4 [その他]から適切なエンコードをクリックすると、

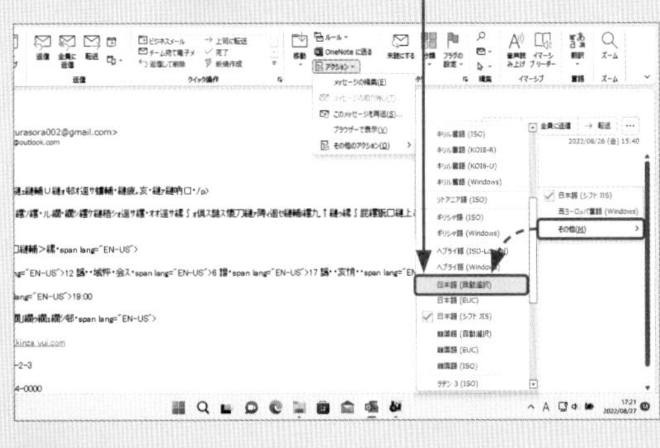

5 文字化けが解消されます。

重要度 ★★★ メールの表示

Q 081 メールのヘッダー情報を確認したい！

A メールを別画面で開き、[ファイル]タブの[プロパティ]を表示します。

メールの「ヘッダー情報」とは、差出人や宛先、件名、送信日時、メールアプリなどの詳細な情報を記録したものです。もし不審なメールを受信した場合は、このヘッダー情報を確認することで、ある程度の情報を探ることができます。
ヘッダー情報は、利用しているメールアプリやメールサーバーによって表示される項目が異なります。

1 ヘッダー情報を見たいメールをダブルクリックして、[メッセージ]ウィンドウを表示します。

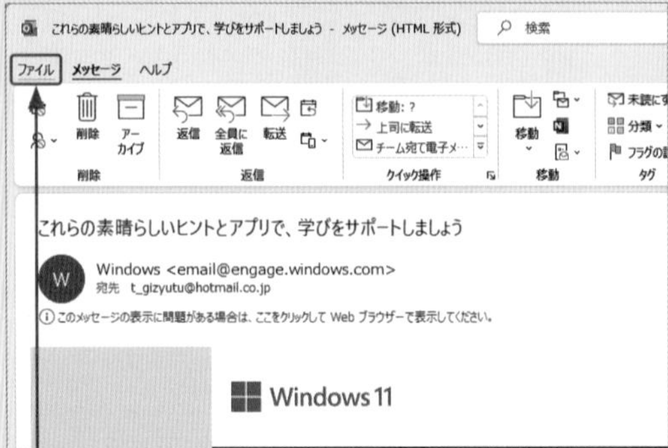

2 [ファイル]タブをクリックして、

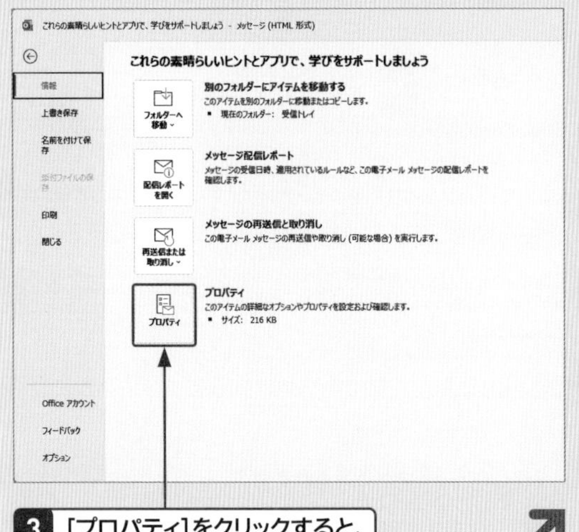

3 [プロパティ]をクリックすると、

4 メールのヘッダー情報を確認できます。

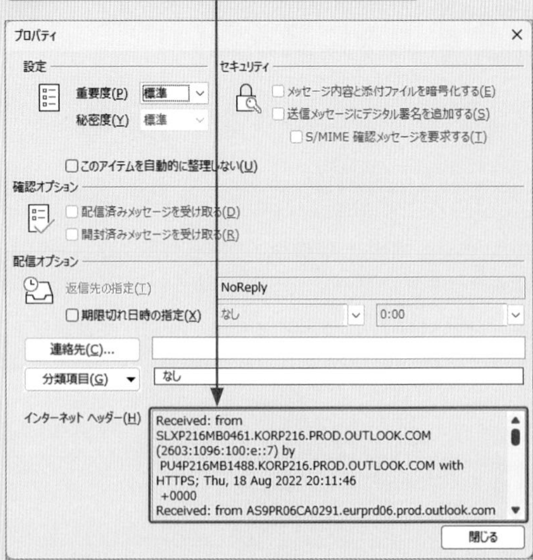

おもなヘッダー情報のみかた

Received：メールが配送されたサーバーが下から順に記録されます。迷惑メールを通報する際は、fromのカッコ内のIPアドレスが重要となります。

+0000
Received: from AS9PR06CA0291.eurprd06.prod.outlook.com
(2603:10a6:20b:45a::15)
by SLXP216MB0461.KORP216.PROD.OUTLOOK.COM
(2603:1096:100:e::7) with Microsoft
SMTP Server (version=TLS1_2,
cipher=TLS_ECDHE_RSA_WITH_AES_256_GCM_SHA384) id

From:差出人のメールアドレスです。
To：メールの宛先です。

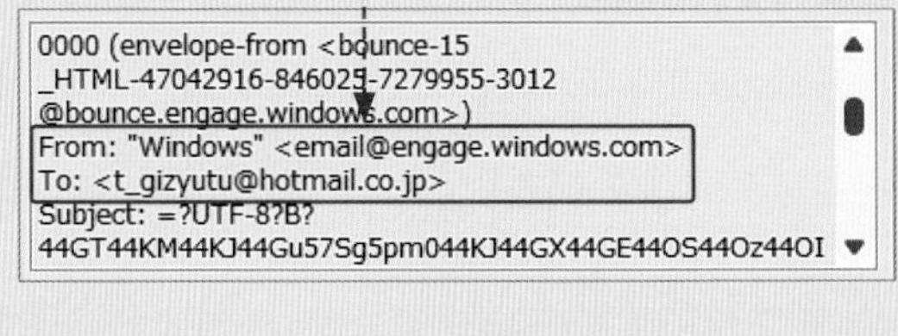

Message-ID:メールの識別番号です。

重要度 ★★★　メールの表示

Q 082 メールを音声で読み上げてもらいたい！

A ［ホーム］タブの［音声読み上げ］をクリックします。

Outlookでは、メールを音声で読み上げる機能が用意されています。音声で読み上げてもらいたいメールをクリックして、［ホーム］タブの［音声読み上げ］をクリックすると、メールが音声で読み上げられます。読み上げの速度や音声を変更することもできます。
はじめに、音声読み上げ機能がオンになっているかどうかを確認し、オフになっている場合はオンにします。

音声読み上げ機能をオンにする

1 ［ファイル］タブから［オプション］をクリックして、［Outlookのオプション］ダイアログボックスを表示します。

2 ［アクセシビリティ］をクリックして、

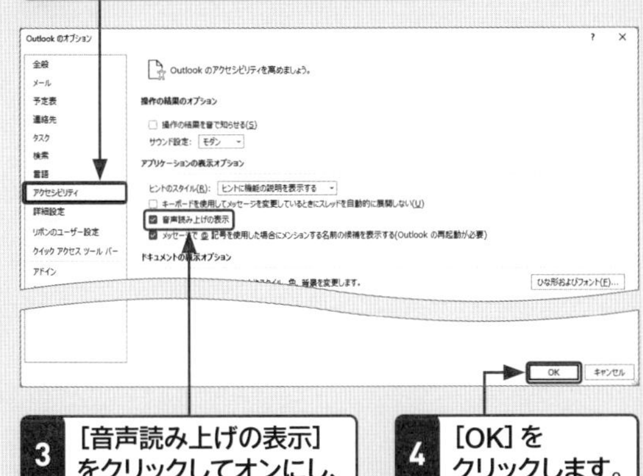

3 ［音声読み上げの表示］をクリックしてオンにし、

4 ［OK］をクリックします。

メールを音声で読み上げる

1 音声で読み上げたいメールをクリックします。

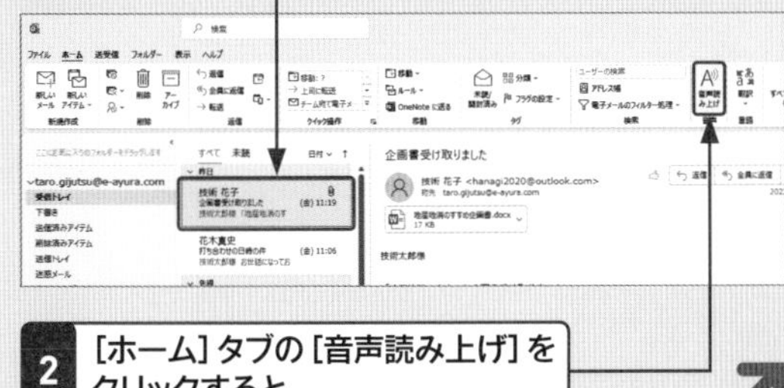

2 ［ホーム］タブの［音声読み上げ］をクリックすると、

3 メールが音声で読み上げられます。

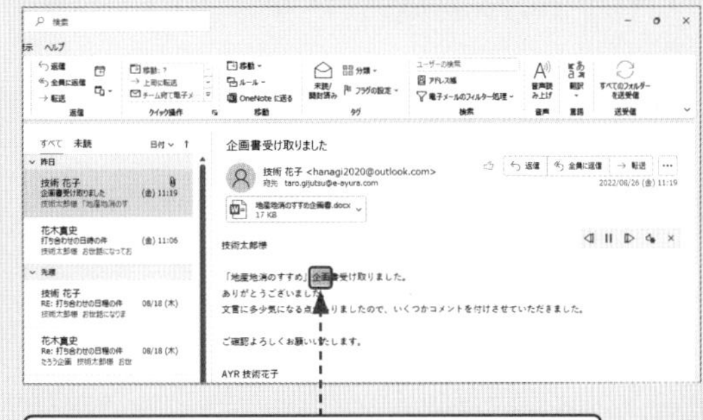

現在読んでいる部分がグレーで表示されます。

4 ［設定］をクリックして、

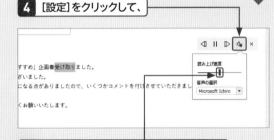

5 ここをドラッグすると、読み上げの速度を調整できます。

6 ここをクリックすると、読み上げる音声を指定することができます。

コントロールバーの機能

［音声読み上げ］をクリックすると、コントロールバーが表示されます。このコントロールバーでは、読み上げの一時停止／再生、読み上げ位置の移動、読み上げ速度、音声の選択、停止などの操作ができます。

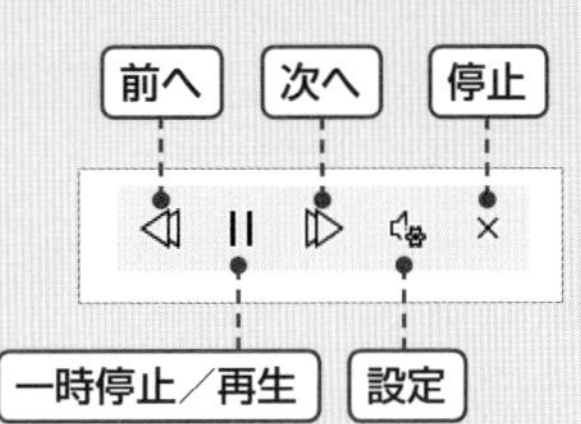

重要度 ★★★ メールの表示 2016

Q 083 優先受信トレイとは？

A [受信トレイ]を[優先]タブと[その他]タブに仕分けする機能です。

「優先受信トレイ」とは、[受信トレイ]の重要なメールを[優先]タブに、そのほかのメールを[その他]タブに自動的に振り分ける機能です。タブをクリックすることで、それぞれのメールが表示されます。優先受信トレイは、Outlook 2021／2019／Microsoft 365でOutlook.comかExchangeのアカウントを使用している場合に表示されます。

[受信トレイ]が[優先]タブと[その他]タブに仕分けされています。

重要度 ★★★ メールの表示 2016

Q 084 優先受信トレイを非表示にしたい！

A [表示]タブの[優先受信トレイを表示]をオフにします。

優先受信トレイを表示したくない場合は、[表示]タブをクリックして、[優先受信トレイを表示]をクリックしてオフにします。[優先]タブと[その他]タブが、[すべて]タブと[未読]タブに変更されます。

1 [優先受信トレイを表示]をオフにすると、

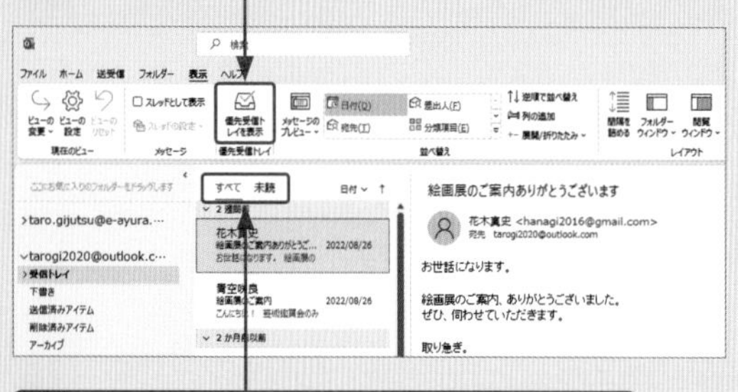

2 [すべて]タブと[未読]タブが表示されます。

重要度 ★★★ メールの表示 2016

Q 085 優先受信トレイの振り分け結果を変更したい！

A [優先]／[その他]タブからメールを移動して学習させます。

[優先]タブと[その他]タブに振り分けられたメールが意図しないタブに振り分けられている場合は、メールを移動して学習させます。メールをそれぞれのタブに移動するには、[優先]タブあるいは[その他]タブをクリックして、移動したいメールを右クリックし、移動先を指定します。

手順❸で[その他(優先)に移動]や[常にその他(優先)に移動])をクリックすると、以降はそのメールが指定したタブに振り分けられるようになります。

ここでは、[優先]タブから[その他]タブにメールを移動します。

1 [優先]タブをクリックして、

2 移動したいメールを右クリックし、

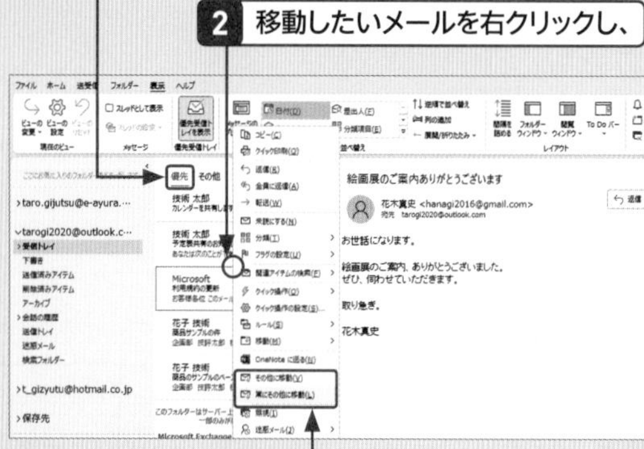

3 [その他に移動]あるいは[常にその他に移動]をクリックします。

Microsoft Outlook

今後 Microsoft からのすべてのメッセージを[その他]タブに移動しますか?

はい(Y)　いいえ(N)

4 [はい]をクリックすると、

5 以降は、そのメールが[その他]タブに振り分けられるようになります。

重要度 ★★★ メールの既読／未読

Q 086 メールの既読／未読とは？

A メールを読んでいるか、読んでいないかを表します。

メールを読んでいない状態のことを「未読」、メールをすでに読み終わった状態のことを「既読」（開封済み）といいます。未読のメールがある場合は、[受信トレイ]フォルダーに件数が青字で表示され、件名が太字の青字で表示されます。既読メールの件名は通常の文字で表示されます。

また、読み終わったメールを未読にしたり、未読のメールをまとめて既読にしたりすることもできます。

参照 ▶ Q 089, Q 090

未読のメールがある場合は、[受信トレイ] フォルダーに件数が青字で表示されます。

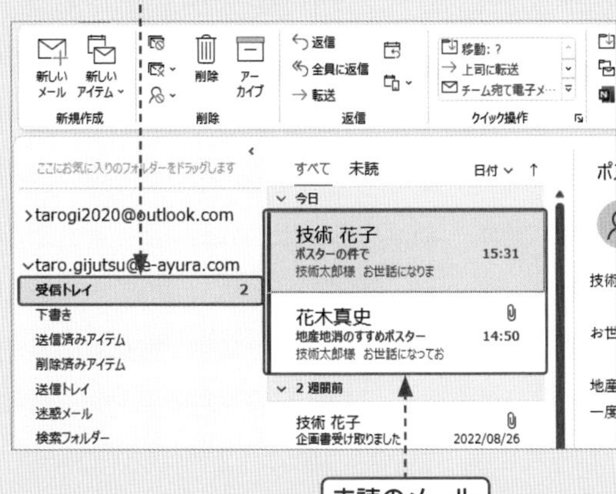

未読のメール

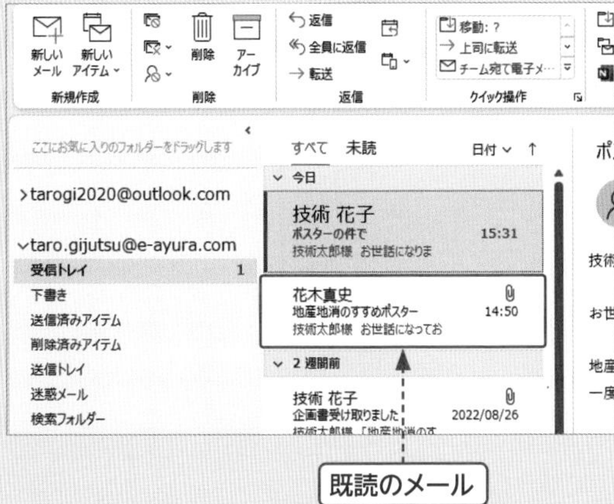

既読のメール

重要度 ★★★ メールの既読／未読

Q 087 表示したメールが自動で既読になってしまう！

A [Outlookのオプション]の[詳細設定]から設定します。

未読メールを閲覧ウィンドウに表示した際、一定時間が経つと自動で既読になってしまう場合は、自動で既読にならないように設定できます。

なお、以下の手順のほかに、[表示]タブの [閲覧ウィンドウ]から [オプション]をクリックしても、手順4の[閲覧ウィンドウ]が表示されます。

1 [ファイル] タブから [オプション] をクリックして、[Outlookのオプション] ダイアログボックスを表示します。

2 [詳細設定] をクリックして、

3 [閲覧ウィンドウ] をクリックします。

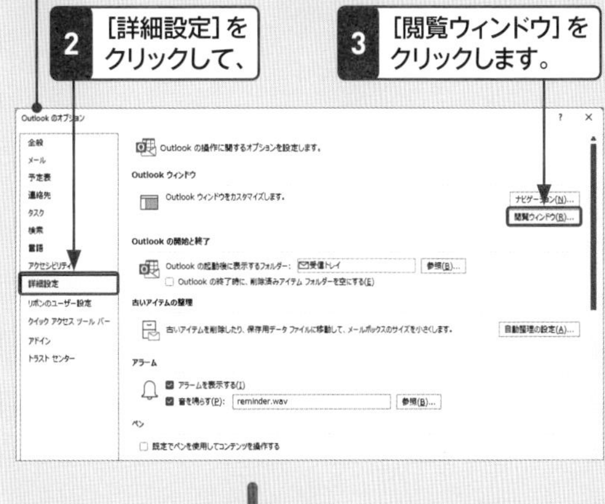

4 ここをクリックしてオフにし、

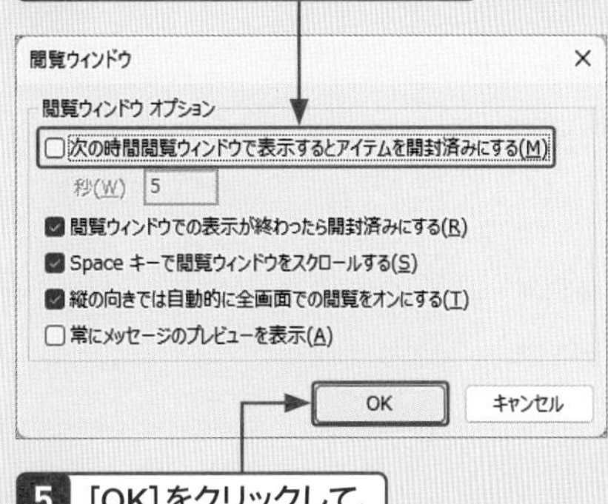

5 [OK] をクリックして、

6 [Outlookのオプション] ダイアログボックスの [OK] をクリックします。

重要度 ★★★ メールの既読／未読

Q 088 未読メールのみを表示したい！

A ビューのメール一覧の上にある［未読］をクリックします。

長期間メールを読むのを忘れてしまった場合でも、未読のメールのみを表示すれば、見落とす心配がありません。ビューのメール一覧の上にある［未読］をクリックすると、未読のメールのみが表示されます。［すべて］をクリックすると、もとの表示に戻ります。

なお、［優先］と［その他］タブが表示されている場合は、優先受信トレイをオフにすると、［すべて］と［未読］タブが表示されます。

参照▶Q 084

1 ［受信トレイ］をクリックして、

2 ［未読］をクリックすると、

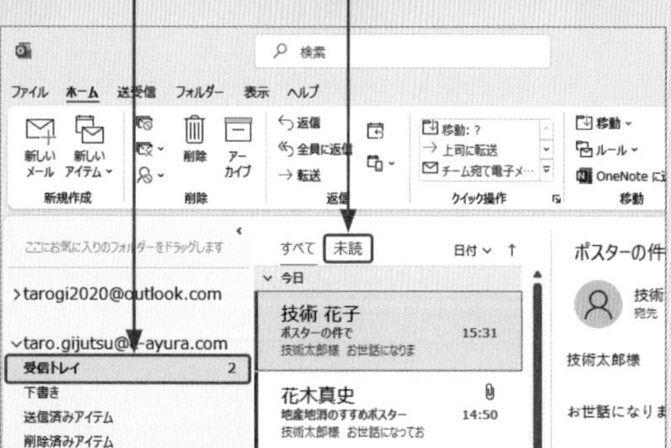

3 未読のメールのみが表示されます。

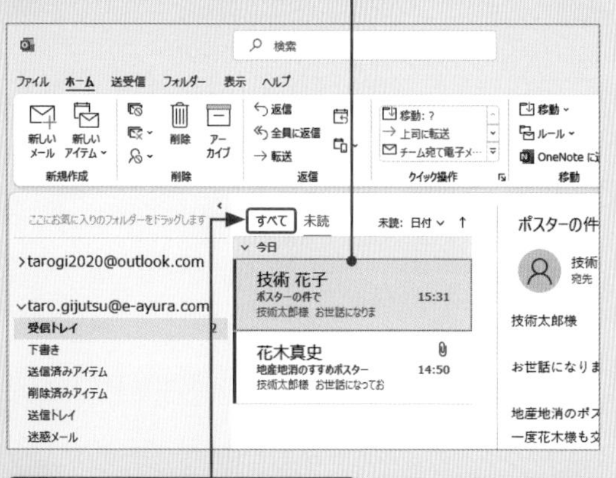

4 ［すべて］をクリックすると、もとの表示に戻ります。

重要度 ★★★ メールの既読／未読

Q 089 一度読んだメールを未読にしたい！

A 既読のメールをクリックして、［未読／開封済み］をクリックします。

一度読んだメールは、通常では既読になりますが、返信が必要なメールや大切なメールをあえて未読にすることもできます。既読のメールをクリックして、［ホーム］タブの［未読／開封済み］をクリックします。

ビューに表示されているメールの左部分をクリックすることでも、既読と未読を切り替えることができます。

1 ［受信トレイ］をクリックして、

2 既読のメールをクリックし、

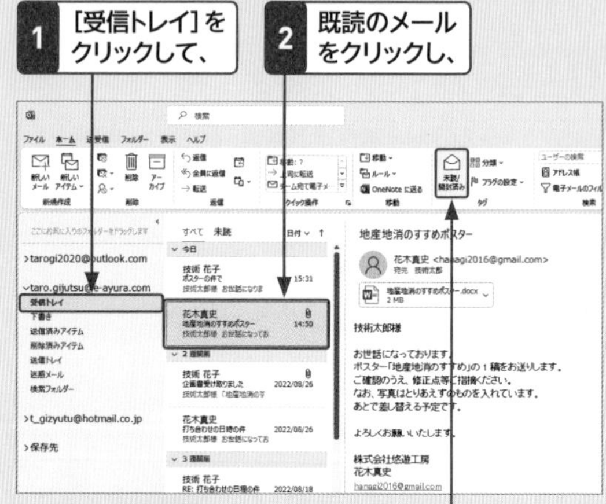

3 ［ホーム］タブの［未読／開封済み］をクリックすると、

4 メールが未読に切り替わります。

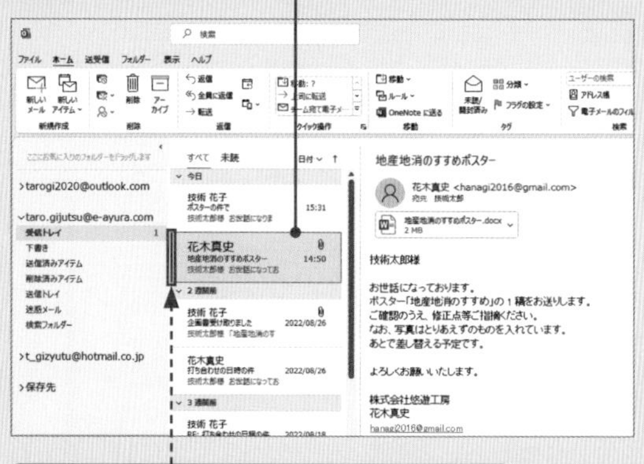

ここをクリックすることでも、既読と未読を切り替えることができます。

重要度 ★★★　メールの既読／未読

Q 090 まだ読んでいないメールをまとめて既読にしたい！

A ［フォルダー］タブの［すべて開封済みにする］をクリックします。

複数の未読メールを一つ一つ既読にするのが面倒な場合は、まとめて既読にすることもできます。［フォルダー］タブをクリックするか、［受信トレイ］を右クリックして、［すべて開封済みにする］をクリックします。

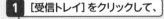

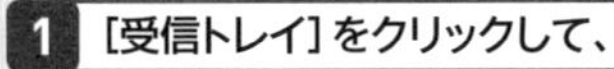

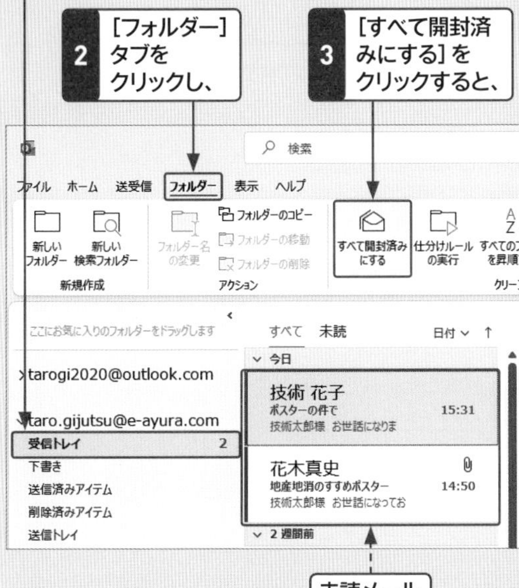

4 未読メールがまとめて既読のメールに切り替わります。

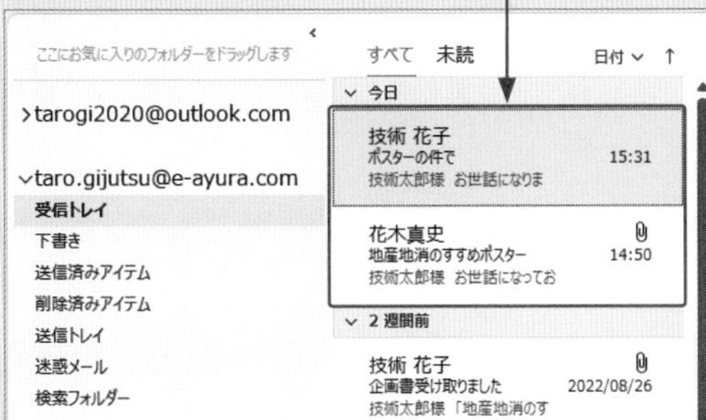

重要度 ★★★　メールの既読／未読　2021 2019 2016

Q 091 削除したメールを既読にしたい！

A ［Outlookのオプション］の［メール］で設定します。

Microsoft 365では、メールを未読のまま［削除済みアイテム］に移動する場合に、自動的に既読にすることができます。［Outlookのオプション］ダイアログボックスの［メール］で、［メッセージを削除するときに開封済みにする］をクリックしてオンにします。

不要なメールを［削除済みアイテム］に移動する場合、そのつど開封済みにする手間が省けて便利です。

1 ［ファイル］タブをクリックして、

2 ［オプション］をクリックします。

3 ［メール］をクリックして、

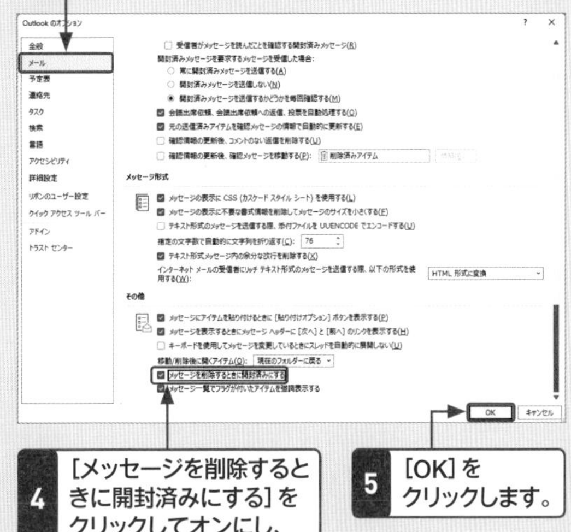

4 ［メッセージを削除するときに開封済みにする］をクリックしてオンにし、

5 ［OK］をクリックします。

重要度★★★ メールの検索／翻訳

Q 092 メールを検索したい！

A 検索ボックスを利用して検索します。

メールが増えてくると、目的のメールを探すのに手間がかかります。この場合は、対象となる文字をキーワードにしてメールを検索する「クイック検索」を利用すると便利です。差出人や件名の文字、本文の文字などでメールをすばやく検索することができます。

なお、Outlook 2019／2016では検索ボックスはビューの上にあります。

1 検索ボックスに検索したい文字（ここでは「地産地消」）を入力して、

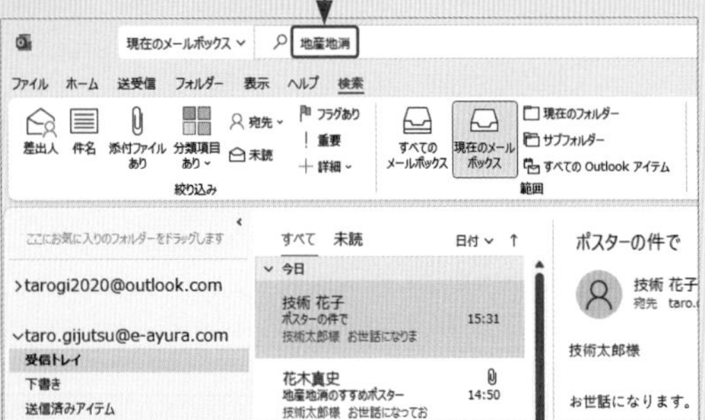

2 Enter を押すと、

3 検索結果が表示されます。検索した文字には黄色いマーカーが引かれています。

4 ここをクリックすると、検索結果が閉じます。

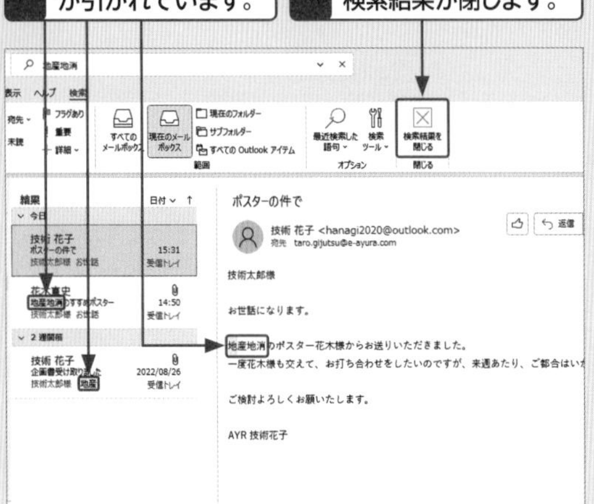

重要度★★★ メールの検索／翻訳

Q 093 差出人や件名を指定してメールを検索したい！

A [検索]タブの[差出人]や[件名]をクリックして検索します。

差出人や件名を指定してメールを検索したいときは、検索ボックスをクリックすると表示される[検索]タブを利用します。[検索]タブの[差出人]や[件名]をクリックして、差出人や件名を入力します。ここでは、差出人で検索してみましょう。

1 検索ボックスをクリックして、

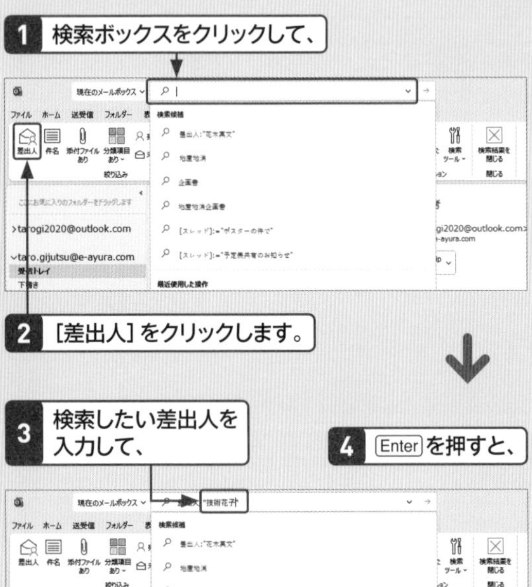

2 [差出人]をクリックします。

3 検索したい差出人を入力して、

4 Enter を押すと、

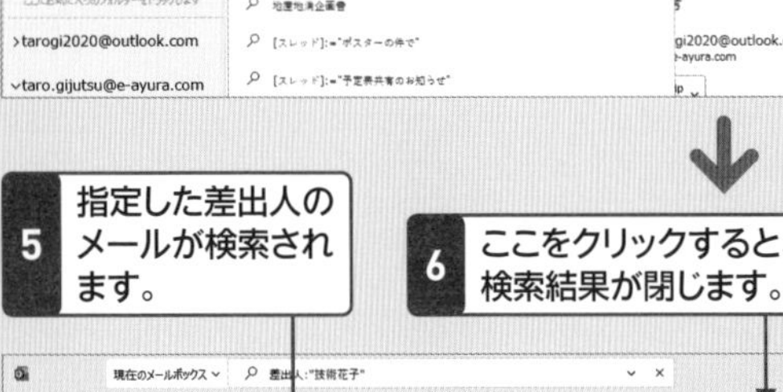

5 指定した差出人のメールが検索されます。

6 ここをクリックすると、検索結果が閉じます。

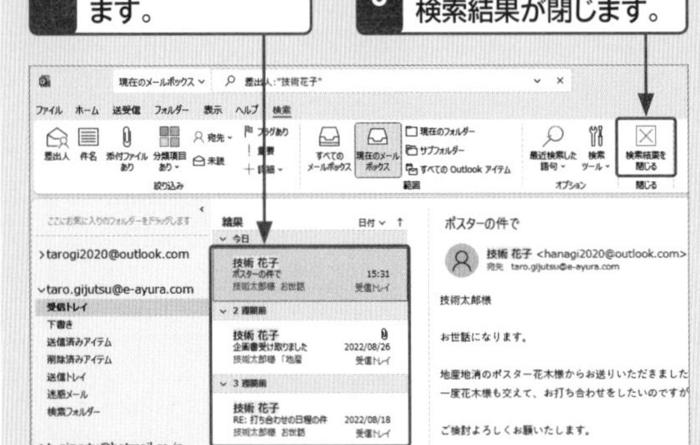

重要度 ★★★　メールの検索／翻訳

Q 094 細かい条件を指定してメールを検索したい！

A [高度な検索]を利用して検索します。

Outlookでは、対象となる文字があるかどうかでメールを検索する「クイック検索」のほかに、条件を細かく指定して検索できる「高度な検索」が用意されています。高度な検索では、Outlookで設定できるすべての項目を対象に検索することができます。

ここでは、件名が「打ち合わせ」でフラグが設定されているメールをメッセージ（メールの本文のこと）から検索します。

1 検索ボックスをクリックして、

2 [検索] タブの[検索ツール] をクリックし、

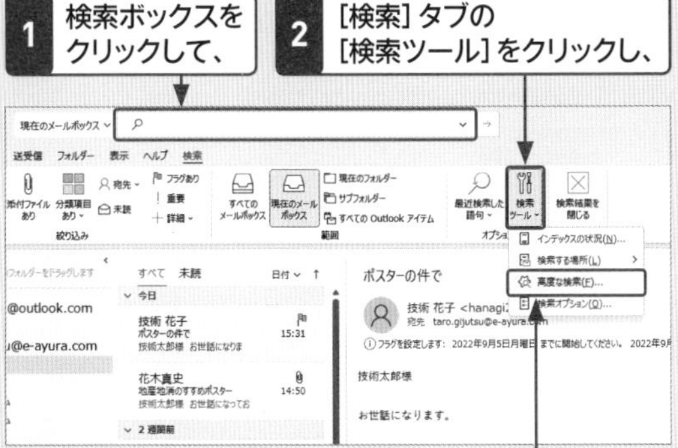

3 [高度な検索] をクリックします。

4 検索対象（ここでは[メッセージ]）を選択して、

5 検索する文字を入力し、

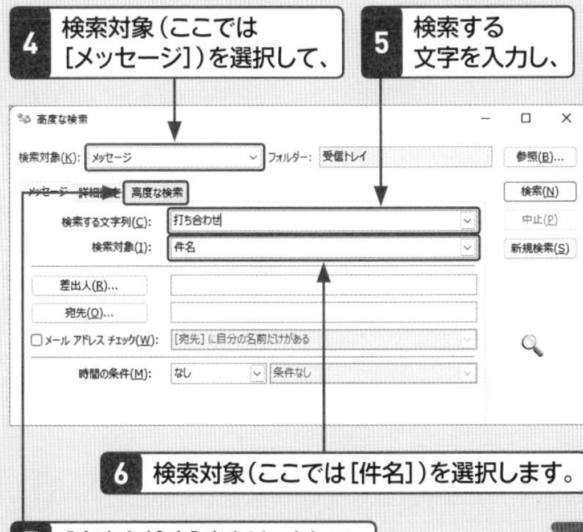

6 検索対象（ここでは[件名]）を選択します。

7 [高度な検索] をクリックして、

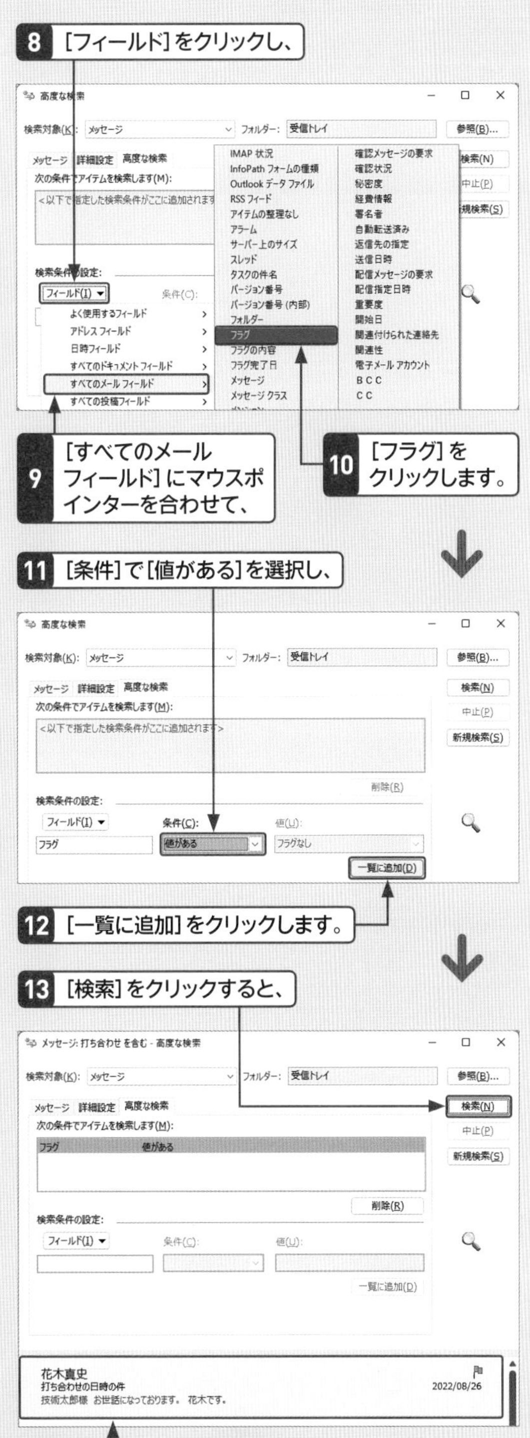

8 [フィールド] をクリックし、

9 [すべてのメールフィールド] にマウスポインターを合わせて、

10 [フラグ] をクリックします。

11 [条件] で[値がある] を選択し、

12 [一覧に追加] をクリックします。

13 [検索] をクリックすると、

14 検索結果が表示されます。

15 ダブルクリックすると、[メッセージ] ウィンドウが開き、内容を確認できます。

重要度 ★★★ メールの検索／翻訳

Q 095 特定のキーワードが含まれたメールだけを表示したい！

A 条件に一致するメールを検索する[検索フォルダー]を作成します。

Outlookには、特定のキーワードを含むメールを［検索フォルダー］に抽出して表示する機能が用意されています。[検索フォルダー]は、検索条件に一致するメールを検索するために利用するフォルダーで、一度条件を設定しておくと、それ以降に受信したメールも抽出の対象になります。[検索フォルダー]は、検索結果を表示するフォルダーなので、フォルダーを削除しても、その中にあるメールは削除されません。

なお、手順❶～❷のかわりに［検索フォルダー］を右クリックして、[新しい検索フォルダー]をクリックしても、手順❸のダイアログボックスが表示されます。

1 [フォルダー]タブをクリックして、

2 [新しい検索フォルダー]をクリックします。

3 [特定の文字を含むメール]をクリックして、

4 [選択]をクリックします。

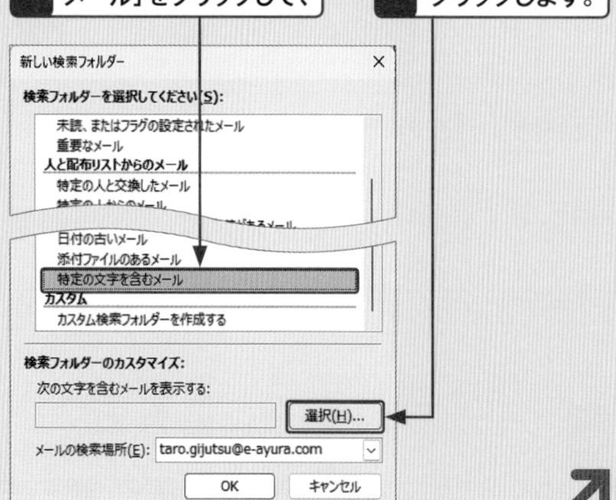

5 キーワード（ここでは「地産地消」）を入力して、

6 [追加]をクリックし、

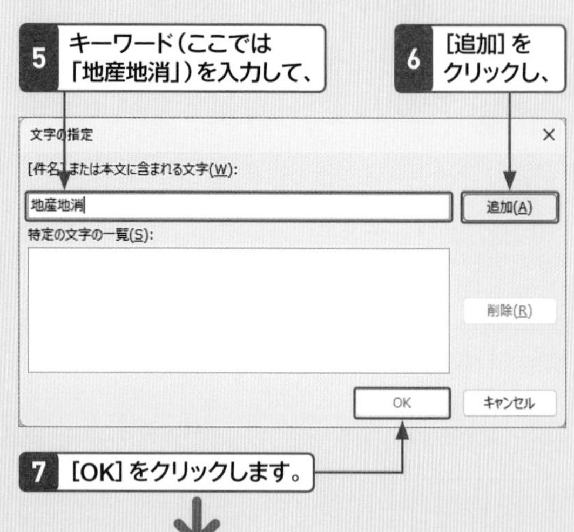

7 [OK]をクリックします。

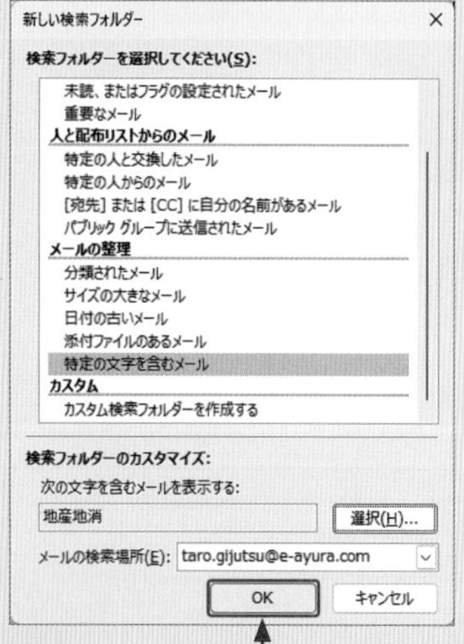

8 [OK]をクリックすると、

9 [地産地消を含むメール]フォルダーが作成され、

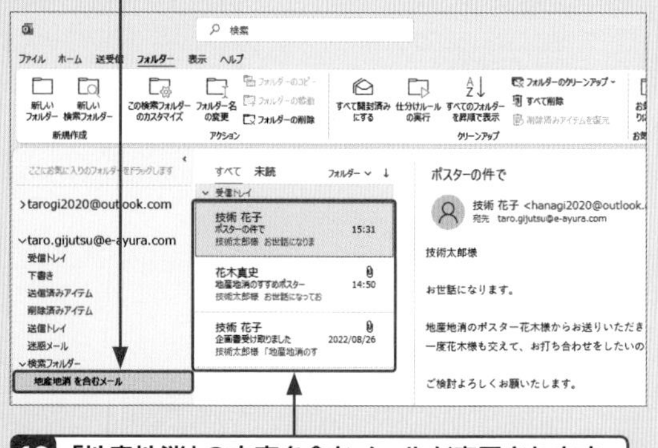

10 「地産地消」の文字を含むメールが表示されます。

重要度 ★★★ メールの検索／翻訳

Q 096 特定の相手から届いたメールを一覧表示したい！

A ［関連アイテムの検索］の［差出人からのメッセージ］を利用します。

特定の相手からのメールを一覧で表示するには、メールを右クリックして、［関連アイテムの検索］から［差出人からのメッセージ］をクリックします。選択したメールと同じ差出人からのメールが一覧で表示されます。

1 検索したい差出人のメールを右クリックして、

2 ［関連アイテムの検索］にマウスポインターを合わせ、

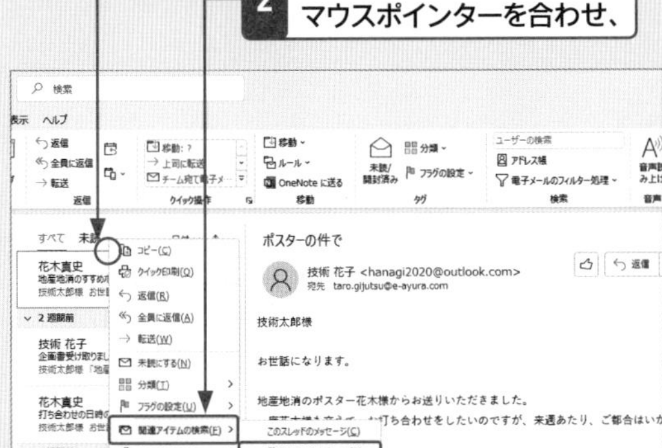

3 ［差出人からのメッセージ］をクリックします。

4 選択したメールと同じ差出人からのメールが一覧で表示されます。

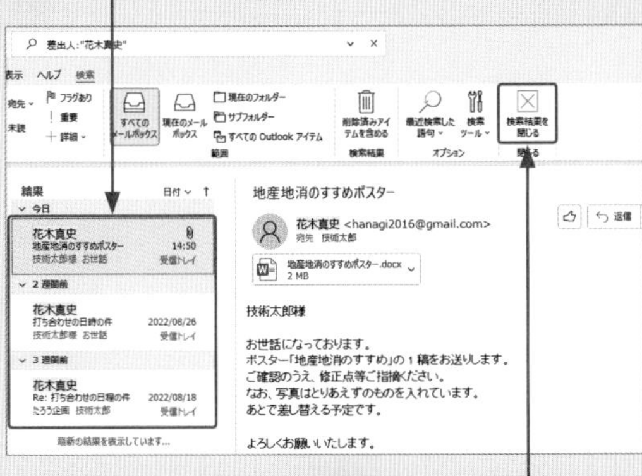

5 ここをクリックすると、検索結果が閉じます。

重要度 ★★★ メールの検索／翻訳

Q 097 特定のメールと同じ件名のメールを一覧表示したい！

A ［関連アイテムの検索］の［このスレッドのメッセージ］を利用します。

特定の件名を含むメールを一覧で表示するには、メールを右クリックして、［関連アイテムの検索］から［このスレッドのメッセージ］をクリックします。選択したメールと同じ件名のメールが一覧で表示されます。

1 検索したい件名のメールを右クリックして、

2 ［関連アイテムの検索］にマウスポインターを合わせ、

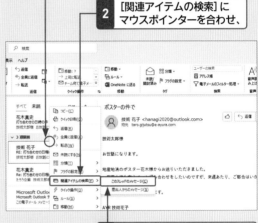

3 ［このスレッドのメッセージ］をクリックします。

4 選択したメールと同じ件名のメールが一覧で表示されます。

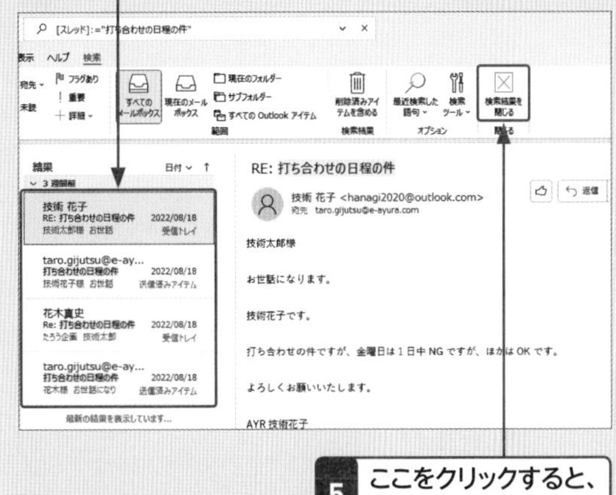

5 ここをクリックすると、検索結果が閉じます。

重要度 ★★★ メールの検索／翻訳

Q 098 英文メールを日本語に翻訳したい！

A1 Outlookの翻訳機能を使います。

Outlookでは、単語や語句、メール全体を翻訳することができます。単語や語句を翻訳する場合は、単語や語句を選択して右クリックし、[翻訳]をクリックします。メール全体を翻訳する場合は、[ホーム]タブの[翻訳]をクリックして、[メッセージの翻訳]をクリックします。

● 単語や語句を翻訳する

1 翻訳したい単語や語句を選択して右クリックし、

2 [翻訳]をクリックすると、

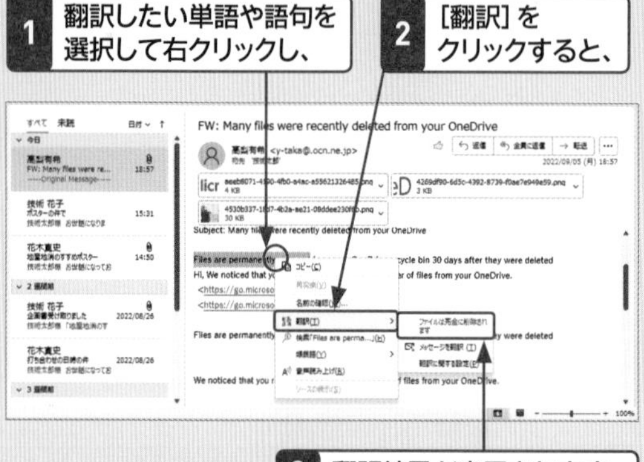

3 翻訳結果が表示されます。

● メール全体を翻訳する

1 [ホーム]タブの[翻訳]をクリックして、

2 [メッセージの翻訳]をクリックすると、

3 メール全体が翻訳されます。

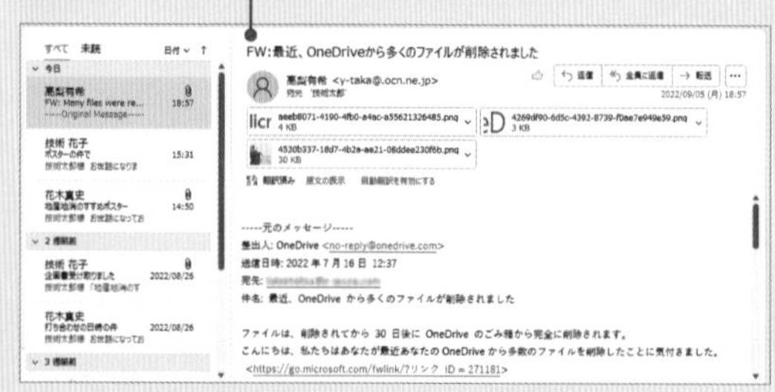

A2 オンラインサービスを使って翻訳します。

Outlook 2019／2016では、オンラインサービスを使って、単語や語句、メール全体を翻訳することができます。単語や語句、文章を選択して右クリックし、[翻訳]をクリックすると、画面の右側の[リサーチ]作業ウィンドウに翻訳結果が表示されます。

1 翻訳したい単語や文章を選択して右クリックし、

2 [翻訳]をクリックします。

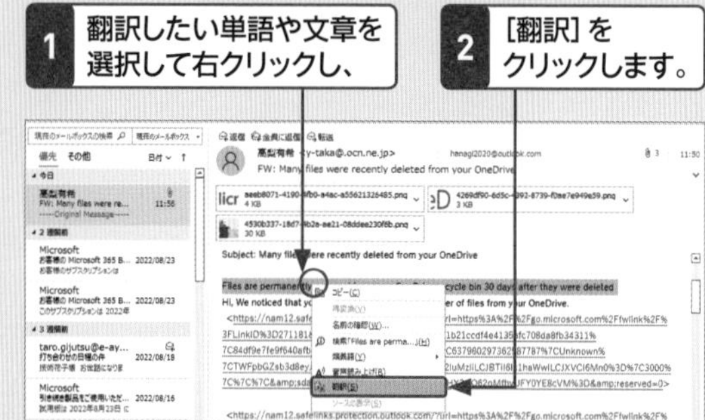

3 確認のダイアログボックスで[はい]をクリックすると、

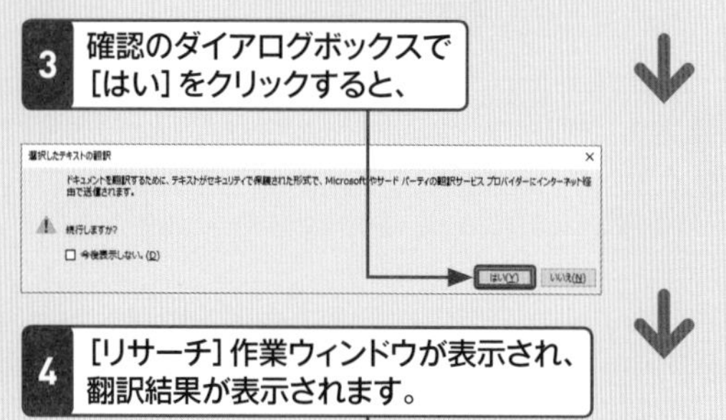

4 [リサーチ]作業ウィンドウが表示され、翻訳結果が表示されます。

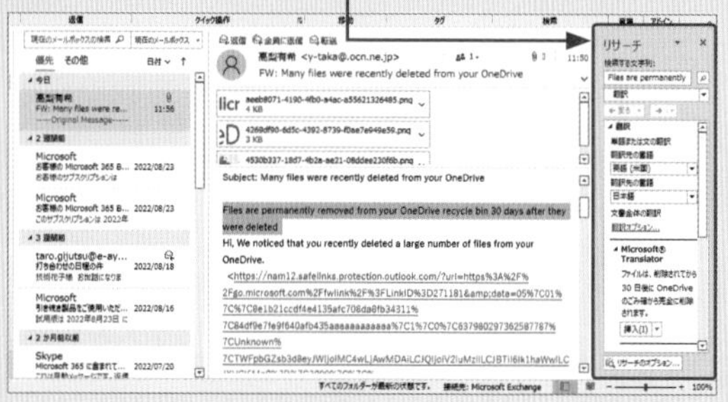

重要度 ★★★　メールの並べ替え

Q 099 メールを古い順に並べ替えたい！

A ビューのメール一覧の上にある ↑ をクリックします。

[受信トレイ]に表示されたメールは、初期設定では日付の新しい順にグループ化されて並んでいます。日付の古い順に並べ替えたい場合は、ビューのメール一覧の上にある ↑ をクリックします。もとに戻すには、↓ をクリックします。なお、[表示]タブの［逆順で並べ替え］をクリックしても、並べ替えることができます。

参照▶Q 110

1 [受信トレイ]をクリックして、

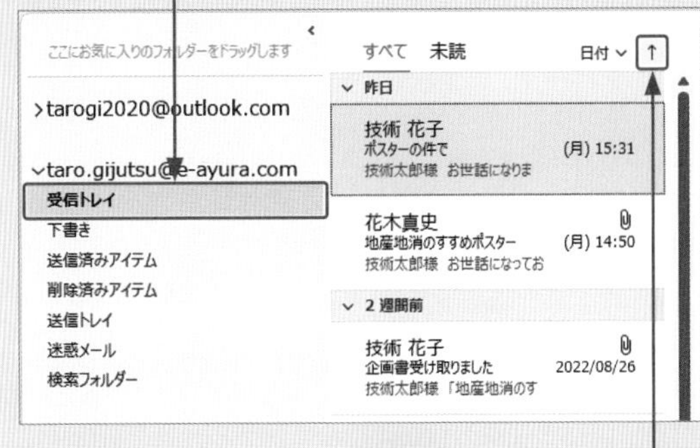

2 ↑ をクリックすると、

3 表示が ↓ に変わり、

4 日付の古い順にメールが並びます。

重要度 ★★★　メールの並べ替え

Q 100 古いメールは表示しないようにしたい！

A グループを折りたたんで古いメールを非表示にします。

[受信トレイ]に表示されたメールは、初期設定では日付の新しい順に「今日」「昨日」「先週」などとグループごとに件名が並んでいます。古いメールを表示しないようにするには、グループの頭に表示されている ∨（Outlook 2019／2016では ◢）をクリックします。再度クリックすると、もとの表示に戻ります。

1 [受信トレイ]をクリックして、

2 非表示にしたいグループのここをクリックすると、

3 メールの件名が非表示になります。

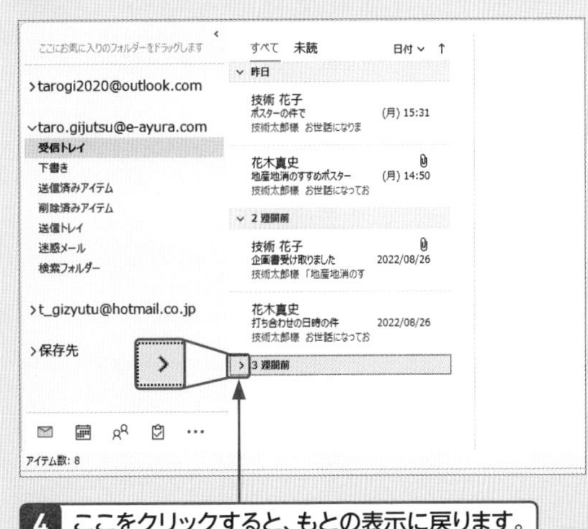

4 ここをクリックすると、もとの表示に戻ります。

重要度 ★★★ メールの並べ替え

Q 101 メールをグループごとに表示したい！

A ［グループごとに表示］をオンにします。

メールの一覧は、初期設定では日付でグループ化されて、受信日時順に並んで表示されています。グループごとに表示されていない場合は、［表示］タブをクリックして、［並べ替え］の［その他］をクリックし、［グループごとに表示］をクリックしてオンにします。

1 ［表示］タブをクリックして、

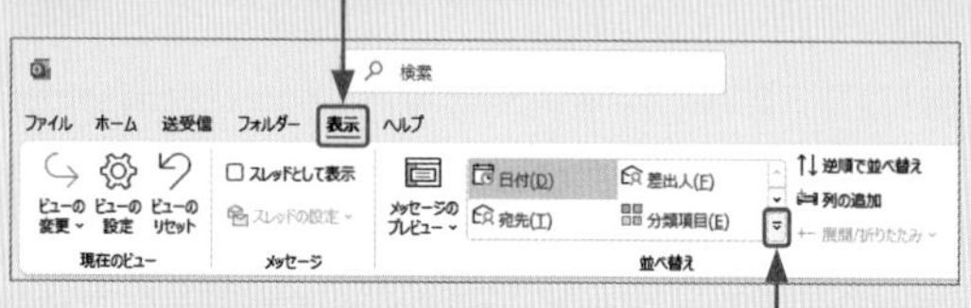

2 ［並べ替え］の［その他］をクリックします。

3 ［グループごとに表示］をクリックしてオンにすると、

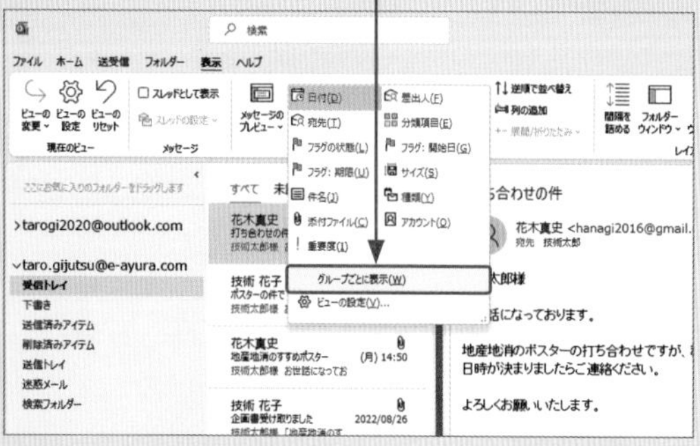

4 メールが日付でグループ化され、受信日時順に並びます。

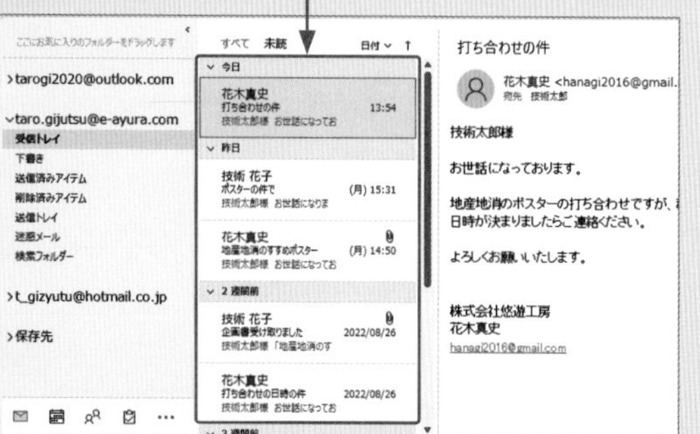

重要度 ★★★ メールの並べ替え

Q 102 グループを展開したい／折りたたみたい！

A グループの頭に表示されているアイコンをクリックします。

［受信トレイ］にグループごとに表示されているメールは、グループを折りたたんだり展開したりすることができます。グループの頭に表示されている ⌄（Outlook 2019／2016では ◢）をクリックします。
また、［表示］タブの［展開／折りたたみ］をクリックすると、グループを個別に展開／折りたたんだり、すべてのグループを展開／折りたたんだりすることができます。

1 ［受信トレイ］をクリックして、

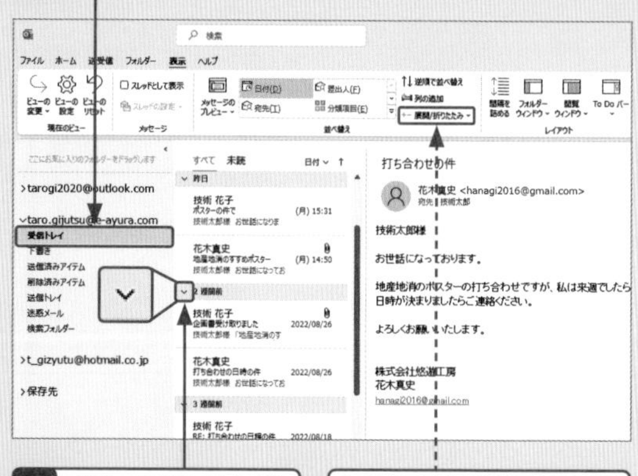

2 グループ名のここをクリックすると、

ここをクリックしても展開／折りたたみができます。

3 メールが折りたたまれ、グループ名のみが表示されます。

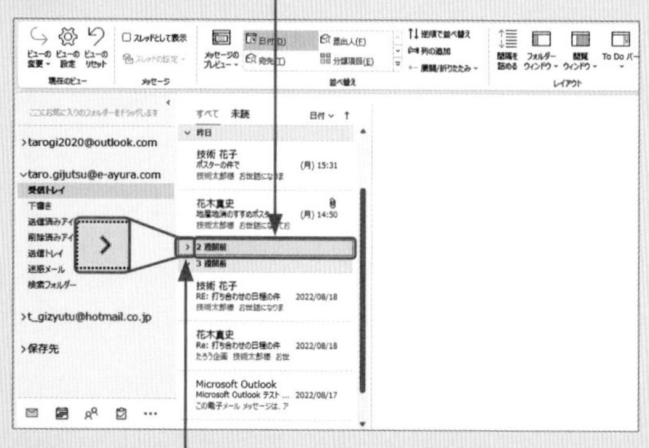

4 ここをクリックすると、グループが展開されます。

重要度 ★★★ メールの並べ替え

Q 103 グループを常に展開したい!

A [表示]タブの[ビューの設定]から設定します。

[受信トレイに]に表示されたメールは、初期設定では自動的に日付でグループ化されます。グループを常に展開して表示したい場合は、[表示]タブの[ビューの設定]をクリックすると表示される[ビューの詳細設定]ダイアログボックスから設定します。

1 [表示]タブをクリックして、

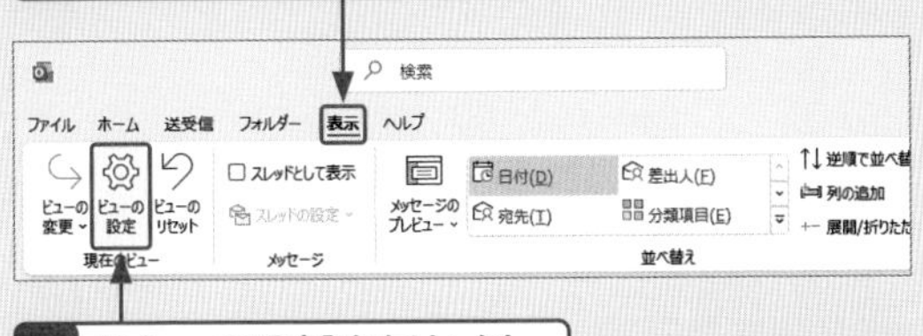

2 [ビューの設定]をクリックし、

3 [グループ化]をクリックします。

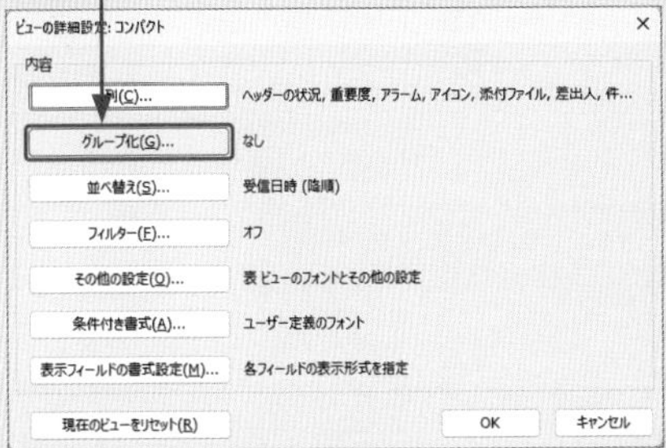

4 [グループの表示方法]で[すべて展開する]を選択して、

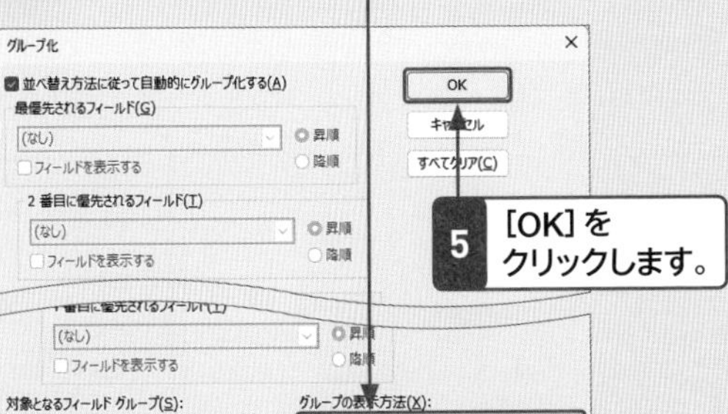

5 [OK]をクリックします。

6 [ビューの詳細設定]ダイアログボックスの[OK]をクリックします。

重要度 ★★★ メールの並べ替え

Q 104 メールを差出人ごとに並べ替えたい!

A [表示]タブの[並べ替え]から[差出人]をクリックします。

メールの一覧を差出人ごとに並べ替えたい場合は、[表示]タブの[並べ替え]から[差出人]をクリックします。もとに戻す場合は、[並べ替え]から[日付]をクリックします。

1 [表示]タブをクリックして、

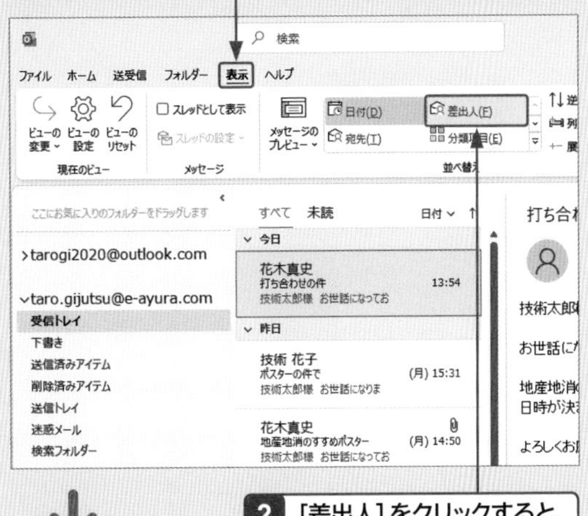

2 [差出人]をクリックすると、

3 差出人がグループ化され、受信日時順に並びます。

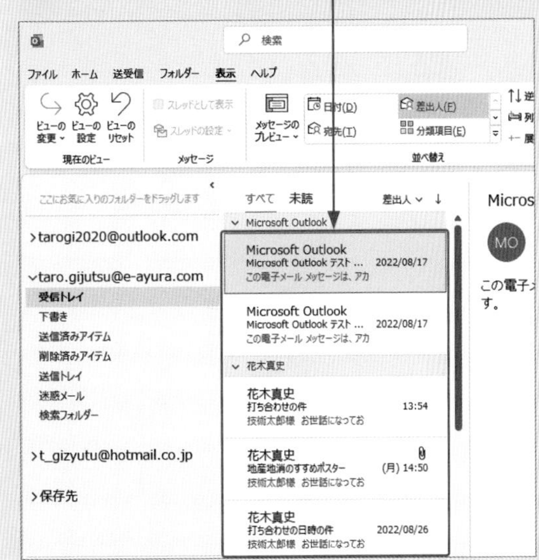

重要度 ★★★ メールの並べ替え

Q 105 メールを件名ごとに並べ替えたい！

A [表示]タブの[並べ替え]から[件名]をクリックします。

メールの一覧を件名ごとに並べ替えたい場合は、[表示]タブの[並べ替え]の[その他]をクリックして、[件名]をクリックします。もとに戻す場合は、[並べ替え]から[日付]をクリックします。

1 [表示]タブをクリックして、

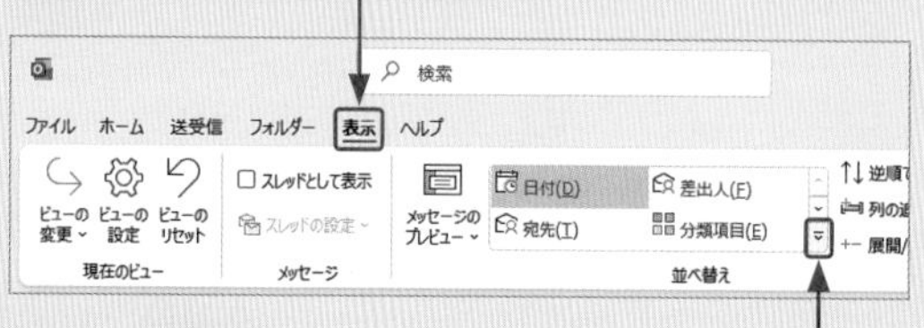

2 [並べ替え]の[その他]をクリックします。

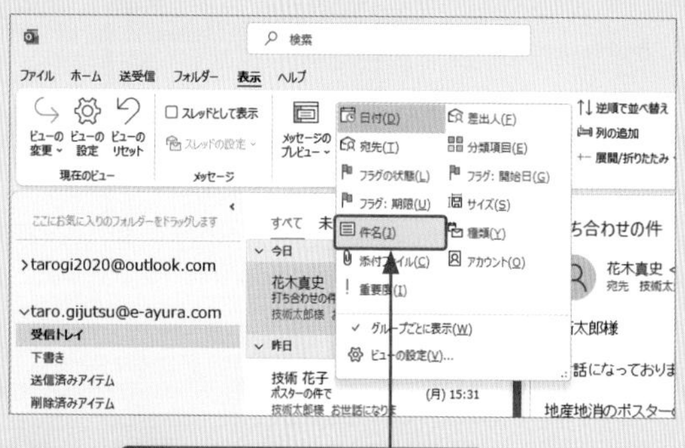

3 [件名]をクリックすると、

4 メールが件名でグループ化され、受信日時順に並びます。

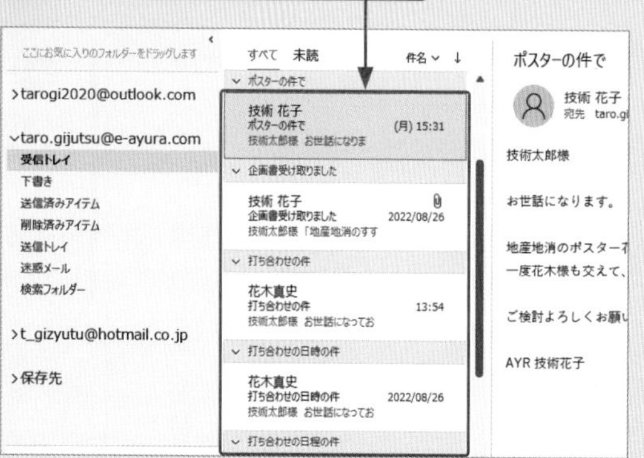

重要度 ★★★ メールの並べ替え

Q 106 メールをサイズ順に並べ替えたい！

A [表示]タブの[並べ替え]から[サイズ]をクリックします。

メールの一覧をサイズ順に並べ替えたい場合は、[表示]タブの[並べ替え]の[その他]をクリックして、[サイズ]をクリックします。もとに戻す場合は、[並べ替え]から[日付]をクリックします。

1 [表示]タブをクリックして、

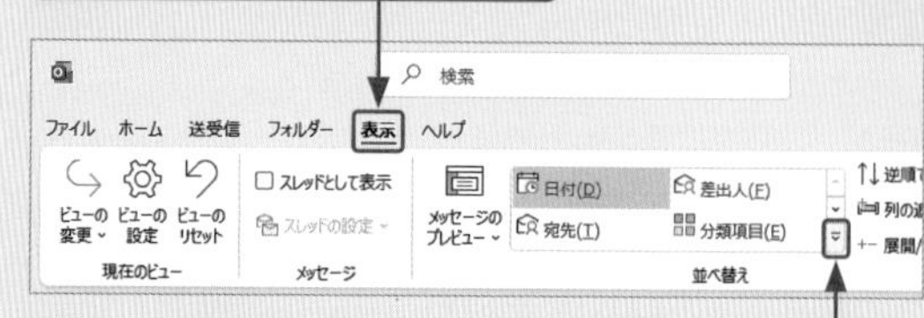

2 [並べ替え]の[その他]をクリックします。

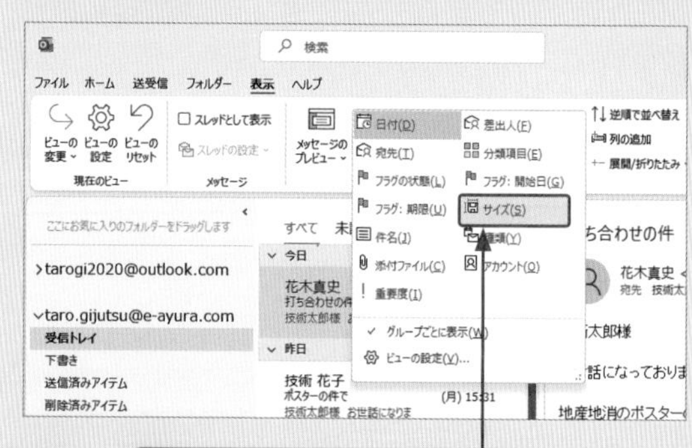

3 [サイズ]をクリックすると、

4 メールがサイズごとにグループ化されて並びます。

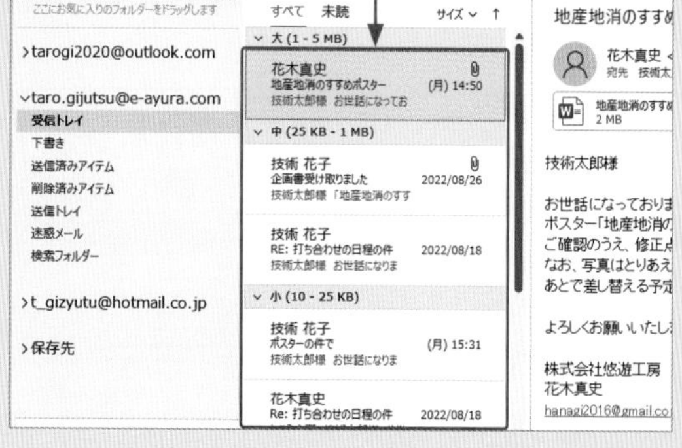

重要度 ★★★　メールの並べ替え

Q 107 添付ファイルのあるメールをまとめて表示したい！

A ［表示］タブの［並べ替え］から［添付ファイル］をクリックします。

添付ファイルの付いたメールをまとめて表示したい場合は、［表示］タブの［並べ替え］の［その他］をクリックして、［添付ファイル］をクリックします。もとに戻す場合は、［並べ替え］から［日付］をクリックします。

1 ［表示］タブをクリックして、

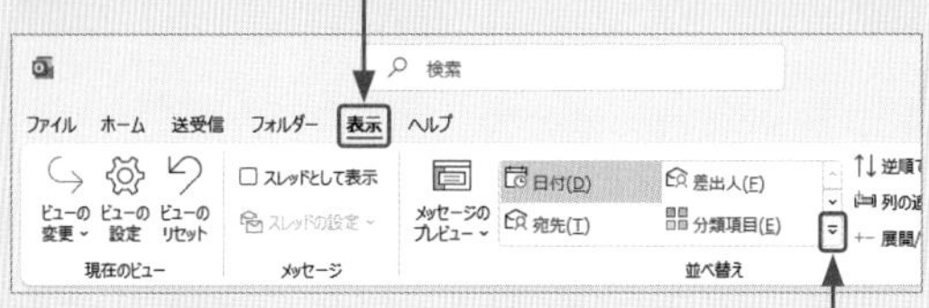

2 ［並べ替え］の［その他］をクリックします。

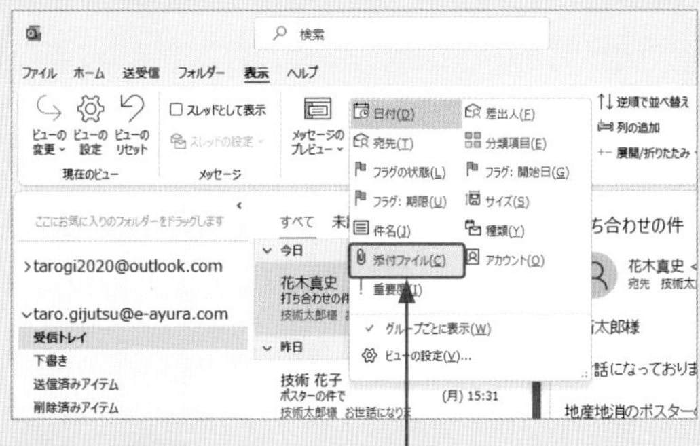

3 ［添付ファイル］をクリックすると、

4 添付ファイルの付いたメールが一覧の上に表示されます。

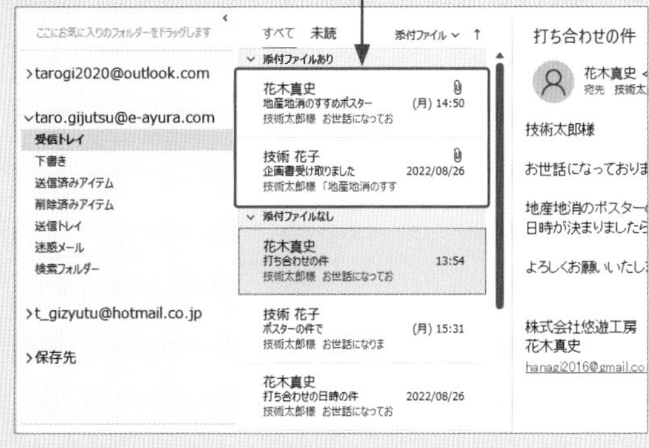

重要度 ★★★　メールの並べ替え

Q 108 重要度の高いメールをまとめて表示したい！

A ［表示］タブの［並べ替え］から［重要度］をクリックします。

重要度が「高」に設定されているメールをまとめて表示したい場合は、［表示］タブの［並べ替え］の［その他］をクリックして、［重要度］をクリックします。もとに戻す場合は、［並べ替え］から［日付］をクリックします。

1 ［表示］タブをクリックして、

2 ［並べ替え］の［その他］をクリックします。

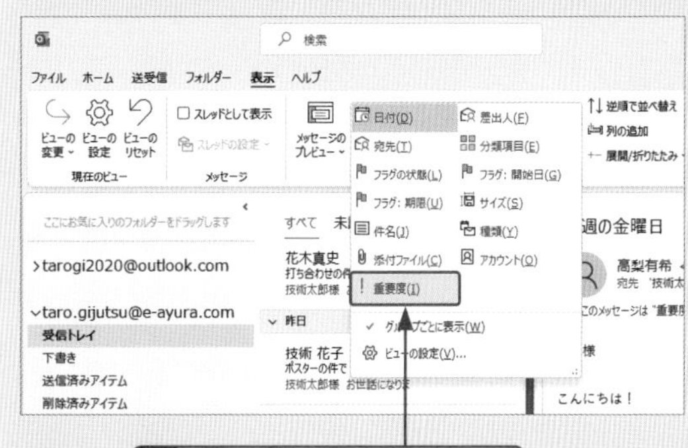

3 ［重要度］をクリックすると、

4 重要度が「高」に設定されているメールが一覧の上に表示されます。

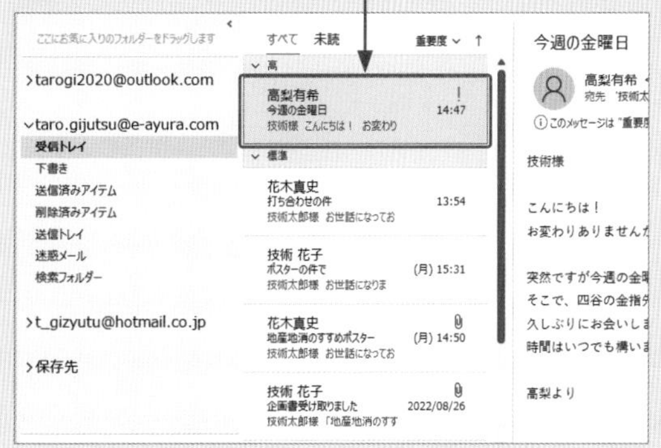

重要度★★★ メールの並べ替え

Q 109 並べ替えの方法をすべて知りたい!

A 下表のように13種類が用意されています。

[受信トレイ]に表示されるメールは、日付、差出人、サイズ、件名など、さまざまな順序で並べ替えることができます。並べ替え方法は13種類あり、目的に合わせて並べ替えることで、メールが見つけやすくなります。

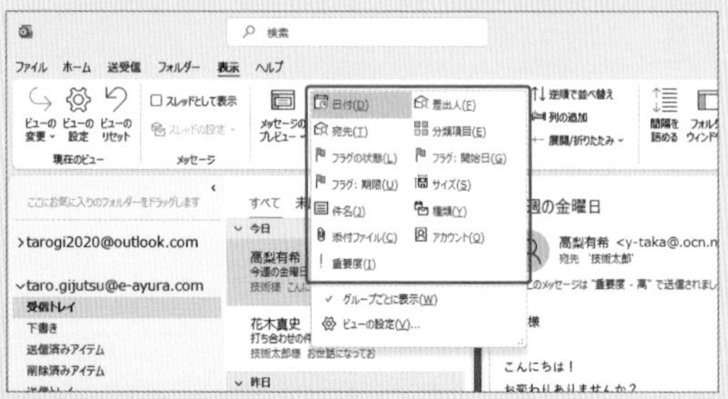

項目	内　容
日付	日付順に並べ替えます。初期設定での並べ替え方法です。
差出人	差出人ごとにグループ化し、受信日順に並べ替えます。
宛先	宛先ごとにグループ化し、受信日順に並べ替えます。
分類項目	分類項目別にグループ化し、受信日順に並べ替えます。
フラグの状態	フラグのあるものとないものに分類し、受信日時順に並べ替えます。
フラグ：開始日	フラグの色別にグループ化し、開始日順に並べ替えます。
フラグ：期限	フラグの色別にグループ化し、期限順に並べ替えます。
サイズ	ファイルサイズをグループ化し、サイズ順に並べ替えます。
件名	件名でグループ化し、受信日順に並べ替えます。
種類	アイテムの種類別にグループ化し、受信日順に並べ替えます。
添付ファイル	添付ファイルのあるものとないものに分類し、受信日順に並べ替えます。
アカウント	メールをメールアカウント別に分類し、受信日順に並べ替えます。
重要度	重要度別にグループ化し、受信日順に並べ替えます。

重要度★★★ メールの並べ替え

Q 110 並べ替え順を逆にするには？

A [表示]タブの[逆順で並べ替え]をクリックします。

メールの一覧を差出人、件名などの五十音順、サイズの大きい順などで並べ替えたあとに、その並べ替えを逆順にするには、[表示]タブの[逆順で並べ替え]をクリックします。

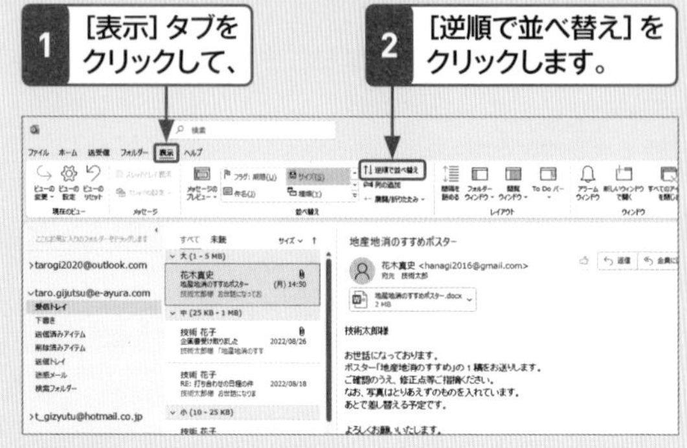

重要度★★★ メールの表示設定 ✕2019 ✕2016

Q 111 ビューの行の間隔を詰めて表示したい!

A [表示]タブの[間隔を詰める]をクリックします。

Outlook 2021／Microsoft 365では、メールの一覧ビューに表示される行の間隔を狭くすることができます。[表示]タブをクリックして、[間隔を詰める]をクリックすると、行の間隔が狭くなります。再度クリックすると、もとの間隔に戻ります。

重要度 ★★★　メールの表示設定

Q 112 ビューの表示を変更したい！

A ［表示］タブの［ビューの変更］から変更します。

ビューの表示は、初期設定では［コンパクト］（受信日、差出人、件名を表示）に設定されていますが、ほかに、受信日、差出人、件名を1行で表示する［シングル］と、閲覧ウィンドウを非表示にしてビューが表示される［プレビュー］が用意されています。

ビューの表示は、［表示］タブの［ビューの変更］で変更することができます。

ビューが［コンパクト］と［シングル］の場合は、ビューの右の境界線をドラッグすると、表示範囲を広げることができます。

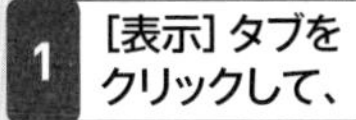

1 ［表示］タブをクリックして、

初期設定では、［コンパクト］に設定されています。

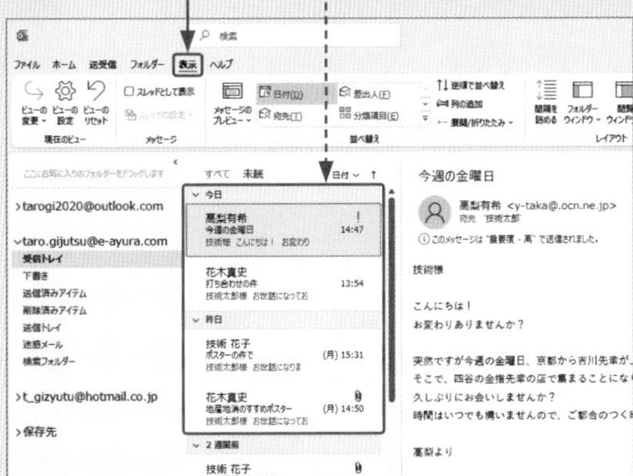

2 ［ビューの変更］をクリックし、

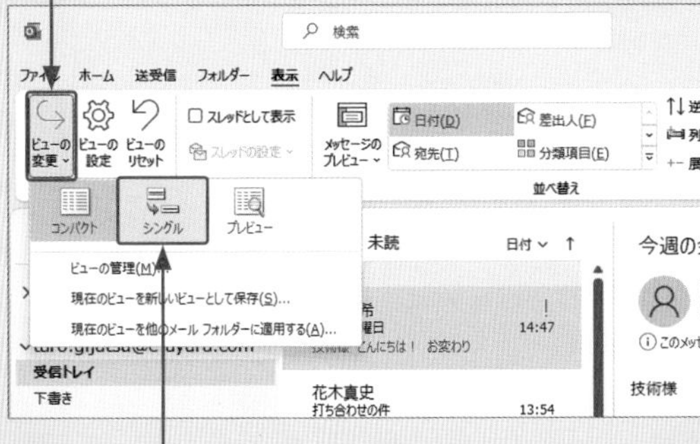

3 ［シングル］をクリックすると、

4 受信日、差出人、件名が1行で表示されます。

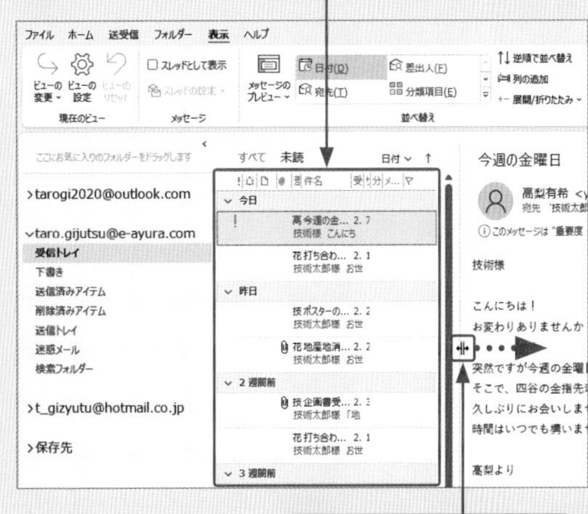

5 ここをドラッグすると、

6 ビューの表示範囲を広げることができます。

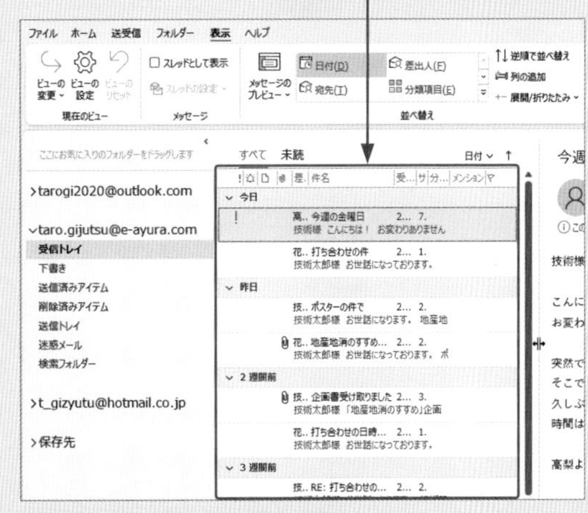

● プレビューに変更したビュー

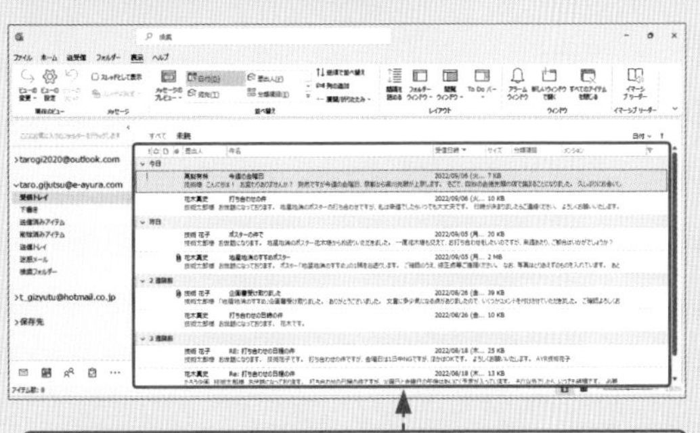

手順3で［プレビュー］をクリックすると、閲覧ウィンドウを非表示にしたビューが表示されます。

Q 113 ビューの表示を細かく設定したい！

A [表示]タブの[ビューの設定]から変更します。

メールの並べ替えの優先度や、ビューのフォントや文字サイズ、メールの色分けなど、ビューの表示は細かく設定することができます。
[表示]タブの[ビューの設定]をクリックすると表示される[ビューの詳細設定]ダイアログボックスを利用します。ここでは、ビューの文字サイズを大きくしてみましょう。

1 [表示]タブをクリックして、

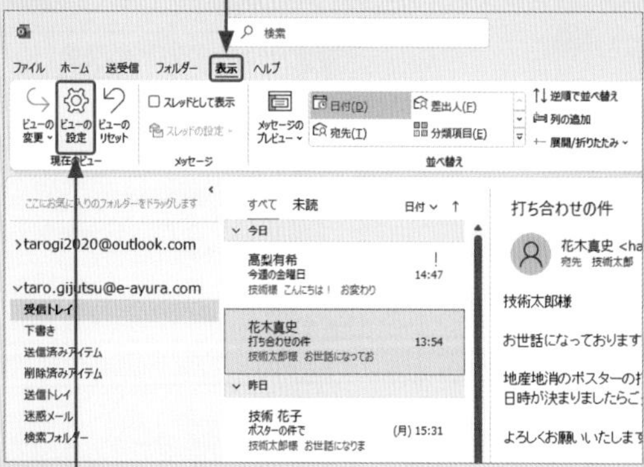

2 [ビューの設定]をクリックし、

3 [その他の設定]をクリックします。

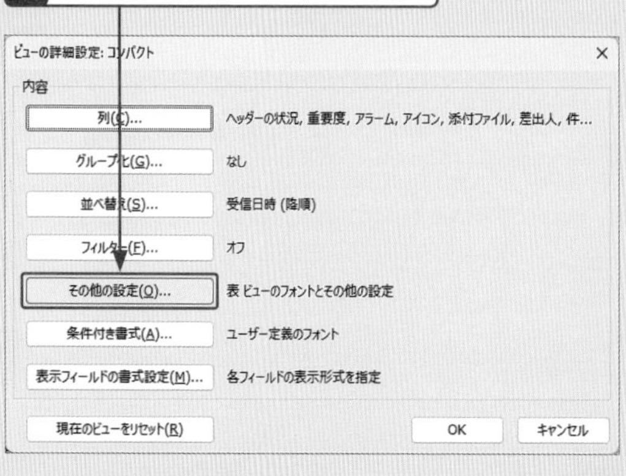

4 [行のフォント]をクリックして、

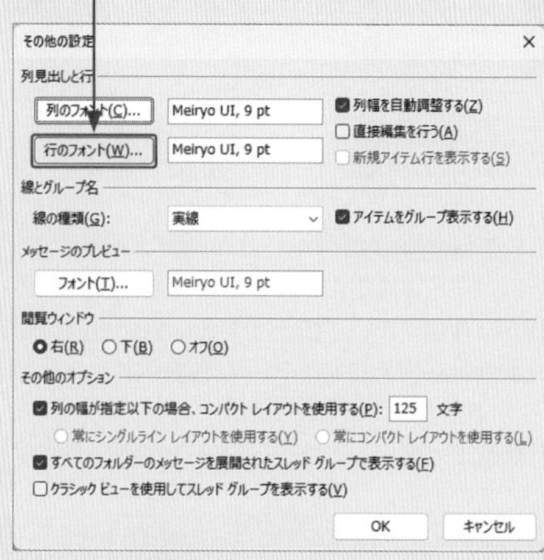

5 [サイズ]で設定したい文字サイズ(ここでは[14])をクリックし、

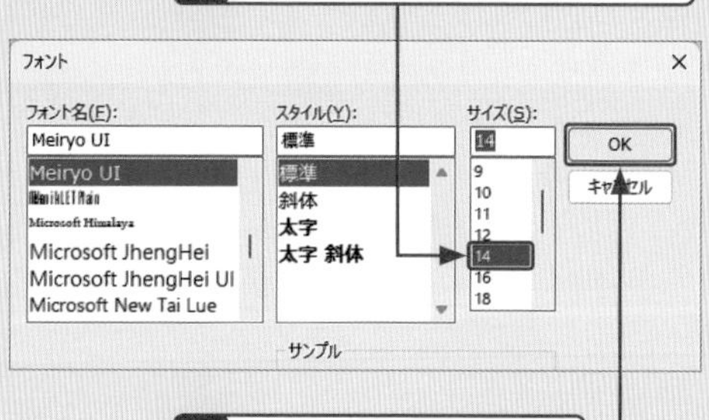

6 [OK]をクリックします。

7 [その他の設定]と[ビューの詳細設定]ダイアログボックスの[OK]を順にクリックすると、

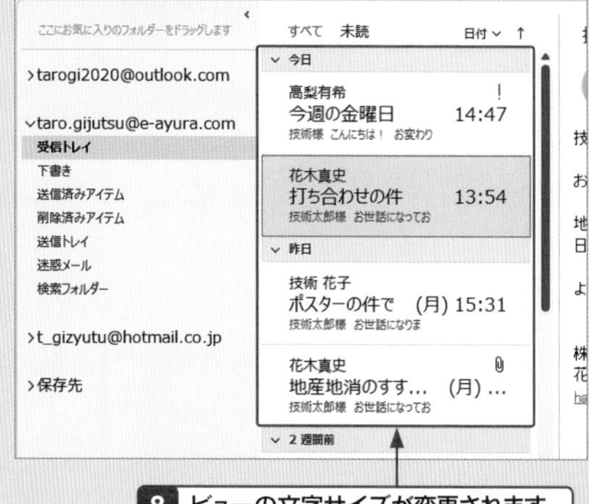

8 ビューの文字サイズが変更されます。

重要度 ★★★　メールの表示設定

Q 114 特定の相手からのメールを色分けしたい!

A [表示]タブの[ビューの設定]から設定します。

特定の相手からのメールを色分けしておくと、すぐに見分けることができるので便利です。メールを色分けするには、条件付き書式を利用します。色は16種類用意されているので、相手に合わせて設定することができます。

1 [表示]タブの[ビューの設定]をクリックします。

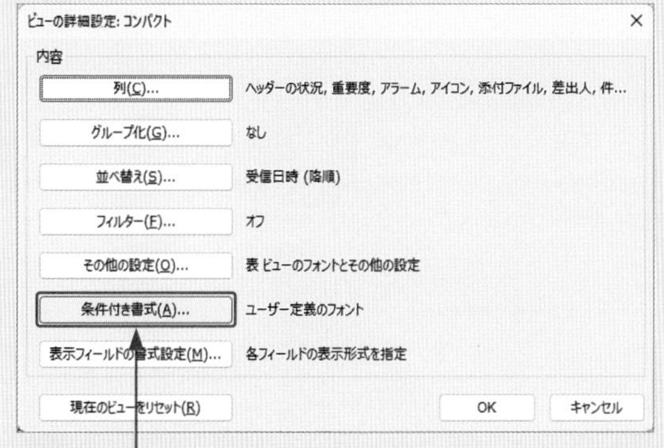

2 [条件付き書式]をクリックして、

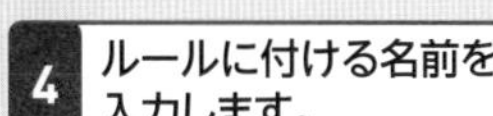

3 [追加]をクリックし、

4 ルールに付ける名前を入力します。

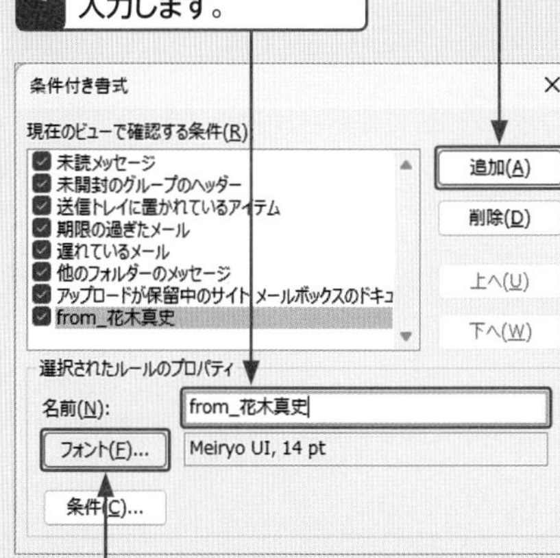

5 [フォント]をクリックして、

6 設定する色を指定し、

7 [OK]をクリックします。

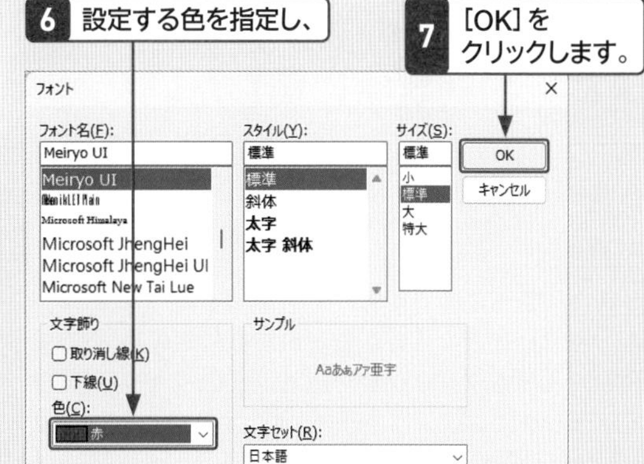

8 [条件]をクリックして、

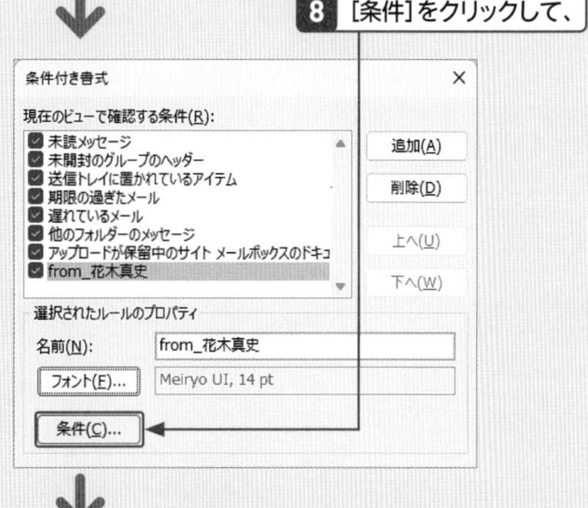

9 差出人のメールアドレスを入力し、

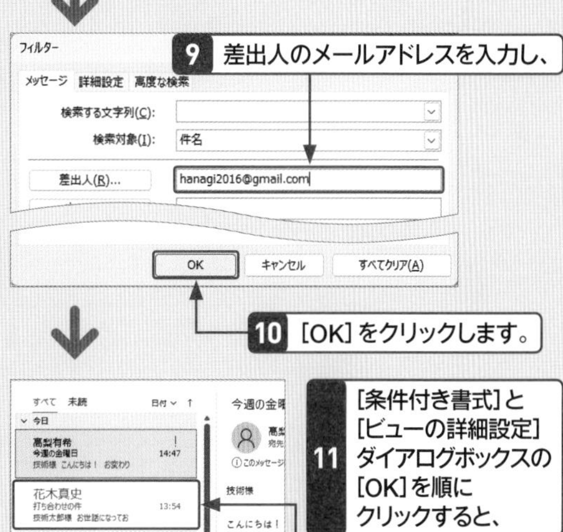

10 [OK]をクリックします。

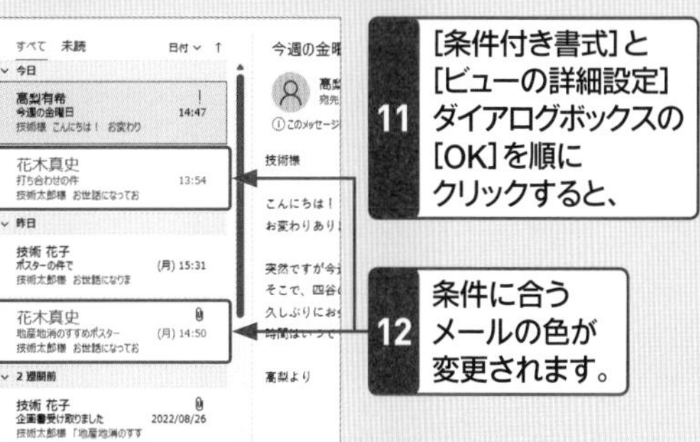

11 [条件付き書式]と[ビューの詳細設定]ダイアログボックスの[OK]を順にクリックすると、

12 条件に合うメールの色が変更されます。

重要度 ★★★ メールの表示設定

Q 115 メールの表示設定を初期状態に戻したい！

A ［表示］タブの［ビューのリセット］をクリックします。

ビューの並べ替えの優先度や文字サイズの変更、メールの色分けなどの設定をもとの初期設定に戻すには、［表示］タブをクリックして、［ビューのリセット］をクリックします。

参照▶Q 113, Q 114

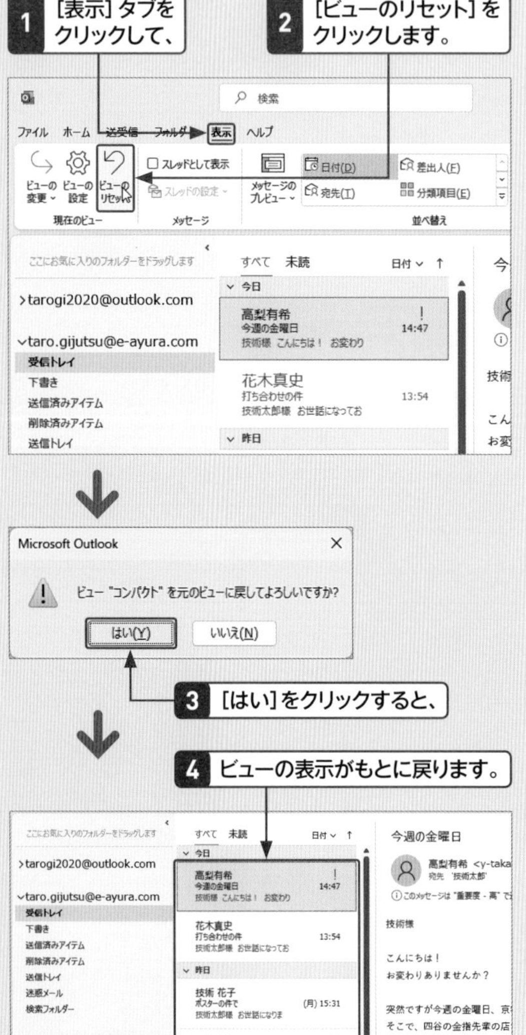
1 ［表示］タブをクリックして、
2 ［ビューのリセット］をクリックします。
Microsoft Outlook
ビュー "コンパクト" を元のビューに戻してよろしいですか?
はい(Y)
いいえ(N)
3 ［はい］をクリックすると、
4 ビューの表示がもとに戻ります。

重要度 ★★★ メールの表示設定

Q 116 ビューに表示されるプレビューの行数を変更したい！

A ［表示］タブの［メッセージのプレビュー］から設定します。

メールのビューには、メール本文のプレビューが1行で表示されていますが、ほかに「2行」と「3行」の2つが用意されています。3行にすると閲覧ウィンドウを非表示にしても、メール内容の前半部分を読むことができるようになります。

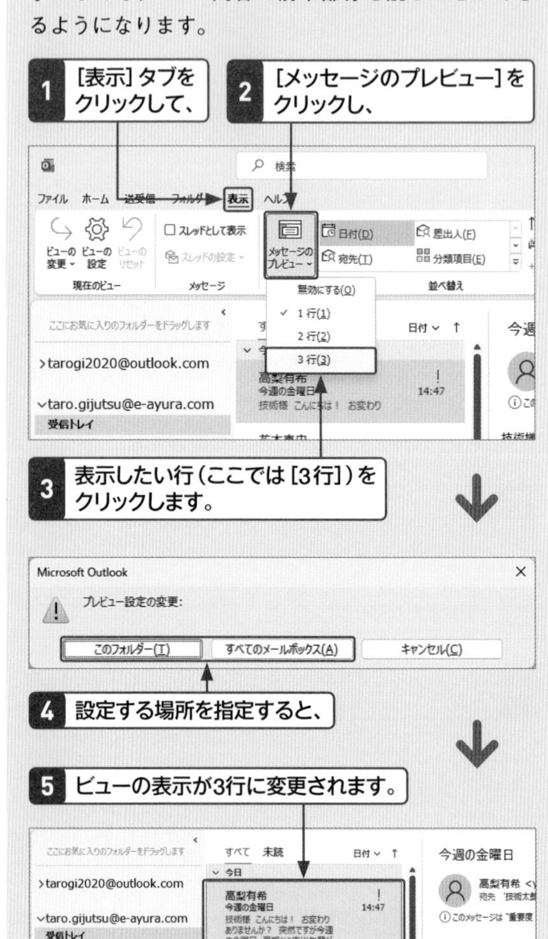
1 ［表示］タブをクリックして、
2 ［メッセージのプレビュー］をクリックし、
無効にする(O)
1 行(1)
2 行(2)
3 行(3)
3 表示したい行（ここでは［3行］）をクリックします。
Microsoft Outlook
プレビュー設定の変更:
このフォルダー(T)
すべてのメールボックス(A)
キャンセル(C)
4 設定する場所を指定すると、
5 ビューの表示が3行に変更されます。

Q 117 閲覧ウィンドウの表示倍率を変更したい!

A 画面右下のズームスライダーで変更します。

閲覧ウィンドウの表示を拡大/縮小するには、画面右下のズームスライダーを利用します。ズームスライダー右側の[拡大]をクリックするごとに10%ずつ拡大されます。左側の[縮小]をクリックするごとに10%ずつ縮小されます。中央のスライダーを左右にドラッグしても拡大/縮小することができます。 参照▶Q 073

1 [拡大]をクリックすると、

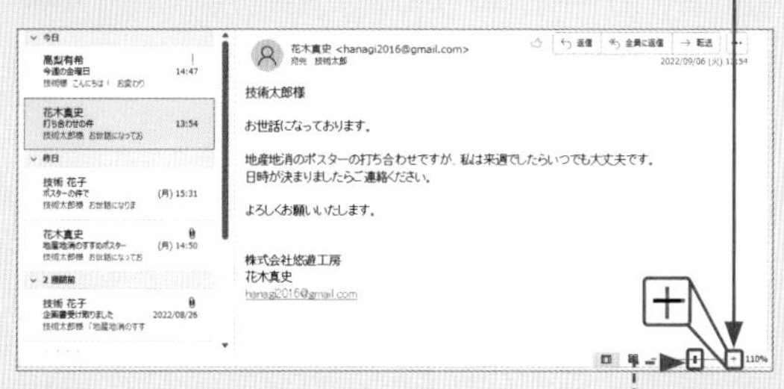

ここを左右にドラッグしても拡大/縮小されます。

2 クリックするたびに表示が10%ずつ拡大されます。

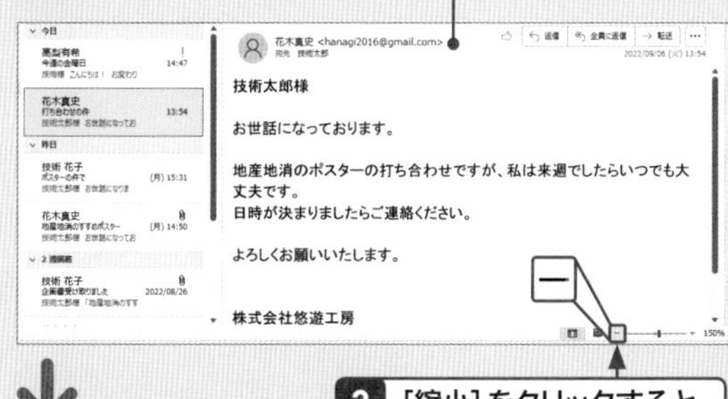

3 [縮小]をクリックすると、

4 クリックするたびに表示が10%ずつ縮小されます。

Q 118 閲覧ウィンドウの表示倍率を固定したい!

A [閲覧中のズーム]ダイアログボックスで設定を保存します。

ズームスライダーを利用した表示の拡大/縮小率は、そのアイテムを表示しているときのみ適用されます。ほかのアイテムに切り替えると、もとの100%表示に戻ってしまうので、アイテムを切り替えるたびに設定が必要になります。閲覧ウィンドウの表示倍率を保存して、表示されるすべてのアイテムに同じ表示倍率を適用するには、以下の手順で設定を保存します。

1 ズームスライダーのパーセンテージをクリックします。

2 設定する表示倍率を指定して、

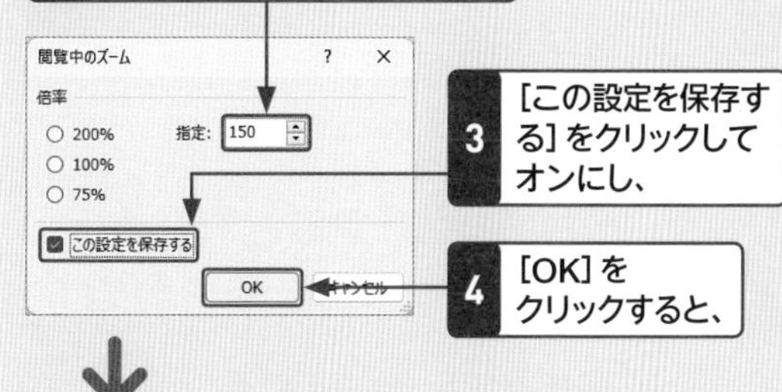

3 [この設定を保存する]をクリックしてオンにし、

4 [OK]をクリックすると、

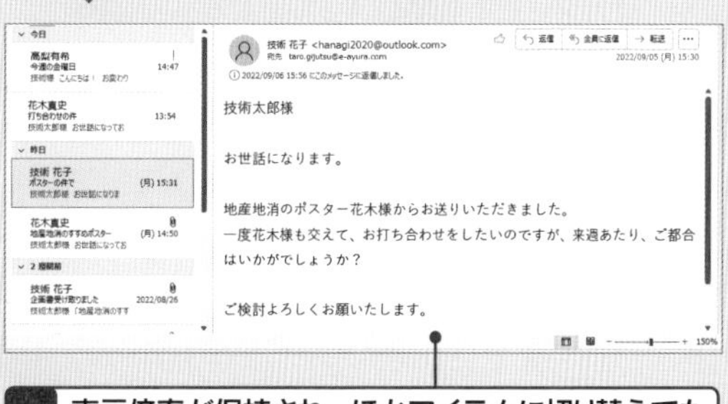

5 表示倍率が保持され、ほかアイテムに切り替えても同じ倍率で表示されます。

重要度 ★★★　スレッド

Q 119 同じ件名でやりとりしたメールを1つにまとめたい!

A [スレッドとして表示]をオンにします。

同じ件名でやりとりしたメールを1つにまとめ、階層化して表示する機能を「スレッド」といいます。メールをスレッド表示にすると、会話の流れに沿ってメールを閲覧できるので便利です。メールをスレッド表示にするには、メールのビューを日付で並べ替えておく必要があります。

1 [表示]タブをクリックして、

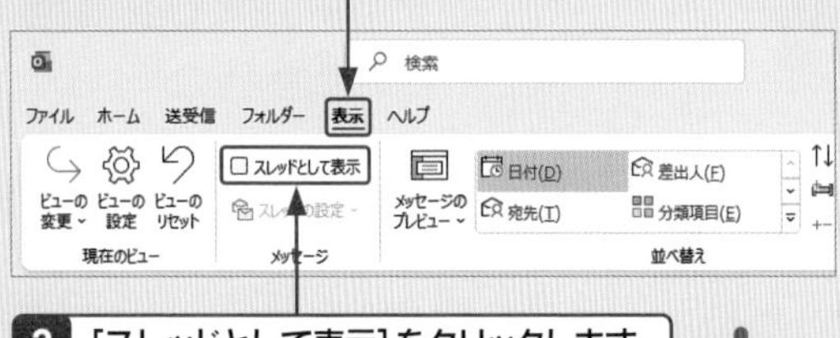

2 [スレッドとして表示]をクリックします。

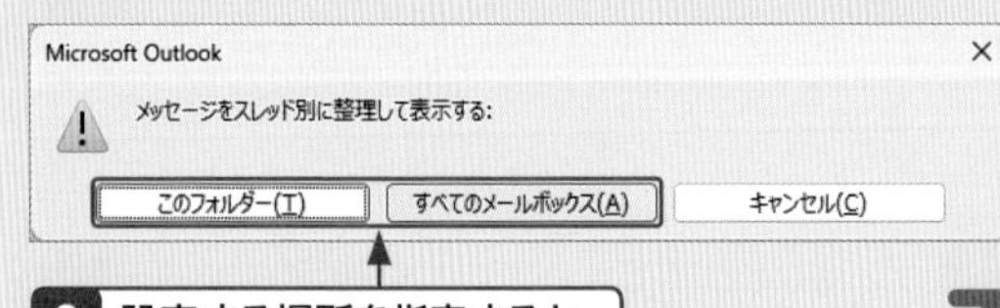

3 設定する場所を指定すると、

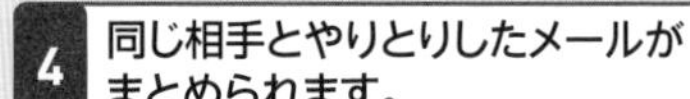

4 同じ相手とやりとりしたメールがまとめられます。

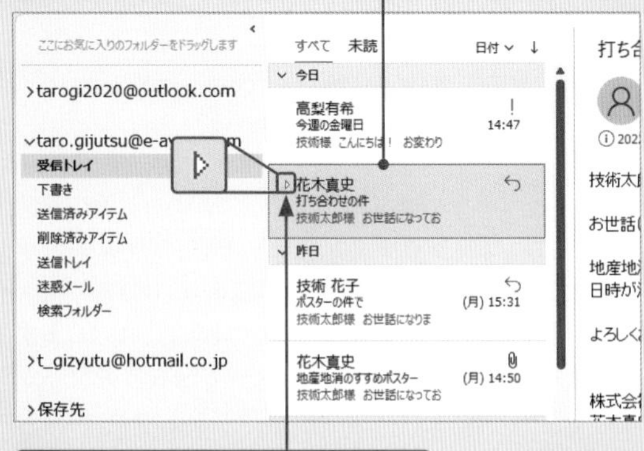

5 このアイコンをクリックすると、

6 スレッドが展開されます。

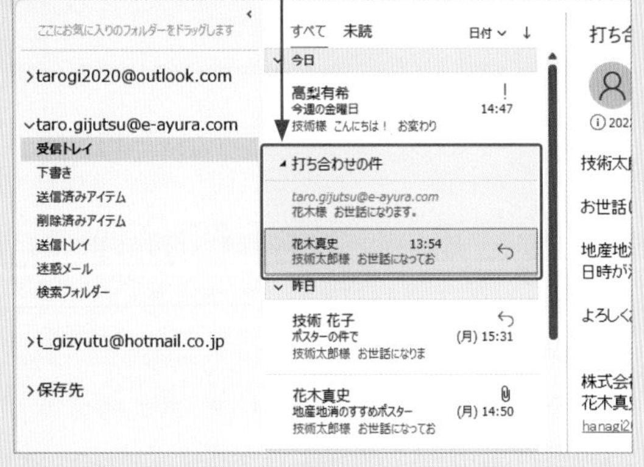

重要度 ★★★　スレッド

Q 120 同じ件名でやりとりした古いメールが表示されない!

A [スレッドとして表示]をオフにします。

同じ件名でやりとりしたメールが新しいメールしか表示されない場合は、そのメールがスレッドでまとめられている可能性があります。その場合は、Q 119の手順5の操作でスレッドを展開するか、スレッド表示を解除します。スレッド表示を解除するには、[表示]タブの[スレッドとして表示]をクリックしてオフにします。

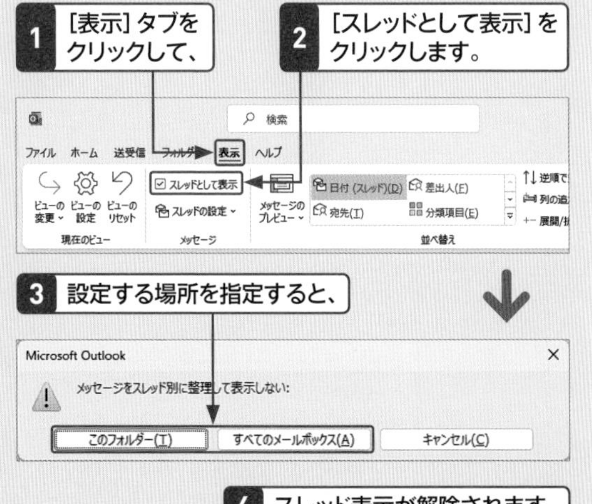

重要度★★★ スレッド

Q 121 スレッド内の重複するメールを削除したい！

A ［スレッドのクリーンアップ］を実行します。

スレッド内で最後に受信したメールにそれまでのやりとりがすべて表示されている場合、以前のメールが不要となります。［スレッドのクリーンアップ］を利用すると、この不要なメールをまとめて削除することができます。削除されたメールは、［削除済みアイテム］フォルダーに移動されます。

1 スレッド内のメールをクリックして、

2 ［ホーム］タブの［クリーンアップ］をクリックし、

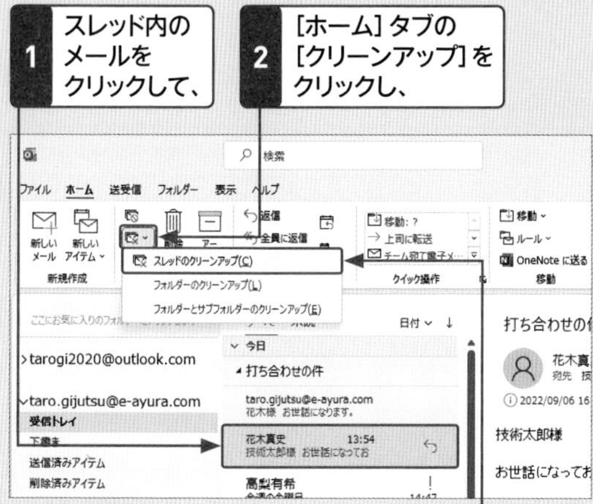

3 ［スレッドのクリーンアップ］をクリックします。

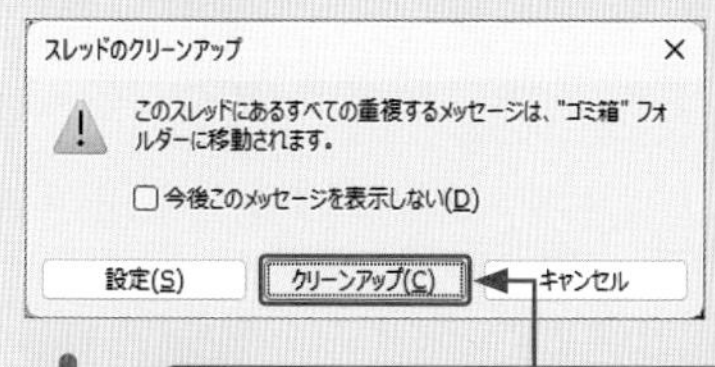

4 ［クリーンアップ］をクリックすると、

5 最新のメールが残り、以前のメールが削除されます。

重要度★★★ スレッド

Q 122 不要なスレッドのメールを自動で削除したい！

A ［ホーム］タブの［スレッドを無視］をクリックします。

自分には関係のない内容でスレッドが続いている場合は、［ホーム］タブの［スレッドを無視］をクリックします。指定したスレッドのメールと、今後受信する同じスレッドのメールをすべて自動で削除することができます。

1 スレッド内のメールをクリックして、

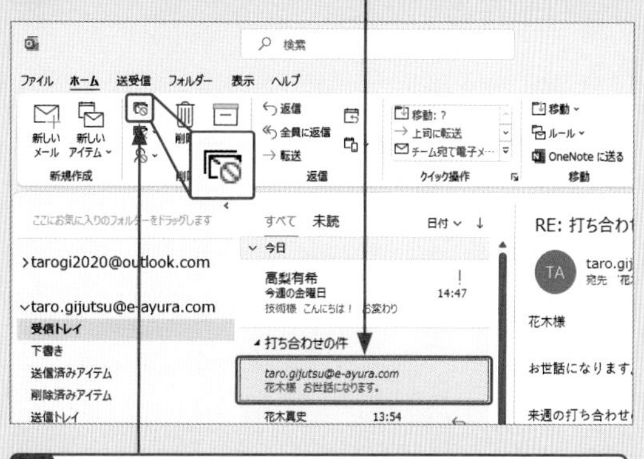

2 ［ホーム］タブの［スレッドを無視］をクリックします。

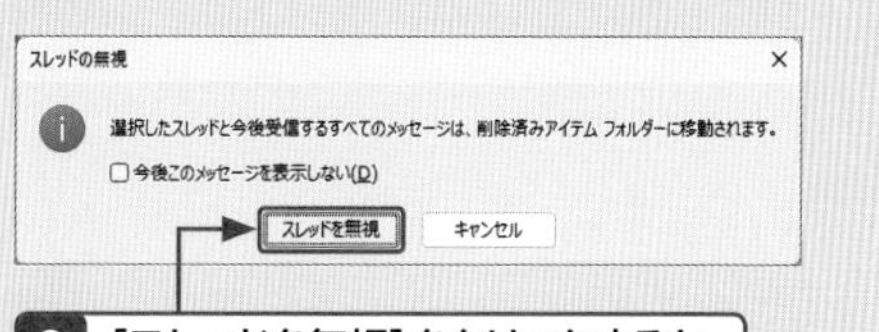

3 ［スレッドを無視］をクリックすると、

4 同じスレッドのメールが全て削除されます

5 今後、同じ件名や内容のメールは［削除済みアイテム］フォルダーに移動されます。

重要度 ★★★ 添付ファイルの受信／閲覧

Q 123 添付ファイルをプレビュー表示したい！

A 添付ファイルをクリックします。

Outlookでは、受信した添付ファイルをプレビュー表示することができます。プレビュー表示とは、アプリを起動しなくても添付ファイルの内容を確認できる機能のことです。ただし、WordやExcelのファイルをプレビューする場合、悪意のあるマクロなどが実行されないようにマクロ機能などは無効になっています。そのため、実際にアプリで閲覧するときとは表示が異なる場合もあります。

1 [受信トレイ]をクリックして、

2 ファイルが添付されたメールをクリックします。

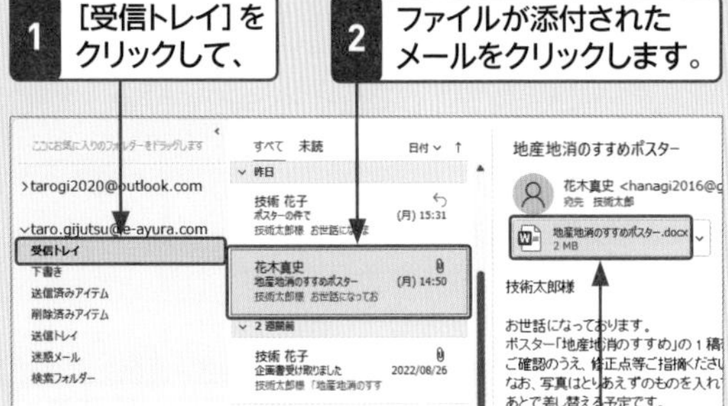

3 添付ファイルをクリックすると、

4 ファイルの内容がプレビュー表示されます。

5 [メッセージに戻る]をクリックすると、メールの本文に戻ります。

重要度 ★★★ 添付ファイルの受信／閲覧

Q 124 添付ファイルがプレビュー表示できない！

A アプリがパソコンにインストールされている必要があります。

Outlookでプレビューできる添付ファイルは、Officeアプリケーションで作成されたファイルと、画像ファイル、テキストファイル、HTMLファイルです。なお、Officeアプリケーションで作成されたアプリをプレビューするには、そのアプリがパソコンにインストールされている必要があります。

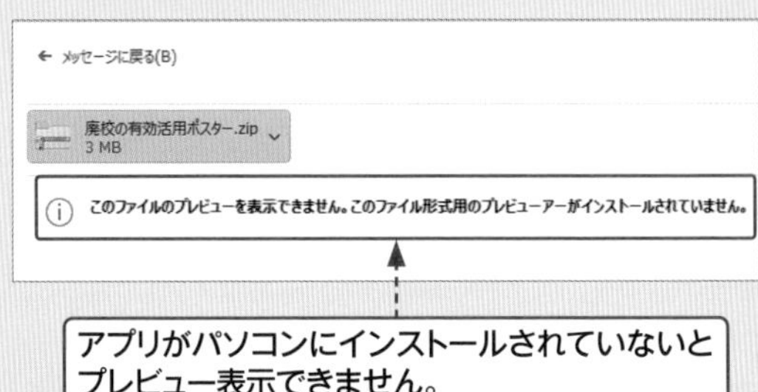

アプリがパソコンにインストールされていないとプレビュー表示できません。

重要度 ★★★ 添付ファイルの受信／閲覧

Q 125 添付ファイルが消えている！

A 問題を起こす可能性のあるファイルは表示されません。

Outlookでは、コンピューターウイルスを含む可能性のあるファイルをブロックする機能を備えています。拡張子がbat、exe、vbs、jsなどのファイルはメールに添付されていても、表示されません。

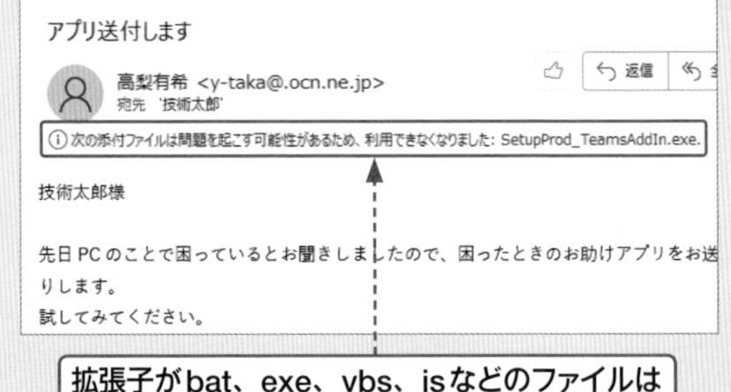

拡張子がbat、exe、vbs、jsなどのファイルは表示されません。

重要度★★★ 添付ファイルの受信／閲覧

Q 126 添付ファイルをアプリで開きたい！

A 添付ファイルをクリックして、[開く]をクリックします。

受信した添付ファイルをクリックして、[開く]をクリックすると、そのファイルを作成したアプリが起動して、ファイルが「保護ビュー」で表示されます。ただし、そのアプリがパソコンにインストールされていることが必要です。

1 ファイルが添付されたメールをクリックします。

2 添付ファイルのここをクリックして、

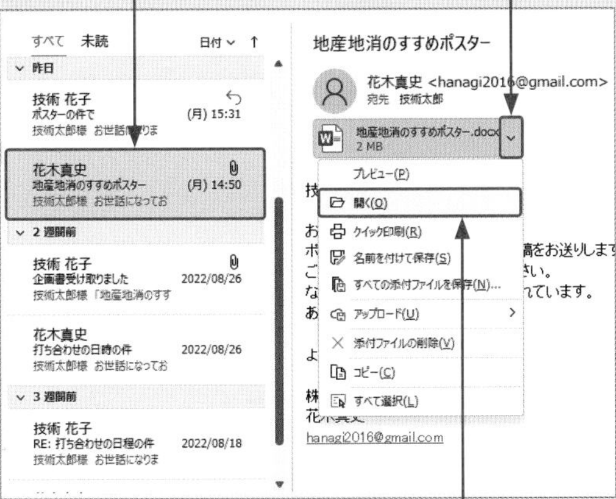

3 [開く]をクリックすると、

4 アプリ（ここでは「Word」）が起動してファイルが表示されます。

ファイルが「保護ビュー」で表示されます。

重要度★★★ 添付ファイルの受信／閲覧

Q 127 添付ファイルを保存したい！

A 添付ファイルをクリックして、[名前を付けて保存]をクリックします。

受信した添付ファイルを保存するには、添付ファイルをクリックして、[名前を付けて保存]をクリックします。ただし、添付ファイルには、コンピューターウイルスが潜んでいる可能性があります。見知らぬ人から届いた添付ファイルは保存せずに、すぐにメールごと削除しましょう。

参照▶Q 131

1 ファイルが添付されたメールをクリックして、

2 添付ファイルのここをクリックし、

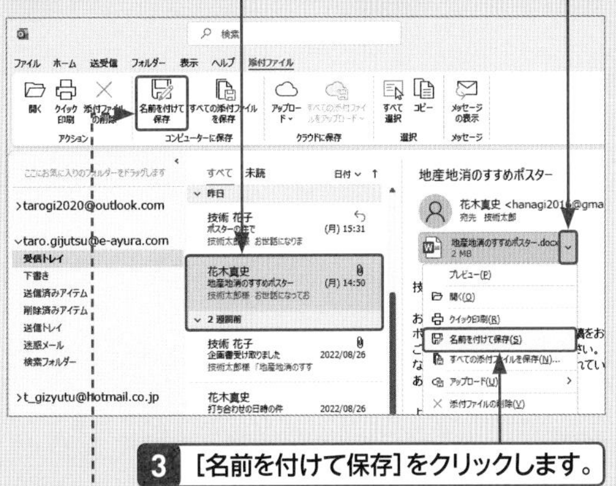

3 [名前を付けて保存]をクリックします。

ここをクリックしても保存できます。

4 ファイルの保存先を指定して、

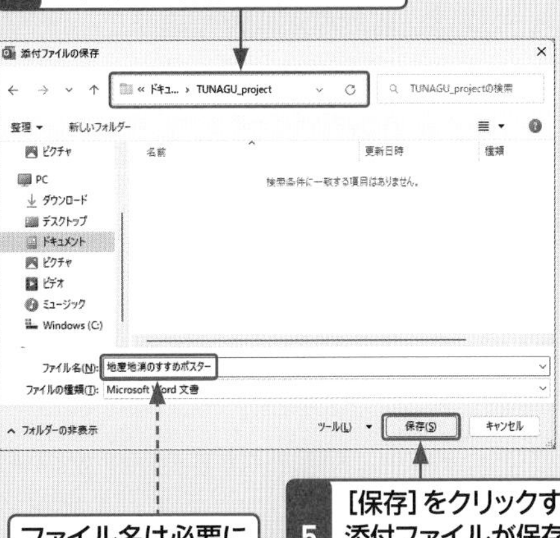

ファイル名は必要に応じて変更します。

5 [保存]をクリックすると、添付ファイルが保存されます。

重要度 ★★★ 添付ファイルの受信／閲覧

Q 128 保存した添付ファイルを開いても編集できない！

A 問題のないファイルの場合は編集を有効にします。

受信した添付ファイルをWord、Excel、PowerPointで表示したとき、画面の上部に「保護ビュー」と表示されたメッセージバーが表示されます。これは、パソコンをウイルスなどの悪意のあるプログラムから守るための機能です。このままでは編集ができないので、ファイルに問題がないとわかっている場合は、［編集を有効にする］をクリックします。

添付ファイルをアプリで開くと、「保護ビュー」と表示されたメッセージバーが表示されます。

1 ［編集を有効にする］をクリックすると、

2 保護ビューの表示が消え、編集ができるようになります。

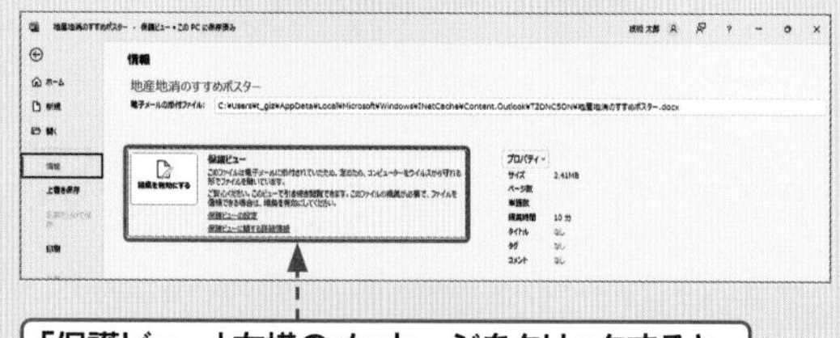

「保護ビュー」右横のメッセージをクリックすると、保護ビューに関する詳細を確認できます。

重要度 ★★★ 添付ファイルの受信／閲覧

Q 129 添付ファイルが圧縮されていた！

A ファイルを展開（解凍）します。

添付されていたファイルが圧縮されていた場合は、添付ファイルを保存してから展開（解凍）します。Windowsには、ZIP形式のファイルを展開する機能が標準で用意されているので、圧縮形式がZIP形式の場合は、それを利用します。Windowsの機能で展開できない場合は、展開専用のソフトをダウンロードして利用します。これらのソフトのほとんどは無料で入手できます。

1 保存先で圧縮フォルダーを右クリックして、

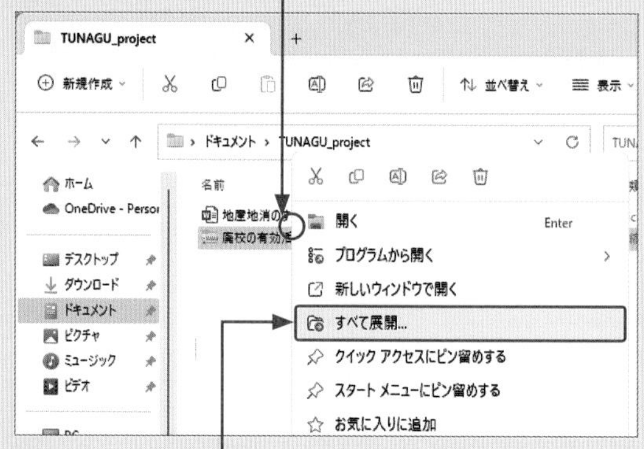

2 ［すべて展開］をクリックします。

3 展開先のフォルダーを確認して、

展開先のフォルダーを変更する場合は、ここをクリックして指定します。

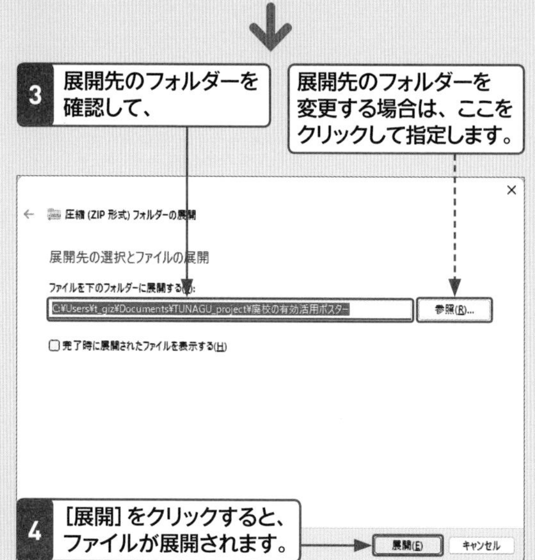

4 ［展開］をクリックすると、ファイルが展開されます。

重要度 ★★★ 添付ファイルの受信／閲覧

Q 130 添付ファイルの保存先がわからなくなった！

A エクスプローラーなどで検索します。

添付ファイルを保存したものの、どこに保存したかわからなくなった場合は、エクスプローラーの検索機能を利用します。検索ボックスにファイル名の一部を入力すると、検索結果が表示され、ファイルの保存先が確認できます。エクスプローラーは、タスクバーのアイコンから起動できます。

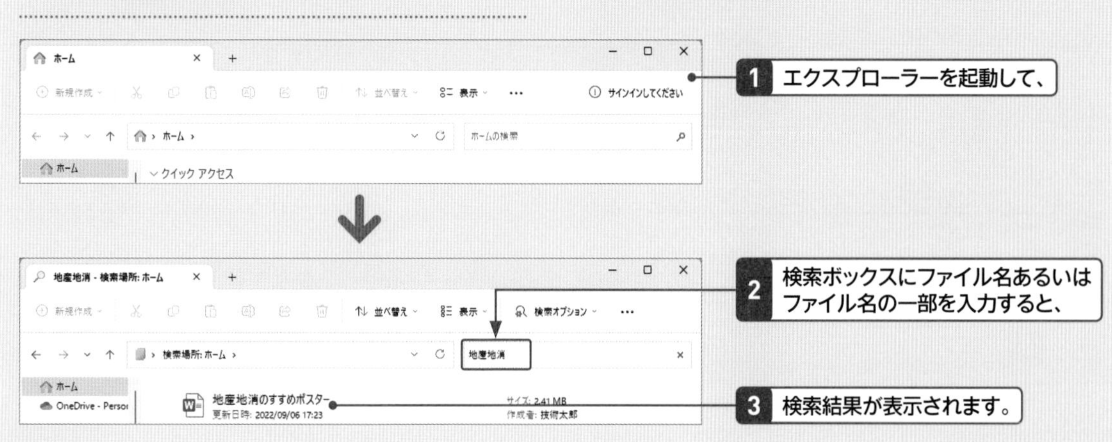

重要度 ★★★ 添付ファイルの受信／閲覧

Q 131 添付ファイルを削除したい！

A 添付ファイルをクリックして、[添付ファイルの削除]をクリックします。

受信した添付ファイルをOutlookから削除するには、添付ファイルをクリックして、[添付ファイルの削除]をクリックします。
なお、以下の手順3のほかに、[添付ファイル]タブの[添付ファイルの削除]をクリックしても削除できます。

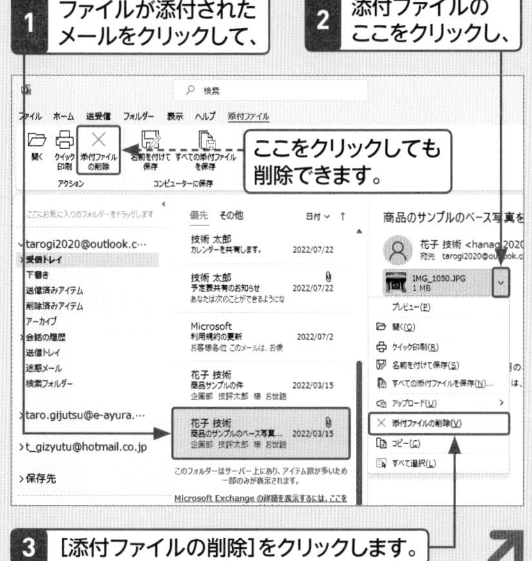

1 ファイルが添付されたメールをクリックして、
2 添付ファイルのここをクリックし、
ここをクリックしても削除できます。
3 [添付ファイルの削除]をクリックします。

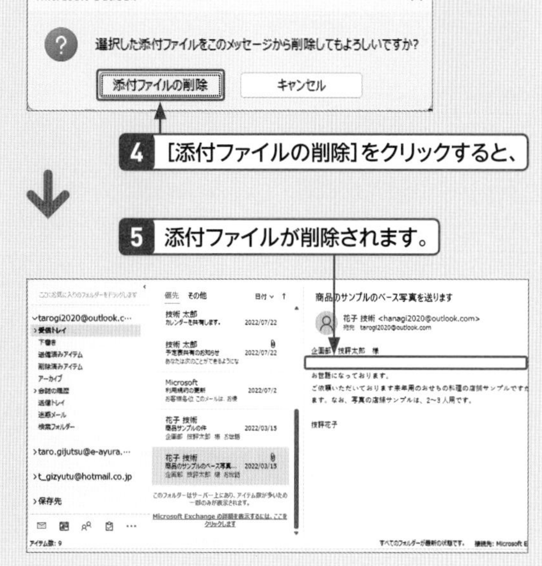

重要度 ★★★　添付ファイルの受信／閲覧

Q 132 添付ファイルがプレビュー表示されないようにしたい！

A [Outlookのオプション]の[トラストセンター]から設定します。

Outlookでは、添付ファイルをクリックしたときにファイルの中身をプレビュー表示できるようになっています。この機能は便利な反面、セキュリティ面では不安な部分もあります。添付ファイルのプレビュー機能は、オフにすることもできます。

1 [ファイル]タブから[オプション]をクリックして、[Outlookのオプション]ダイアログボックスを表示します。

2 [トラストセンター]をクリックして、

3 [トラストセンターの設定]をクリックします。

4 [添付ファイルの取り扱い]をクリックして、

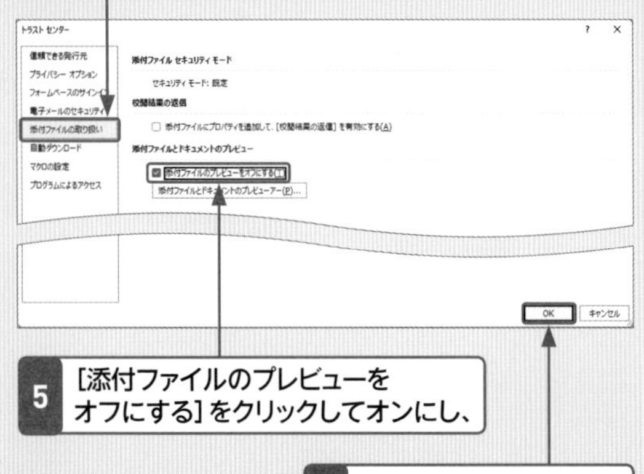

5 [添付ファイルのプレビューをオフにする]をクリックしてオンにし、

6 [OK]をクリックします。

7 [Outlookのオプション]ダイアログボックスの[OK]をクリックして、Outlookを再起動します。

重要度 ★★★　添付ファイルの受信／閲覧

Q 133 添付ファイルのあるメールを検索したい！

A 検索ボックスにファイル名を入力して検索します。

目的の添付ファイルを検索したい場合は、検索ボックスに添付ファイル名を入力して検索することができます。また、検索ボックスをクリックすると表示される[検索]タブの[添付ファイルあり]をクリックすると、添付ファイルのあるメールだけを表示することができます。
なお、Outlook 2019／2016では検索ボックスはビューの上にあります。

1 [受信トレイ]をクリックして、

2 検索ボックスに添付ファイル名を入力して Enter を押すと、

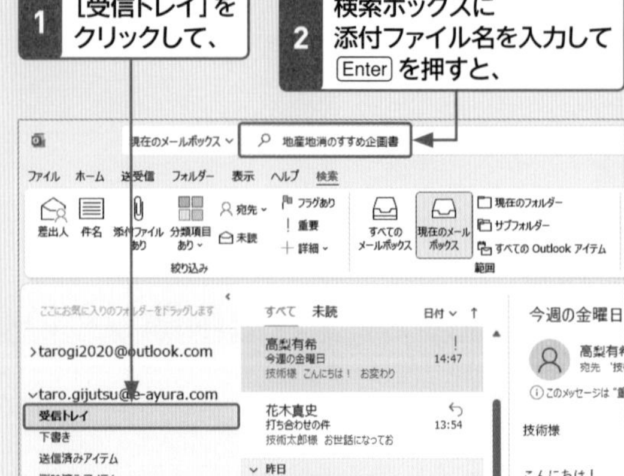

[添付ファイルあり]をクリックすると、添付ファイルのあるメールのみが表示されます。

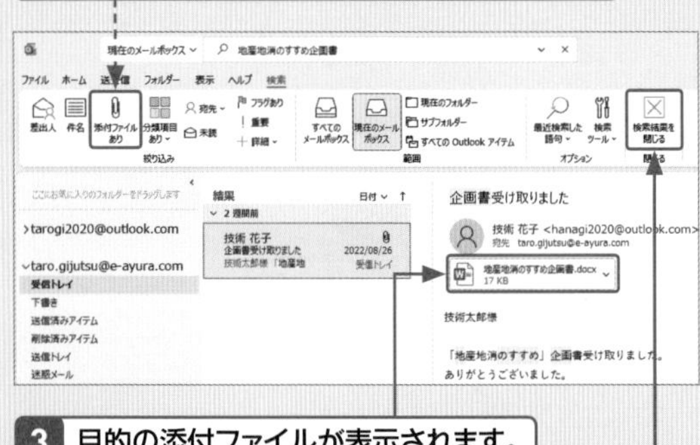

3 目的の添付ファイルが表示されます。

4 [検索]タブの[検索結果を閉じる]をクリックすると、すべてのメールが表示されます。

第3章

メールの作成と送信

重要度 ★★★ メールの作成／送信

Q 134 メールを作成したい！

A ［ホーム］タブの［新しいメール］をクリックします。

メールを作成するには、［ホーム］タブの［新しいメール］をクリックします。［メッセージ］ウィンドウが表示されるので、［宛先］に送り先のメールアドレスを入力して、件名と本文をそれぞれ入力します。宛先は、連絡先に登録した相手を選択することもできます。

参照▶Q 284

1 ［ホーム］タブの［新しいメール］をクリックすると、

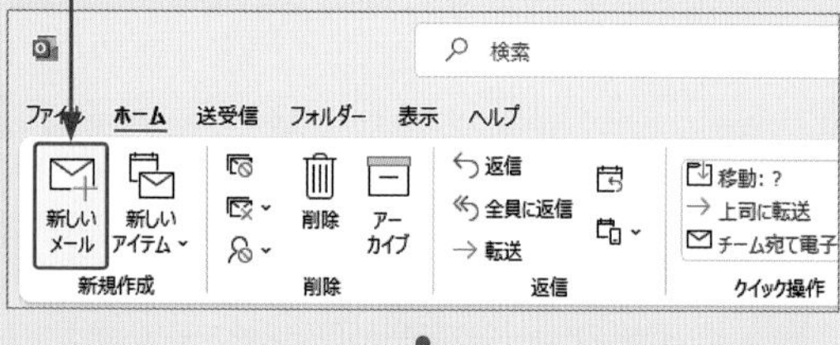

2 ［メッセージ］ウィンドウが表示されます。

3 送り先のメールアドレスを入力して、

4 件名を入力し、

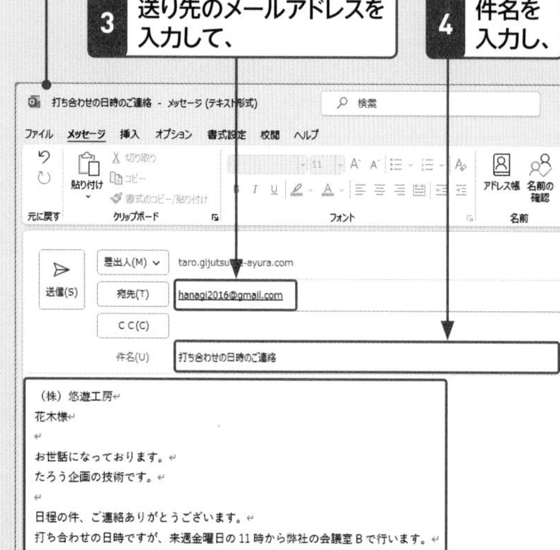

5 本文を入力します。

重要度 ★★★ メールの作成／送信

Q 135 メールを送信したい！

A ［メッセージ］ウィンドウの［送信］をクリックします。

メールを送信するには、［ホーム］タブの［新しいメール］をクリックして［メッセージ］ウィンドウを表示します。続いて、宛先と件名、本文を入力し、入力ミスがないかを確認します。間違いがないことを確認したら、［送信］をクリックします。

1 ［メッセージ］ウィンドウを表示して、宛先、件名、本文を入力し、内容を確認します。

2 ［送信］をクリックすると、

3 ［メッセージ］ウィンドウが閉じてメールが送信され、［メール］画面が表示されます。

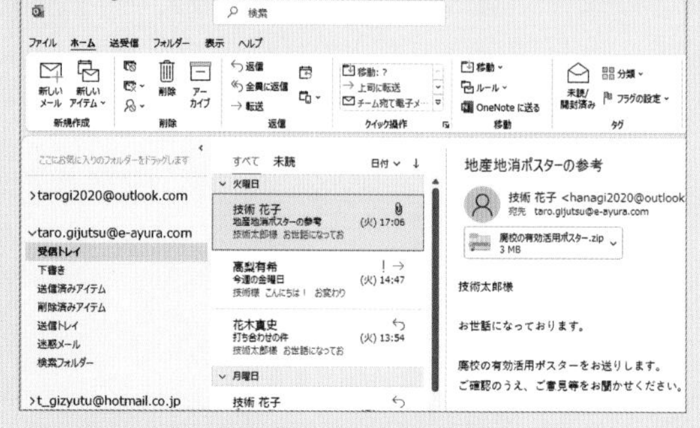

重要度 ★★★ メールの作成／送信

Q 136 送信したメールの内容を確認したい！

A [送信済みアイテム] フォルダーで確認できます。

送信したメールは [送信済みアイテム] フォルダーに保存されます。送信したメールの内容を確認したい場合は、[送信済みアイテム] フォルダーをクリックして、確認したいメールをクリックします。

[送信済みアイテム] フォルダーにメールが表示されていない場合は、[Outlookのオプション] ダイアログボックスの [メール] の [メッセージの保存] 欄にある [送信済みアイテムフォルダーにメッセージのコピーを保存する] がオンになっているか確認してください。

また、Outlook 2021／2019やMicrosoft 365でIMAPのメールアカウントを使用している場合、[ファイル] タブをクリックし、[アカウント設定] から [アカウント名と同期の設定] をクリックして表示される画面で、[送信済みアイテムのコピーを保存しない] という項目が表示されていることがあります。これがオフになっているか確認してください。

1 [送信済みアイテム] をクリックして、

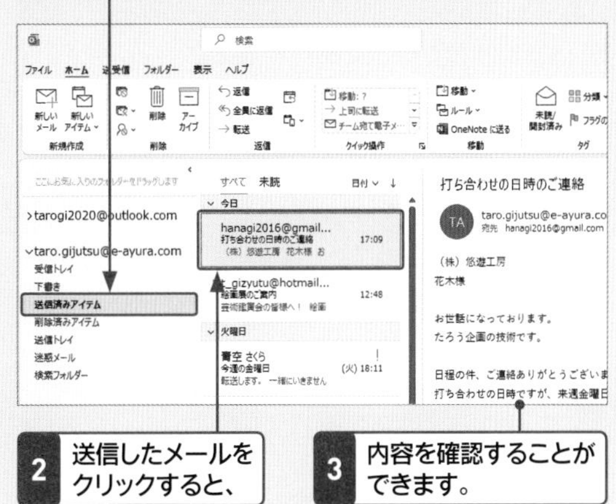

2 送信したメールをクリックすると、

3 内容を確認することができます。

重要度 ★★★ メールの作成／送信

Q 137 送信したメールを再送したい！

A [その他の移動アクション] の [このメッセージを再送] から再送します。

送信したメールがなんらかの原因で相手に届かなかった場合や、相手からもう一度送信してほしいなどの要求があった場合は、[送信済みアイテム] フォルダーに保存された送信メールを再度送ることができます。

1 [送信済みアイテム] をクリックして、

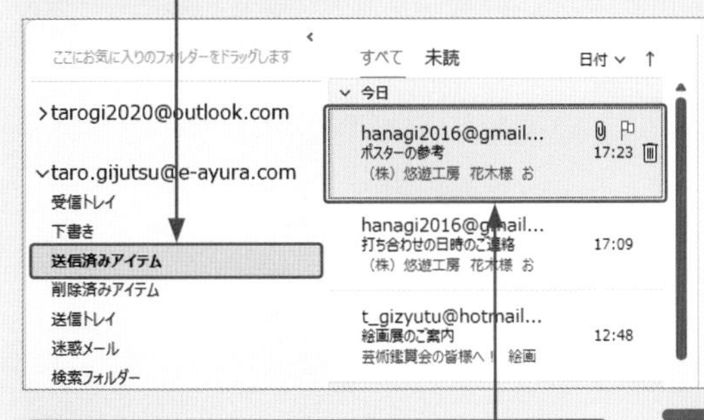

2 再送したいメールをダブルクリックします。

3 [メッセージ] ウィンドウが表示されるので、[メッセージ] タブの [その他の移動アクション] をクリックして、

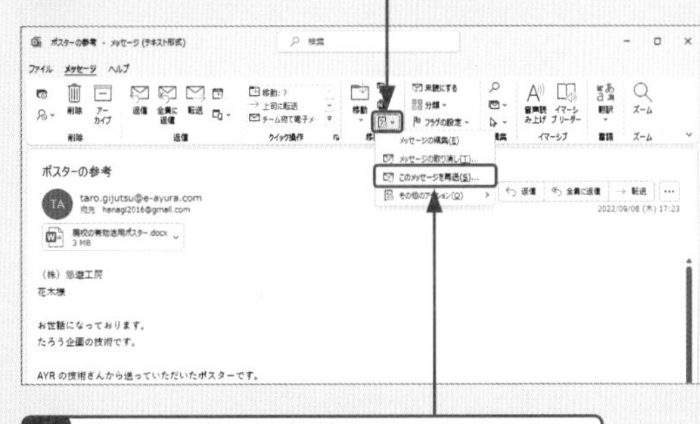

4 [このメッセージを再送] をクリックします。

5 必要に応じて内容を編集し、[送信] をクリックします。

重要度 ★★★ メールの作成／送信

Q 138 作成するメールを常にテキスト形式にしたい！

A [Outlookのオプション]の[メール]で設定します。

Outlookの初期設定では、HTML形式のメールが作成されます。HTML形式は書式を設定したり、写真や画像を表示したりして見栄えのするメールを作成することができますが、相手のメールアプリによっては、メールの内容が正しく表示されなかったり、迷惑メールと判断されたりして、受信してもらえない可能性があります。作成するメールをテキスト形式に設定するには、以下の手順で操作します。

1 [ファイル]タブをクリックして、

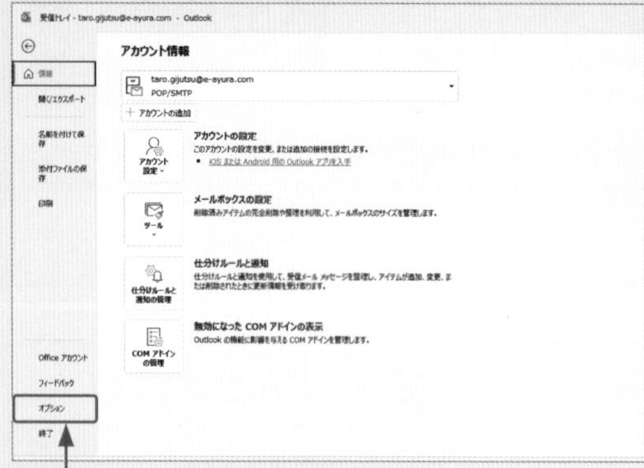

2 [オプション]をクリックします。

3 [メール]をクリックして、

4 ここをクリックし、

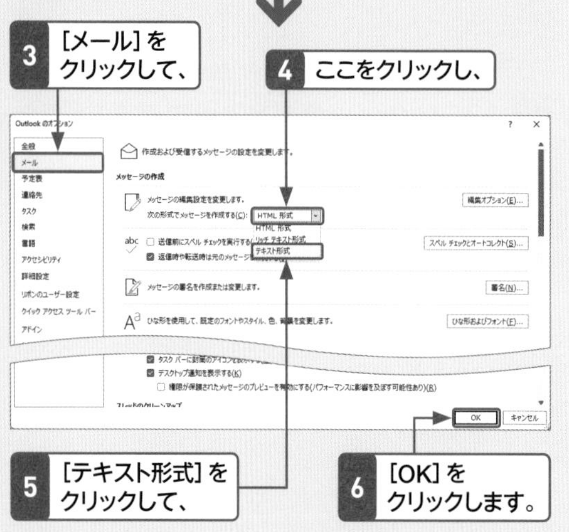

5 [テキスト形式]をクリックして、

6 [OK]をクリックします。

重要度 ★★★ メールの作成／送信

Q 139 メール本文の折り返し位置を変更したい！

A [Outlookのオプション]の[メール]で設定します。

テキスト形式でメールを作成する際に、1行あたりの文字数が設定した数値を超えると、送信時に自動的に文章が改行されます。初期設定では、半角76文字(全角38文字)に設定されていますが、この文字数は、[Outlookのオプション]ダイアログボックスの[メール]の[メッセージ形式]欄で変更できます。

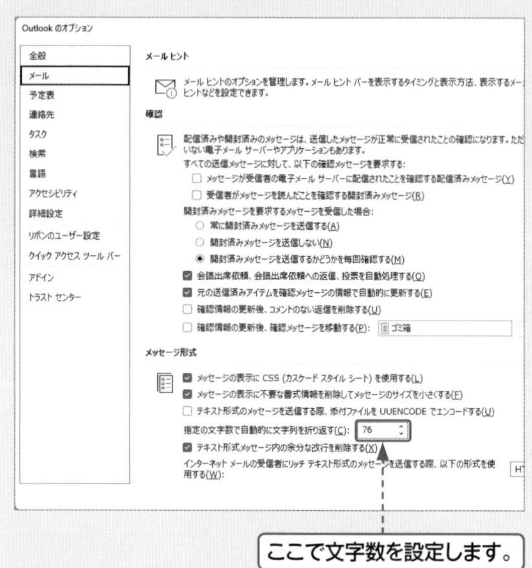

ここで文字数を設定します。

重要度 ★★★ メールの作成／送信

Q 140 メール本文の折り返し位置が変更されていない？

A 送信時に自動的に改行されます。

設定した折り返し位置は、[メッセージ]ウィンドウで改行が行われるのではなく、送信時に自動的に改行されます。したがって、どこで改行されたかを自分で確認することはできません。また、Webメールのメールアカウントで送信する場合は、折り返し位置が反映されないことがあります。

重要度★★★　メールの作成／送信

Q 141 メールを下書き保存したい！

A メールの作成途中で［閉じる］をクリックして保存します。

メールの作成中に作業を中断する場合、メールを［下書き］フォルダーに保存することができます。［下書き］フォルダーは、書きかけのメールを一時的に保存しておく場所です。下書き保存したメールは、Outlookを終了しても削除されません。なお、メールを作成したまましばらく送信しないでいると（初期設定では3分）、自動的に［下書き］フォルダーに保存されます。

参照▶Q 251

1 ［メッセージ］ウィンドウを表示してメールを作成します。

2 ［閉じる］をクリックして、

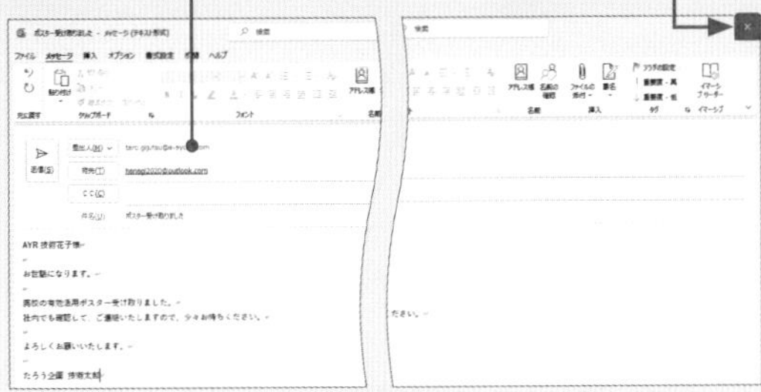

3 ［はい］をクリックします。

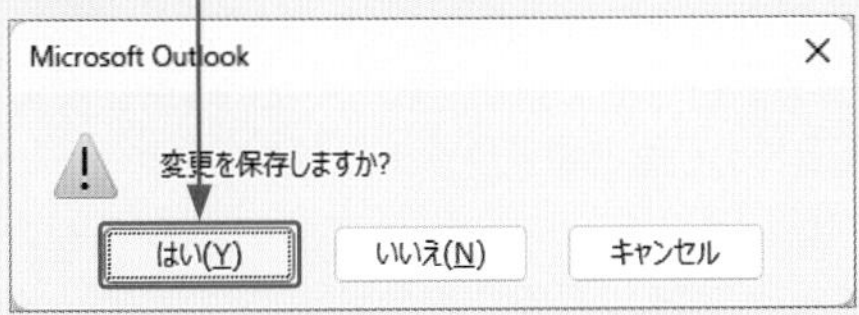

4 ［下書き］フォルダーをクリックすると、

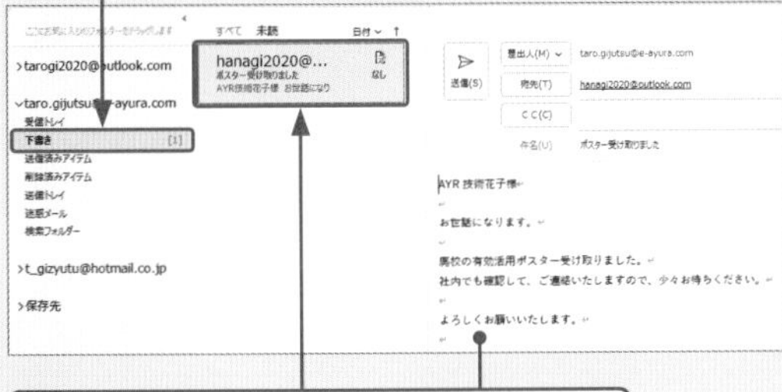

5 下書き保存したメールが確認できます。

重要度★★★　メールの作成／送信

Q 142 下書き保存したメールを送信したい！

A ［下書き］フォルダーからメールを表示して送信します。

［下書き］フォルダーに保存したメールは、いつでも呼び出して編集し、送信することができます。［下書き］フォルダーをクリックして、下書き保存されたメールをダブルクリックすると、［メッセージ］ウィンドウが表示されるので、メールを編集して送信します。

1 ［下書き］フォルダーをクリックして、

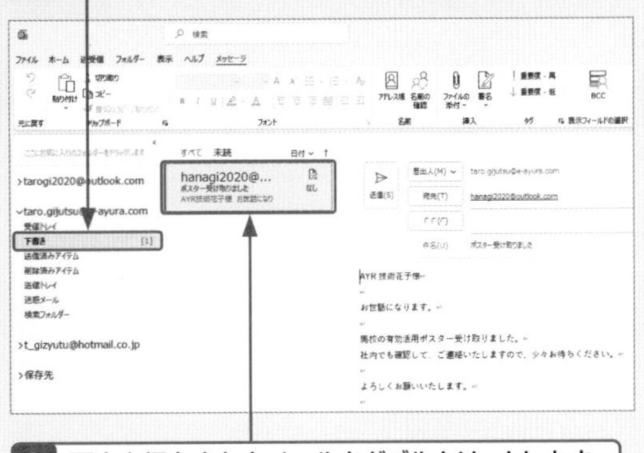

2 下書き保存されたメールをダブルクリックします。

3 本文の追加や修正などを行い、

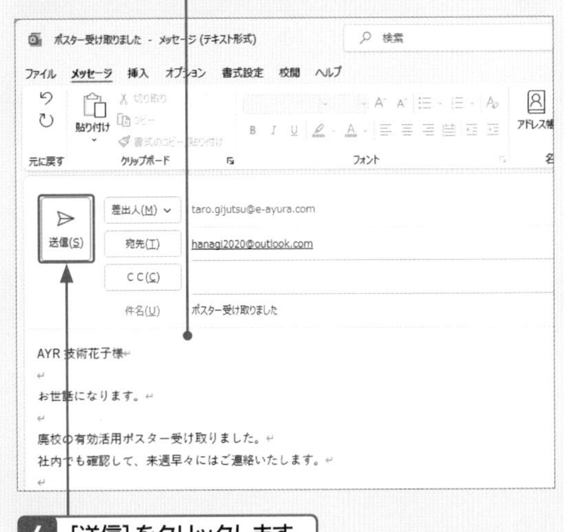

4 ［送信］をクリックします。

重要度 ★★★　メールの作成／送信

Q 143 メールの送信に失敗した場合は？

A ［送信トレイ］からメールを表示して再送します。

パソコンがインターネットに接続されていない場合やなんらかの理由でメールが送信されなかった場合は、［送信トレイ］フォルダーにメールが保存されます。以下の手順で［送信トレイ］から［メッセージ］ウィンドウを表示して、Outlookがオフラインになっていないか、メールアドレスが間違っていないかなどを確認して、メールを再送します。

また、送信時にメールをいったん［送信トレイ］に保存するように設定している場合は、すぐにはメールが送信されません。Q 166を参照してください。

1 ［送信トレイ］をクリックして、

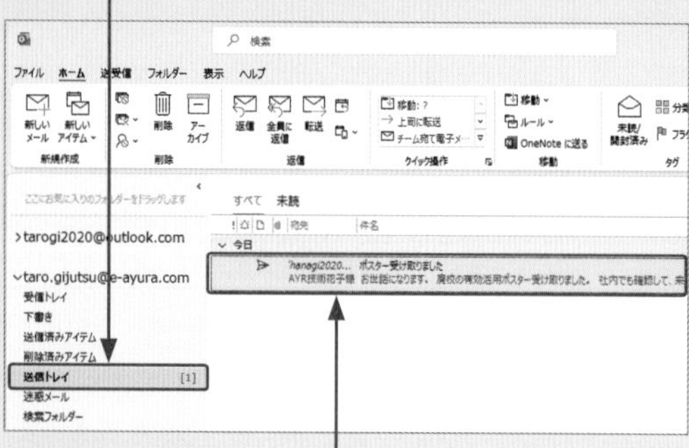

2 送信されなかったメールをダブルクリックします。

3 ［メッセージ］ウィンドウが表示されるので、

4 内容を確認して、［送信］をクリックします。

重要度 ★★★　メールの宛先／差出人

Q 144 CCとは？

A 本来の宛先とは別に、ほかの人にも同じメールを送る機能です。

「CC」はCarbon Copyの略で、本来の宛先の人とは別に、「確認のため」「念のため」といった意味合いで、ほかの人にも同じ内容のメールを送信するときに使用する機能です。CCに入力した宛先は、受信者に通知されます。

重要度 ★★★　メールの宛先／差出人

Q 145 BCCとは？

A ほかの受信者にアドレスを知らせずにメールのコピーを送る機能です。

「BCC」はBlind Carbon Copyの略です。本来の宛先の人とは別に、ほかの人にも同じ内容のメールを送信するときに使用する機能ですが、CCとは違い、BCCに入力した宛先はほかの受信者には通知されません。BCCは、誰にメールを送信したのか知られたくない場合に利用します。なお、BCC欄は初期設定では表示されていません。［メッセージ］ウィンドウで［オプション］タブをクリックして、［BCC］をクリックすると表示されます。

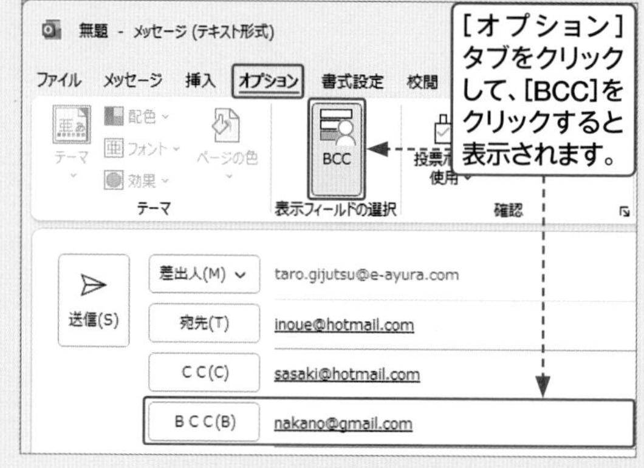

重要度 ★★★　メールの宛先／差出人

Q 146 メールを複数の宛先に送信したい！

A 宛先を「;」で区切って入力するか、CCやBCCを利用します。

同じメールを複数の人に送るには、送り先全員のメールアドレスを「;」(セミコロン)で区切って入力する方法と、CCとBCCを利用する方法があります。それぞれ役割が異なるので、状況に応じて使い分けます。また、連絡先に登録した相手を複数選択する方法もあります。

参照▶Q 284

● 複数の宛先にメールを送信する

1 新規メールを作成して、

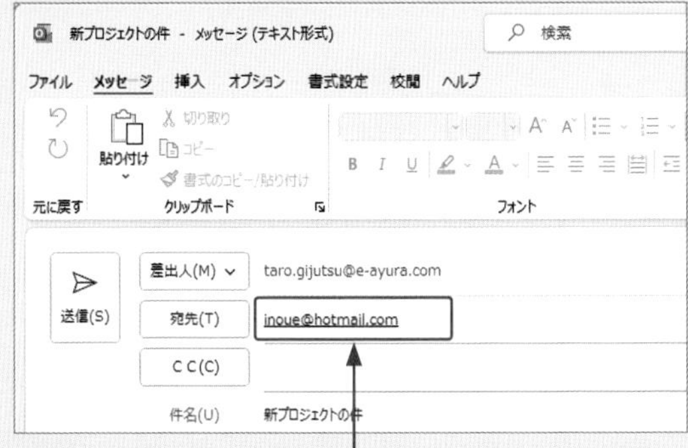

2 [宛先]に1人目のメールアドレスを入力します。

3 「;」(セミコロン)を入力して、

4 2人目のメールアドレスを入力します。

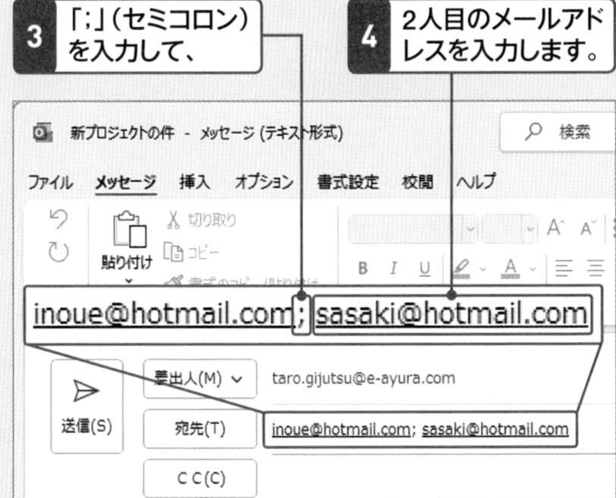

● CCを利用する

1 新規メールを作成して、[宛先]に1人目のメールアドレスを入力します。

2 [CC]に、メールのコピーを送りたい人のメールアドレスを入力します。

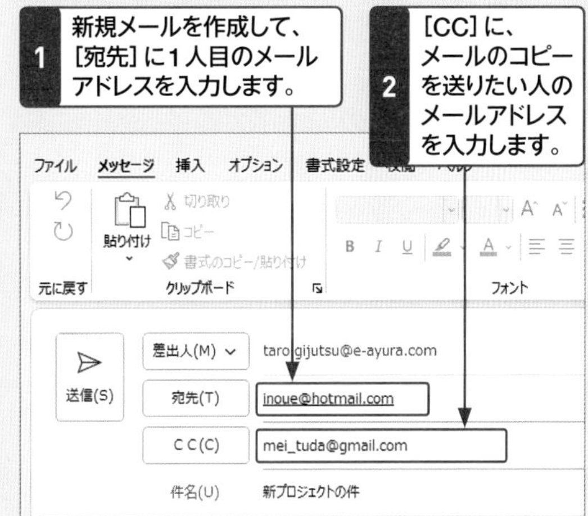

● BCCを利用する

1 新規メールを作成して、[オプション]タブをクリックし、

2 [BCC]をクリックします。

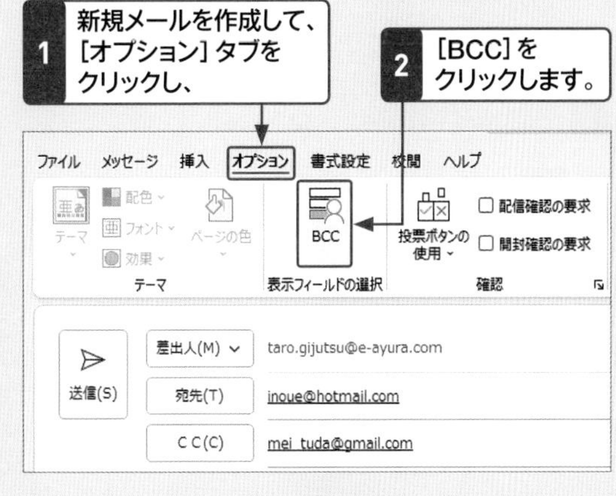

3 [BCC]に、ほかの受信者には知られたくない送り先のメールアドレスを入力します。

重要度 ★★★ メールの宛先／差出人

Q 147 メールアドレスの入力履歴を削除したい！

A [Outlookのオプション]の[メール]から設定します。

[メッセージ]ウィンドウに宛先を入力する際、一度送信したメールアドレスは、入力の途中で宛先候補として表示されます。この機能は便利な反面、わずらわしく感じる場合もあります。入力履歴を表示したくない場合は、以下の手順で入力履歴を削除します。

メールを途中まで入力すると、宛先候補が表示されます。

1 [ファイル]タブから[オプション]をクリックして、[Outlookのオプション]ダイアログボックスを表示します。

2 [メール]をクリックして、

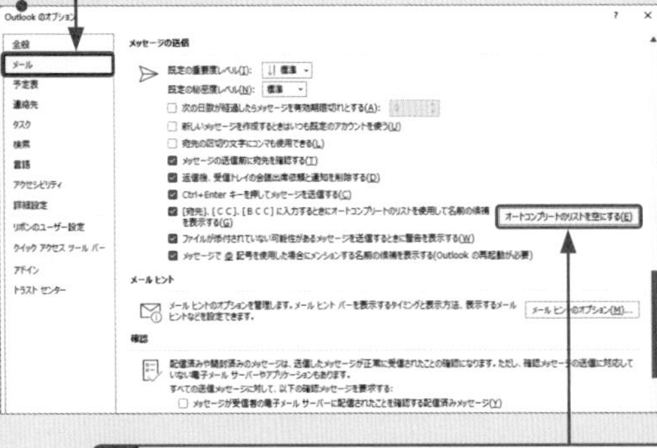

3 [オートコンプリートのリストを空にする]をクリックします。

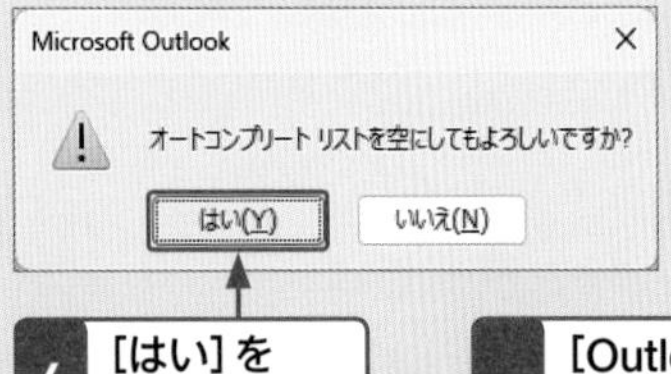

4 [はい]をクリックして、

5 [Outlookのオプション]ダイアログボックスの[OK]をクリックします。

重要度 ★★★ メールの宛先／差出人

Q 148 差出人のメールアドレスを変更して送信したい！

A [メッセージ]ウィンドウで差出人を指定します。

Outlookに複数のメールアカウントを設定している場合は、[メッセージ]ウィンドウに[差出人]欄が表示されます。差出人を変更してメールを送信するには、[差出人]からメールアドレスを選択します。

1 [メッセージ]ウィンドウを表示します。

Outlookに複数のメールアカウントを設定している場合は、[差出人]欄が表示されます。

2 [差出人]をクリックして、

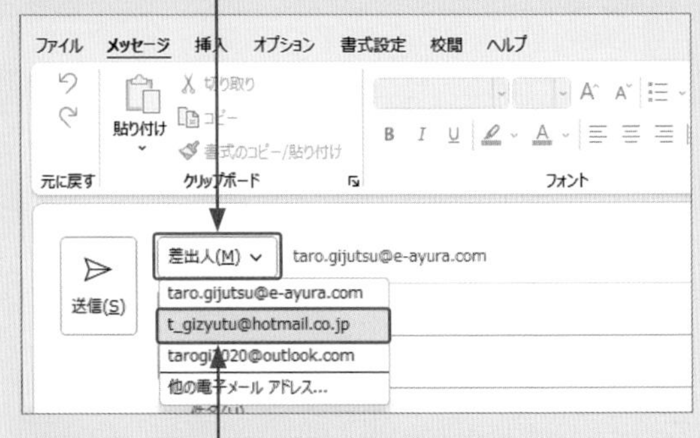

3 使用したいメールアドレスをクリックすると、

4 差出人が変更されます。

Q 149 メールを返信したい！

A 閲覧ウィンドウの［返信］をクリックします。

受信したメールに返事を出すことを「返信」といいます。Outlookでは、インライン返信機能によって、閲覧ウィンドウがそのままメールの作成画面に切り替わります。返信したいメールをクリックして［返信］をクリックすると、閲覧ウィンドウにメールの作成画面が表示されます。

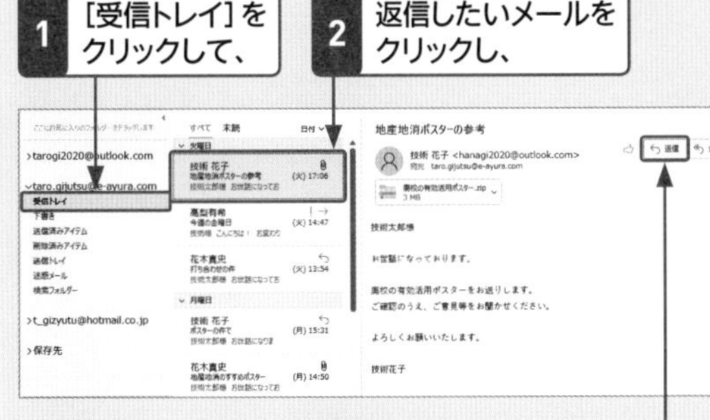

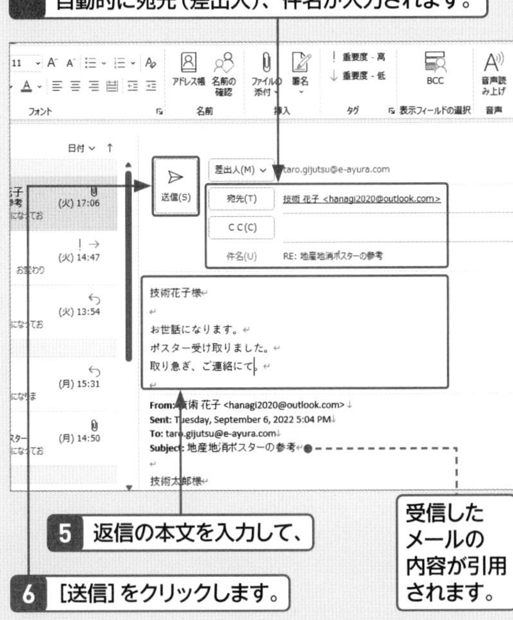

4 閲覧ウィンドウにメールの作成画面が表示され、自動的に宛先（差出人）、件名が入力されます。
5 返信の本文を入力して、
6 ［送信］をクリックします。
受信したメールの内容が引用されます。

Q 150 メールを転送したい！

A 閲覧ウィンドウの［転送］をクリックします。

受信したメールをほかの人に送ることを「転送」といいます。Outlookでは、インライン転送機能によって、閲覧ウィンドウがそのままメールの作成画面に切り替わります。転送したいメールをクリックして［転送］をクリックすると、閲覧ウィンドウにメールの作成画面が表示されます。

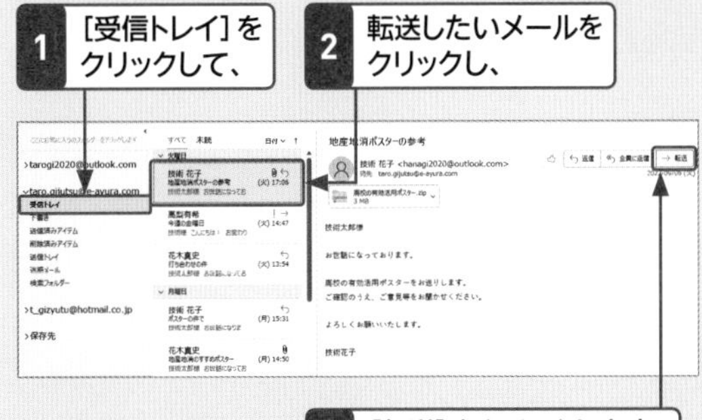

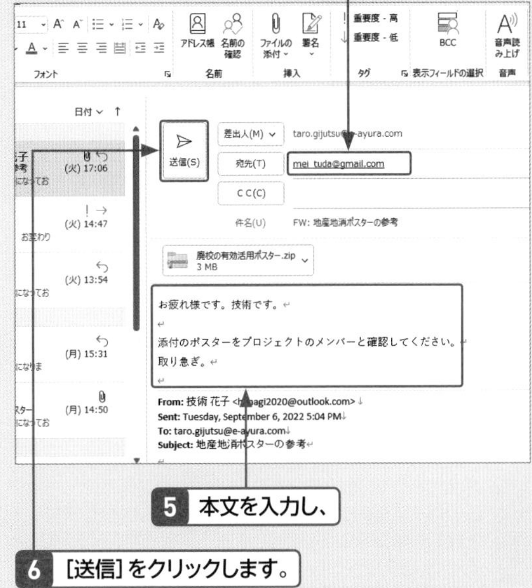

Q 151 返信／転送時のメッセージの表示方法を変更したい！

A [Outlookのオプション]の[メール]で設定します。

初期設定では、メールの返信／転送画面に、受信したもとのメールの情報やメールの内容が表示されます。これらは、非表示にして返信／転送することができます。また、もとのメールを添付ファイルにしたり、インデントを設定したり、行頭にインデント記号を設定したりと、表示方法を変更することもできます。

1 [ファイル]をクリックして、

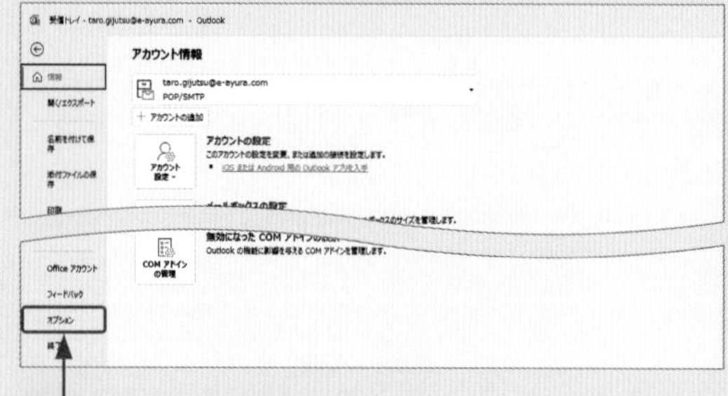

2 [オプション]をクリックし、

3 [メール]をクリックします。

4 ここをクリックして、

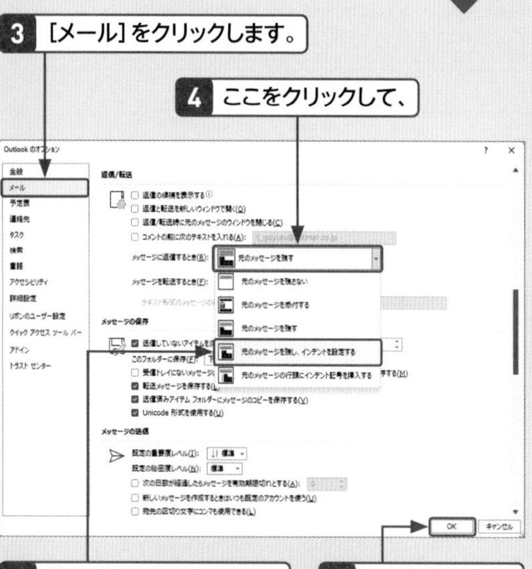

5 メッセージの表示方法（ここでは、[元のメッセージを残し、インデントを設定する]）をクリックし、

6 [OK]をクリックします。

7 メールの返信画面を表示すると、もとのメッセージの先頭にインデントが設定されます。

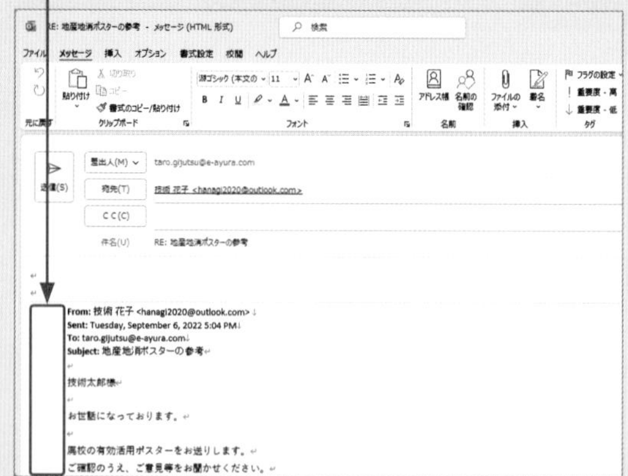

● [元のメッセージの行頭にインデント記号を挿入する]を選択した場合

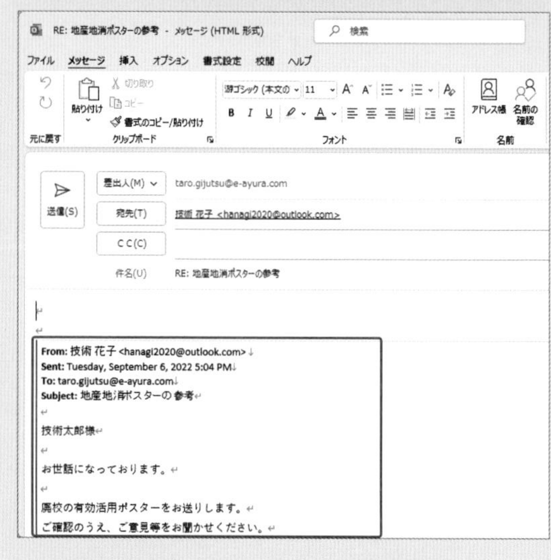

● [元のメッセージを添付する]を選択した場合

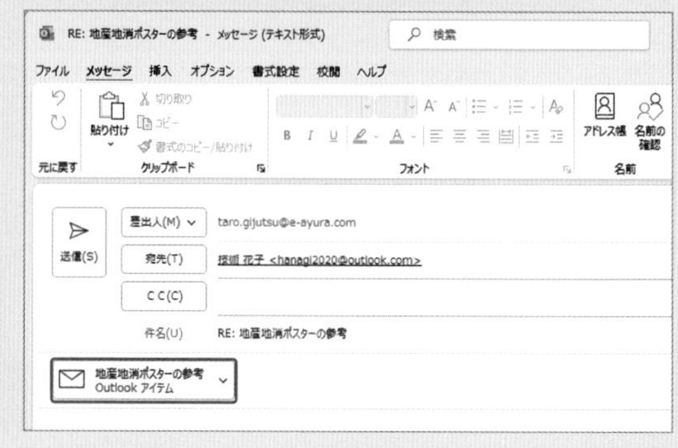

重要度 ★★★　メールの返信／転送

Q 152 返信／転送時に新しいウィンドウを開きたい！

[Outlookのオプション]の[メール]で設定します。

メールを返信／転送する際、Outlookでは閲覧ウィンドウに作成画面が表示されますが、新しいウィンドウを表示することもできます。[Outlookのオプション]ダイアログボックスの[メール]で設定を変更します。

1 [Outlookのオプション]ダイアログボックスを表示して、[メール]をクリックします。

2 [返信と転送を新しいウィンドウで開く]をクリックしてオンにし、

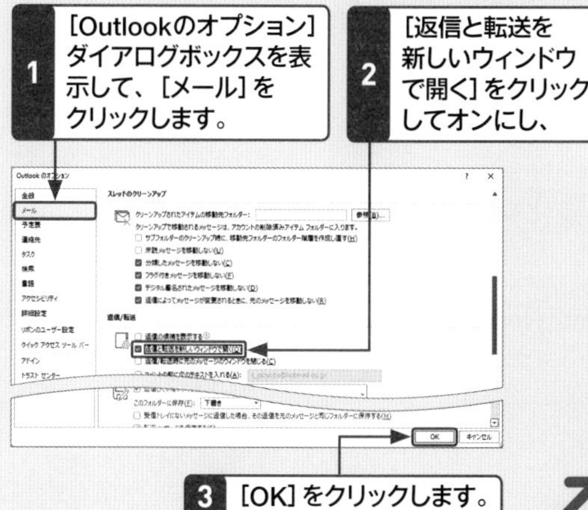

3 [OK]をクリックします。

4 返信や転送したいメールをクリックし、

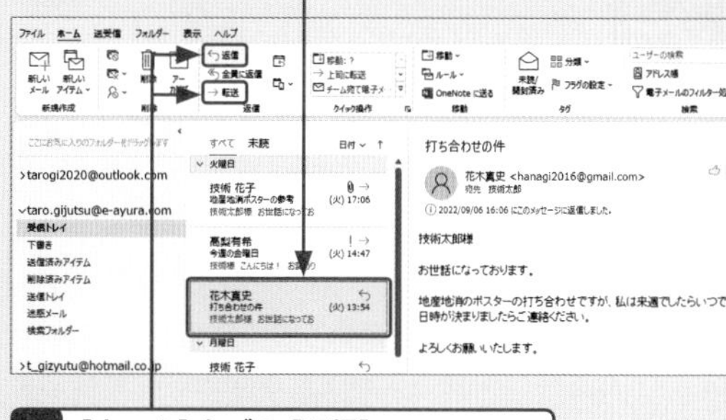

5 [ホーム]タブの[返信]（あるいは[転送]）をクリックすると、

6 [返信]（あるいは[転送]）用の[メッセージ]ウィンドウが表示されます。

重要度 ★★★　メールの返信／転送

Q 153 メールの返信先に別のメールアドレスを指定したい！

[オプション]タブの[返信先]から指定します。

送信したメールを、送信元とは違うメールアドレスに返信してほしい場合があります。たとえば、会社のメールアドレスからメールを送信したが、個人のメールアドレスに返信してほしいといったときです。この場合は、[メッセージ]ウィンドウを表示して、以下の手順で設定します。

1 [メッセージ]ウィンドウを表示して[オプション]タブをクリックし、

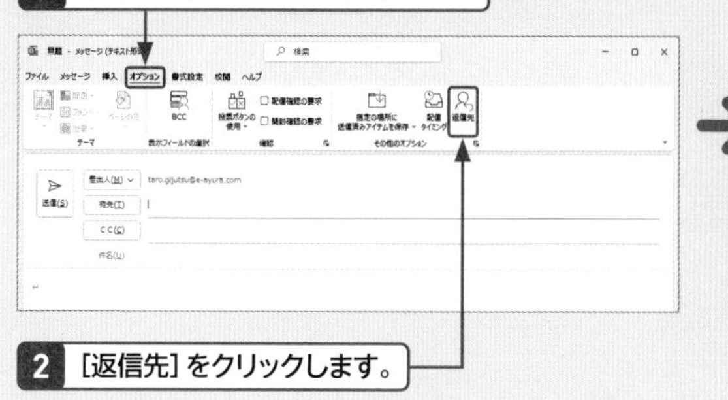

2 [返信先]をクリックします。

3 [返信先の指定]に返信先のメールアドレスを入力して、

4 [閉じる]をクリックします。

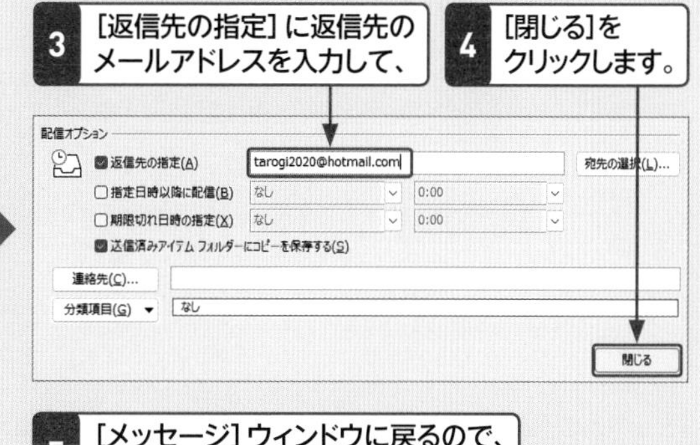

5 [メッセージ]ウィンドウに戻るので、メールを作成・送信します。

重要度 ★★★　メールの定型文

Q 154 クイックパーツで定型文を作成したい！

A [クイックパーツ]の[定型句]から定型句ギャラリーに保存します。

メールの冒頭のあいさつや定期的に送信するメールなど、頻繁に入力する文章を毎回入力するのは面倒です。Outlookでは、頻繁に使う文章を定型句として登録できる「クイックパーツ」機能が用意されています。クイックパーツに定型文を登録しておくと、入力する手間が省けます。

なお、編集／削除する場合は、HTML形式で[挿入]タブの[クイックパーツ]をクリックして、[定型句]にマウスポインターを合わせ、登録した定型句を右クリックして[整理と削除]をクリックします。

1 [メッセージ]ウィンドウを表示して、定型文として登録したい文章を入力し、ドラッグして選択します。

件名(U)

お世話になっております。
たろう企画の技術です。

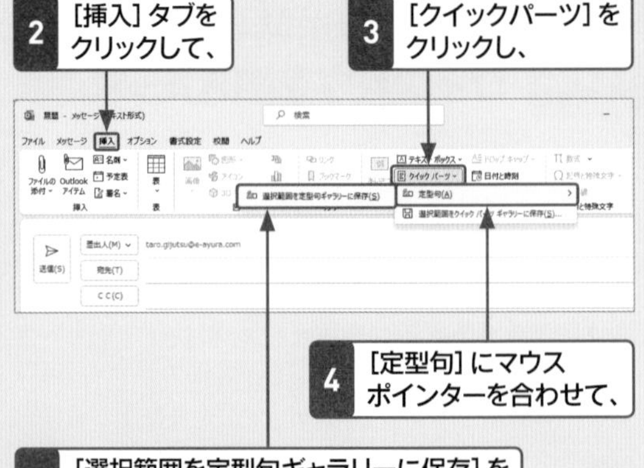
2 [挿入]タブをクリックして、
3 [クイックパーツ]をクリックし、
4 [定型句]にマウスポインターを合わせて、
5 [選択範囲を定型句ギャラリーに保存]をクリックします。

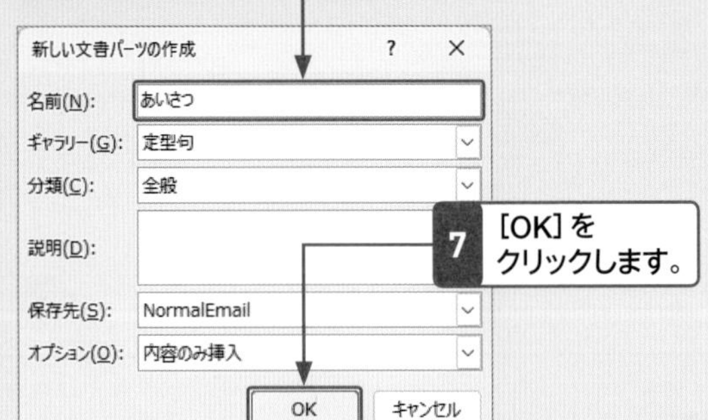
6 定型句の名前を入力して、
新しい文書パーツの作成
名前(N): あいさつ
ギャラリー(G): 定型句
分類(C): 全般
説明(D):
保存先(S): NormalEmail
オプション(O): 内容のみ挿入
OK
キャンセル
7 [OK]をクリックします。

重要度 ★★★　メールの定型文

Q 155 クイックパーツで定型文を入力したい！

A 保存した定型句の名前を入力して挿入します。

クイックパーツに定型文を登録しておくと、メールの作成画面で、保存した定型句の名前を入力するだけでかんたんに入力することができます。

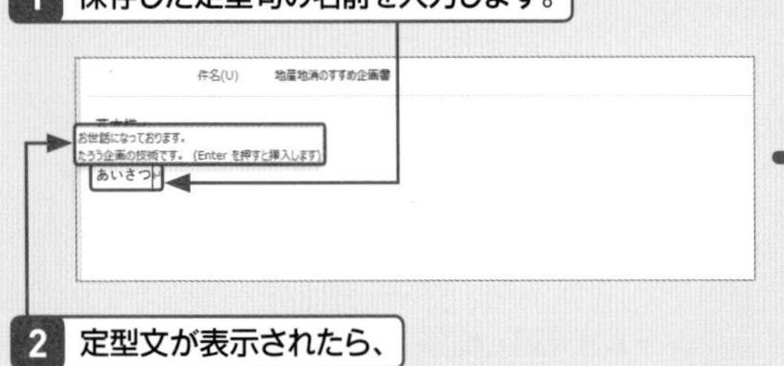
1 保存した定型句の名前を入力します。
件名(U) 地産地消のすすめ企画書
お世話になっております。
たろう企画の技術です。(Enter を押すと挿入します)
あいさつ
2 定型文が表示されたら、

3 Enter を押すと、

4 定型文が入力されます。

差出人(M)
宛先(T)
CC(C)
件名(U) 地産地消のすすめ企画書
花木様
お世話になっております。
たろう企画の技術です。

重要度★★★ メールのテンプレート ⊗2016

Q 156 マイテンプレートで定型文を作成／入力したい！

A [マイテンプレート]画面を表示して、文章を入力します。

Outlookには、よく使う文章を登録しておくことができる機能として、「クイックパーツ」のほかに「マイテンプレート」機能が用意されています。テンプレートは複数登録でき、クリックするだけで適切な文章を入力することができます。どちらか使いやすいほうを使用するとよいでしょう。

参照▶Q 154

● マイテンプレートを作成する

1 [メッセージ] ウィンドウを表示して、

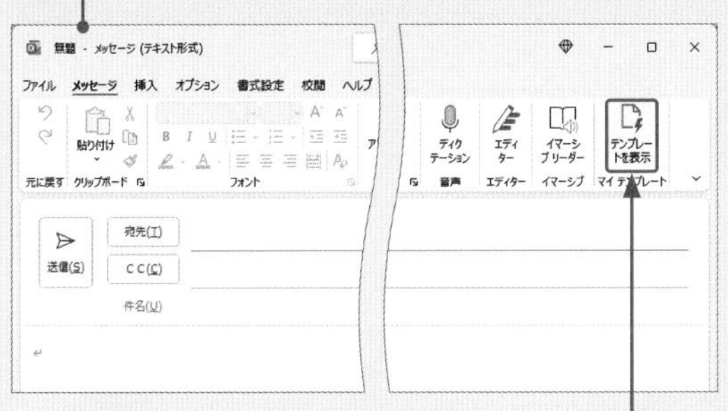

2 [メッセージ] タブの [テンプレートを表示] をクリックします。

3 [マイテンプレート] 画面が表示されるので、

4 [テンプレート] をクリックします。

5 テンプレート名を入力して、

6 文章を入力し、

7 [保存] をクリックします。

● マイテンプレートを使う

1 [メッセージ] ウィンドウを表示して、[メッセージ] タブの [テンプレートを表示] をクリックします。

2 文章を挿入したい位置をクリックして、

3 入力したいテンプレートをクリックすると、

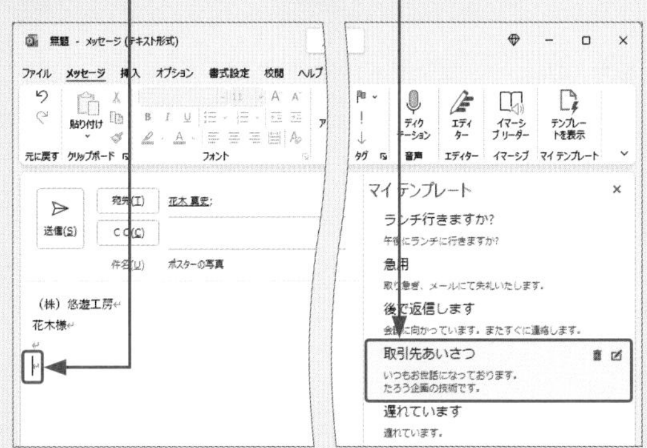

4 選択した文章が入力されます。

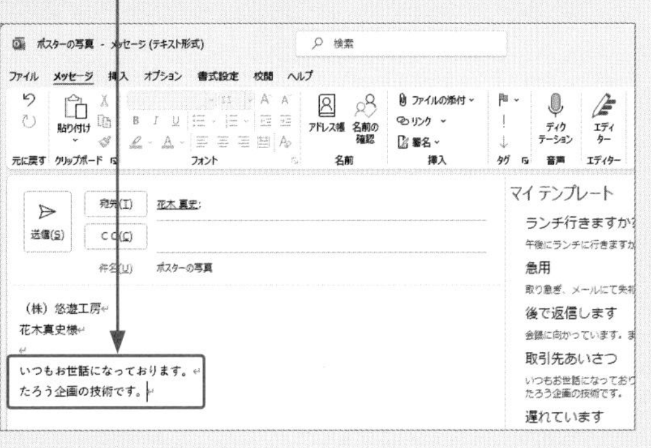

重要度 ★★★ メールのテンプレート

Q 157 メールのテンプレートを作成したい!

A ファイルの種類を[Outlookテンプレート]にして保存します。

「テンプレート」とは、メールを作成する際のひな形となるファイルのことです。Outlookでは、作成したメールをテンプレートとして保存することができます。頻繁に送信するメールをテンプレートとして保存しておけば、そのつど入力する手間が省けるので便利です。

1 [メッセージ]ウィンドウを表示して、テンプレートとして保存する内容を入力します。

2 [ファイル]タブをクリックして、

3 [名前を付けて保存]をクリックします。

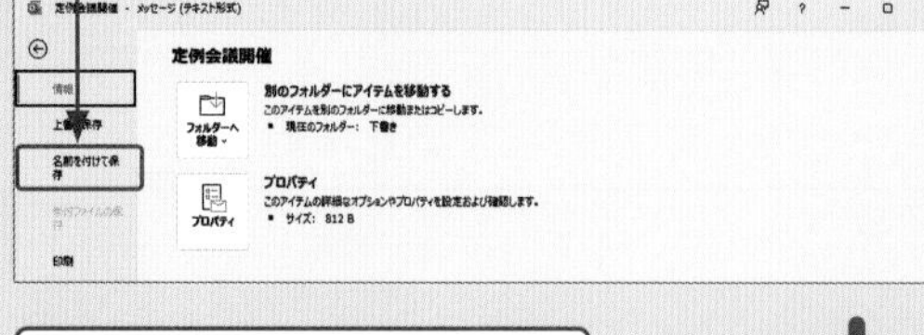

保存先が自動的に設定されます。

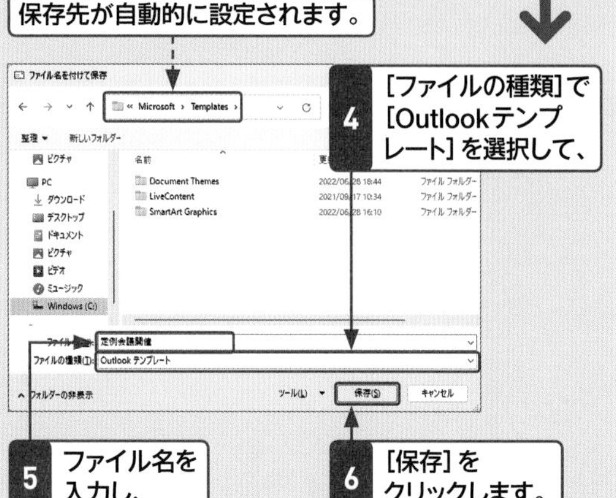

4 [ファイルの種類]で[Outlookテンプレート]を選択して、

5 ファイル名を入力し、

6 [保存]をクリックします。

重要度 ★★★ メールのテンプレート

Q 158 テンプレートからメールを作成したい!

A [フォームの選択]ダイアログボックスからテンプレートを開きます。

登録したテンプレートを利用するには、[ホーム]タブの[新しいアイテム]をクリックして、[その他のアイテム]から[フォームの選択]をクリックし、テンプレートを開きます。追加や変更があれば修正して送信します。

1 [ホーム]タブの[新しいアイテム]をクリックして、

2 [その他のアイテム]にマウスポインターを合わせ、

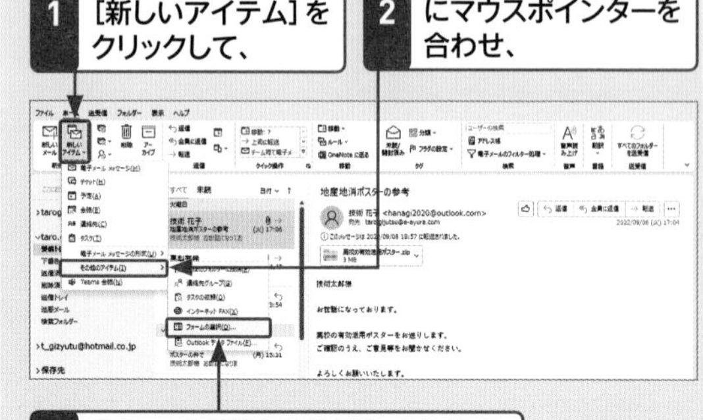

3 [フォームの選択]をクリックします。

4 ここをクリックして、

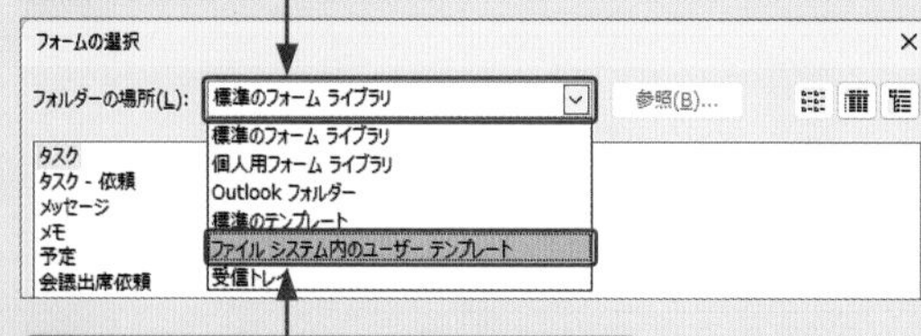

5 [ファイルシステム内のユーザーテンプレート]をクリックします。

6 利用するテンプレートをクリックして、

7 [開く]をクリックすると、

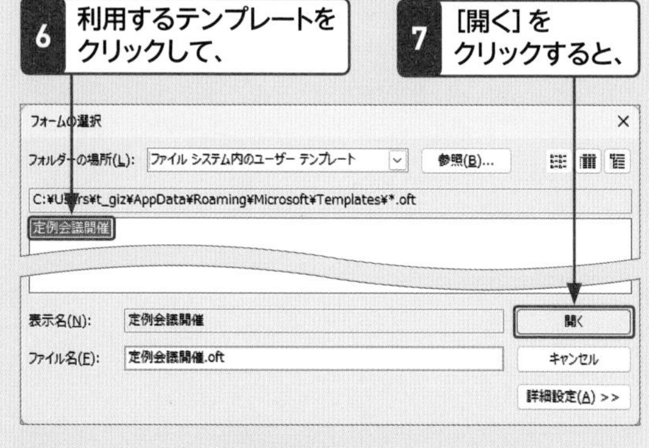

8 テンプレートが開きます。

重要度 ★★★　メールの署名

Q 159 メールの署名を作成したい！

A [Outlookのオプション]の[メール]から作成します。

署名とは、メールの末尾に付ける差出人の名前や連絡先をまとめたものです。あらかじめ署名を作成しておくと、メールの作成時に署名が自動で入力されます。[Outlookのオプション]ダイアログボックスの[メール]をクリックし、[署名]をクリックして作成します。

1 [ファイル]タブから[オプション]をクリックして、[Outlookのオプション]ダイアログボックスを表示します。

2 [メール]をクリックして、

3 [署名]をクリックします。

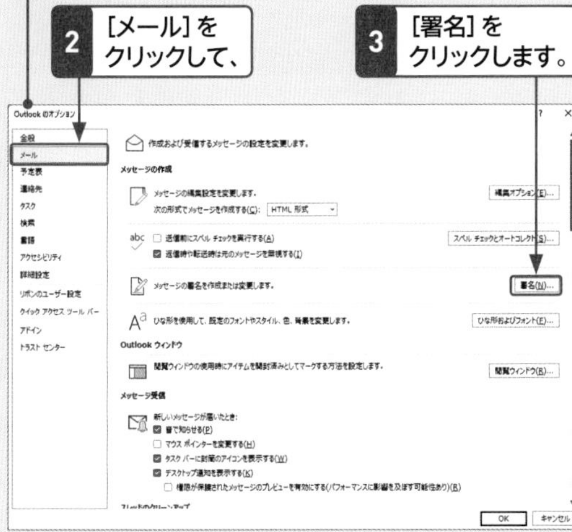

4 [編集する署名の選択]の[新規作成]をクリックして、

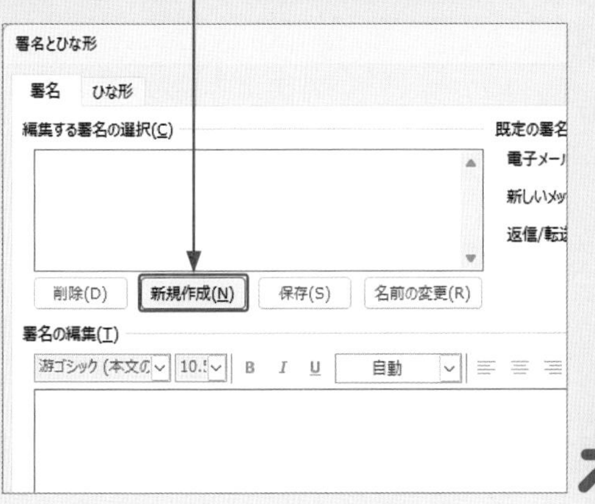

5 署名の名前を入力し、

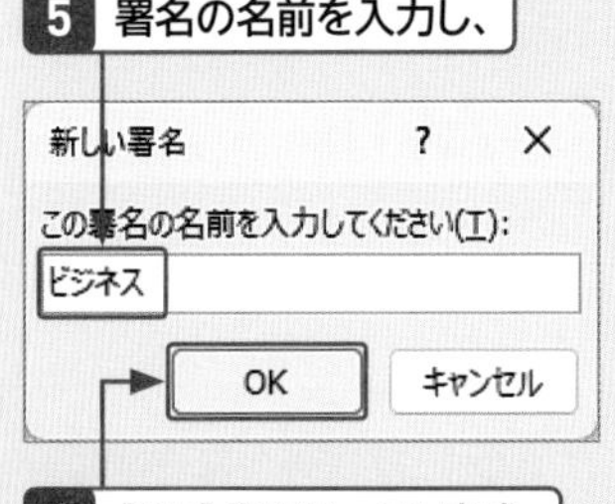

6 [OK]をクリックします。

7 名前や連絡先を入力して、

8 [新しいメッセージ]のここをクリックし、[ビジネス]を選択します。

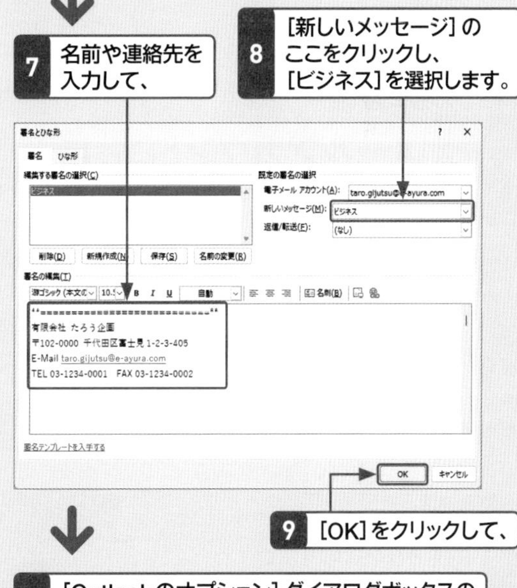

9 [OK]をクリックして、

10 [Outlookのオプション]ダイアログボックスの[OK]をクリックします。

11 [メッセージ]ウィンドウを表示すると、作成した署名が自動的に入力されます。

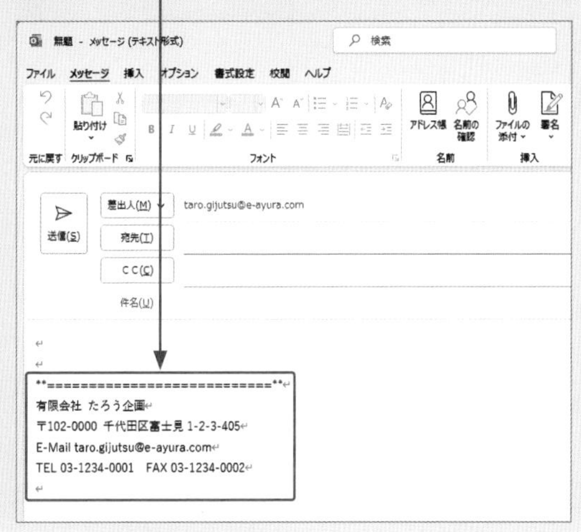

重要度 ★★★　メールの署名

Q 160 メールの返信時や転送時にも署名を付けたい！

A [署名とひな形]ダイアログボックスで設定します。

メールの新規作成時だけでなく、返信時や転送時にも署名を挿入したいときは、[署名とひな形]ダイアログボックスを表示して、[既定の署名の選択]の[返信／転送]で設定します。

参照▶Q 159

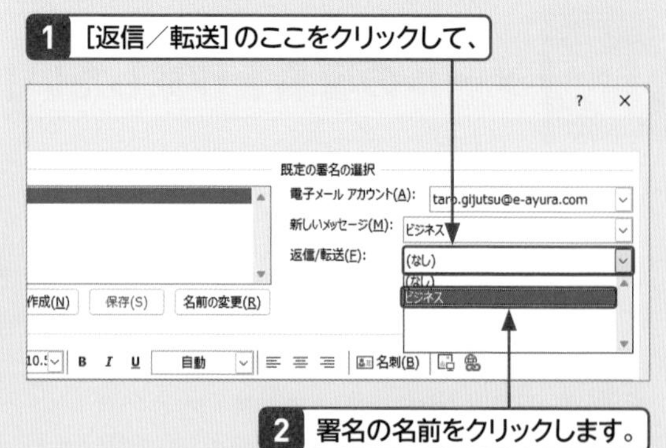

重要度 ★★★　メールの署名

Q 161 メールアカウントごとに署名を設定したい！

A 署名を追加して[既定の署名の選択]で設定します。

署名はビジネス用、プライベート用というように、メールアカウントごとに使い分けることができます。署名を追加し、メールアカウントごとに既定の署名を設定します。また、メールの作成中に署名を切り替えることもできます。

参照▶Q 159

1 [署名とひな形]ダイアログボックスを表示して、プライベート用の署名を追加します。

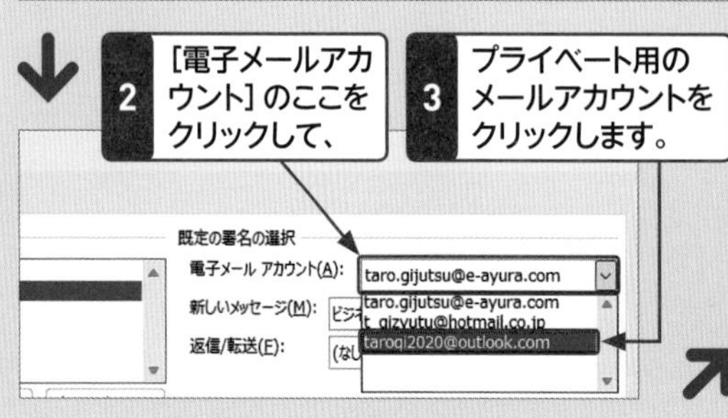

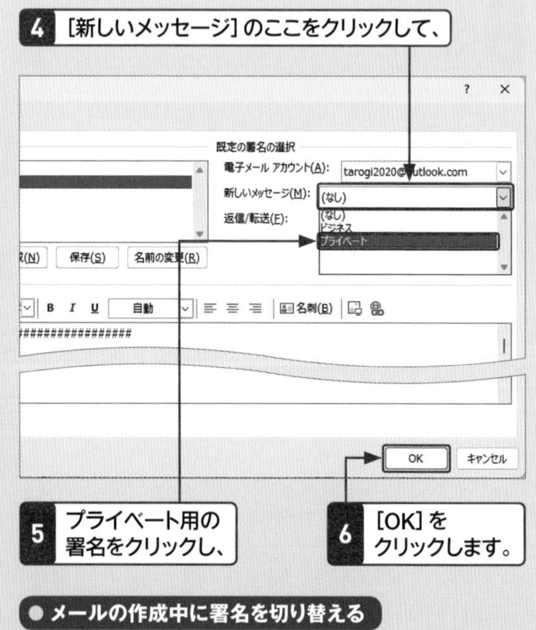

● メールの作成中に署名を切り替える

1 [メッセージ]ウィンドウを表示して[挿入]タブをクリックし、

2 [署名]をクリックして、

3 使用する署名の名前をクリックします。

重要度 ★★★ メールの署名

Q 162 署名の区切りの罫線はどうやって入力する？

A 「けいせん」と入力して変換します。

メールの本文と署名との間に区切り線を入れると、本文との区切りがはっきりします。「+」(半角のプラス)や「＊＊＊」(全角のアスタリスク)などの記号を連続して入力することで区切り線を作成する方法もありますが、ここでは、「けいせん」と入力して変換することで罫線を作成してみましょう。 参照▶Q 159

1 [署名とひな形] ダイアログボックスを表示して署名を入力します。

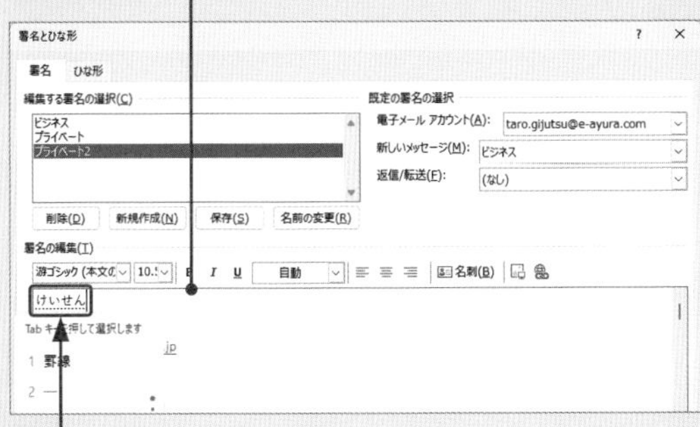

2 「けいせん」と入力して、

3 Spaceを押し、

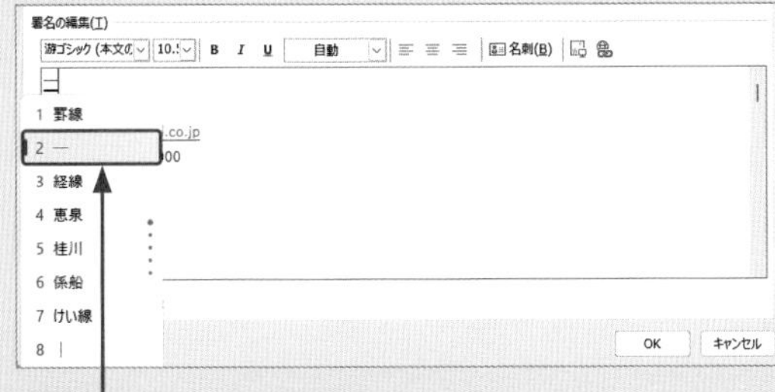

4 表示される変換候補の一覧で[─]をクリックします。

5 同様に入力して変換していくと、罫線を入力することができます。

重要度 ★★★ メールの送信オプション

Q 163 指定した日時にメールを自動送信したい！

A 配信タイミングを設定します。

指定した日時にメールを送信するように設定しておけば、メールを送信したい時間に都合がつかなくても安心です。Outlookでは、メールを送信する日時を指定することができます。ただし、実際に送信されるときにパソコンおよびOutlookが起動しており、自動送受信するように設定されている必要があります。 参照▶Q 229

1 メールを作成して、[オプション] タブをクリックし、

2 [配信タイミング]をクリックします。

3 [指定日時以降に配信] をクリックしてオンにし、

4 送信したい日時を指定して、

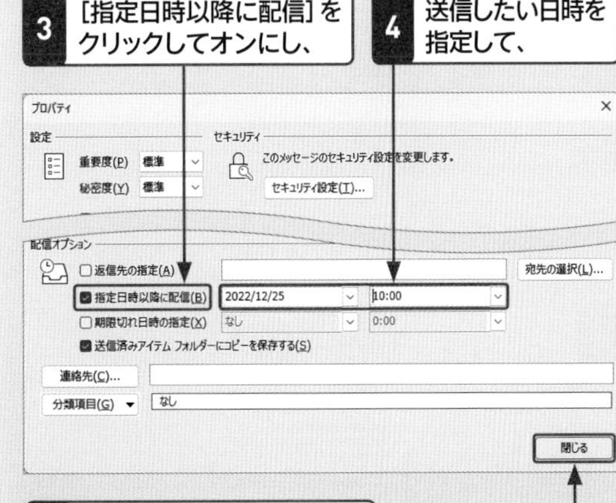

5 [閉じる]をクリックします。

6 [メッセージ] ウィンドウに戻るので、[送信] をクリックします。

重要度 ★★★　メールの送信オプション

Q 164 相手がメールを開封したか確認したい!

A 開封確認の要求を設定します。

重要な内容のメールを送信する際に、相手がメールを読んでくれたかどうかを確認したい場合は、開封確認の要求を設定してメールを送信します。
相手がメールを開いて、開封確認のメールを送信すると、差出人に開封通知のメールが送られてきます。ただし、相手が開封確認機能に対応していないメールアプリを使っている場合は正しく機能しません。

● 開封通知を設定してメールを送信する

1 メールを作成して、[オプション]タブをクリックし、

2 [開封確認の要求]をクリックしてオンにし、

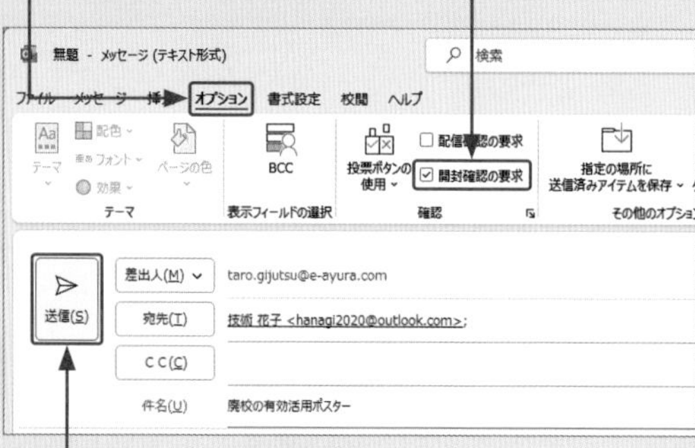

3 [送信]をクリックします。

● 開封通知のメールを受信する

相手が開封確認のメールを送信すると、開封通知のメールが送られてきます。

1 メールをクリックすると、

2 開封時間などの詳しい情報が確認できます。

重要度 ★★★　メールの送信オプション

Q 165 相手に重要なメールであることを知らせたい!

A [重要度-高]に設定して送信します。

メールを送信する際に重要なメールであることを伝えたい場合は、重要度を「高」に設定します。[メッセージ]ウィンドウの[メッセージ]タブで[重要度-高]をクリックすると、メールに重要なメールであることを示す ! アイコンが付いて送信されます。
ただし、相手が重要度に対応していないメールアプリを使っている場合は正しく機能しません。

1 メールを作成して、[メッセージ]タブの[重要度-高]をクリックし、

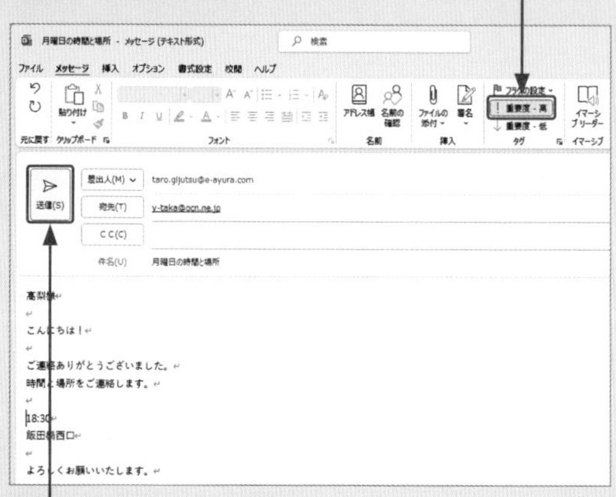

2 [送信]をクリックします。

重要なメールであることを示す  アイコンが付いて送信されます。

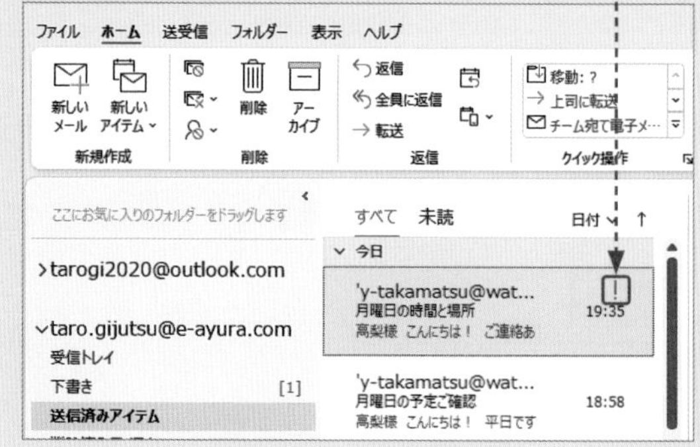

重要度 ★★★ メールの送信オプション

Q 166 メールの誤送信を防ぎたい！

A 送信時にいったん［送信トレイ］にメールを保存するようにします。

Outlookの初期設定では、［送信］をクリックすると、すぐにメールが送信されます。そのため、間違って送信したことに気が付いても、一度送信したメールは取り消すことができません。この場合は、いったん［送信トレイ］にメールを保存することで、メールの誤送信を防ぐことができます。［送信トレイ］に保存されたメールは、［送受信］タブの［すべてのフォルダーを送受信］をクリックするか、一定時間後に送信されます。 参照▶Q 229

1 ［Outlookのオプション］ダイアログボックスを表示して、［詳細設定］をクリックします。

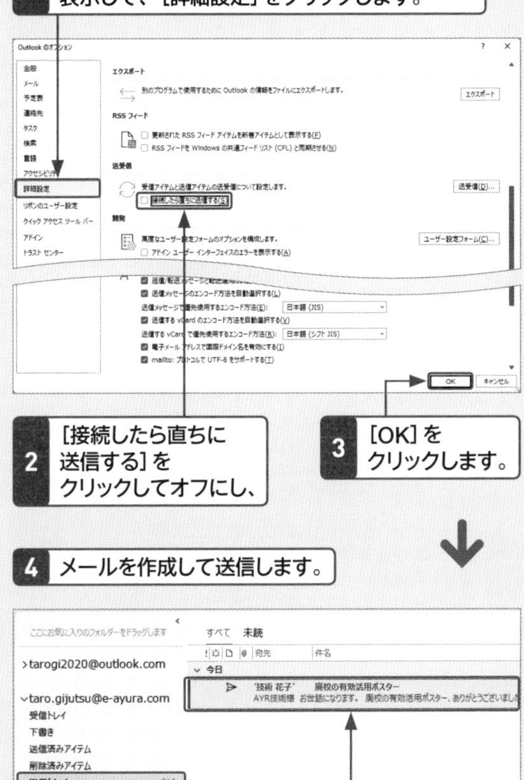

2 ［接続したら直ちに送信する］をクリックしてオフにし、

3 ［OK］をクリックします。

4 メールを作成して送信します。

5 ［送信トレイ］をクリックすると、

6 メールが保存されていることを確認できます。

重要度 ★★★ 添付ファイルの送信

Q 167 添付ファイルを送信したい！

A ［メッセージ］ウィンドウで［ファイルの添付］をクリックします。

メールには、ExcelやWordなどで作成した文書ファイルや、デジタルカメラで撮影した写真などを添付して送ることができます。ただし、サイズが大きすぎるファイルや、実行ファイル、マクロファイルは添付することができないので注意が必要です。 参照▶Q 169, Q 171

1 メールを作成して、［メッセージ］タブの［ファイルの添付］をクリックし、

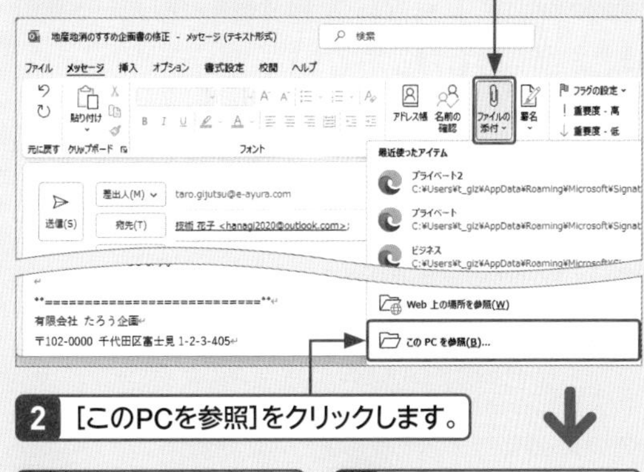

2 ［このPCを参照］をクリックします。

3 ファイルの保存先を指定して、

4 添付したいファイルをクリックし、

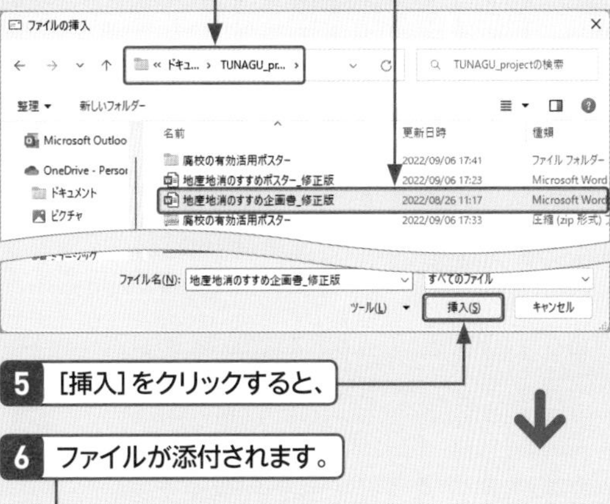

5 ［挿入］をクリックすると、

6 ファイルが添付されます。

重要度★★★ 添付ファイルの送信

Q 168 添付ファイルが大きすぎて送信できない！

A ファイルを圧縮するか、OneDriveからリンクして送信します。

プロバイダーのメールサーバーには、通常、送受信可能なファイルサイズの上限があります。デジタルカメラで撮影した画像などをそのまま添付すると、下図のようなエラーメッセージが表示されます。また、送信できても、配信不能となって戻ってきてしまうことがあります。この場合は、画像サイズを小さくしてから添付して送信するか、OneDriveにファイルを保存して、リンクを送信しましょう。

参照▶Q 170, Q 171

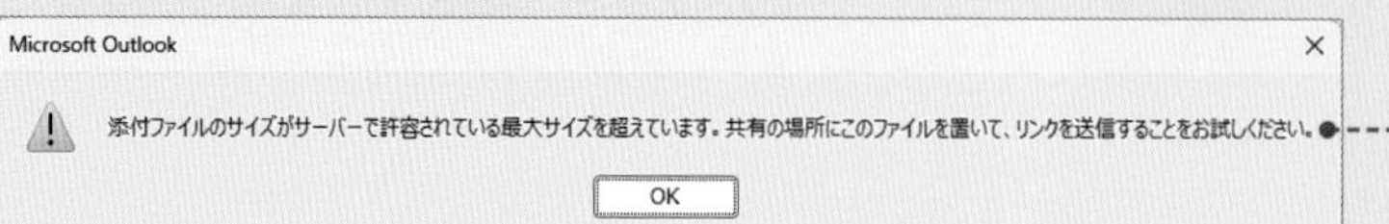

添付ファイルのサイズが大きすぎるとエラーメッセージが表示されます。

重要度★★★ 添付ファイルの送信

Q 169 ファイルを圧縮してから添付したい！

A 右クリックして、[ZIPファイルに圧縮する]をクリックします。

Windowsでは、ファイルをZIP形式で圧縮する機能が標準で用意されています。圧縮したいファイルを右クリックして、[ZIPファイルに圧縮する]（Windows 10では[送る]から[圧縮(zip形式フォルダー)]）をクリックし、圧縮したファイルをメールに添付します。複数のファイルを選択すると、まとめて圧縮することができます。

1 圧縮したいファイルを右クリックして、

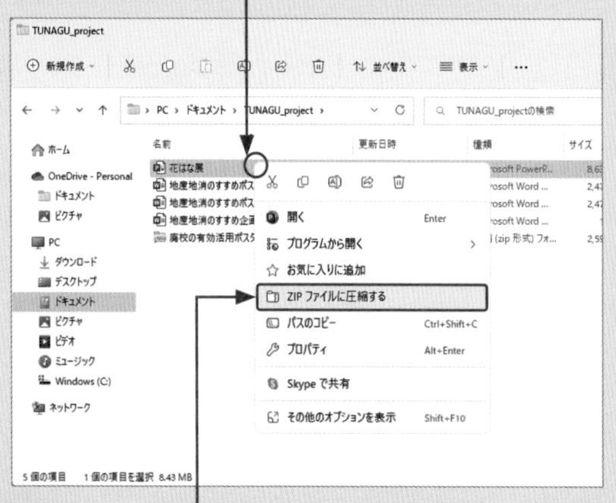

2 [ZIPファイルに圧縮する]をクリックすると、

3 ファイルが圧縮されます。

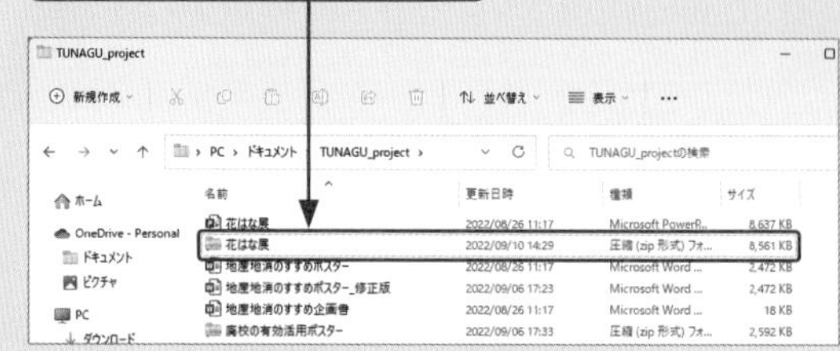

● 複数のファイルをまとめて圧縮する

1 Ctrlを押しながら複数のファイルを選択します。

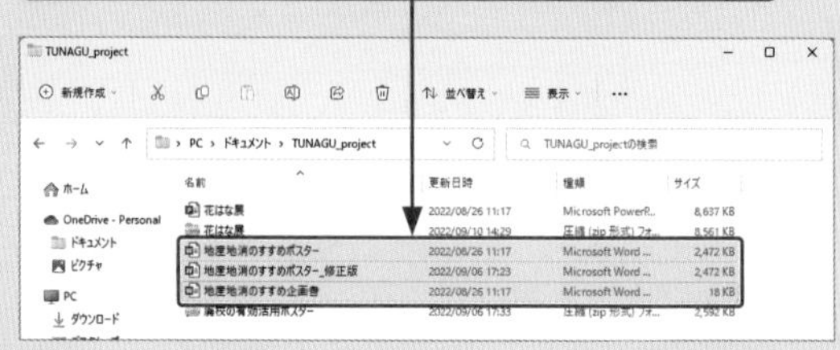

2 いずれかを右クリックして、左の手順2と同様に操作すると、

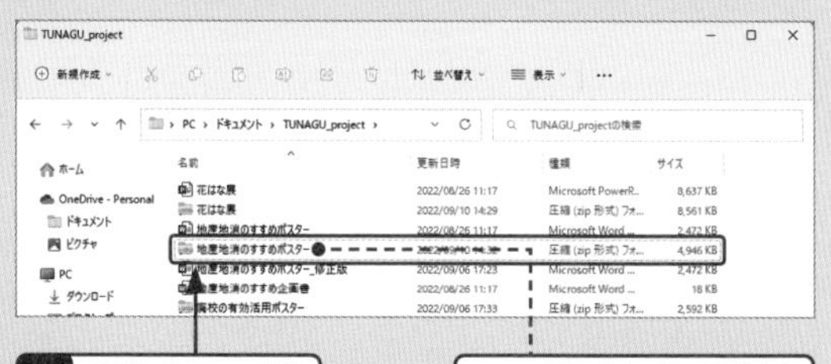

3 複数のファイルがフォルダーにまとまって圧縮されます。

ファイル名には、最初のファイルの名前が付けられるので、必要に応じて変更します。

重要度 ★★★　添付ファイルの送信

Q 170 デジタルカメラの写真を自動縮小して送信したい！

Outlookには、添付画像の自動縮小機能が用意されています。この機能を利用すると、大きなサイズのデジタルカメラの写真を最大でも1024×768ピクセルまで縮小して送信することができます。 参照▶Q 167

A 画像を添付して、[ファイル]タブから設定します。

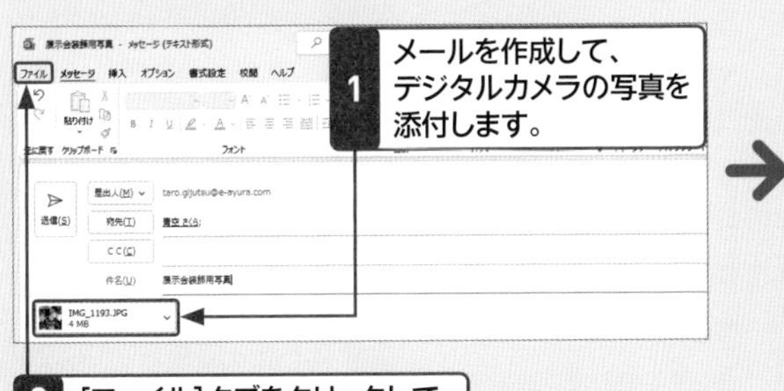

1 メールを作成して、デジタルカメラの写真を添付します。

2 [ファイル]タブをクリックして、

3 [このメッセージを送信するときに大きな画像のサイズを変更する]をクリックしてオンにします。

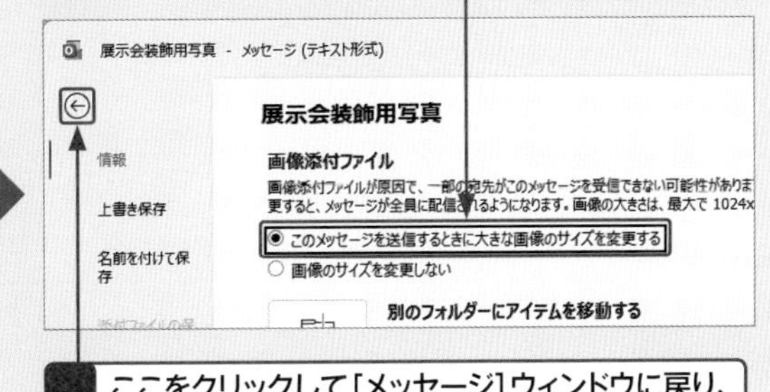

4 ここをクリックして[メッセージ]ウィンドウに戻り、メールを送信します。

重要度 ★★★　添付ファイルの送信

Q 171 大きなサイズのファイルを送信したい！

大きなサイズのファイルを送りたい場合は、OneDriveを利用すると便利です。OneDriveは、Microsoft アカウントがあれば利用できるオンラインストレージサービスで、インターネットを通してファイルを管理できる場所です。Outlookでは、OneDriveに保存されているファイルをリンクとして送信することができます。

A OneDriveのファイルをリンクとして送信します。

1 エクスプローラーでOneDriveを表示します。

2 送信するファイルを右クリックして、

3 [OneDrive] にマウスポインターを合わせ、

4 [リンクのコピー] をクリックします。

5 [コピー]をクリックして、

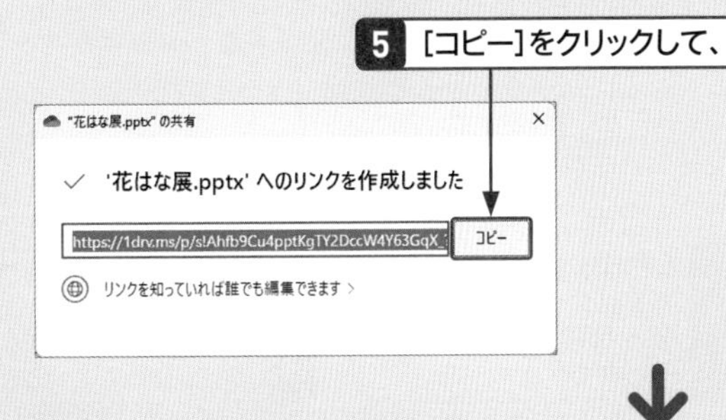

6 メールに貼り付けて送信します。

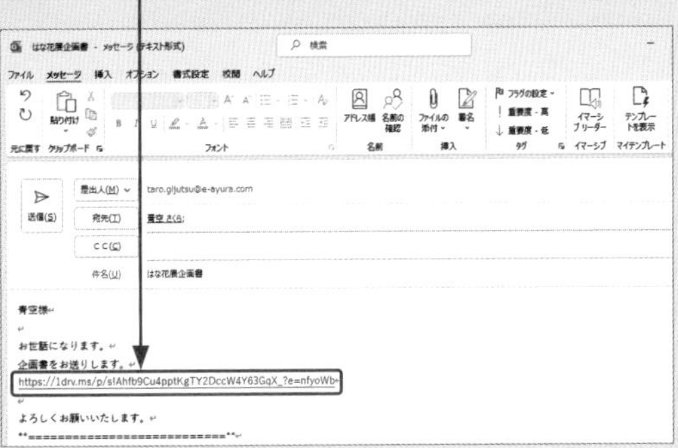

重要度 ★★★ HTML形式メールの作成

Q 172 作成中のメールをHTML形式にしたい！

A ［メッセージ］ウィンドウの［書式設定］タブで変更します。

作成するメールをテキスト形式に設定している場合、送信するメールをHTML形式に切り替えたいときは、［書式設定］タブの［HTML］をクリックします。

参照▶Q 138

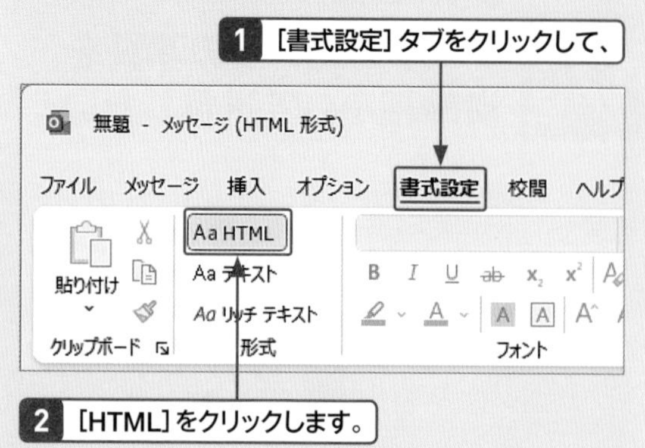

重要度 ★★★ HTML形式メールの作成

Q 173 あいさつ文を挿入したい！

A ［挿入］タブの［あいさつ文］から挿入します。

HTML形式のメールでは、Outlookに用意されているあいさつ文を挿入することができます。本文にカーソルを移動し、［挿入］タブの［あいさつ文］をクリックして、［あいさつ文の挿入］をクリックします。表示される［あいさつ文］ダイアログボックスで「月」を指定し、使用したいあいさつ文を指定します。作成するメールをテキスト形式に設定している場合は、［メッセージ］ウィンドウでHTML形式に変更します。

参照▶Q 172

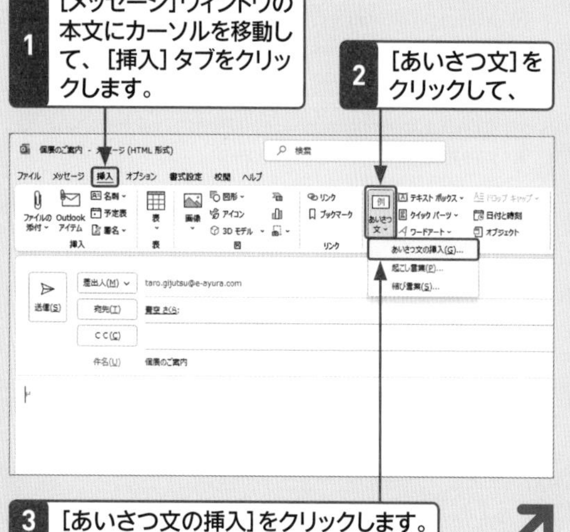

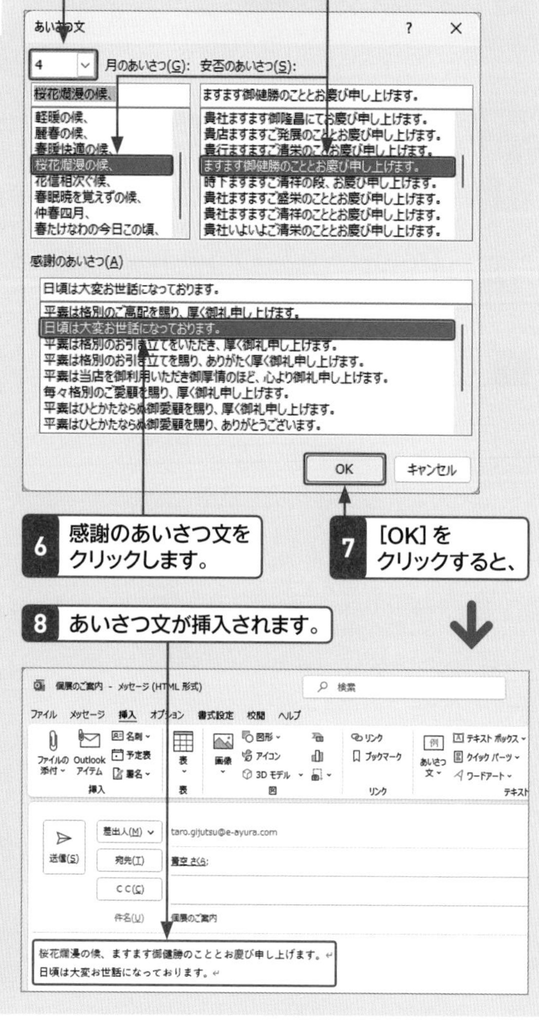

重要度 ★★★ HTML形式メールの作成

Q 174 メールの文字サイズを変更したい！

A ［書式設定］タブの［フォントサイズ］で変更します。

HTML形式のメールでは、文字サイズを変更することができます。サイズを変更したい文字をドラッグして選択し、［書式設定］タブの［フォントサイズ］の一覧から選択します。

1 メールを作成して、サイズを変更したい文字をドラッグして選択します。

ご無沙汰しております。
さて、待ちに待った井田伊一郎先輩の個展が下記のとおり開催
これまで描かれた大量の作品の中から本人がセレクトしたもの
会場の装飾も本人デザインの画期的なものとなっています。

2 ［書式設定］タブをクリックして、

3 ［フォントサイズ］のここをクリックし、

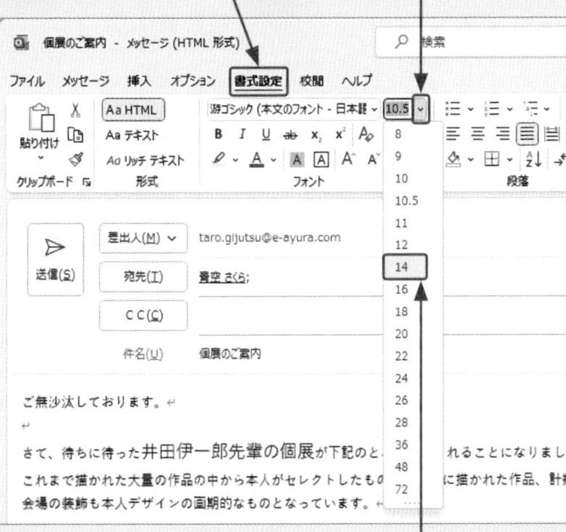

4 設定したい文字サイズをクリックすると、

5 選択した文字のサイズが変更されます。

ご無沙汰しております。
さて、待ちに待った井田伊一郎先輩の個展が下記のと
これまで描かれた大量の作品の中から本人がセレクトしたもの
会場の装飾も本人デザインの画期的なものとなっています。

重要度 ★★★ HTML形式メールの作成

Q 175 メールのフォントを変更したい！

A ［書式設定］タブの［フォント］で変更します。

HTML形式のメールでは、フォントの種類を変更することができます。フォントを変更したい文字をドラッグして選択し、［書式設定］タブの［フォント］の一覧から選択します。

1 メールを作成して、フォントを変更したい文字をドラッグして選択します。

ご無沙汰しております。
さて、待ちに待った井田伊一郎先輩の個展が下記のと
これまで描かれた大量の作品の中から本人がセレクトしたもの
会場の装飾も本人デザインの画期的なものとなっています。

2 ［書式設定］タブをクリックして、

3 ［フォント］のここをクリックし、

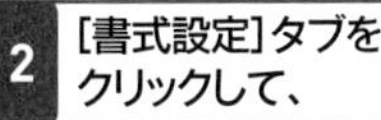

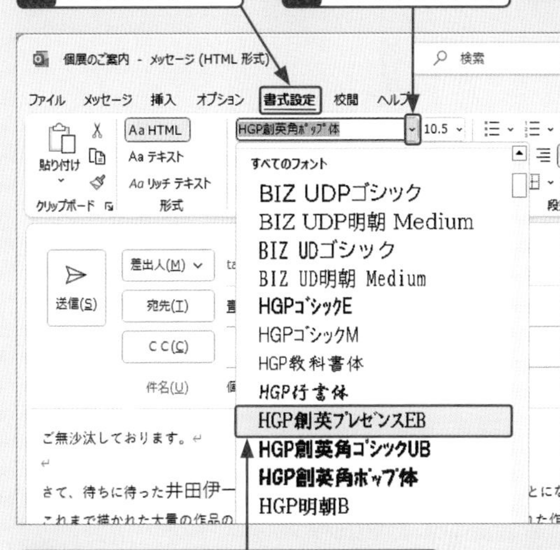

4 設定したいフォントをクリックすると、

5 選択した文字のフォントが変更されます。

ご無沙汰しております。
さて、待ちに待った井田伊一郎先輩の個展が下記のと
これまで描かれた大量の作品の中から本人がセレクトしたもの
会場の装飾も本人デザインの画期的なものとなっています。

重要度 ★★★ HTML形式メールの作成

Q 176 メールの文字の色を変更したい！

A ［書式設定］タブの［フォントの色］で変更します。

HTML形式のメールでは、文字の色を変更することができます。色を変更したい文字をドラッグして選択し、［書式設定］タブの［フォントの色］の一覧から選択します。

1 メールを作成して、色を変更したい文字をここでは Ctrl を押しながらドラッグして選択します。

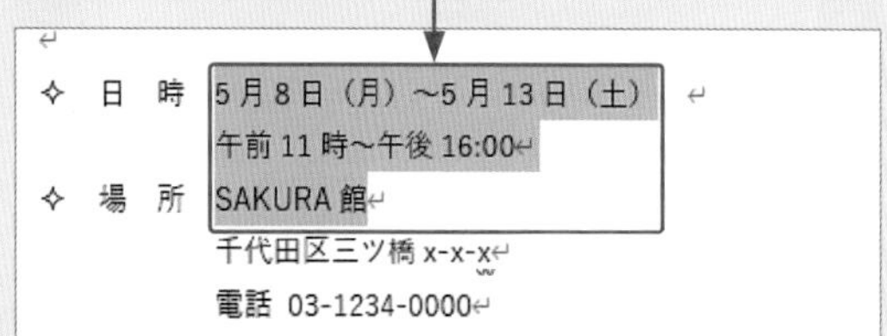

2 ［書式設定］タブをクリックして、

3 ［フォントの色］のここをクリックし、

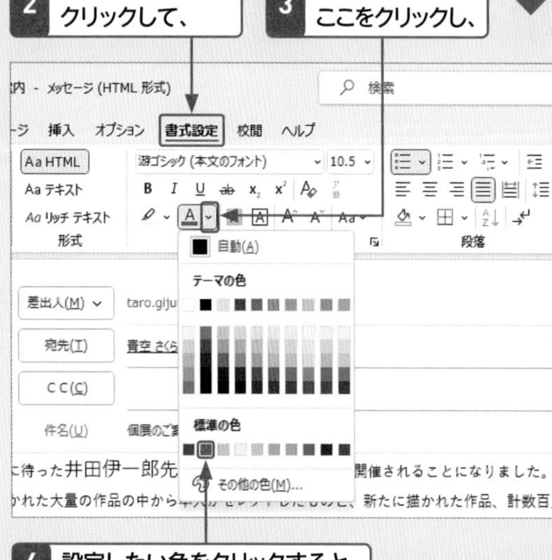

4 設定したい色をクリックすると、

5 選択した文字の色が変更されます。

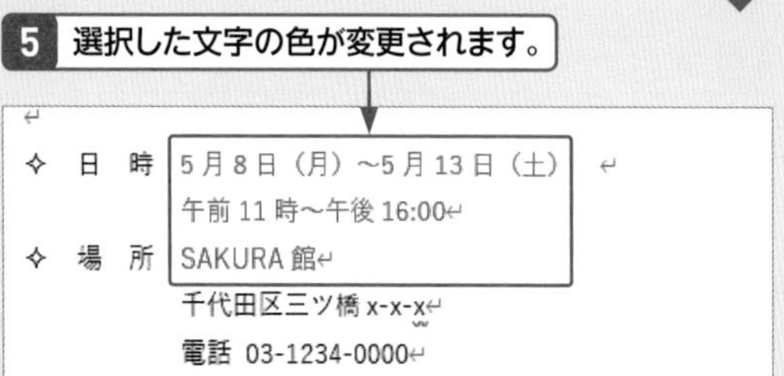

重要度 ★★★ HTML形式メールの作成

Q 177 メールの文字を装飾したい！

A ［メッセージ］ウィンドウの［書式設定］タブで設定します。

HTML形式のメールでは、文字サイズやフォント、文字色を変更するほかに、太字や斜体、下線、蛍光ペンを設定したり、段落を箇条書きにしたり、段落番号を付けたり、文字配置を変更したりとさまざまな装飾を施すことができます。装飾したい文字列を選択し、［書式設定］タブにあるそれぞれのコマンドをクリックします。

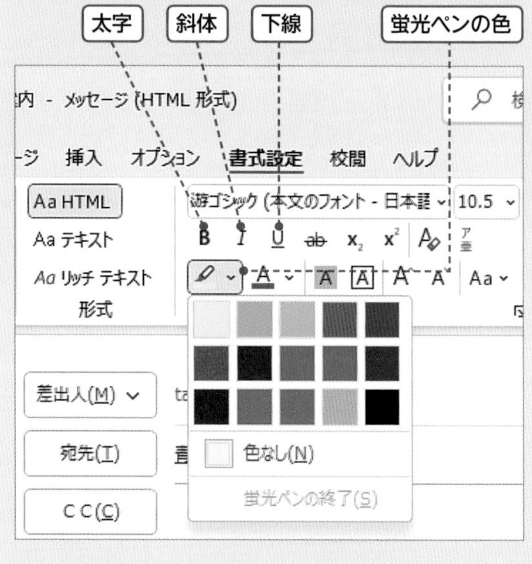

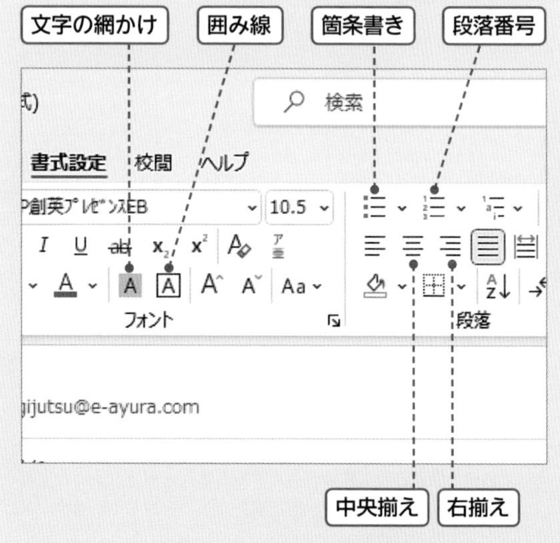

重要度 ★★★　HTML形式メールの作成

Q 178 メールに画像を挿入したい！

A [挿入]タブの[画像]から挿入します。

HTML形式のメールでは、メールの本文に画像を挿入することができます。[挿入]タブの[画像]から[このデバイス]をクリックして、表示される[図の挿入]ダイアログボックスから画像を選択します。

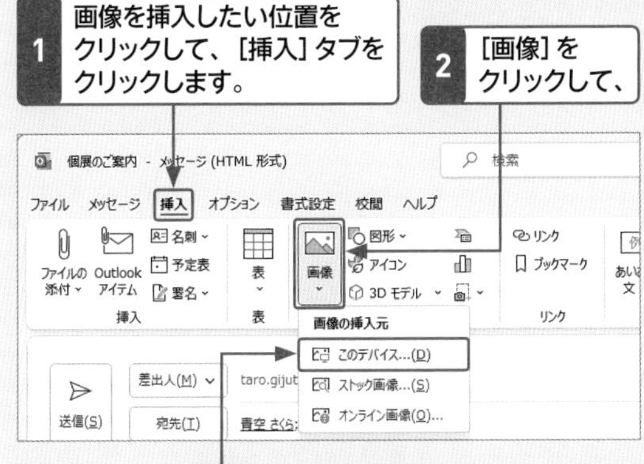

3 [このデバイス]をクリックします。

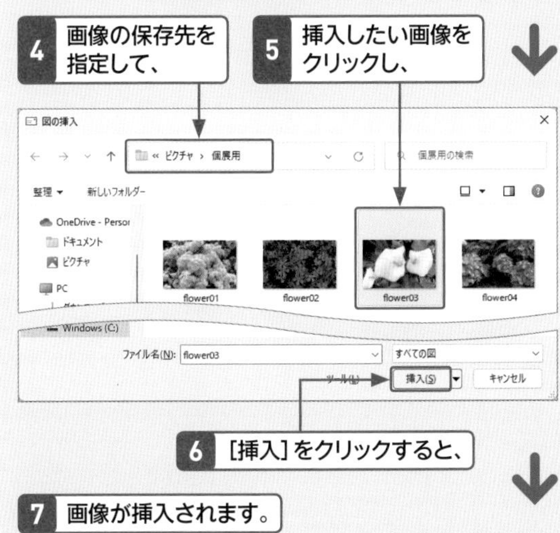

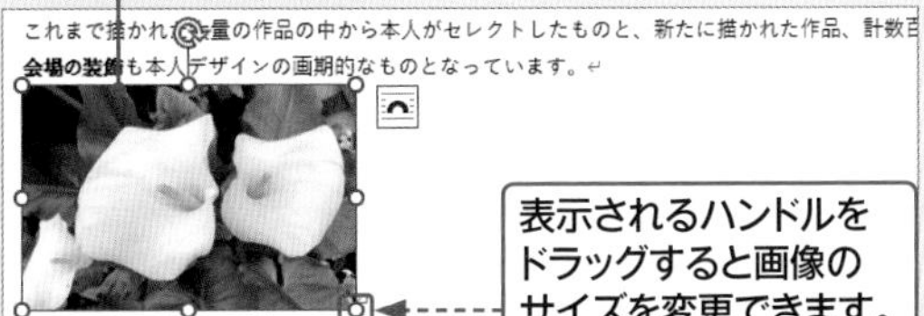

表示されるハンドルをドラッグすると画像のサイズを変更できます。

重要度 ★★★　HTML形式メールの作成

Q 179 挿入した画像の配置やスタイルを変更したい！

A [文字列の折り返し]を[行内]以外に設定します。

本文に挿入した写真は[文字列の折り返し]が[行内]になっているため、自由に移動ができません。移動できるようにするには、文字列の折り返しを行内以外に設定します。また、写真に枠を付ける、周囲をぼかす、影を付けるなどのスタイルを設定することもできます。

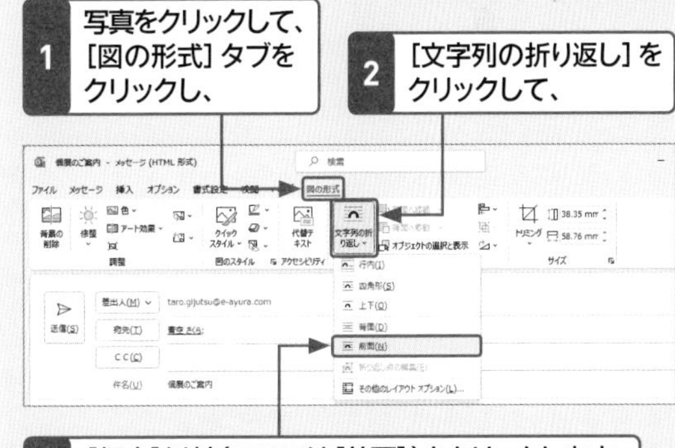

3 [行内]以外（ここでは[前面]）をクリックします。

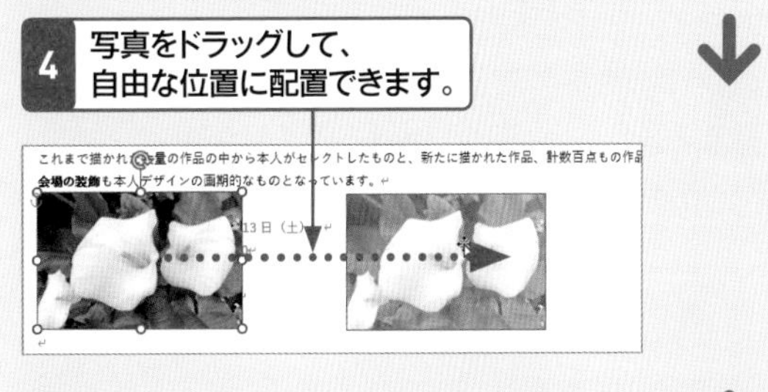

4 写真をドラッグして、自由な位置に配置できます。

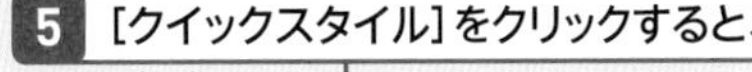

5 [クイックスタイル]をクリックすると、

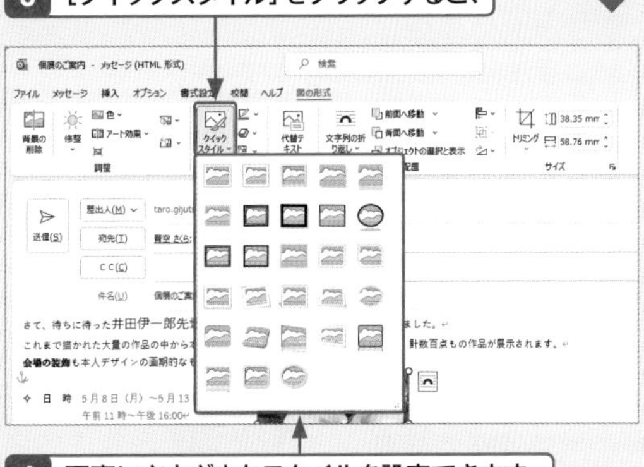

6 写真にさまざまなスタイルを設定できます。

重要度 ★★★ HTML形式メールの作成

Q 180 文字にリンクを設定したい！

A ［挿入］タブの［リンク］から設定します。

HTML形式のメールでは、メールの文字や画像にリンクを設定することができます。リンクを設定する文字や画像を選択して、［挿入］タブの［リンク］をクリックし、リンク先を指定します。

1 リンクを設定する文字をドラッグして選択し、

2 ［挿入］タブをクリックして、

3 ［リンク］をクリックします。

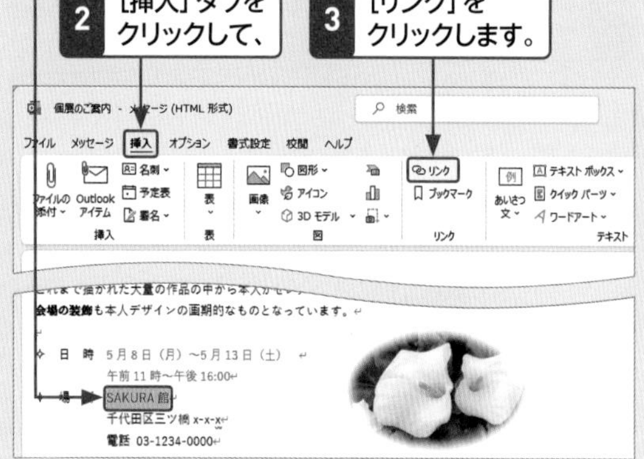

4 リンク先のURLを入力して（ここでは、架空のアドレスを入力しています）、

5 ［OK］をクリックすると、

6 文字にリンクが設定されます。

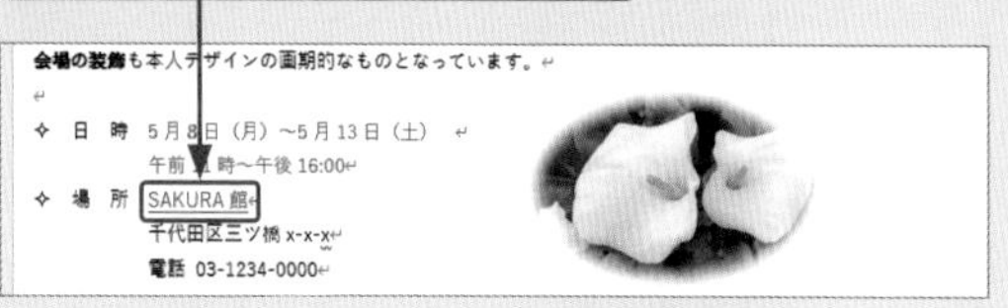

重要度 ★★★ HTML形式メールの作成

Q 181 背景の色を変更したい！

A ［オプション］タブの［ページの色］で変更します。

HTML形式のメールでは、メールの背景に色を付けることができます。［オプション］タブの［ページの色］をクリックして、色を選択します。文字が読みづらくならないように色を設定しましょう。

1 本文にカーソルを移動して、［オプション］タブをクリックします。

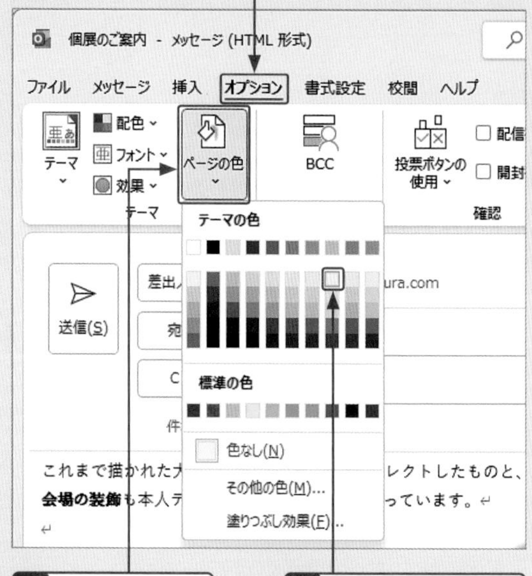

2 ［ページの色］をクリックして、

3 色をクリックすると、

4 本文の背景に色が付きます。

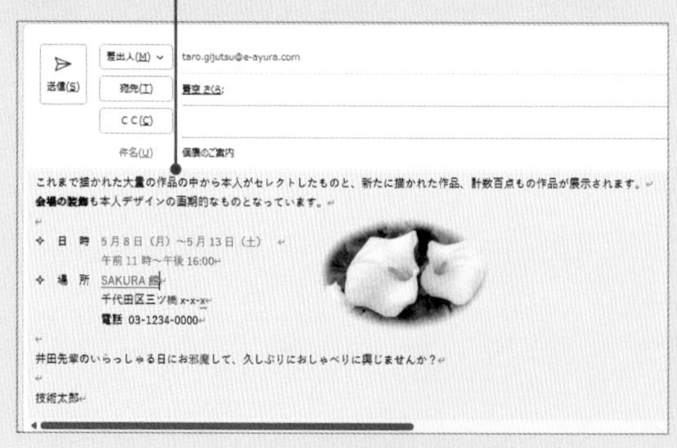

重要度★★★ HTML形式メールの作成 2016

Q 182 手書きの文字やイラストを挿入したい!

A [描画]タブのペンを利用して挿入します。

Outlook 2021／2019やMicrosoft 365では、[描画]タブを利用して、指やデジタルペン、マウスを使ってHTML形式のメールに直接書き込みができます。書き込みには、鉛筆、ペン、蛍光ペンが利用でき、それぞれ太さや色を変更できます。また、ペンでは文字飾りも用意されています。Outlookでペンを利用するには、描画キャンバスを使用する必要があります。
なお、[描画]タブが表示されていない場合は、[Outlookのオプション]ダイアログボックスの[リボンのユーザー設定]で[描画]をオンにします。

1 描画キャンバスを挿入する位置をクリックして、[描画]タブをクリックし、

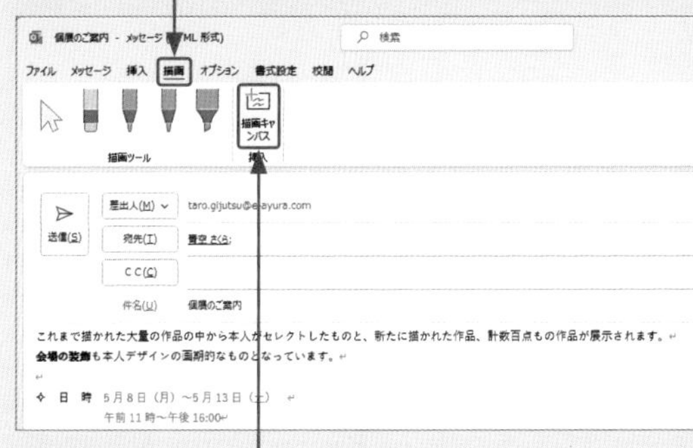

2 [描画キャンバス]をクリックします。

3 描画キャンバスが挿入されるので、必要に応じてサイズを調整します。

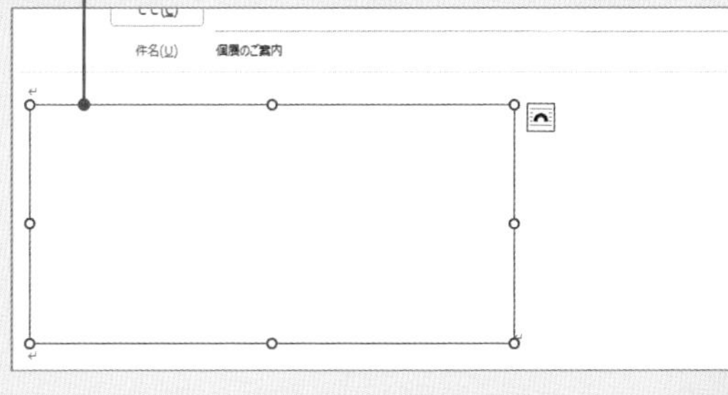

4 使用したいペンをクリックして、再度クリックし、

5 ペンの太さを選択して、

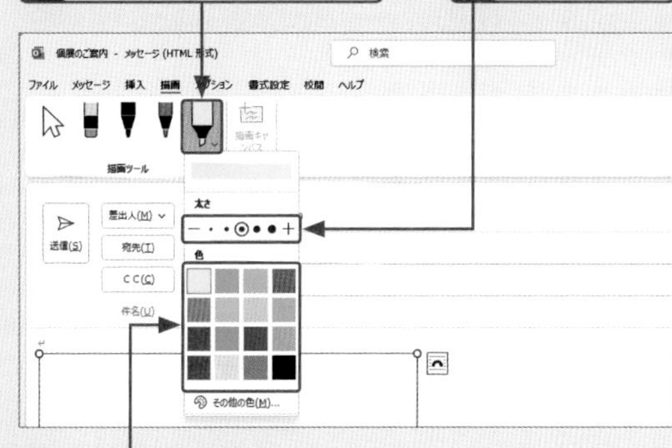

6 色を選択します。

7 描画キャンバス内に直接書き込みます。

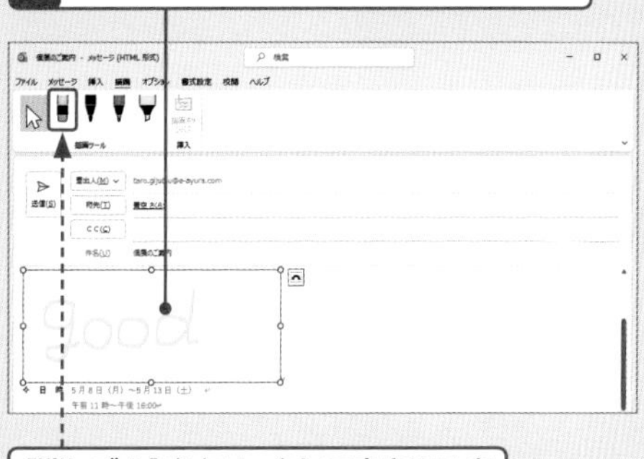

[消しゴム]をクリックして書き込みをクリックすると、消去できます。

8 [レイアウトオプション]をクリックして、

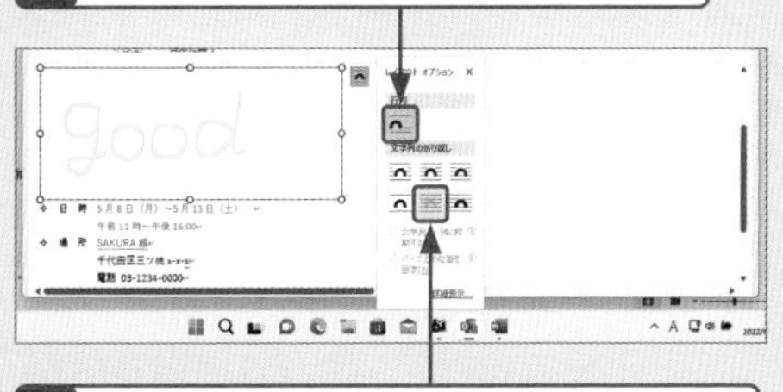

9 [文字列の折り返し]で[背面]をクリックし、

10 描画キャンバスをドラッグして、任意の位置に配置します。

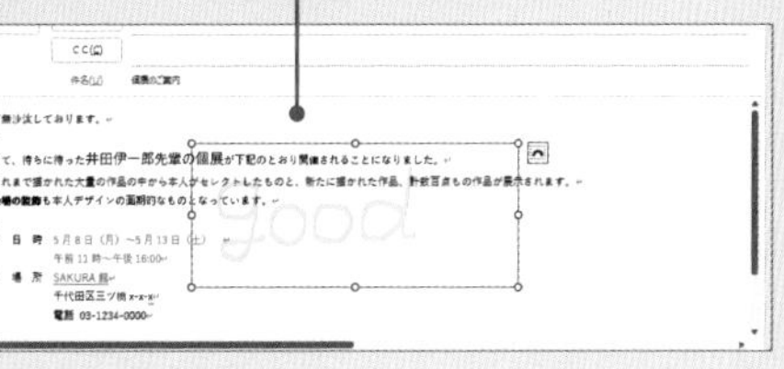

Q 183 テーマやひな形を使用してHTML形式のメールを作成したい！

A [テーマまたはひな形] ダイアログボックスからテーマを選択します。

HTML形式のメールでは、Outlookに用意されている[テーマまたはひな形]を使用してメールを作成することができます。[テーマまたはひな形] ダイアログボックスを表示して、使用したいテーマまたはひな形を選択します。ひな形には、背景とパターンが含まれており、フォント、箇条書き、色、効果などが設定されています。ひな形とテーマは、単一のメールに適用する方法と、すべてのメールに適用する方法があります。

● 単一のメールに適用する

1 [ホーム]タブの[新しいアイテム]をクリックして、

2 [電子メールメッセージの形式] にマウスポインターを合わせ、

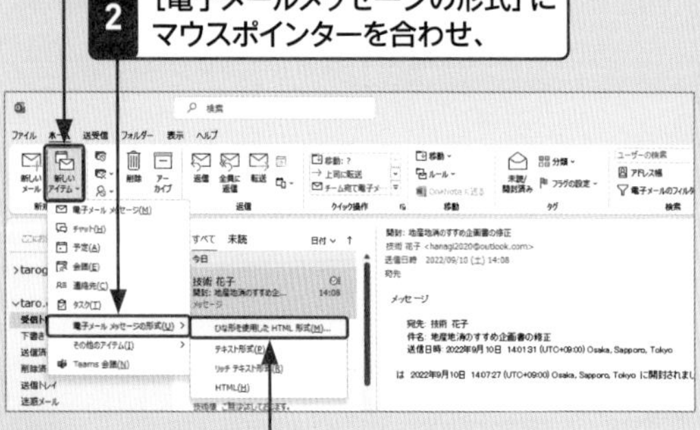

3 [ひな形を使用したHTML形式] をクリックします。

4 使用したいテーマをクリックして、

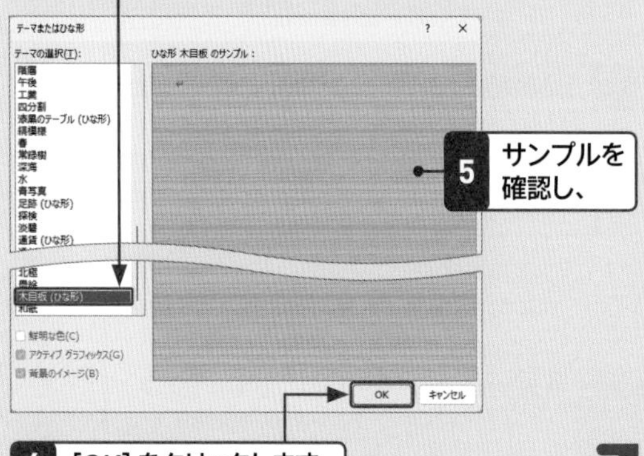

5 サンプルを確認し、

6 [OK] をクリックします。

7 指定したひな形を使用した[メッセージ]ウィンドウが表示されるので、

8 メールを作成して送信します。

● すべてのメールに適用する

1 [Outlookのオプション] ダイアログボックスを表示して、[メール] をクリックします。

2 [ひな形およびフォント] をクリックして、

3 [ひな形]タブの[テーマ]をクリックします。

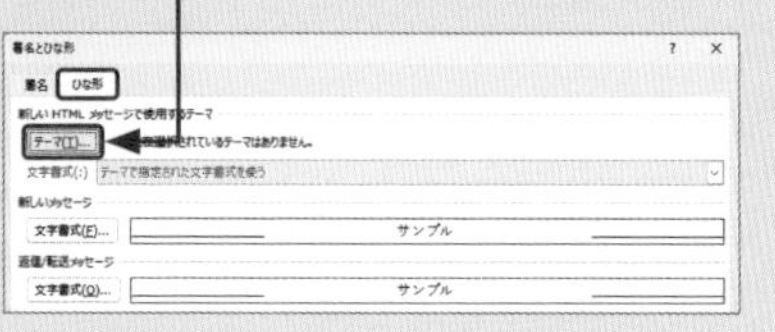

ひな形とテーマをオフにするには、[(テーマなし)] をクリックします。

4 使用したいテーマをクリックして、

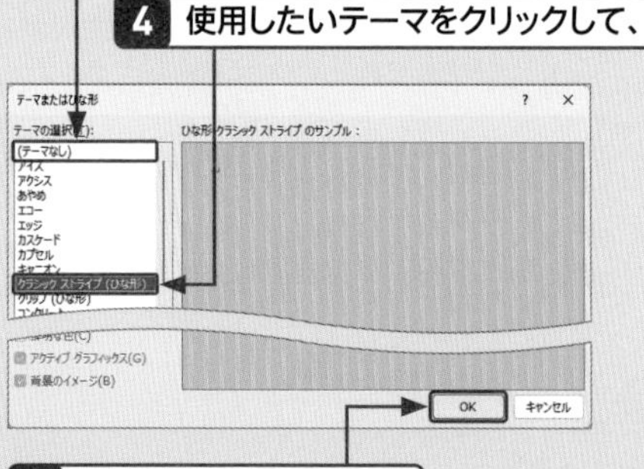

5 [OK] をクリックします。

第4章

メールの整理と管理

重要度 ★★★ メールの削除

Q 184 受信したメールを削除したい！

A メールをクリックして、[削除]をクリックします。

メールを利用していると、[受信トレイ]や[送信済みアイテム]フォルダーにメールがたまっていきます。不要になったメールは、適宜削除しましょう。メールを削除するには、以下の2つの方法があります。削除したメールは、いったん[削除済みアイテム]フォルダーに移動されます。

● メールの一覧に表示されるアイコンから削除する

1 [受信トレイ]をクリックして、

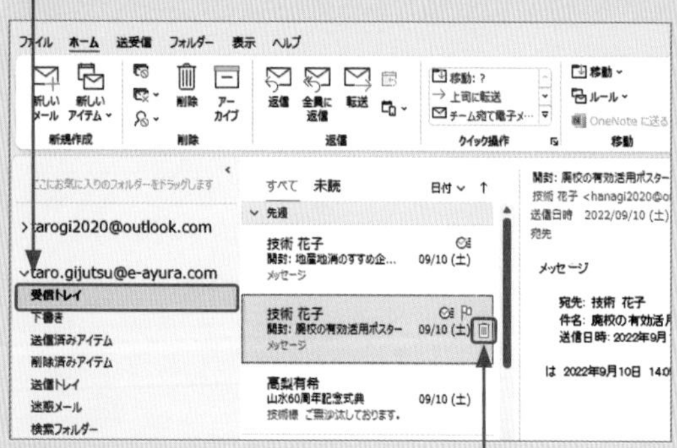

2 削除したいメールにマウスポインターを合わせて、このアイコンをクリックすると、

3 メールが削除されます。

● [ホーム]タブの[削除]を利用する

1 削除したいメールをクリックして、

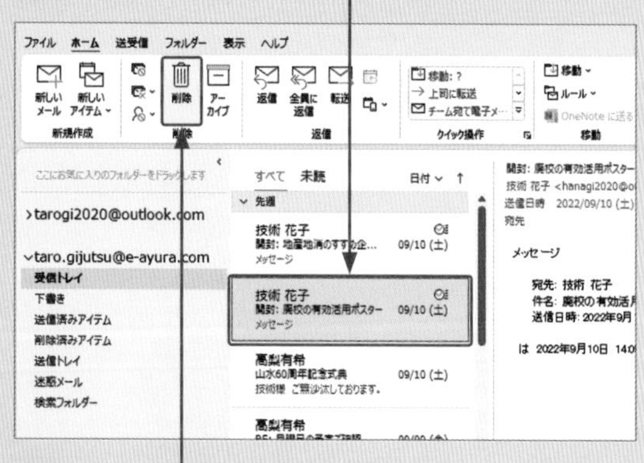

2 [ホーム]タブの[削除]をクリックすると、メールが削除されます。

重要度 ★★★ メールの削除

Q 185 複数のメールをまとめて削除したい！

A 複数のメールを選択して、[削除]をクリックします。

複数のメールをまとめて削除するには、削除するメールが飛び飛びにある場合は、Ctrl を押しながらクリックして、[ホーム]タブの[削除]をクリックします。メールが連続している場合は、選択したい最初のメールをクリックし、Shift を押しながら最後のメールをクリックして、同様に操作します。

1 削除したいメールを選択して、

2 [ホーム]タブの[削除]をクリックすると、選択したメールがまとめて削除されます。

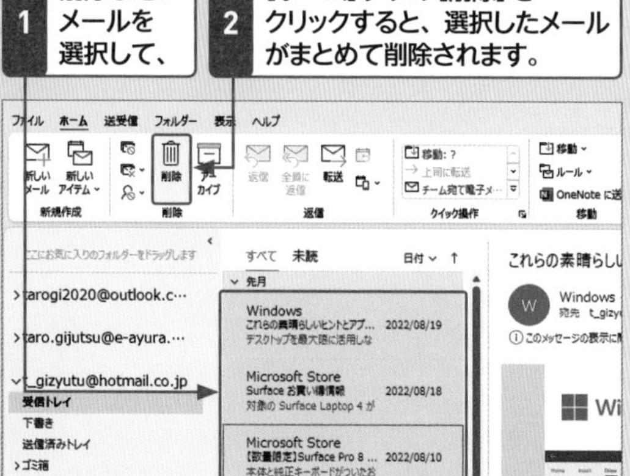

重要度 ★★★　メールの削除

Q 186 削除したメールをもとに戻したい！

A ［削除済みアイテム］から戻したいフォルダーに移動します。

削除したメールは［削除済みアイテム］フォルダーに移動されるので、誤って削除しても、もとに戻すことができます。［削除済みアイテム］フォルダーから戻したいフォルダーにドラッグします。

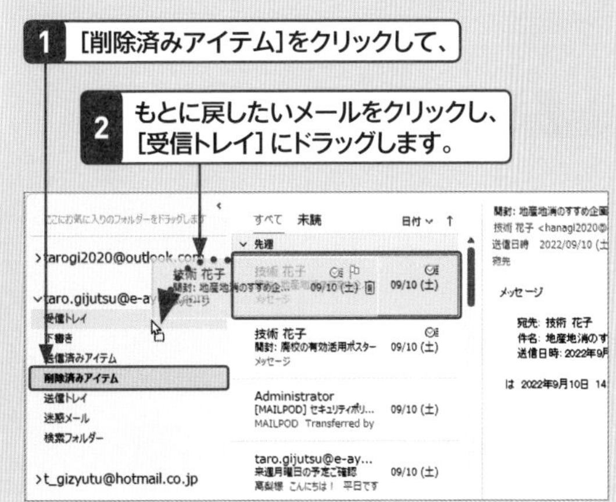

重要度 ★★★　メールの削除

Q 187 メールを完全に削除したい！

A ［削除済みアイテム］フォルダーを空にします。

削除したメールは、いったん［削除済みアイテム］フォルダーに移動されます。メールを完全に削除したいときは、［削除済みアイテム］から削除するか、［ファイル］タブをクリックして、［ツール］から［削除済みアイテムフォルダーを空にする］をクリックし、確認のメッセージで［はい］をクリックします。

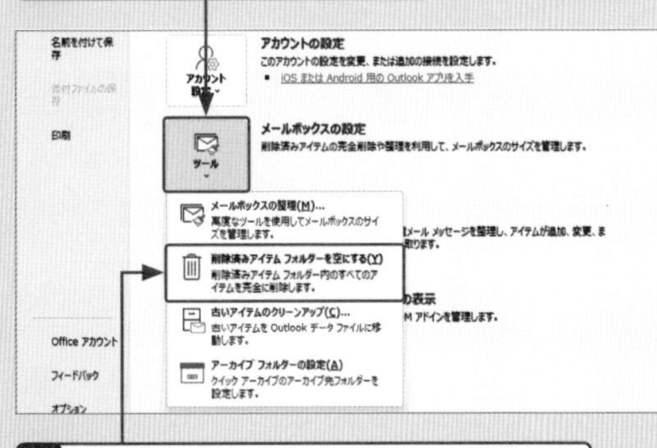

重要度 ★★★　メールの削除

Q 188 送信トレイのメールが削除できない！

A Outlookをオフライン状態にして削除します。

メールがなんらかの原因で送信できずに［送信トレイ］に残ってしまい、「メッセージの送信は既に開始しています」のようなメッセージが表示され、［送信トレイ］から削除できない場合があります。この場合は、［送受信］タブをクリックして［オフライン作業］をクリックし、オフライン状態にすると、削除できるようになります。オフラインにしても削除できない場合は、Outlookを再起動してから削除してみてください。

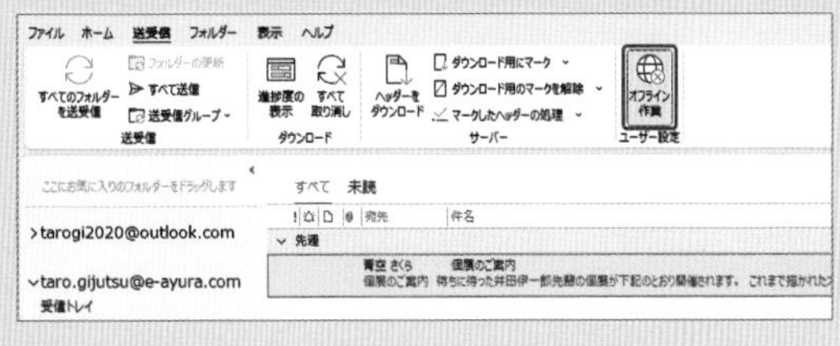

重要度 ★★★　メールのアーカイブ

Q 189 メールをアーカイブしたい！

A [アーカイブ]フォルダーに移動します。

メールなどのデータをまとめることを「アーカイブ」といいます。[ホーム]タブの[アーカイブ]をクリックすることで、メールを[アーカイブ]フォルダーに移動することができます。アーカイブは、古いメールを[受信トレイ]から削除はしたくないが、どこか別なところに保管しておきたいときに便利な機能です。

1 アーカイブするメールをクリックして、

2 [ホーム]タブの[アーカイブ]をクリックします。

3 [アーカイブ]フォルダーを作成していない場合は、このダイアログボックスが表示されます。

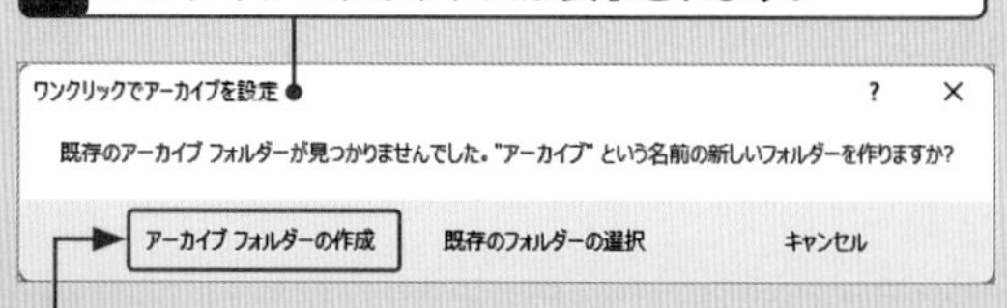

4 [アーカイブフォルダーの作成]をクリックすると、

5 [アーカイブ]フォルダーが作成され、

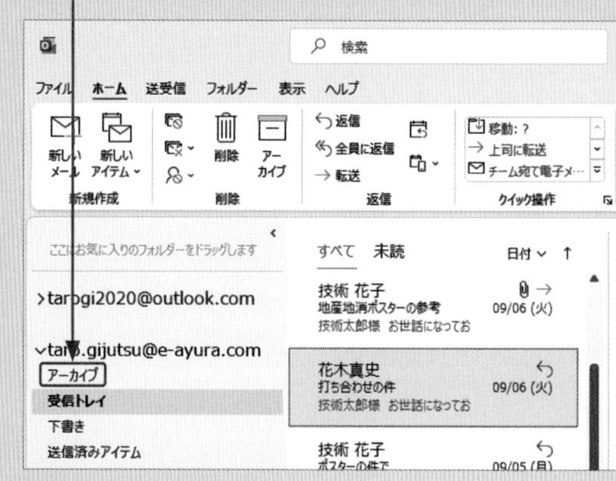

6 指定したメールが[アーカイブ]フォルダーに移動されます。

重要度 ★★★　メールのアーカイブ

Q 190 アーカイブしたメールを確認するには？

A [アーカイブ]フォルダーをクリックします。

[アーカイブ]フォルダーに移動したメールは、[アーカイブ]フォルダーをクリックすると、確認することができます。間違ってアーカイブしたメールを[受信トレイ]に戻すこともできます。

参照▶Q 193

1 [アーカイブ]フォルダーをクリックすると、

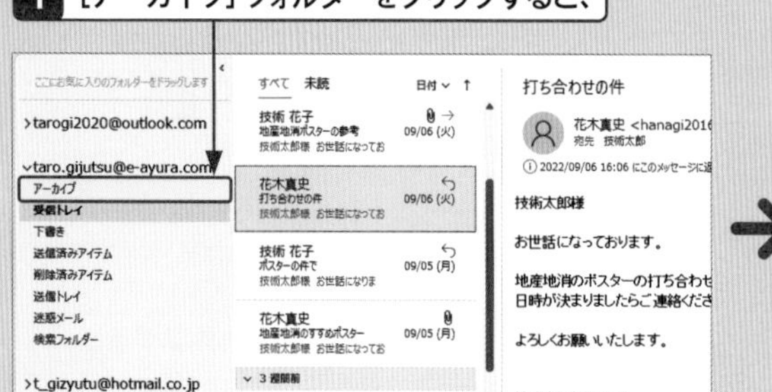

2 アーカイブしたメールを確認できます。

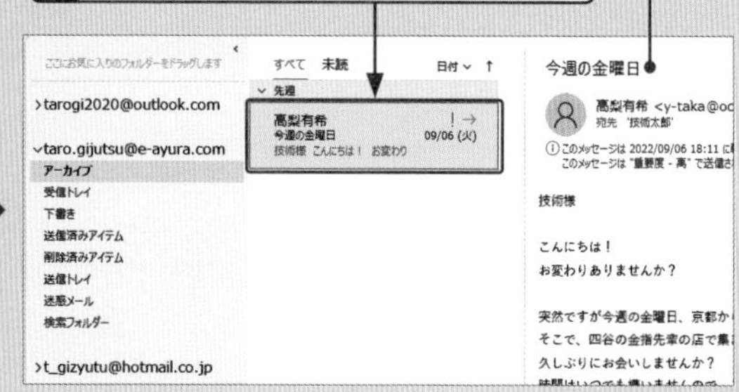

重要度 ★★★ フォルダー

Q 191 フォルダーって何？

A メールを分類して管理するための場所のことです。

「フォルダー」とは、メールを分類して管理するための場所のことです。特定の個人や特定の会社からのメール、メールマガジンなど、まとめておきたいメールをフォルダーに分けて整理しておくと、目的のメールが見つけやすくなります。

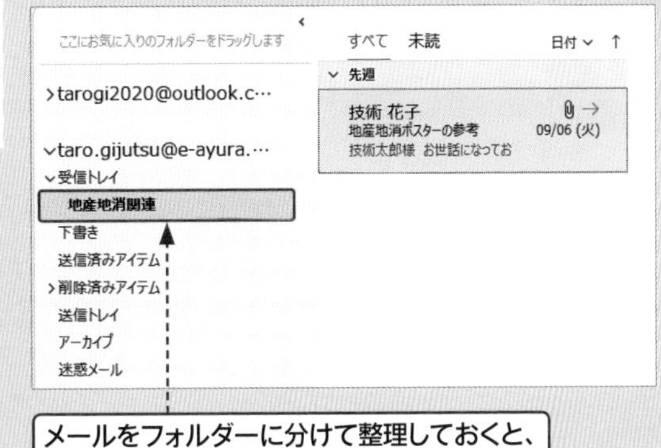

メールをフォルダーに分けて整理しておくと、目的のメールが見つけやすくなります。

重要度 ★★★ フォルダー

Q 192 フォルダーを作成したい！

A ［フォルダー］タブの［新しいフォルダー］から作成します。

Outlookでは、新しいフォルダーを作成してメールを分類することができます。メールが増えてきたらフォルダーを作成してメールを整理すると、目的のメールが探しやすくなります。フォルダー名は自由に付けられるので、どのようなメールをまとめたのか、すぐにわかるような名前を付けておきましょう。
フォルダーを作成するには、以下の手順のほかに、フォルダーを作成する場所を右クリックして、［フォルダーの作成］をクリックしても作成できます。

1 ［フォルダー］タブをクリックして、

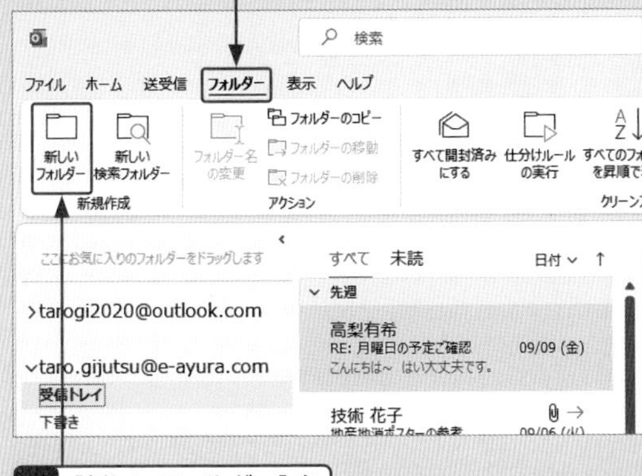

2 ［新しいフォルダー］をクリックします。

3 フォルダーに付ける名前を入力して、

4 フォルダーを作成する場所（ここでは［受信トレイ］）をクリックし、

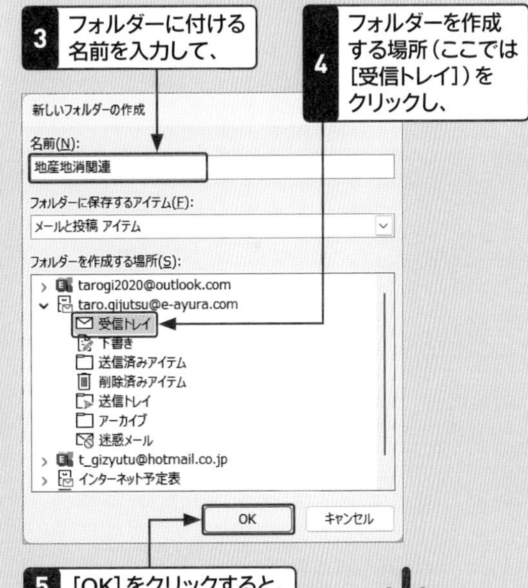

5 ［OK］をクリックすると、

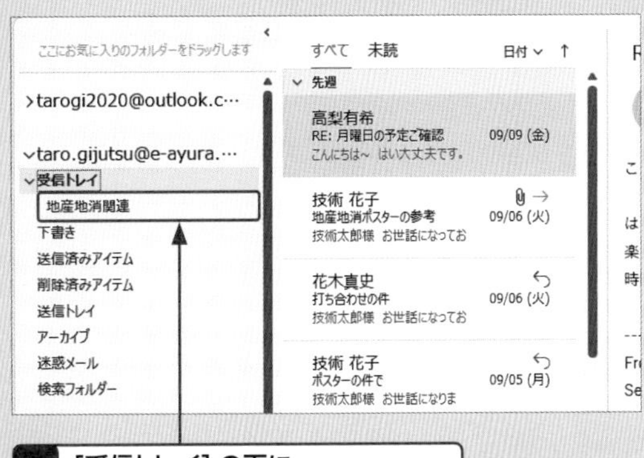

6 ［受信トレイ］の下に新しいフォルダーが作成されます。

重要度 ★★★ フォルダー

Q 193 メールをフォルダーに移動したい!

A ドラッグで移動するか、[ホーム]タブの[移動]を利用します。

作成したフォルダーにメールを移動するには、移動したいメールを移動先のフォルダーにドラッグする方法と、[ホーム]タブの[移動]から移動先のフォルダーをクリックする方法の2つがあります。

複数のメールをまとめて移動したい場合は、Ctrlを押しながらメールをクリックして、フォルダーに移動します。連続した複数のメールを移動したい場合は、最初のメールをクリックし、Shiftを押しながら最後のメールをクリックして移動します。

● ドラッグ操作を利用する

1 新規に作成したフォルダーを表示して、

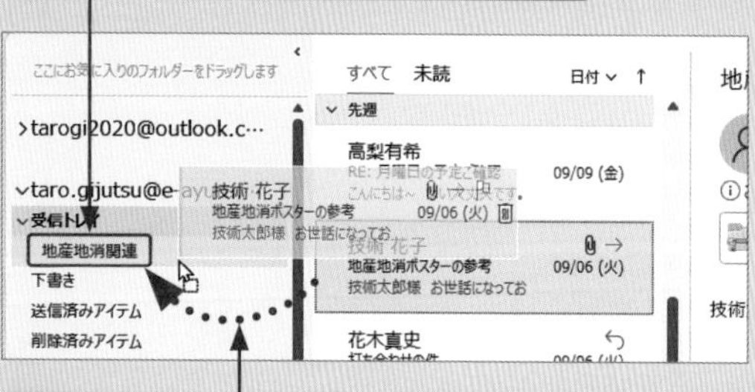

2 移動したいメールをクリックし、作成したフォルダーにドラッグします。

● [ホーム]タブの[移動]を利用する

1 移動したいメールをクリックして、

2 [ホーム]タブの[移動]をクリックし、

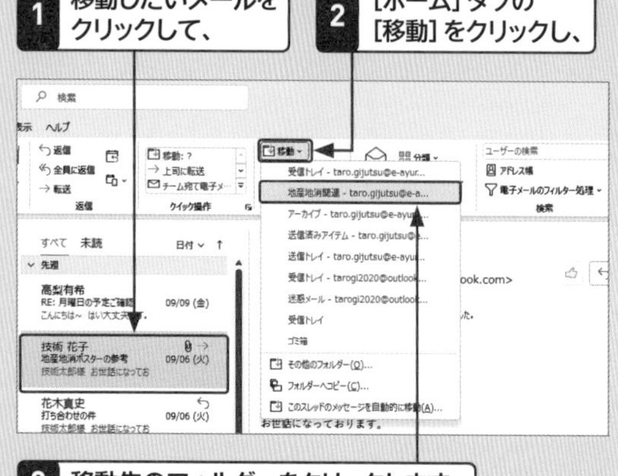

3 移動先のフォルダーをクリックします。

重要度 ★★★ フォルダー

Q 194 フォルダーの場所を変更したい!

A [フォルダー]タブの[フォルダーの移動]から変更します。

作成したフォルダーの場所は、自由に変更することができます。また、フォルダーの中にフォルダーを移動して階層構造にすることもできます。フォルダーをクリックして、[フォルダー]タブをクリックするか、フォルダーを右クリックして[フォルダーの移動]をクリックし、移動先のフォルダーを指定します。

1 新規に作成したフォルダーをクリックして、

2 [フォルダー]タブをクリックし、

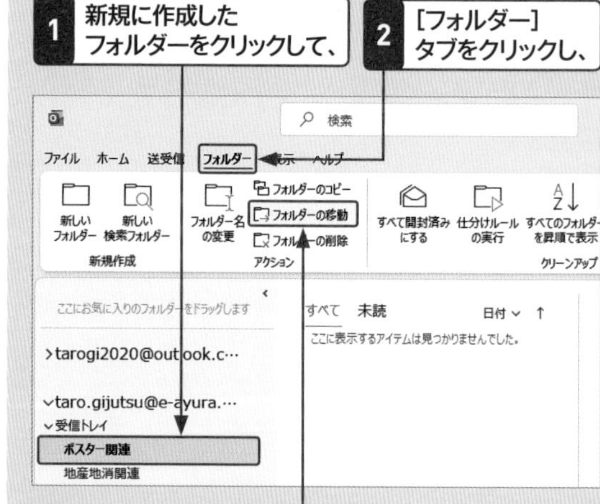

3 [フォルダーの移動]をクリックします。

4 移動先のフォルダーをクリックして、

5 [OK]をクリックすると、

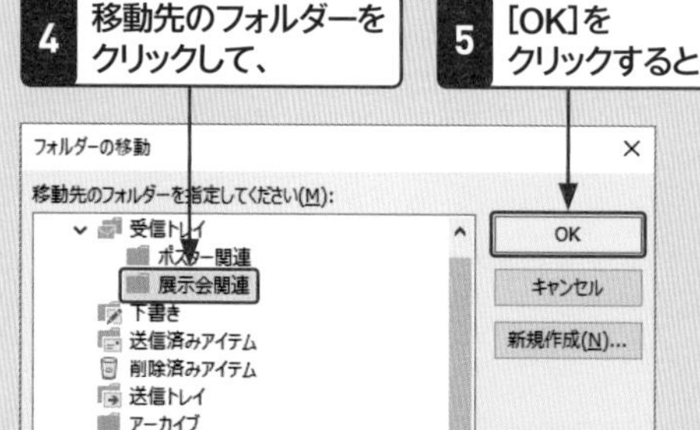

6 フォルダーが移動されます。

Q 195 フォルダー名を変更したい!

A [フォルダー]タブの[フォルダー名の変更]をクリックします。

作成したフォルダーの名前は自由に変更することができます。フォルダーをクリックして[フォルダー]タブをクリックするか、フォルダーを右クリックして、[フォルダー名の変更]をクリックします。フォルダー名が変更できるようになるので、新しい名前を入力します。

1 新規に作成したフォルダーをクリックして、

2 [フォルダー]タブをクリックし、

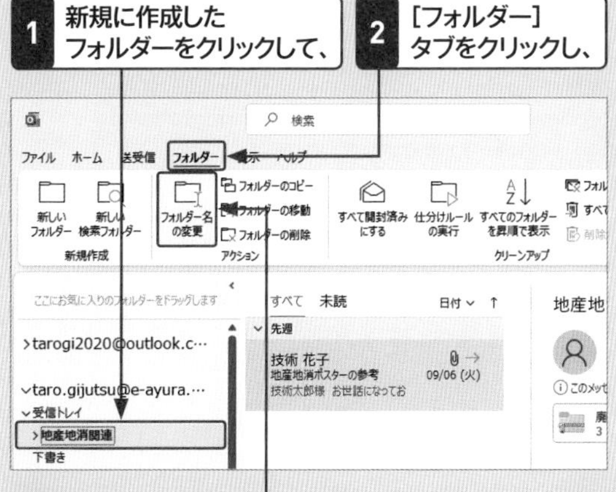

3 [フォルダー名の変更]をクリックします。

4 フォルダー名が変更できるようになるので、

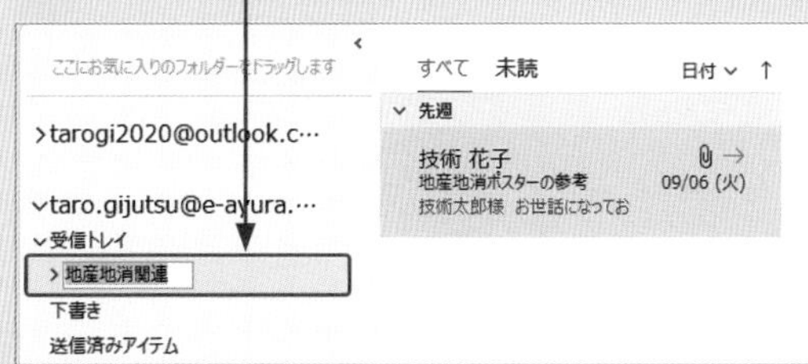

5 新しいフォルダー名を入力して Enter を押します。

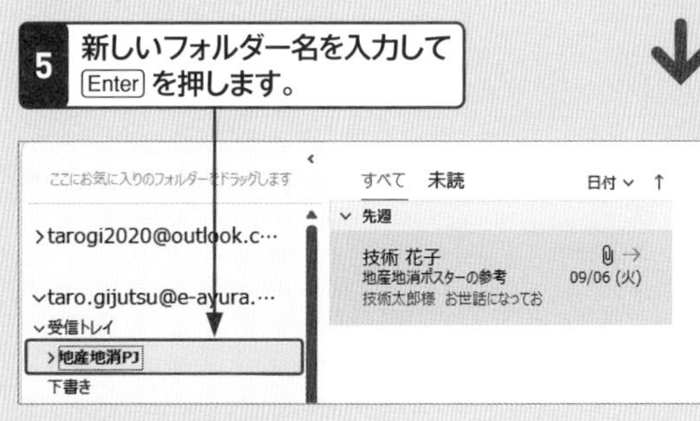

Q 196 フォルダーを[お気に入り]に表示したい!

A [フォルダー]タブの[お気に入りに追加]をクリックします。

[お気に入り]フォルダーは、頻繁に利用するフォルダーを表示して、すばやくアクセスするためのものです。自分で作成したフォルダーだけでなく、[受信トレイ]や[送信済みアイテム]なども[お気に入り]に表示することができます。[お気に入り]の表示を解除するには、再度[お気に入りに追加]をクリックします。
なお、フォルダーを右クリックして、[お気に入りに追加]をクリックしても表示できます。お気に入りの表示を解除するには、右クリックして[お気に入りから削除]をクリックします。

1 お気に入りに表示したいフォルダーをクリックして、

2 [フォルダー]タブをクリックし、

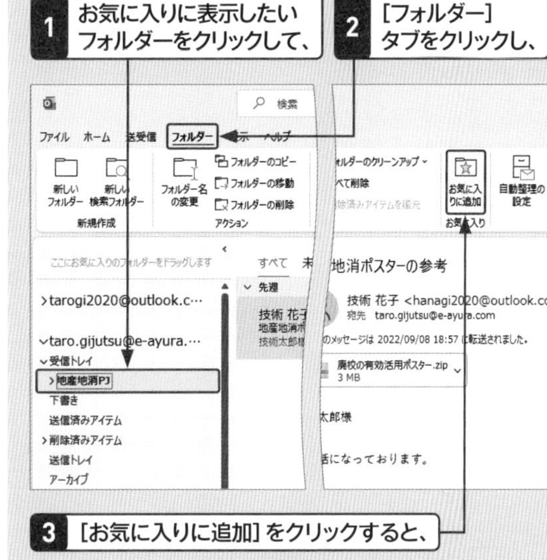

3 [お気に入りに追加]をクリックすると、

4 [お気に入り]にフォルダーが表示されます。

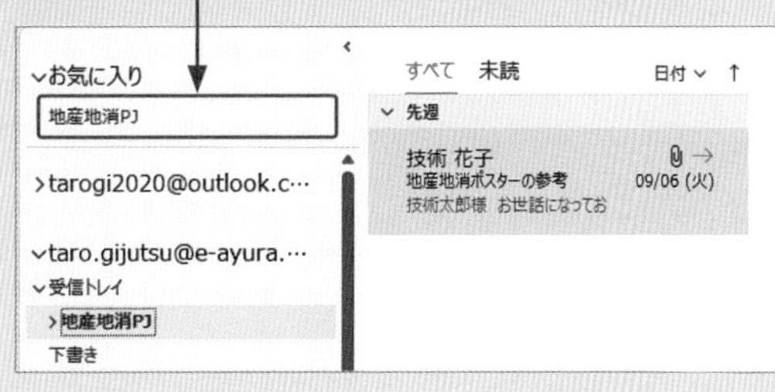

重要度★★★ フォルダー

Q 197 フォルダーを削除したい！

A ［フォルダー］タブの［フォルダーの削除］をクリックします。

作成したフォルダーは削除することができます。フォルダーをクリックして［フォルダー］タブをクリックするか、フォルダーを右クリックして、［フォルダーの削除］をクリックします。削除したフォルダーは、いったん［削除済みアイテム］フォルダーに移動されます。

フォルダーを削除すると、その中にあるメールも削除されます。削除したくないメールがある場合は、あらかじめ別のフォルダーにメールを移動しておきましょう。

参照▶Q 193

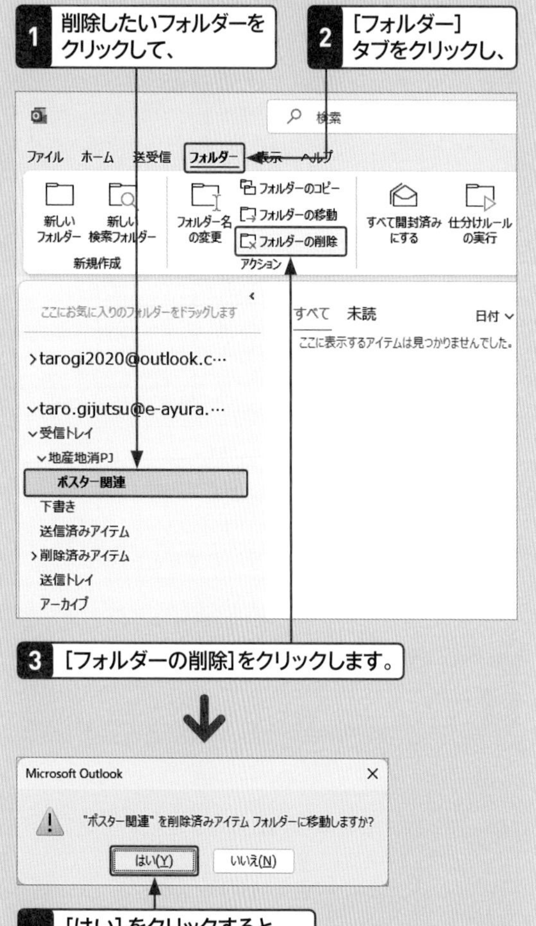

重要度★★★ フォルダー

Q 198 フォルダーを完全に削除したい！

A ［削除済みアイテム］フォルダーから削除します。

削除したフォルダーは、いったん［削除済みアイテム］フォルダーに移動されます。フォルダーを完全に削除するには、［削除済みアイテム］フォルダーからもう一度削除します。

なお、手順❷～❹のかわりにフォルダーを右クリックして、［フォルダーの削除］をクリックしても、手順❺のダイアログボックスが表示されます。

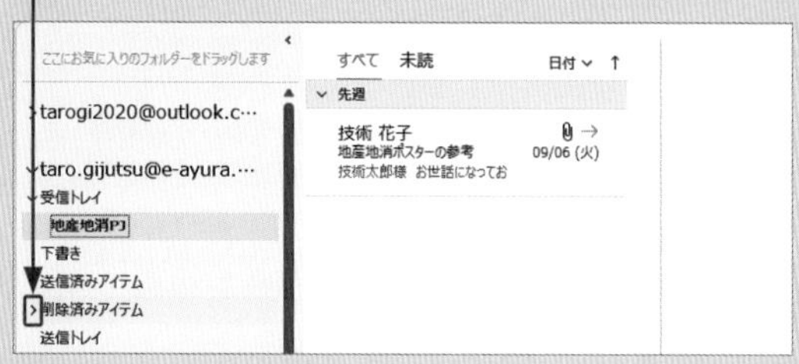

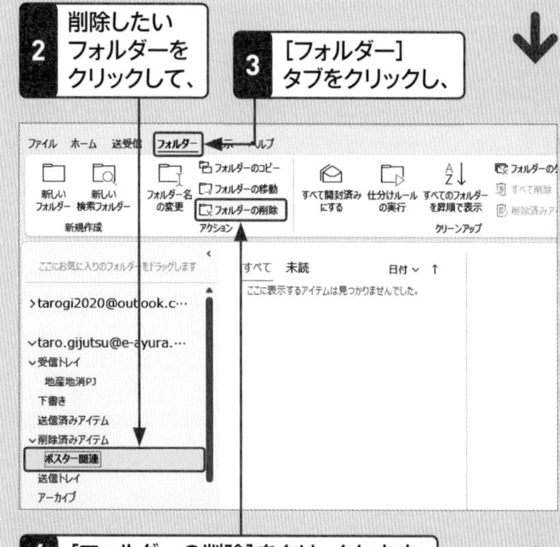

Q 199 メールの仕分けとは？

A 仕分けルールを使って、自動でメールを整理／管理する機能です。

毎日のように届くメールを［受信トレイ］に置いたままにしておくと、メールが大量になり、大切なメールを見落としたり、目的のメールを探すのに手間取ったりします。この場合は、メールを対象のフォルダーに移動することで、整理や管理がしやすくなります。

Outlookでは、仕分けルールを作成して、指定した条件に一致するメールをフォルダーに移動したり、フラグを設定したり、新しいメールの通知ウィンドウを表示したりといったさまざまな処理を自動で行うことができます。

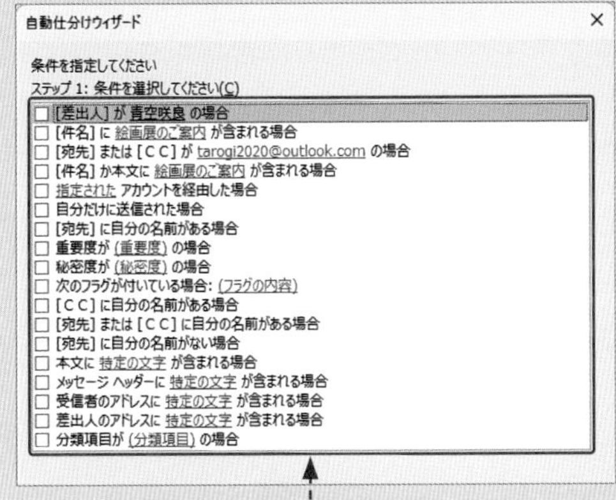

メールを仕分けする条件を指定します。

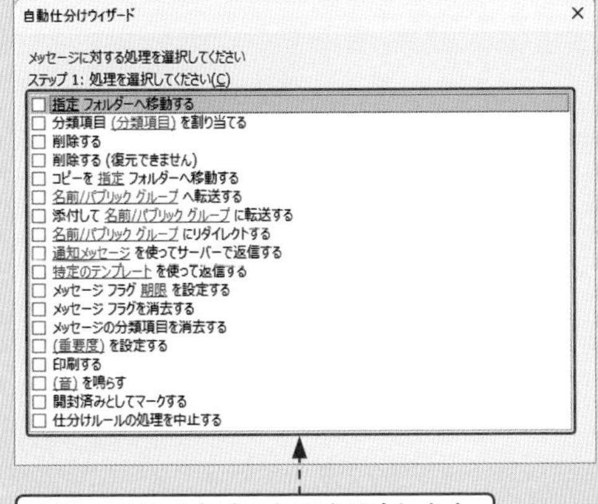

条件に一致した場合の処理を設定します。

● メールを指定したフォルダーへ移動する

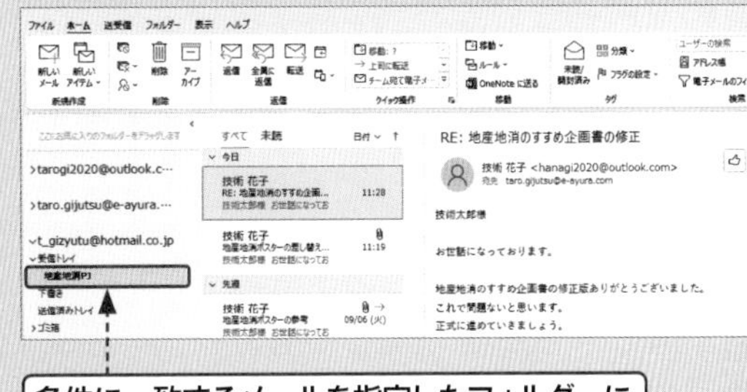

条件に一致するメールを指定したフォルダーに移動します。

● フラグを設定する

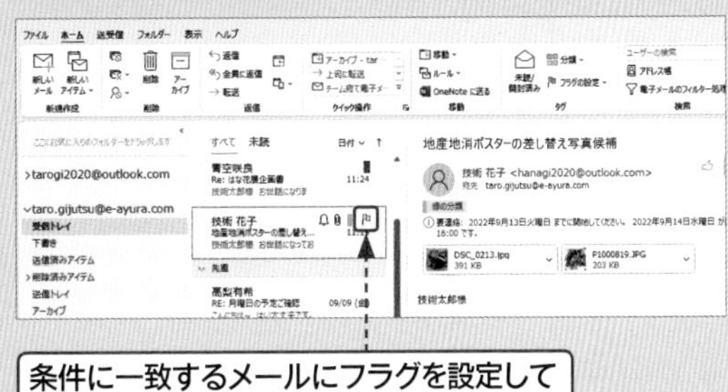

条件に一致するメールにフラグを設定して期限管理します。

● 新着メールを通知ウィンドウに表示する

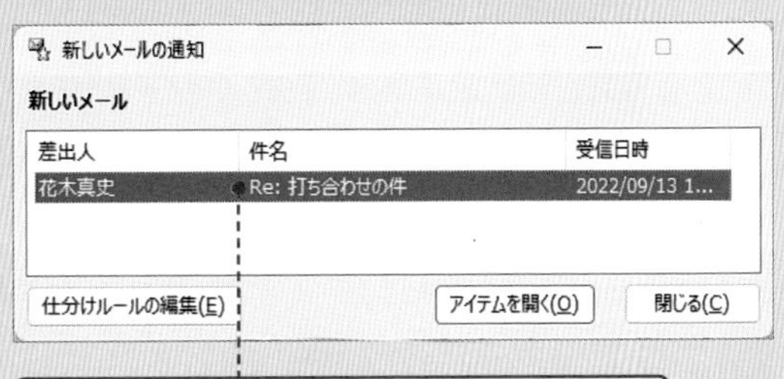

条件に一致するメールを［新しいメールの通知］ウィンドウに表示します。

● 分類項目を設定する

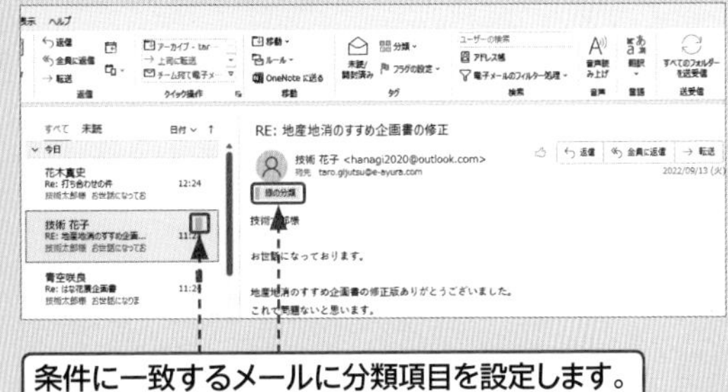

条件に一致するメールに分類項目を設定します。

Q 200 特定のメールを自動でフォルダーに振り分けたい！

A [仕分けルールの作成] ダイアログボックスで設定します。

仕分けルールを作成する方法はいくつかあります。ここでは、[仕分けルールの作成] ダイアログボックスを使用して、指定した文字が件名に含まれるメールを特定のフォルダーに振り分ける仕分けルールを作成します。

1 [ホーム] タブの [ルール] をクリックして、

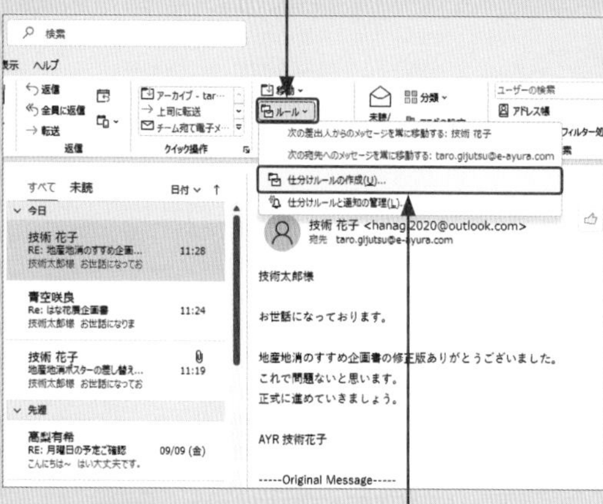

2 [仕分けルールの作成] をクリックします。

3 振り分ける条件を指定します。ここでは、[件名が次の文字を含む場合] をクリックしてオンにし、

4 仕分けする文字を入力します。

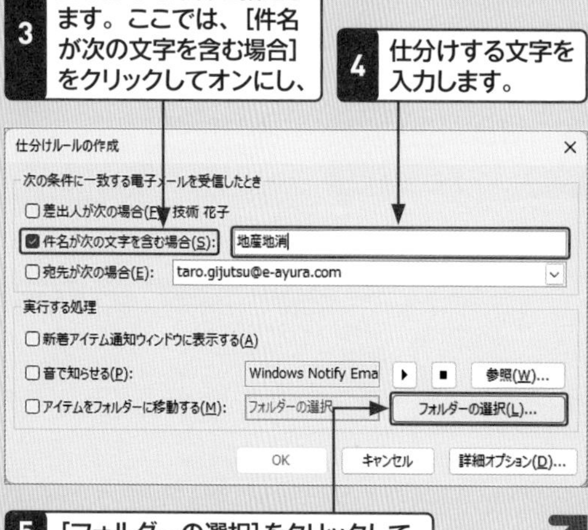

5 [フォルダーの選択] をクリックして、

6 [新規作成] をクリックします。

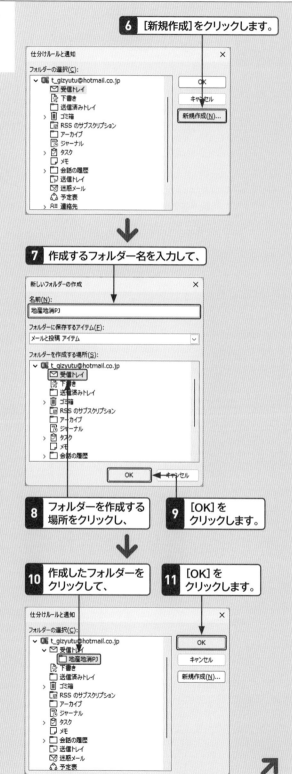

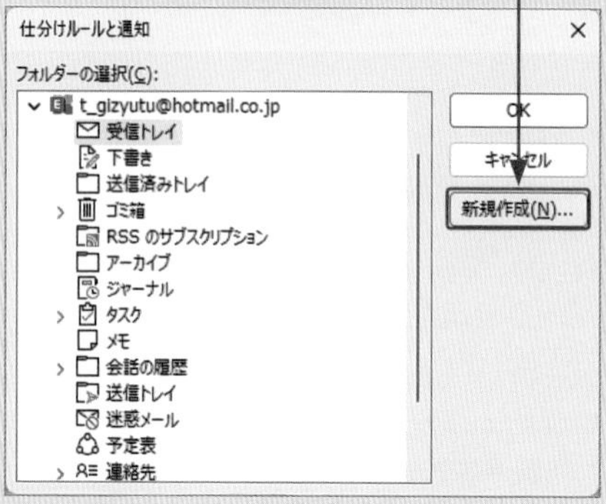

7 作成するフォルダー名を入力して、

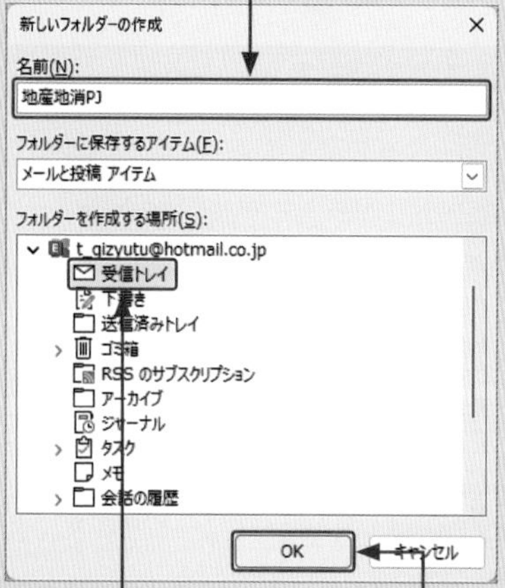

8 フォルダーを作成する場所をクリックし、

9 [OK] をクリックします。

10 作成したフォルダーをクリックして、

11 [OK] をクリックします。

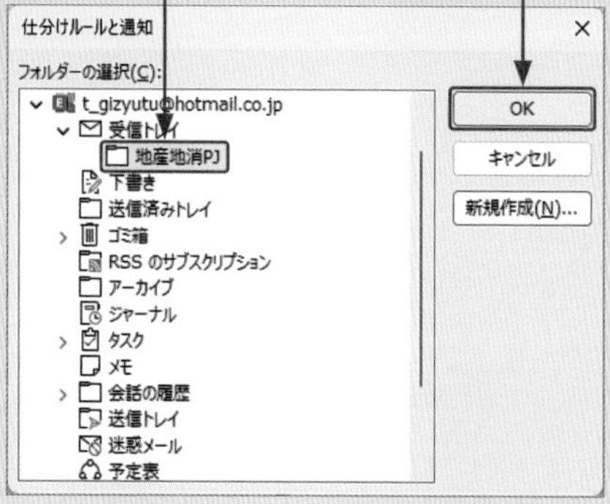

12 フォルダー名が設定されたことを確認して、

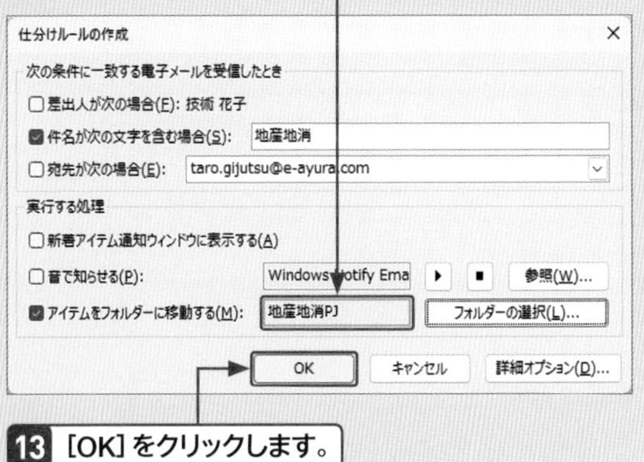

13 [OK] をクリックします。

14 ここをクリックしてオンにし、

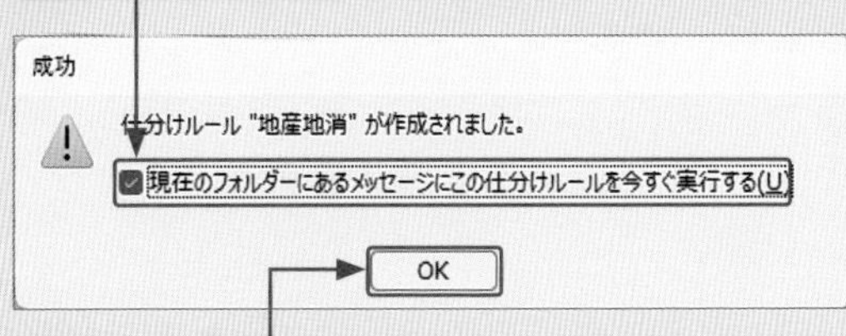

15 [OK] をクリックします。

16 作成したフォルダーをクリックすると、

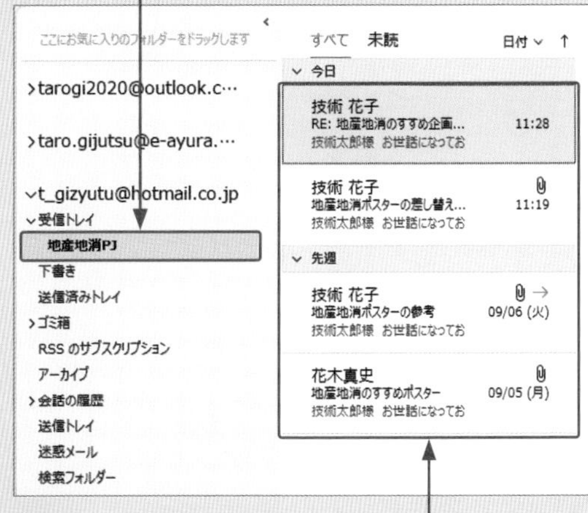

17 メールが自動的に振り分けられていることが確認できます。

● 振り分ける条件の指定

差出人を指定して振り分ける場合は、手順**3**で [差出人が次の場合] をクリックしてオンにします。あらかじめ振り分けたいメールをクリックしておくと、差出人が指定できます。

[差出人が次の場合] を指定するときは、あらかじめ振り分けたいメールをクリックしてから操作を始めます。

● 実行する処理

振り分けるメールをフォルダーに移動するほかに、[新着アイテム通知ウィンドウに表示する] 方法と、[音で知らせる] 方法が選択できます。[音で知らせる] を選択した場合は [参照] をクリックして、音を選択します。

1 [音で知らせる] をクリックしてオンにし、

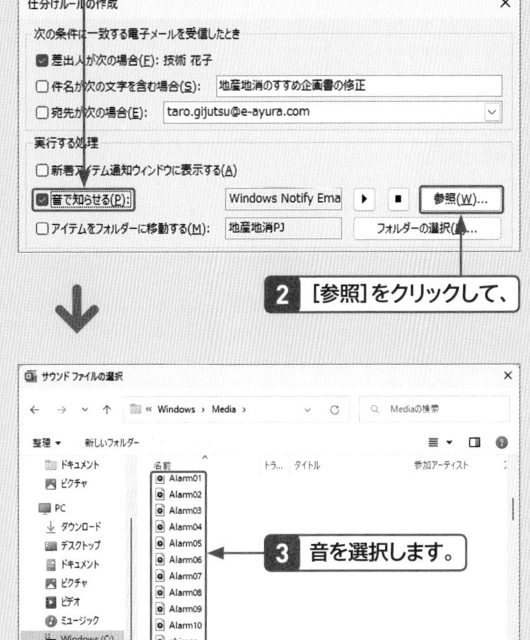

2 [参照] をクリックして、

3 音を選択します。

重要度★★★ メールの仕分け

Q 201 特定のドメインからのメールを自動的に振り分けたい!

A [自動仕分けウィザード]で設定します。

メールの仕分けルールには、Q 200で解説したように、メールの件名や差出人などで仕分けする方法のほかに、重要度やフラグ付きのメール、本文やメッセージヘッダー、差出人のアドレスなどに含まれる文字など、さまざまな条件を指定することができます。条件を細かく指定する場合は、[自動仕分けウィザード]で設定します。ここでは、特定のドメインからのメールを指定したフォルダーに振り分けます。

1 [ホーム]タブの[ルール]から[仕分けルールの作成]をクリックして、[仕分けルールの作成]ダイアログボックスを表示します。

2 [詳細オプション]をクリックすると、

3 [自動仕分けウィザード]が表示されます。

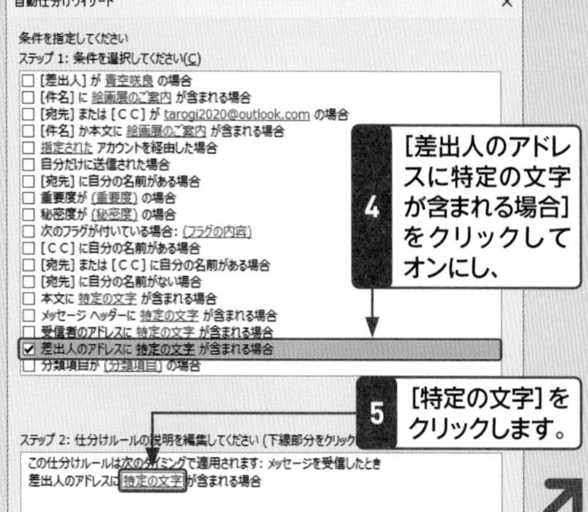

4 [差出人のアドレスに特定の文字が含まれる場合]をクリックしてオンにし、

5 [特定の文字]をクリックします。

6 自動的に振り分けたいドメイン名を入力して、

7 [追加]をクリックし、

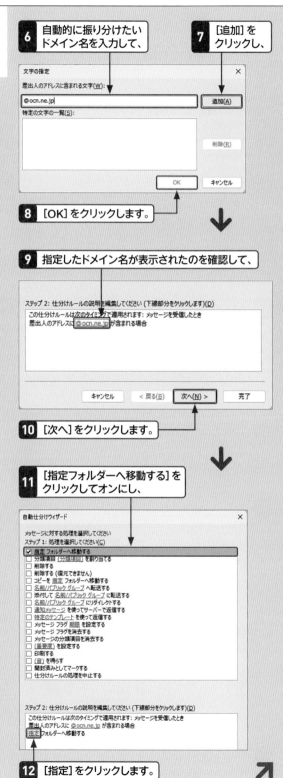

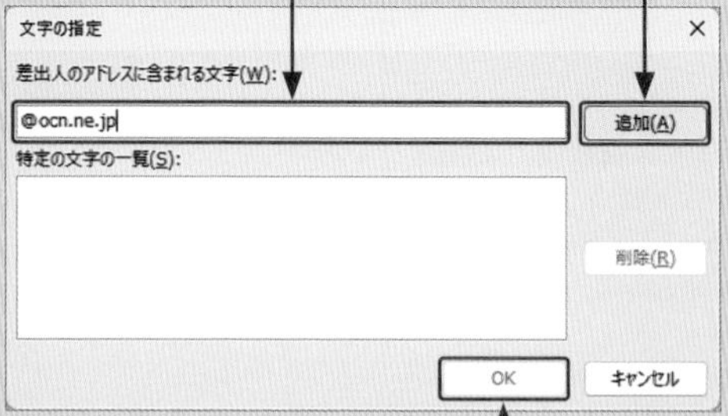

8 [OK]をクリックします。

9 指定したドメイン名が表示されたのを確認して、

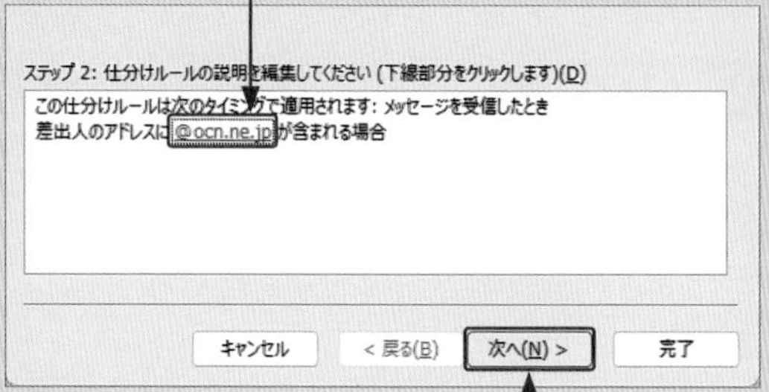

10 [次へ]をクリックします。

11 [指定フォルダーへ移動する]をクリックしてオンにし、

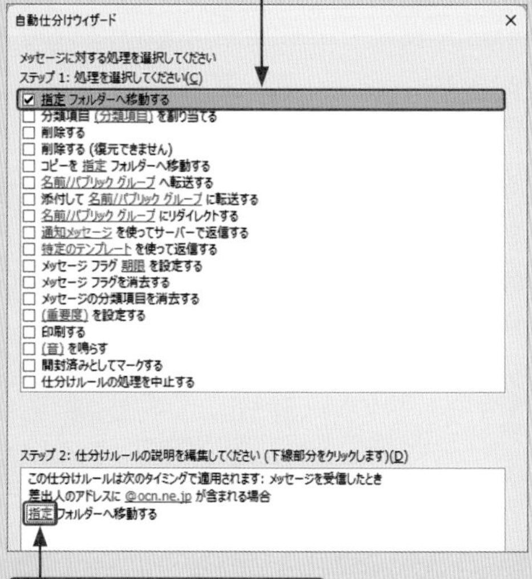

12 [指定]をクリックします。

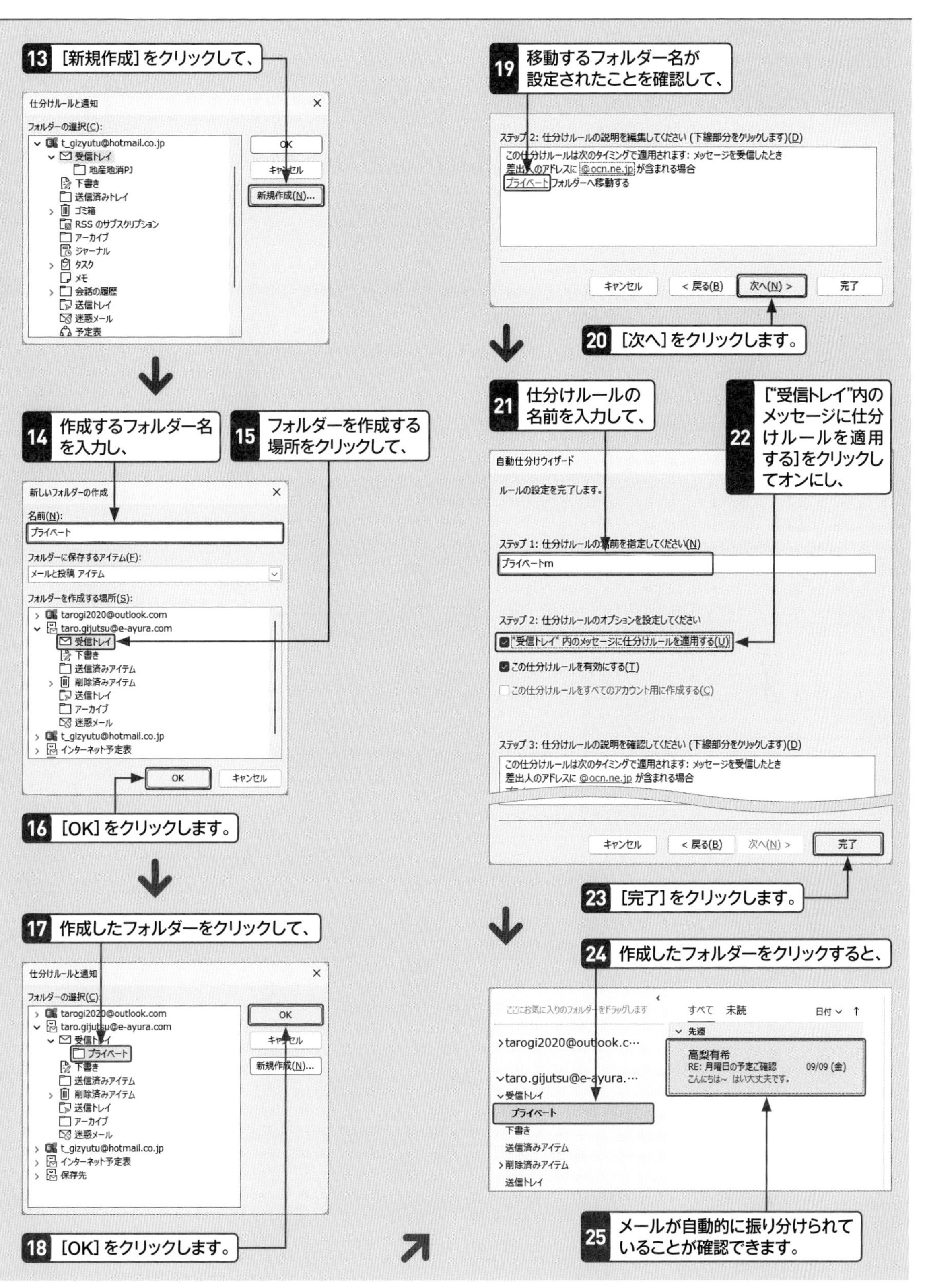

13 [新規作成]をクリックして、
仕分けルールと通知
フォルダーの選択(C):
t_gizyutu@hotmail.co.jp
受信トレイ
地産地消PJ
下書き
送信済みトレイ
ゴミ箱
RSS のサブスクリプション
アーカイブ
ジャーナル
タスク
メモ
会話の履歴
送信トレイ
迷惑メール
予定表
OK
キャンセル
新規作成(N)...
14 作成するフォルダー名を入力し、
15 フォルダーを作成する場所をクリックして、
新しいフォルダーの作成
名前(N):
プライベート
フォルダーに保存するアイテム(F):
メールと投稿 アイテム
フォルダーを作成する場所(S):
tarogi2020@outlook.com
taro.gijutsu@e-ayura.com
受信トレイ
下書き
送信済みアイテム
削除済みアイテム
送信トレイ
アーカイブ
迷惑メール
t_gizyutu@hotmail.co.jp
インターネット予定表
OK
キャンセル
16 [OK]をクリックします。
17 作成したフォルダーをクリックして、
仕分けルールと通知
フォルダーの選択(C):
tarogi2020@outlook.com
taro.gijutsu@e-ayura.com
受信トレイ
プライベート
下書き
送信済みアイテム
削除済みアイテム
送信トレイ
アーカイブ
迷惑メール
t_gizyutu@hotmail.co.jp
インターネット予定表
保存先
OK
キャンセル
新規作成(N)...
18 [OK]をクリックします。
19 移動するフォルダー名が設定されたことを確認して、
ステップ 2: 仕分けルールの説明を編集してください (下線部分をクリックします)(D)
この仕分けルールは次のタイミングで適用されます: メッセージを受信したとき
差出人のアドレスに @ocn.ne.jp が含まれる場合
プライベート フォルダーへ移動する
キャンセル
< 戻る(B)
次へ(N) >
完了
20 [次へ]をクリックします。
21 仕分けルールの名前を入力して、
22 ["受信トレイ"内のメッセージに仕分けルールを適用する]をクリックしてオンにし、
自動仕分けウィザード
ルールの設定を完了します。
ステップ 1: 仕分けルールの名前を指定してください(N)
プライベートm
ステップ 2: 仕分けルールのオプションを設定してください
"受信トレイ" 内のメッセージに仕分けルールを適用する(U)
この仕分けルールを有効にする(T)
この仕分けルールをすべてのアカウント用に作成する(C)
ステップ 3: 仕分けルールの説明を確認してください (下線部分をクリックします)(D)
この仕分けルールは次のタイミングで適用されます: メッセージを受信したとき
差出人のアドレスに @ocn.ne.jp が含まれる場合
キャンセル
< 戻る(B)
次へ(N) >
完了
23 [完了]をクリックします。
24 作成したフォルダーをクリックすると、
ここにお気に入りのフォルダーをドラッグします
すべて
未読
日付
先週
>tarogi2020@outlook.c…
∨taro.gijutsu@e-ayura.…
∨受信トレイ
プライベート
下書き
送信済みアイテム
>削除済みアイテム
送信トレイ
高梨有希
RE: 月曜日の予定ご確認
09/09 (金)
こんにちは~ はい大丈夫です。
25 メールが自動的に振り分けられていることが確認できます。
1 Outlookの基本
2 メールの受信と閲覧
3 メールの作成と送信
4 メールの整理と管理
5 メールの設定
6 連絡先
7 予定表
8 タスク
9 印刷
10 アプリ連携・共同作業
11 そのほかの便利機能

重要度 ★★★ メールの仕分け

Q 202 仕分けルールのテンプレートを利用したい！

A [自動仕分けウィザード]から利用します。

仕分けルールをよりかんたんに設定したい場合は、テンプレートを利用します。
[ホーム]タブの[ルール]から[仕分けルールと通知の管理]をクリックし、[仕分けルールと通知]ダイアログボックスの[新しい仕分けルール]をクリックすると、[自動仕分けウィザード]によく使われるテンプレートが表示されます。

1 [仕分けルールと通知]ダイアログボックスを表示して、

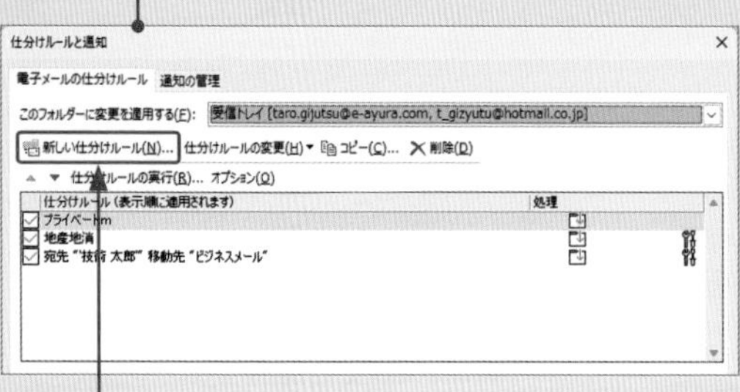

2 [新しい仕分けルール]をクリックすると、

3 [自動仕分けウィザード]が表示されます。

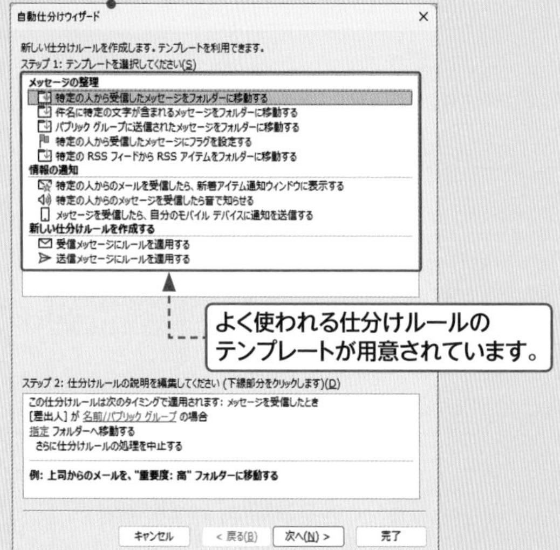

よく使われる仕分けルールのテンプレートが用意されています。

重要度 ★★★ メールの仕分け

Q 203 作成した仕分けルールを変更したい！

A [ルール]の[仕分けルールと通知の管理]から変更します。

作成した仕分けルールを変更したい場合は、[ホーム]タブの[ルール]から[仕分けルールと通知の管理]をクリックして[仕分けルールと通知]ダイアログボックスを表示します。変更したい仕分けルールをクリックして、[仕分けルールの説明]で下線部分をクリックして変更します。
それ以外のルールを変更したい場合は、[仕分けルールの変更]をクリックして、[仕分けルール設定の編集]をクリックし、[自動仕分けウィザード]ダイアログボックスを表示して設定し直します。

● [仕分けルールの説明]欄で変更する

1 作成したルールをクリックして、

2 [仕分けルールの説明]で下線部分をクリックして変更します。

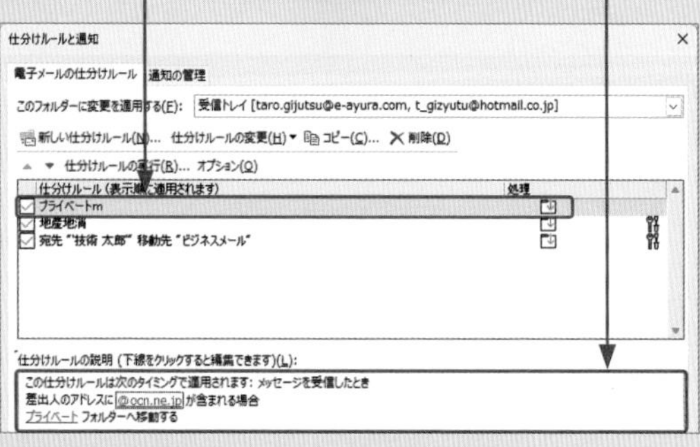

● [仕分けルールの変更]から変更する

1 [仕分けルールの変更]をクリックして、

2 [仕分けルール設定の編集]をクリックし、ルールを変更します。

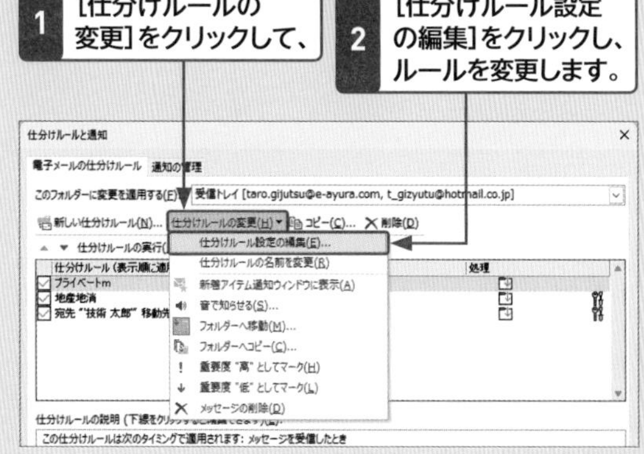

重要度 ★★★　メールの仕分け

Q 204 仕分けルールの優先順位を変更したい！

A ［ルール］の［仕分けルールと通知の管理］から変更します。

仕分けルールを複数作成した場合、［ホーム］タブの［ルール］から［仕分けルールと通知の管理］をクリックすると、仕分けルールが一覧で表示されます。仕分けルールは、上から順に処理が行われます。優先順位を変更するには、以下の手順で操作します。

参照▶Q 200, Q 201

1 ［ホーム］タブの［ルール］をクリックして、

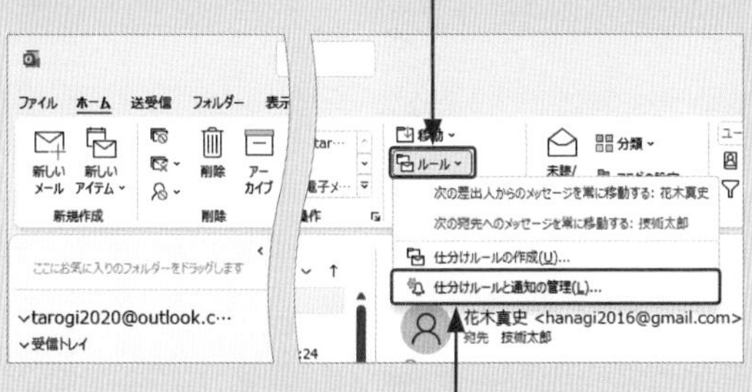

2 ［仕分けルールと通知の管理］をクリックします。

3 優先順位を入れ替えたいルールをクリックして、

4 これらをクリックすると、

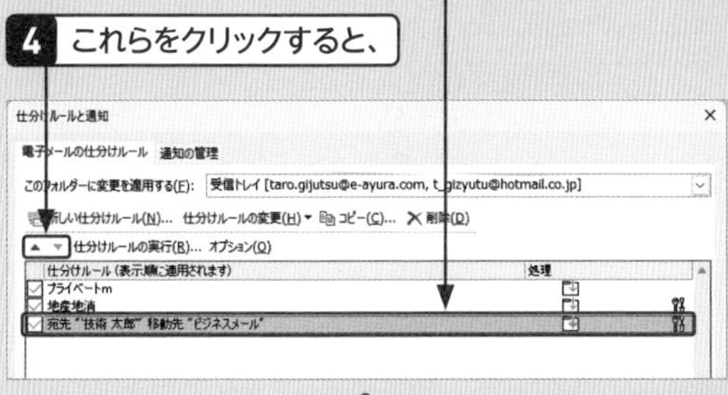

5 優先順位が入れ替わります。

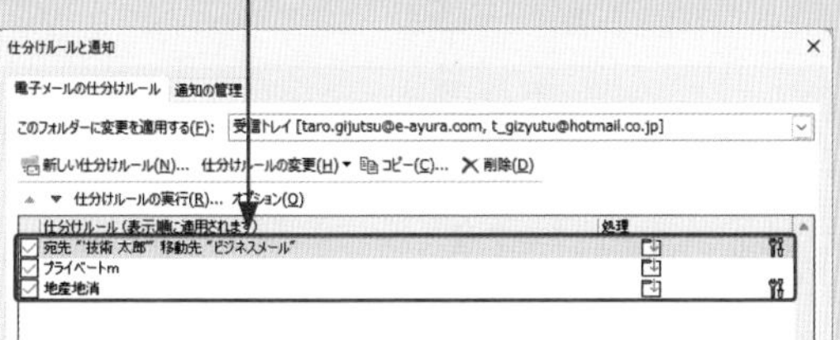

重要度 ★★★　メールの仕分け

Q 205 仕分けルールを削除したい！

A ［ルール］の［仕分けルールと通知の管理］から削除します。

作成した仕分けルールを削除するには、［ホーム］タブの［ルール］から［仕分けルールと通知の管理］をクリックして、［仕分けルールと通知］ダイアログボックスから削除します。なお、作成したフォルダーは、別途削除する必要があります。

参照▶Q 200, Q 201

1 ［ホーム］タブの［ルール］をクリックして、

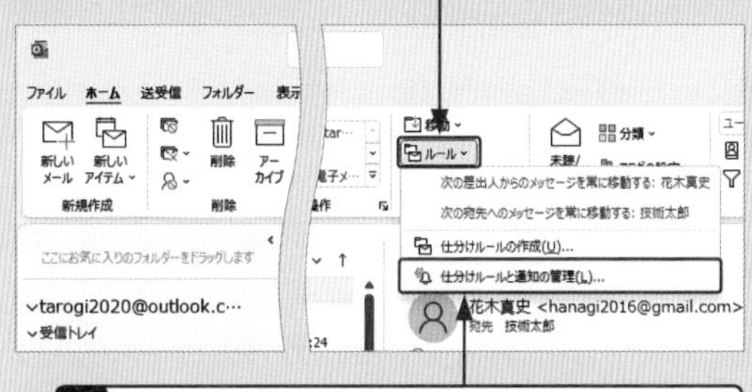

2 ［仕分けルールと通知の管理］をクリックします。

3 削除したいルールをクリックして、

4 ［削除］をクリックし、

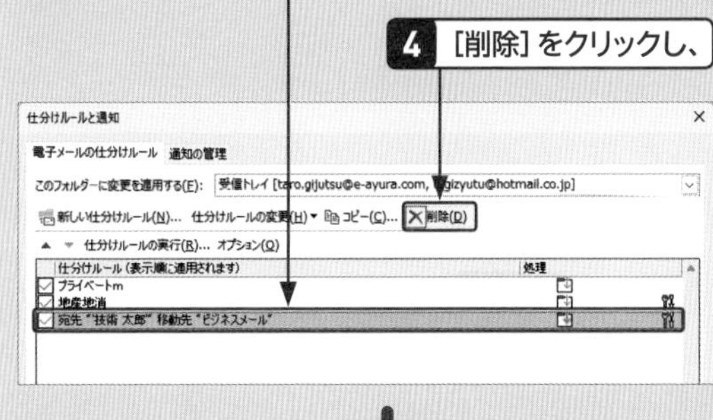

5 ［はい］をクリックします。

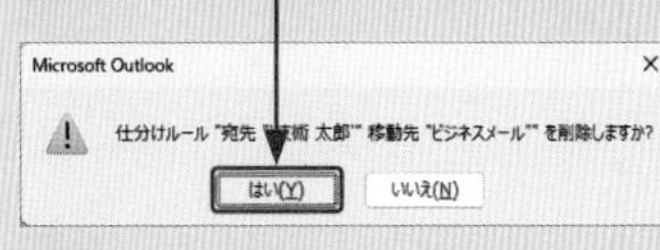

6 ［仕分けルールと通知］ダイアログボックスの［OK］をクリックします。

重要度 ★★★ 分類項目

Q 206 分類項目とは？

A アイテムをグループ別に分けて管理するための機能です。

「分類項目」とは、メールなどのアイテムをグループ別に分けて管理するための機能です。仕事やプライベート、友人など、わかりやすい分類項目を用意して、受け取ったメールをそれぞれの項目に分類しておけば、目的のメールをすぐに探し出すことができます。分類項目には任意の名前や色を設定することができ、メール、予定表、連絡先、タスクで共通して利用することができます。

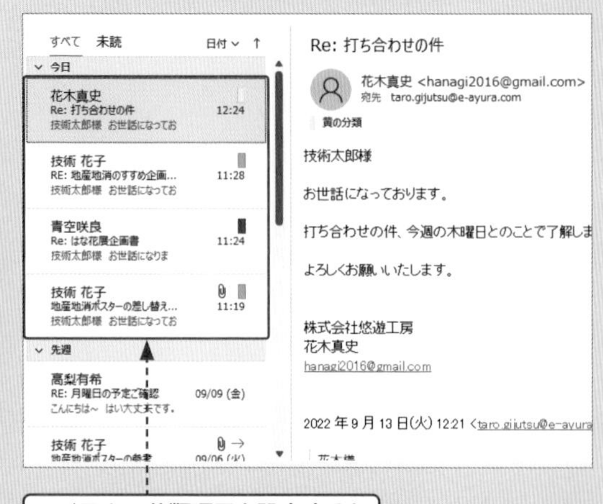
アイテムに分類項目を設定するとメールが管理しやすくなります。

重要度 ★★★ 分類項目

Q 207 メールに分類項目を設定したい！

A [ホーム]タブの[分類]から分類項目を指定します。

Outlookでは、各アイテムをグループ別に管理できる「分類項目」機能が用意されています。メールに分類項目を設定するには、設定したいメールをクリックして、[ホーム]タブの[分類]から設定したい分類項目をクリックします。
分類項目を解除する場合は、[ホーム]タブの[分類]から[すべての分類項目をクリア]をクリックします。

1 [受信トレイ]をクリックして、分類項目を設定したいメールをクリックし、

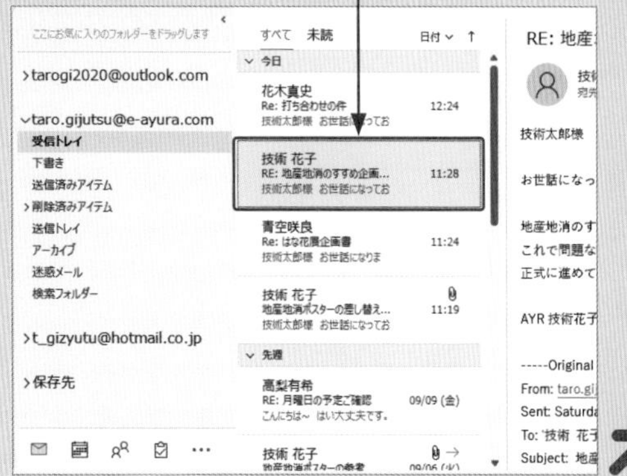

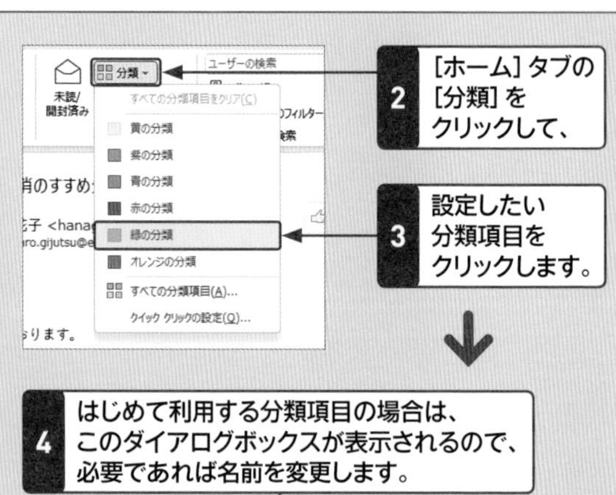

2 [ホーム]タブの[分類]をクリックして、

3 設定したい分類項目をクリックします。

4 はじめて利用する分類項目の場合は、このダイアログボックスが表示されるので、必要であれば名前を変更します。

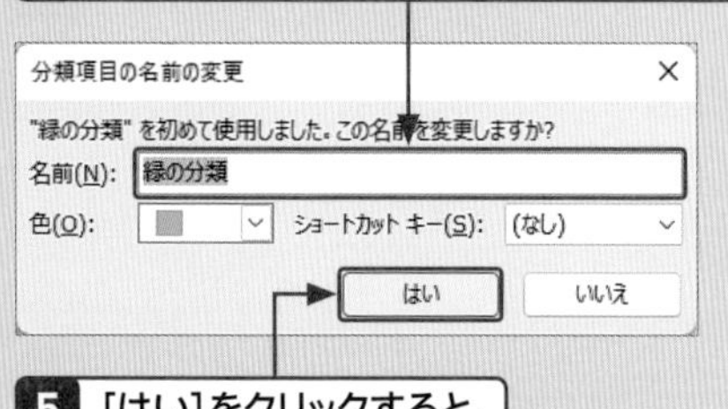

5 [はい]をクリックすると、

6 分類項目が設定されます。

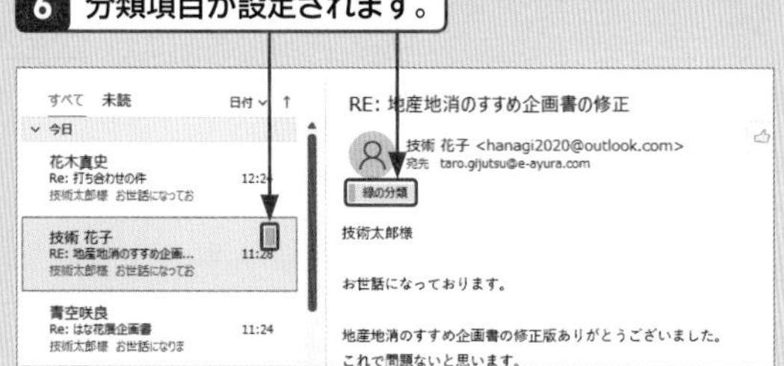

重要度 ★★★　分類項目

Q 208 分類項目を新規に作成したい！

A ［ホーム］タブの［分類］の［すべての分類項目］から設定します。

分類項目では、あらかじめ6色の分類項目が用意されていますが、新規に作成することもできます。設定したいメールをクリックして［ホーム］タブの［分類］をクリックし、［すべての分類項目］をクリックして設定します。新規に作成する分類項目名には、どのような項目なのかがわかりやすいように、具体的な名前を付けます。

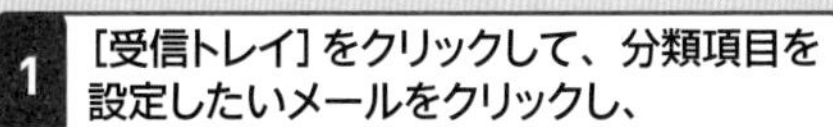

1 ［受信トレイ］をクリックして、分類項目を設定したいメールをクリックし、

2 ［ホーム］タブの［分類］をクリックして、

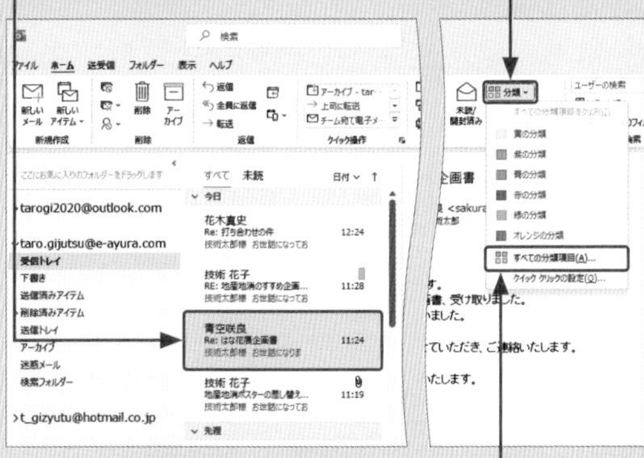

3 ［すべての分類項目］をクリックします。

4 ［新規作成］をクリックして、

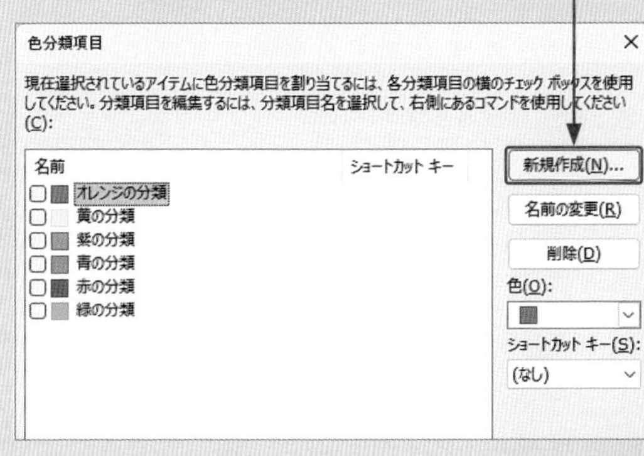

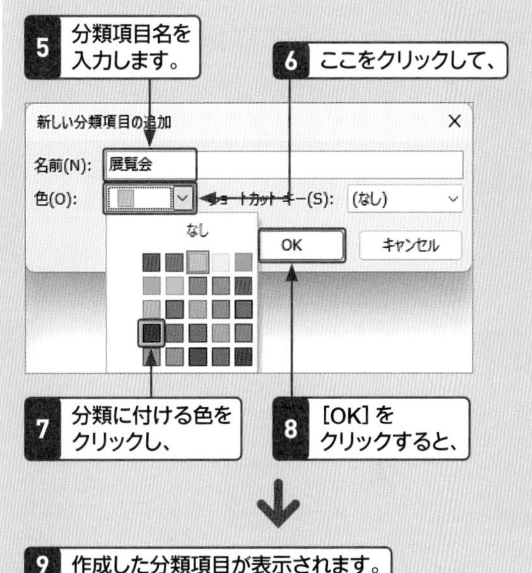

5 分類項目名を入力します。

6 ここをクリックして、

7 分類に付ける色をクリックし、

8 ［OK］をクリックすると、

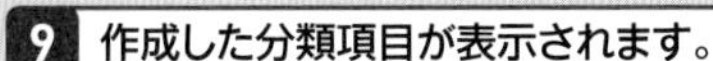

9 作成した分類項目が表示されます。

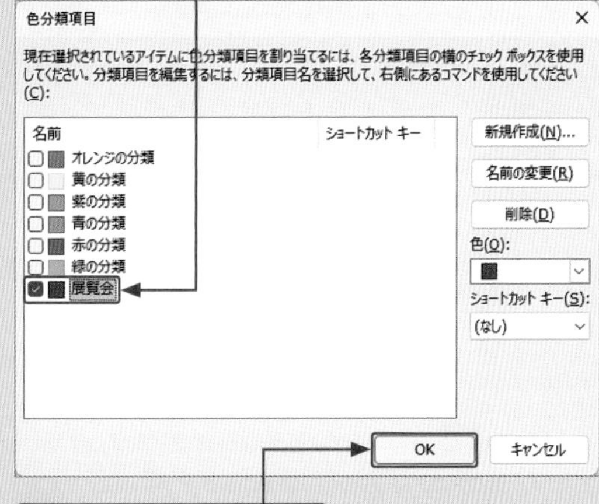

10 ［OK］をクリックすると、

11 分類項目が設定されます。

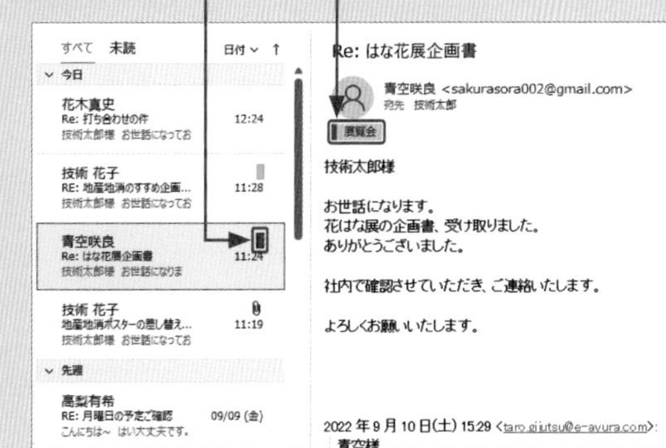

重要度 ★★★ 分類項目

Q 209 設定した分類項目を変更したい！

A ［分類］から［すべての分類項目］をクリックして変更します。

設定した分類項目を変更するには、設定したメールをクリックして、［ホーム］タブの［分類］をクリックし、［すべての分類項目］をクリックすると表示される［色分類項目］ダイアログボックスを利用します。分類項目の名前を変更したり、分類項目を削除したりすることもできます。

1 分類項目を設定したメールをクリックして、

2 ［ホーム］タブの［分類］をクリックし、

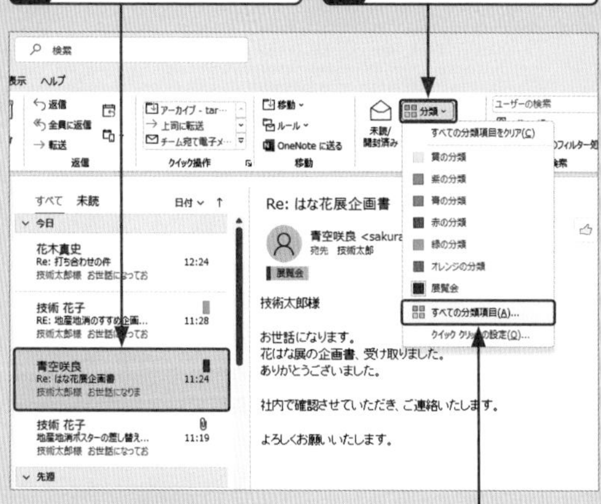

3 ［すべての分類項目］をクリックします。

分類項目を変更する場合は、ここで設定します。

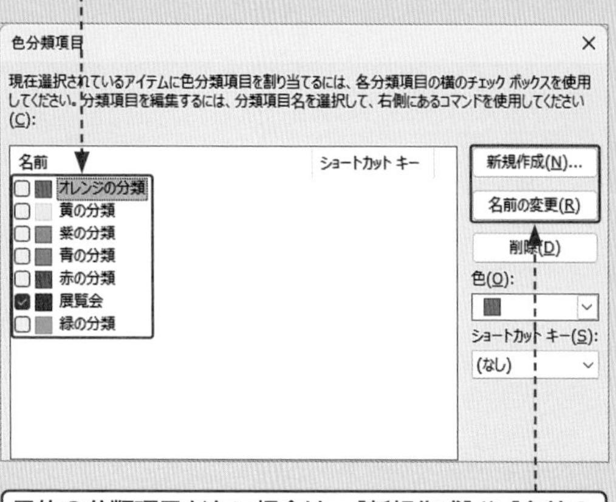

目的の分類項目がない場合は、［新規作成］や［名前の変更］をクリックして作成します。

重要度 ★★★ 分類項目

Q 210 分類項目をすばやく設定したい！

A ［クイッククリックの設定］を利用します。

クイッククリックに任意の分類項目を設定すると、分類の列をクリックするだけで、設定した分類項目が反映されるようになります。クイッククリックを設定するには、あらかじめ、ビューを［シングル］ビューに変更しておく必要があります。 参照▶Q 112

あらかじめ、ビューを［シングル］ビューに変更しておきます。

1 ［ホーム］タブの［分類］をクリックして、

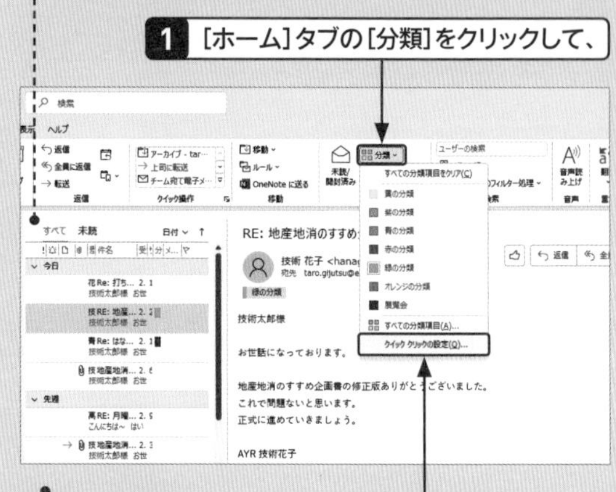

2 ［クイッククリックの設定］をクリックします。

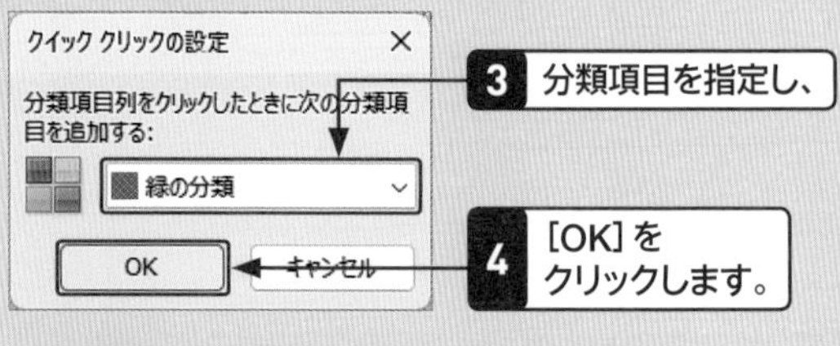

3 分類項目を指定し、

4 ［OK］をクリックします。

5 メールの分類列をクリックすると、クイッククリックに設定した分類項目が設定されます。

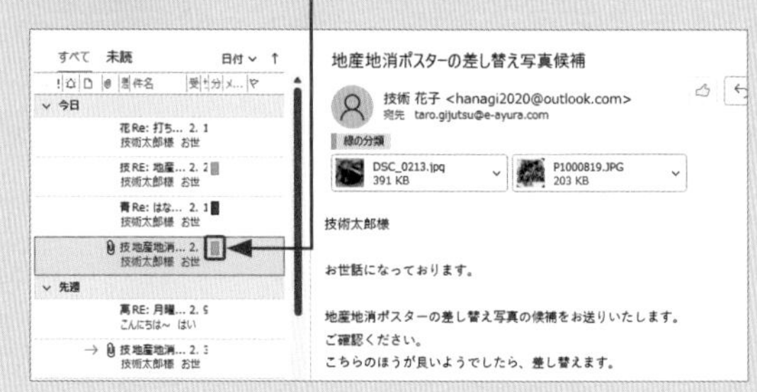

重要度 ★★★　メールの管理

受信したメールをメールサーバーに残したい！

［アカウント設定］ダイアログボックスから設定を変更します。

会社と自宅など、POPアカウントのメールを2台のパソコンで利用している場合、片方のパソコンでメールを受信後、メールサーバーからメールをすぐに削除するように設定してしまうと、もう片方のパソコンでメールを見ることができなくなってしまいます。このようなことを避けるには、ある程度の期間はメールサーバーにメールを残しておくように設定します。

1 ［ファイル］タブをクリックして、

2 ［アカウント設定］をクリックし、

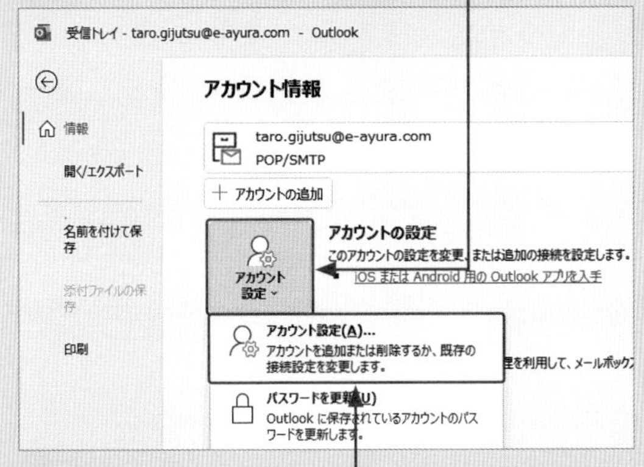

3 ［アカウント設定］をクリックします。

4 メールアカウントをクリックして、

5 ［変更］をクリックし、

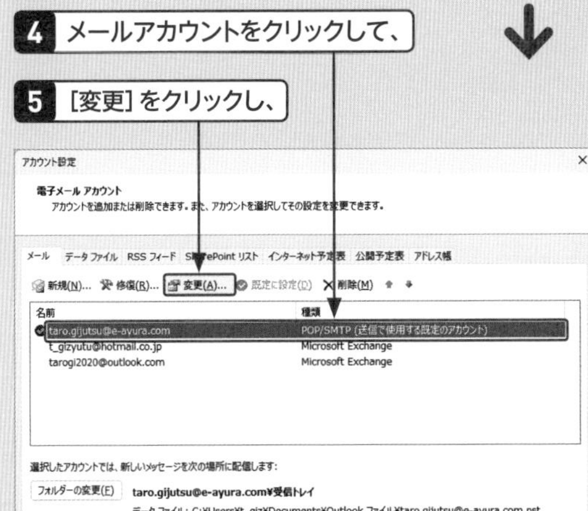

6 ［サーバーにメッセージのコピーを残す］をクリックしてオンにし、

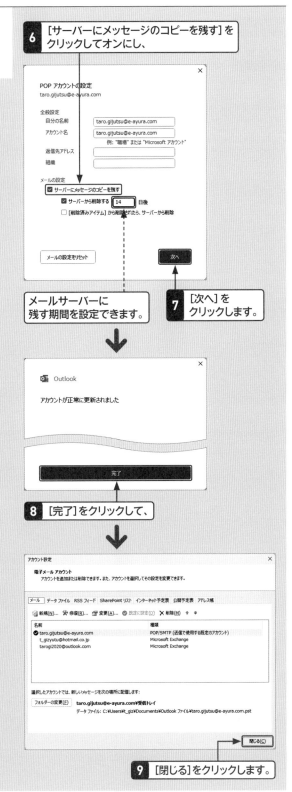

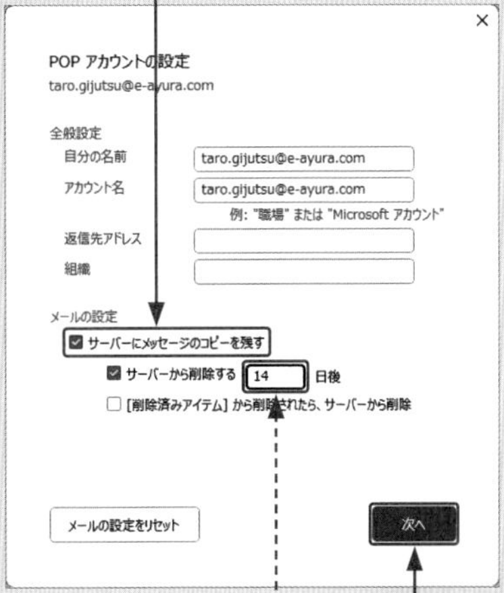

メールサーバーに残す期間を設定できます。

7 ［次へ］をクリックします。

8 ［完了］をクリックして、

9 ［閉じる］をクリックします。

重要度 ★★★　メールの管理

Q 212 メールをメールサーバーに残す期間を変更したい！

A ［POPアカウントの設定］ダイアログボックスで変更します。

POPアカウントのメールをメールサーバーに残す期間は、［POPアカウントの設定］ダイアログボックスで変更することができます。日数は自由に設定できますが、期間が長すぎると、メールサーバーの容量が圧迫され、メールが受信できなくなったり、メールの受信に時間がかかってしまったりすることがあるので、注意が必要です。

参照▶Q 211

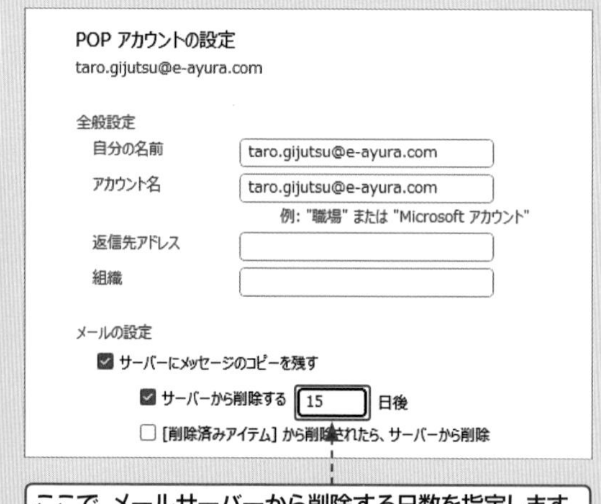

ここで、メールサーバーから削除する日数を指定します。

重要度 ★★★　メールの管理

Q 213 メールを期限管理したい！

A フラグを設定します。

「明日までにメールを返信する」というように、メールに期限を付けて管理したい場合はフラグを設定します。フラグは旗のアイコンで表示され、期限ごとに色の異なるフラグが表示されます。間違えてフラグを付けてしまった場合は、手順❸で［フラグをクリア］をクリックすると、消去することができます。
また、フラグは［タスク］画面の［To Doバーのタスクリスト］にも反映されます。

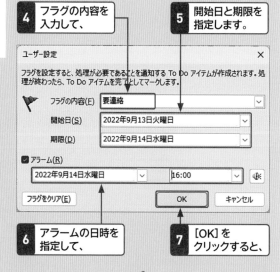

参照▶Q 403

1 ［受信トレイ］をクリックして、フラグを付けるメールをクリックし、

2 ［ホーム］タブの［フラグの設定］をクリックして、

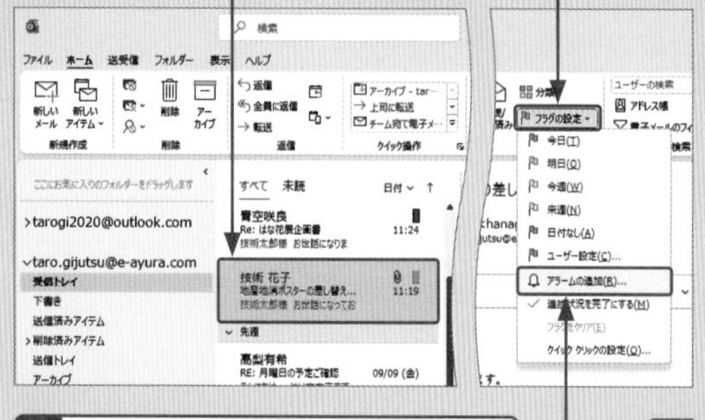

3 ［アラームの追加］をクリックします。

4 フラグの内容を入力して、

5 開始日と期限を指定します。

ユーザー設定

フラグを設定すると、処理が必要であることを通知する To Do アイテムが作成されます。処理が終わったら、To Do アイテムを完了としてマークします。

フラグの内容(F)　要連絡
開始日(S)　2022年9月13日火曜日
期限(D)　2022年9月14日水曜日
アラーム(R)　2022年9月14日水曜日　16:00
フラグをクリア(E)　OK　キャンセル

6 アラームの日時を指定して、

7 ［OK］をクリックすると、

8 アラームとフラグが設定され、

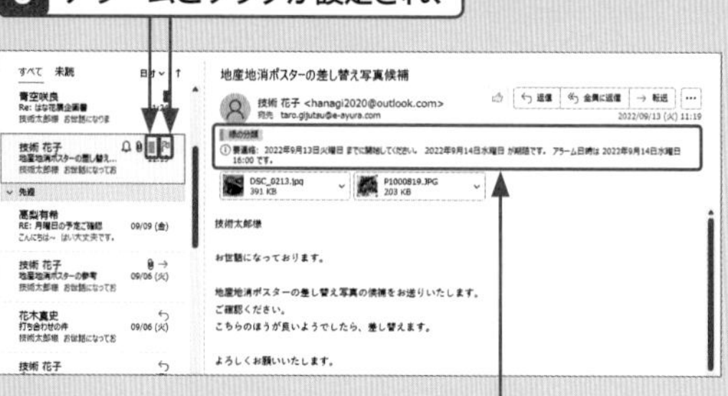

9 フラグの内容、開始日、期限が表示されます。

重要度 ★★★　メールの管理

Q 214 期限管理したメールの処理を完了したい！

A ［フラグの設定］から［進捗状況を完了にする］をクリックします。

フラグを設定したメールの処理が終わったら、処理を完了させます。処理が完了したメールをクリックして、［ホーム］タブの［フラグの設定］から［進捗状況を完了にする］をクリックするか、メールの右横にあるフラグアイコンをクリックします。

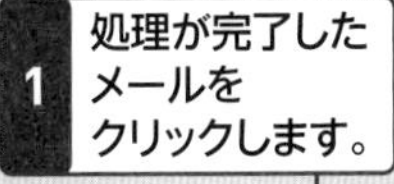

1 処理が完了したメールをクリックします。

2 ［ホーム］タブの［フラグの設定］をクリックして、

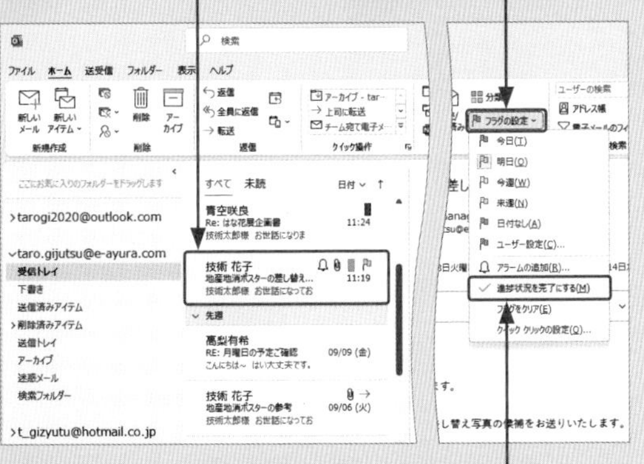

3 ［進捗状況を完了にする］をクリックすると、

4 完了マークが表示されます。

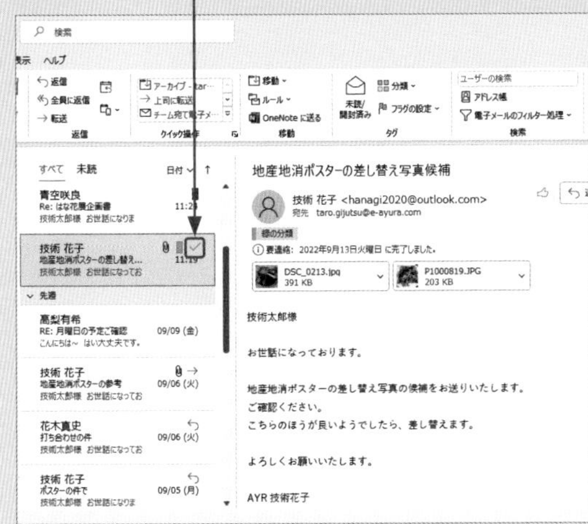

重要度 ★★★　メールの管理

Q 215 フォルダー内の重複メールを削除したい！

A ［フォルダー］タブの［フォルダーのクリーンアップ］を実行します。

［フォルダーのクリーンアップ］を実行すると、フォルダー内の重複したメールを削除することができます。受信したメールが増えてきた場合は、フォルダーをクリーンアップして、メールを整理しましょう。なお、手順**2**、**3**のかわりにフォルダーを右クリックして、［フォルダーのクリーンアップ］をクリックしても、手順**5**のダイアログボックスが表示されます。

1 整理したいフォルダーをクリックして、

2 ［フォルダー］タブをクリックします。

3 ［フォルダーのクリーンアップ］をクリックして、

4 ［フォルダーのクリーンアップ］をクリックし、

5 ［フォルダーのクリーンアップ］をクリックします。

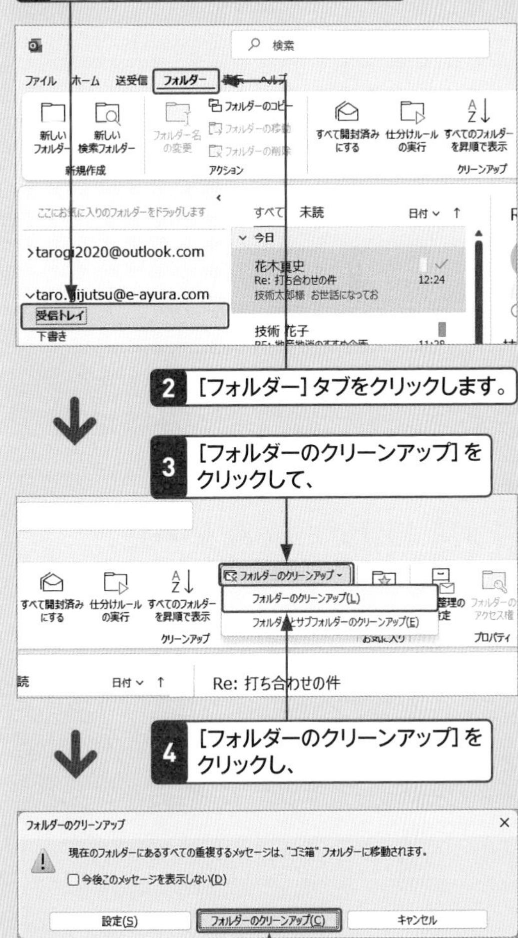

重要度 ★★★ メールの管理

Q 216 受信したはずのメールが消えてしまった？

A ［削除済みアイテム］や［迷惑メール］フォルダーを確認します。

受信したはずのメールが消えてしまった場合は、間違って削除したか、迷惑メールと判断されてしまったことが考えられます。［削除済みアイテム］や［迷惑メール］フォルダーをクリックして、確認しましょう。やりとりしている古いメールのみ表示されない場合は、スレッドを確認してみてください。
また、Outlookに複数のメールアカウントを設定している場合は、別のメールアカウントの［受信トレイ］を探していることも考えられます。別のメールアカウントを確認してみましょう。

参照▶Q 120

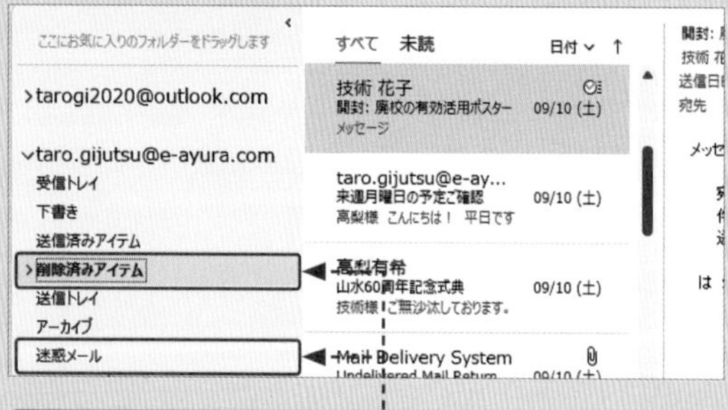

［削除済みアイテム］や［迷惑メール］フォルダーを表示して確認します。

重要度 ★★★ メールの管理

Q 217 既読のメールのみ消えてしまった！

A 既読のメールが非表示になっています。

メールを開封すると消えてしまう、といった場合は、「既読メールは表示しない」というフィルターがかかっていることが考えられます。この場合は、［表示］タブの［ビューの変更］からビューを［コンパクト］に設定したあと、［表示］タブの［ビューのリセット］をクリックします。また、［表示］タブの［ビューの設定］から［フィルター］をクリックして、［すべてクリア］をクリックすることでも、フィルターが解除されます。

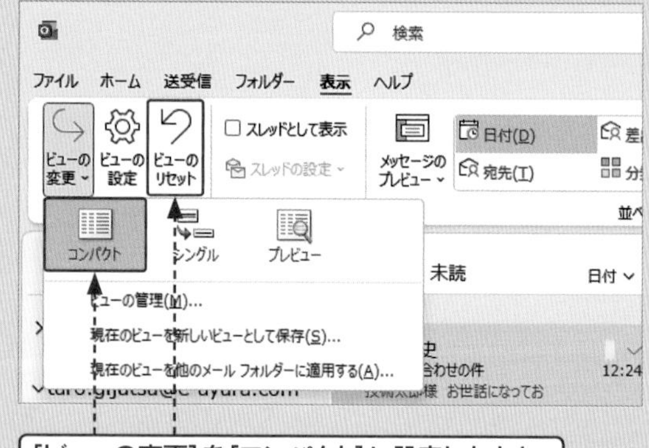

［ビューの変更］を［コンパクト］に設定したあと、［ビューのリセット］をクリックします。

重要度 ★★★ メールの管理

Q 218 特定のフォルダーだけメールが見えない！

A なんらかの理由でフィルターが有効になっていると考えられます。

特定のフォルダー内の一部またはすべてのメールが表示されていない場合は、なんらかの理由でフィルターが有効になっていると考えられます。この場合は、［表示］タブの［ビューの設定］をクリックして、［ビューの詳細設定］ダイアログボックスを表示します。続いて、［フィルター］をクリックすると表示される［フィルター］ダイアログボックスで、［すべてクリア］をクリックすると、フィルターが解除されます。

フィルター
メッセージ 詳細設定 高度な検索 SQL
検索する文字列(C):
検索対象(I): 件名
差出人(R)...
宛先(O)...
メール アドレス チェック(W): ［宛先］に自分の名前だけがある
時間の条件(M): なし 条件なし
OK キャンセル すべてクリア(A)

［フィルター］ダイアログボックスを表示して、［すべてクリア］をクリックします。

重要度 ★★★　メールの管理

Q 219 古いメールを自動的に整理したい！

A ［古いアイテムの整理］で設定します。

Outlookには、Outlookデータファイル（.pst）が大きくなるのを防ぐために、古いアイテムを自動的に整理してくれる機能が用意されています。自動整理の間隔や保存期間などは任意に設定することができます。また、アイテムの整理をフォルダーごとに設定することもできます。

1 ［ファイル］タブをクリックして、

2 ［オプション］をクリックし、

3 ［詳細設定］をクリックして、

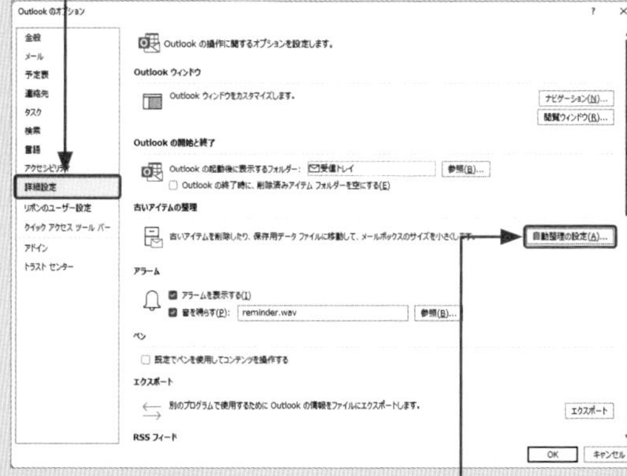

4 ［自動整理の設定］をクリックします。

5 ここをクリックしてオンにし、

6 実行する間隔を指定します。

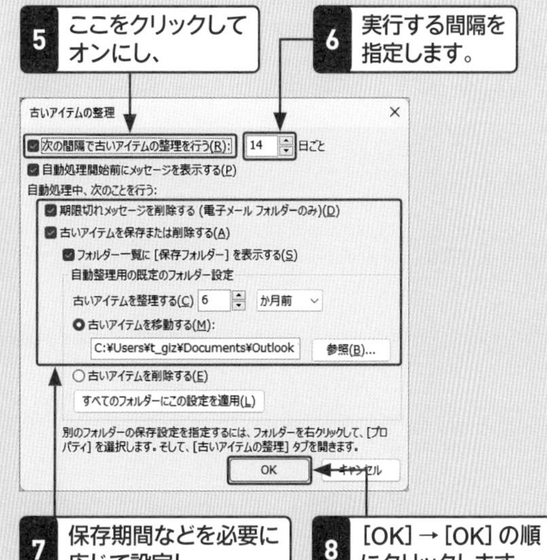

7 保存期間などを必要に応じて設定し、

8 ［OK］→［OK］の順にクリックします。

● フォルダーごとに設定する

1 設定を変更するフォルダーを右クリックして、

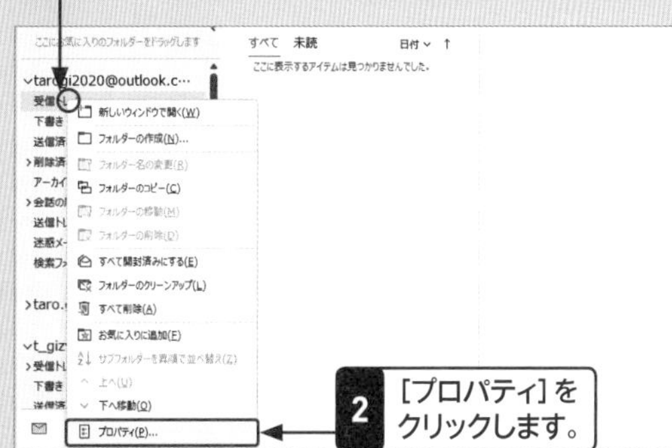

2 ［プロパティ］をクリックします。

3 ［古いアイテムの整理］をクリックして、

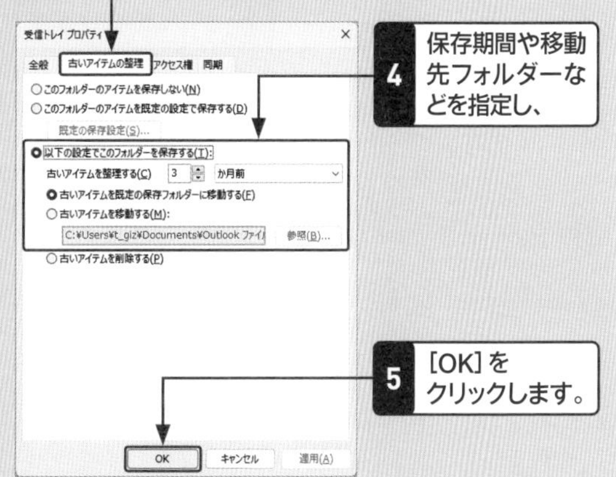

4 保存期間や移動先フォルダーなどを指定し、

5 ［OK］をクリックします。

重要度 ★★★ メールの管理

Q 220 整理されたメールを確認したい！

A [保存先] フォルダーや整理されたファイルから確認できます。

[古いアイテムの整理] で設定した保存期間を過ぎたアイテムは、Outlookの [保存先] フォルダーや [古いアイテムを移動する] で設定したフォルダーに移動されます。初期設定では、[C:\Users\(ユーザー名)\Documents\Outlook ファイル] フォルダー内に [archive.pst] としてファイルが作成されます。

保存期間を過ぎたアイテムは、[保存先] フォルダーに移動されます。

● 整理されたファイルを開く

1 [ファイル] タブから [開く／エクスポート] をクリックして、

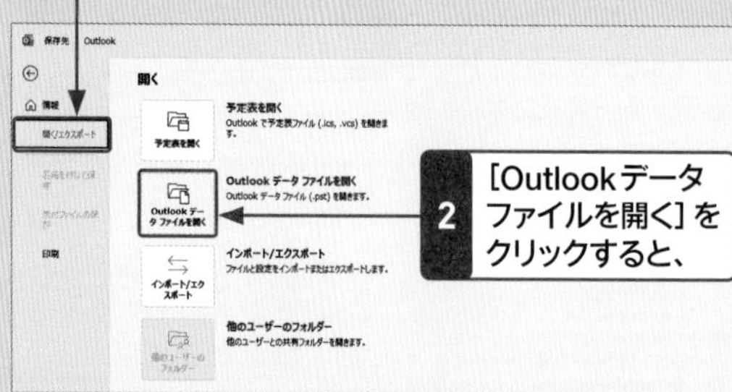

2 [Outlookデータファイルを開く] をクリックすると、

3 整理されたファイルが表示されます。

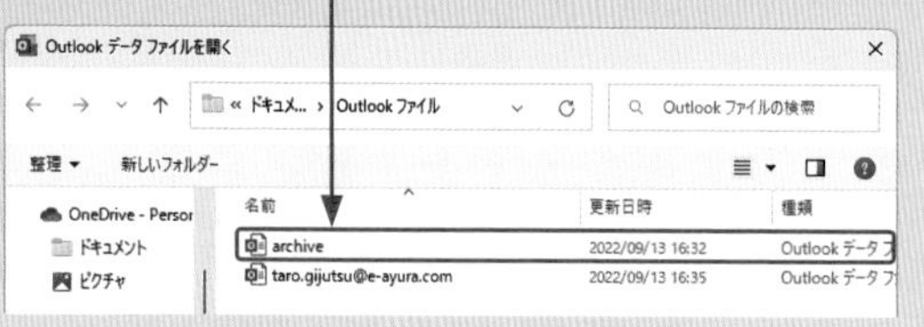

重要度 ★★★ 迷惑メール

Q 221 迷惑メールとは？

A 一方的に送り付けられる広告や詐欺目的のメールのことです。

「迷惑メール」とは、ユーザーが望まないにもかかわらず、一方的に送られてくる広告などのメールや、詐欺目的のメールのことをいいます。「スパムメール」とも呼ばれます。Outlookには、受信したメールが迷惑メールかどうかを判断し、自動で仕分けしてくれるフィルター機能が用意されています。迷惑メールと判断されたメールは、[迷惑メール] フォルダーに保存されます。なお、初期設定では、迷惑メールフィルターは機能していない場合もあるので、有効にしておく必要があります。

参照▶Q 222

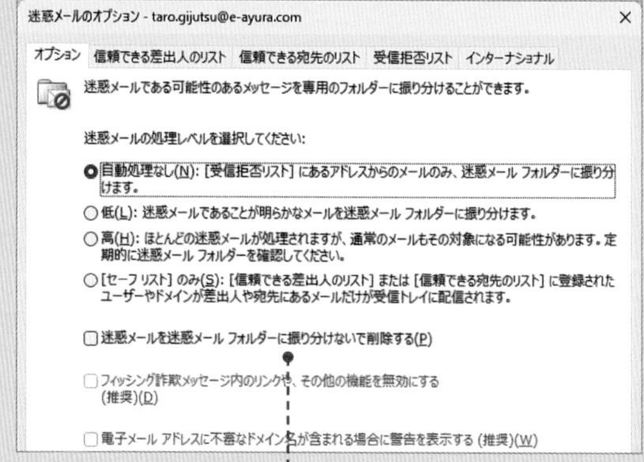

Outlookには、独自のメールフィルター機能が用意されています。

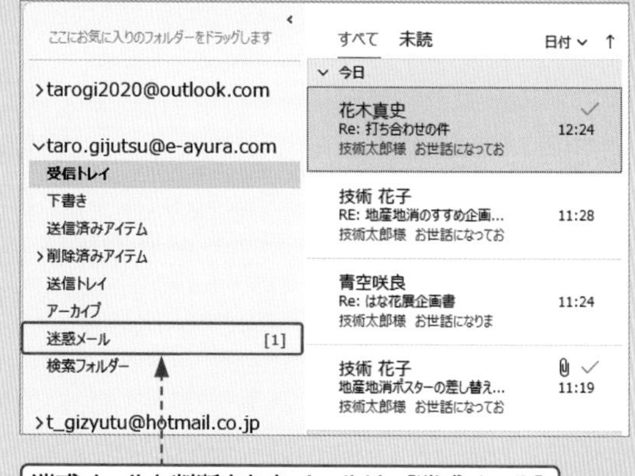

迷惑メールと判断されたメールは、[迷惑メール] フォルダーに自動で移動されます。

重要度 ★★★ 迷惑メール

Q 222 迷惑メールフィルターを有効にしたい！

A ［迷惑メールのオプション］ダイアログボックスで設定します。

Outlookには、迷惑メールを自動で振り分ける機能が用意されていますが、［自動処理なし］に設定されている場合は、迷惑メールフィルターを有効にする必要があります。迷惑メールフィルターに関するオプションは、必要に応じて変更することができます。

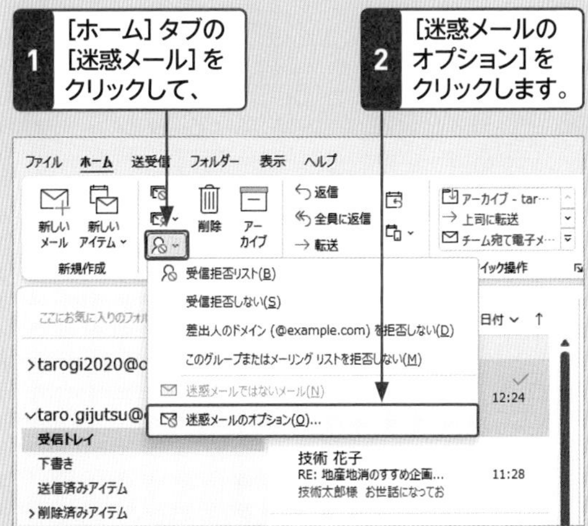

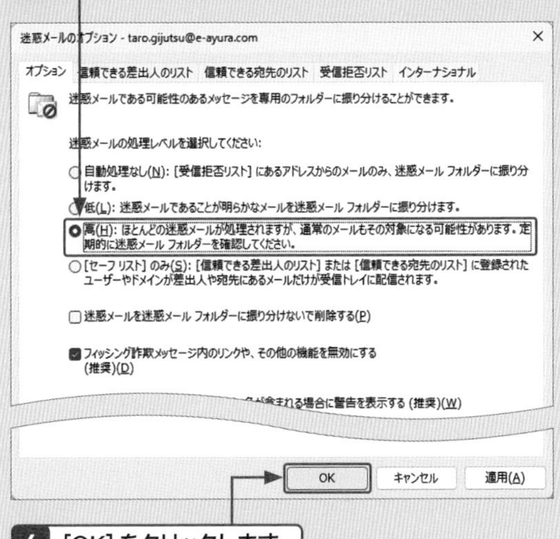

重要度 ★★★ 迷惑メール

Q 223 迷惑メールの処理レベルとは？

A 迷惑メールかどうかを判断する基準です。

Outlookには、独自の迷惑メールフィルター機能が備わっており、以下の4種類の処理レベルが用意されています。処理レベルを変更することで、迷惑メールかどうかを判断する基準が変わります。

また、迷惑メールを［迷惑メール］フォルダーに移動しないですぐに削除したり、フィッシング詐欺メッセージ内のリンクや、そのほかの機能を無効にしたりすることもできます。

①自動処理なし
迷惑メールフィルターの自動適用はオフになり、「受信拒否リスト」に登録したメールのみ迷惑メールと判断します。

②低
明らかな迷惑メールのみ、迷惑メールと判断します。

③高
迷惑メールはほぼ処理されますが、通常のメールも迷惑メールと判断されてしまう可能性があります。

④セーフリストのみ
「信頼できる差出人のリスト」と「信頼できる宛先のリスト」から届いたメール以外は迷惑メールと判断します。

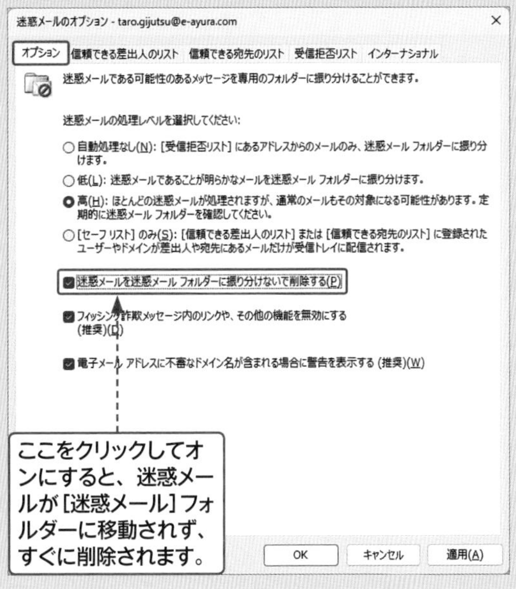

重要度 ★★★ 迷惑メール

Q 224 迷惑メールを確認したい！

A [迷惑メール]フォルダーの中を確認します。

迷惑メールは、コンピューターウイルスの感染につながる危険性があるので、取り扱いには十分な注意が必要です。Outlookの迷惑メールフィルター機能を有効にすると、迷惑メールと判断されたメールは、[迷惑メール]フォルダーに自動で移動されます。迷惑メールを確認するには、[迷惑メール]フォルダーを表示します。

参照▶Q 222

1 [迷惑メール]をクリックすると、

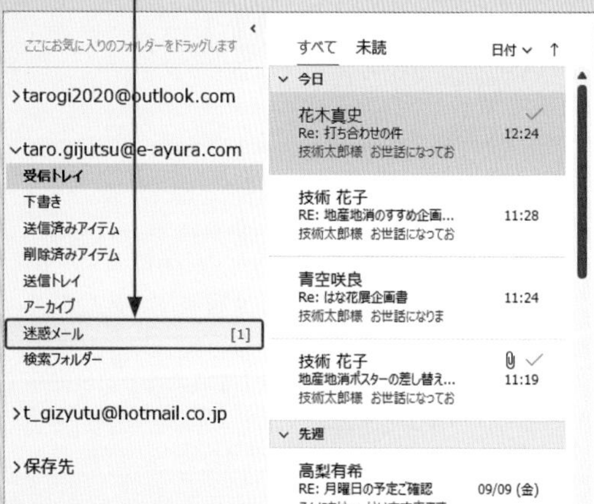

2 振り分けられた迷惑メールが表示されます。

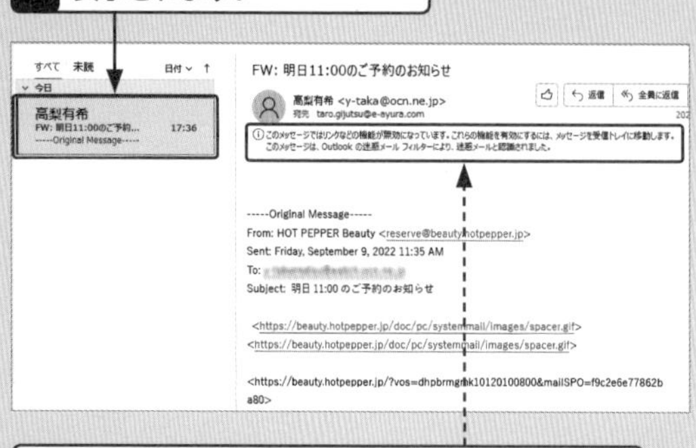

「迷惑メールと認識されました」というメッセージがここに表示されます。

重要度 ★★★ 迷惑メール

Q 225 迷惑メールを削除したい！

A [迷惑メール]と[削除済みアイテム]フォルダーから削除します。

[迷惑メール]フォルダーに移動されたメールを削除するには、[迷惑メール]をクリックして、[ホーム]タブの[削除]をクリックします。削除したメールは、いったん[削除済みアイテム]フォルダーに移動されます。完全に削除するには、[削除済みアイテム]からもう一度削除します。

1 [迷惑メール]をクリックして、

2 削除したいメールをクリックし、

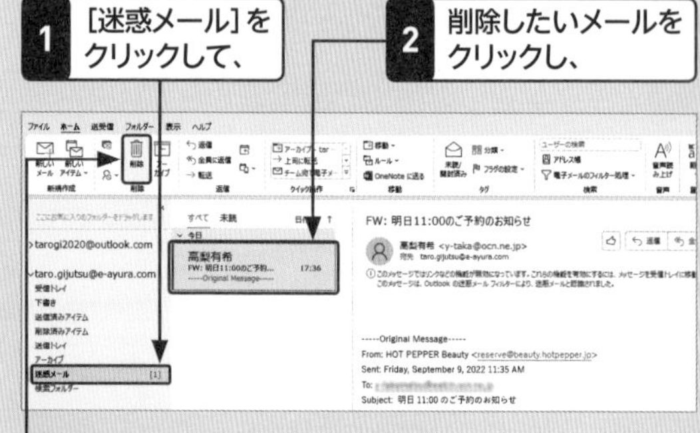

3 [ホーム]タブの[削除]をクリックします。

4 [削除済みアイテム]をクリックして、

5 完全に削除したいメールをクリックし、

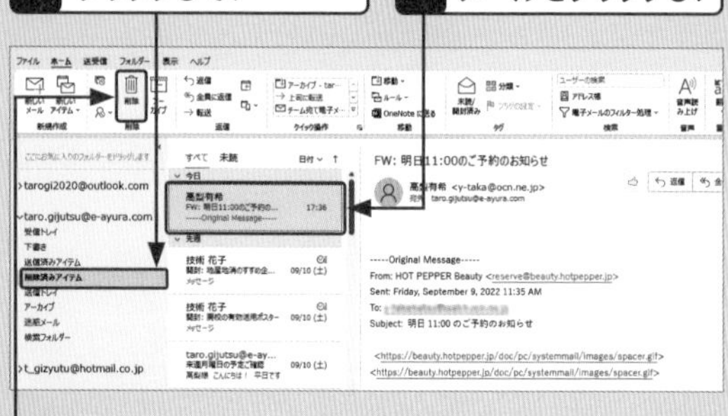

6 [削除]をクリックします。

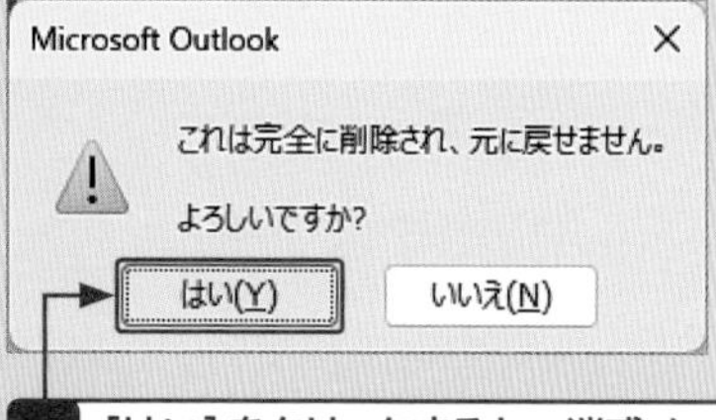

7 [はい]をクリックすると、迷惑メールが完全に削除されます。

重要度 ★★★ 迷惑メール

Q 226 迷惑メールが［迷惑メール］に振り分けられなかった！

A 迷惑メールを［受信拒否リスト］に登録します。

迷惑メールに記されていたURLにアクセスしたり、メールに添付されていたファイルを開いたりすると、ウイルスに感染したり、悪質な詐欺の被害にあったりする危険があります。迷惑メールが［迷惑メール］に振り分けられなかった場合は、以下の手順で［受信拒否リスト］に登録しましょう。
迷惑メールを受信拒否リストに登録すると、以降、そのメールアドレスから送信されたメールが迷惑メールとして扱われます。 参照▶Q 227

1 ［受信トレイ］をクリックして、迷惑メールをクリックします。

2 ［ホーム］タブの［迷惑メール］をクリックして、

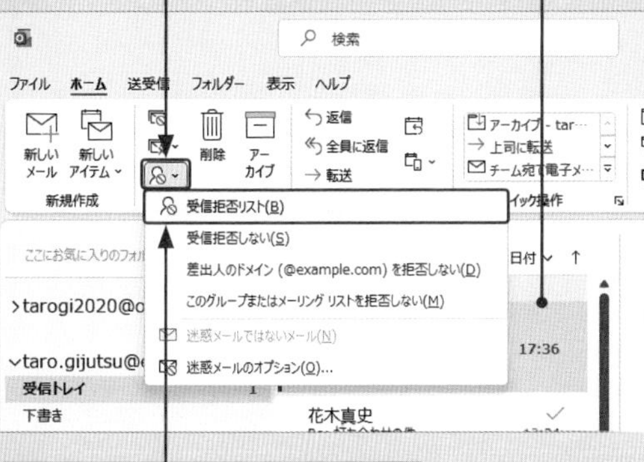

3 ［受信拒否リスト］をクリックし、

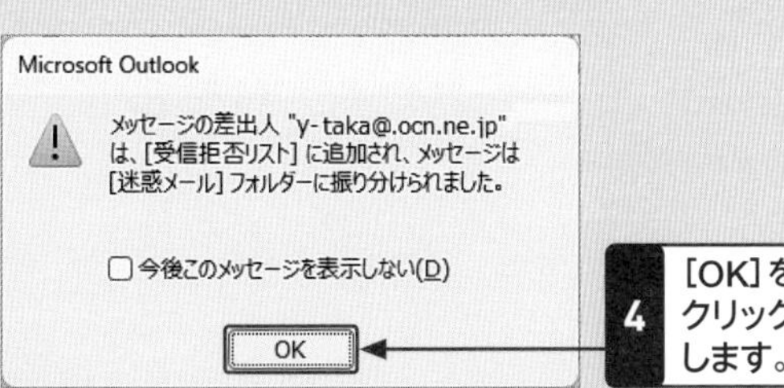

4 ［OK］をクリックします。

5 以降、選択したメールのメールアドレスから送信されたメールが迷惑メールとして扱われます。

重要度 ★★★ 迷惑メール

Q 227 受信拒否リストを確認したい！

A ［迷惑メールのオプション］ダイアログボックスで確認できます。

受信拒否リストは、［迷惑メールのオプション］ダイアログボックスの［受信拒否リスト］で確認できます。このダイアログボックスから［追加］をクリックしてメールアドレスやドメインを追加したり、誤って登録した人を削除したりすることができます。

1 ［ホーム］タブの［迷惑メール］をクリックして、

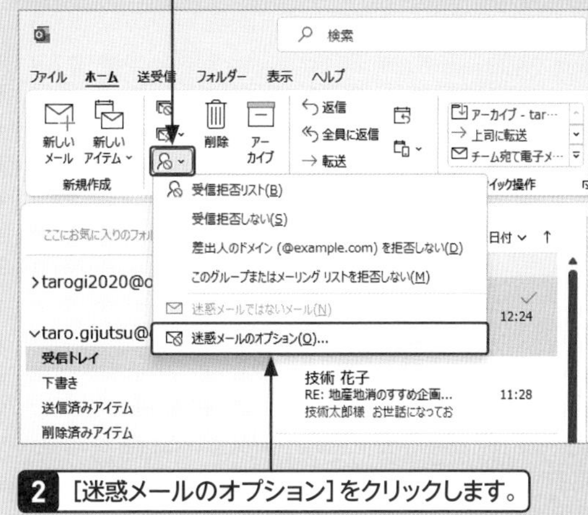

2 ［迷惑メールのオプション］をクリックします。

3 ［受信拒否リスト］をクリックすると、

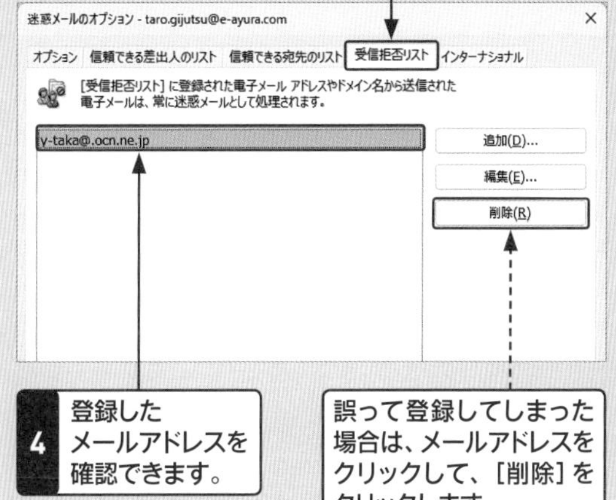

4 登録したメールアドレスを確認できます。

誤って登録してしまった場合は、メールアドレスをクリックして、［削除］をクリックします。

重要度 ★★★　迷惑メール

Q 228 迷惑メールとして扱われたメールをもとに戻したい！

A ［迷惑メール］から［迷惑メールではないメール］をクリックします。

知人からのメールや登録したメールマガジンなどが届いていない場合は、誤って迷惑メールとして扱われたことが考えられます。迷惑メールと判断された場合は、以下の手順で［受信トレイ］に戻します。［受信トレイ］に戻したメールは、［信頼できる差出人のリスト］に登録され、以降、そのメールアドレスから送信されたメールは迷惑メールとして扱われなくなります。
信頼できる差出人のリストは、［迷惑メールのオプション］ダイアログボックスで確認できます。参照▶Q 227

1 ［迷惑メール］をクリックして、

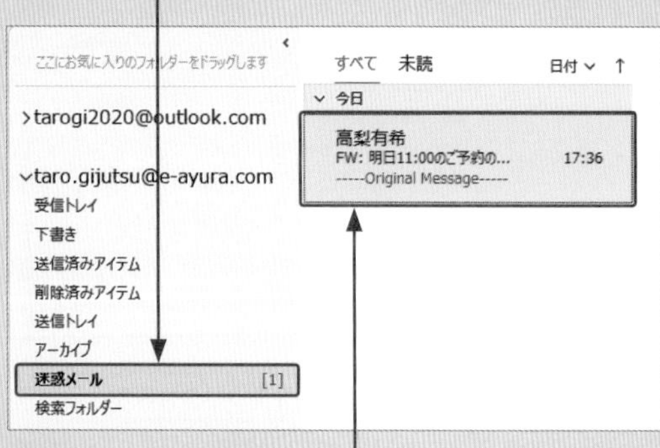

2 もとに戻したいメールをクリックします。

3 ［ホーム］タブの［迷惑メール］をクリックして、

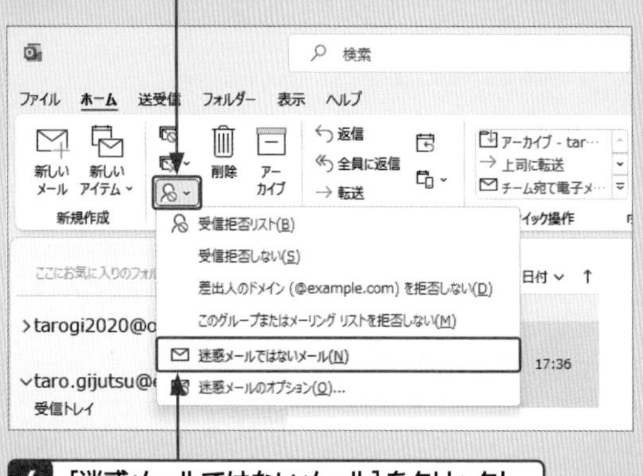

4 ［迷惑メールではないメール］をクリックし、

5 ここをクリックしてオンにし、

6 ［OK］をクリックします。

7 ［受信トレイ］をクリックすると、

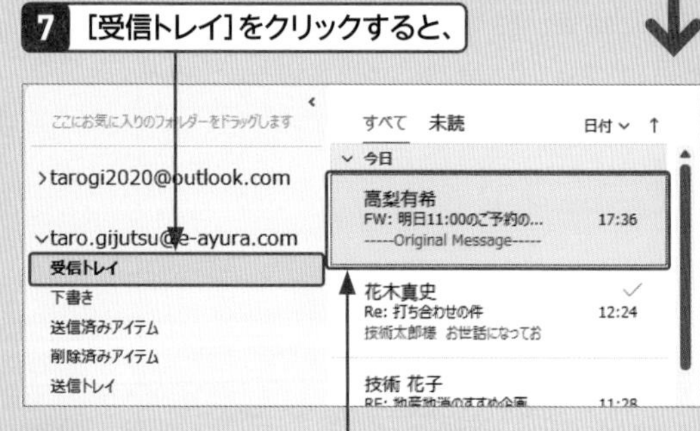

8 メールが［受信トレイ］に戻っていることが確認できます。

［受信トレイ］に戻したメールの差出人は、［迷惑メールのオプション］ダイアログボックスの［信頼できる差出人のリスト］に登録されます。

第5章

メールの設定

重要度 ★★★　メールの送受信の設定

Q 229 10分おきにメールを送受信するようにしたい！

A [Outlookのオプション]の[詳細設定]から設定します。

通常は、Outlookを起動したときに自動的にメールの送受信が行われます。また、[送受信]タブの[すべてのフォルダーを送受信]をクリックすることでも、手動でメールを送受信できます。これらに加えて、一定の時間ごとに自動的にメールの送受信を行うことが可能です。時間の間隔は任意に設定できますが、短すぎるとネットワークの負荷が大きくなるので、注意が必要です。
なお、必要なときだけインターネットに接続している場合は、オフライン時の設定を行うことができます。

1 [ファイル]タブをクリックして、

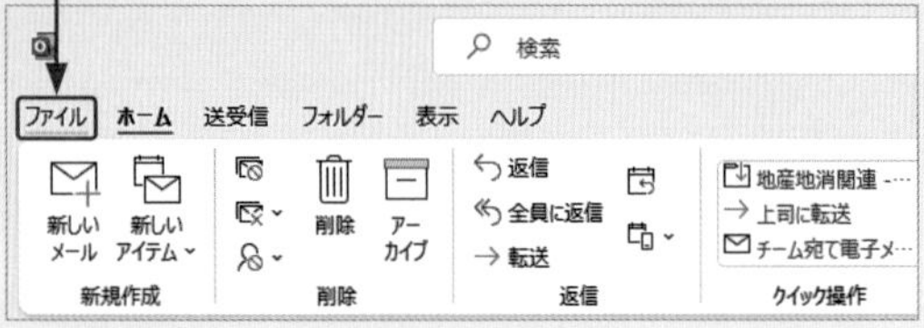

2 [オプション]をクリックします。

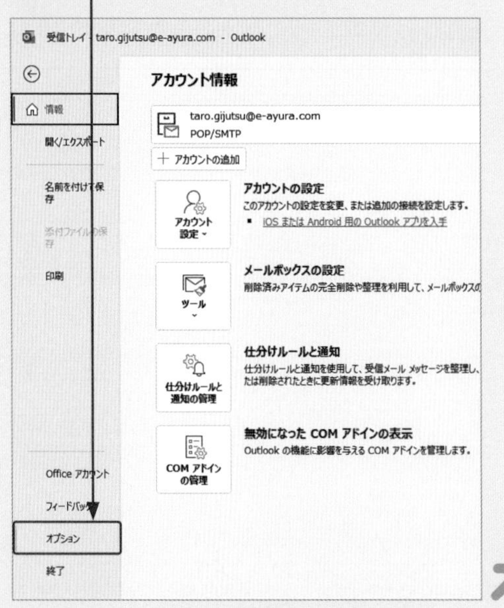

3 [詳細設定]をクリックして、

4 [送受信]をクリックします。

5 ここをクリックしてオンにし、

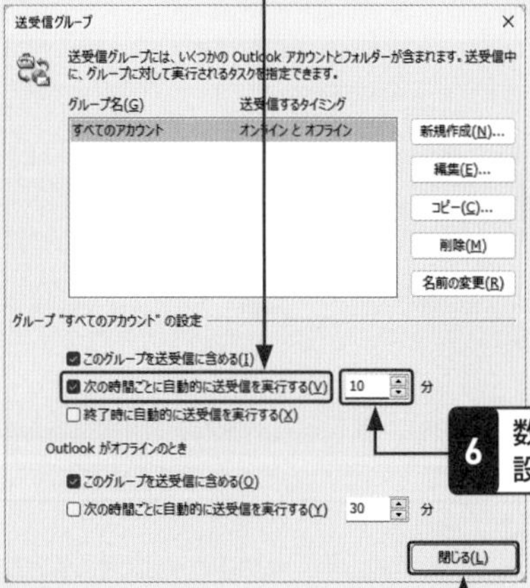

6 数値を「10」に設定して、

7 [閉じる]をクリックします。

8 [Outlookのオプション]ダイアログボックスの[OK]をクリックします。

● 必要なときだけインターネットに接続している場合

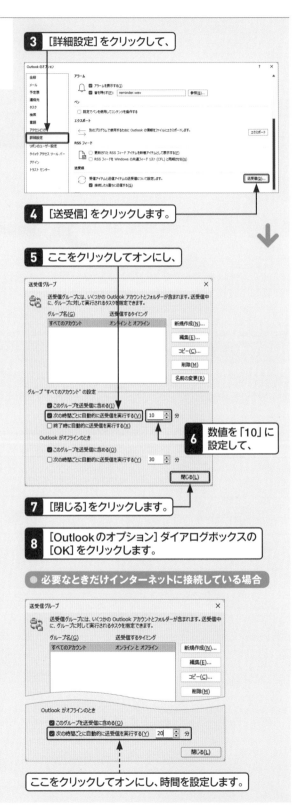

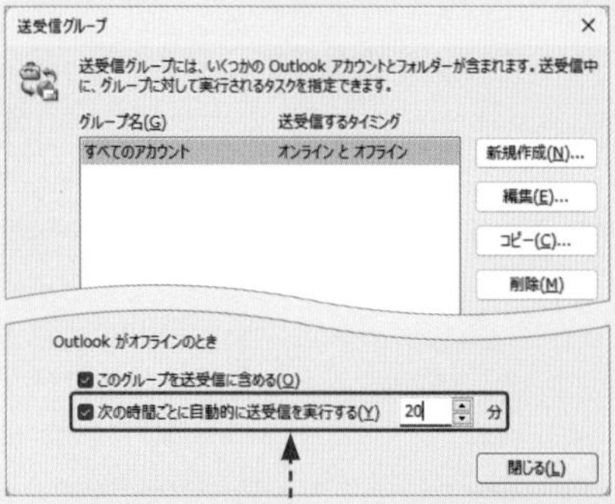

ここをクリックしてオンにし、時間を設定します。

重要度 ★★★　メールの送受信の設定

Q 230 メールの通知音を鳴らさないようにしたい！

A [Outlookのオプション]の[メール]で設定します。

Outlookの初期設定では、メールの通知音が鳴るように設定されています。メールの通知音を鳴らしたくない場合は、[ファイル]タブから[オプション]をクリックして、[Outlookのオプション]ダイアログボックスを表示します。続いて、[メール]をクリックして、[音で知らせる]をクリックしてオフにします。

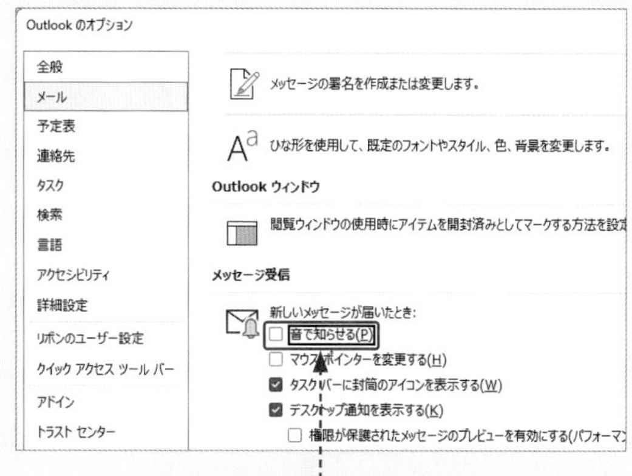

[音で知らせる]をクリックしてオフにします。

重要度 ★★★　メールの送受信の設定

Q 231 メールの通知音を変更したい！

A システムトレイから[サウンド]ダイアログボックスを表示して設定します。

通知音を変更したいときは、以下の手順で[サウンド]ダイアログボックスを表示して、通知音にしたいサウンドを選択します。なお、Windows 10の場合は、手順❷で[サウンド]をクリックすると、[サウンド]ダイアログボックスが表示されます。

もし、通知音が鳴らない場合は、システムトレイ（通知領域）の[スピーカー]をクリックして、スピーカーのボリュームが最小になっていたり、ミュート（消音）になっていたりしないかを確認します。

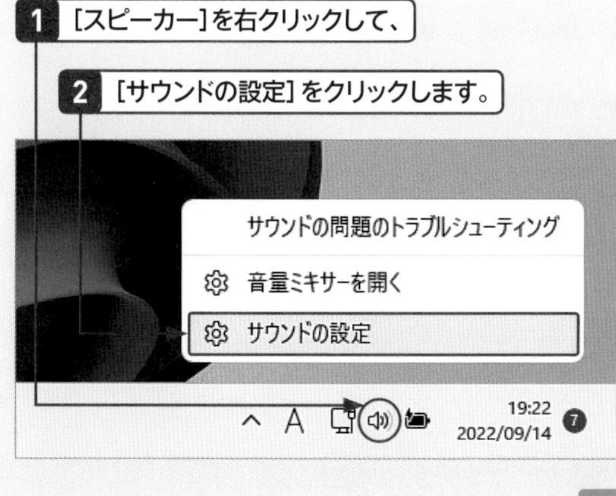

↗

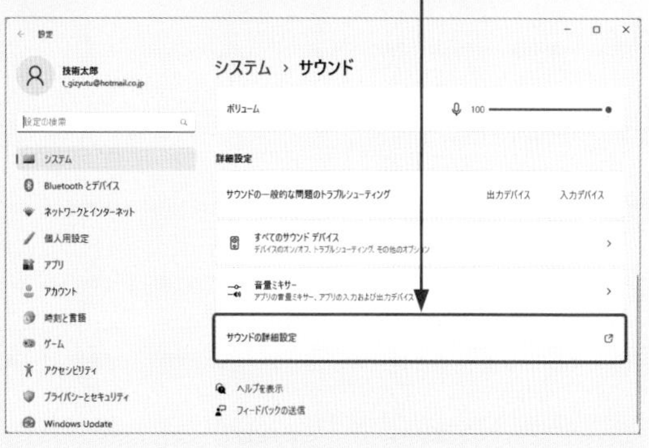

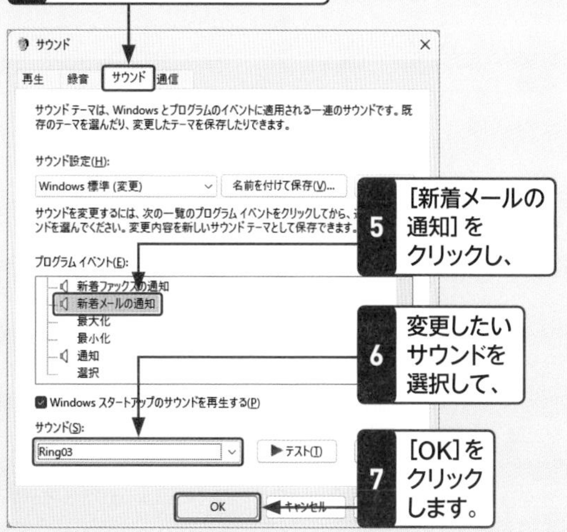

重要度 ★★★　メールアカウントの設定

Q 232 設定したメールアカウントの情報を変更したい！

A ［アカウント設定］ダイアログボックスから設定します。

設定したメールアカウントの情報を変更したい場合は、以下の手順で［アカウント設定］ダイアログボックスを表示して、変更したいメールアカウントをクリックし、［変更］をクリックします。
ここでは、POPアカウントの情報を変更します。

1 ［ファイル］タブをクリックして、

2 ［アカウント設定］をクリックし、

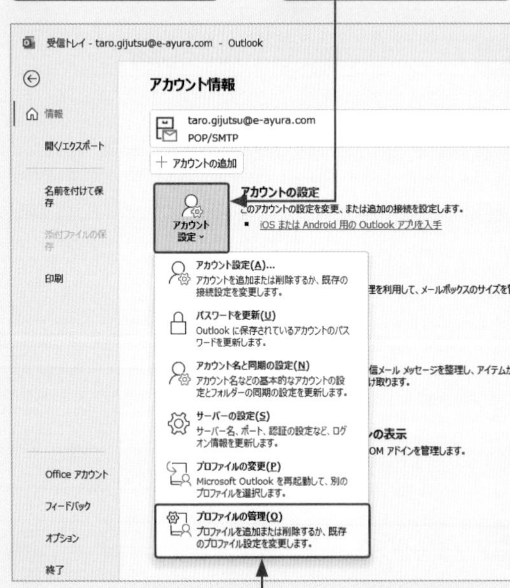

3 ［プロファイルの管理］をクリックします。

4 ［電子メールアカウント］をクリックして、

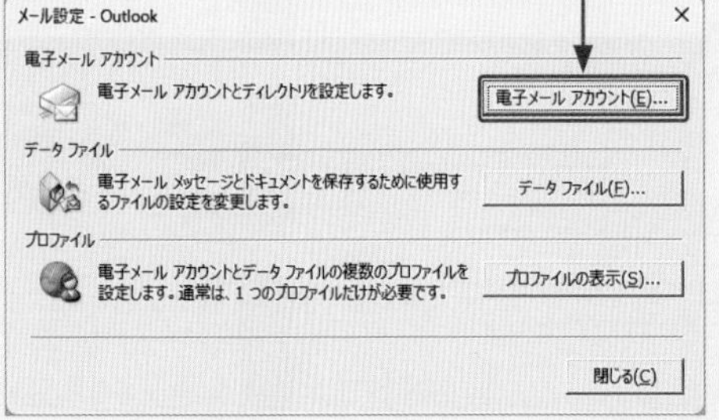

5 変更したいメールアカウントをクリックし、

6 ［変更］をクリックします。

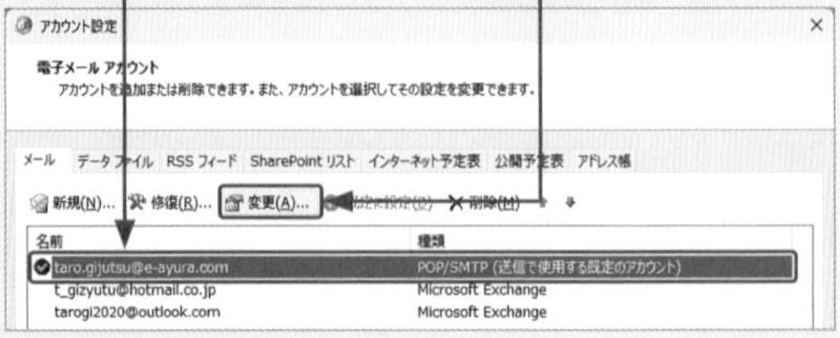

7 対象の情報を変更して、

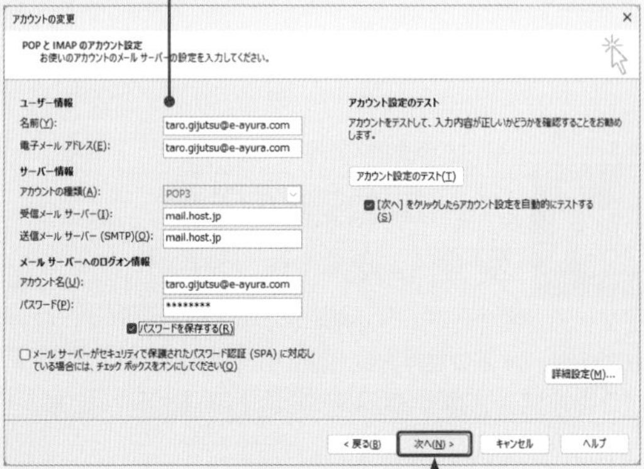

8 ［次へ］をクリックすると、

9 アカウント設定がテストされます。

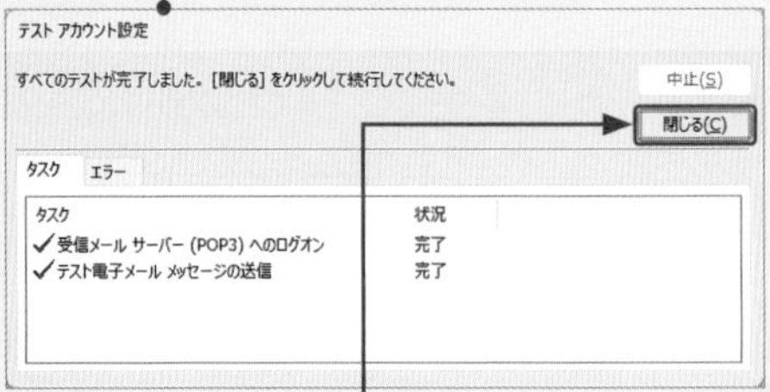

10 ［閉じる］をクリックして、

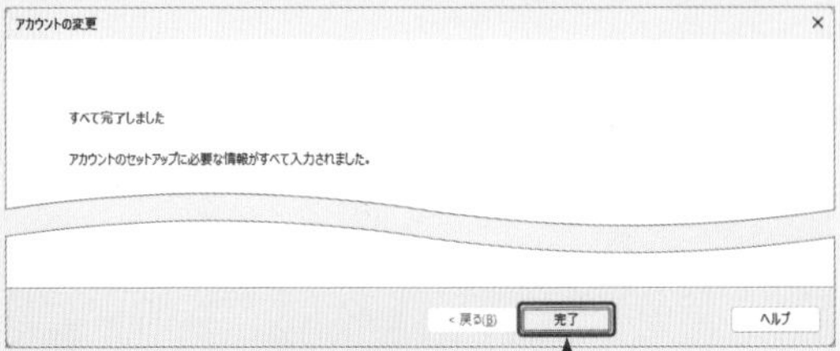

11 ［完了］をクリックすると、メールアカウントの情報が変更されます。

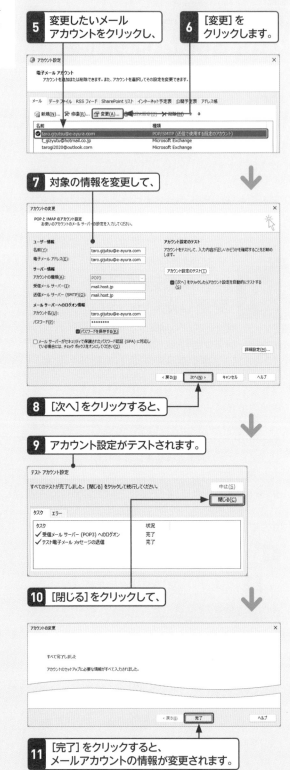

重要度★★★　メールアカウントの設定

Q 233 パスワードを保存しないようにしたい!

A [アカウントの変更]ダイアログボックスから設定します。

パスワードを保存するかどうかは、[アカウントの変更]ダイアログボックスで設定できます。Q 232の手順1〜6を実行して、[アカウントの変更]ダイアログボックスを表示し、[パスワードを保存する]をクリックしてオフにすると、パスワードが保存されません。パスワードを保存しないように設定した場合は、メールの送受信時に毎回パスワードを入力する必要があります。

参照▶Q 012

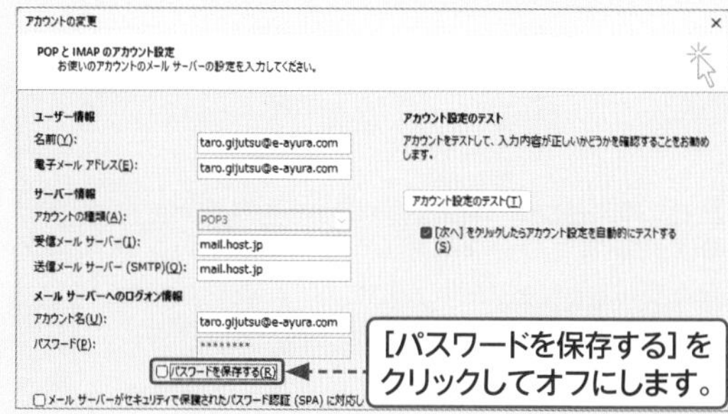

重要度★★★　メールアカウントの設定

Q 234 [アカウントの変更]ダイアログボックスが表示できない!

A コントロールパネルの[ユーザーアカウント]から表示します。

OutlookのバージョンやOfficeのインストール方法によっては、Q 232の方法で[アカウントの変更]ダイアログボックスが表示されない場合があります。その場合は、[コントロールパネル]を表示して、以下の手順で操作します。

1 タスクバーの[検索]をクリックして「コントロールパネル」を検索し、[コントロールパネル]を表示します。

2 [ユーザーアカウント]をクリックして、

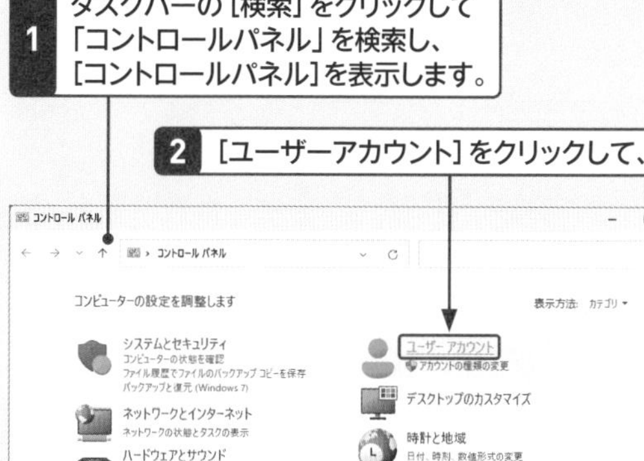

3 [Mail(Microsoft Outlook)]をクリックします。

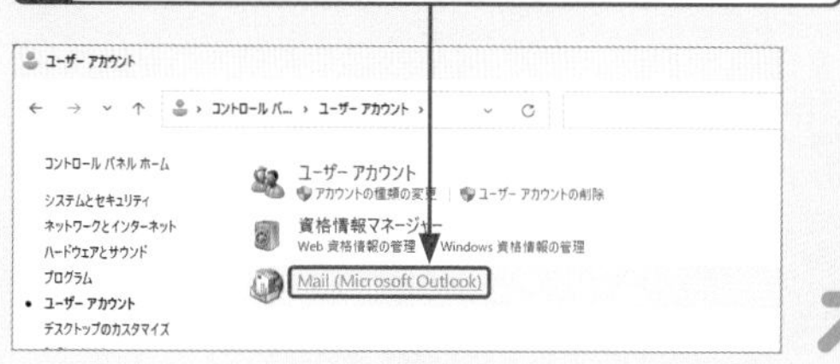

4 [電子メールアカウント]をクリックして、

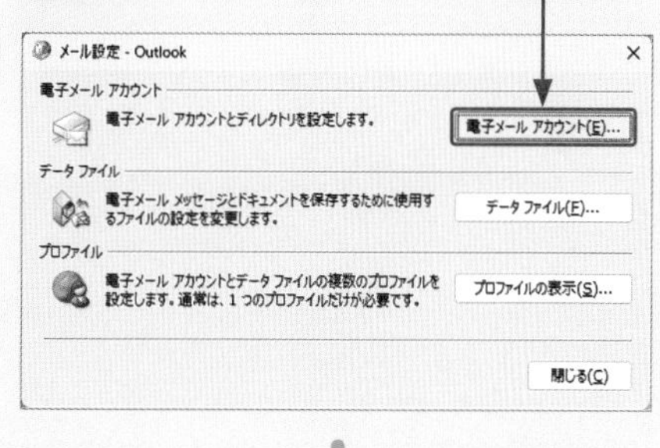

5 変更したいメールアカウントをクリックし、

6 [変更]をクリックすると、

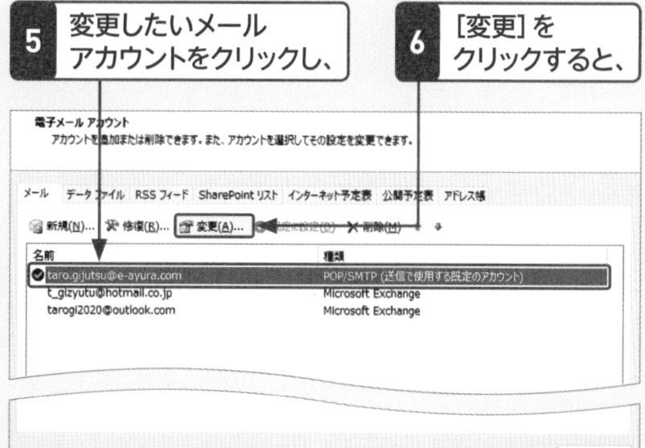

7 [アカウントの変更]ダイアログボックスが表示されるので、Q 232の手順7以降の操作を行います。

重要度 ★★★　メールアカウントの設定

Q 235 メールアカウントを追加したい！

A ［アカウント情報］画面の［アカウントの追加］から追加します。

ビジネス用とプライベート用など、用途に応じて複数のメールアカウントを使い分けたい場合は、メールアカウントを追加します。追加したメールアカウントは、フォルダーウィンドウに表示されます。
ここでは、自動セットアップで設定を行います。手動でメールアカウントを設定する方法については、Q 020を参照してください。

1 ［ファイル］タブをクリックして、

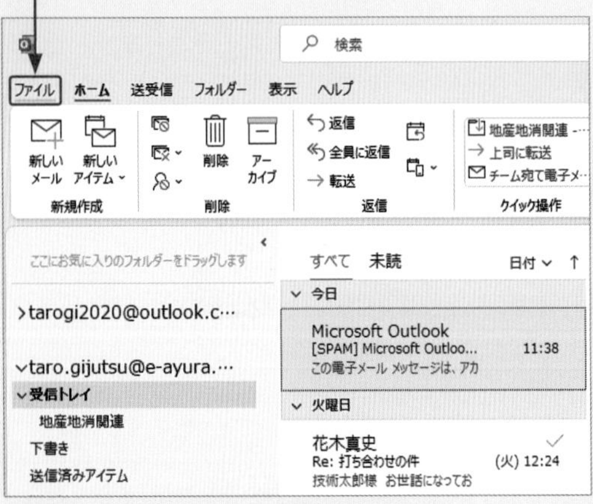

2 ［アカウントの追加］をクリックします。

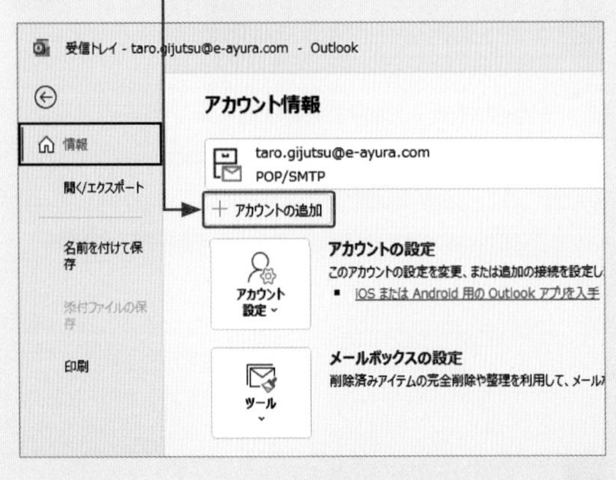

3 設定するメールアドレスを入力して、

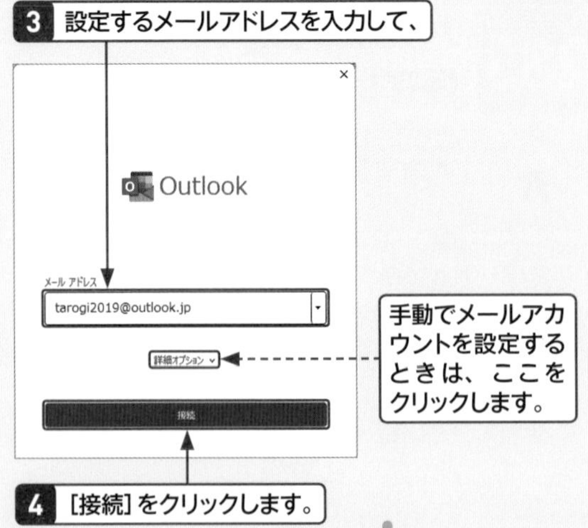

手動でメールアカウントを設定するときは、ここをクリックします。

4 ［接続］をクリックします。

5 「アカウントが正常に追加されました」と表示されたことを確認して、

6 ［完了］をクリックします。

7 Outlookを再起動すると、フォルダーウィンドウにメールアカウントが追加表示されます。

Q236 アカウントを追加したらフォルダー名が英語表記になる!

A Outlook.live.comにアクセスして、表示言語を設定します。

Microsoftアカウントのメールアカウント(Outlook.com)を追加した際に、下図のようにフォルダーなどが英語表記になっている場合があります。この場合は、Webブラウザーで「https://outlook.live.com/」にアクセスしてOutlookを表示し、表示言語を日本語に設定します。

Outlook.comのメールアカウントを追加した際に、フォルダーなどが英語表記になっています。

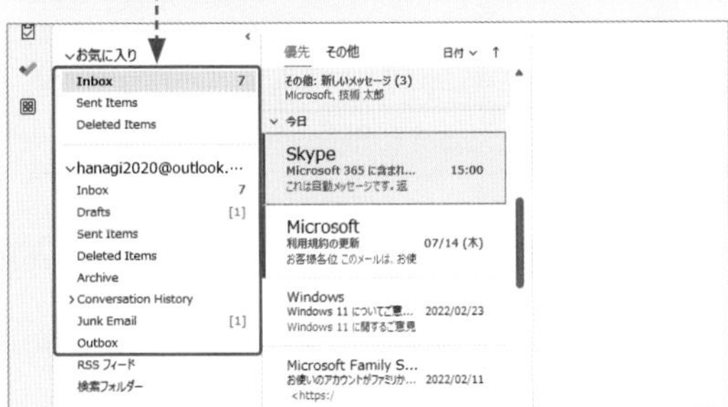

1 Webブラウザーで「https://outlook.live.com/」にアクセスします。

2 [設定]をクリックして、

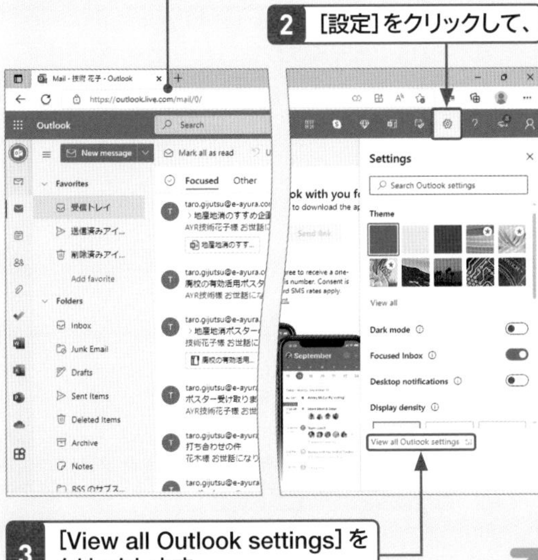

3 [View all Outlook settings]をクリックします。

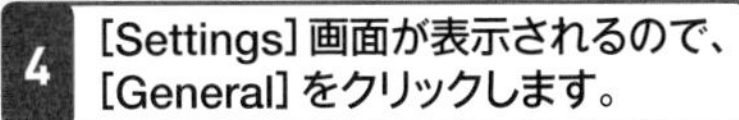

4 [Settings]画面が表示されるので、[General]をクリックします。

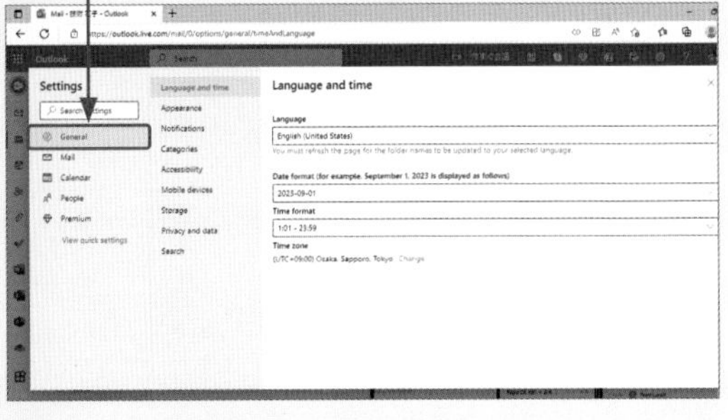

5 [Language]をクリックして、[日本語(日本)]を選択し、

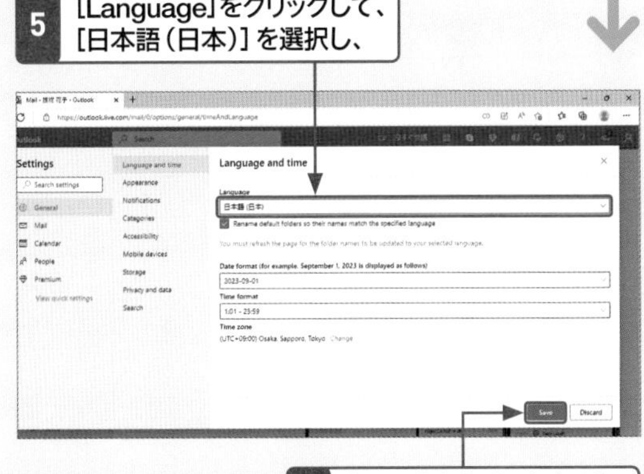

6 [Save]をクリックすると、

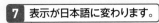

7 表示が日本語に変わります。

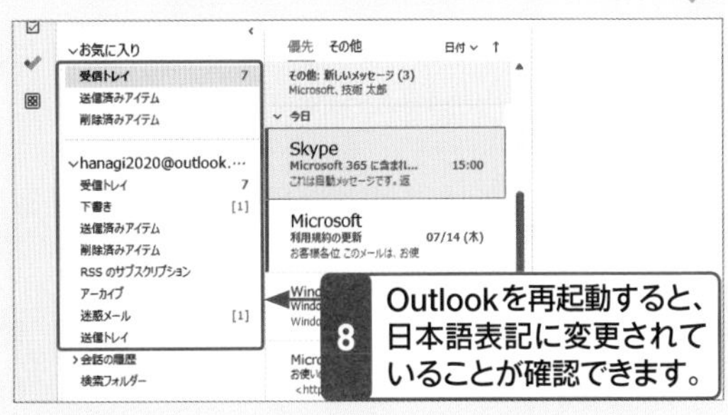

8 Outlookを再起動すると、日本語表記に変更されていることが確認できます。

Q 237 相手に表示される名前を変更したい！

A ［アカウント設定］ダイアログボックスから変更します。

送信先に表示される差出人の名前は、メールアカウントを設定したときに入力したメールアドレスや名前が表示されます。差出人の名前は、任意に変更することができます。ただし、Webメールサービスによっては変更できない場合もあります。

1 ［ファイル］タブをクリックして、

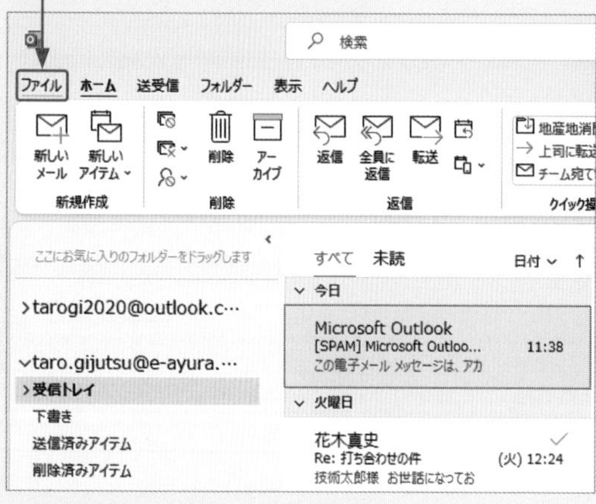

2 ［アカウント設定］をクリックし、

3 ［アカウント設定］をクリックします。

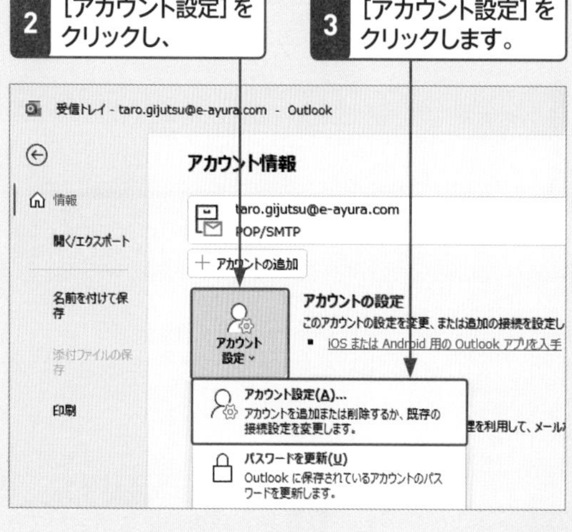

4 名前を変更したいメールアカウントをクリックして、

5 ［変更］をクリックします。

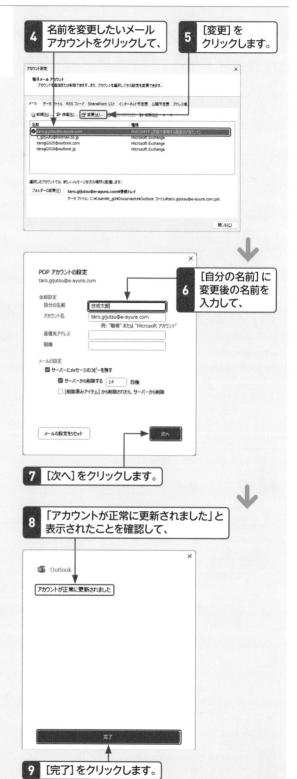

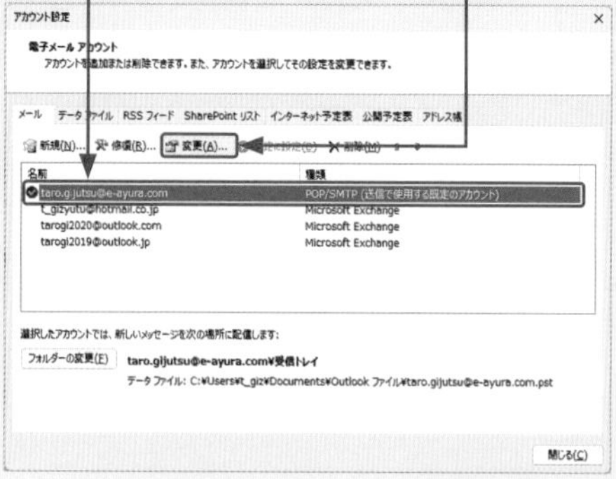

6 ［自分の名前］に変更後の名前を入力して、

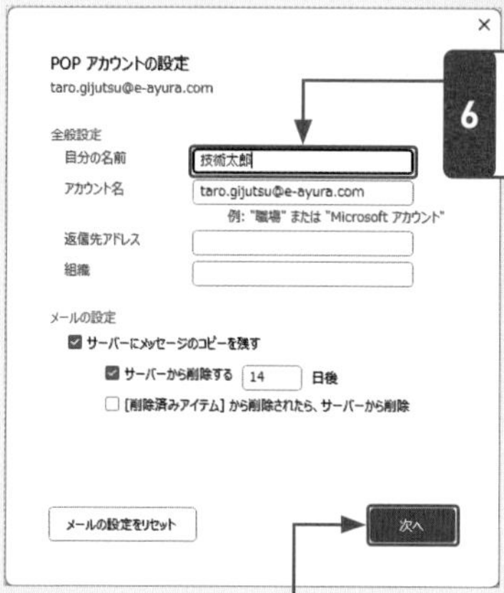

7 ［次へ］をクリックします。

8 「アカウントが正常に更新されました」と表示されたことを確認して、

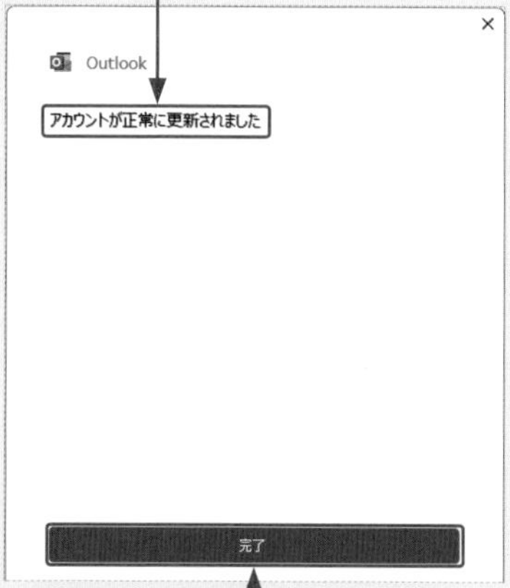

9 ［完了］をクリックします。

重要度 ★★★　メールアカウントの設定

Q 238 メールアカウントを削除したい！

A ［アカウント設定］ダイアログボックスで削除します。

Outlookでは、複数のメールアカウントを設定して利用することができます。設定したメールアカウントが不要になった場合は、［アカウント設定］ダイアログボックスで削除することができます。

1 ［ファイル］タブをクリックして、

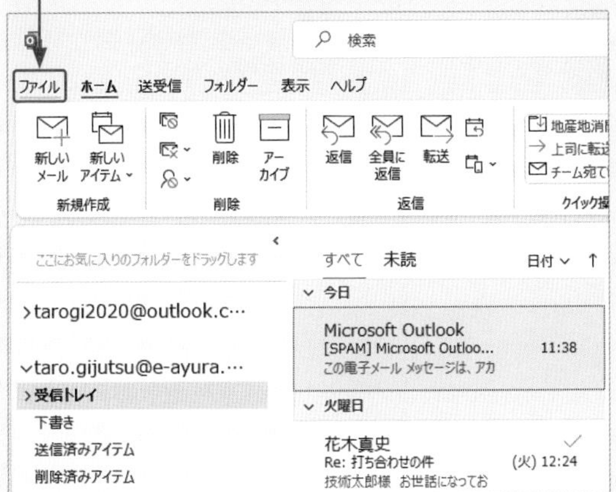

2 ［アカウント設定］をクリックし、

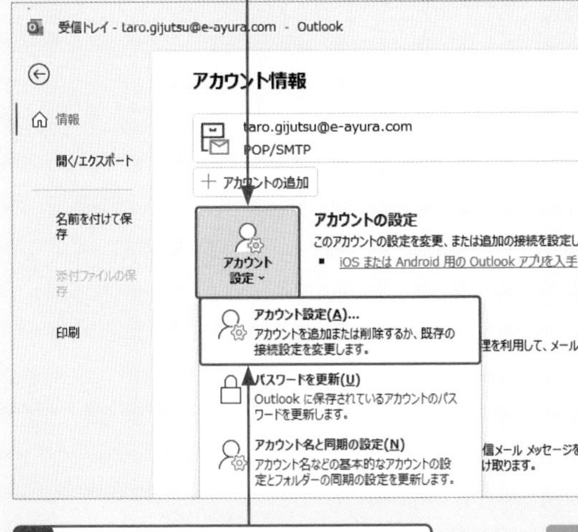

3 ［アカウント設定］をクリックします。

4 削除したいメールアカウントをクリックして、

5 ［削除］をクリックし、

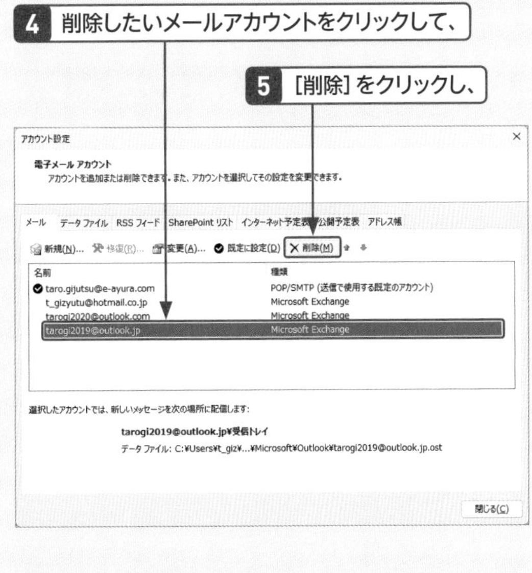

6 ［はい］をクリックします。

7 メールアカウントが削除されたことを確認して、

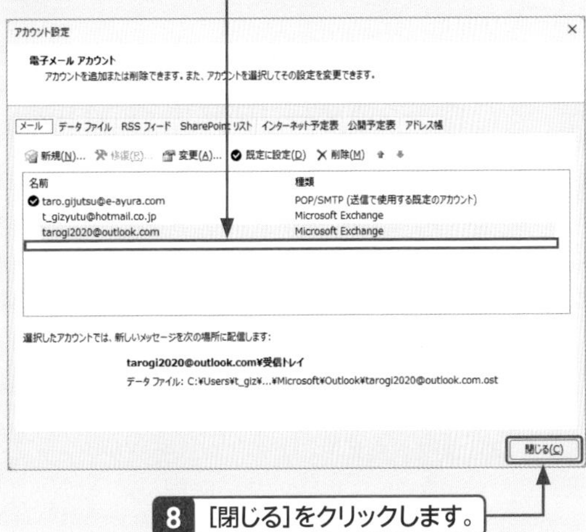

8 ［閉じる］をクリックします。

1 Outlookの基本
2 メールの受信と閲覧
3 メールの作成と送信
4 メールの整理と管理
5 メールの設定
6 連絡先
7 予定表
8 タスク
9 印刷
10 アプリ連携・共同作業
11 そのほかの便利機能

重要度 ★★★ メールアカウントの設定

Q 239 メールアカウントのデータの保存先を変更したい！

A データファイルの保存先を表示して、任意の場所に移動します。

Outlookに設定したメールアカウントのメールや連絡先などは、まとめて1つのOutlookデータファイル(.pst)として保存されています。このデータファイルの保存先は変更することができます。Outlookを終了してデータファイルの保存先を表示し、任意の場所に移動します。そのあとにOutlookを起動するとエラーメッセージが表示されるので、[OK]をクリックしてデータファイルの保存先を指定します。 参照▶Q 011

1 Outlookを終了して、Outlookデータファイルの保存先を表示し、

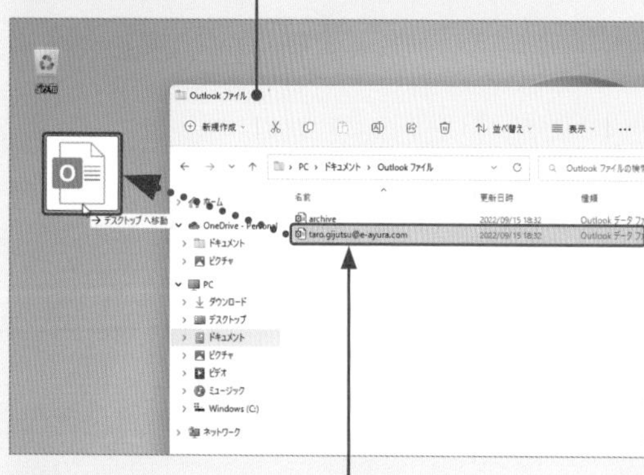

2 データファイルを任意の場所（ここでは、デスクトップ）に移動します。

Outlook データ ファイル

ファイル C:¥Users¥t_giz¥Documents¥Outlook ファイル¥taro.gijutsu@e-ayura.com.pst は見つかりません。

OK

3 Outlookを再起動すると、エラーメッセージが表示されるので、[OK]をクリックします。

4 データファイルの新しい保存先を指定して、

5 Outlook データファイルをクリックし、

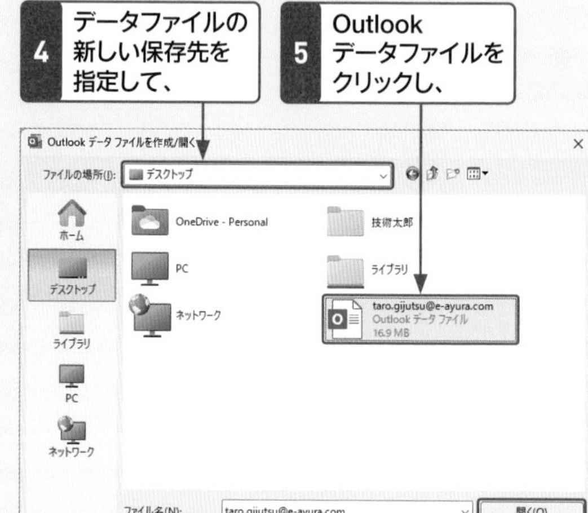

6 [開く]をクリックすると、

7 Outlookが起動します。

重要度 ★★★ メールアカウントの設定

Q 240 既定のメールアカウントを変更したい！

A [アカウント設定]ダイアログボックスで変更します。

複数のメールアカウントを設定した場合、最初に設定したものが「既定のメールアカウント」になり、メールの送受信に使用されます。既定のメールアカウントを変更したい場合は、[ファイル]タブをクリックして、[アカウント設定]から[アカウント設定]をクリックすると表示される[アカウント設定]ダイアログボックスで設定します。

1 既定にしたいメールアカウントをクリックして、

2 [既定に設定]をクリックします。

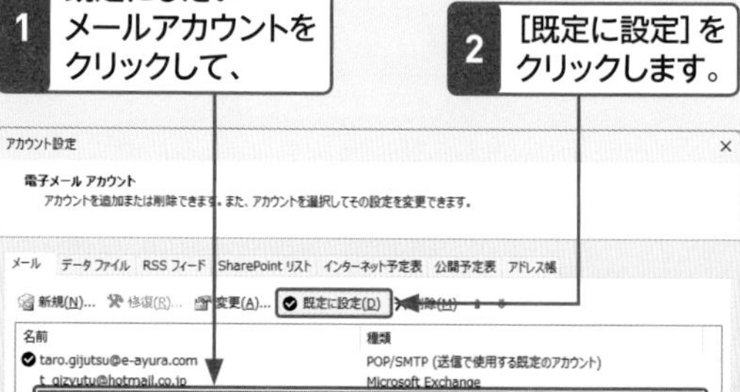

重要度 ★★★　メールアカウントの設定

Q 241 メールアカウントの表示順を変更したい!

A フォルダーウィンドウで順序を入れ替えます。

複数のメールアカウントを設定した場合、最初に設定したメールアカウントがフォルダーウィンドウの上段に表示されます。メールアカウントの表示順を変更したい場合は、フォルダーウィンドウでメールアカウント名をドラッグします。ドラッグする際は、フォルダーを閉じておくと操作しやすいでしょう。

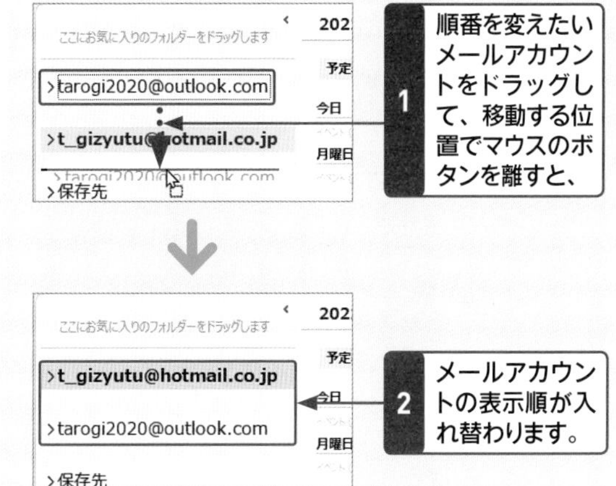

1 順番を変えたいメールアカウントをドラッグして、移動する位置でマウスのボタンを離すと、
2 メールアカウントの表示順が入れ替わります。

重要度 ★★★　メールアカウントの設定

Q 242 複数のメールアカウントのメールを1つの受信トレイで見たい!

A [アカウント設定]の[フォルダーの変更]から設定します。

Outlookに複数のメールアカウントを設定すると、メールアカウントごとにフォルダーが作成され、それぞれの[受信トレイ]にメールが配信されます。複数のメールアカウントのメールを1つの[受信トレイ]で受信したい場合は、以下の手順で操作します。ただし、この操作は、POPアカウントに限られます。

なお、以下の手順を実行しても、すでに受信済みのメールは自動的には移動しません。必要であればQ 243の方法で移動します。

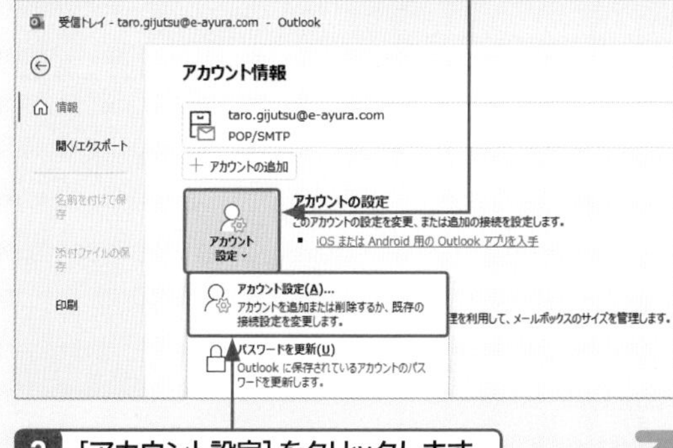

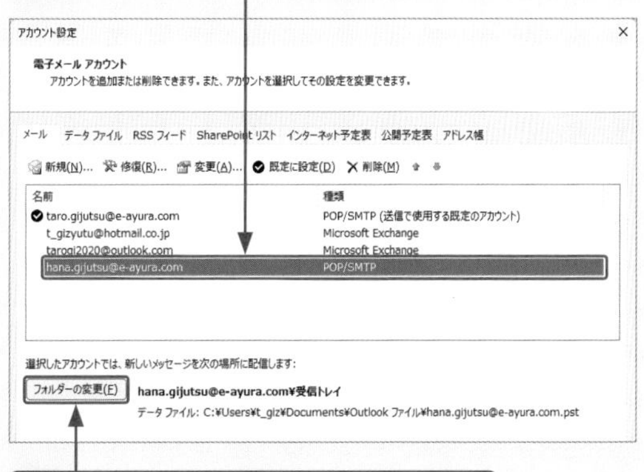

4 配信先を変更したいメールアカウントをクリックして、
5 [フォルダーの変更]をクリックします。

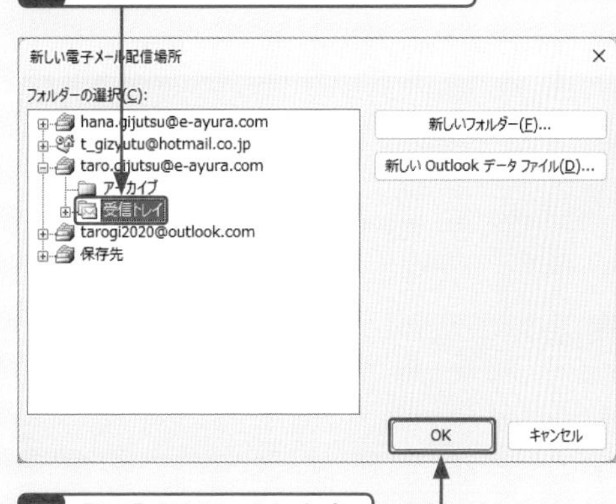

Q 243 別のメールアカウントにメールを移動したい！

A エクスポートとインポートを利用します。

Outlookに複数のメールアカウントを設定している場合や、同じメールアカウントを重複して設定してしまった場合などは、片方のメールアカウントからもう一方のメールアカウントにメールをコピーすることができます。一方のメールアカウントのデータファイルをエクスポート（書き出し）して、もう片方のメールアカウントにインポート（書き込み）します。

1 ［ファイル］タブをクリックして、［開く／エクスポート］をクリックし、

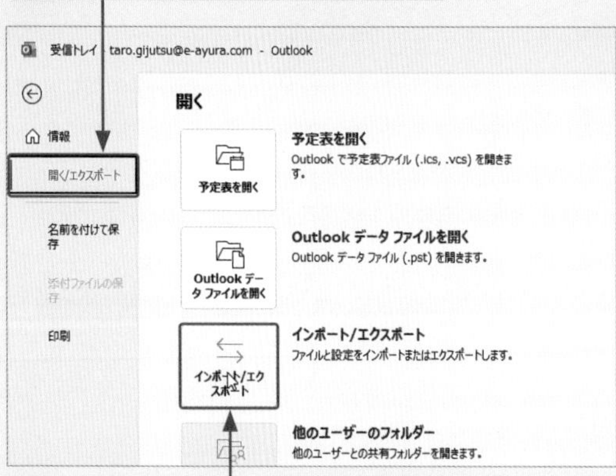

2 ［インポート／エクスポート］をクリックします。

3 ［ファイルにエクスポート］をクリックして、

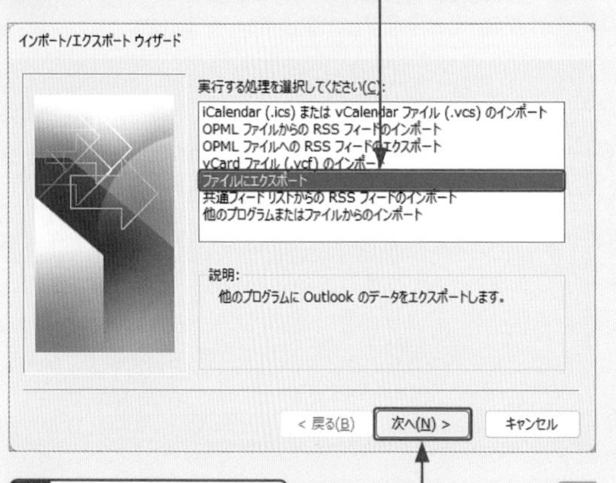

4 ［次へ］をクリックし、

5 ［Outlookデータファイル（.pst）］をクリックして、

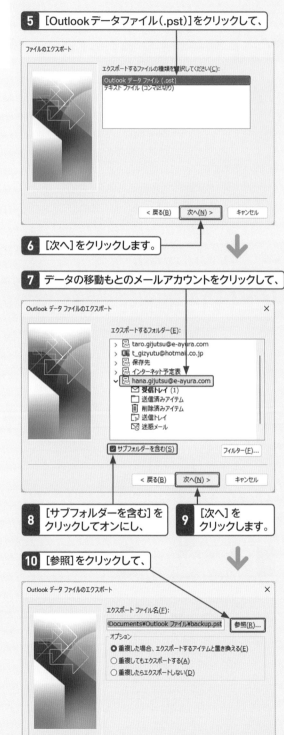

6 ［次へ］をクリックします。

7 データの移動もとのメールアカウントをクリックして、

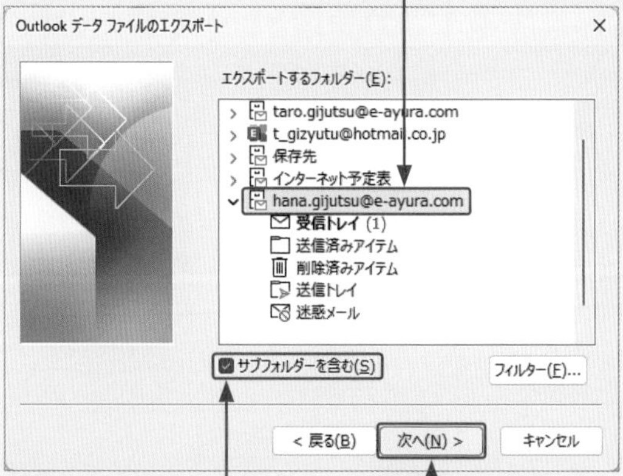

8 ［サブフォルダーを含む］をクリックしてオンにし、

9 ［次へ］をクリックします。

10 ［参照］をクリックして、

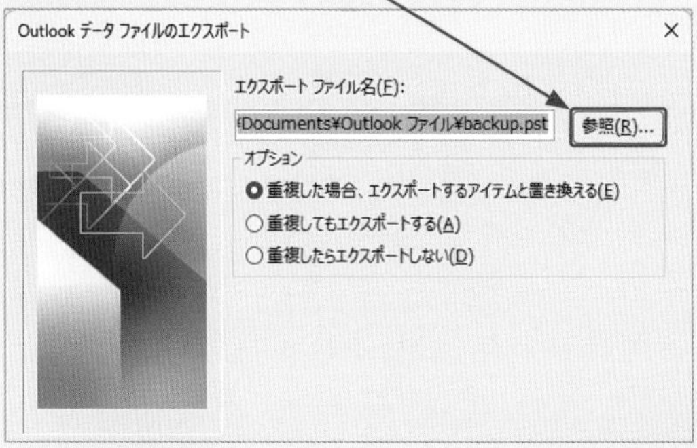

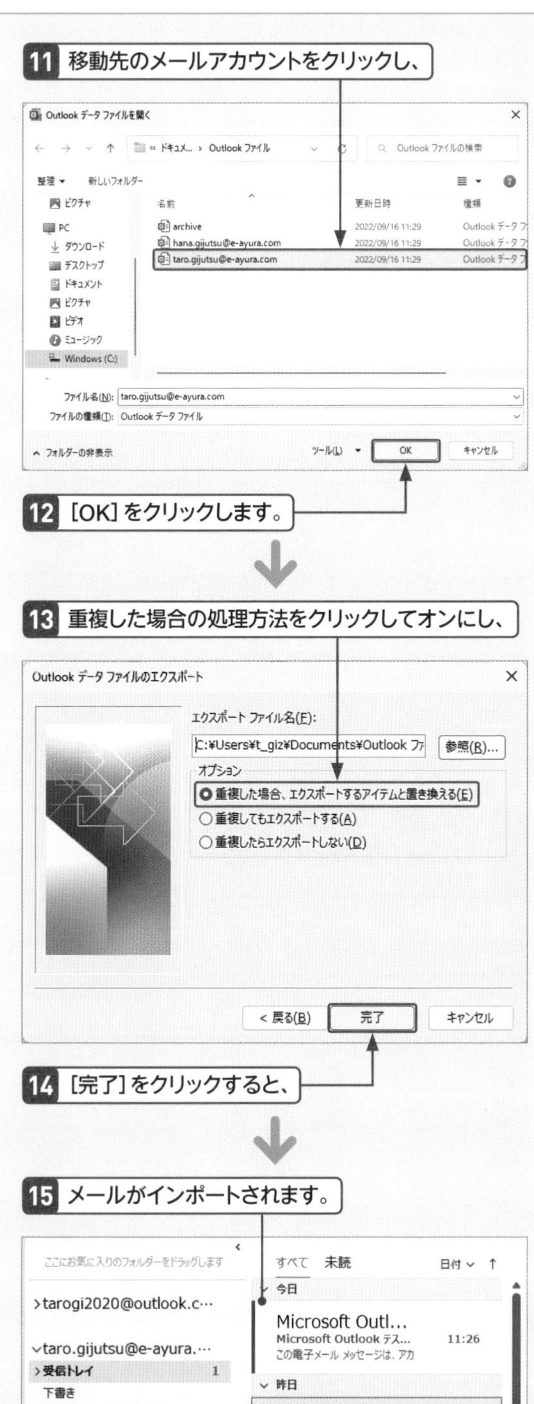

11 移動先のメールアカウントをクリックし、

12 [OK] をクリックします。

13 重複した場合の処理方法をクリックしてオンにし、

14 [完了] をクリックすると、

15 メールがインポートされます。

重要度 ★★★　メールアカウントの設定

Q 244 同じメールアドレスの受信トレイが複数できた！

A 片方のメールアカウントを削除します。

フォルダーウィンドウに同じメールアカウントが2つできたのは、同じメールアドレスを別々のメールアカウントとして設定してしまったためです。この場合は、重複したメールアカウントを削除します。

このとき、それぞれのメールアカウントにデータが残っている場合があります。あらかじめ、メールアカウントのデータを1つにまとめてから削除すると、メールデータを失わずにすみます。1つにまとめるには、データをエクスポートして、まとめるメールアカウントにインポートします。

参照 ▶ Q 238, Q 243

1 同じメールアドレスのメールアカウントが重複した場合は、メールアカウントのデータを1つにまとめてから、

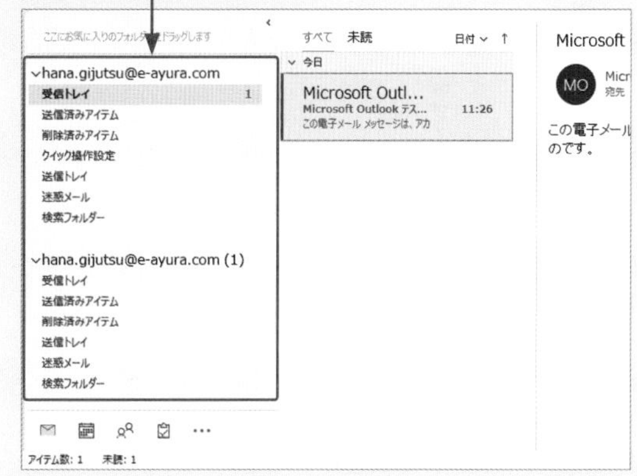

2 片方のメールアカウントを削除します。

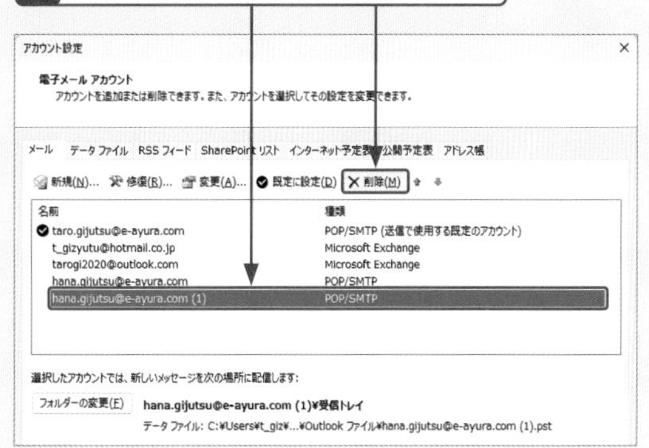

重要度 ★★★ メールアカウントの設定

Q 245 特定のメールアカウントの自動受信を一時的に止めたい!

A [送受信]タブの[送受信グループ]から設定します。

複数のメールアカウントを設定している場合、特定のメールアカウントの自動受信を一時的に止めることができます。[送受信]タブの[送受信グループ]から[送受信グループの定義]をクリックして設定します。

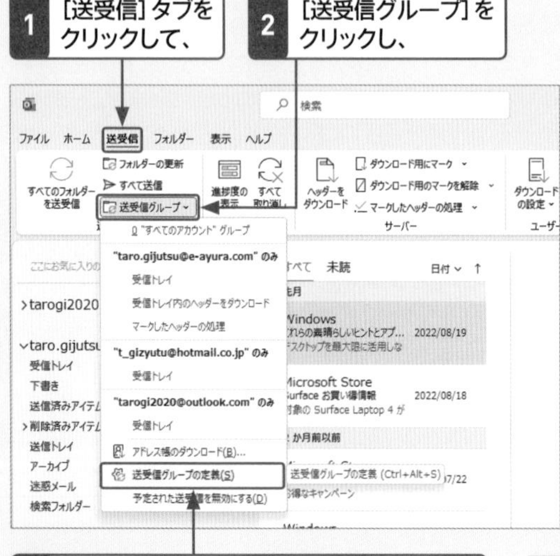

1 [送受信]タブをクリックして、
2 [送受信グループ]をクリックし、
3 [送受信グループの定義]をクリックします。

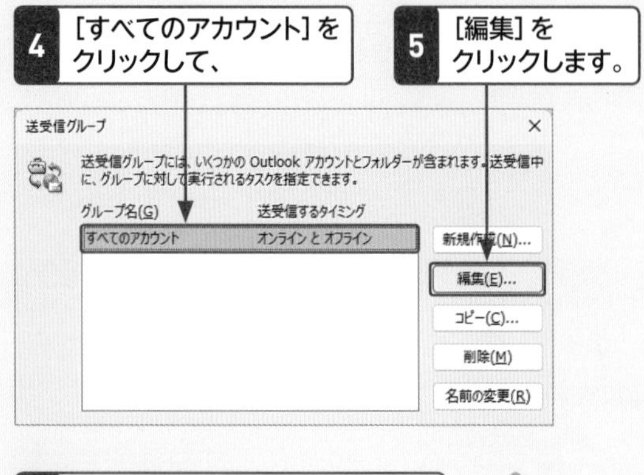

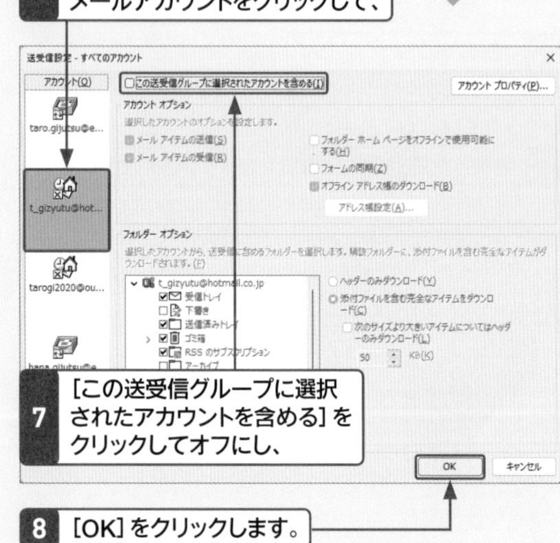

6 自動受信を止めるメールアカウントをクリックして、
7 [この送受信グループに選択されたアカウントを含める]をクリックしてオフにし、
8 [OK]をクリックします。

重要度 ★★★ そのほかのメールの設定

Q 246 デスクトップ通知を非表示にしたい!

A [Outlookのオプション]の[メール]で設定します。

初期設定では、メールを受信するとデスクトップ通知が表示され、メールの発信もとや件名などが確認できます。デスクトップ通知は数秒経てば自動的に閉じますが、わずらわしく感じる場合は非表示にすることができます。[ファイル]タブから[オプション]をクリックして、[Outlookのオプション]ダイアログボックスで設定します。

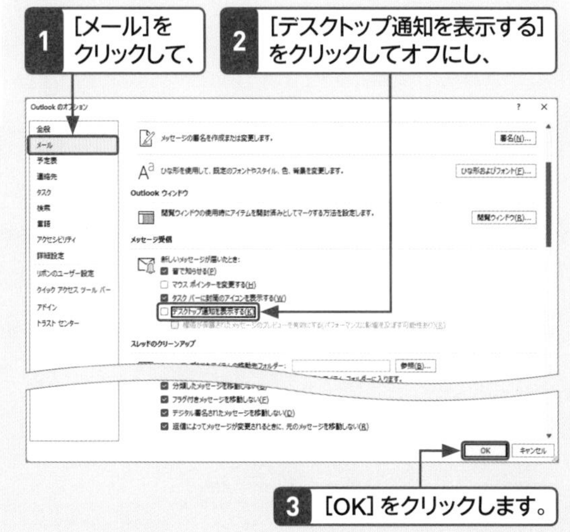

重要度 ★★★ そのほかのメールの設定

Q 247 デスクトップ通知を設定したのに表示されない！

A 仕分けルールによって仕分けされたメールには表示されません。

仕分けルールによって自動的に振り分けられたメールの場合、デスクトップ通知は表示されません。自動的に振り分けられたメールに通知を表示したい場合は、仕分けルールを作成する際に、[仕分けルールの作成] ダイアログボックスの [新着アイテム通知ウィンドウに表示する] をクリックしてオンにします。

また、仕分けルールを変更する場合は、[自動仕分けウィザード] の処理を選択するダイアログボックスで、[新着アイテム通知ウィンドウに通知メッセージを表示する] をクリックしてオンにします。 参照▶Q 200, Q 201

仕分けルールの作成

次の条件に一致する電子メールを受信したとき
- ☐ 差出人が次の場合(F): Microsoft Outlook
- ☐ 件名が次の文字を含む場合(S): Microsoft Outlook テスト メッセージ
- ☑ 宛先が次の場合(E): 技術太郎

実行する処理
- ☑ 新着アイテム通知ウィンドウに表示する(A)
- ☐ 音で知らせる(P): Windows Notify Ema　参照(W)...
- ☐ アイテムをフォルダーに移動する(M): フォルダーの選択　フォルダーの選択(L)...

OK　キャンセル　詳細オプション(D)...

[新着アイテム通知ウィンドウに表示する] をクリックしてオンにします。

自動仕分けウィザード

メッセージに対する処理を選択してください
ステップ 1: 処理を選択してください(C)
- ☐ 削除する
- ☐ 削除する (復元できません)
- ☐ コピーを 指定 フォルダーへ移動する
- ☐ 名前/パブリック グループ へ転送する
- ☐ 添付して 名前/パブリック グループ に転送する
- ☐ 名前/パブリック グループ にリダイレクトする
- ☐ 通知メッセージ を使ってサーバーで返信する
- ☐ 特定のテンプレート を使って返信する
- ☐ メッセージ フラグ 期限 を設定する
- ☐ メッセージ フラグを消去する
- ☐ メッセージの分類項目を消去する
- ☐ (重要度) を設定する
- ☐ 印刷する
- ☐ (音) を鳴らす
- ☐ 開封済みとしてマークする
- ☑ 新着アイテム通知ウィンドウに 通知メッセージ を表示する
- ☐ デスクトップ通知を表示する
- ☐ アイテム保持ポリシーの適用: アイテム保持ポリシー

[新着アイテム通知ウィンドウに通知メッセージを表示する] をクリックしてオンにします。

重要度 ★★★ そのほかのメールの設定

Q 248 受信トレイの内容がおかしいので修復したい！

A 「受信トレイ修復ツール」を利用します。

なんらかの原因で受信トレイの内容に不具合が発生した場合は、Outlookに用意されている「受信トレイ修復ツール (SCANPST.EXE)」を利用してエラーの診断と修復を行うことができます。修復ツールを利用するには、あらかじめOutlookを終了しておきます。

エクスプローラーを起動して、「SCANPST.EXE」の保存先 (C ドライブの¥Program Files¥Microsoft Office¥root¥Office16) を表示し、[SCANPST.EXE] をダブルクリックします。SCANPST.EXE が見つからない場合は、エクスプローラーで検索します。

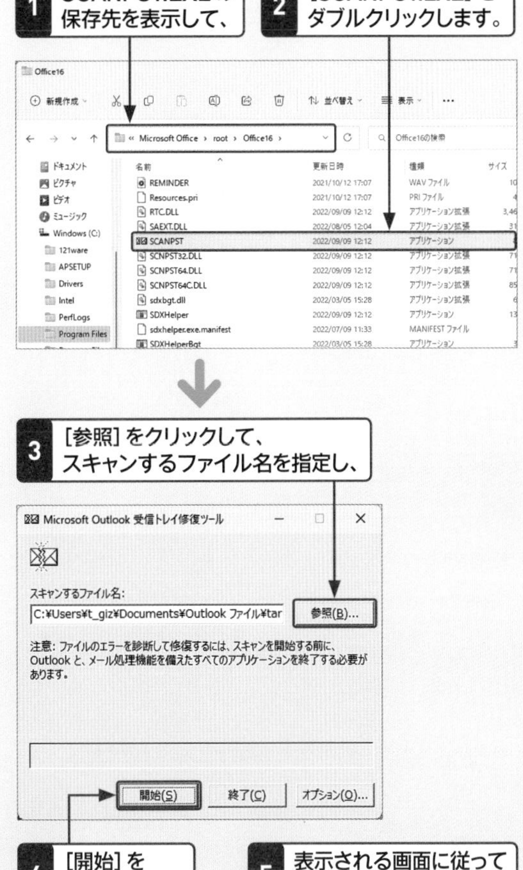

1 SCANPST.EXEの保存先を表示して、
2 [SCANPST.EXE] をダブルクリックします。
Office16
« Microsoft Office › root › Office16
SCANPST
3 [参照] をクリックして、スキャンするファイル名を指定し、
Microsoft Outlook 受信トレイ修復ツール
スキャンするファイル名:
C:¥Users¥t_giz¥Documents¥Outlook ファイル¥tar
参照(B)...
注意: ファイルのエラーを診断して修復するには、スキャンを開始する前に、Outlook と、メール処理機能を備えたすべてのアプリケーションを終了する必要があります。
開始(S)　終了(C)　オプション(O)...
4 [開始] をクリックして、
5 表示される画面に従って操作します。

Q 249 クイック操作とは？

A よく行う操作を1回のクリックで実行できる機能です。

「クイック操作」とは、メールで頻繁に行っている操作、たとえば、上司にメールを転送する、チーム宛てにメールを転送する、などの操作の流れを登録して、1回のクリックで実行できるようにしたものです。

クイック操作には、よく利用する操作があらかじめ用意されていますが、新規に登録することもできます。あらかじめ用意されているクイック操作をはじめて実行するときは、セットアップを行う必要があります。

1 対象のメールをクリックして、

2 [ホーム] タブの [クイック操作] から操作（ここでは [上司に転送]）をクリックします。

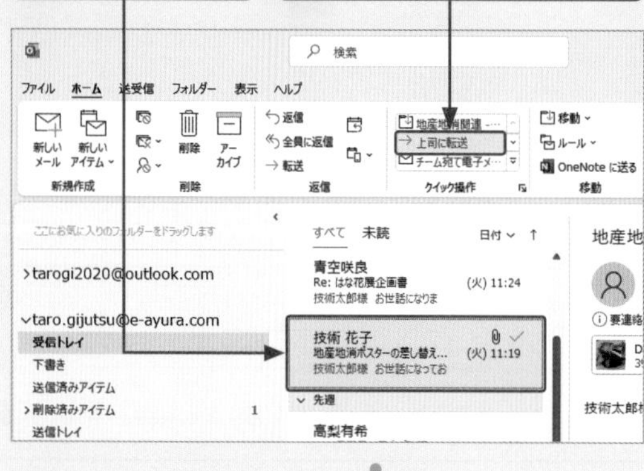

3 はじめて実行するときは、[初回使用時のセットアップ] が表示されます。

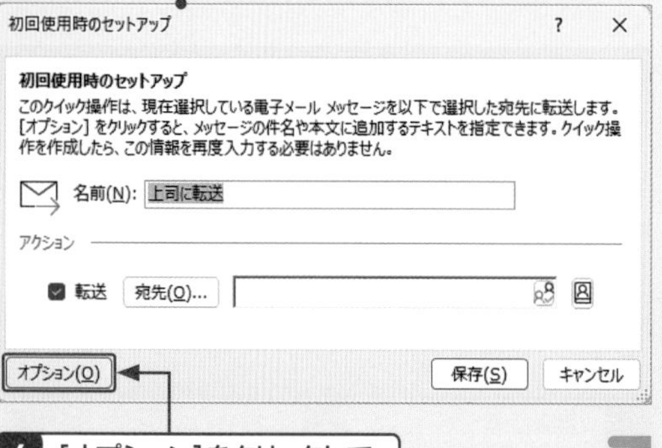

4 [オプション] をクリックして、

5 [宛先] に上司のアドレスを設定し、

ここをクリックして、件名や文章などを入力することもできます。

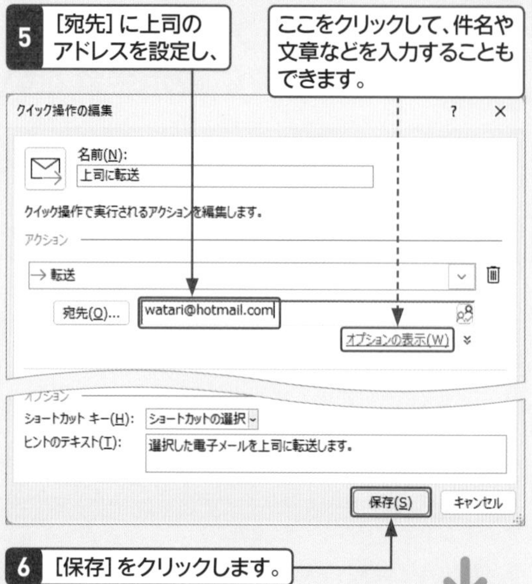

6 [保存] をクリックします。

7 メール画面に戻るので、[上司に転送] をクリックすると、

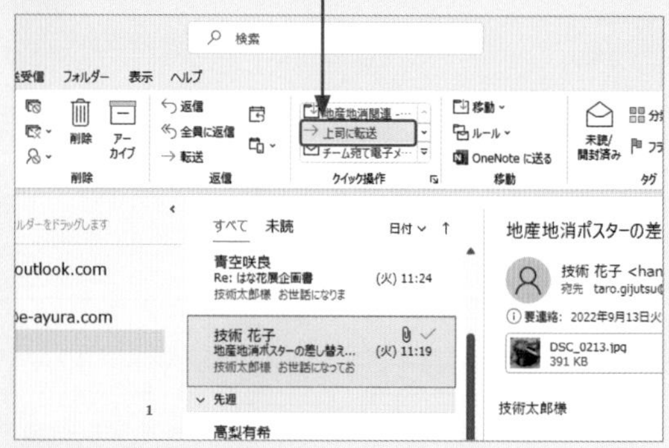

8 上司のアドレスが入力された転送用のメッセージウィンドウが表示されます。

9 本文を入力して送信します。

重要度 ★★★　そのほかのメールの設定

Q250 クイック操作を編集したい!

A [クイック操作の管理] ダイアログボックスを表示して編集します。

クイック操作は、内容を変更したり、コピーして利用したり、削除したりすることができます。[ホーム] タブの [クイック操作] の [その他] をクリックして、[クイック操作の管理] をクリックし、[クイック操作の管理] ダイアログボックスで設定します。

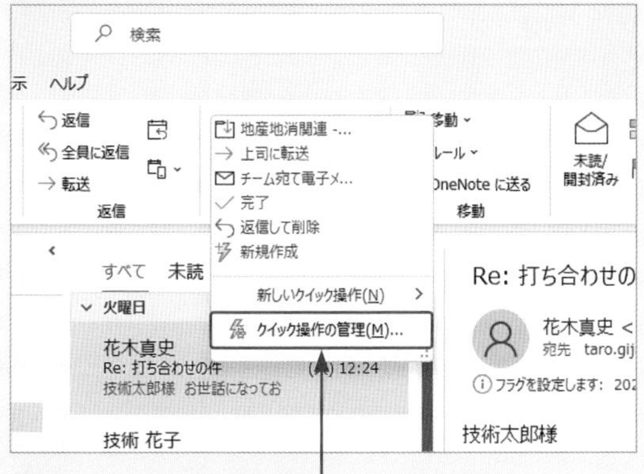

1 [ホーム] タブの [クイック操作] の [その他] をクリックして、
2 [クイック操作の管理] をクリックします。

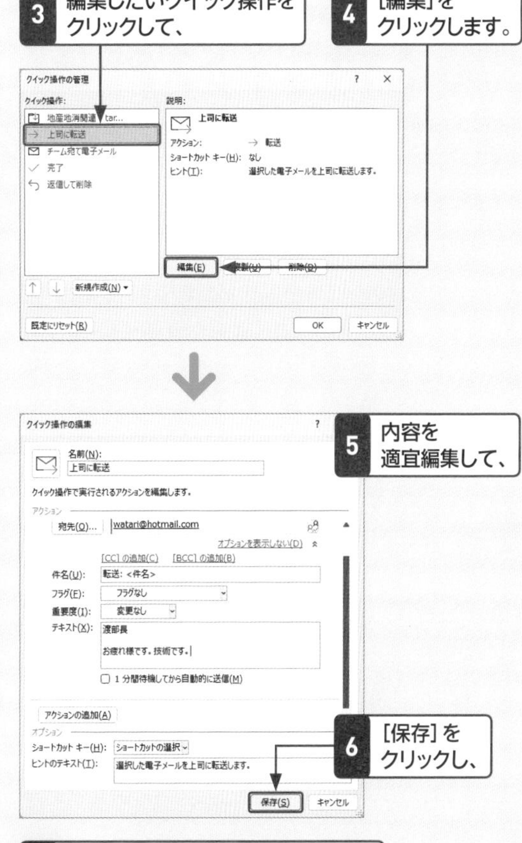

3 編集したいクイック操作をクリックして、
4 [編集] をクリックします。
5 内容を適宜編集して、
6 [保存] をクリックし、
7 [クイック操作の管理] ダイアログボックスの [OK] をクリックします。

重要度 ★★★　そのほかのメールの設定

Q251 作成中のメールの自動保存時間を変更したい!

A [Outlookのオプション] の [メール] で設定します。

初期設定では、メールを作成したまましばらく送信しないでいると、自動的に [下書き] フォルダーに保存されます。自動保存されるまでの時間は、初期設定では3分に設定されていますが、この時間は変更することができます。[ファイル] タブから [オプション] をクリックして、[Outlookのオプション] ダイアログボックスで設定します。

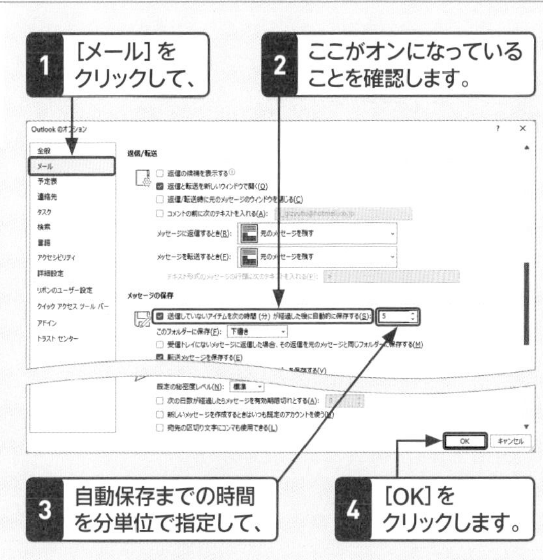

1 [メール] をクリックして、
2 ここがオンになっていることを確認します。
3 自動保存までの時間を分単位で指定して、
4 [OK] をクリックします。

Q 252 Outlookを既定のメールアプリにするには？

A Windowsの「設定」アプリの[既定のアプリ]で設定します。

Webページ上のメールアドレスのリンクをクリックしたり、ExcelやWordのファイルをメールで送信したりする場合は、既定のメールアプリが起動します。通常は、Windowsに標準で搭載されている「メール」アプリが既定のメールアプリに設定されています。Outlookを既定のメールアプリにするには、Windows 11の「設定」アプリで設定します。なお、Windows 10の場合は、手順5で[メール]をクリックして、[Outlook]をクリックします。

1 [スタート]をクリックして、

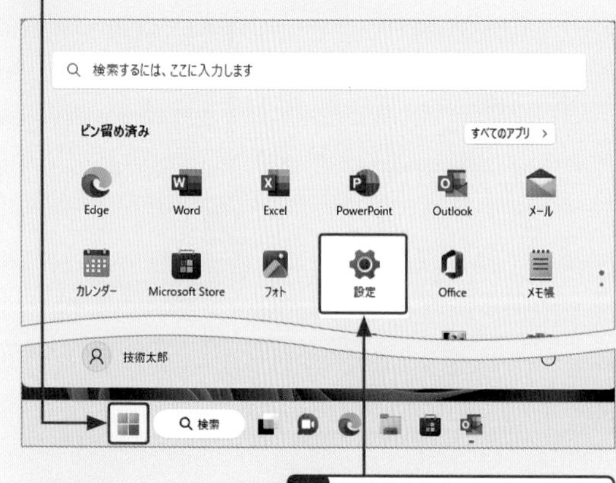

2 [設定]をクリックします。

3 「設定」アプリが表示されるので、[アプリ]をクリックして、

4 [既定のアプリ]をクリックします。

5 [メール]をクリックして、

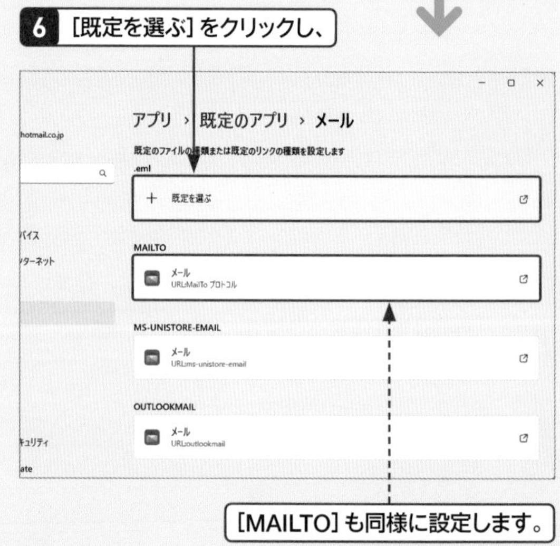

6 [既定を選ぶ]をクリックし、

[MAILTO]も同様に設定します。

7 [Outlook]をクリックして、

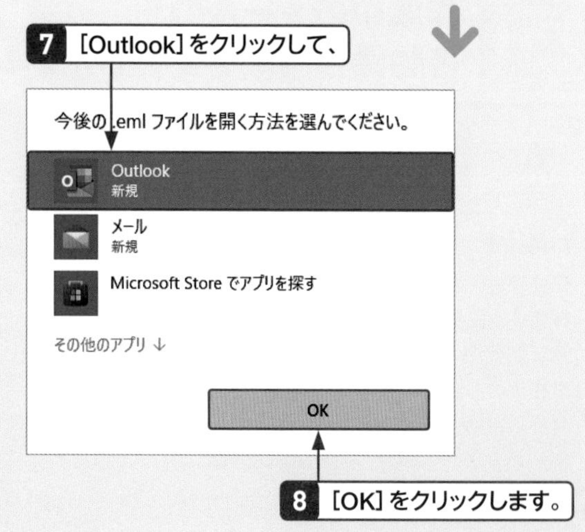

8 [OK]をクリックします。

Q 253 不在時の自動応答メールを設定したい！

A ［ファイル］タブの［自動応答］から設定します。

出張や長期休暇などで、長期間メールを返信できない場合、不在であることを相手に連絡できると便利です。Outlookには、あらかじめ設定しておいたメールを不在時に送信できる自動応答機能が用意されています。ただし、自動応答を利用できるのは、Outlook.comなどのマイクロソフトが提供するメールアカウントに限られます。

1 ［ファイル］タブをクリックして、

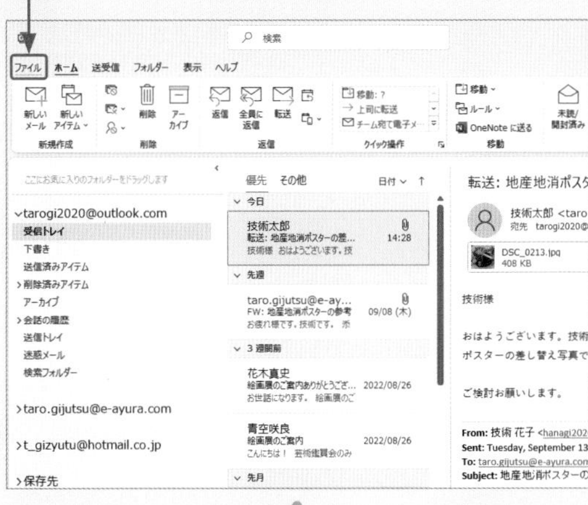

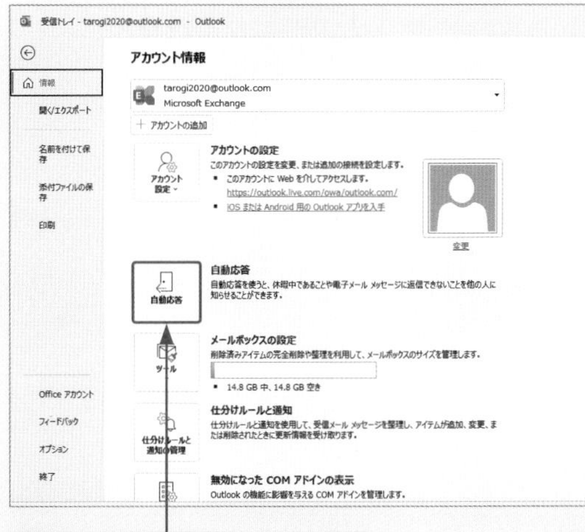

2 ［自動応答］をクリックします。

3 ［自動応答を返信する］をクリックしてオンにし、

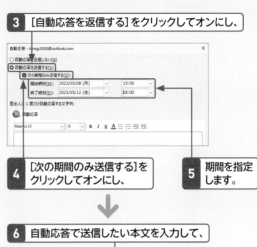

4 ［次の期間のみ送信する］をクリックしてオンにし、

5 期間を指定します。

6 自動応答で送信したい本文を入力して、

7 ［OK］をクリックします。

8 自動応答が設定されている期間は、「自動応答が送信されます。」と表示されます。

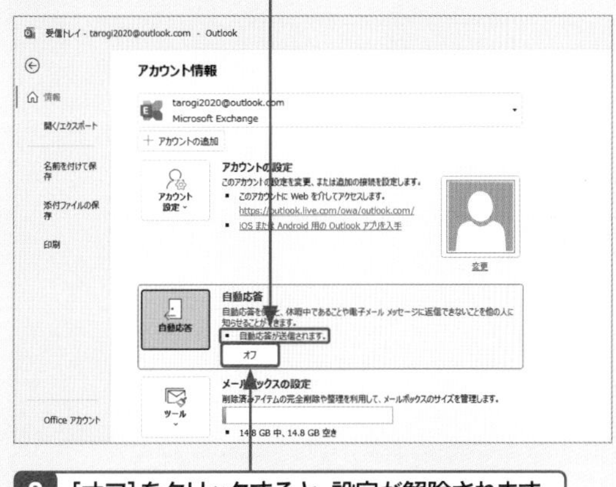

9 ［オフ］をクリックすると、設定が解除されます。

重要度 ★★★ そのほかのメールの設定

Q 254 仕分けルールとテンプレートを利用して自動応答メールを設定したい!

A 送信するメールをテンプレートにして仕分けルールを設定します。

Q 253の方法で自動応答機能が利用できるのは、Outlook.comなどのマイクロソフトが提供するメールアカウントに限られます。それ以外のアカウントを使用している場合は、仕分けルールとテンプレートを利用して自動応答メールを送信することができます。最初に不在時に送信するメールをテンプレートとして作成し、仕分けルールによって受信したメールの返信を自動送信します。ただし、実際に送信されるときにパソコンおよびOutlookが起動しており、自動送信するように設定されている必要があります。

自動応答メールが不要になった場合は、仕分けルールを削除しましょう。 参照▶Q 229

1 [ホーム]タブの[新しいメール]をクリックして、[メッセージ]ウィンドウを表示します。

2 不在時に送信するメールの件名と本文を入力して、

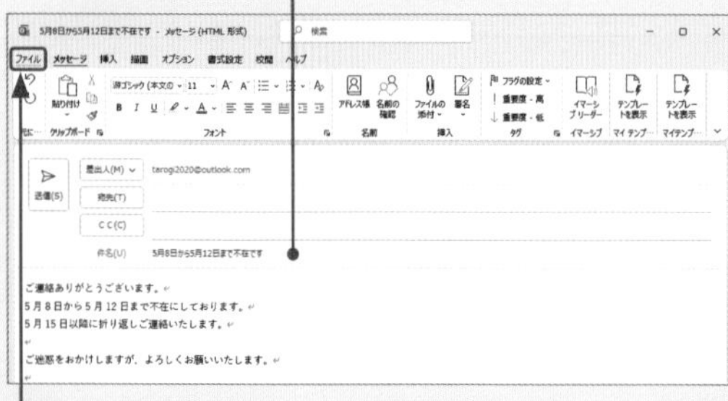

3 [ファイル]タブをクリックし、

4 [名前を付けて保存]をクリックします。

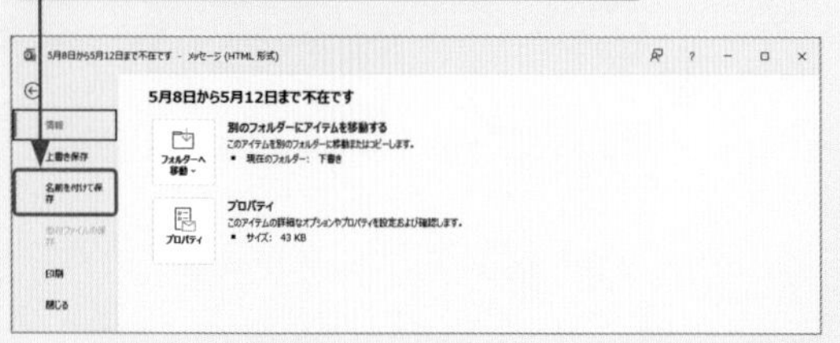

5 [ファイルの種類]で[Officeテンプレート]を選択して、

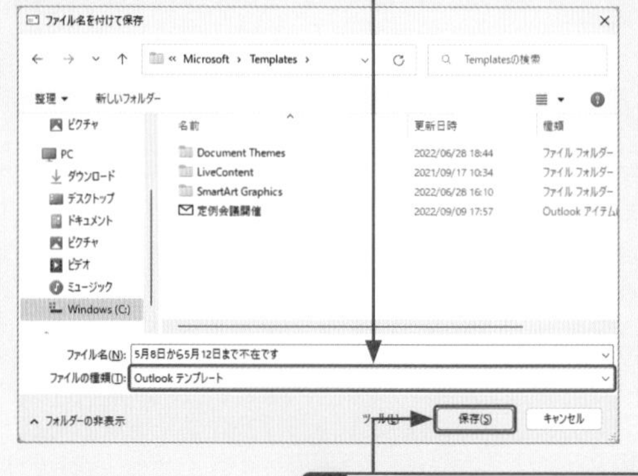

6 [保存]をクリックします。

7 [メッセージ]ウィンドウの[閉じる]をクリックして、

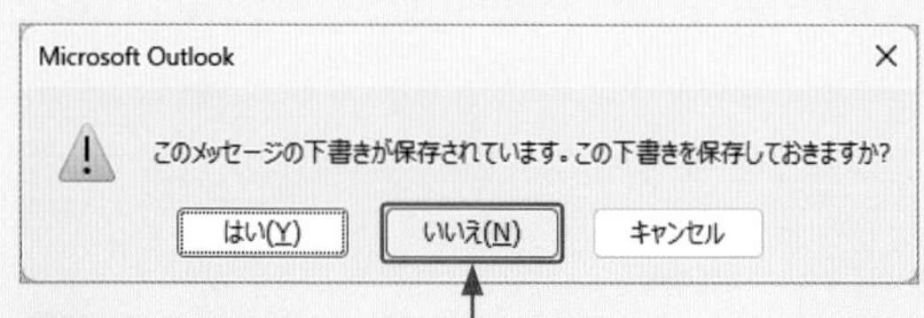

8 [いいえ]をクリックし、[メッセージ]ウィンドウを閉じます。

9 [ホーム]タブの[ルール]をクリックして、

10 [仕分けルールの作成]をクリックします。

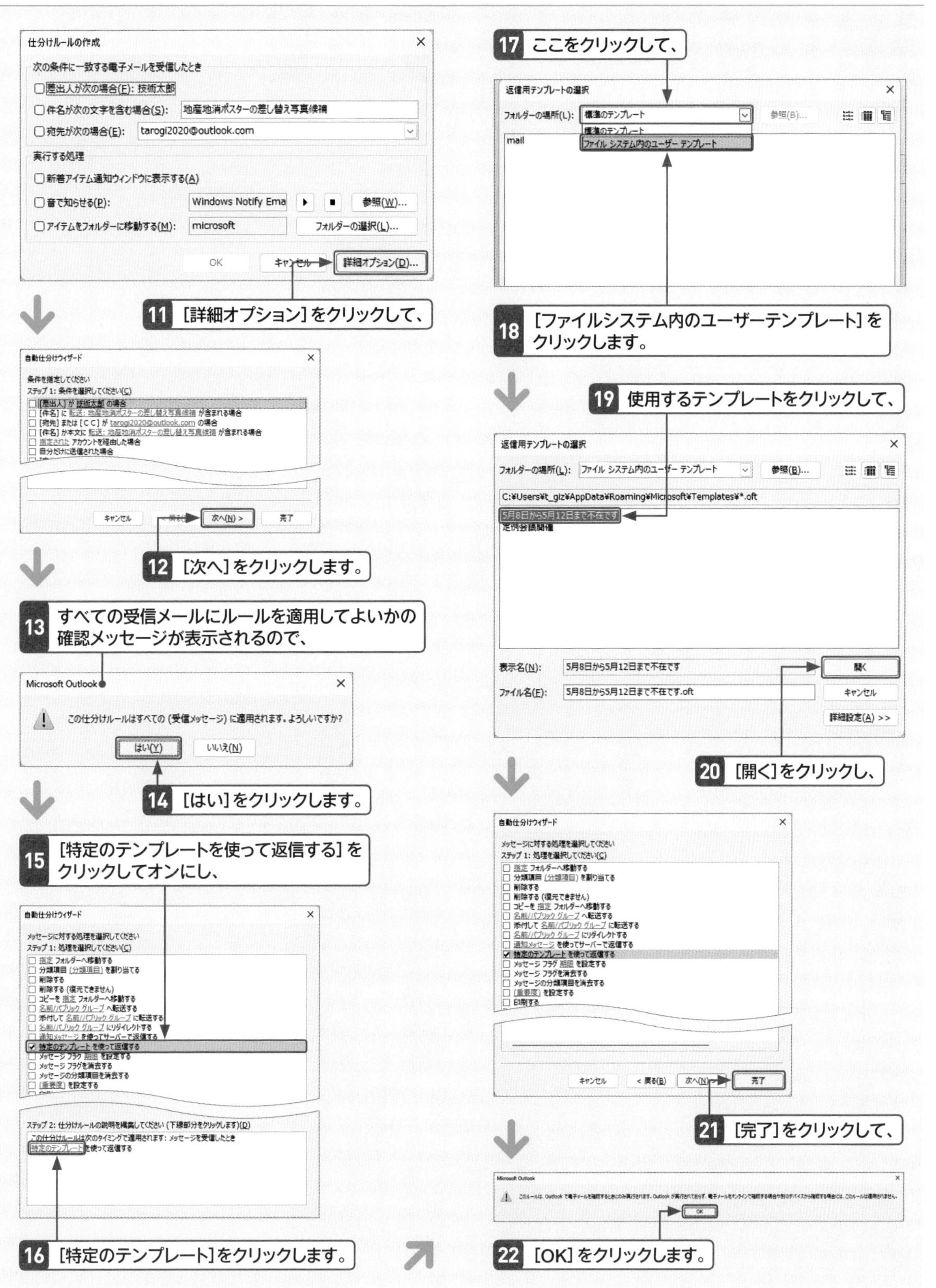

11 [詳細オプション]をクリックして、

12 [次へ]をクリックします。

13 すべての受信メールにルールを適用してよいかの確認メッセージが表示されるので、

14 [はい]をクリックします。

15 [特定のテンプレートを使って返信する]をクリックしてオンにし、

16 [特定のテンプレート]をクリックします。

17 ここをクリックして、

18 [ファイルシステム内のユーザーテンプレート]をクリックします。

19 使用するテンプレートをクリックして、

20 [開く]をクリックし、

21 [完了]をクリックして、

22 [OK]をクリックします。

Outlookの基本 **1**

メールの受信と閲覧 **2**

メールの作成と送信 **3**

メールの整理と管理 **4**

メールの設定 5

連絡先 **6**

予定表 **7**

タスク **8**

印刷 **9**

1 Outlookの基本
2 メールの受信と閲覧
3 メールの作成と送信
4 メールの整理と管理
5 メールの設定
6 連絡先
7 予定表
8 タスク
9 印刷
10 アプリ連携・共同作業
11 そのほかの便利機能

重要度 ★★★　そのほかのメールの設定

Q 255 メールの既定の書式を変更したい！

A [Outlookのオプション]の[メール]から設定します。

HTML形式での新規のメールや返信／転送メールなどで使用するフォントやスタイル、文字サイズ、文字色などの既定の書式は、[署名とひな形]ダイアログボックスで設定することができます。メール内で個別に書式を設定したい場合は、Q 174〜177を参照してください。

1 [ファイル]タブの[オプション]をクリックして、[Outlookのオプション]ダイアログボックスを表示します。

2 [メール]をクリックして、

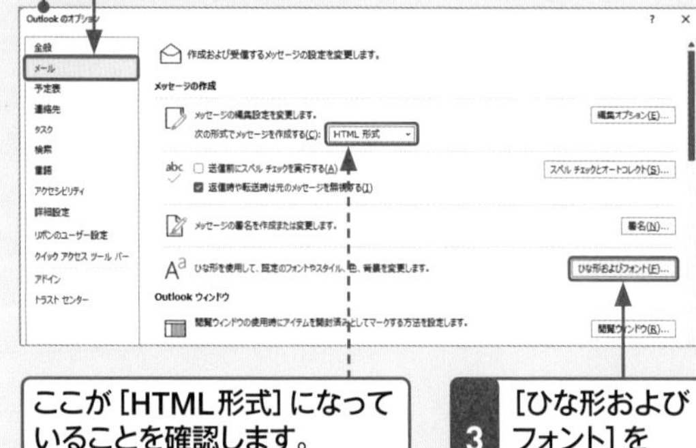

ここが[HTML形式]になっていることを確認します。

3 [ひな形および フォント]を クリックし、

4 [新しいメッセージ]の[文字書式]をクリックします。

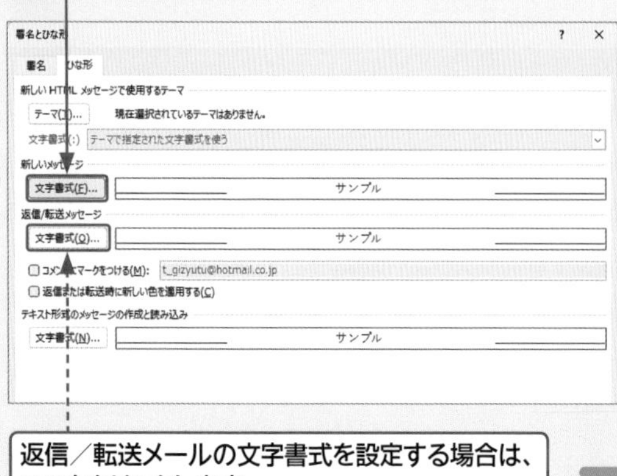

返信／転送メールの文字書式を設定する場合は、ここをクリックします。

7 文字サイズを
指定します。

8 [OK]をクリックして、

9 [OK]をクリックし、

10

の
[OK]をクリックします。

11 メールを作成すると、文字の書式が
変更されていることが確認できます。

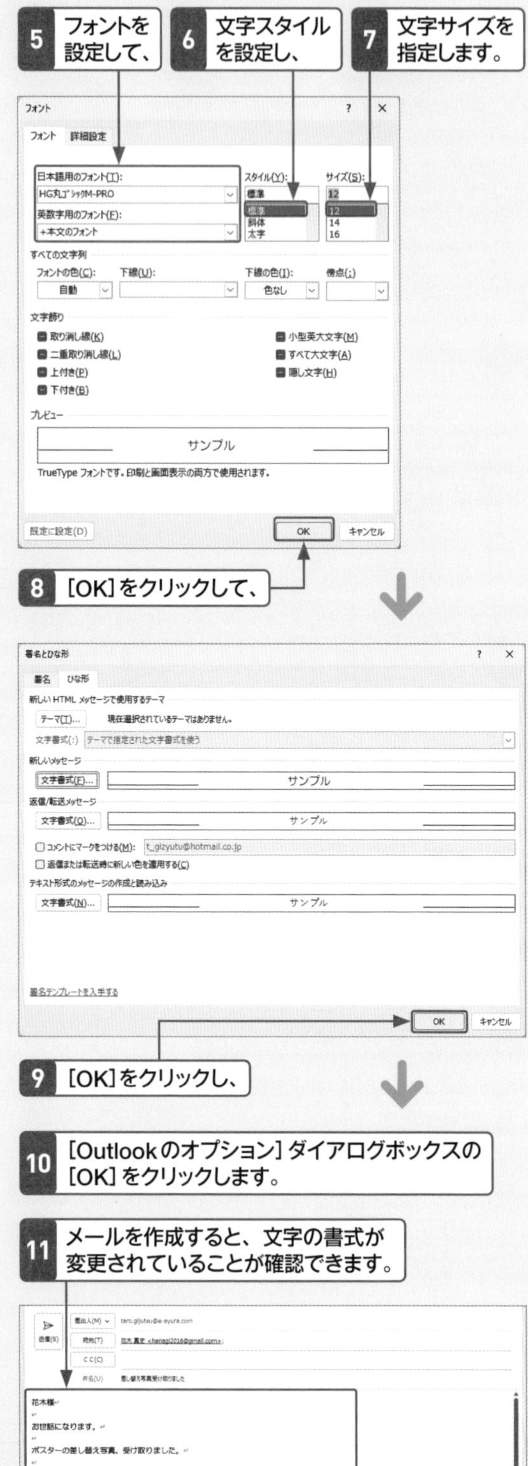

第6章

連絡先

重要度 ★★★ 連絡先の基本

Q 256 [連絡先]画面の構成を知りたい!

A 下図で各部の名称と機能を確認しましょう。

[連絡先]画面では、相手の名前や勤務先、メールアドレス、電話番号、住所などの情報を登録して、ビューで一覧表示することができます。また、[メール]画面と連携して、登録したメールアドレスを宛先にしてメールを作成したり、受信メールの差出人を連絡先に登録したりすることもできます。

連絡先を登録するときは、[ホーム]タブの[新しい連絡先]をクリックして、[連絡先]ウィンドウを表示します。

● [連絡先]の画面構成

連絡先を編集するときは、ビューが［連絡先］形式の場合は閲覧ウィンドウの名前の下にある ••• をクリックして、［Outlookの連絡先の編集］（Outlook 2016では［Outlook（連絡先）］）をクリック、それ以外のビューの場合は連絡先をダブルクリックすると、［連絡先］ウィンドウが表示されます。 参照▶Q 265

● ［連絡先］ウィンドウの画面構成

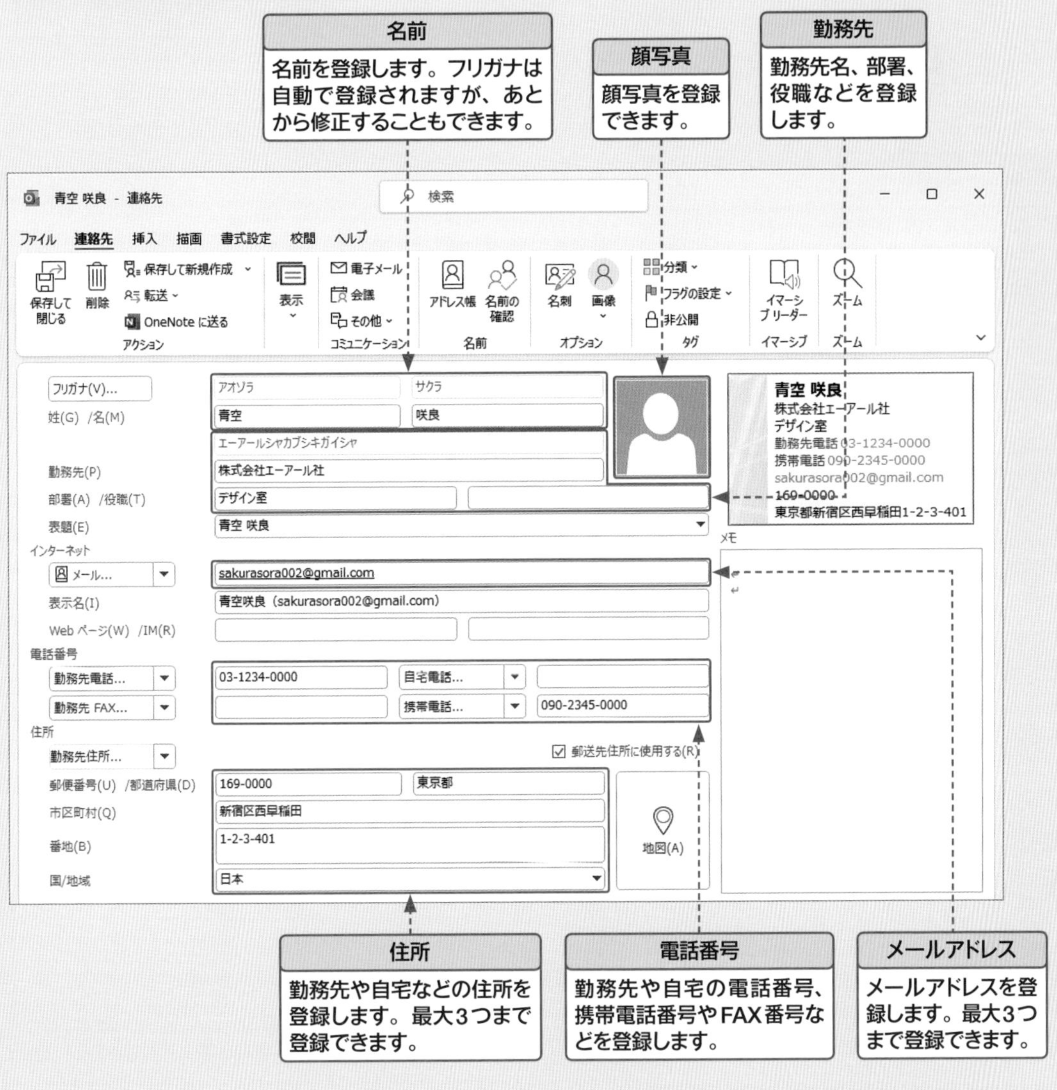

名前
名前を登録します。フリガナは自動で登録されますが、あとから修正することもできます。
顔写真
顔写真を登録できます。
勤務先
勤務先名、部署、役職などを登録します。
青空 咲良 - 連絡先
住所
勤務先や自宅などの住所を登録します。最大3つまで登録できます。
電話番号
勤務先や自宅の電話番号、携帯電話番号やFAX番号などを登録します。
メールアドレス
メールアドレスを登録します。最大3つまで登録できます。

Q 257 連絡先のさまざまなビュー（表示形式）を知りたい！

A 8種類のビュー（表示形式）があります。

連絡先のビューには、標準で8種類の表示形式が用意されおり、目的に合わせて使い分けることができます。初期設定のビューは［連絡先］です。ここでは、8種類のビューを一覧で紹介します。

ビューは自由にカスタマイズすることができます。［ホーム］タブの［現在のビュー］の［その他］をクリックして、［ビューの管理］をクリックすると表示される［すべてのビューの管理］ダイアログボックスから操作します。

●ビューを切り替える

1 ［ホーム］タブの［現在のビュー］の［その他］をクリックして、

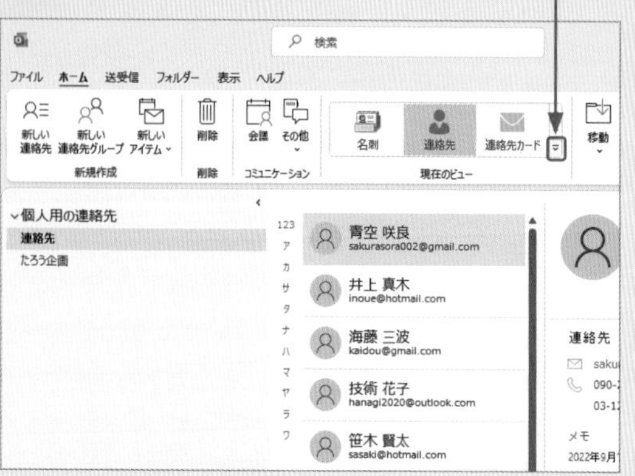

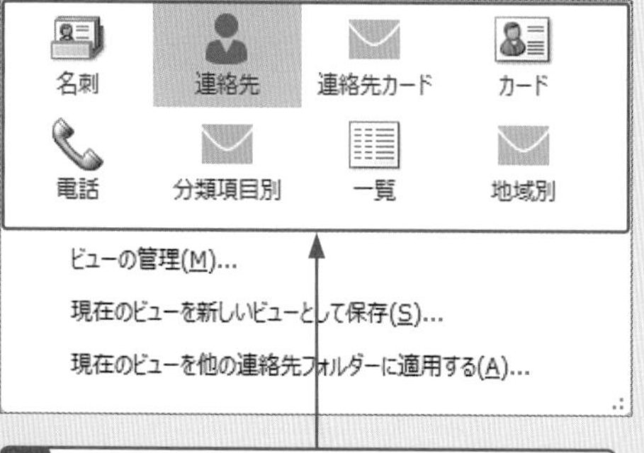

2 表示される一覧からビューを切り替えます。

●［連絡先］形式

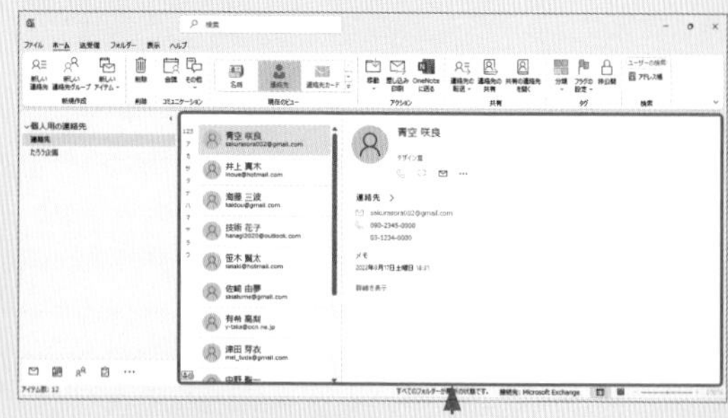

ビューに顔写真と名前が表示され、閲覧ウィンドウに連絡先情報が表示されます。

●［名刺］形式

名前、会社名、電話番号、メールアドレスなどが名刺のような形式で表示されます。

●［連絡先カード］形式

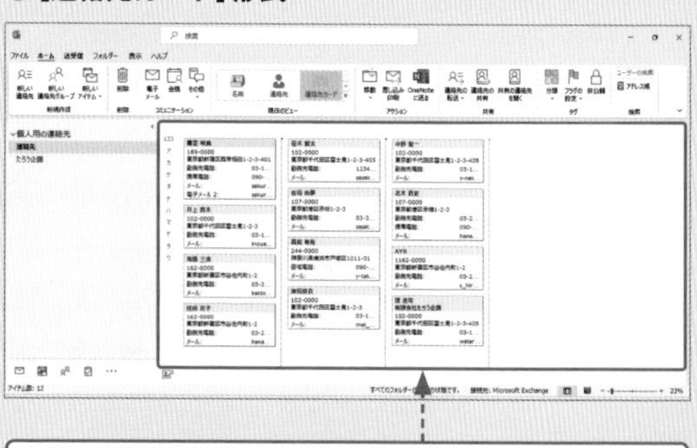

名前、郵便番号、住所、電話番号、メールアドレスなどがコンパクトに表示されます。

● [カード] 形式

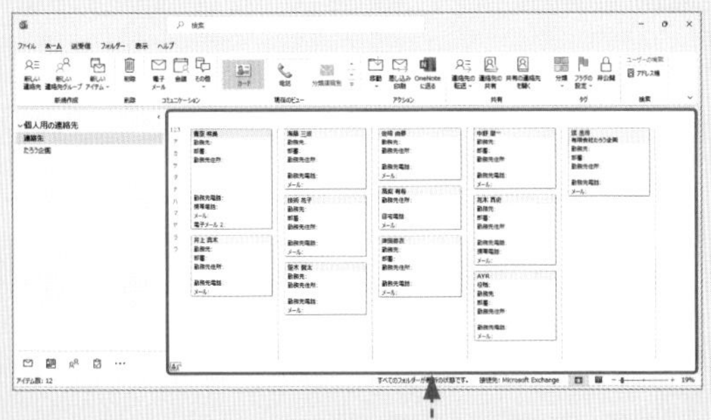

[連絡先カード] 形式にプラスして、会社名、役職、複数の住所や電話番号などが表示されます。

● [一覧] 形式

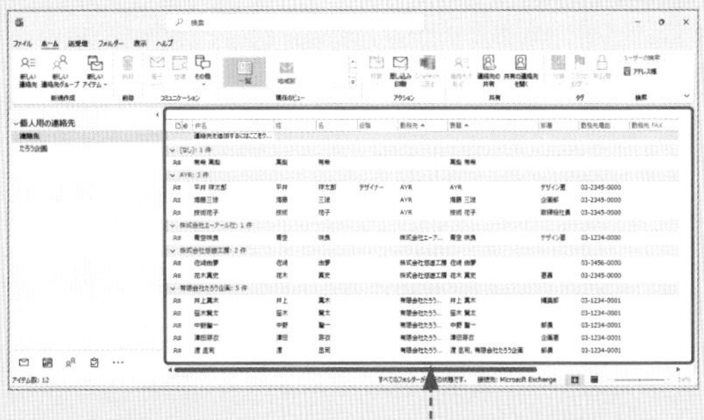

勤務先単位でグループ化して、氏名や役職、部署、電話番号などが表示されます。

● [電話] 形式

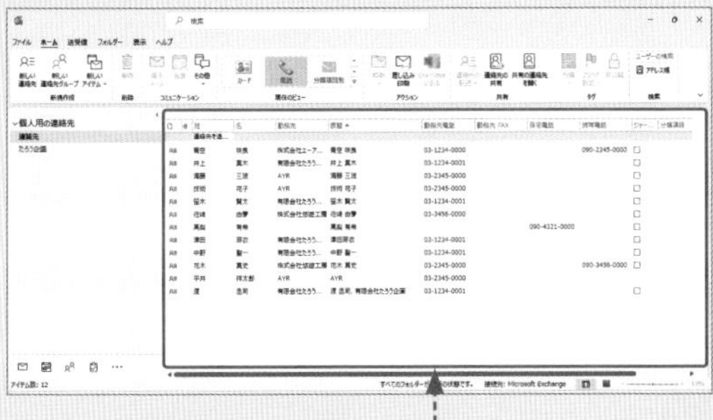

勤務先電話番号やFAX番号、自宅電話番号、携帯電話番号が表形式で表示されます。

● [地域別] 形式

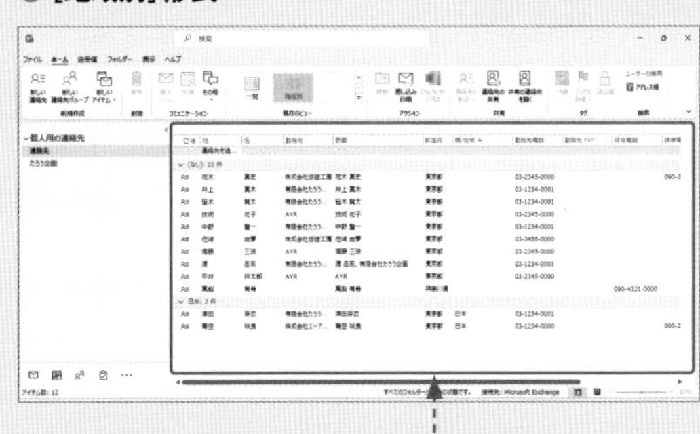

国や地域別でグループ化して表示されます。

● [分類項目別] 形式

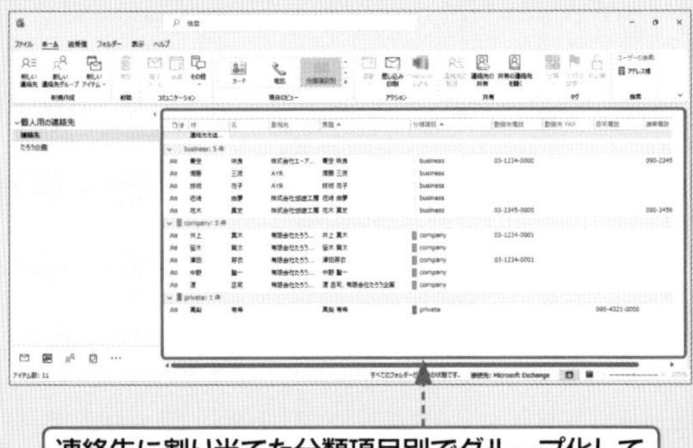

連絡先に割り当てた分類項目別でグループ化して一覧表示されます。

● ビューをカスタマイズする

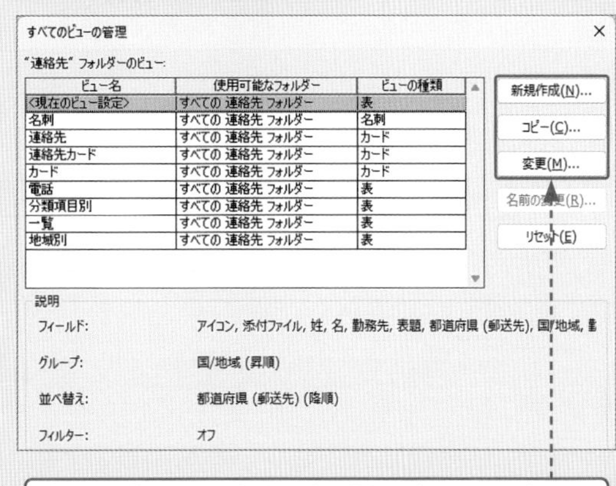

[新規作成] や [コピー]、[変更] などをクリックすると、ビューをカスタマイズすることができます。

重要度 ★★★　連絡先の登録

Q 258 連絡先を登録したい！

A ［ホーム］タブの［新しい連絡先］をクリックして登録します。

連絡先には、相手の名前やメールアドレス、電話番号、住所などを入力して管理することができます。ビジネスで利用する場合は、これらに加えて、勤務先名や部署、役職、勤務先の住所や電話番号なども登録することができます。

なお、メールアドレスと住所は最大3つまで、電話番号は複数登録できます。連絡先に登録した情報はあとから自由に変更することができます。

1 ［ホーム］タブの［新しい連絡先］をクリックします。

2 姓と名を入力してカーソルを移動すると、

3 フリガナと表題が自動的に登録されます。

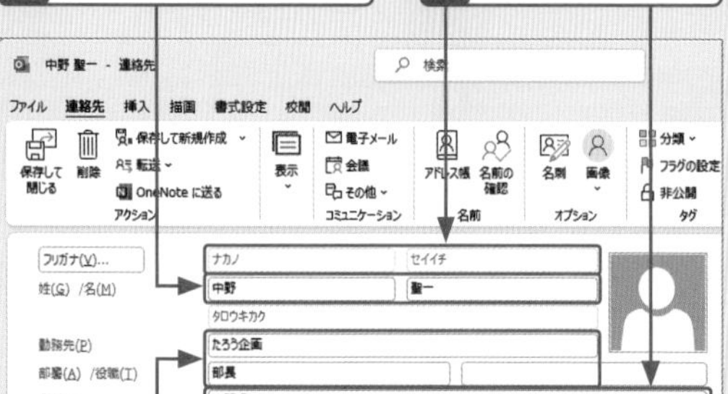

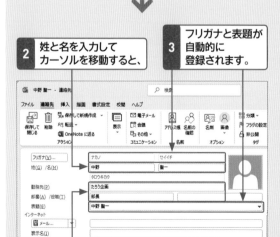

4 勤務先と部署、役職を入力します。勤務先のフリガナは自動的に登録されます。

5 メールアドレスを入力してカーソルを移動すると、

6 表示名が登録されます。

7 電話番号を入力して、

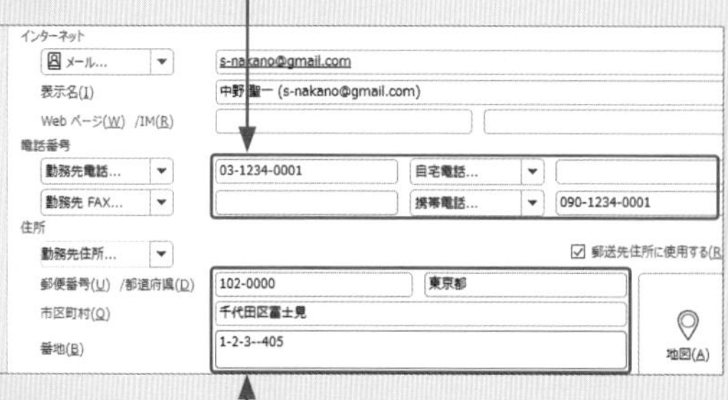

8 住所を入力します。

9 ここをクリックして、［日本］を選択し（国名は省略可）、

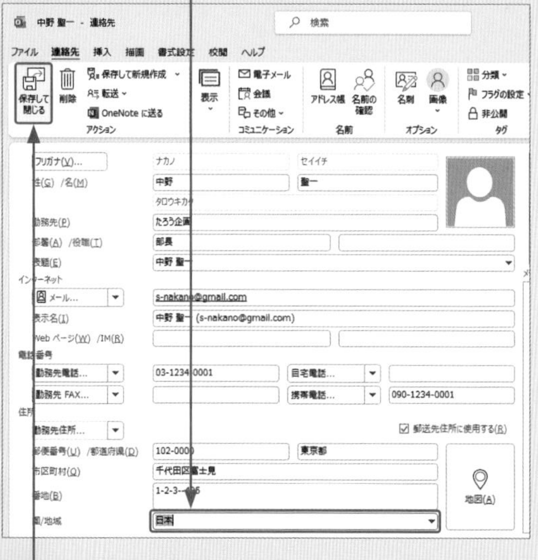

10 ［連絡先］タブの［保存して閉じる］をクリックします。

重要度 ★★★　連絡先の登録

Q 259 メールの差出人を連絡先に登録したい！

A 差出人のメールを［連絡先］にドラッグします。

メールの差出人を連絡先に登録するには、［受信トレイ］を表示して、登録したい差出人のメールをナビゲーションバーの［連絡先］にドラッグします。差出人の名前と表題、メールアドレス、表示名が入力された［連絡先］ウィンドウが表示されるので、必要に応じて情報を編集します。フリガナは自動的には登録されないので、手動で入力します。
なお、この方法で連絡先を登録すると、画面右の［メモ］にメールの内容が登録されます。必要がなければ削除しておきましょう。

1 ［受信トレイ］をクリックして、

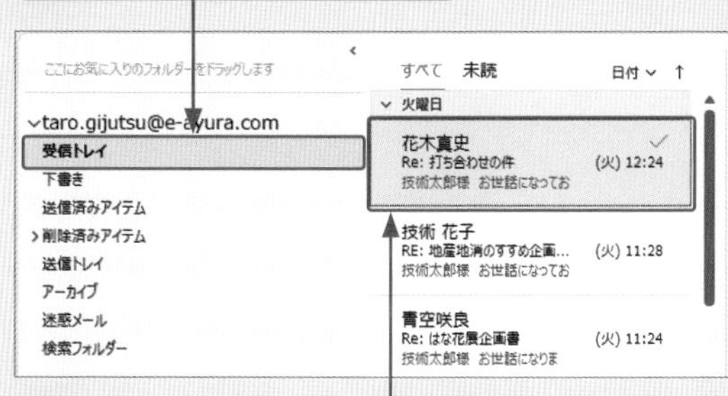

2 登録したい差出人のメールをクリックします。

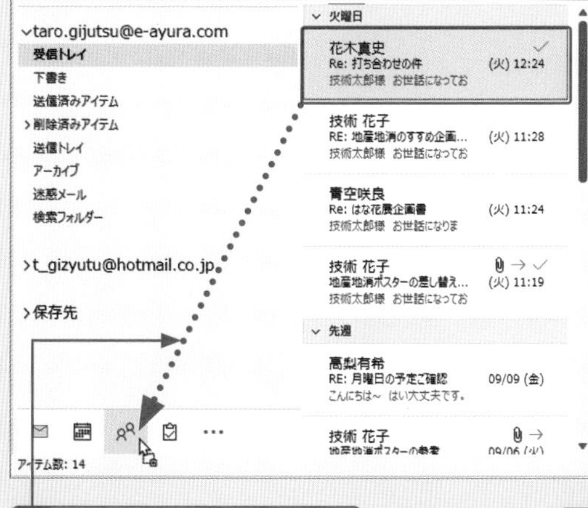

3 ［連絡先］にドラッグすると、

4 差出人の名前とメールアドレスなどが入力された［連絡先］ウィンドウが表示されます。

メールの内容が表示されます。

フリガナは、ここをクリックして入力します。

5 必要に応じて情報を編集して、

6 ［連絡先］タブの［保存して閉じる］をクリックします。

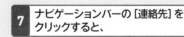

7 ナビゲーションバーの［連絡先］をクリックすると、

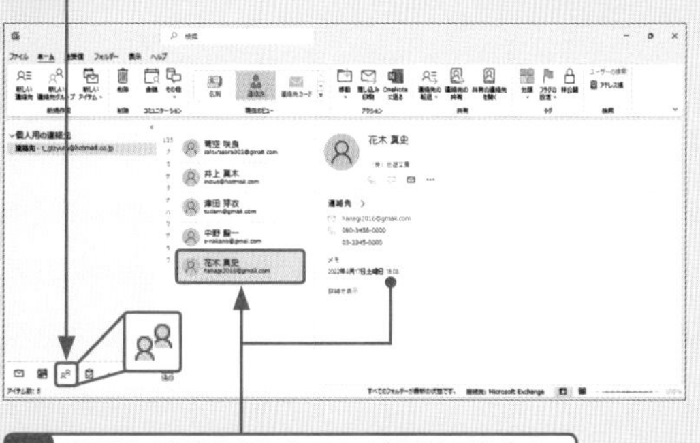

8 連絡先が登録されたことが確認できます。

重要度 ★★★ 連絡先の登録

Q 260 同じ勤務先の人の連絡先をすばやく登録したい!

A [新しいアイテム]から[同じ勤務先の連絡先]をクリックします。

同じ勤務先の人の連絡先を作成する場合は、その勤務先の情報が入力された状態で[連絡先]ウィンドウを開くことができます。会社名や電話番号、勤務先住所などを入力する手間を省くことができるので効率的です。

1 勤務先が同じ連絡先をクリックして、

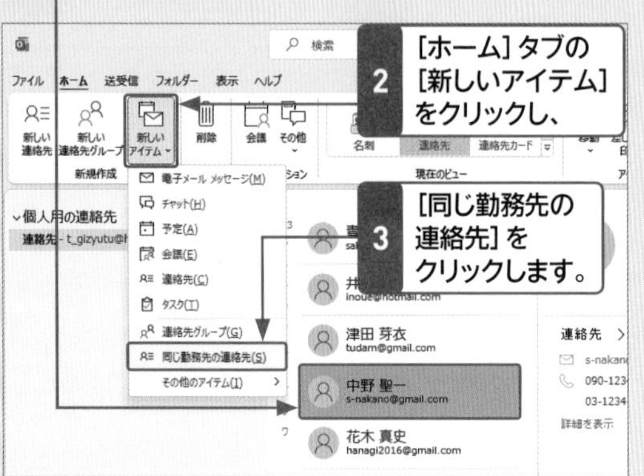

重要度 ★★★ 連絡先の登録

Q 261 連絡先の表示名とは?

A メールの宛先に表示される名前です。

[連絡先]ウィンドウの[インターネット]にある[表示名]は、メールを送信する際や相手がメールを受信した際に、宛先に表示される名前です。Outlookの[連絡先]ウィンドウでは、姓名とメールアドレスを入力すると、自動的に表示名が登録されます。

表示名は、メールを送信する際や相手がメールを受信した際に、宛先に表示されます。

重要度 ★★★ 連絡先の登録

Q 262 登録されたフリガナを修正したい!

A [連絡先]ウィンドウの[フリガナ]をクリックして修正します。

[連絡先]ウィンドウに姓と名や勤務先を入力すると、フリガナは自動的に登録されますが、違う読みで登録された場合は、修正する必要があります。また、メールの差出人を連絡先に登録した場合は、姓と名のフリガナは自動的には登録されないので、手動で入力する必要があります。

参照 ▶ Q 259, Q 265

[連絡先]ウィンドウを表示しています。

[フリガナ]が登録されていません。

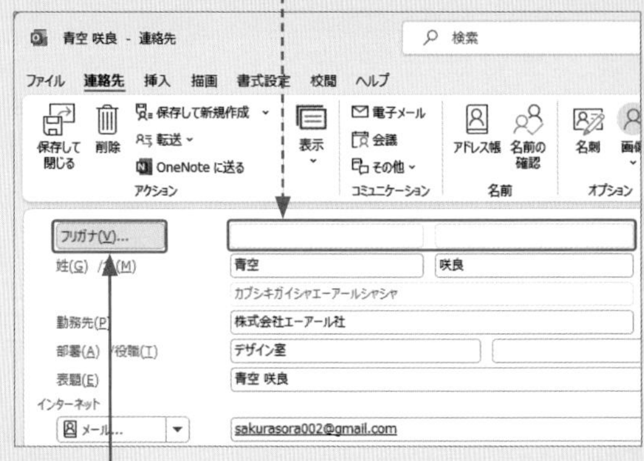

1 [連絡先]ウィンドウの[フリガナ]をクリックして、

2 フリガナを入力(あるいは修正)し、

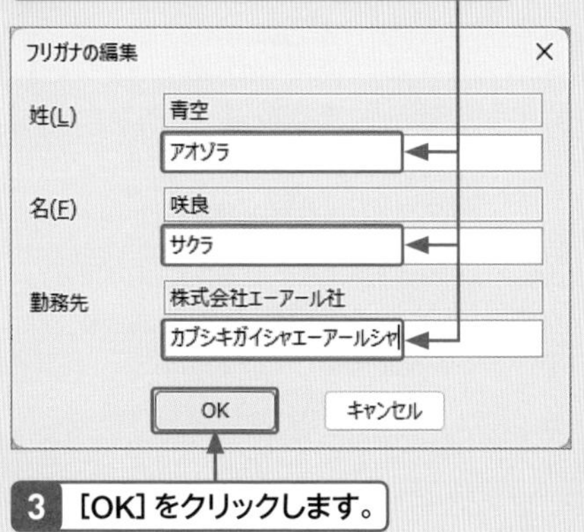

3 [OK]をクリックします。

重要度 ★★★ 連絡先の登録

Q 263 メールアドレスを複数登録したい！

A ［メール］の右側にある▼をクリックして登録します。

連絡先にはメールアドレスを最大3つまで登録することができます。［連絡先］ウィンドウの［メール］の右側にある▼をクリックして、表示される一覧から切り替えて登録します。

参照▶Q 265

［連絡先］ウィンドウを表示しています。

1 ［メール］のここをクリックして、

2 ［メール2］をクリックします。

3 2つ目のメールアドレスを入力して、カーソルを移動すると、

4 表示名が自動的に登録されます。

5 ［連絡先］タブの［保存して閉じる］をクリックします。

重要度 ★★★ 連絡先の登録

Q 264 電話番号の項目名を変更したい！

A 項目名の右側にある▼をクリックして変更します。

連絡先には各種電話番号を複数登録することができます（表示は4箇所）。登録する項目名は、［連絡先］ウィンドウの［電話番号］のそれぞれの項目の右側にある▼をクリックして、表示される一覧から変更することができます。

参照▶Q 265

［連絡先］ウィンドウを表示しています。

1 電話番号のこれらをクリックして、

2 表示される一覧から登録したい電話番号の項目名をクリックします。

Q 265 連絡先を編集したい!

A 連絡先をダブルクリックして編集します。

登録した連絡先を編集するには、ビューに表示された連絡先をダブルクリックするか、閲覧ウィンドウの･･･をクリックして、[Outlookの連絡先の編集]をクリックし、表示される[連絡先]ウィンドウで編集します。

Outlook 2016の場合は、ビューに表示された連絡先をダブルクリックするか、閲覧ウィンドウの[編集]をクリックすると、簡易編集画面が表示されます。また、[ソースの表示]の[Outlook連絡先]をクリックすると、[連絡先]ウィンドウが表示されます。

● Outlook 2021／2019／Microsoft 365の場合

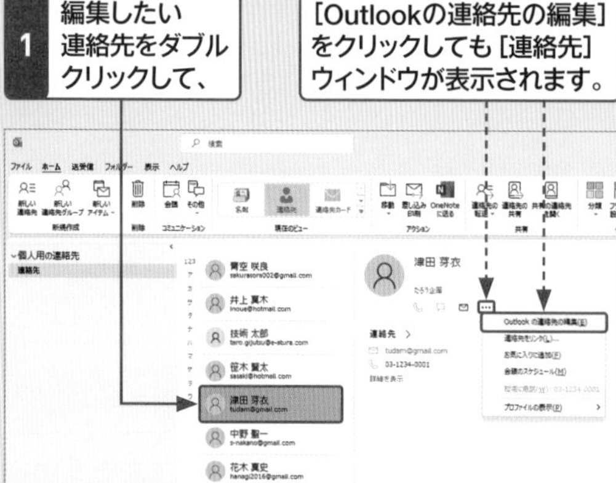

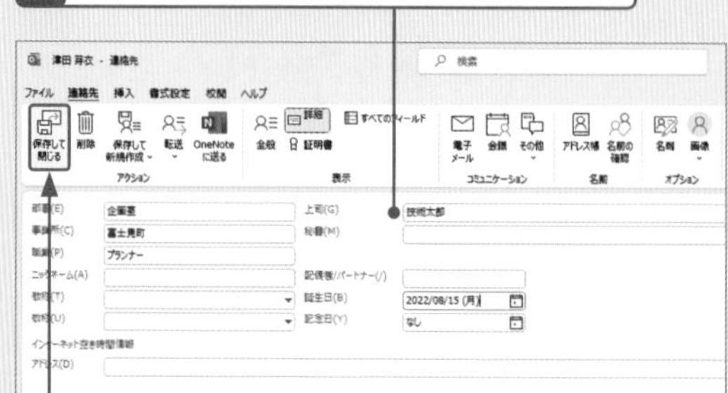

4 より詳細な情報を編集することができます。
5 [保存して閉じる]をクリックすると、連絡先が編集されます。

● Outlook 2016の場合

1 編集したい連絡先をダブルクリックするか、閲覧ウィンドウの[編集]をクリックします。

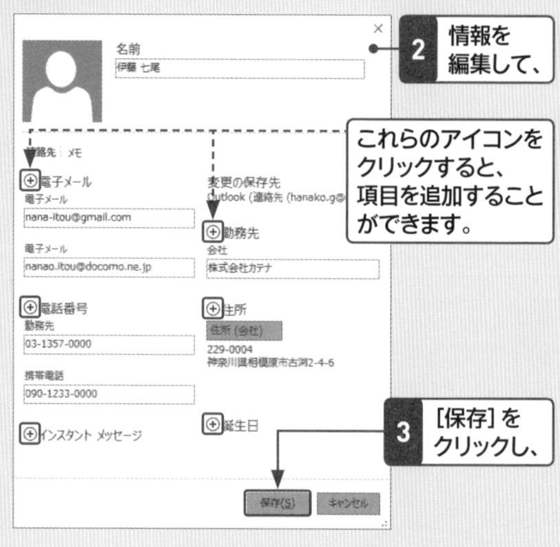

重要度 ★★★　連絡先の登録

Q 266 連絡先を連続して登録したい！

A [連絡先] タブの [保存して新規作成] をクリックします。

連絡先を続けて登録する際、そのたびに [連絡先] 画面を表示して登録するのは面倒です。この場合は、連絡先を登録したあとに、[連絡先] タブの [保存して新規作成] をクリックすると、連絡先を連続して登録することができます。また、手順❸で [同じ勤務先の連絡先] をクリックすると、同じ勤務先の人の連絡先を続けて登録することができます。

1 [ホーム] タブの [新しい連絡先] をクリックして、連絡先画面を表示し、連絡先を登録します。

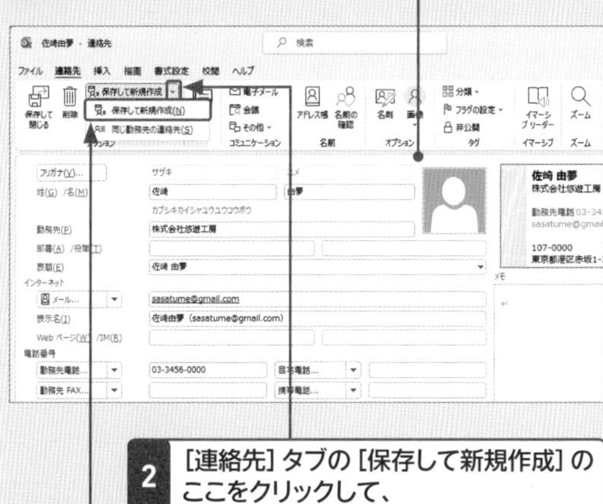

2 [連絡先] タブの [保存して新規作成] のここをクリックして、

3 [保存して新規作成] をクリックすると、

4 新規の連絡先画面が表示されるので、続いて連絡先を登録できます。

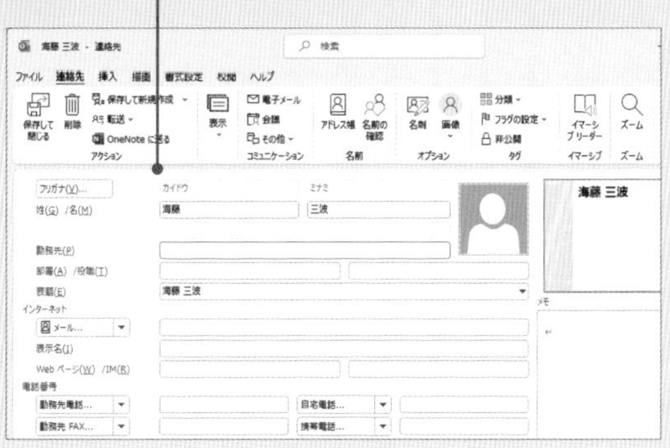

重要度 ★★★　連絡先の登録

Q 267 連絡先を削除したい！

A 連絡先をクリックして、[ホーム] タブの [削除] をクリックします。

連絡先が不要になった場合は、[ホーム] タブの [削除] で削除することができます。削除した連絡先は、[削除済みアイテム] に移動されるので、メールと同様、もとに戻すこともできます。[削除済みアイテム] から削除すると、完全に削除されます。 参照▶Q 465

1 削除したい連絡先をクリックして、

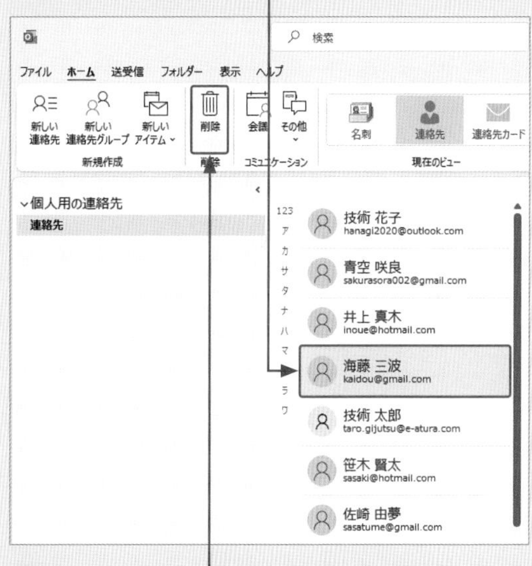

2 [ホーム] タブの [削除] をクリックすると、

3 連絡先が削除されます。

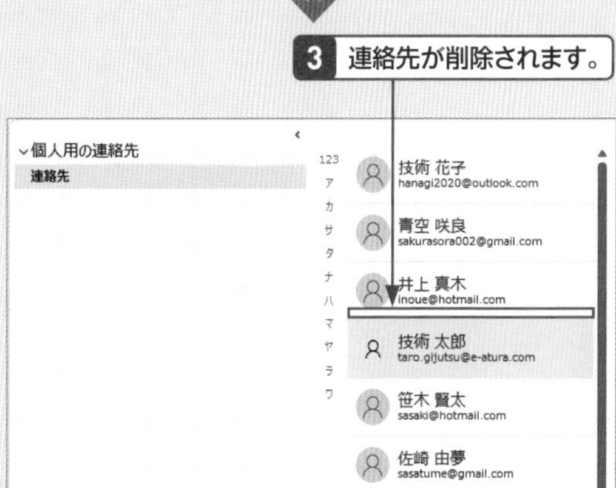

重要度 ★★★　連絡先の登録

Q 268 削除した連絡先をもとに戻したい！

A メール画面の［削除済みアイテム］や［ゴミ箱］から戻します。

削除した連絡先は、［削除済みアイテム］や［ゴミ箱］フォルダーに移動されます。削除した連絡先をもとに戻したい場合は、メール画面の［削除済みアイテム］や［ゴミ箱］からナビゲーションバーの［連絡先］にドラッグします。また、メール画面の［ホーム］タブの［移動］をクリックして、［連絡先］をクリックしても戻すことができます。

1 メール画面の［ゴミ箱］をクリックして、

2 もとに戻したい連絡先をクリックし、

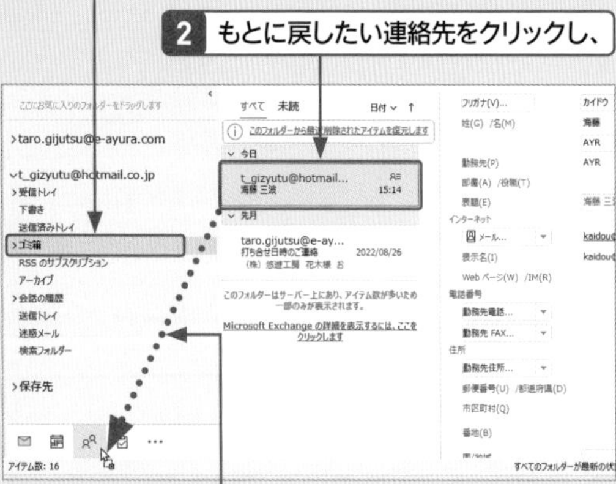

3 ［連絡先］にドラッグします。

4 ナビゲーションバーの［連絡先］をクリックすると、

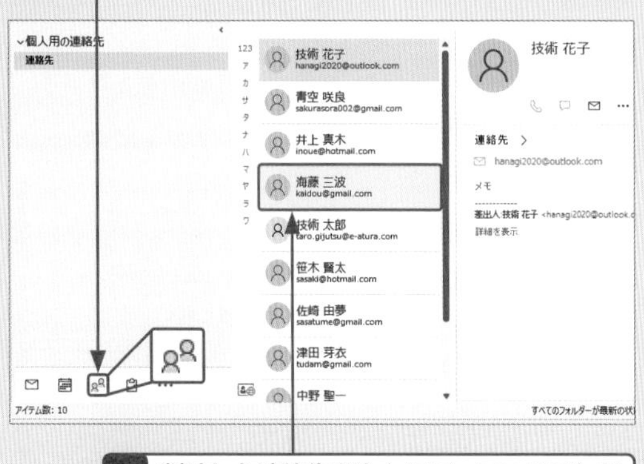

5 削除した連絡先がもとに戻っていることが確認できます。

重要度 ★★★　連絡先の登録

Q 269 連絡先をお気に入りに登録したい！

A 連絡先を右クリックして、［お気に入りに追加］をクリックします。

登録した連絡先が増えてくると、目的の連絡先を探すのに時間がかかります。Outlookでは、よく使う連絡先を［お気に入り］に登録することができます。［お気に入り］に登録した連絡先は、ナビゲーションバーにマウスポインターを合わせると表示されるプレビューで確認できます。

参照▶Q 270

1 お気に入りに登録したい連絡先を右クリックして、

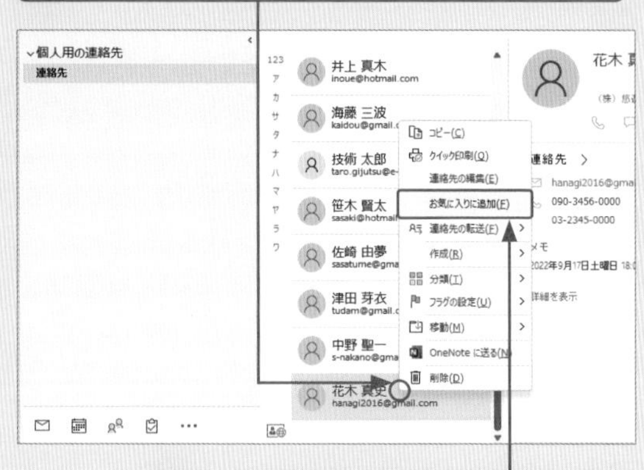

2 ［お気に入りに追加］をクリックします。

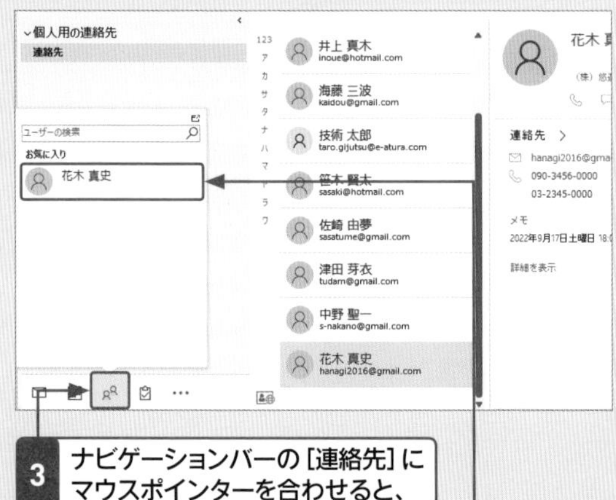

3 ナビゲーションバーの［連絡先］にマウスポインターを合わせると、

4 プレビューが表示され、お気に入りに登録した連絡先が確認できます。

重要度 ★★★ 連絡先の登録

Q 270 お気に入りに登録した連絡先を表示したい!

A ナビゲーションバーのプレビューや、「To Doバー」に表示されます。

お気に入りに登録した連絡先は、ナビゲーションバーのプレビューや、画面の右側に表示される「To Doバー」に表示されます。

なお、登録した連絡先をお気に入りから削除したい場合は、To Doバーで連絡先を右クリックして、[お気に入りから削除]をクリックします。

1 ナビゲーションバーの[連絡先]にマウスポインターを合わせて、

2 [プレビューの固定]をクリックすると、

3 「To Doバー」が表示され、お気に入りに登録した連絡先が表示されます。

4 連絡先を右クリックして、

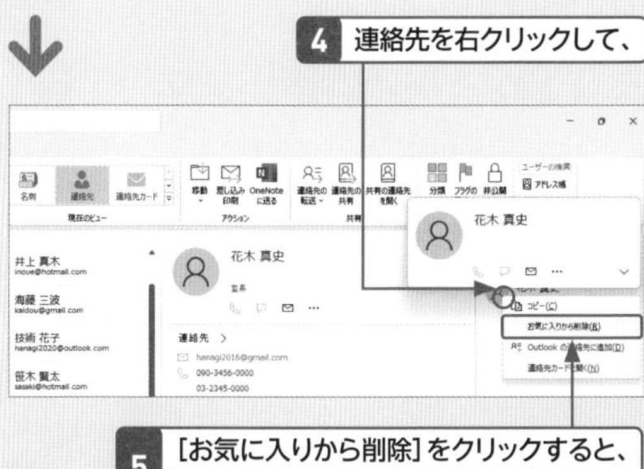

5 [お気に入りから削除]をクリックすると、連絡先がお気に入りから削除されます。

重要度 ★★★ 連絡先の登録

Q 271 連絡先に顔写真を登録したい!

A [画像]をクリックして、[写真の追加]をクリックします。

連絡先では、顔写真を登録することもできます。顔写真を登録することで、その相手がひと目で確認できます。[連絡先]ウィンドウの顔写真のアイコンをクリックするか、[連絡先]タブの[画像]をクリックして[写真の追加]をクリックし、写真を選択します。

[連絡先]ウィンドウを表示しています。

1 [連絡先]タブの[画像]をクリックして、

2 [写真の追加]をクリックします。

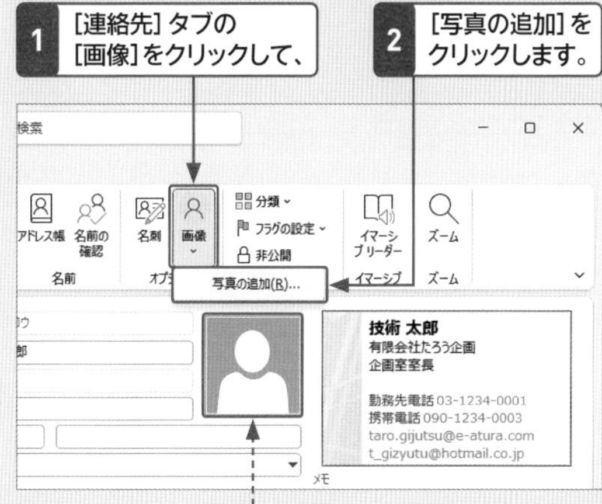

ここをクリックしても手順3のダイアログボックスが表示されます。

3 写真の保存先を指定して、

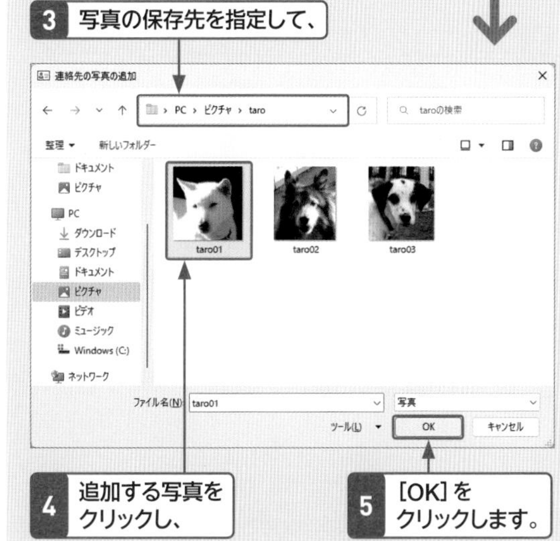

4 追加する写真をクリックし、

5 [OK]をクリックします。

重要度 ★★★ 連絡先の登録

Q 272 CSV形式のファイルを連絡先に取り込みたい！

A テキストファイル（コンマ区切り）形式でインポートします。

Excelなどで作成したCSV形式のファイルをOutlookに取り込むことができます。CSV形式とは、名前や電話番号、メールアドレスなどがコンマ区切りで入力されたテキストファイルで、Outlookやはがき宛名作成アプリなどで利用することができます。
ここでは、Excelで作成した住所録のCSV形式のファイルをOutlookにインポートします。OutlookからCSV形式で保存した連絡先のファイルも同様の方法でインポートすることができます。 参照▶Q 273

ここでは、このCSV形式のファイルをインポートします。

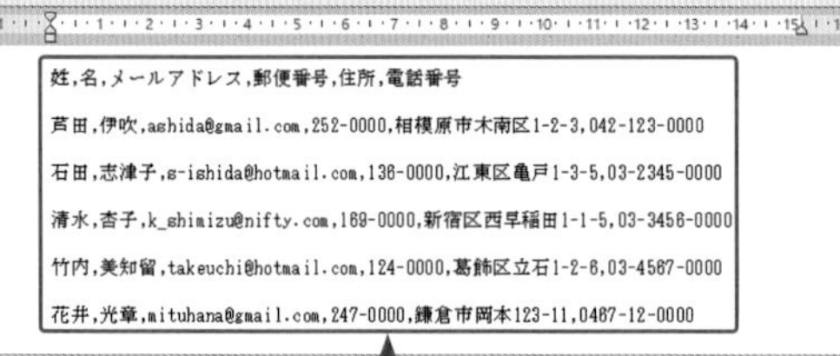
姓,名,メールアドレス,郵便番号,住所,電話番号
芦田,伊吹,aashida@gmail.com,252-0000,相模原市木南区1-2-3,042-123-0000
石田,志津子,s-ishida@hotmail.com,136-0000,江東区亀戸1-3-5,03-2345-0000
清水,杏子,k_shimizu@nifty.com,169-0000,新宿区西早稲田1-1-5,03-3456-0000
竹内,美知留,takeuchi@hotmail.com,124-0000,葛飾区立石1-2-6,03-4567-0000
花井,光章,mituhana@gmail.com,247-0000,鎌倉市岡本123-11,0467-12-0000

データがコンマ「,」で区切って入力されています。

1 ［ファイル］タブ→［開く／エクスポート］→［インポート／エクスポート］の順にクリックします。

2 ［他のプログラムまたはファイルからのインポート］をクリックして、

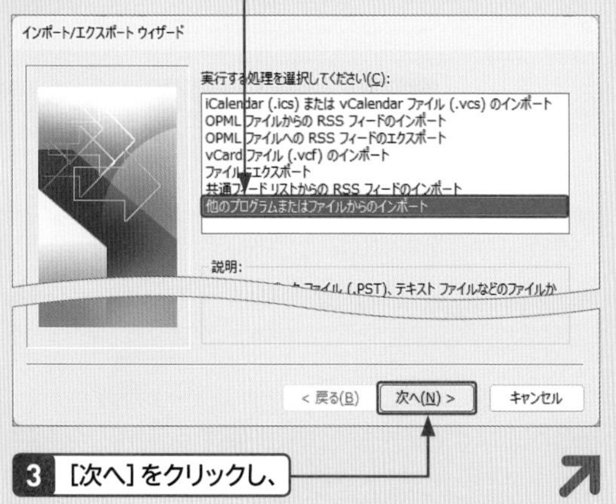

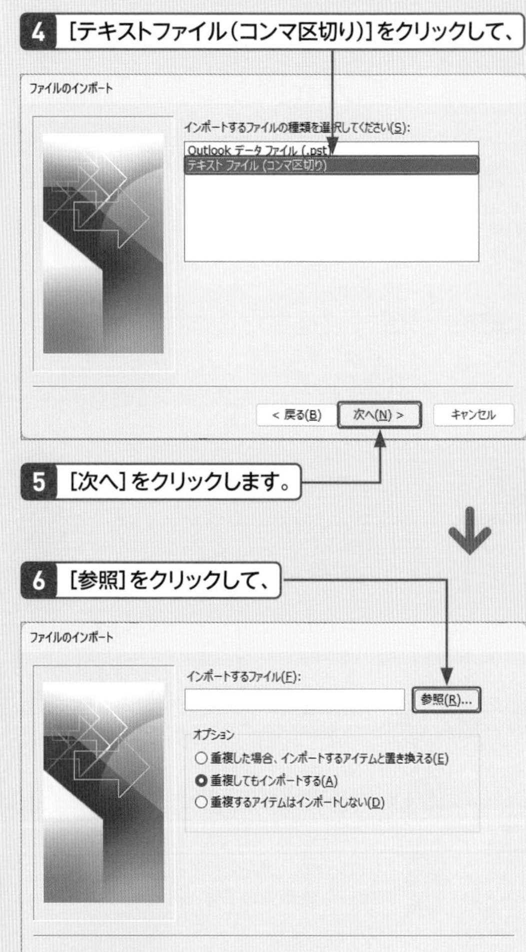

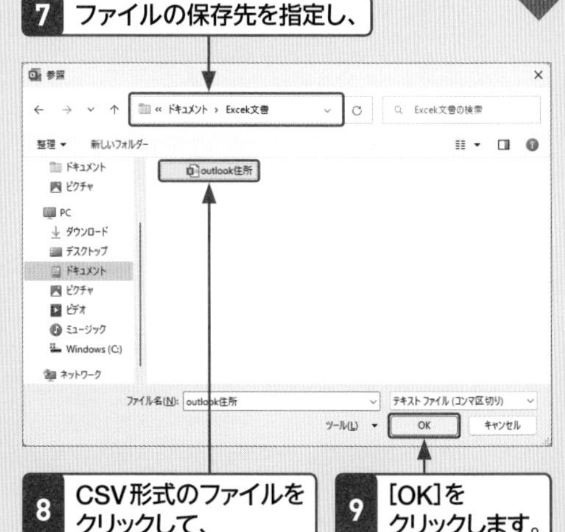

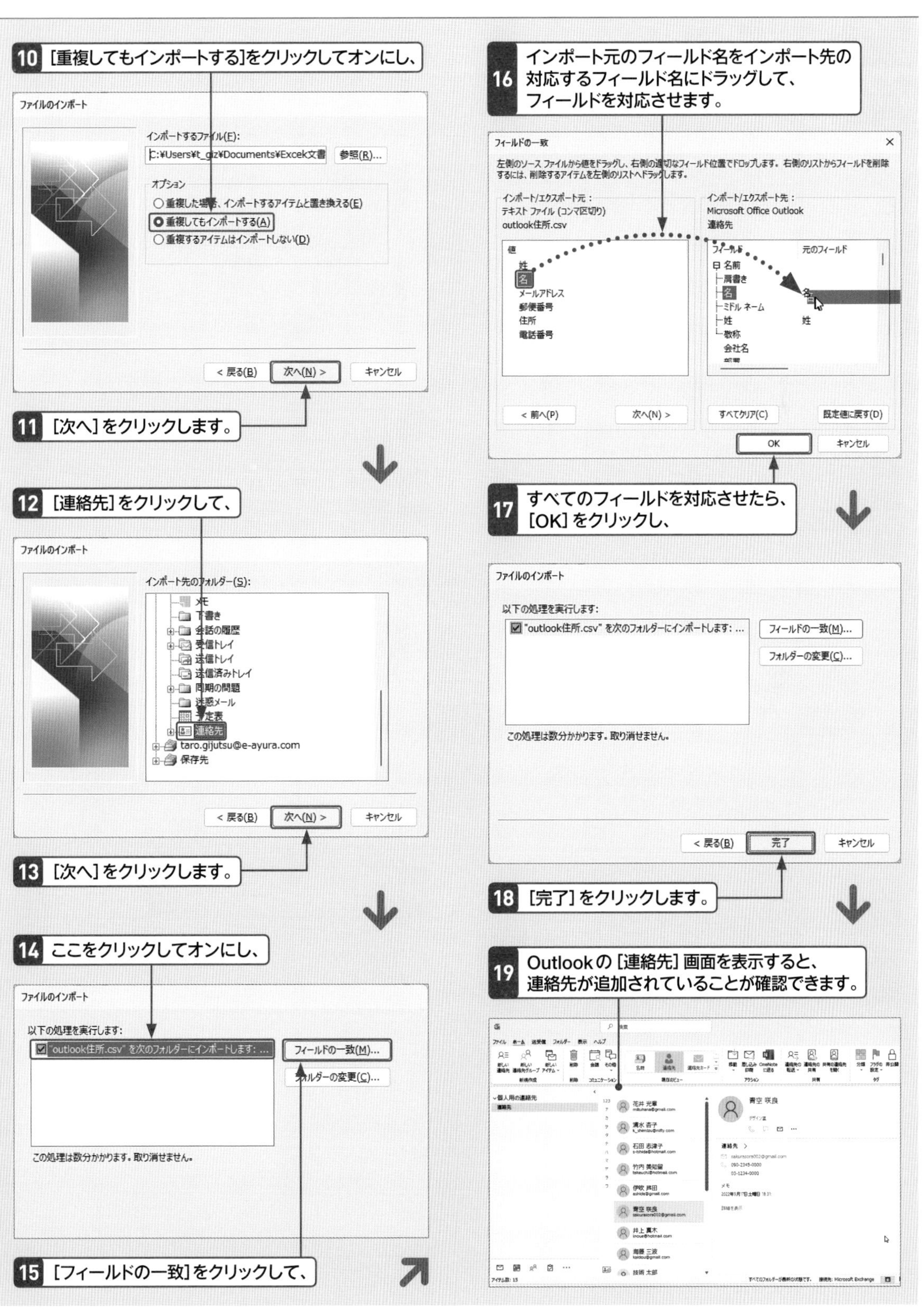
10 [重複してもインポートする]をクリックしてオンにし、
ファイルのインポート
インポートするファイル(F):
C:¥Users¥t_giz¥Documents¥Excek文書
参照(R)...
オプション
重複した場合、インポートするアイテムと置き換える(E)
重複してもインポートする(A)
重複するアイテムはインポートしない(D)
< 戻る(B)
次へ(N) >
キャンセル
11 [次へ]をクリックします。
12 [連絡先]をクリックして、
ファイルのインポート
インポート先のフォルダー(S):
メモ
下書き
会話の履歴
受信トレイ
送信トレイ
送信済みトレイ
同期の問題
迷惑メール
予定表
連絡先
taro.gijutsu@e-ayura.com
保存先
< 戻る(B)
次へ(N) >
キャンセル
13 [次へ]をクリックします。
14 ここをクリックしてオンにし、
ファイルのインポート
以下の処理を実行します:
"outlook住所.csv" を次のフォルダーにインポートします: ...
フィールドの一致(M)...
フォルダーの変更(C)...
この処理は数分かかります。取り消せません。
15 [フィールドの一致]をクリックして、
16 インポート元のフィールド名をインポート先の対応するフィールド名にドラッグして、フィールドを対応させます。
フィールドの一致
左側のソース ファイルから値をドラッグし、右側の適切なフィールド位置でドロップします。右側のリストからフィールドを削除するには、削除するアイテムを左側のリストへドラッグします。
インポート/エクスポート元:
テキスト ファイル (コンマ区切り)
outlook住所.csv
インポート/エクスポート先:
Microsoft Office Outlook
連絡先
値
姓
名
メールアドレス
郵便番号
住所
電話番号
フィールド
元のフィールド
名前
肩書き
名
ミドル ネーム
姓
敬称
会社名
< 前へ(P)
次へ(N) >
すべてクリア(C)
既定値に戻す(D)
OK
キャンセル
17 すべてのフィールドを対応させたら、[OK]をクリックし、
ファイルのインポート
以下の処理を実行します:
"outlook住所.csv" を次のフォルダーにインポートします: ...
フィールドの一致(M)...
フォルダーの変更(C)...
この処理は数分かかります。取り消せません。
< 戻る(B)
完了
キャンセル
18 [完了]をクリックします。
19 Outlookの[連絡先]画面を表示すると、連絡先が追加されていることが確認できます。
個人用の連絡先
連絡先
花井 光華
清水 杏子
石田 志津子
竹内 美知留
伊吹 昇田
青空 咲良
井上 真木
海藤 三波
技術 太郎

重要度★★★ 連絡先の登録

Q 273 連絡先をバックアップしたい！

A テキストファイル（コンマ区切り）形式でエクスポートします。

Outlookに登録した連絡先は、CSV形式のファイルとして保存することができます。連絡先をCSV形式で保存しておくと、パソコンが故障したり、Outlookを再インストールした場合に、連絡先をもとに戻すことができます。また、Outlookだけでなく、ほかのメールアプリやはがき宛名作成アプリなどでも利用することができます。

参照▶Q 272

1 ［ファイル］タブ→［開く／エクスポート］→［インポート／エクスポート］の順にクリックします。

2 ［ファイルにエクスポート］をクリックして、

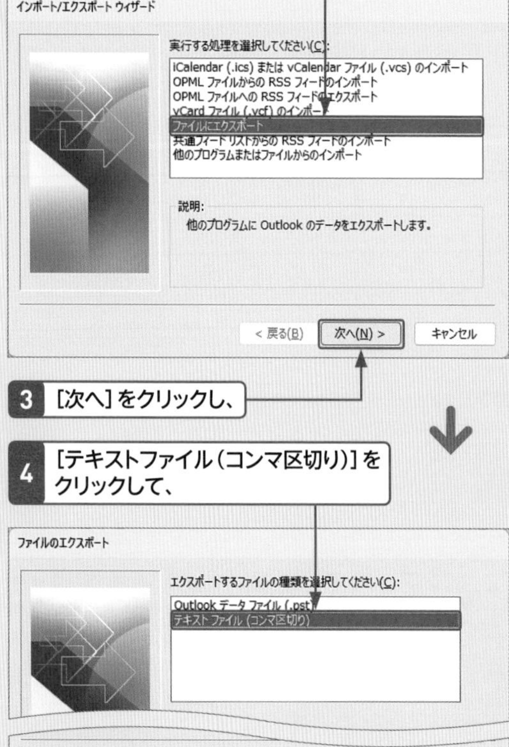

3 ［次へ］をクリックし、

4 ［テキストファイル（コンマ区切り）］をクリックして、

5 ［次へ］をクリックします。

6 ［連絡先］をクリックして、

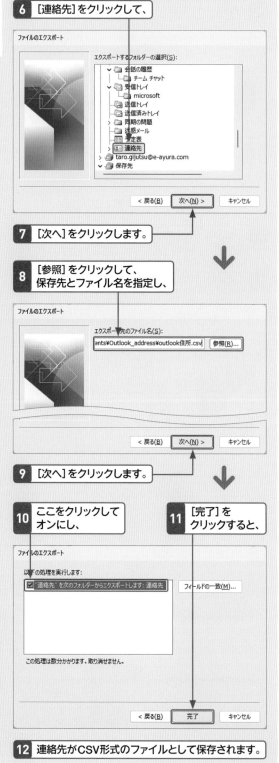

7 ［次へ］をクリックします。

8 ［参照］をクリックして、保存先とファイル名を指定し、

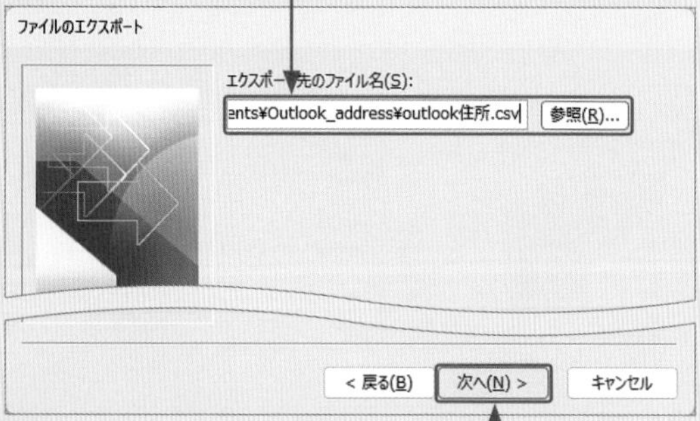

9 ［次へ］をクリックします。

10 ここをクリックしてオンにし、

11 ［完了］をクリックすると、

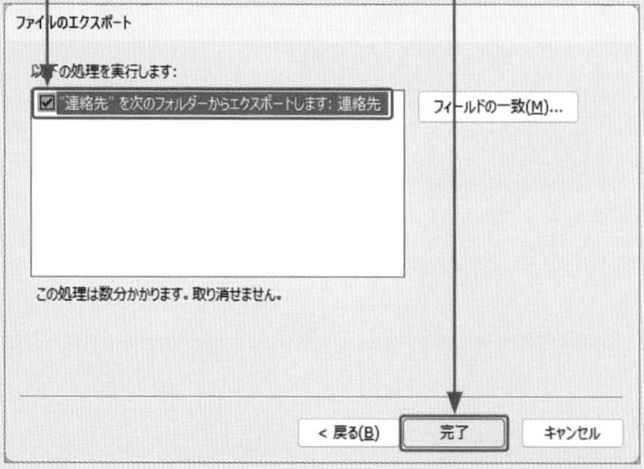

12 連絡先がCSV形式のファイルとして保存されます。

重要度 ★★★ 連絡先の表示

Q 274 連絡先の表示形式を変更したい！

A ［ホーム］タブの［現在のビュー］で変更します。

初期設定では、連絡先の表示形式は［連絡先］が設定されています。そのほかに、名刺、連絡先カード、カードなど、8種類のビューが用意されています。それぞれ情報の表示方法が異なるので、目的に応じて使い分けることができます。

参照▶Q 257

1 ［ホーム］タブの［現在のビュー］の［その他］をクリックして、

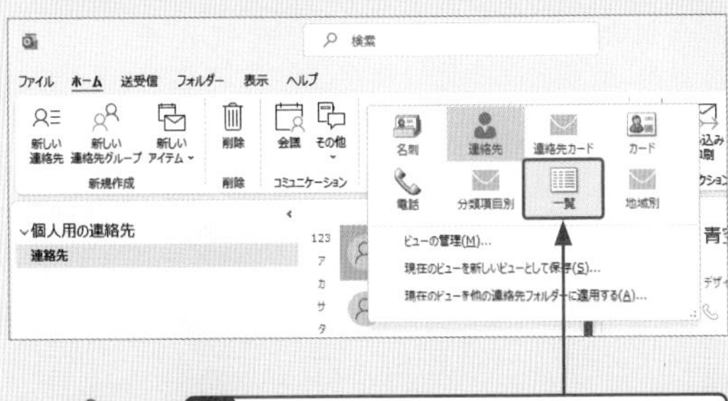

2 表示したい形式（ここでは［一覧］）をクリックすると、

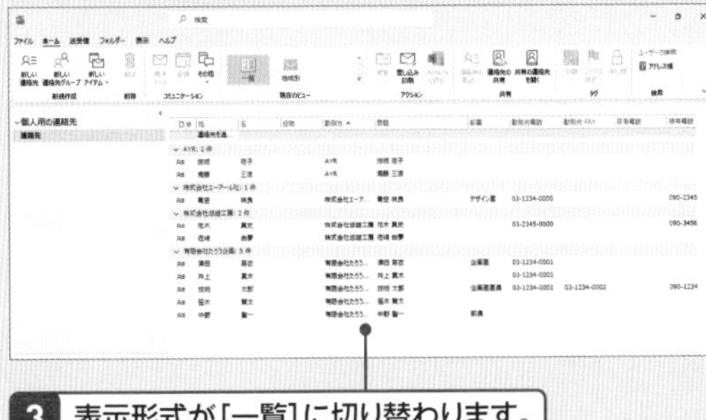

3 表示形式が［一覧］に切り替わります。

重要度 ★★★ 連絡先の表示

Q 275 グループ化の表示／非表示を切り替えたい！

A ［表示］タブの［並べ替え］グループで切り替えます。

連絡先の表示形式を一覧、地域別、分類項目別、電話にした場合、［表示］タブの［並べ替え］グループの［その他］をクリックして、グループ化の表示／非表示を切り替えることができます。また、［展開／折りたたみ］をクリックすると、グループを折りたたんだり、展開したりすることができます（クリックできないときは、表示形式を確認してください）。

1 ［表示］タブをクリックして、

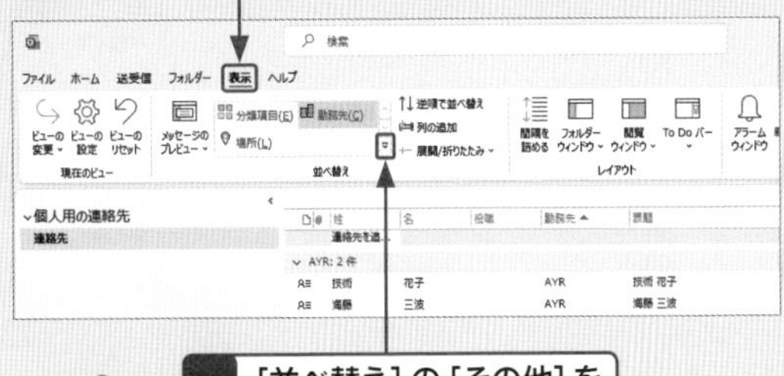

2 ［並べ替え］の［その他］をクリックすると、

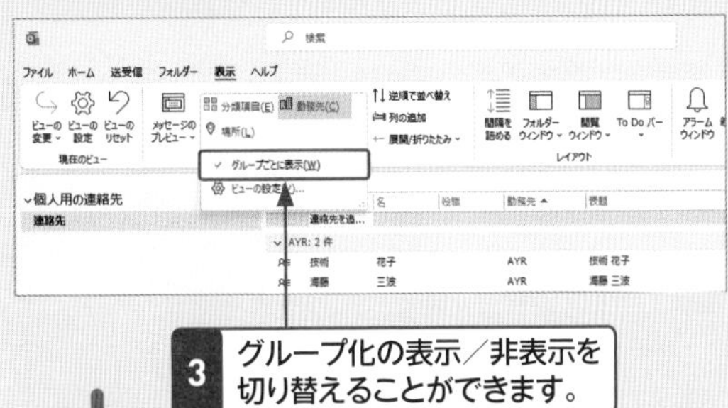

3 グループ化の表示／非表示を切り替えることができます。

4 ［展開／折りたたみ］をクリックすると、

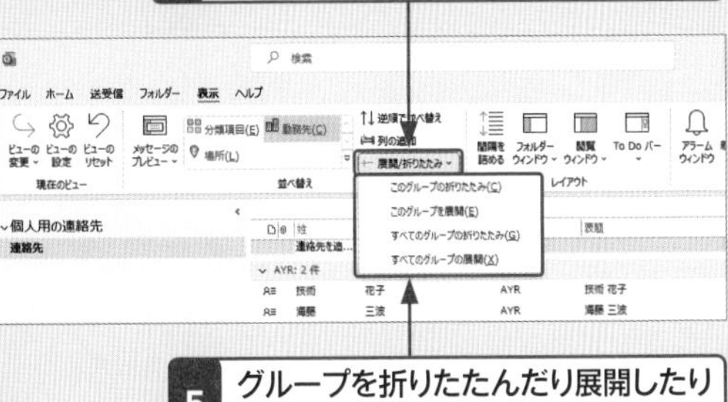

5 グループを折りたたんだり展開したりすることができます。

Q 276 連絡先の表示順を並べ替えたい！

A [表示]タブの[ビューの設定]をクリックして変更します。

連絡先の表示順を並べ替えるには、[表示]タブの[ビューの設定]をクリックすると表示される[ビューの詳細設定]ダイアログボックスの[並べ替え]から設定します。[並べ替え]をクリックして、[並べ替え]ダイアログボックスの[最優先されるフィールド]で優先順を指定します。

ここでは[名刺]形式で表示しています。

初期設定では、名前のフリガナ順に並んでいます。

1 [表示]タブをクリックして、

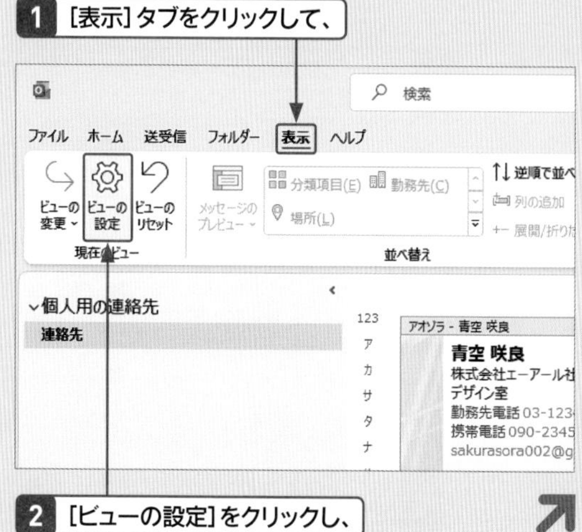

2 [ビューの設定]をクリックし、

3 [並べ替え]をクリックします。

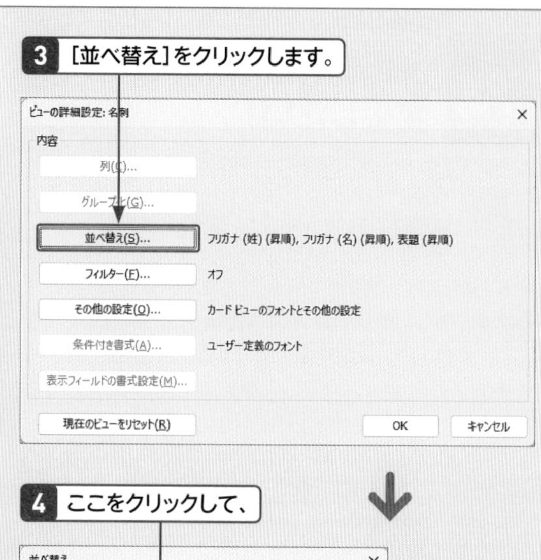

4 ここをクリックして、

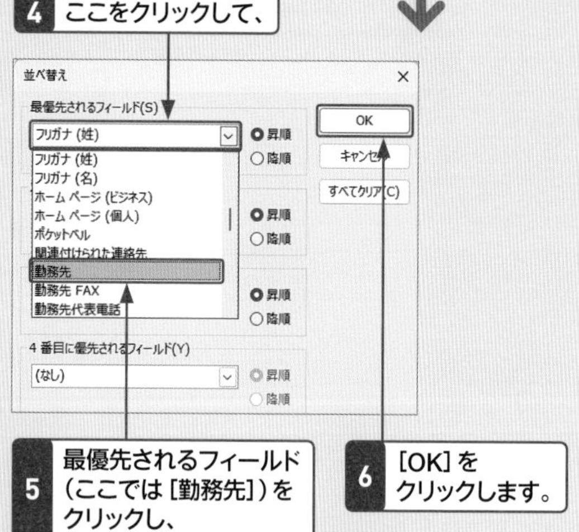

5 最優先されるフィールド（ここでは[勤務先]）をクリックし、

6 [OK]をクリックします。

7 [ビューの詳細設定]ダイアログボックスの[OK]をクリックすると、

8 勤務先の名前順に並べ替えられます。

重要度 ★★★　連絡先の表示

Q 277 連絡先の一覧表示を五十音順にしたい！

A 連絡先に「件名」を追加してフリガナを入力します。

連絡先の［一覧］形式では、勤務先のグループごとに連絡先が表示されており、グループ内では「姓」「名」の漢字コード順に並んでいます。この表示を五十音順にしたい場合は、「姓」の前に「件名」フィールドを追加して、そこにフリガナを入力して並べ替えます。

参照▶Q 274, Q 275, Q 288

連絡先を［一覧］形式で表示します。ここではグループ化を解除しています。

1 ［表示］タブをクリックして、

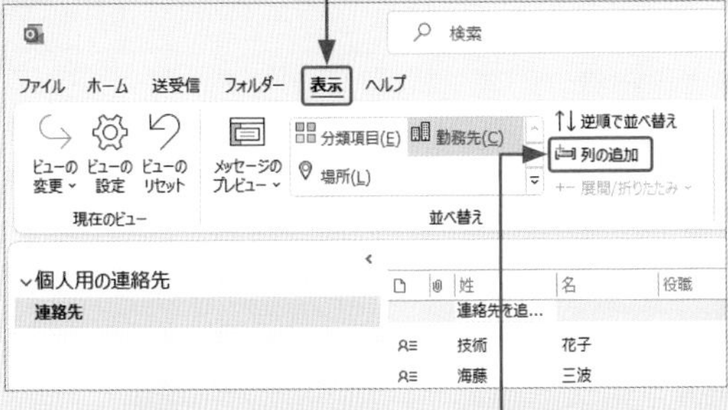

2 ［列の追加］をクリックします。

3 ［すべての連絡先フィールド］を選択して、

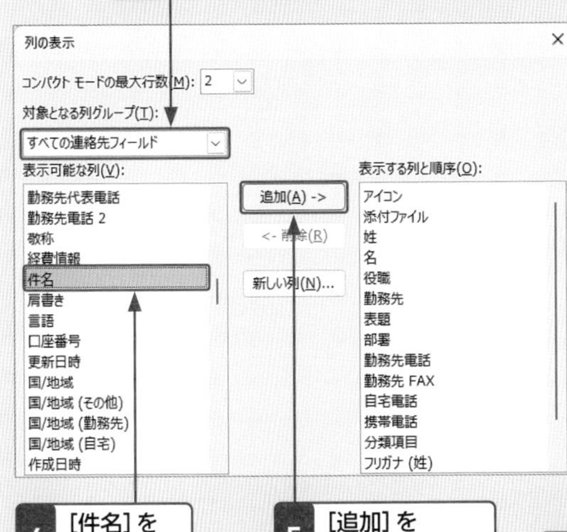

4 ［件名］をクリックし、

5 ［追加］をクリックします。

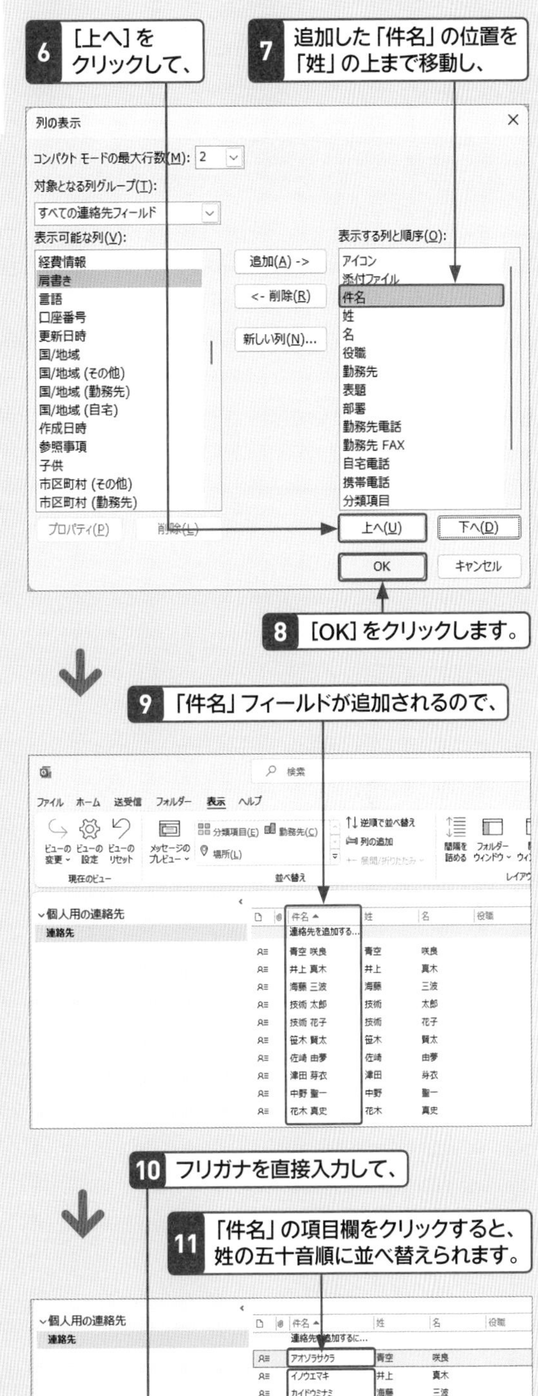

6 ［上へ］をクリックして、

7 追加した「件名」の位置を「姓」の上まで移動し、

8 ［OK］をクリックします。

9 「件名」フィールドが追加されるので、

10 フリガナを直接入力して、

11 「件名」の項目欄をクリックすると、姓の五十音順に並べ替えられます。

重要度 ★★★ 連絡先の表示

Q 278 表示形式が［名刺］のときに姓名が逆になっている！

A ［名刺の編集］ダイアログボックスで修正します。

連絡先の表示形式を［名刺］にしたときに、姓と名が逆に表示されることがあります。この場合は、以下の手順で［名刺の編集］ダイアログボックスを表示して修正します。

参照▶Q 265

1 姓名が逆になっている連絡先の［連絡先］ウィンドウを表示します。

姓名が逆に表示されています。

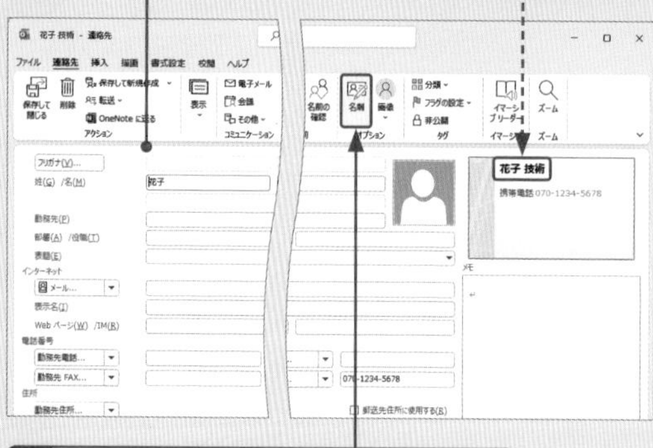

2 ［連絡先］タブの［名刺］をクリックして、

3 姓名を修正します。

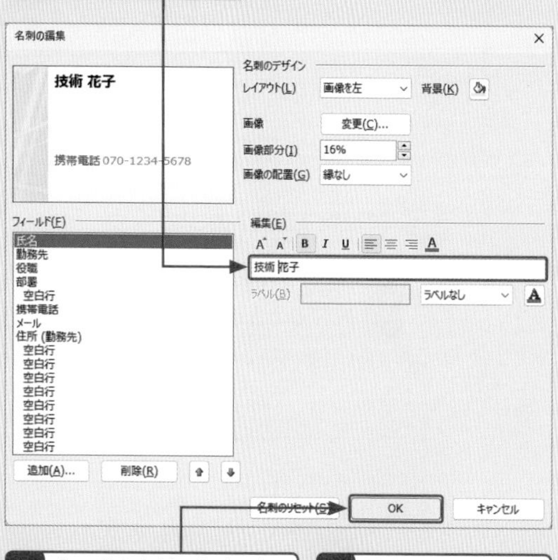

4 ［OK］をクリックすると、

5 姓名が正しい順で表示されます。

重要度 ★★★ 連絡先の表示

Q 279 すべての表示形式を同じにしたい！

A ［ホーム］タブの［現在のビュー］から設定します。

Outlookでは連絡先のビューをカスタマイズすることができますが、新しく作成したフォルダーには、カスタマイズしたビューが適用されません。すべてのビューを同じ設定にしたい場合は、以下の手順で操作します。

参照▶Q 301

1 ［ホーム］タブの［現在のビュー］の［その他］をクリックして、

2 ［現在のビューを他の連絡先フォルダーに適用する］をクリックします。

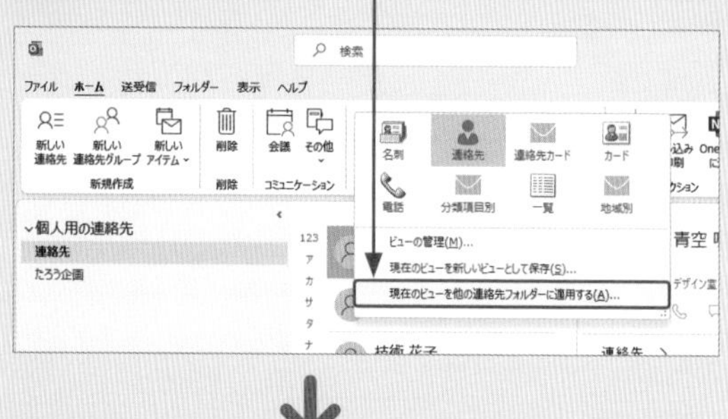

3 適用したい連絡先のフォルダーをクリックして、

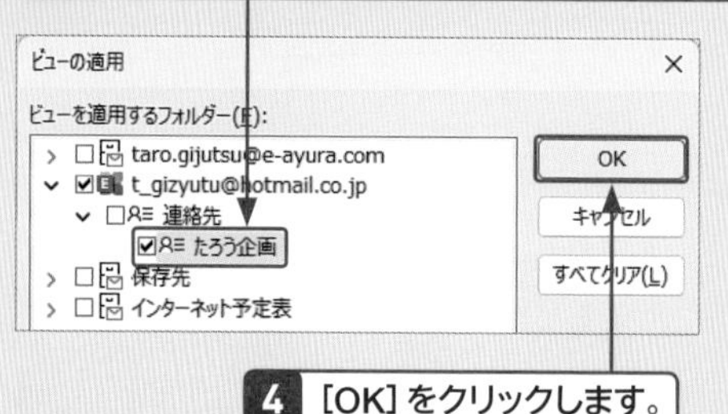

4 ［OK］をクリックします。

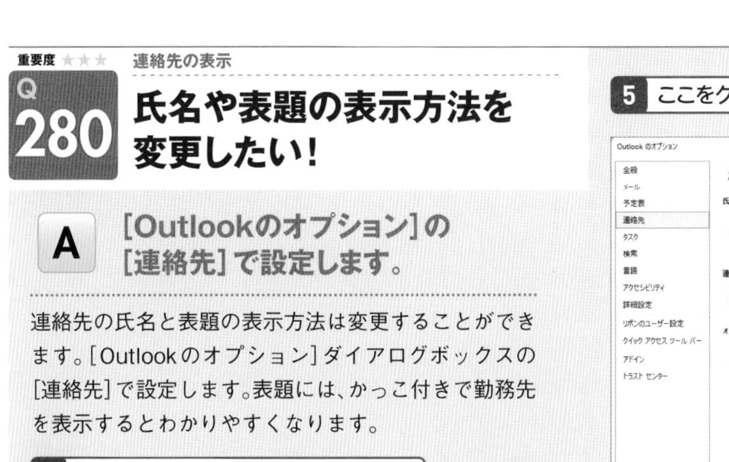

重要度 ★★★　連絡先の表示

Q 280 氏名や表題の表示方法を変更したい！

A [Outlookのオプション]の[連絡先]で設定します。

連絡先の氏名と表題の表示方法は変更することができます。[Outlookのオプション]ダイアログボックスの[連絡先]で設定します。表題には、かっこ付きで勤務先を表示するとわかりやすくなります。

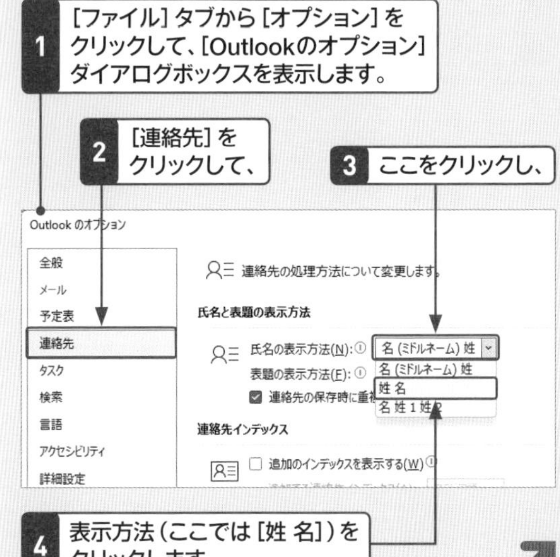

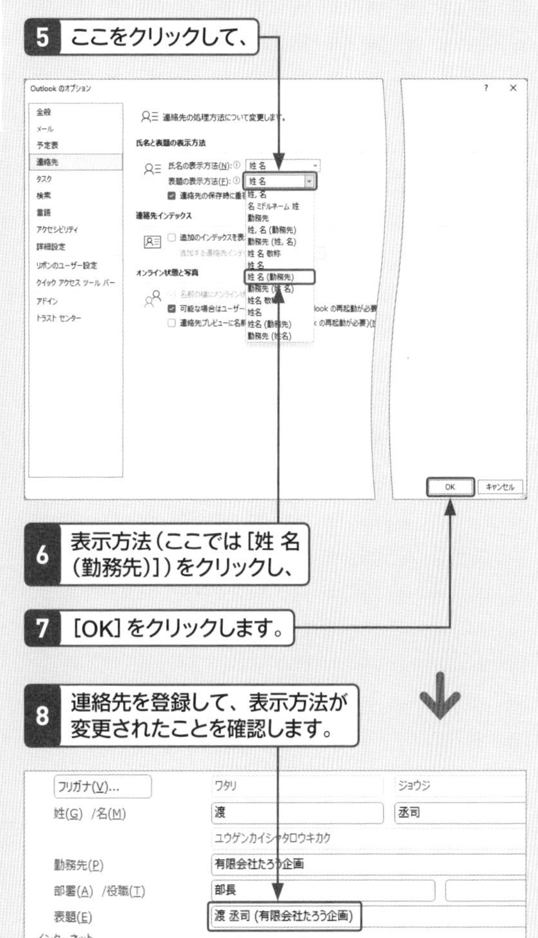

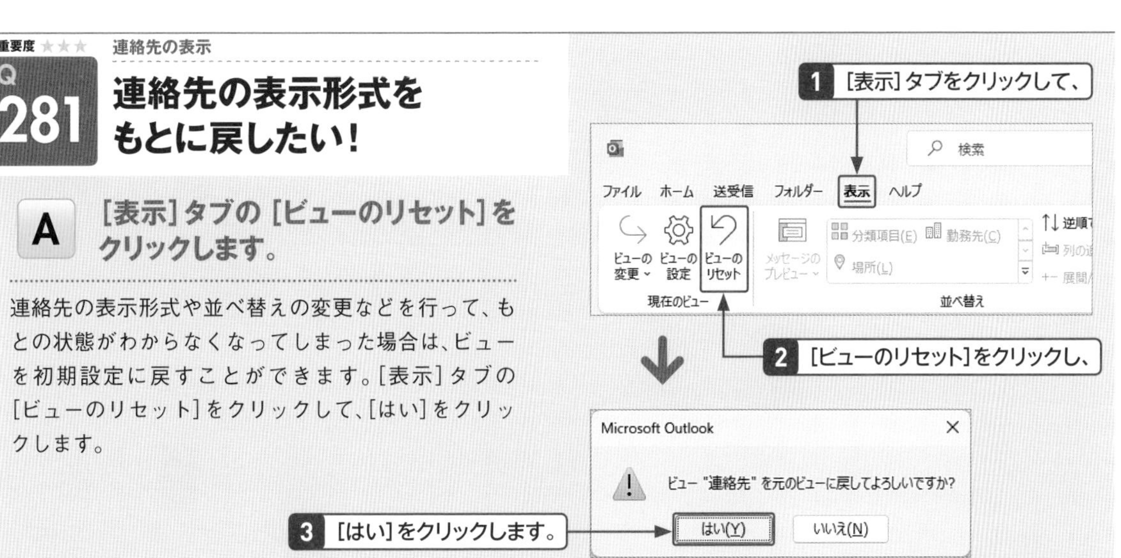

重要度 ★★★　連絡先の表示

Q 281 連絡先の表示形式をもとに戻したい！

A [表示]タブの[ビューのリセット]をクリックします。

連絡先の表示形式や並べ替えの変更などを行って、もとの状態がわからなくなってしまった場合は、ビューを初期設定に戻すことができます。[表示]タブの[ビューのリセット]をクリックして、[はい]をクリックします。

重要度 ★★★ 連絡先の表示

Q 282 連絡先の詳細情報を確認したい!

A [連絡先]ウィンドウを表示して確認します。

連絡先に登録した詳細な情報を確認するには、ビューを[連絡先]形式にして、連絡先をダブルクリックします。Outlook 2016の場合は、閲覧ウィンドウの[ソースの表示]の[Outlook連絡先]をクリックします。[連絡先]ウィンドウが表示されるので、そこで詳細情報を確認することができます。

1 連絡先をダブルクリックすると、

2 [連絡先]ウィンドウが表示され、詳細情報を確認することができます。

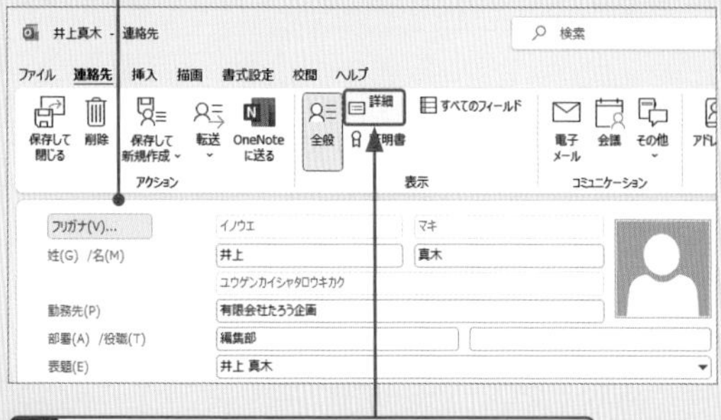

3 [連絡先]タブの[詳細]をクリックすると、

4 ニックネームや誕生日、記念日などの情報を確認することができます。

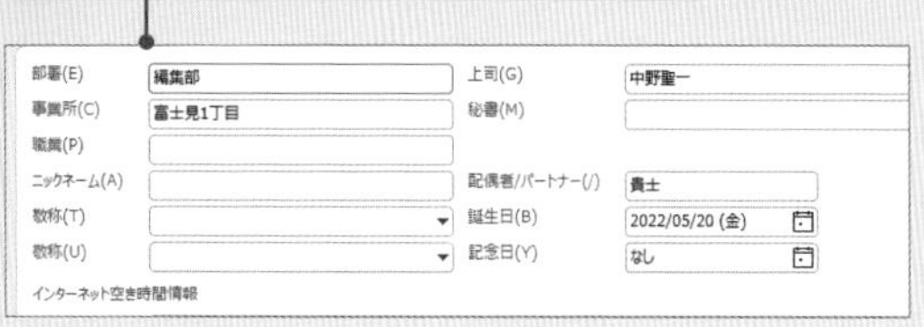

重要度 ★★★ 連絡先の表示

Q 283 連絡先を検索したい!

A1 検索ボックスで検索します。

検索ボックスを利用すると、名前だけでなく、電話番号や会社名などを入力して連絡先を検索することができます。なお、Outlook 2019/2016では検索ボックスはビューの上にあります。

1 検索ボックスに、連絡先の一部を入力すると、

2 検索結果が表示されます。

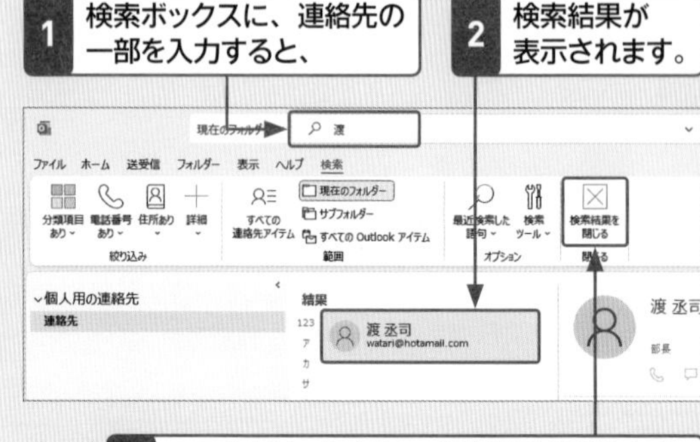

3 ここをクリックすると、検索結果が閉じます。

A2 [ホーム]タブの[ユーザーの検索]ボックスで検索します。

[ホーム]タブの[ユーザーの検索]ボックスを利用すると、名前または名前の一部を入力して連絡先を検索することができます。

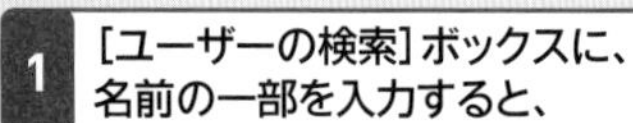

1 [ユーザーの検索]ボックスに、名前の一部を入力すると、

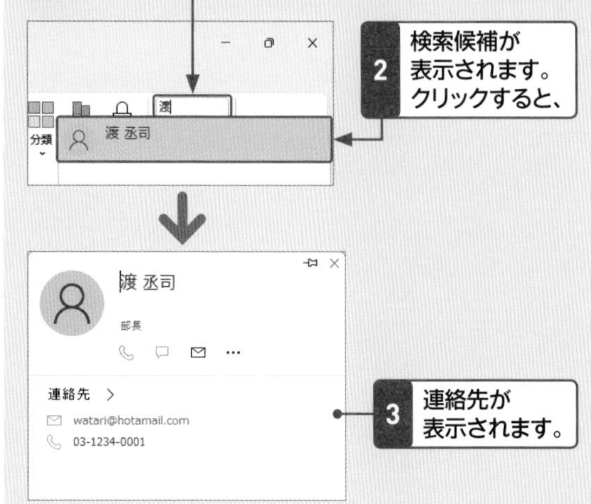

重要度 ★★★　連絡先の表示

Q 284 連絡先に登録した相手にメールを送信したい！

A1 [連絡先]画面から宛先を指定します。

[連絡先]画面から連絡先に登録した相手にメールを送るには、メールを送信したい相手をクリックして、閲覧ウィンドウに表示されるメッセージのアイコンをクリックします。また、送信したい相手の連絡先をクリックして、ナビゲーションバーの[メール]にドラッグしても、手順❸の[メッセージ]ウィンドウが表示されます。

参照▶Q 258

1 メールを送信したい相手をクリックして、

2 このアイコン（Microsoft 365では[メールを送信]）をクリックすると、

3 宛先が入力された[メッセージ]ウィンドウが表示されます。

A2 [メッセージ]ウィンドウから宛先を指定します。

[メール]画面から連絡先に登録した相手にメールを送るには、[メッセージ]ウィンドウを表示して、[宛先]をクリックし、表示される[名前の選択：連絡先]画面からメールを送信したい相手をクリックして指定します。複数の宛先を指定したい場合は、手順❸、❹の操作を繰り返します。

1 メール画面で[ホーム]タブの[新しいメール]をクリックします。

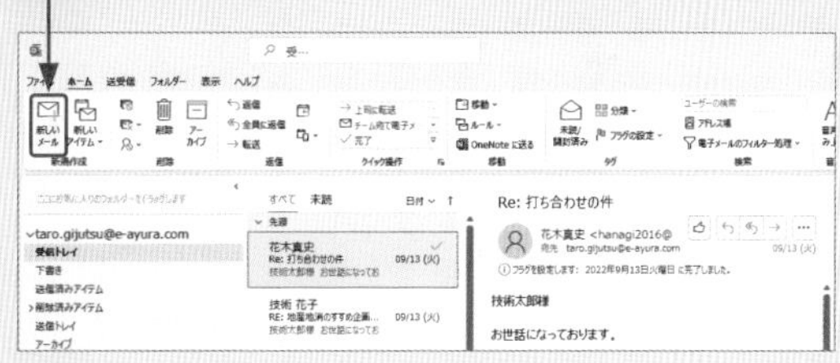

2 [メッセージ]ウィンドウが表示されるので、[宛先]をクリックします。

3 メールを送信したい相手をクリックして、

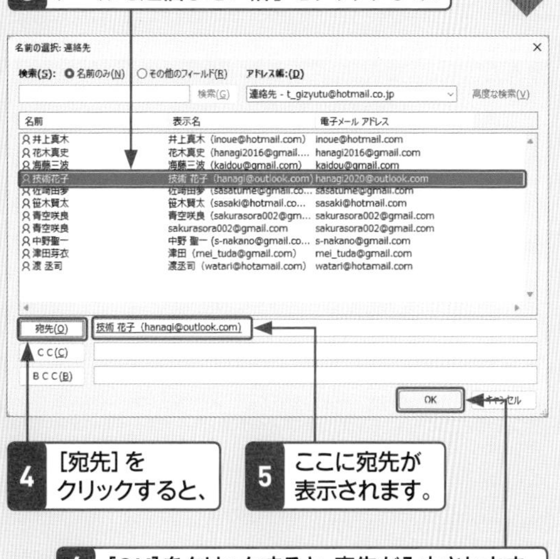

4 [宛先]をクリックすると、

5 ここに宛先が表示されます。

6 [OK]をクリックすると、宛先が入力されます。

重要度 ★★★　連絡先の表示

Q 285 [宛先]をクリックしても連絡先が表示されない！

A アドレス帳に連絡先のフォルダーを表示させます。

メールの宛先を連絡先から選択する際、[名前の選択：連絡先]画面に、登録したはずの連絡先が表示されていない場合があります。連絡先をフォルダーで管理しているときに起こることがあるので、以下の手順でアドレス帳に連絡先のフォルダーを表示するように設定します。

参照▶Q 284, Q 301

1 表示したい連絡先のフォルダーを右クリックして、

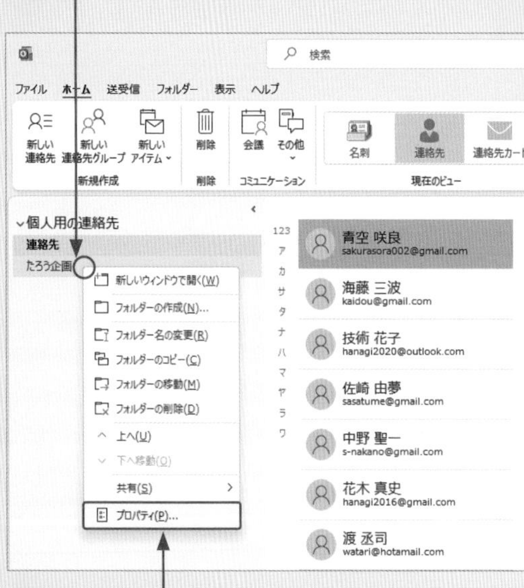

2 [プロパティ]をクリックします。

3 [Outlookアドレス帳]をクリックして、

4 ここをクリックしてオンにし、

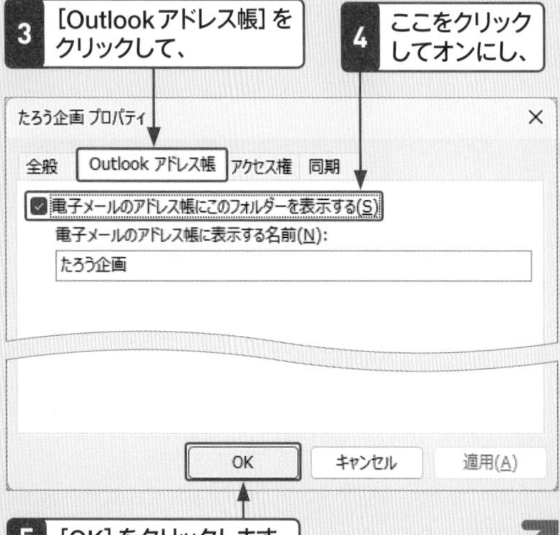

5 [OK]をクリックします。

6 [メッセージ]ウィンドウの[宛先]をクリックします。

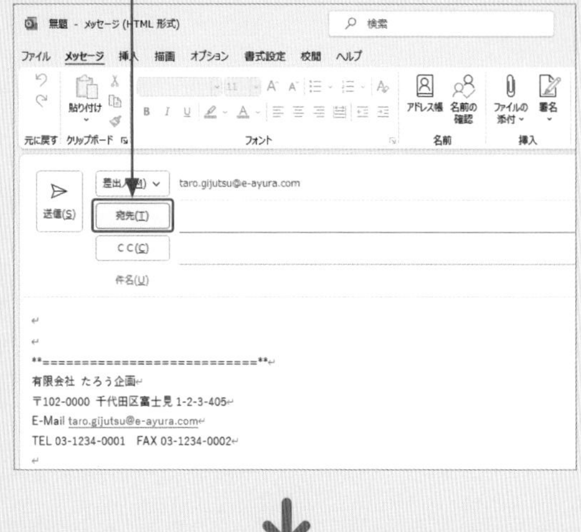

7 ここをクリックして、

8 手順1で右クリックした連絡先をクリックすると、

9 連絡先が表示されます。

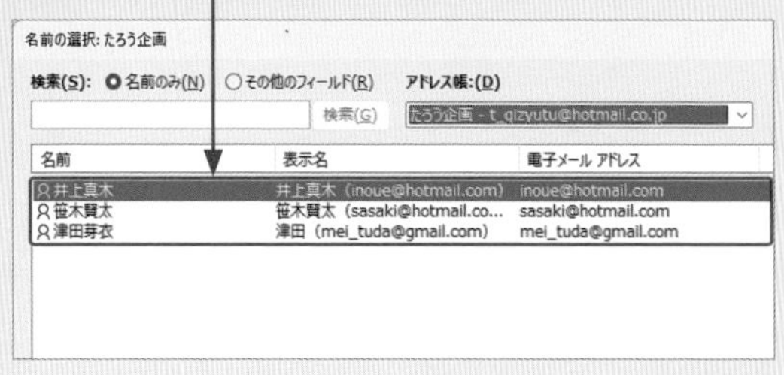

重要度 ★★★ アドレス帳

Q 286 連絡先とアドレス帳の違いを知りたい！

A アドレス帳は、メールを作成するときに使用されるツールです。

「連絡先」は、個人の名前や勤務先、メールアドレス、電話番号、住所などのさまざまな情報を登録して管理するツールです。「アドレス帳」は、連絡先に登録されている名前やメールアドレスを一覧表示したもので、おもにメールを作成するときに使用されるツールです。アドレス帳を使用することで、相手のメールアドレスをかんたんに入力することができます。

なお、[連絡先] 画面からアドレス帳を確認したいときは、[ホーム] タブの [アドレス帳] をクリックします。

「連絡先」は、個人の名前や勤務先、メールアドレス、電話番号、住所などのさまざまな情報を登録して管理するツールです。

「アドレス帳」は、おもにメールを作成するときに使用されるツールです。

重要度 ★★★ アドレス帳

Q 287 アドレス帳の並び順がおかしい！

A アドレス帳は、「件名」フィールドの漢字コード順で並んでいます。

アドレス帳は、連絡先には初期設定で表示されない「件名」フィールドの漢字コード順に並んでいます。件名は、連絡先の「姓」と「名」から自動的に構成されたものです。アドレス帳を五十音順に並べ替えたいときは、連絡先を [一覧] 形式にして「件名」フィールドを追加し、「件名」フィールドにフリガナを入力します。 参照▶Q 277

アドレス帳は、漢字コード順に並んでいます。

重要度 ★★★ アドレス帳

Q 288 アドレス帳にフリガナ欄が表示されない！

A アドレス帳にはフリガナ欄は表示されません。

Outlookのアドレス帳では、フリガナ欄は表示されません。フリガナ欄を表示したい場合は、連絡先を [一覧] 形式にして「件名」フィールドを追加し、「件名」フィールドにフリガナを入力します。 参照▶Q 277

アドレス帳にフリガナ欄を表示したい場合は、連絡先で「件名」フィールドを追加してフリガナを入力します。

Q 289 アドレス帳に連絡先のデータが表示されない！

A1 「Outlookアドレス帳」がインストールされているか確認します。

アドレス帳に連絡先のデータが表示されない場合は、「Outlookアドレス帳」がインストールされていないことが考えられます。[ファイル]タブをクリックして、[アカウント設定]から[アカウント設定]をクリックすると表示される[アカウント設定]ダイアログボックスで確認します。インストールされていない場合は、インストールします。

1 [ファイル]タブをクリックして、

2 [アカウント設定]をクリックし、

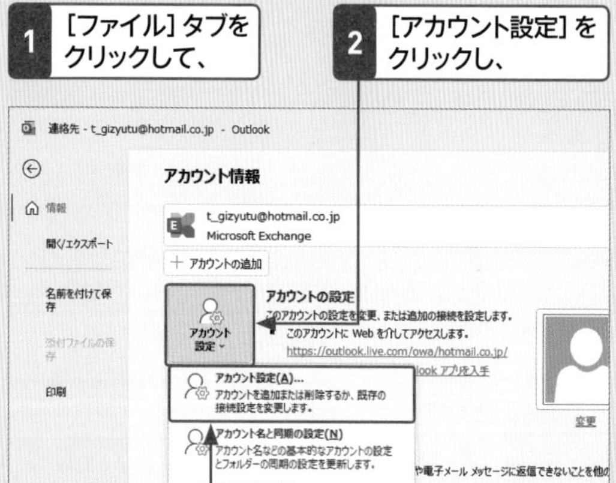

3 [アカウント設定]をクリックします。

4 [アドレス帳]をクリックして、

5 「Outlookアドレス帳」が表示されているかどうかを確認します。

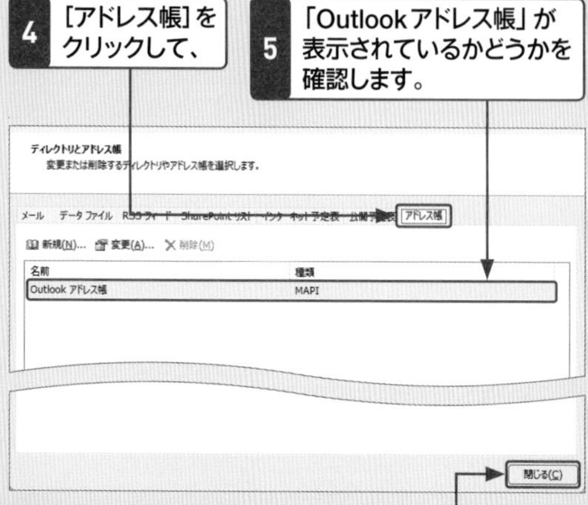

6 表示されている場合は、[閉じる]をクリックして、P.207の操作を行います。

●「Outlookアドレス帳」が表示されていない場合

1 「Outlookアドレス帳」が表示されていない場合は、[新規]をクリックして、

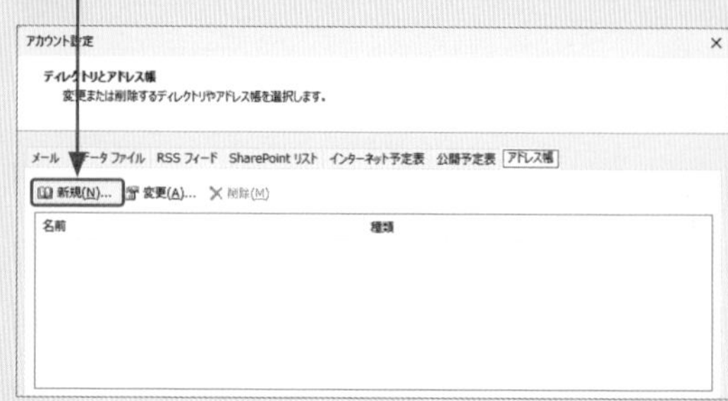

2 [その他のアドレス帳]をクリックし、

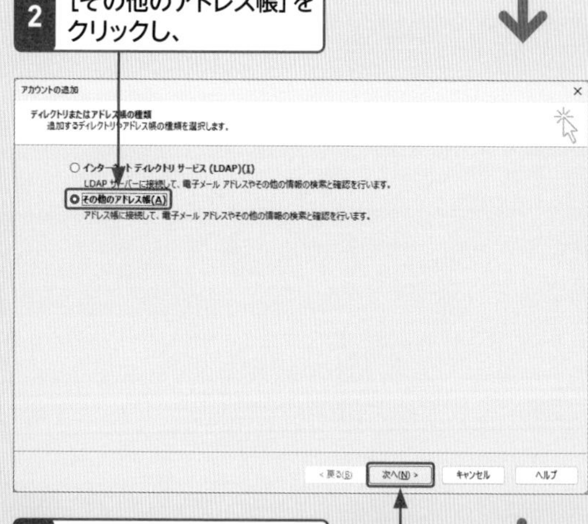

3 [次へ]をクリックします。

4 [Outlookアドレス帳]をクリックして、

5 [次へ]をクリックします。

6 表示される画面の指示に従って操作し、Outlookを再起動します。

A2 アドレス帳で連絡先を1つずつ表示して確認します。

連絡先の［アドレス帳］で、登録してあるアドレス帳を1つずつ表示して確認することで、問題が解決する場合があります。

また、連絡先のフォルダーがアドレス帳に表示されていないことも考えられます。その場合は、連絡先のフォルダーをクリックして、［フォルダー］タブの［フォルダーのプロパティ］をクリックするか、フォルダーを右クリックして、［プロパティ］をクリックし、アドレス帳で使用する連絡先のフォルダーを指定します。

参照▶Q 285, Q 301

1 ［ホーム］タブの［アドレス帳］をクリックします。

2 ここをクリックして、

3 登録済みの連絡先（ここでは「連絡先」）をクリックすると、

4 ［連絡先］に登録してあるデータが表示されます。

5 ここをクリックして、

6 登録済みの連絡先（ここでは「たろう企画」）をクリックすると、

7 「たろう企画」に登録してあるデータが表示されます。

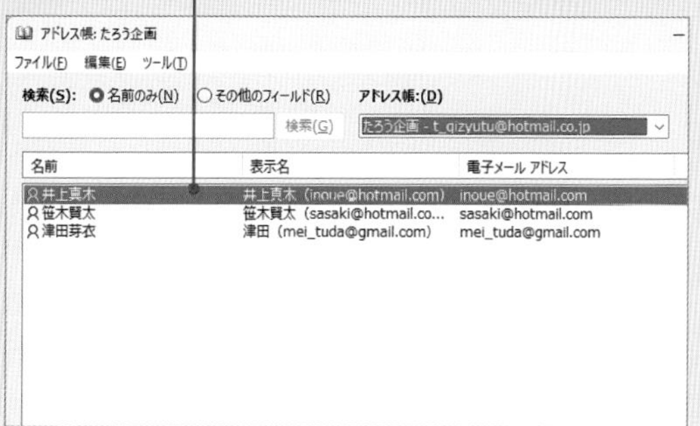

重要度★★★ アドレス帳

Q 290 アドレス帳で連絡先を検索したい！

A アドレス帳の[検索]ボックスで検索します。

アドレス帳では、名前やメールアドレス、電話番号、住所などの情報を入力して連絡先を検索することができます。アドレス帳を開き、[検索]ボックスにキーワードを入力すると、アドレス帳で連絡先が検索されます。ダブルクリックすると、該当する連絡先が［連絡先］ウィンドウで表示されます。

ここでは、名前を指定して検索します。

1 [アドレス帳] を表示して、

2 検索する名前を入力すると、連絡先が検索されます。ダブルクリックすると、

名前	表示名	電子メール アドレス
井上真木	井上真木 (inoue@hotmail.com)	inoue@hotmail.com
井上真木	inoue@hotmail.com	inoue@hotmail.com
花木真史	花木真史 (hanagi2016@gmail....	hanagi2016@gmail.com
海藤三波	海藤三波 (kaidou@gmail.com)	kaidou@gmail.com
技術花子	技術 花子 (hanagi@outlook.com)	hanagi2020@outlook.com
佐崎由夢	佐崎由夢 (sasatume@gmail.co...	sasatume@gmail.com
笹木賢太	笹木賢太 (sasaki@hotmail.co...	sasaki@hotmail.com
青空咲良	青空咲良 (sakurasora002@gm...	sakurasora002@gmail.com
青空咲良	sakurasora002@gmail.com	sakurasora002@gmail.com
中野聖一	中野 聖一 (s-nakano@gmail.co...	s-nakano@gmail.com
津田芽衣	津田芽衣 (tudam@gmail.com)	tudam@gmail.com
津田芽衣	津田 (mei_tuda@gmail.com)	mei_tuda@gmail.com
渡 丞司	渡丞司 (watari@hotamail.com)	watari@hotamail.com

3 該当する連絡先が[連絡先] ウィンドウで表示されます。

重要度★★★ アドレス帳

Q 291 表示するアドレス帳を固定したい！

A [ツール]タブの[オプション]で設定します。

Outlookの初期設定では、メールを送信するためにアドレス帳を開いたとき、どの連絡先を表示するかは、自動選択になっています。

頻繁に使う連絡先が最初に表示されるようにするには、アドレス帳を表示して、[ツール]をクリックし、[オプション]をクリックすると表示される［アドレス］ダイアログボックスで設定します。

1 アドレス帳を表示して、[ツール]をクリックし、

2 [オプション] をクリックします。

3 既定で表示したいアドレス帳を指定して、

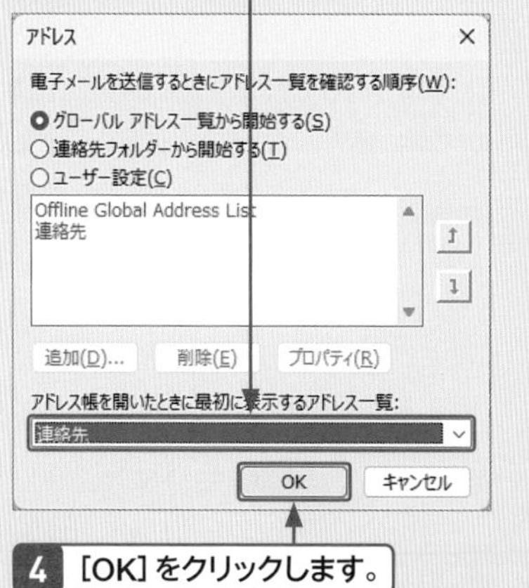

4 [OK] をクリックします。

重要度★★★ アドレス帳

Q 292 アドレス帳から連絡先のデータを削除したい!

A 削除したい連絡先を右クリックして、[削除]をクリックします。

アドレス帳から連絡先のデータを削除したいときは、削除したい連絡先を右クリックして、[削除]をクリックします。アドレス帳から連絡先を削除しても、[連絡先]からは削除されません。また、アドレス帳から削除した連絡先は、[削除済みアイテム]フォルダーには移動されずにそのまま削除されます。

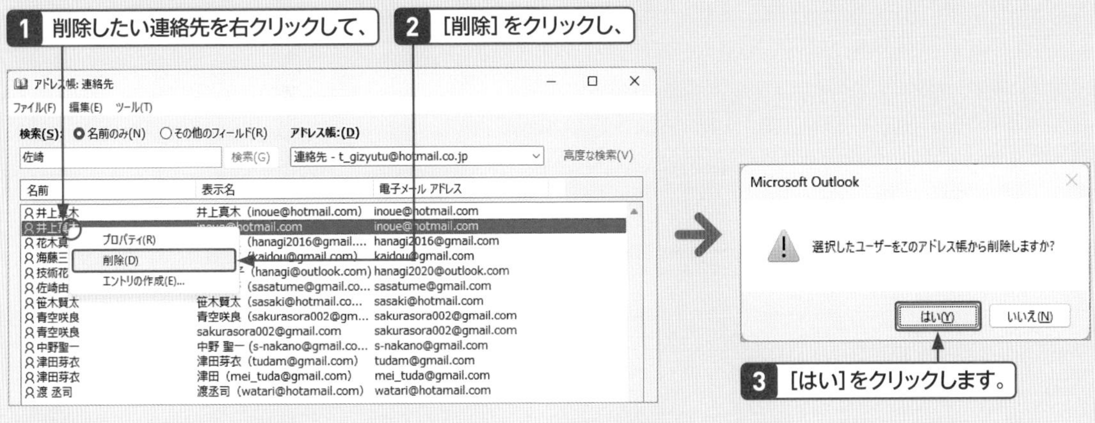

重要度★★★ アドレス帳

Q 293 アドレス帳に連絡先が重複して登録されている!

A Outlookの仕様です。

アドレス帳に同じ連絡先が重複して登録されるのは、勤務先FAX番号が入力されていたり、メールアドレスが複数入力されていたりするためです。これは、Outlookの仕様なので、変更することはできません。どうしても気になる場合は、連絡先で勤務先FAX番号を削除するか、メールアドレスの登録を1つにすると、重複して登録されなくなります。

重要度★★★ グループ

Q 294 複数の連絡先をグループにして管理したい!

A 連絡先グループを作成します。

同じ部署やプロジェクトのメンバー、プライベートでよく連絡を取り合う仲間などにまとめてメールを送りたいときは、あらかじめ複数のメールアドレスを1つの名前のグループにまとめておきます。複数のメールアドレスをグループ化することで、グループのメンバー全員に同じメールを送信することができます。

参照▶Q 295

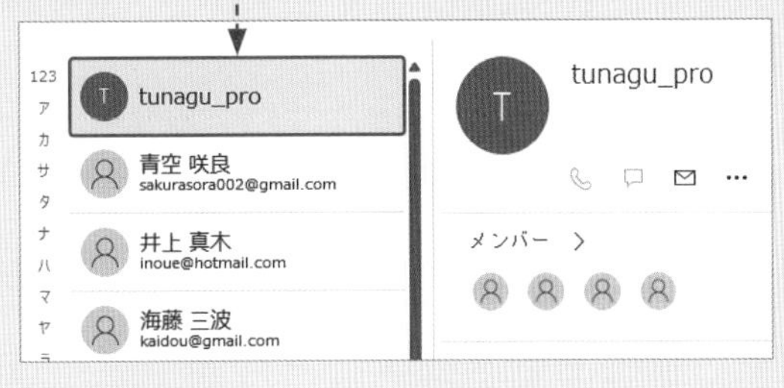

重要度 ★★★　グループ

Q 295 連絡先グループを作成したい!

A [ホーム]タブの[新しい連絡先グループ]から作成します。

連絡先グループを作成するには、[ホーム]タブの[新しい連絡先グループ]をクリックして、以下の手順で操作します。連絡先グループを作成しておくと、毎回複数の連絡先を選択したり、入力したりする手間を省くことができます。

1 [ホーム]タブの[新しい連絡先グループ]をクリックして、

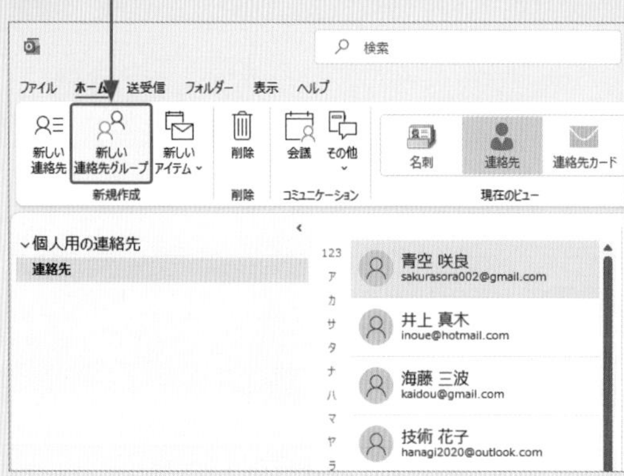

2 [名前]欄に新しいグループの名前を入力します。

3 [連絡先グループ]タブの[メンバーの追加]をクリックして、

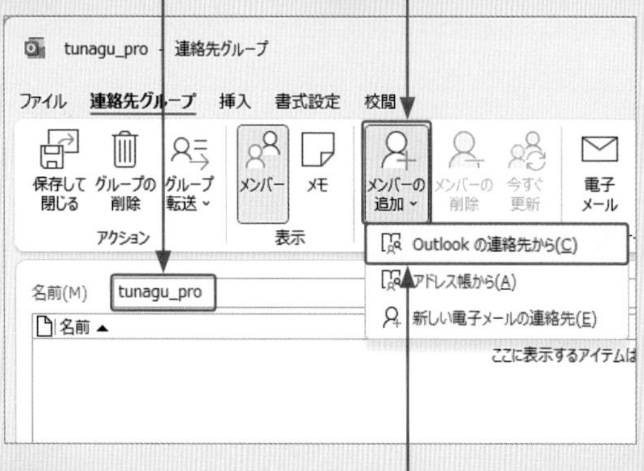

4 メンバーの追加方法(ここでは[Outlookの連絡先から])をクリックします。

5 Ctrl を押しながらグループのメンバーをクリックして、

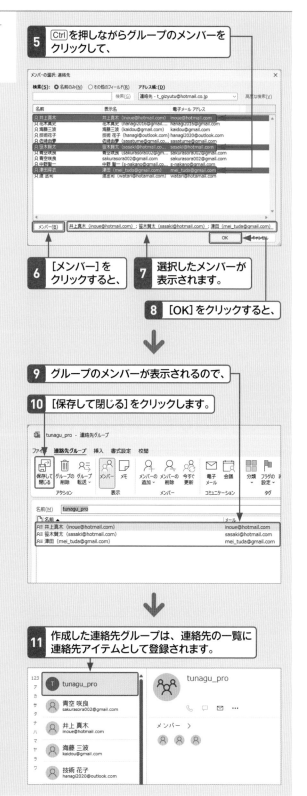

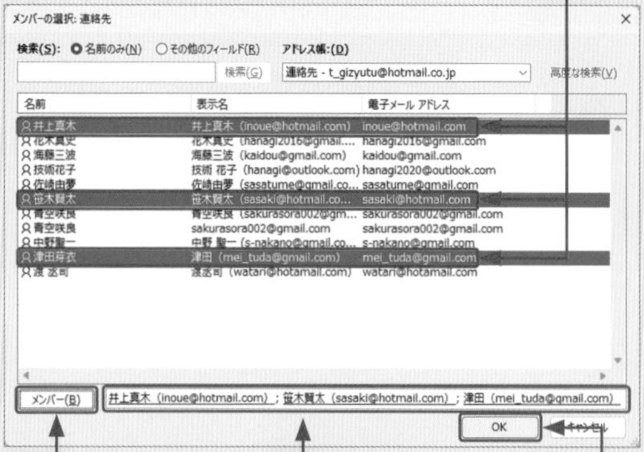

6 [メンバー]をクリックすると、

7 選択したメンバーが表示されます。

8 [OK]をクリックすると、

9 グループのメンバーが表示されるので、

10 [保存して閉じる]をクリックします。

11 作成した連絡先グループは、連絡先の一覧に連絡先アイテムとして登録されます。

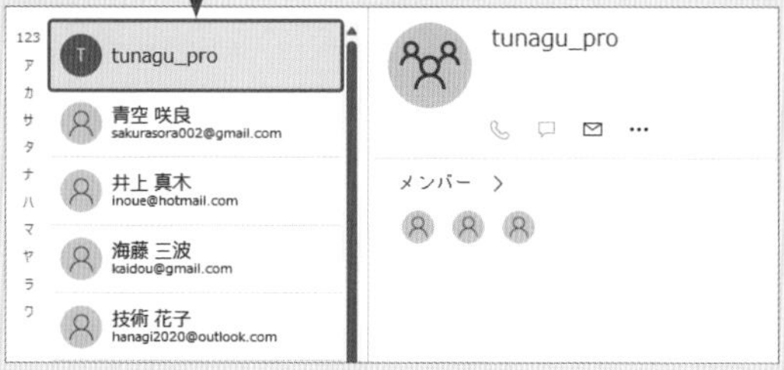

重要度 ★★★　グループ

Q 296 連絡先グループにメンバーを追加したい！

A ［連絡先グループ］ウィンドウを表示してメンバーを追加します。

作成した連絡先グループにメンバーを追加するには、連絡先グループをダブルクリックします。［連絡先グループ］ウィンドウが表示されるので、［連絡先グループ］タブの［メンバーの追加］からメンバーを追加します。メンバーを追加したら、［今すぐ更新］をクリックして、保存して閉じます。

1 連絡先グループをダブルクリックします。

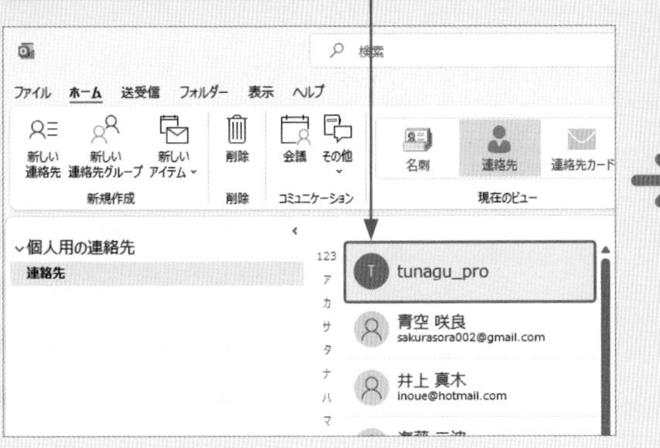

2 ［連絡先グループ］タブの［メンバーの追加］をクリックして、

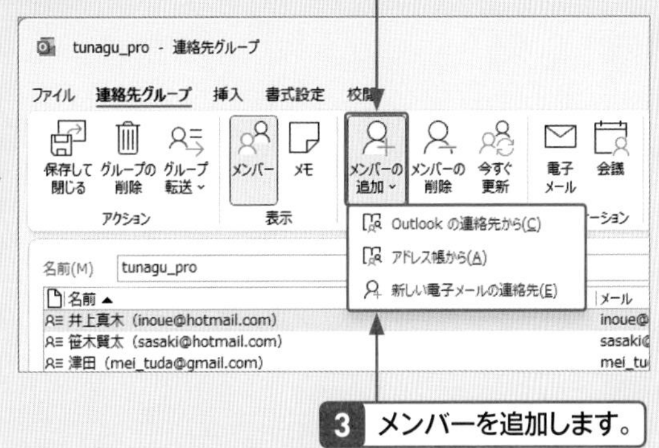

3 メンバーを追加します。

重要度 ★★★　グループ

Q 297 連絡先グループのメンバーを削除したい！

A ［連絡先グループ］ウィンドウを表示してメンバーを削除します。

連絡先グループからメンバーを削除するには、連絡先グループをダブルクリックします。［連絡先グループ］ウィンドウが表示されるので、削除したいメンバーをクリックして、［連絡先グループ］タブの［メンバーの削除］をクリックします。グループからメンバーを削除しても連絡先からは削除されません。

1 連絡先グループをダブルクリックして、

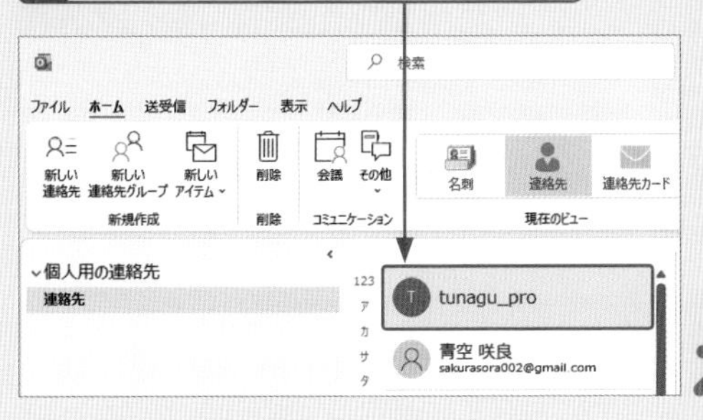

2 削除したいメンバーをクリックし、

3 ［連絡先グループ］タブの［メンバーの削除］をクリックします。

4 ［今すぐ更新］をクリックして、

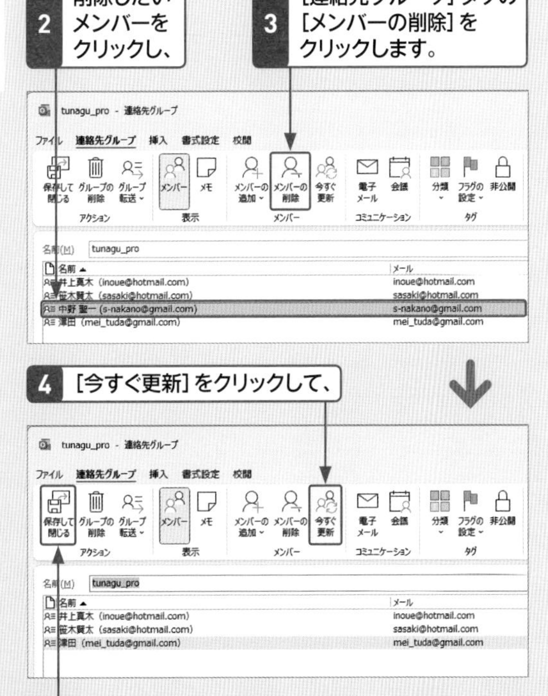

5 ［保存して閉じる］をクリックします。

重要度★★★ グループ

Q 298 連絡先グループを宛先にしてメールを送信したい！

A 宛先に連絡先グループを指定してメールを送信します。

連絡先グループを宛先に指定してメールを送信するには、[メール]画面から操作する方法、[連絡先]画面から操作する方法、[連絡先グループ]ウィンドウから操作する方法の3つがあります。

なお、[宛先]に連絡先グループを指定すると、グループのほかのメンバーに、グループ全員のメールアドレスが知られてしまいます。これを避けるには、手順4で[BCC]をクリックします。その場合、宛先には自分のメールアドレスを入力します。

参照▶Q 145

● [メール]画面から宛先を指定する

1 [メール]画面で[新しい電子メール]をクリックして、[メッセージ]ウィンドウを表示します。

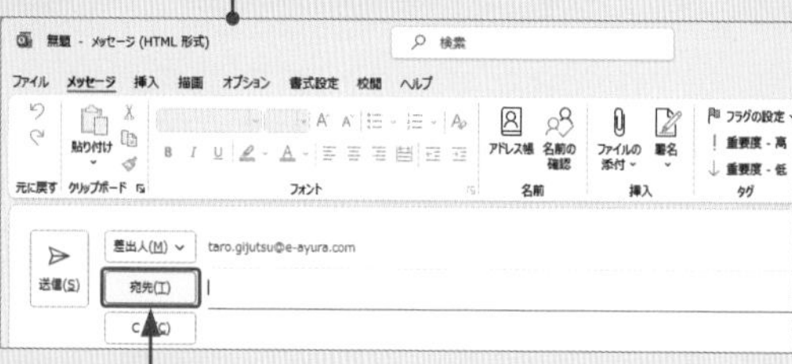

2 [宛先]をクリックして、

3 連絡先グループをクリックし、

4 [宛先]をクリックすると、

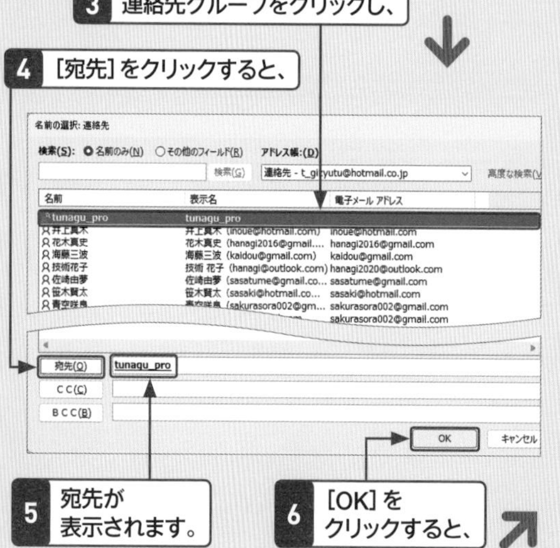

5 宛先が表示されます。

6 [OK]をクリックすると、

7 [宛先]に連絡先グループが入力されます。

8 件名や本文を入力して、メールを送信します。

● [連絡先]画面から宛先を指定する

1 対象の連絡先グループをクリックして、

2 このアイコン（Microsoft 365では[メールを送信]）をクリックすると、

3 [宛先]に連絡先グループが入力された[メッセージ]ウィンドウが表示されます。

● [連絡先グループ]ウィンドウから指定する

1 対象の[連絡先グループ]ウィンドウを表示して、

2 [連絡先グループ]タブの[電子メール]をクリックすると、

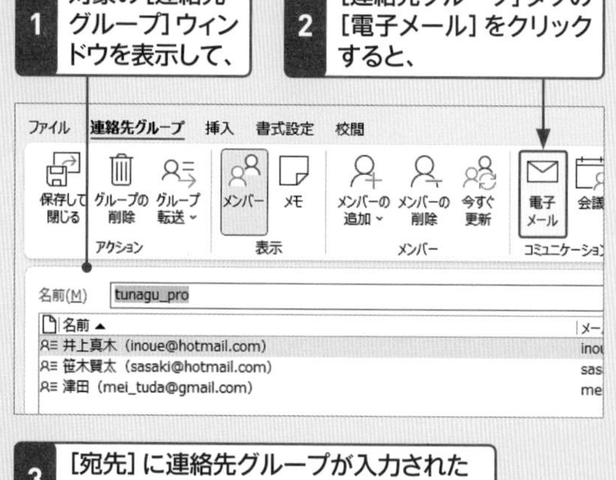

3 [宛先]に連絡先グループが入力された[メッセージ]ウィンドウが表示されます。

重要度 ★★★ グループ

Q 299 連絡先グループが作成できない！

A Outlookデータファイル（.pst）を作成して、既定に設定します。

Outlookに設定している既定のメールアカウントがOutlook.comなどのマイクロソフトが提供するメールアカウントの場合、［新しい連絡先グループ］が表示されなかったり、利用不可になっている場合があります。この場合は、Outlookデータファイル（.pst）を作成し、そのファイルを既定に設定します。

1 ［ファイル］タブの［アカウント設定］から［アカウント設定］をクリックします。

2 ［データファイル］をクリックして、

3 ［追加］をクリックします。

4 データファイル名を入力して（ファイル名は任意）、

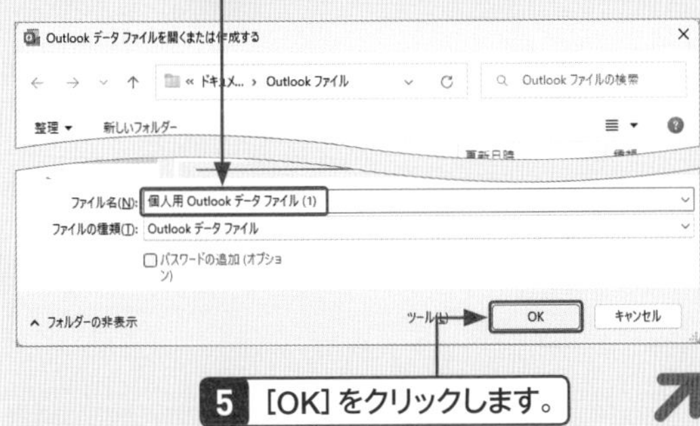

5 ［OK］をクリックします。

6 新しく作成したデータファイルをクリックして、

7 ［既定に設定］をクリックし、

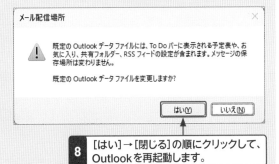

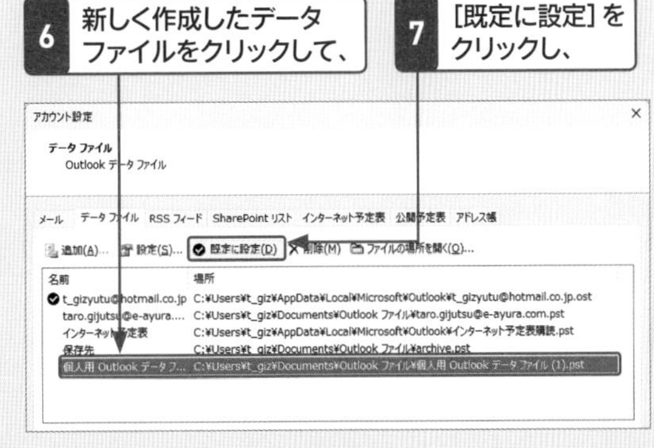

メール配信場所

既定の Outlook データ ファイルには、To Do バーに表示される予定表や、お気に入り、共有フォルダー、RSS フィードの設定が含まれます。メッセージの保存場所は変わりません。

既定の Outlook データ ファイルを変更しますか?

はい(Y)　いいえ(N)

8 ［はい］→［閉じる］の順にクリックして、Outlookを再起動します。

重要度 ★★★ グループ

Q 300 連絡先グループを削除したい！

A グループをクリックして［ホーム］タブの［削除］をクリックします。

連絡先グループが不要になったときは、連絡先グループをクリックして［ホーム］タブの［削除］をクリックします。あるいは、連絡先グループをダブルクリックして［連絡先グループ］ウィンドウを表示し、［連絡先グループ］タブの［グループの削除］をクリックして、［はい］をクリックしても削除できます。

1 連絡先グループをクリックして、

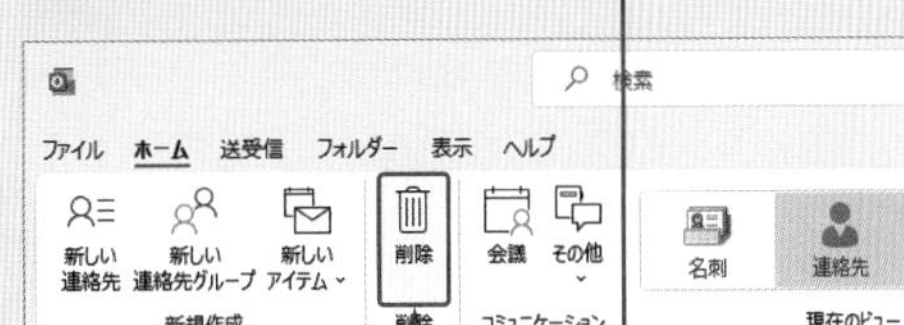

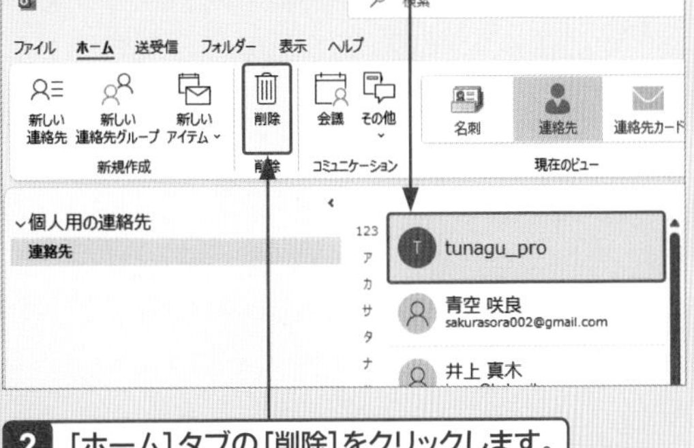

2 ［ホーム］タブの［削除］をクリックします。

1 Outlookの基本
2 メールの受信と閲覧
3 メールの作成と送信
4 メールの整理と管理
5 メールの設定
6 連絡先
7 予定表
8 タスク
9 印刷
10 アプリ連携・共同作業
11 そのほかの便利機能

重要度★★★ フォルダー

Q 301 連絡先をフォルダーで管理したい!

A 新しいフォルダーを作成します。

連絡先の数が多くなってきた場合は、関連するグループごとにフォルダーを作成して連絡先を管理すると、目的の連絡先が探しやすくなります。新しくフォルダーを作成した場合は、フォルダーのプロパティで、アドレス帳にフォルダーを表示させるように設定します。

フォルダーを作成するには、以下の手順のほかに、フォルダーを作成する場所を右クリックして、[フォルダーの作成]をクリックしても作成できます。

参照▶Q 285

1 [フォルダー]タブをクリックして、

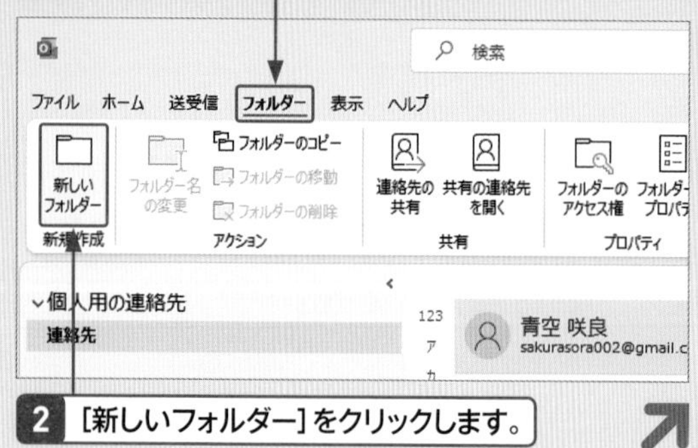

2 [新しいフォルダー]をクリックします。

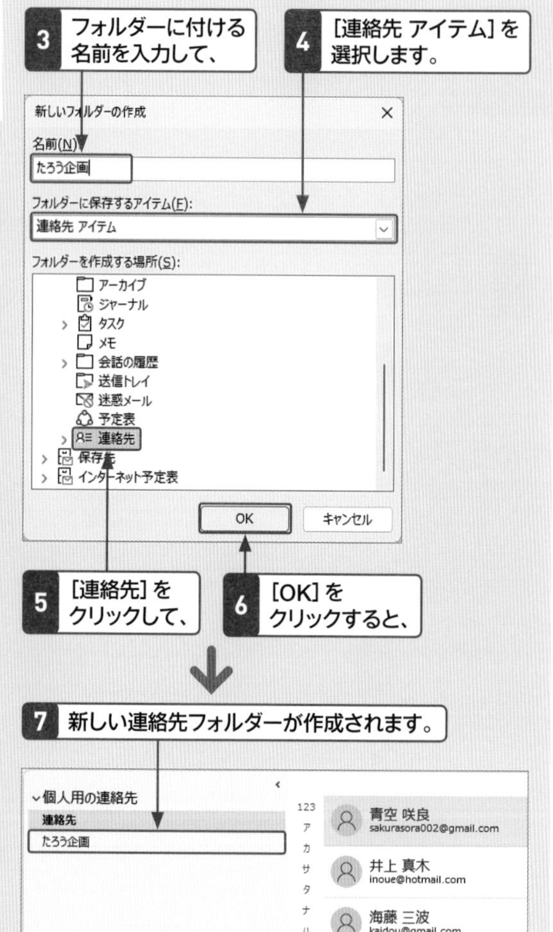

3 フォルダーに付ける名前を入力して、

4 [連絡先 アイテム]を選択します。

5 [連絡先]をクリックして、

6 [OK]をクリックすると、

7 新しい連絡先フォルダーが作成されます。

重要度★★★ フォルダー

Q 302 連絡先フォルダーが作成できない!

A [連絡先]を右クリックして、[フォルダーの作成]をクリックします。

Outlookに設定している既定のメールアカウントがOutlook.comなどのマイクロソフトが提供するメールアカウントの場合、[新しいフォルダー]が利用不可になっている場合があります。この場合は、[連絡先]を右クリックして、[フォルダーの作成]をクリックすると、フォルダーを作成できます。

1 [連絡先]を右クリックして、

2 [フォルダーの作成]をクリックします。

重要度 ★★★　フォルダー

Q 303 連絡先をフォルダーに移動したい！

A ドラッグで移動するか、[ホーム]タブの[移動]を利用します。

新規に作成したフォルダーに連絡先を移動するには、移動したい連絡先をフォルダーにドラッグする方法と、[ホーム]タブの[移動]から移動先のフォルダーをクリックする方法の2つがあります。

●ドラッグ操作を利用する

1 移動したい連絡先をクリックして、

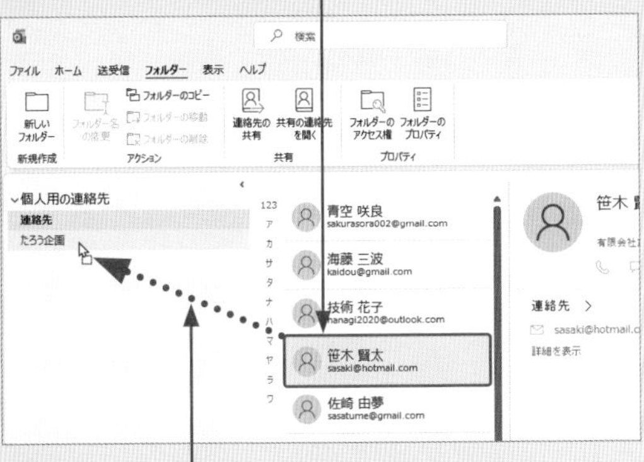

2 移動先のフォルダーにドラッグします。

●[ホーム]タブの[移動]を利用する

1 移動したい連絡先をクリックして、

2 [ホーム]タブの[移動]をクリックし、

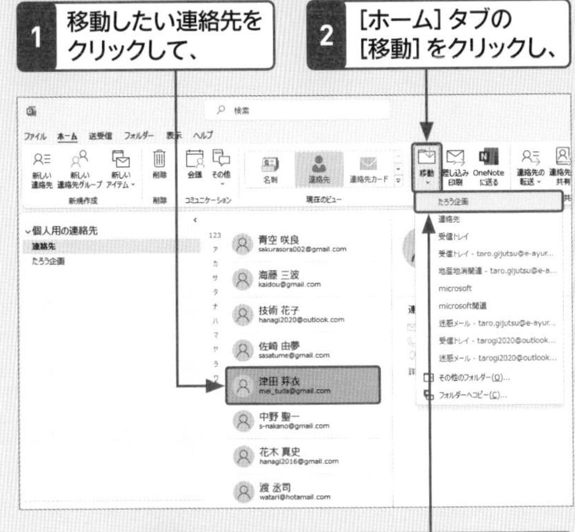

3 移動先のフォルダーをクリックします。

重要度 ★★★　フォルダー

Q 304 連絡先のフォルダーを削除したい！

A [フォルダー]タブの[フォルダーの削除]をクリックします。

連絡先のフォルダーが不要になった場合は、削除したいフォルダーをクリックして、[フォルダー]タブの[フォルダーの削除]をクリックするか、フォルダーを右クリックして、[フォルダーの削除]をクリックします。フォルダーを削除すると、その中に登録されている連絡先も削除されます。削除したくない連絡先がある場合は、あらかじめ[連絡先]フォルダーに移動しておきましょう。

1 削除したいフォルダーをクリックして、

2 [フォルダー]タブをクリックし、

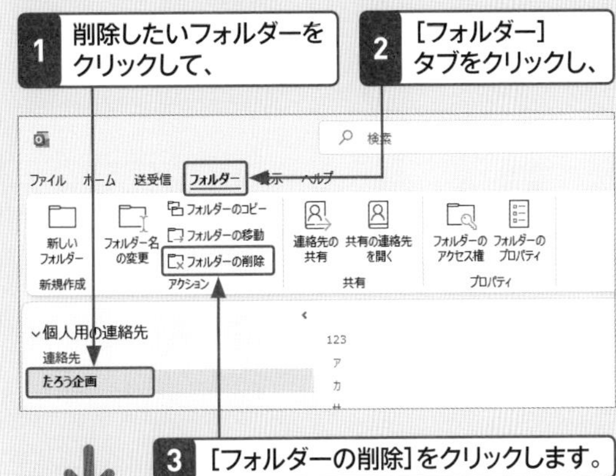

3 [フォルダーの削除]をクリックします。

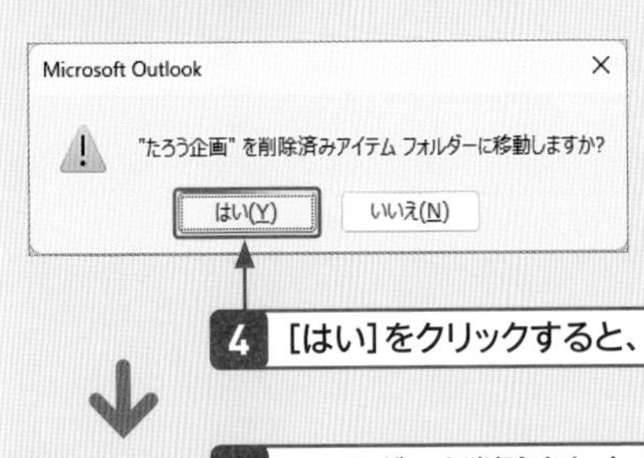
Microsoft Outlook
"たろう企画" を削除済みアイテム フォルダーに移動しますか?
はい(Y)
いいえ(N)

4 [はい]をクリックすると、

5 フォルダーが削除されます。

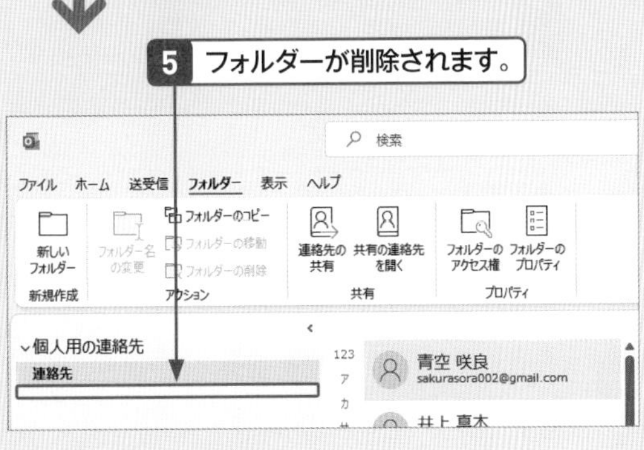

重要度 ★★★ 分類項目

Q 305 連絡先に分類項目を設定したい！

A [ホーム]タブの[分類]から分類項目を指定します。

分類項目では、あらかじめ6色の分類項目が用意されていますが、新規に作成することもできます。ここでは既存の分類項目の名前を変更して設定します。作成した分類項目は、メールなどOutlook全体で共通して利用可能です。

参照▶Q 208

1 分類項目を設定したい連絡先をクリックして、

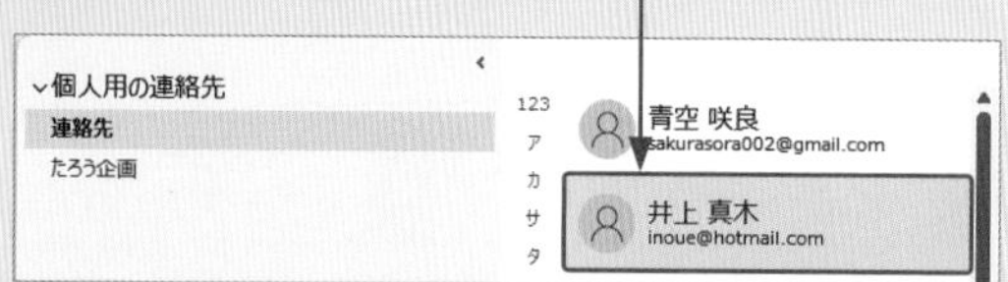

2 [ホーム]タブの[分類]をクリックし、

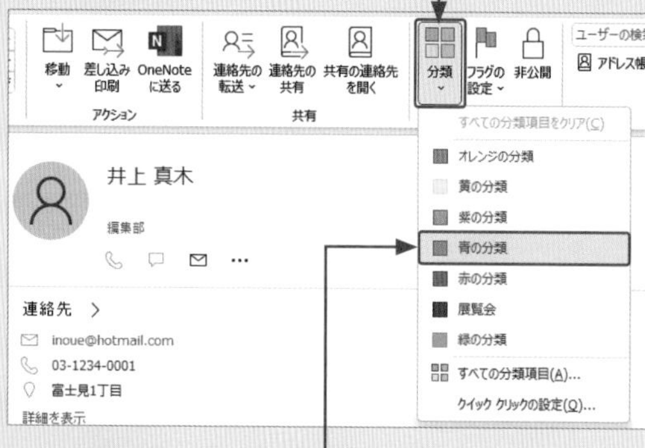

3 任意の分類項目をクリックします。

4 はじめて利用する分類項目の場合は、このダイアログボックスが表示されるので、分類項目名を入力して、

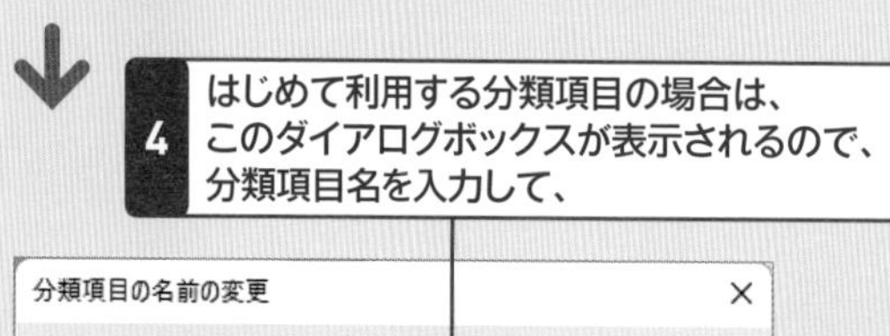

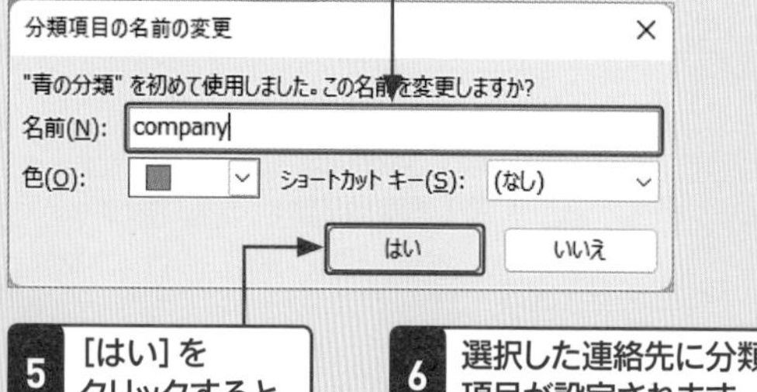

5 [はい]をクリックすると、

6 選択した連絡先に分類項目が設定されます。

重要度 ★★★ 分類項目

Q 306 分類項目ごとに連絡先を表示したい！

A 連絡先を[分類項目別]ビューで表示します。

連絡先に分類項目を追加しておけば、連絡先を特定の項目でグループ化することができます。[ホーム]タブの[現在のビュー]の[その他]をクリックして、一覧から[分類項目別]をクリックします。

1 [ホーム]タブの[現在のビュー]の[その他]をクリックして、

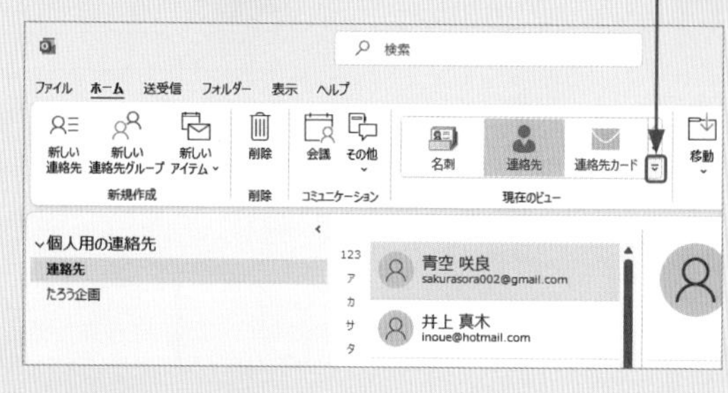

2 [分類項目別]をクリックすると、

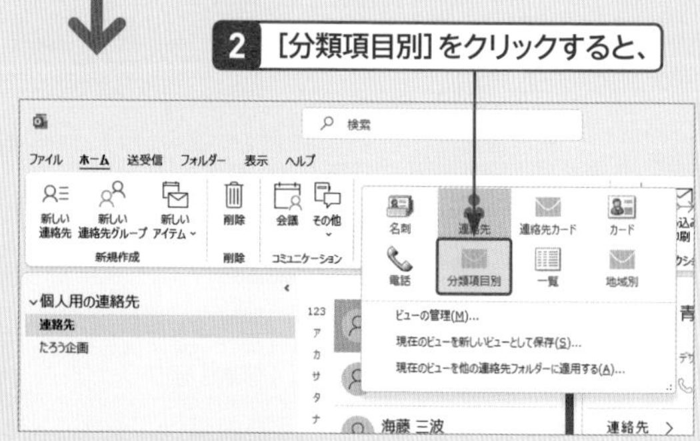

3 連絡先が分類項目でグループ化されて表示されます。

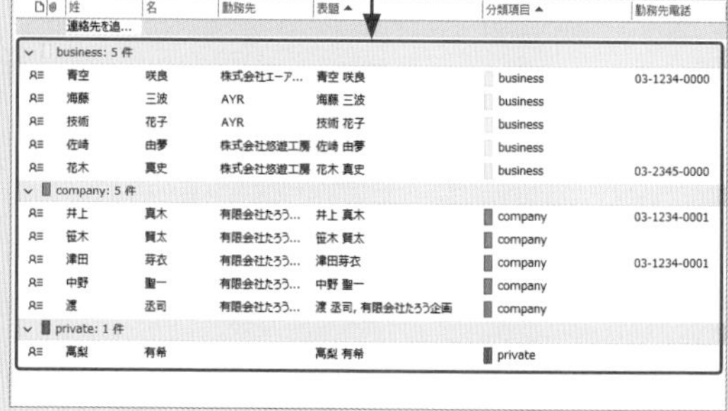

重要度 ★★★ 分類項目

Q 307 設定した分類項目を変更したい！

A [分類]から[すべての分類項目]をクリックして変更します。

設定した分類項目を変更するには、変更したい連絡先をクリックして、[ホーム]タブの[分類]をクリックし、[すべての分類項目]をクリックします。[色分類項目]ダイアログボックスが表示されるので、設定されている分類項目を別の分類項目に変更します。

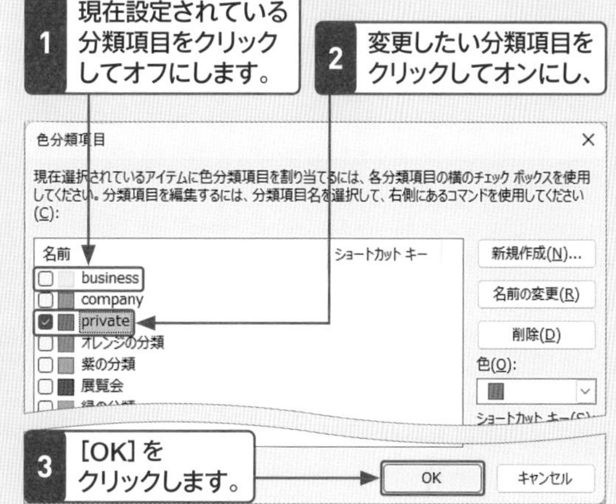

重要度 ★★★ 分類項目

Q 308 設定した分類項目を解除したい！

A [分類]から[すべての分類項目をクリア]をクリックします。

設定した分類項目を解除したいときは、連絡先のビューを[分類項目別]に変更して、分類項目を解除したい連絡先を選択し、[ホーム]タブの[分類]から[すべての分類項目をクリア]をクリックします。連絡先に設定したすべての分類項目を解除したいときは、すべての連絡先を選択して、同様に操作します。

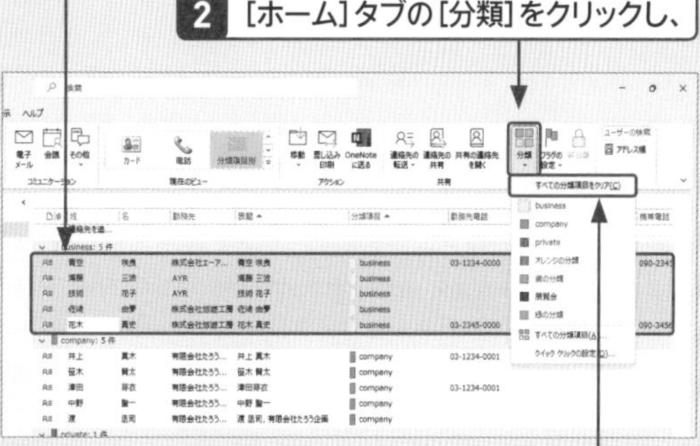

重要度 ★★★ 連絡先の活用

Q 309 連絡先情報をメールで送信したい！

A [連絡先]ウィンドウの[転送]から送信します。

Outlookでは、連絡先の情報をファイルにして、メールに添付して送信することができます。添付ファイルは、Outlook形式とインターネット形式（vCard形式）が選択できます。Outlook形式で送信する場合は、受信する人もOutlookを使用している必要があります。

参照▶Q 310, Q 311

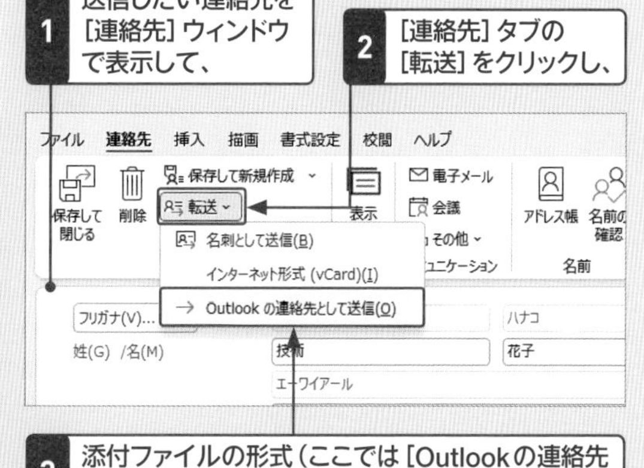

重要度★★★ 連絡先の活用

Q 310 Outlook形式とは？

A Outlookで利用できる連絡先のファイル形式です。

Outlook形式は、Outlookの連絡先のファイル保存形式です。Outlook形式で送信する場合は、受信者がOutlookを使用している必要があります。

参照▶Q 309

● Outlook形式でファイルを添付した場合

重要度★★★ 連絡先の活用

Q 311 vCard形式とは？

A インターネット標準の連絡先のファイル形式です。

vCard（.vcf）形式は、一般的な連絡先の保存形式で、連絡先情報を共有するためのインターネット標準のファイルです。Outlook以外のアプリを使用している人とアドレス帳を共有する場合に利用します。 参照▶Q 309

● Card形式でファイルを添付した場合

重要度★★★ 連絡先の活用

Q 312 送られてきた連絡先情報を連絡先に登録したい！

A 添付ファイルの⌄をクリックして［開く］をクリックします。

メールに添付されてきた連絡先情報を連絡先に登録するには、添付ファイルの⌄をクリックして［開く］をクリックするか、添付ファイルをダブルクリックします。なお、添付ファイルをクリックすると、［連絡先］ウィンドウをすぐに表示せずに、閲覧ウィンドウで情報を確認することができます。ここでは、Outlook形式で送られてきた連絡先を登録します。

1 ［受信トレイ］をクリックして、連絡先が添付されたメールをクリックします。

2 添付ファイルのここをクリックして、

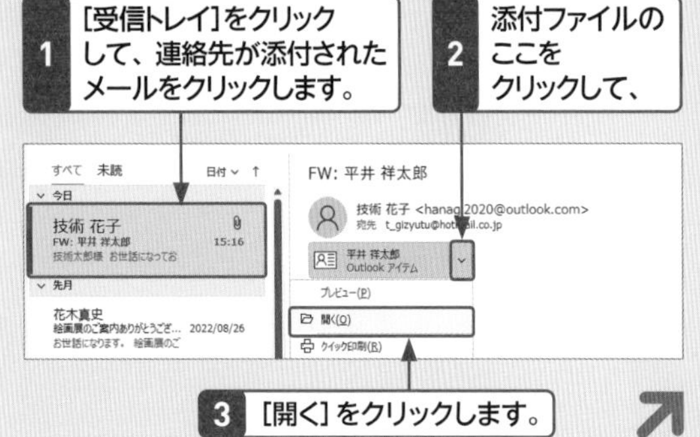

3 ［開く］をクリックします。

4 ［連絡先］ウィンドウが表示されるので、登録情報を確認して、

5 ［連絡先］タブの［保存して閉じる］をクリックします。

● 閲覧ウィンドウで情報を確認する場合

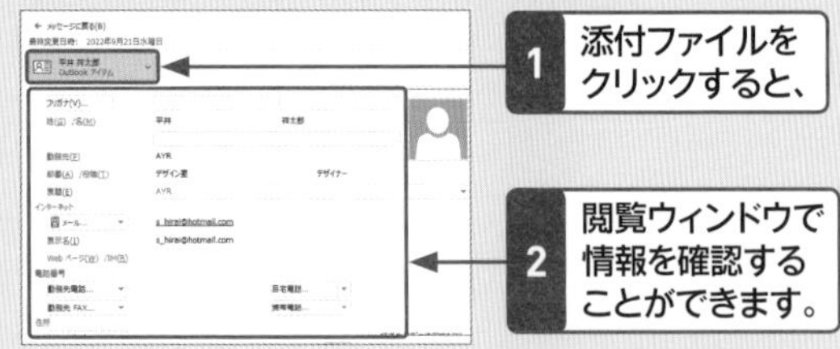

1 添付ファイルをクリックすると、

2 閲覧ウィンドウで情報を確認することができます。

第7章

予定表

重要度★★★ 予定表の基本

Q 313 [予定表]画面の構成を知りたい!

A 下図で各部の名称と機能を確認しましょう。

[予定表]画面では、タイトルや場所、開始時刻や終了時刻などの情報を登録してスケジュールを管理することができます。予定表には日単位、週単位、月単位などの表示形式(ビュー)が用意されており、必要に応じて切り替えて使用できます。また、予定表を追加して、複数の予定表を用途に合わせて使い分けることも可能です。予定を登録するときは[予定]ウィンドウや[イベント]ウィンドウで設定します。

● [予定表]の画面構成

カレンダーナビゲーター
2カ月分のカレンダーが表示されます。日付をクリックすると、その日の予定が表示されます。

検索ボックス
予定を検索します。Outlook 2019/2016ではタイムテーブルの右上に表示されます。

戻る/進む
タイムテーブルに表示する月や週、日を前後に移動します。

リボン
コマンドをタブとボタンで整理して表示します。

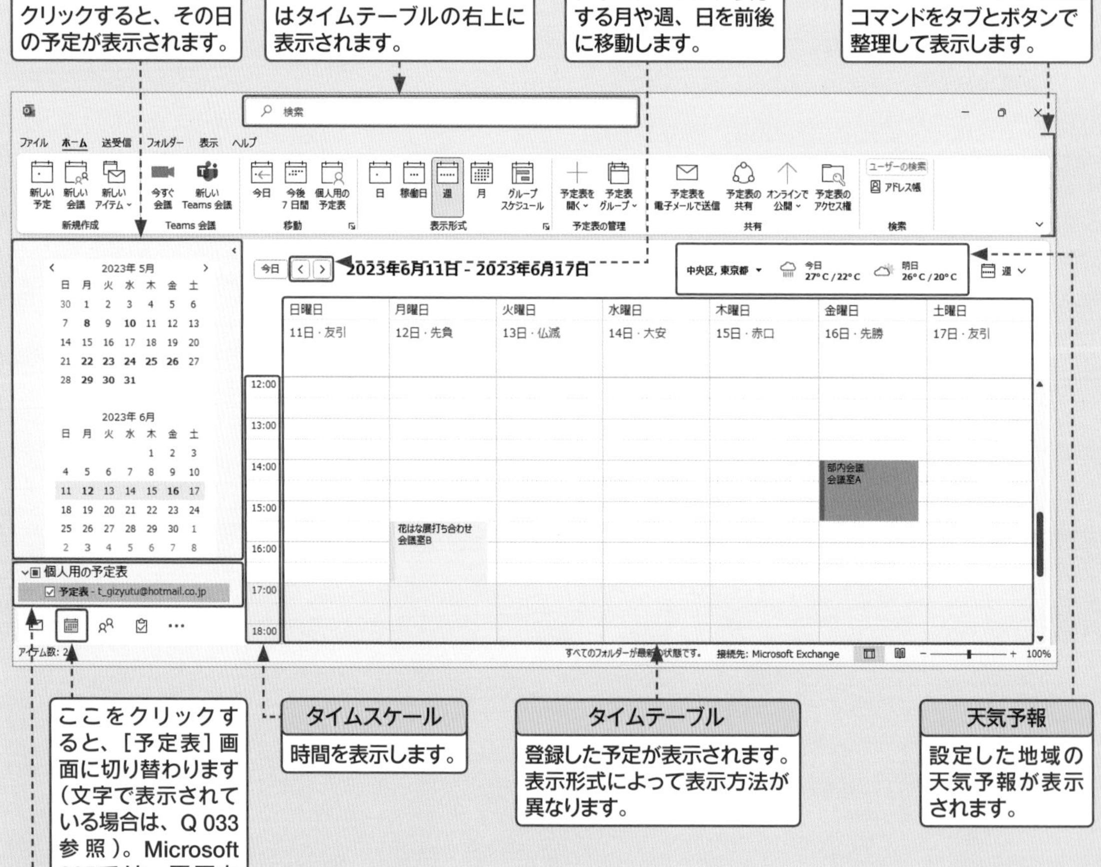

ここをクリックすると、[予定表]画面に切り替わります(文字で表示されている場合は、Q 033参照)。Microsoft 365では、画面左上に表示されます(P.43参照)。

タイムスケール
時間を表示します。

タイムテーブル
登録した予定が表示されます。表示形式によって表示方法が異なります。

天気予報
設定した地域の天気予報が表示されます。

予定表
表示できる予定表の一覧が表示されます。

●［予定］ウィンドウの画面構成

タイトル
予定のタイトルを入力します。

開始時刻
予定の開始時刻を指定します。

花はな展打ち合わせ - 予定　検索

ファイル　予定　スケジュール アシスタント　挿入　描画　書式設定　校閲　ヘルプ

元に戻す　削除　予定表　→ 転送　アクション　Teams 会議　OneNote に送る　会議出席依頼　出席者　公開方法: 予定あり　アラーム: 15 分　定期的なアイテム　オプション　分類　非公開　重要度 - 高　重要度 - 低　タグ　イマーシブ リーダー　イマーシブ　テンプレートを表示　マイ テンプレート

保存して閉じる (S)

タイトル(L)　花はな展打ち合わせ

開始時刻(T)　2023/06/05 (月)　14:00　□ 終日(Y)　□ タイム ゾーン(Z)

終了時刻(D)　2023/06/05 (月)　15:30　定期的な予定にする(A)

場所　会議室B

花はな展打ち合わせ

日時　6/5（月）14:00～15:30
場所　会議室 B
参加者　企画部部員

●議題
・展示会までの日程について
・会場の装飾について
・会場図面確認
・各自の分担について

場所
予定が行われる場所を入力します。

終了時刻
予定の終了時刻を指定します。

終日
終日（1日以上）の予定の場合にオンにします。

メモ
必要に応じて、予定の詳細な内容を登録します。

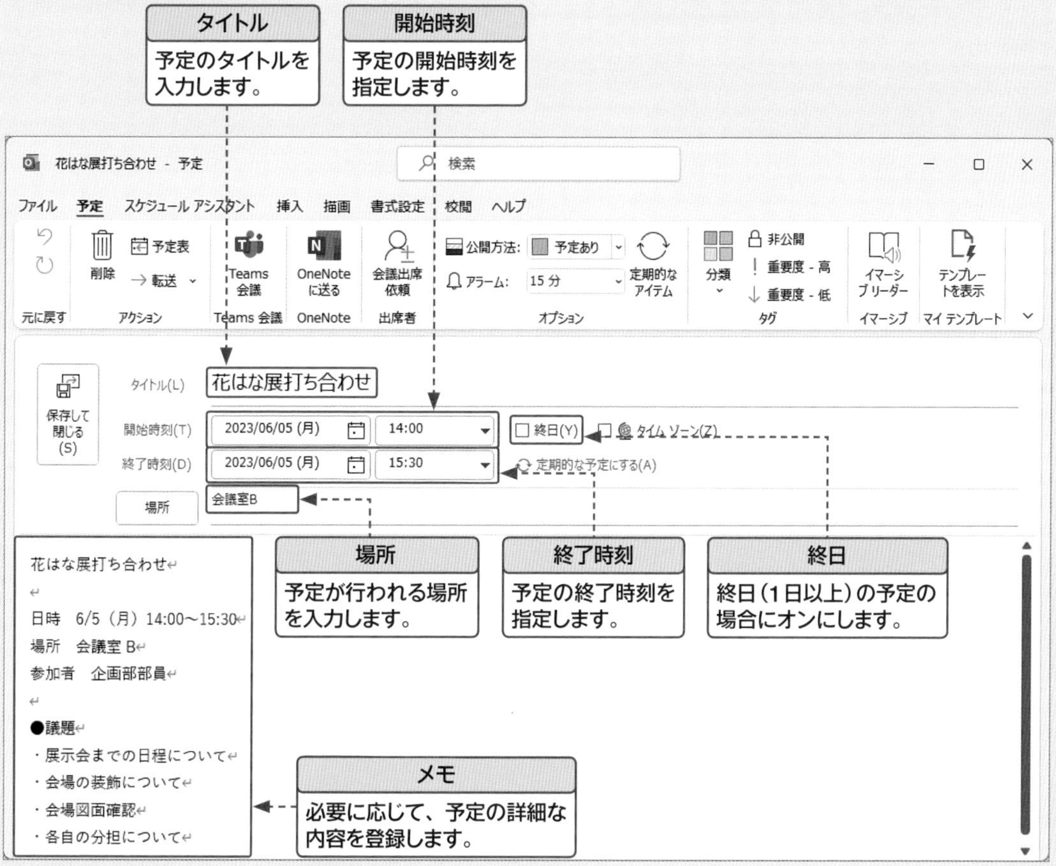

●［イベント］ウィンドウの画面構成

1日以上を必要とする予定や、1日を対象とする記念日などを登録します。

開始日と終了日だけが指定できます。開始時刻／終了時刻は指定できません。

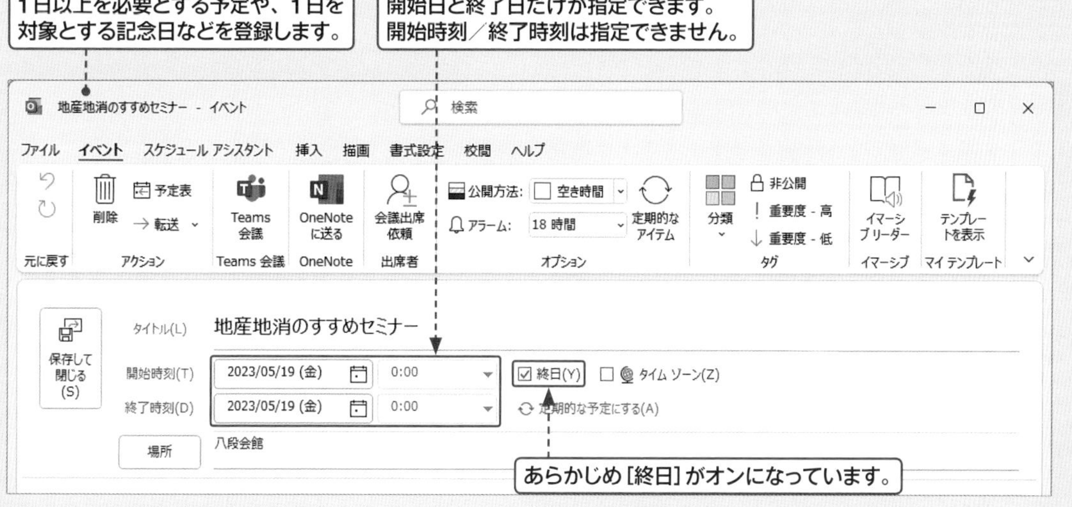

Q 314 予定表に祝日を追加したい！

A [Outlookのオプション]の[予定表]で祝日を追加します。

Outlookの初期設定では、予定表に祝日が表示されていないことがあります。祝日を追加するには、[Outlookのオプション]ダイアログボックスの[予定表]で設定します。祝日は終日の予定として登録され、通常の予定と同様に変更や削除を行うことができます。

Outlookの初期設定では、予定表に祝日が表示されていないことがあります。

1 [ファイル]タブから[オプション]をクリックして、[Outlookのオプション]ダイアログボックスを表示します。

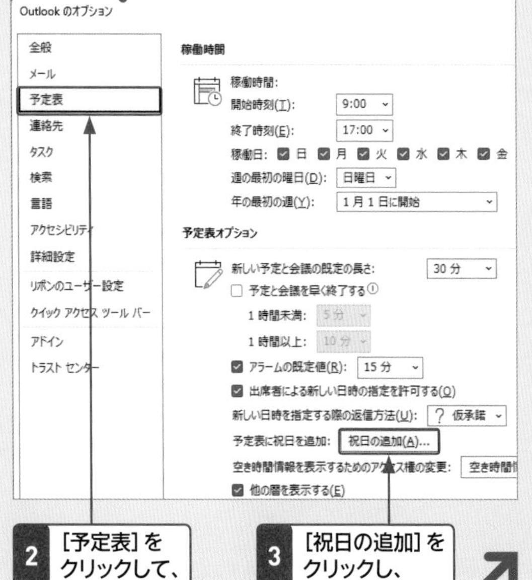

2 [予定表]をクリックして、

3 [祝日の追加]をクリックし、

4 [日本]をクリックしてオンにし、

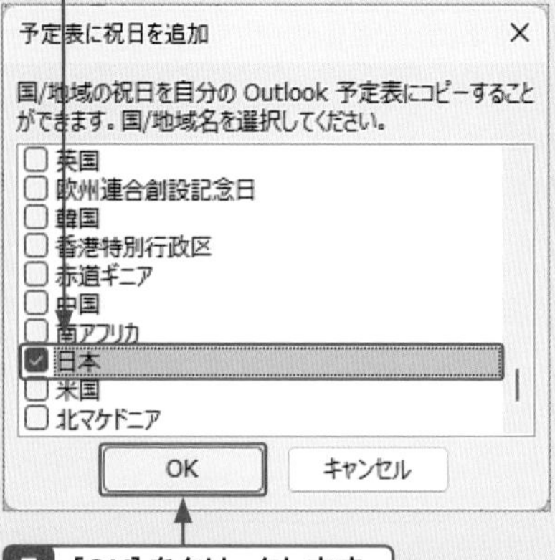

5 [OK]をクリックします。

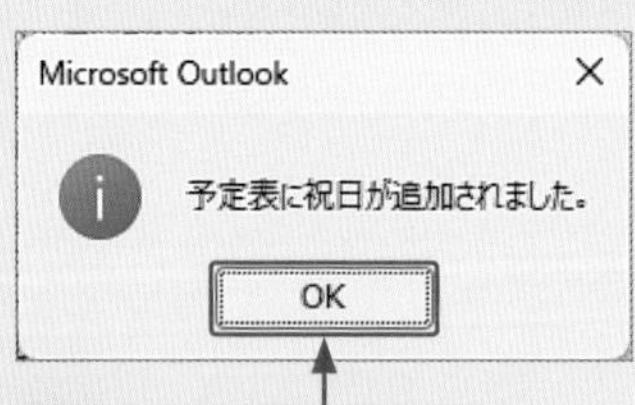

6 [OK]をクリックして、

7 [Outlookのオプション]ダイアログボックスの[OK]をクリックすると、

8 祝日が表示されます。

重要度 ★★★　予定表の基本

Q 315 登録された祝日を変更したい！

A [予定]ウィンドウを表示して変更します。

祝日は、名称や日付が変更になる場合があります。この場合は、祝日をダブルクリックすると表示される[予定]ウィンドウで変更することができます。

ここでは、祝日の表記を変更します。

1 変更したい祝日をダブルクリックします。

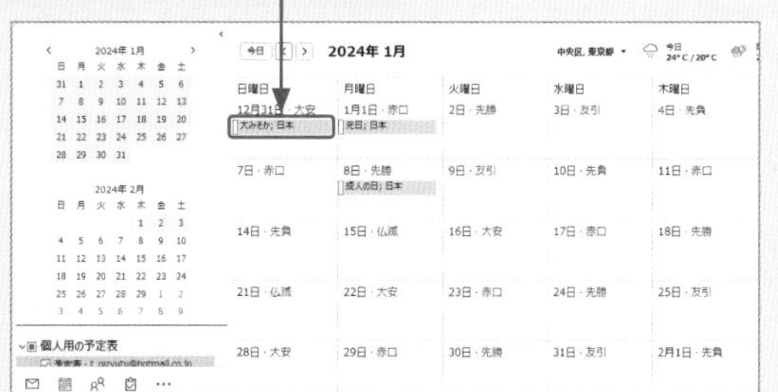

2 表記を変更して、

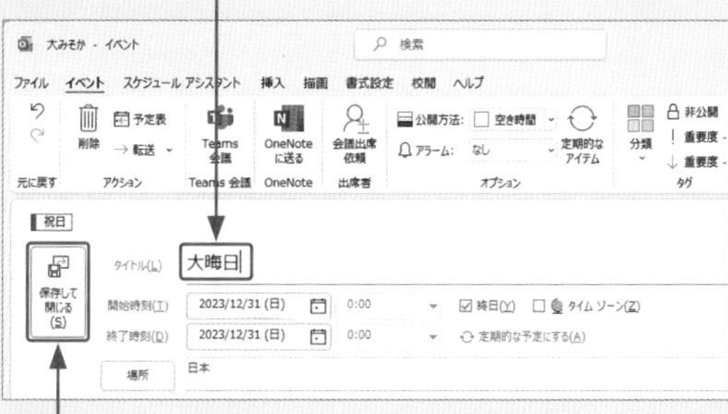

3 [保存して閉じる]をクリックすると、

4 祝日の表記が変更されます。

重要度 ★★★　予定表の基本

Q 316 間違って登録した祝日をまとめて削除したい！

A ビューを[一覧]にして削除します。

間違えてほかの国の祝日を登録してしまった場合などは、[表示]タブの[ビューの変更]から[一覧]をクリックし、表示を[一覧]ビューにすると、まとめて削除することができます。項目名の[場所]をクリックして、並べ替えを行ってから削除すると効率的です。

1 削除する祝日をまとめて選択し、

2 [ホーム]タブの[削除]をクリックします。

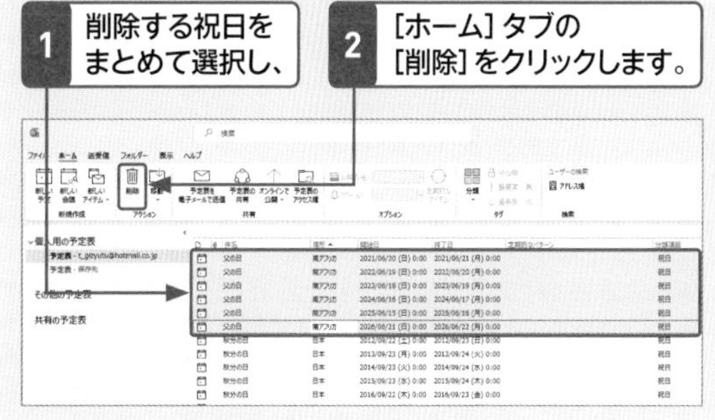

重要度 ★★★　予定表の基本

Q 317 旧暦や六曜、干支を表示したい！

A [Outlookのオプション]の[予定表]で設定します。

カレンダーとして使う場合に、旧暦や干支の情報も表示できると便利です。Outlookでは、旧暦、六曜、干支のいずれかを表示することができます。[Outlookのオプション]ダイアログボックスの[予定表]で、暦の種類を選択します。

1 ここをクリックしてオンにし、

2 ここをクリックして、

3 いずれかをクリックします。

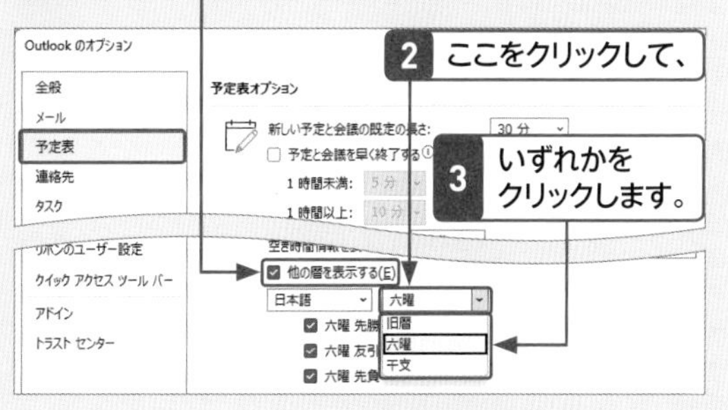

重要度★★★ 予定表の基本

Q 318 稼働日と稼働時間を設定したい！

A [Outlookのオプション]の[予定表]で設定します。

Outlookでは、土日を除いた就業日を「稼働日」、就業時間を「稼働時間」と呼びます。予定表を仕事で利用する際に、稼働日や稼働時間を設定しておくと、土日や稼働時間以外の時間帯と区別されるので、予定表が見やすくなります。なお、開始時刻や終了時刻の一覧から選択できる時刻は30分単位です。そのほかの時刻にしたい場合は、ボックスに直接入力します。

● 稼働日と稼働時間を設定する

1 [ファイル]タブから[オプション]をクリックして、[Outlookのオプション]ダイアログボックスを表示します。

2 [予定表]をクリックして、

3 ここをクリックし、

Outlook のオプション
全般
メール
予定表
連絡先
タスク
検索
言語
アクセシビリティ
詳細設定
予定表、会議、タイム ゾーンの設定を変更します。
稼働時間
稼働時間:
開始時刻(T): 8:00
終了時刻(E):
稼働日: 日 水 木 金 土
週の最初の曜日(D):
年の最初の週(Y):
7:00 7:30 8:00 8:30 9:00

4 開始時刻をクリックします。

5 同様に終了時刻を指定して、

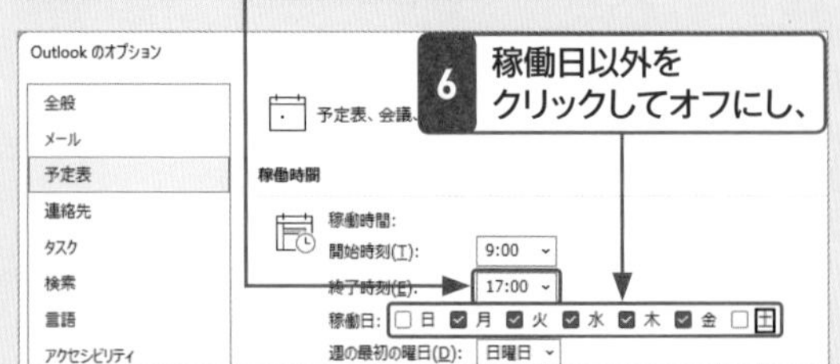

6 稼働日以外をクリックしてオフにし、

7 [OK]をクリックします。

● 稼働日を表示する

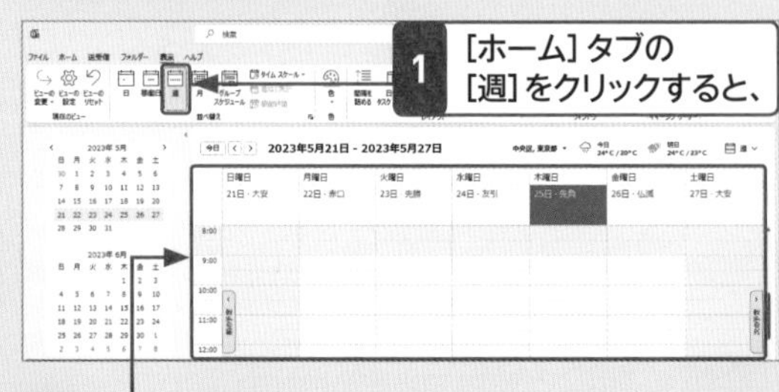

1 [ホーム]タブの[週]をクリックすると、

2 土日と就業時間以外の部分がグレー表示になり、稼働時間の背景は白く表示されます。

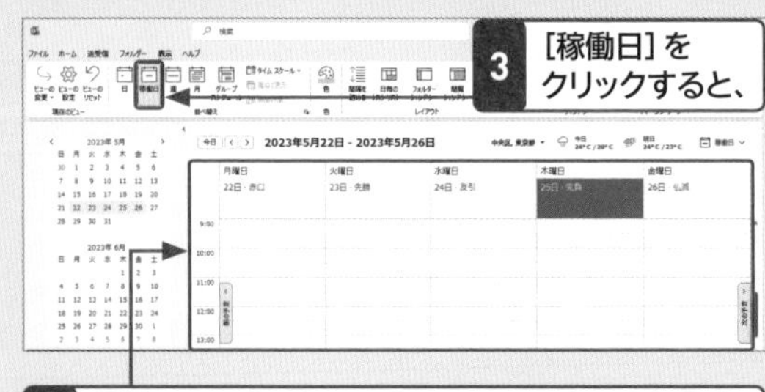

3 [稼働日]をクリックすると、

4 稼働日に設定した月～金曜日のみが表示されます。

重要度★★★ 予定表の基本

Q 319 予定表はいつまで使える？

A 期限はありますが、気にしなくても大丈夫です。

Outlookのカレンダーは、100年以上先まで対応しているので、とくに期限を気にする必要はありません(9767年まで表示されます)。ただし、Outlookのバージョンによって変わる場合もあります。一般的には、1年間程度の予定表として利用するとよいでしょう。

重要度★★★ 予定表の基本

Q 320 予定表は日記帳として使える？

A プライベートな日記帳の使用にはおすすめしません。

予定表は、あくまでスケジュール管理のために利用するものです。自動整理の設定を有効にしている場合、古い予定は整理されてしまうことがあります。記録が消えてはいけないプライベートな日記帳のような使い方は、しないほうがよいでしょう。 参照▶Q 219

重要度 ★★★　予定表の基本

Q 321 タイムスケールの表示単位を変更したい！

A ［表示］タブの［タイムスケール］で変更します。

「タイムスケール」は、予定表に表示されるグリッド（罫線）です。初期設定では30分間隔で設定されていますが、この間隔は、5分～60分の間で変更することができます。［表示］タブの［タイムスケール］から設定します。

1 ［表示］タブをクリックして、

2 ［タイムスケール］をクリックし、

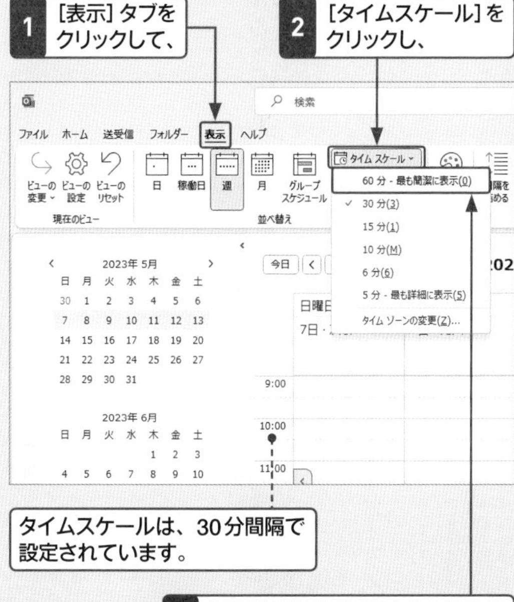

タイムスケールは、30分間隔で設定されています。

3 目的の間隔（ここでは［60分］）をクリックすると、

4 タイムスケールの間隔が60分単位に変更されます。

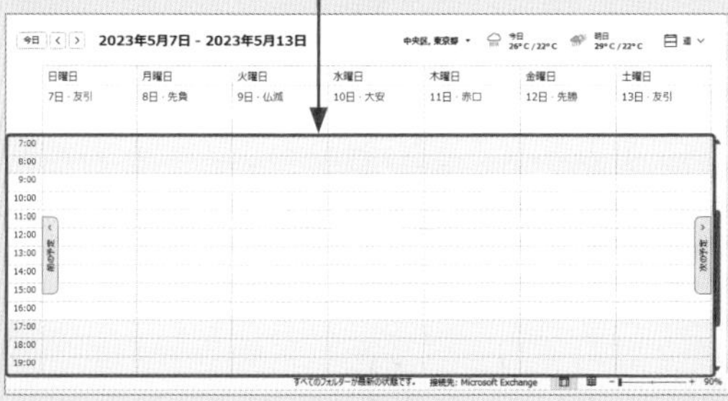

重要度 ★★★　予定表の基本

Q 322 週の始まりを月曜日にしたい！

A ［Outlookのオプション］の［予定表］で設定します。

予定表の初期設定では、日曜日から週が始まっています。別の曜日に変更するには、［Outlookのオプション］ダイアログボックスの［予定表］で設定します。

1 ［ファイル］タブから［オプション］をクリックして、［Outlookのオプション］ダイアログボックスを表示します。

2 ［予定表］をクリックして、

3 ここをクリックし、

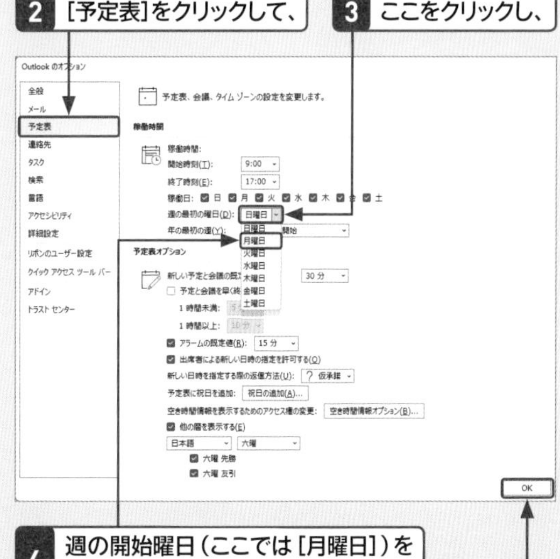

4 週の開始曜日（ここでは［月曜日］）をクリックします。

5 ［OK］をクリックすると、

6 週の開始曜日が月曜日に変更されます。

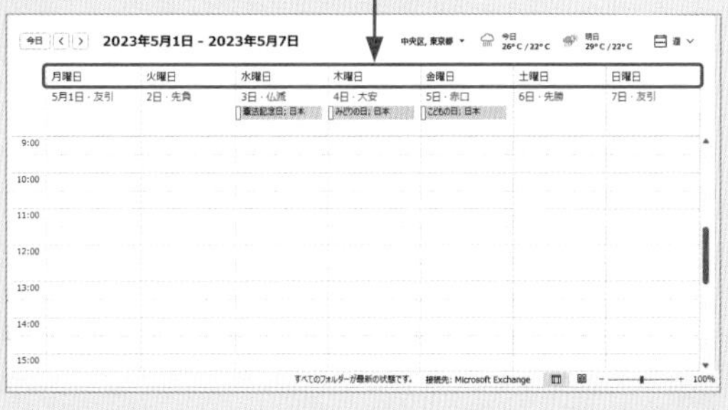

Q 323 新しい予定を登録したい！

A [予定] ウィンドウを表示して登録します。

新しい予定を登録するには、カレンダーで予定を登録したい日付をクリックして、[ホーム] タブの [新しい予定] をクリックします。日付が入力された状態で [予定] ウィンドウが表示されるので、必要な項目を入力します。また、表示形式が [日] や [週] の場合に、登録したい時間をダブルクリックすると、時刻が入力された状態で [予定] ウィンドウが表示されます。

1 予定を登録する日付をクリックして、

2 [ホーム] タブの [新しい予定] をクリックします。

3 タイトルと場所を入力して、

4 [開始時刻] のここをクリックし、

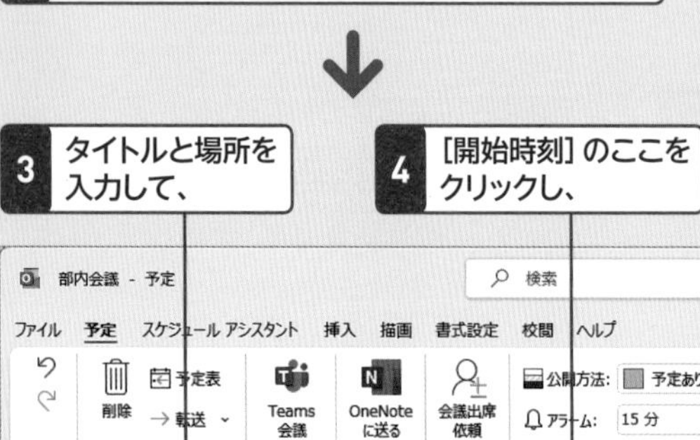

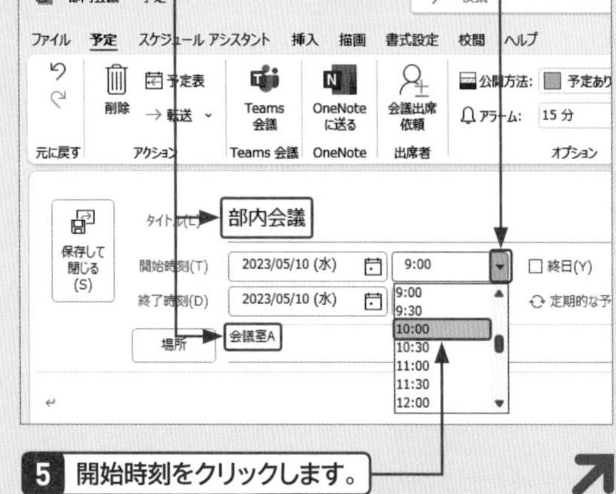

5 開始時刻をクリックします。

6 [終了時刻] のここをクリックして、

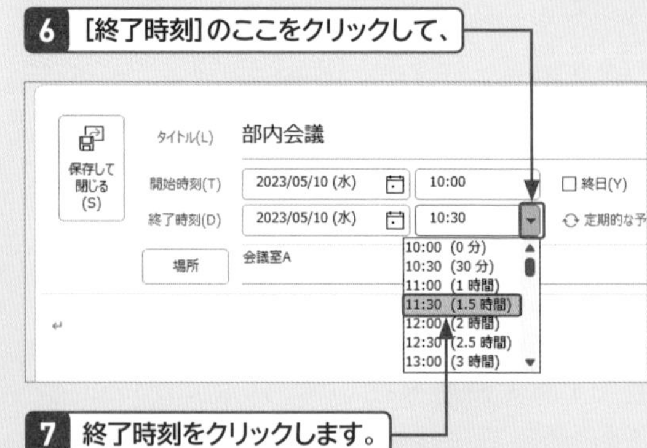

7 終了時刻をクリックします。

8 必要に応じて詳細な内容を入力して、

9 [保存して閉じる] をクリックすると、

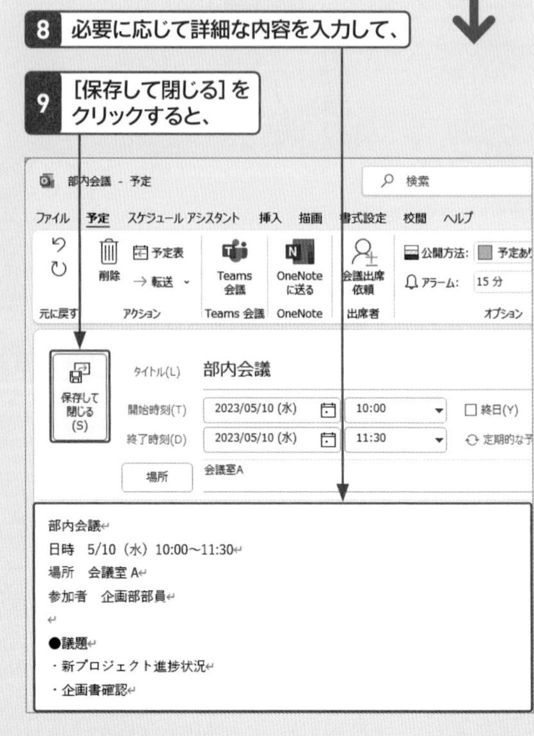

10 予定が登録されます。

重要度 ★★★　予定の登録／確認／編集

Q 324 終日の予定を登録したい!

A [予定]ウィンドウで[終日]をクリックしてオンにします。

終日の予定とは、時刻を設定しない丸一日の予定のことです。朝から夜まで丸一日かけて行われる予定は「終日」として登録します。なお、Outlookの初期設定では、祝日と予定の色がすべて同じ色で表示されます。ひと目で区別がつくように、分類項目を設定して色分けしておくとよいでしょう。 参照▶Q 367

1 予定を登録する日付をクリックして、

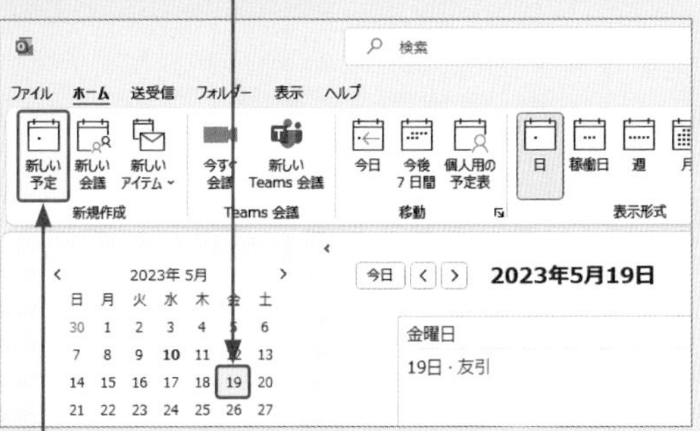

2 [ホーム]タブの[新しい予定]をクリックします。

3 タイトルと場所を入力し、

4 [終日]をクリックしてオンにします。

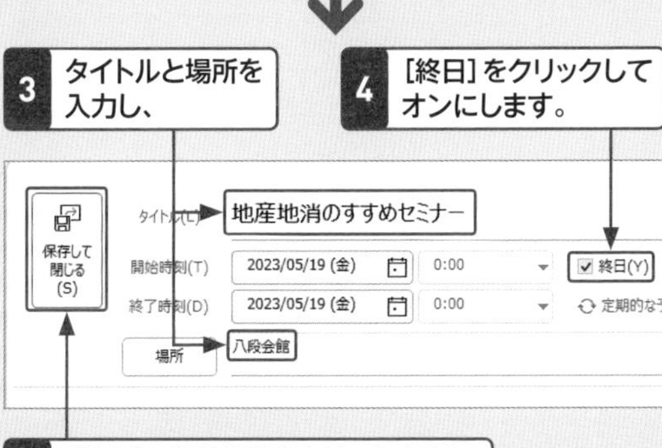

5 [保存して閉じる]をクリックすると、

6 終日の予定が登録されます。

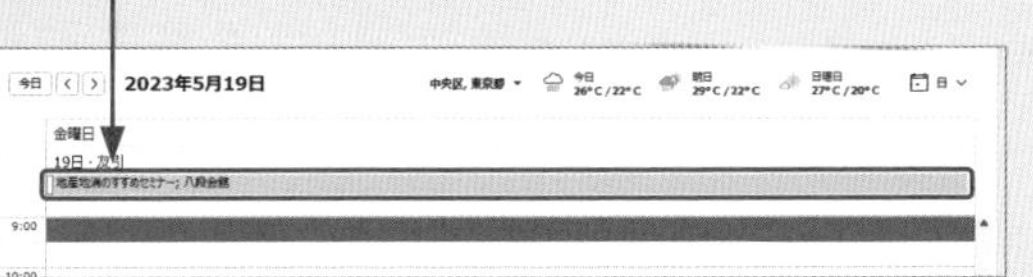

重要度 ★★★　予定の登録／確認／編集

Q 325 複数日にわたる予定を登録したい!

A 予定表で複数日を選択してから予定を作成します。

複数日にわたる予定を登録するには、予定表で開始日から終了日をドラッグして選択し、[ホーム]タブの[新しい予定]をクリックします。複数日が指定された状態で[イベント]ウィンドウが表示されるので、必要な項目を入力します。

1 予定表をドラッグして複数日を選択し、

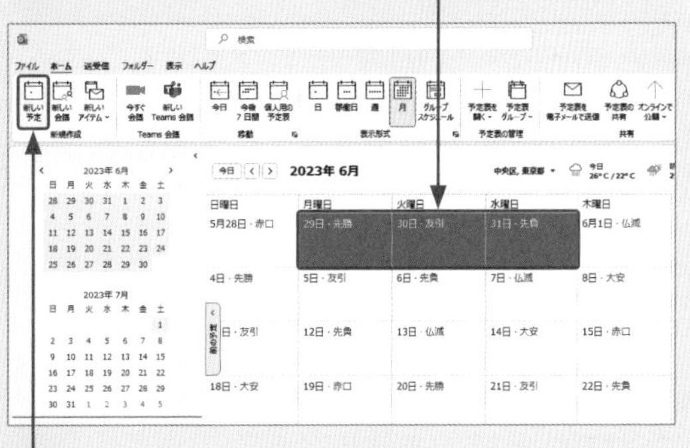

2 [ホーム]タブの[新しい予定]をクリックします。

3 タイトルと場所を入力し、

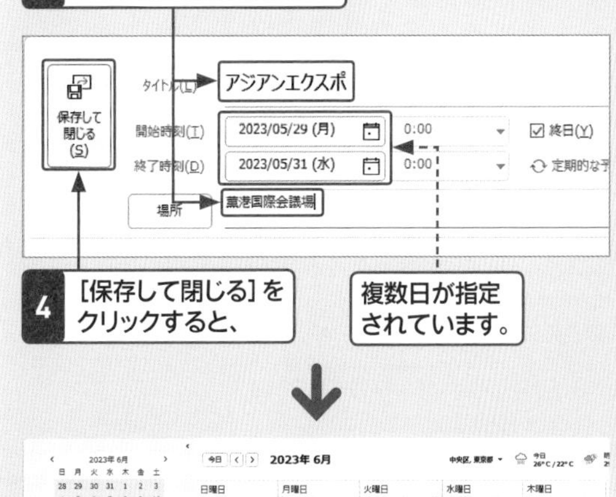

4 [保存して閉じる]をクリックすると、

複数日が指定されています。

5 複数日の予定が登録されます。

重要度 ★★★ 予定の登録／確認／編集

Q 326 登録した予定をいろいろな表示形式で確認したい！

A 予定表の表示形式を切り替えて確認します。

予定表には、日単位、週単位、月単位などの表示形式（ビュー）が用意されており、[ホーム]タブの[表示形式]で切り替えることができます。クリックするだけでかんたんに切り替えることができるので、用途に応じて使い分けるとよいでしょう。
なお、Outlook 2021／Microsoft 365では、カレンダー右上のアイコンから切り替えることもできます。

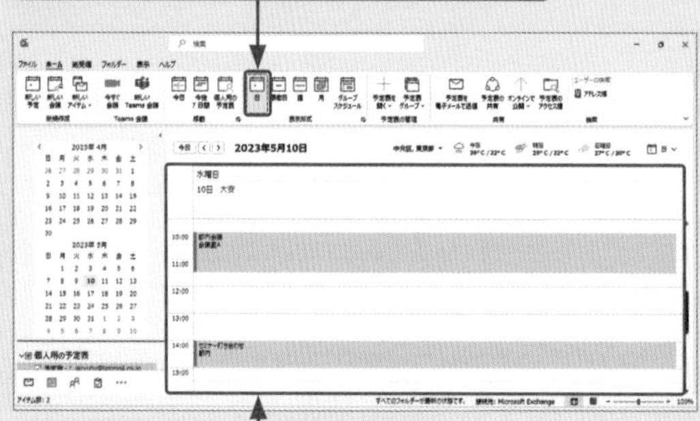

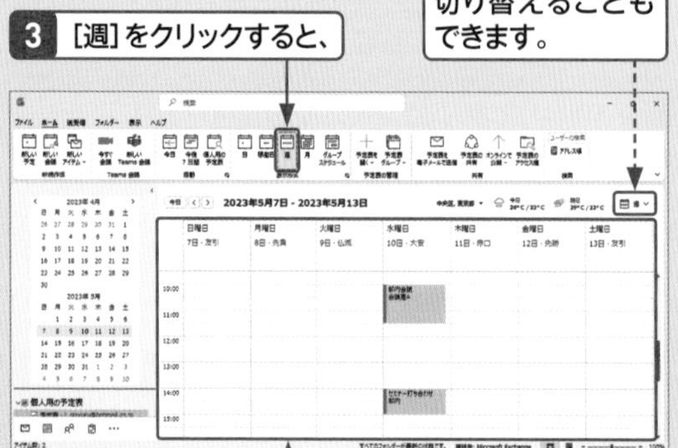

重要度 ★★★ 予定の登録／確認／編集

Q 327 登録した予定の詳細を確認したい！

A 予定をダブルクリックして、[予定]ウィンドウを表示します。

予定表には予定のタイトルと場所だけが表示されます。詳しい内容を確認したい場合は、予定をクリックして［予定］タブの［開く］をクリックするか、予定をダブルクリックして、［予定］あるいは［イベント］ウィンドウを表示します。ダブルクリックする際の予定表の表示形式はどの形式でもかまいません。

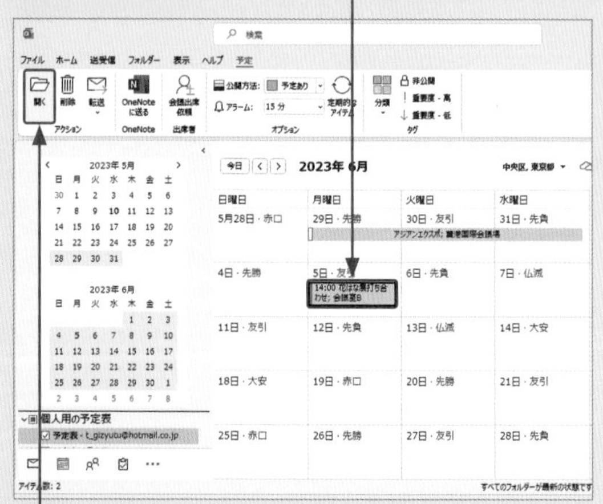

重要度 ★★★　予定の登録／確認／編集

Q 328 表示月を切り替えて予定を確認したい！

A カレンダーナビゲーターの[進む]／[戻る]をクリックします。

数か月前や数か月先の予定を確認したい場合は、予定表の表示月を切り替えます。カレンダーナビゲーターの月の左右にある[進む] > をクリックすると、月が順に進みます。[戻る] < をクリックすると前の月が順に表示されます。

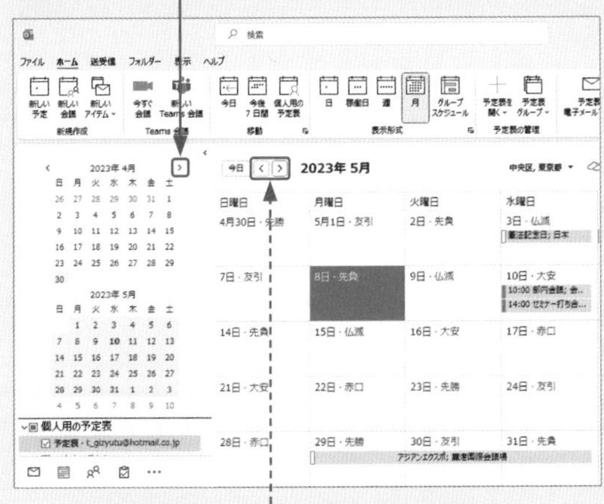

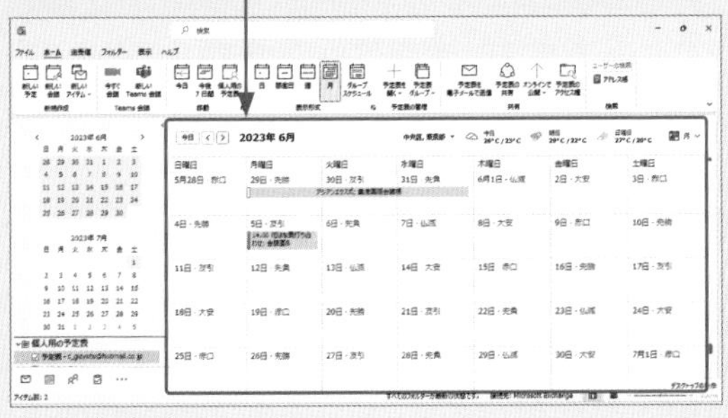

重要度 ★★★　予定の登録／確認／編集

Q 329 指定した日付の予定を確認したい！

A [指定の日付へ移動]ダイアログボックスを表示して日付を指定します。

任意の日付を表示したいときは、予定表の日付のいずれかを右クリックして、[指定の日付へ移動]をクリックし、日付を指定します。同時に予定表の表示形式を指定することもできます。

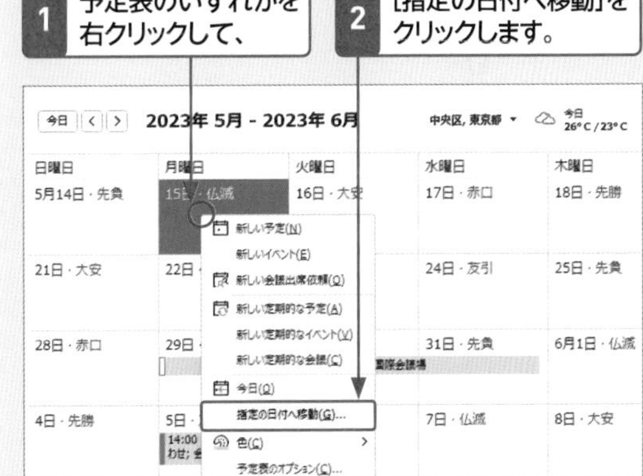

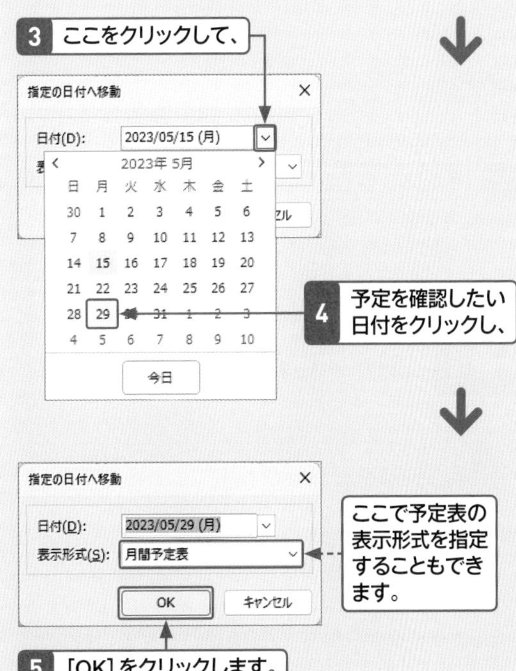

重要度 ★★★　予定の登録／確認／編集

Q 330 登録した予定を変更したい！

A ［予定］ウィンドウを表示して変更します。

登録した予定は、あとから変更することができます。予定をクリックして［予定］タブの［開く］をクリックするか、予定をダブルクリックして、［予定］ウィンドウを表示します。予定を変更したら、［保存して閉じる］をクリックすると、変更が反映されます。

ここでは、予定の日付と時刻を変更します。

1 内容を変更したい予定をクリックして、

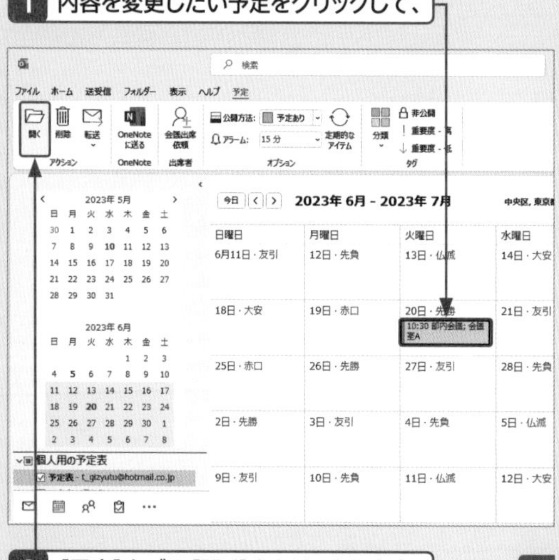

2 ［予定］タブの［開く］をクリックします。

3 日付を指定し直して、

4 時刻を変更し、

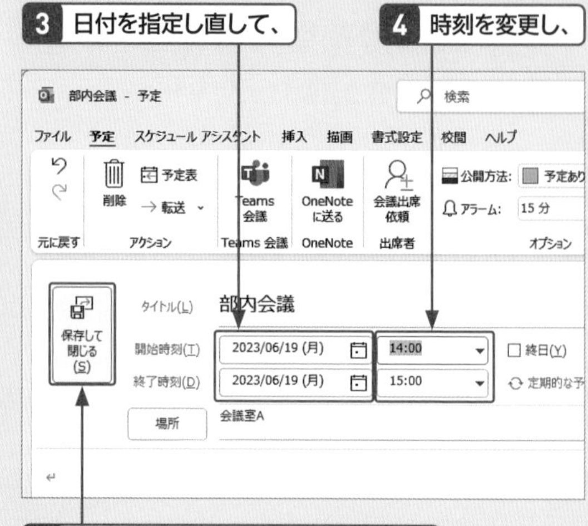

5 ［保存して閉じる］をクリックすると、

6 予定が変更されます。

重要度 ★★★　予定の登録／確認／編集

Q 331 登録した予定をコピーしたい！

A Ctrl を押しながら予定をドラッグします。

同じ予定を登録する場合は、新たに予定を追加登録するよりも、コピーするほうが効率的です。Outlookには、コピーや貼り付けのコマンドが用意されていませんが、予定をクリックして、Ctrl を押しながら、目的の日付にドラッグすると、予定がコピーされます。

また、ショートカットキーでも予定のコピーが行えます。予定をクリックして Ctrl を押しながら C を押し、目的の場所で Ctrl を押しながら V を押します。

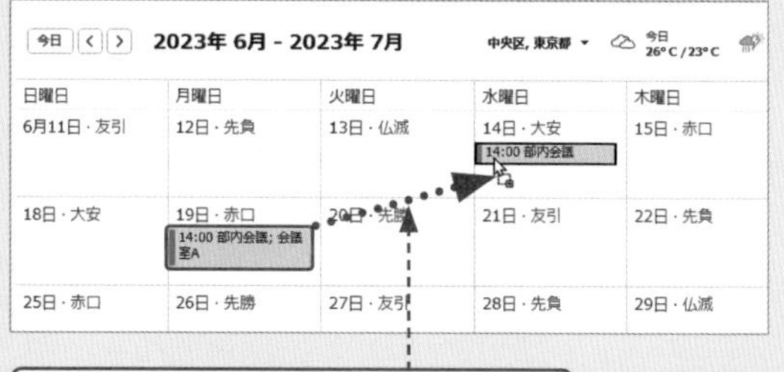

Ctrl を押しながら予定をドラッグします。

重要度 ★★★　予定の登録／確認／編集

Q 332 登録した予定をほかの日時に移動したい！

A ドラッグ操作で移動します。

登録した予定は、[予定]ウィンドウで変更できますが、日付や時刻だけの変更であれば、予定表内でドラッグするだけでかんたんに変更することができます。

参照▶Q 330

● 日付を変更する

1 予定をクリックして、

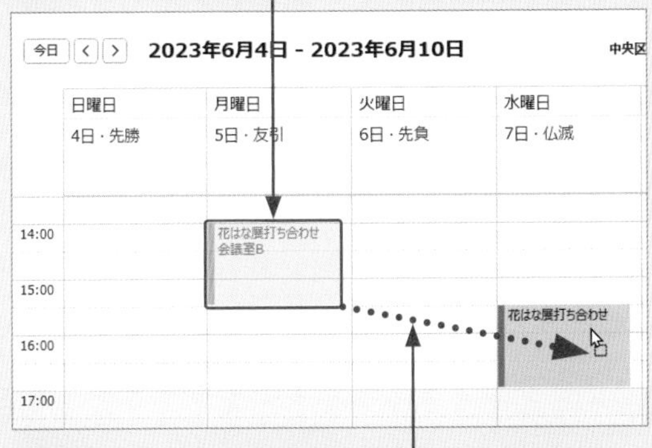

2 移動したい日付の時間帯へドラッグします。

● 時刻の範囲を変更する

1 予定をクリックして、上下の枠にマウスポインターを合わせ、ポインターがこの形になった状態で、

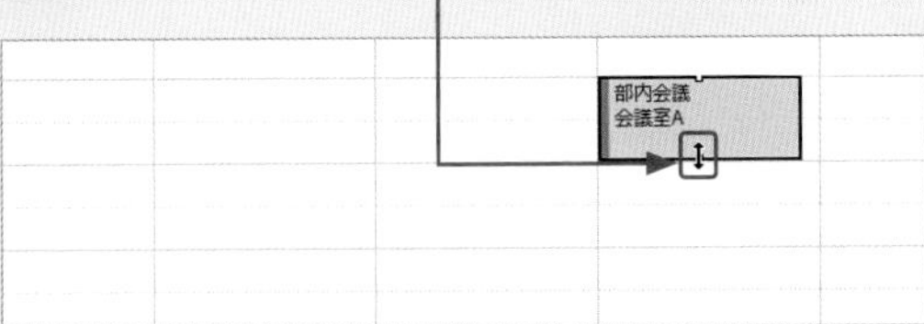

2 ドラッグすると、時刻を変更することができます。

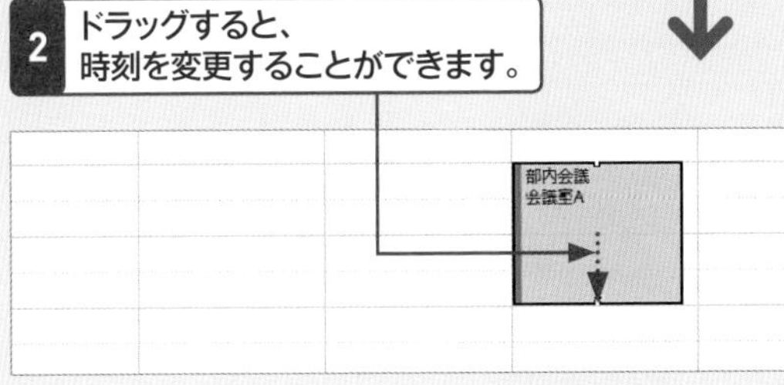

重要度 ★★★　予定の登録／確認／編集

Q 333 登録した予定を削除したい！

A [予定]タブの[削除]をクリックします。

登録した予定を削除するには、予定をクリックして、[予定]タブの[削除]をクリックします。また、予定を右クリックして表示されるメニューから[削除]をクリックしても削除できます。

削除した予定は[削除済みアイテム]フォルダーに移動されるので、間違って削除してしまった場合は、もとに戻すことができます。

参照▶Q 186

1 削除したい予定をクリックして、

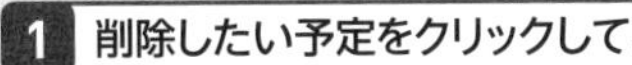

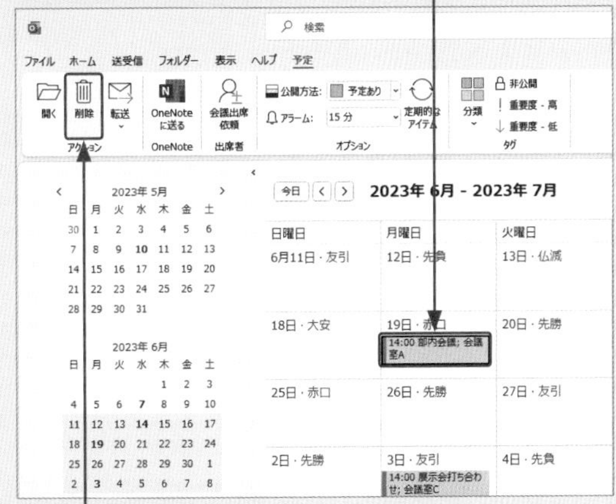

2 [予定]タブの[削除]をクリックすると、

3 予定が削除されます。

重要度 ★★★ 定期的な予定の登録

Q 334 定期的な予定を登録したい！

A [予定]ウィンドウで[定期的なアイテム]をクリックして設定します。

定期的な予定とは、毎週月曜日の朝9時から朝礼を行う、毎週水曜日に部内ミーティングを行う、といった同じパターンで繰り返す予定のことです。
繰り返して実施される予定があらかじめわかっている場合は、定期的な予定として登録しておくと便利です。

ここでは、「隔週水曜の午前9時30分から1時間、定例会議を行う」という予定を登録します。

1 [ホーム]タブの[新しい予定]をクリックして、

2 予定内容を入力し、開始日と時刻を指定して、

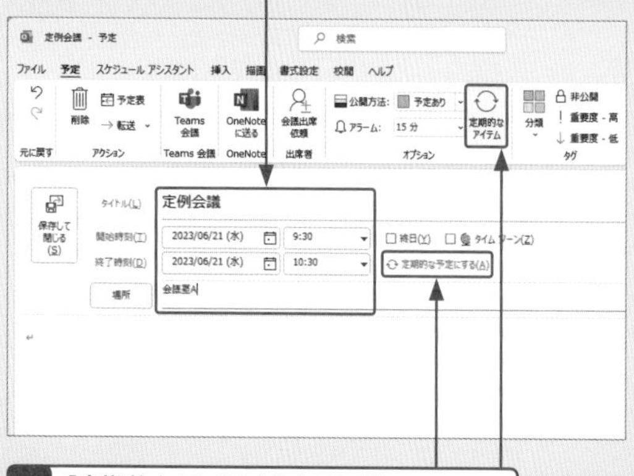

3 [定期的なアイテム]あるいは[定期的な予定にする]をクリックします。

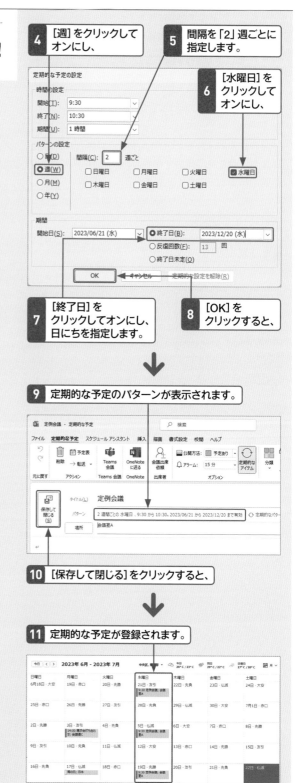

4 [週]をクリックしてオンにし、

5 間隔を「2」週ごとに指定します。

6 [水曜日]をクリックしてオンにし、

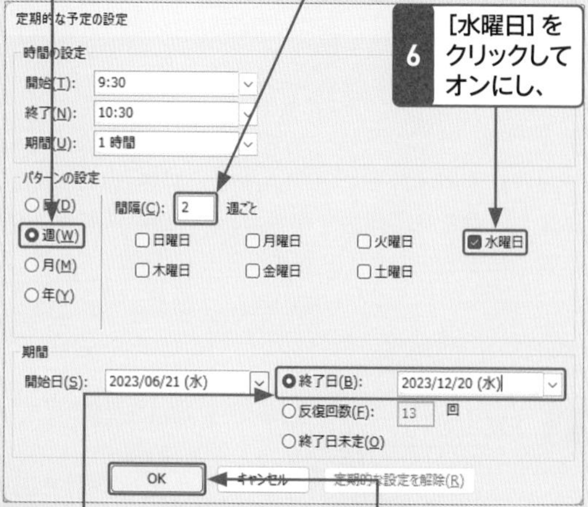

7 [終了日]をクリックしてオンにし、日にちを指定します。

8 [OK]をクリックすると、

9 定期的な予定のパターンが表示されます。

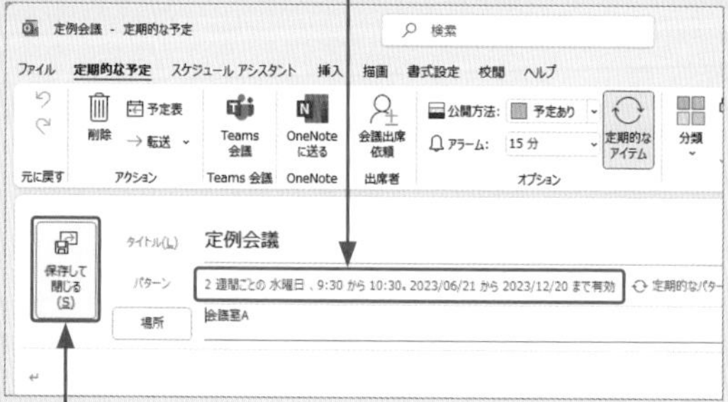

10 [保存して閉じる]をクリックすると、

11 定期的な予定が登録されます。

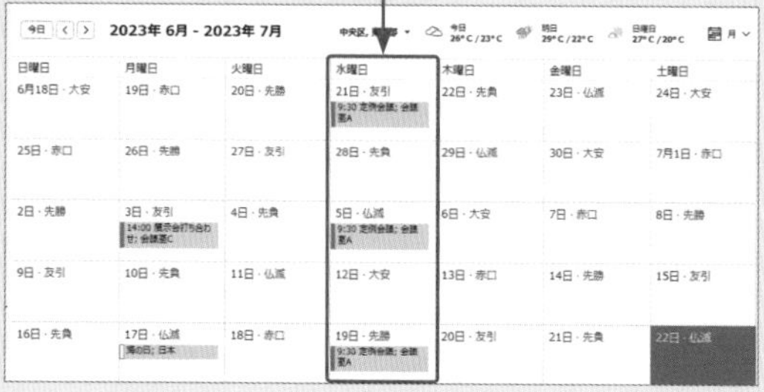

重要度 ★★★ 定期的な予定の登録

Q 335 定期的な予定を変更したい！

A [定期的な予定の設定]ダイアログボックスで変更します。

登録した定期的な予定はいつでも変更することができます。定期的な予定をクリックして、[定期的なアイテム]をクリックし、変更します。

ここでは、「隔週水曜の定例会議」を「毎月の第1月曜」に変更します。

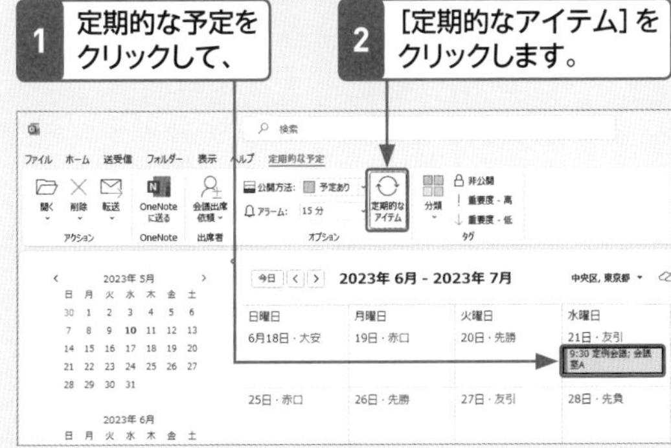

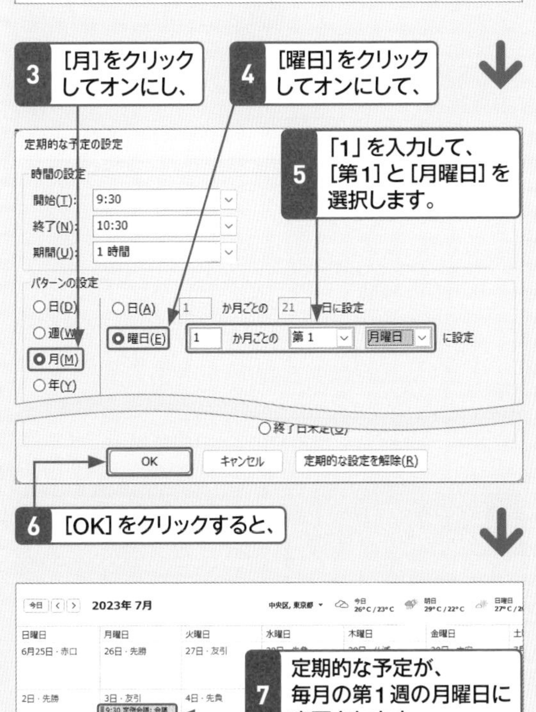

3 [月]をクリックしてオンにし、
4 [曜日]をクリックしてオンにして、
5 「1」を入力して、[第1]と[月曜日]を選択します。
6 [OK]をクリックすると、
7 定期的な予定が、毎月の第1週の月曜日に変更されます。

重要度 ★★★ 定期的な予定の登録

Q 336 定期的な予定を解除したい！

A [定期的な予定の設定]ダイアログボックスで解除します。

定期的な予定を解除したいときは、[定期的な予定の設定]ダイアログボックスを表示して、[定期的な設定を解除]をクリックします。定期的な予定を解除すると、繰り返しの予定が取り消されて、直近の予定のみが残ります。

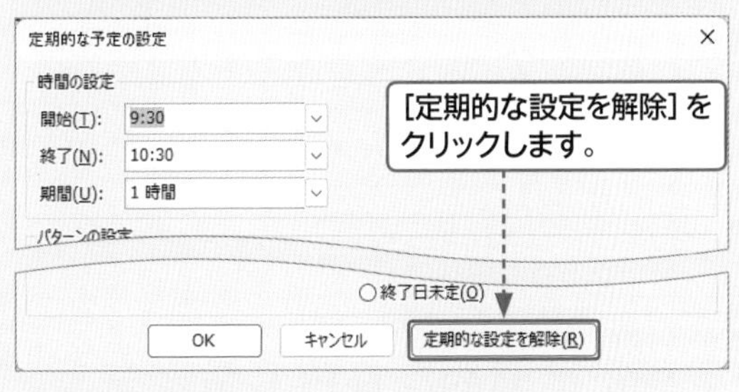

重要度 ★★★ 定期的な予定の登録

Q 337 登録した定期的な予定を削除したい！

A [削除]から[定期的なアイテムを削除]をクリックします。

定期的な予定そのものを削除するには、定期的な予定をクリックして、[定期的な予定]タブの[削除]をクリックし、[定期的なアイテムを削除]をクリックします。

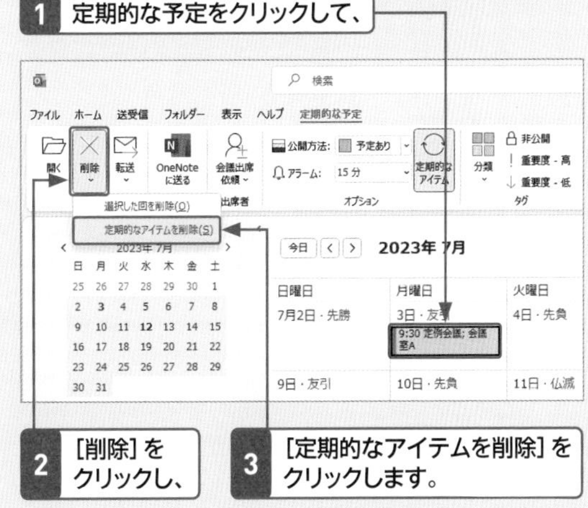

重要度 ★★★ 定期的な予定の登録

Q 338 定期的な予定の特定の日を削除したい！

A [削除]から[選択した回を削除]をクリックします。

定期的な予定が祝日といっしょになったときなど、特定の日だけ予定を取り消したいという場合があります。このような場合は、取り消したい予定をクリックして、[定期的な予定]タブの[削除]をクリックし、[選択した回を削除]をクリックします。

1 削除したい予定をクリックして、

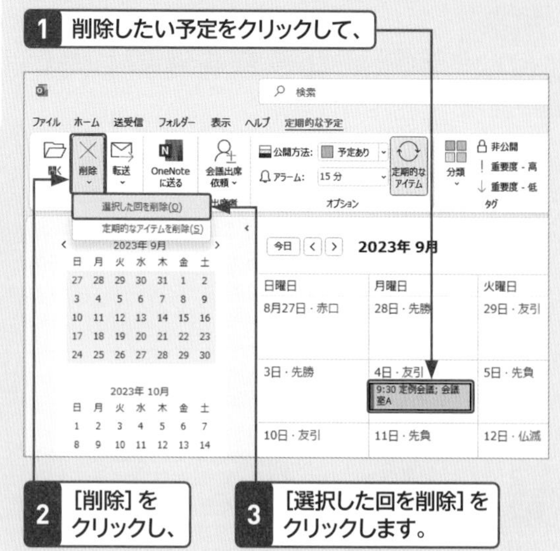

2 [削除]をクリックし、

3 [選択した回を削除]をクリックします。

重要度 ★★★ 定期的な予定の登録

Q 339 定期的な終日の予定を登録したい！

A [定期的な予定の設定]ダイアログボックスで設定します。

社員研修会や社員旅行など毎年恒例で行うイベントは、あらかじめ定期的なアイテムとして登録しておくと、毎回登録する手間が省けて便利です。ここでは、すでに登録した終日の予定を定期的な終日の予定として登録します。

参照▶Q 324

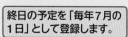

終日の予定を「毎年7月の1日」として登録します。

1 登録した終日の予定をクリックして、

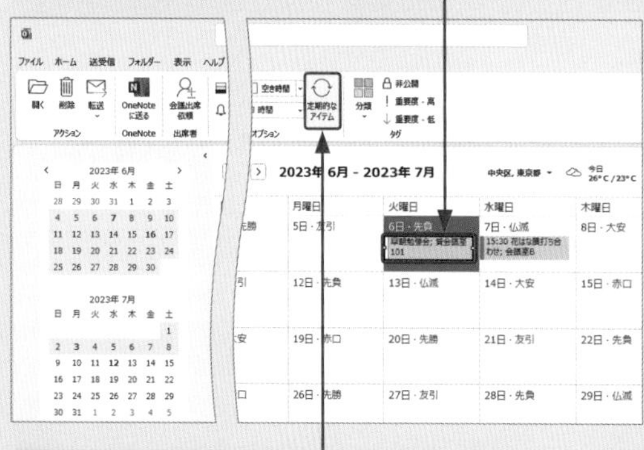

2 [予定]タブの[定期的なアイテム]をクリックします。

3 [年]をクリックしてオンにし、

4 [指定日]をクリックしてオンにします。

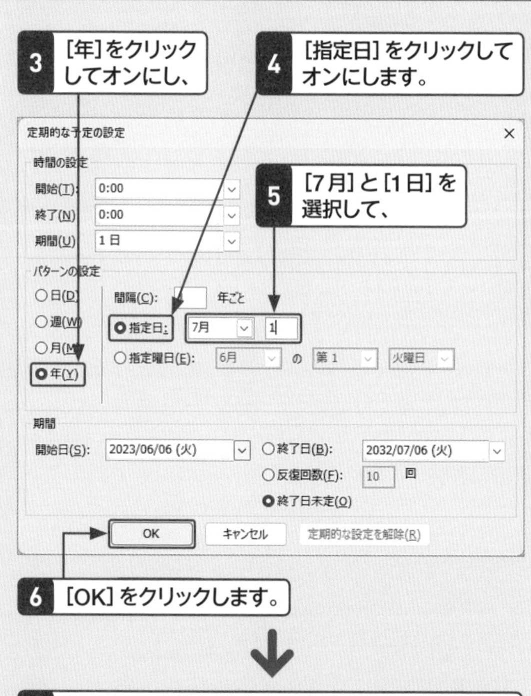

5 [7月]と[1日]を選択して、

6 [OK]をクリックします。

7 次の年の7月の予定表を表示すると、定期的な終日の予定が登録されていることが確認できます。

重要度 ★★★ 終日の予定

Q 340 終日の予定が1日多く表示されている？

終日は0時～翌日の0時の指定になります。

登録した終日の予定にマウスポインターを合わせると、ポップアップが表示されます。その際、Outlookのバージョンによっては、予定の終了日が登録したものより1日多く表示されているように見える場合があります。これは、終日の予定の場合、ポップアップには、開始が午前0時、終了が午後11時59分ではなく、翌日の午前0時として表示されるためです。気になる場合は、時刻を入れて登録しましょう。

重要度 ★★★ 終日の予定

Q 341 登録した終日の予定を時刻入りに変更したい！

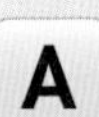

［予定］ウィンドウで［終日］をオフにし、時刻を指定します。

終日は丸一日の予定ですが、Q 340で説明したように時間の指定が「0:00」から「0:00」となり、複数日にわたる終日の予定を登録していると、1日多く勘違いしてしまうことがあります。このような場合は、終日の予定を時刻入りの予定に変更するとよいでしょう。

1 終日の予定をクリックして、

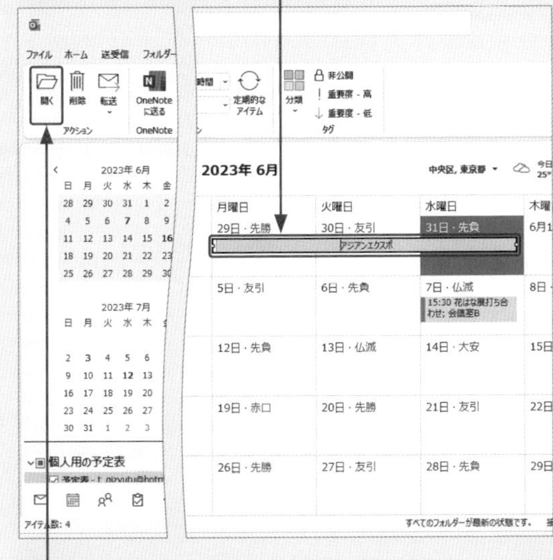

2 ［予定］タブの［開く］をクリックします。

3 ［終日］をクリックしてオフにし、

4 開始時刻と終了時刻を指定します。

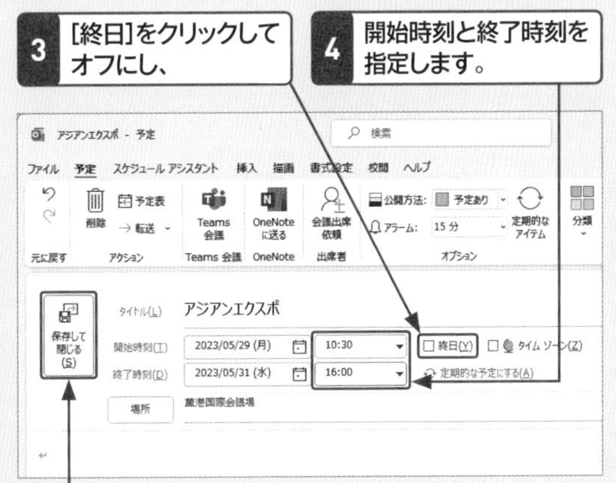

5 ［予定］タブの［保存して閉じる］をクリックすると、

6 時刻入りの予定に変更されます。

重要度 ★★★　予定の管理

Q 342 予定の開始前にアラームを鳴らしたい！

A ［予定］ウィンドウの［アラーム］で時間を指定します。

予定が多くなってくると、登録した予定をうっかり見過ごしてしまうこともあります。重要な予定を見過ごさないように、予定の開始前にアラームを設定しておくとよいでしょう。アラームを設定すると、アラームとダイアログボックスで予定を知らせてくれます。ただし、アラームの鳴る時刻にOutlookが起動していることが必要です。

なお、Outlookの初期設定では、開始時刻の15分前にアラームが鳴るように設定されます。

1 ［ホーム］タブの［新しい予定］をクリックします。

2 予定を入力して、

3 ここをクリックし、

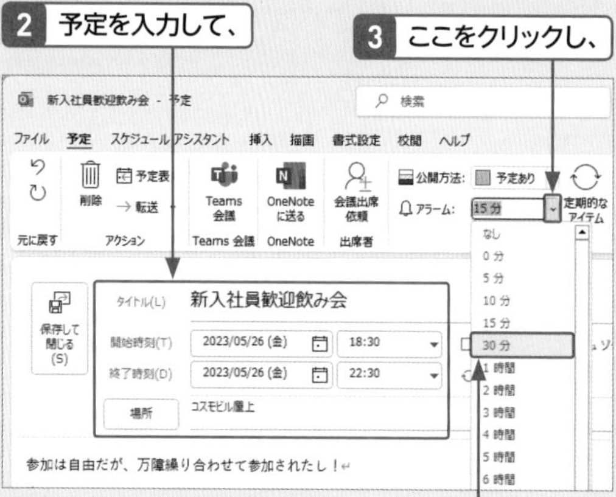

4 アラームを鳴らす時間をクリックします。

5 アラームの時間が設定されたのを確認して、

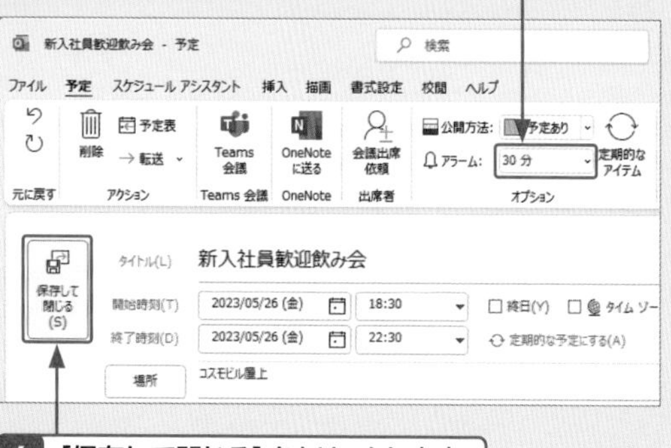

6 ［保存して閉じる］をクリックします。

重要度 ★★★　予定の管理

Q 343 アラームの設定時刻を確認したい！

A 登録した予定にマウスポインターを合わせます。

設定したアラームを確認するには、アラームを設定した予定にマウスポインターを合わせます。ポップアップが表示され、アラームを設定した時間を確認することができます。

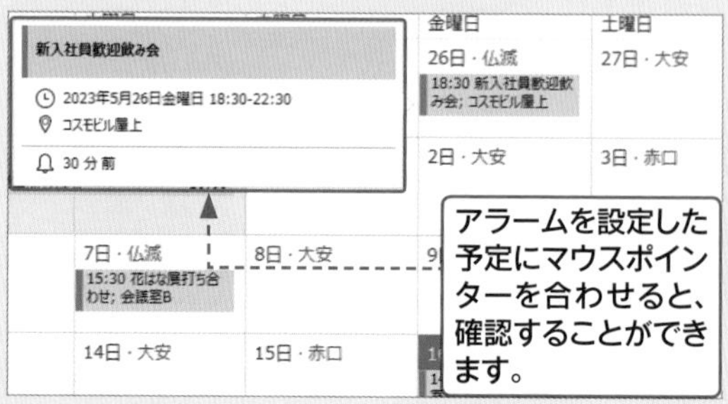

重要度 ★★★　予定の管理

Q 344 アラームを再度鳴らしたい！

A ［アラーム］ダイアログボックスの［再通知］をクリックします。

アラームを設定した時刻になると［アラーム］ダイアログボックスが表示され、アラームが鳴ります。アラームを再度鳴らしたい場合は、タイミングを指定して、［再通知］をクリックします。アラームを消すには、［アラームを消す］をクリックします。

1 ここでタイミングを指定して、

2 ［再通知］をクリックします。

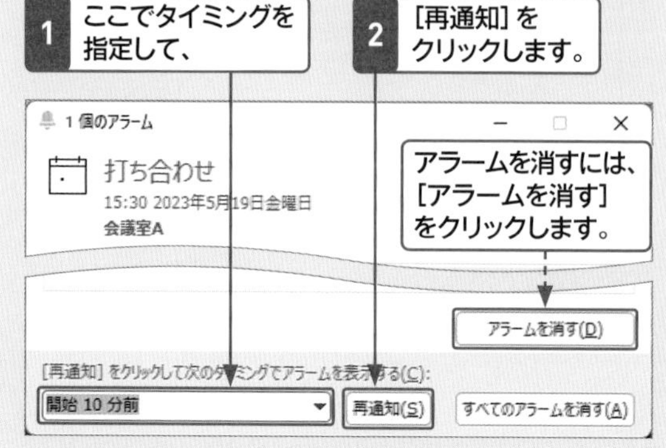

重要度 ★★★　予定の管理

Q 345 アラームの鳴る時間を変更したい！

A [Outlookのオプション]の[予定表]で設定します。

Outlookの初期設定では、開始時刻の15分前にアラームが鳴るように設定されていますが、この時間は変更することができます。[ファイル]タブから[オプション]をクリックすると表示される[Outlookのオプション]ダイアログボックスの[予定表]で設定します。

1 [アラームの既定値]をクリックしてオンにし、

2 ここをクリックして変更します。

重要度 ★★★　予定の管理　2021 2019 2016

Q 346 ほかのウィンドウの上にアラームを表示したい！

A [Outlookのオプション]の[詳細設定]で設定します。

アラームを設定した時刻になると、[予定表]画面の上に[アラーム]ダイアログボックスが表示されます。作業をしているほかのウィンドウの上にダイアログボックスに表示されるようにしたい場合は、[Outlookのオプション]ダイアログボックスの[詳細設定]で設定します。ただし、この機能はMicrosoft 365に限られます。

[その他のウィンドウの上にアラームを表示する]をクリックしてオンにします。

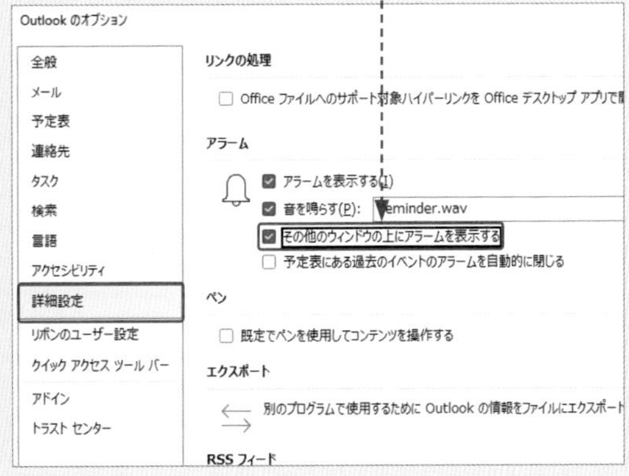

重要度 ★★★　予定の管理　2021 2019 2016

Q 347 終了した予定のアラームを自動的に削除したい！

A [Outlookのオプション]の[詳細設定]で設定します。

Outlookを起動したときに、過去の予定のアラームが表示されるのはうっとうしいものです。Microsoft 365では、過去の予定のアラームを自動的に消去するように設定することができます。[Outlookのオプション]ダイアログボックスの[詳細設定]で設定します。

[予定表にある過去のイベントのアラームを自動的に閉じる]をクリックしてオンにします。

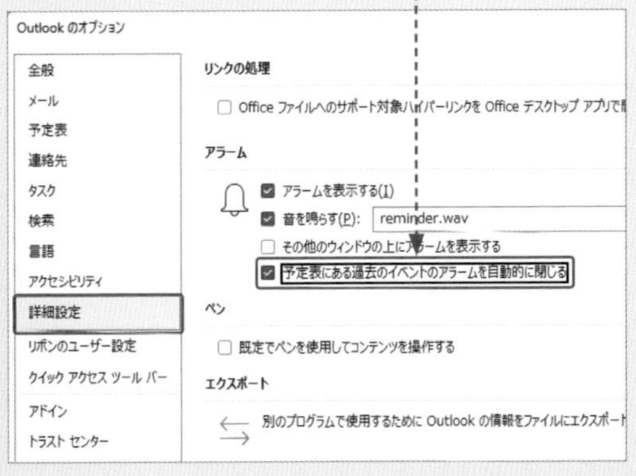

重要度 ★★★ 予定の管理

Q 348 アラームを表示しないようにしたい！

A [Outlookのオプション]の[詳細設定]からオフにします。

Outlookの初期設定では、アラームを設定した時刻になると、[アラーム]ダイアログボックスが表示されるように設定されています。ダイアログボックスを表示したくない場合は、[Outlookのオプション]ダイアログボックスの[詳細設定]で設定します。

[アラームを表示する]をクリックしてオフにします。

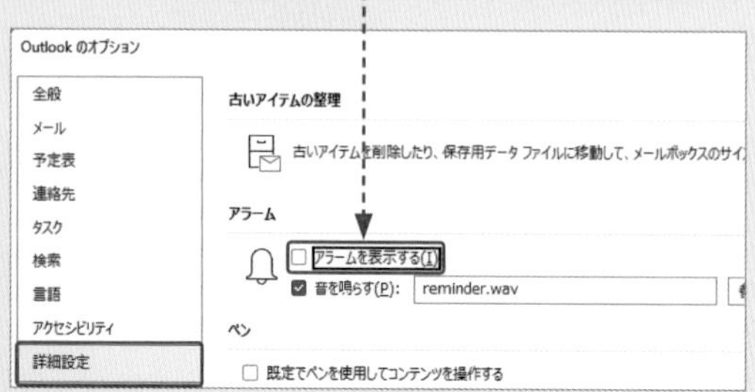

重要度 ★★★ 予定の管理

Q 349 アラーム音を鳴らさないようにしたい！

A [Outlookのオプション]の[詳細設定]からオフにします。

Outlookの初期設定では、アラームを設定した時刻になると音が鳴るように設定されています。アラーム音を鳴らしたくない場合は、[Outlookのオプション]ダイアログボックスの[詳細設定]で設定します。

[音を鳴らす]をクリックしてオフにします。

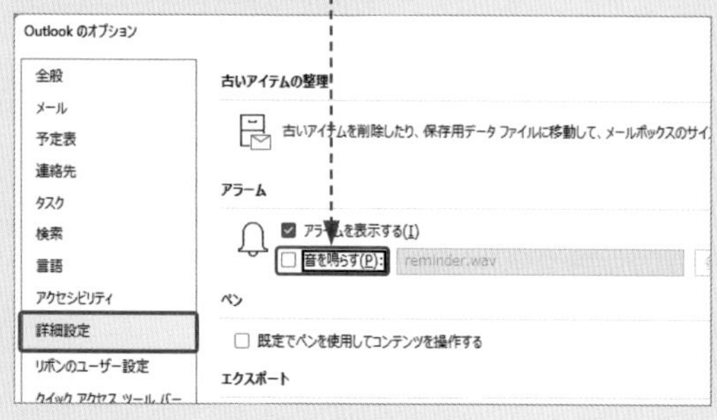

重要度 ★★★ 予定の管理

Q 350 アラーム音を変更したい！

A [Outlookのオプション]の[詳細設定]で設定します。

アラーム音は、初期設定で「reminder.wav」に設定されていますが、ほかの音に変更することもできます。設定できるのは「.wavファイル」のみです。使用するサウンドファイルは、パソコン上のフォルダーか、常にアクセスできるネットワークの共有フォルダーにある必要があります。

1 [ファイル]タブから[オプション]をクリックして、[Outlookのオプション]ダイアログボックスを表示します。

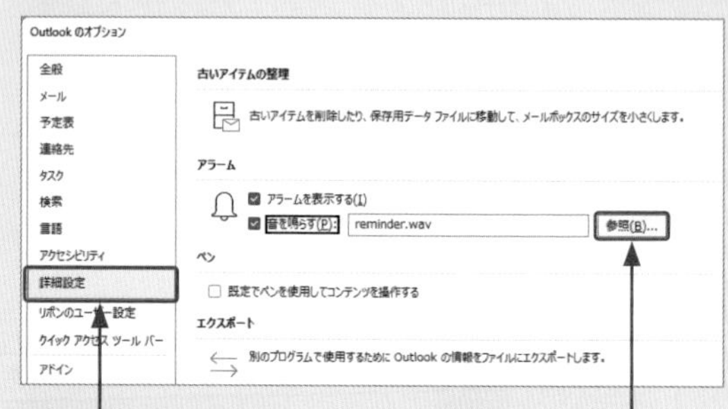

2 [詳細設定]をクリックして、

3 [参照]をクリックします。

4 サウンドファイルの保存先を指定して、

5 変更したいファイルをクリックし、

6 [開く]をクリックします。

1 Outlookの基本
2 メールの受信と閲覧
3 メールの作成と送信
4 メールの整理と管理
5 メールの設定
6 連絡先
7 予定表
8 タスク
9 印刷
10 アプリ連携・共同作業
11 そのほかの便利機能

重要度 ★★★ 予定の管理

Q 351 終了していない予定を確認したい！

A ビューを[アクティブ]に切り替えます。

終了していない予定を知りたい場合は、ビューを[アクティブ]に切り替えます。[表示]タブの[ビューの変更]をクリックして、[アクティブ]をクリックすると、終了していない予定が[終了日]の昇順で一覧表示されます。もとの表示に戻るには、手順3で[予定表]をクリックします。

1 [表示]タブをクリックして、

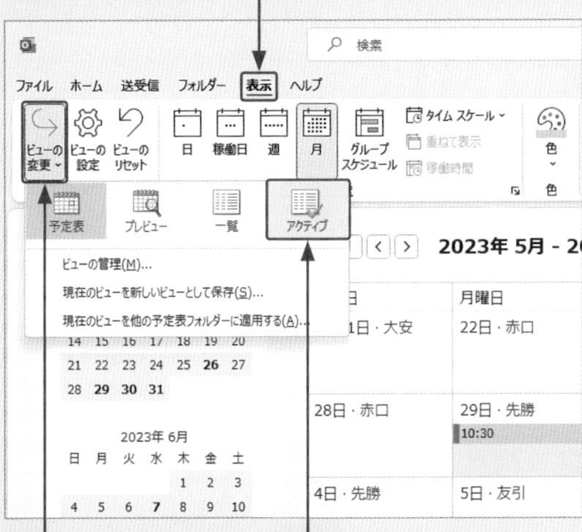

2 [ビューの変更]をクリックし、

3 [アクティブ]をクリックすると、

4 終了していない予定が一覧で表示されます。

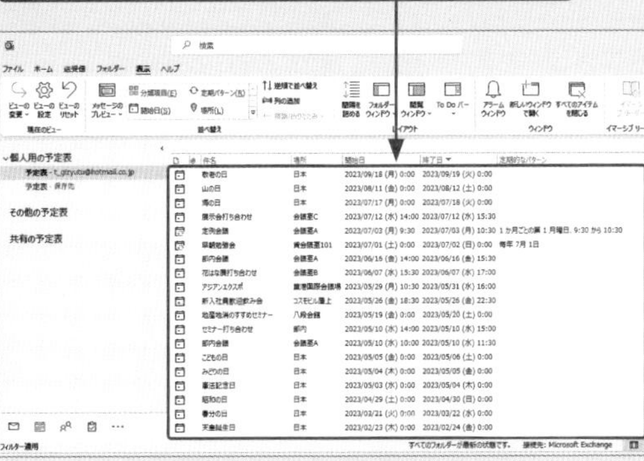

重要度 ★★★ 予定の管理

Q 352 終了していない予定の確認で祝日を除外したい！

A ビューを[アクティブ]にして、場所ごとに予定を表示します。

予定表に祝日を追加している場合は、ビューを[アクティブ]にすると、予定の一覧に数年分の祝日が大量に表示されます。祝日を除外して予定を見やすくするには、[表示]タブの[場所]をクリックして、場所ごとに表示します。また、分類項目を設定して区別することもできます。

参照▶Q 367

ビューを[アクティブ]にすると、数年分の祝日が大量に表示されます。

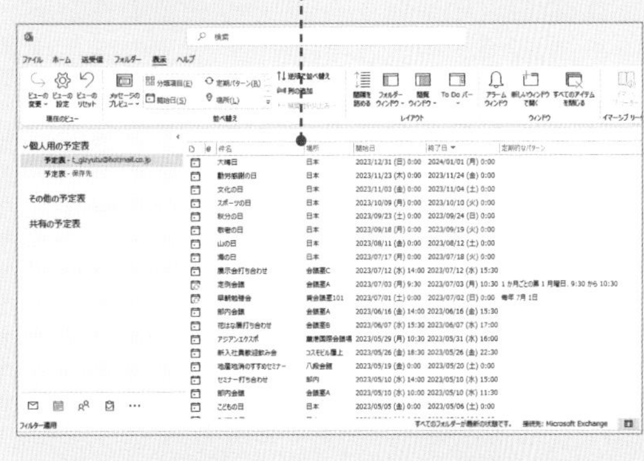

1 [表示]タブの[並べ替え]で[場所]をクリックすると、

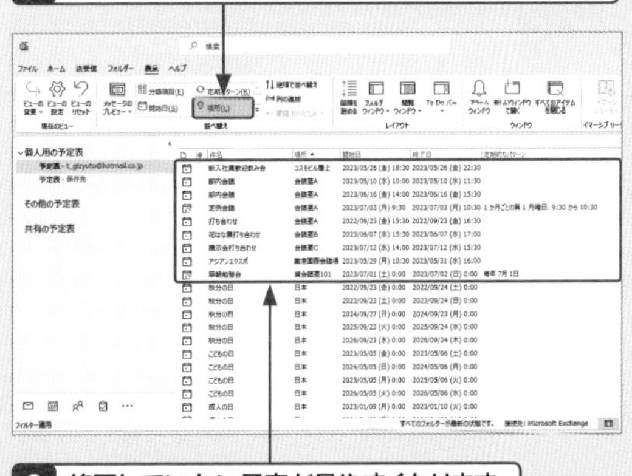

2 終了していない予定が見やすくなります。

重要度 ★★★　予定の管理

Q 353 今日の予定を表示したい！

A ［ホーム］タブの［今日］をクリックします。

今日の予定を確認したいときに、週や月単位で予定表を表示していたり、予定表をあちこち移動していたりすると、表示を切り替えるのが面倒な場合があります。このような場合は、［ホーム］タブの［今日］をクリックすると、現在表示している形式で今日の予定をすばやく表示することができます。

［今日］をクリックすると、今日の予定が表示されます。

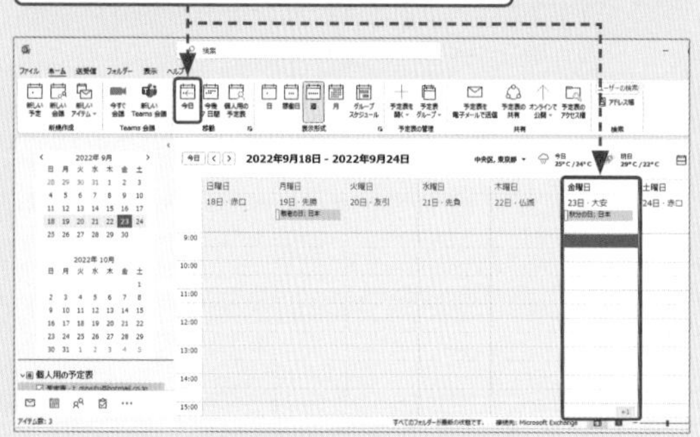

重要度 ★★★　予定の管理

Q 354 今後7日間の予定を表示したい！

A ［ホーム］タブの［今後7日間］をクリックします。

1週間単位の表示では、日曜日から土曜日、月曜日から日曜日などの1週間が表示されます。この表示とは別に、今日の日付から7日分の予定を表示したい場合は、［ホーム］タブの［今後7日間］をクリックします。現在表示している形式から、今日を含めて7日間の表示に自動的に切り替わります。

［今後7日間］をクリックすると、今日の日付から7日分の予定が表示されます。

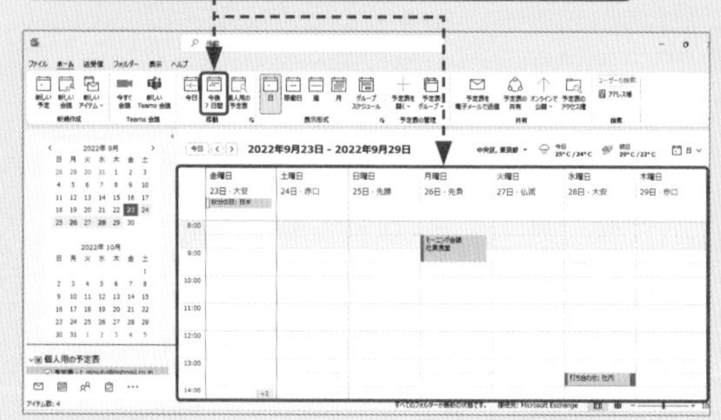

重要度 ★★★　予定の管理

Q 355 予定を検索したい！

A 検索ボックスで検索します。

登録した予定の数が増えてくると、目的の予定を探すのに時間がかかります。このような場合は、検索ボックスにキーワードを入力すると、該当する予定がすばやく一覧表示されます。詳細を確認したい予定をダブルクリックすると、［予定］ウィンドウが表示されます。なお、Outlook 2019／2016では検索ボックスはタイムテーブルの右上にあります。

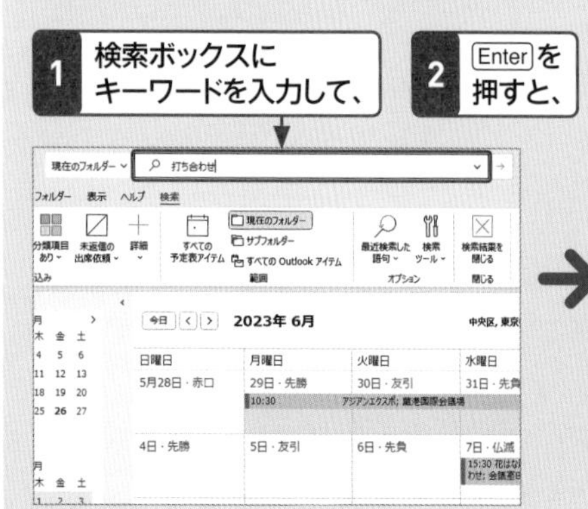

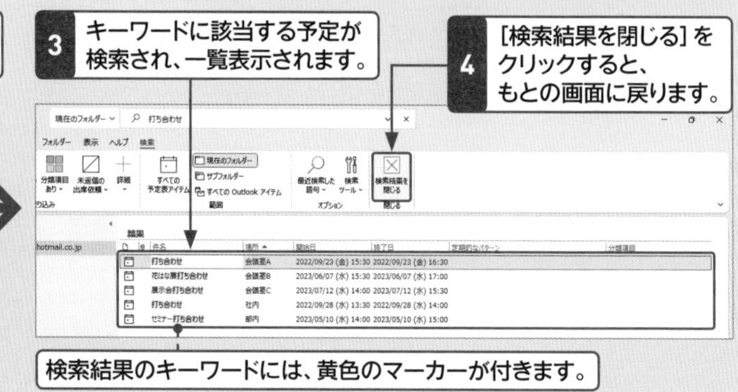

3 キーワードに該当する予定が検索され、一覧表示されます。
4 ［検索結果を閉じる］をクリックすると、もとの画面に戻ります。
検索結果のキーワードには、黄色のマーカーが付きます。

重要度★★★　予定の管理

Q 356 予定に重要度を設定したい！

A 予定の登録時に［重要度-高］をクリックします。

重要な予定に［重要度-高］を設定するには、予定を登録する際に、［予定］あるいは［イベント］タブの［重要度-高］をクリックします。予定に［重要度-高］を設定しておくと、「高度な検索」利用時に重要度を指定して検索することができます。

参照▶Q 094

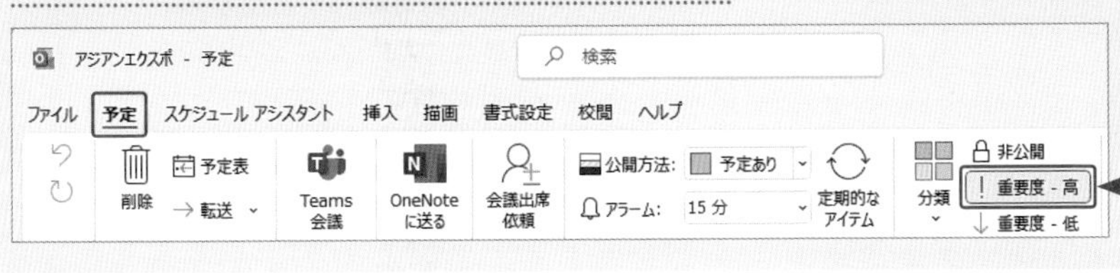

予定を登録する際に［重要度-高］をクリックします。

重要度★★★　予定の管理

Q 357 メールの内容を［予定表］に登録したい！

A メールをナビゲーションバーの［予定表］にドラッグします。

受信したメールをナビゲーションバーの［予定表］にドラッグすることで、かんたんに予定を登録することができます。ただし、件名や時刻などは、メールをもとにした情報が登録されているので、適宜修正が必要です。また、メモ欄には、メールの本文がそのまま登録されるので、もとのメールを探して内容を確認する手間を省くことができます。

1 ［受信トレイ］をクリックして、

2 予定表に登録したいメールをクリックし、

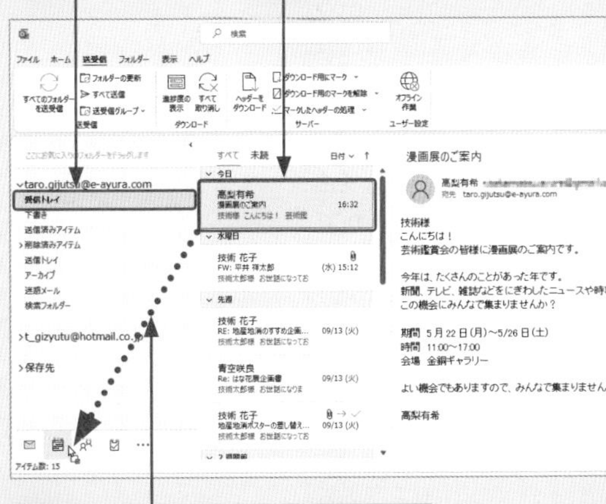

3 ナビゲーションバーの［予定表］にドラッグします。

4 ［予定］ウィンドウが表示されるので、内容を修正して、

5 ［保存して閉じる］をクリックします。

6 ［予定表］画面を表示すると、予定が登録されていることが確認できます。

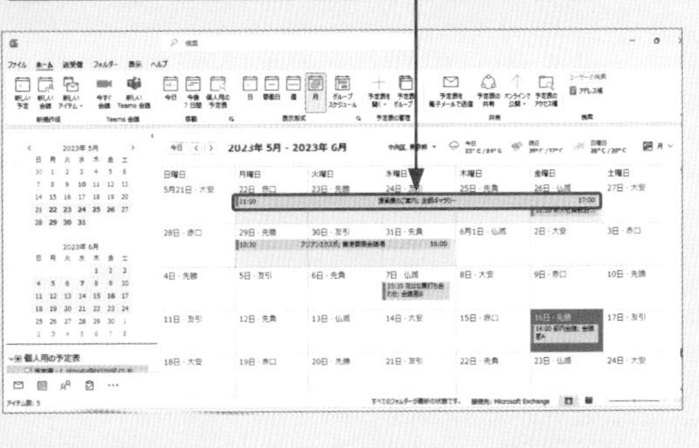

重要度★★★　会議／共有

Q 358 会議への出席を依頼したい！

A [新しい会議]をクリックして、メールを送信します。

Outlookの「会議出席依頼」機能を使えば、会議に出席してほしい人にメールで出席依頼を送ることができます。相手が承諾すると、その予定が相手のカレンダーにも自動的に登録されます。相手が承諾したかどうかは、返信されたメールや[会議]ウィンドウで確認できます。なお、会議出席依頼機能を利用するには、相手がOutlookもしくは対応するメールアプリを使っている必要があります。

1 会議の日時をドラッグして指定し、

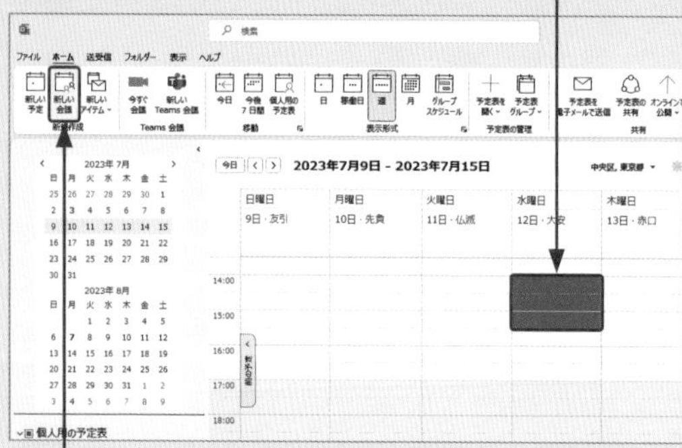

2 [ホーム]タブの[新しい会議]をクリックします。

3 タイトルと場所、本文を入力して、

4 [必須]をクリックします。

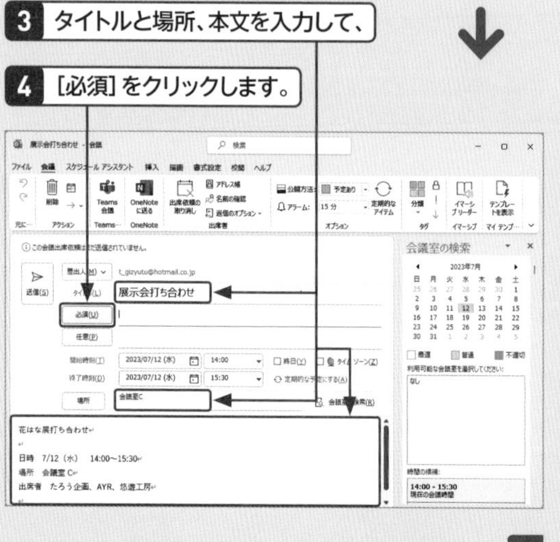

5 必ず参加してほしい人の宛先をクリックして、

6 [必須出席者]をクリックします。

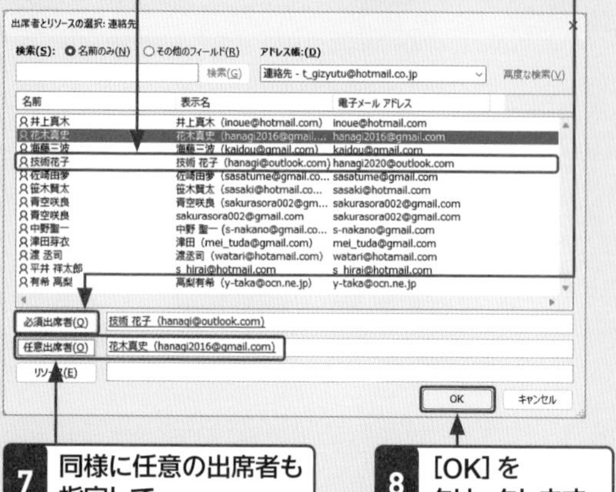

7 同様に任意の出席者も指定して、

8 [OK]をクリックします。

9 [送信]をクリックすると、

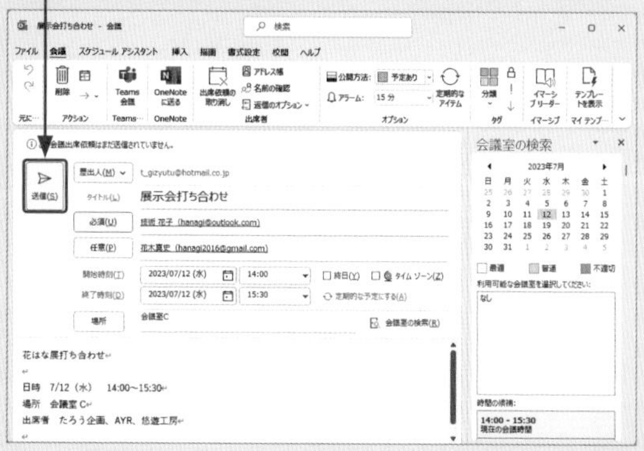

10 出席者にメールで会議への出席依頼が送信されます。

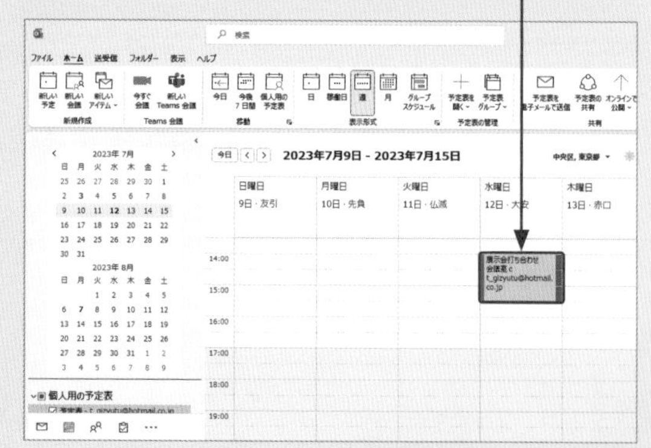

重要度★★★　会議／共有

Q359 届いた出席依頼に返信したい！

A 受信メールの［承諾］をクリックして、送信方法を選択します。

会議出席依頼のメールを受信すると、出欠確認のコマンドが表示されます。出席できる場合は、［承諾］をクリックしてコメントを付けて送信するか、すぐに返信するかを選択します。出席できない場合は、［辞退］をクリックします。なお、［コメントを付けて返信する］をクリックすると、［会議出席依頼の返信］ウィンドウが表示されます。

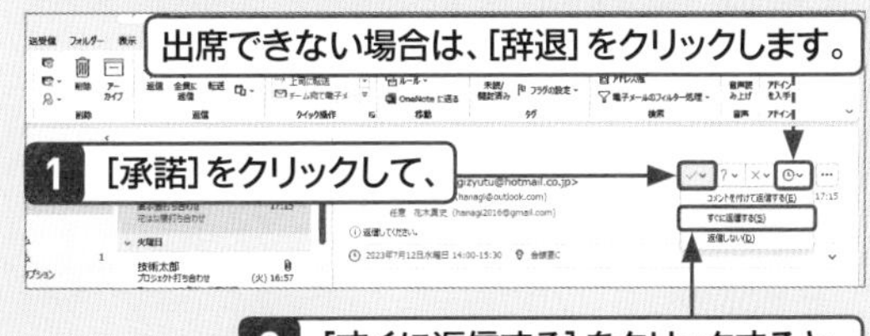

3 差出人に出席する旨のメールが返信されます。

重要度★★★　会議／共有

Q360 会議の出席者一覧を確認したい！

A 会議予定をクリックして、［会議］タブの［確認］をクリックします。

会議出席依頼を送信すると、出席者からの返信メールが届きます。また、出席者の一覧が自動的に作成されます。出席者一覧を表示するには、予定表で会議予定をクリックして、［会議］タブの［確認］をクリックします。

1 出席依頼を送信した予定をクリックして、

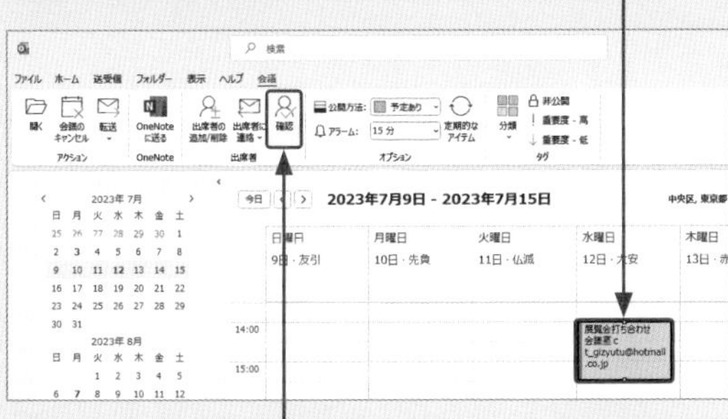

2 ［会議］タブの［確認］をクリックすると、

3 出席者の一覧が表示されます。

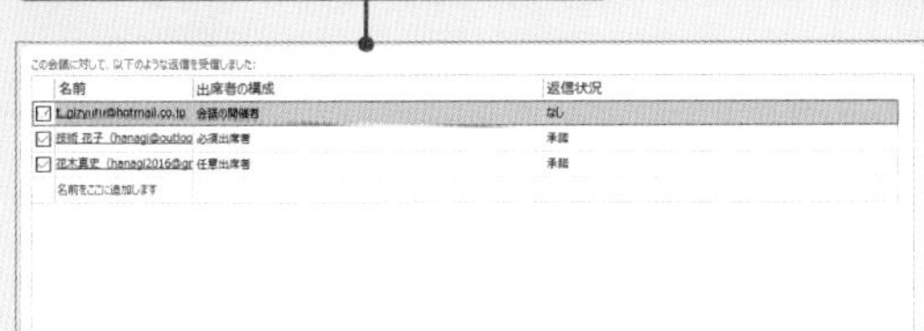

重要度★★★　会議／共有

Q361 会議の予定をキャンセルしたい！

A 予定を右クリックして、［会議のキャンセル］をクリックします。

出席を依頼した会議の予定をキャンセルするには、予定を右クリックして、［会議のキャンセル］をクリックし、［キャンセル通知を送信］をクリックします。会議の予定をキャンセルすると、出席者に会議をキャンセルしたことを通知するメールが送信されます。

1 出席依頼を送信した予定を右クリックして、

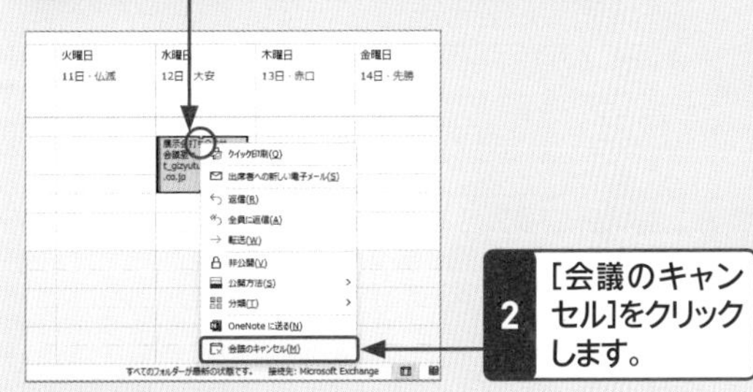

2 ［会議のキャンセル］をクリックします。

3 ［会議］ウィンドウが表示されるので、

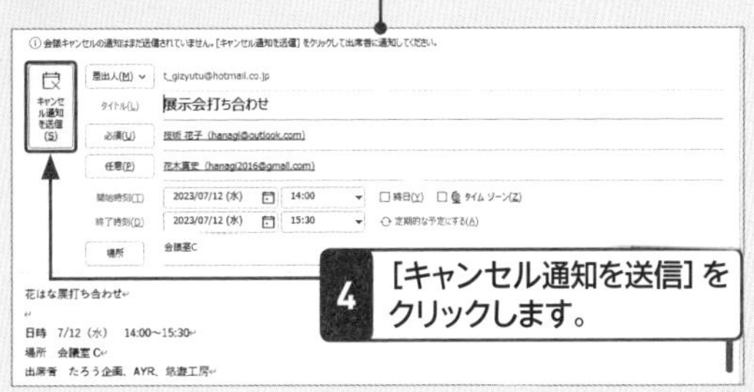

展示会打ち合わせ
4 ［キャンセル通知を送信］をクリックします。

重要度 ★★★ 会議／共有

Q 362 予定の内容をメールで送りたい！

A 予定をナビゲーションバーの[メール]にドラッグします。

登録した予定をほかの人に知らせる際、予定内容を再度入力するのは面倒です。この場合は、予定をナビゲーションバーの［メール］にドラッグすると、件名と予定の内容が入力された［メッセージ］ウィンドウが表示されます。内容を適宜編集して、メールを送信します。

1 メールで送信したい予定をクリックして、

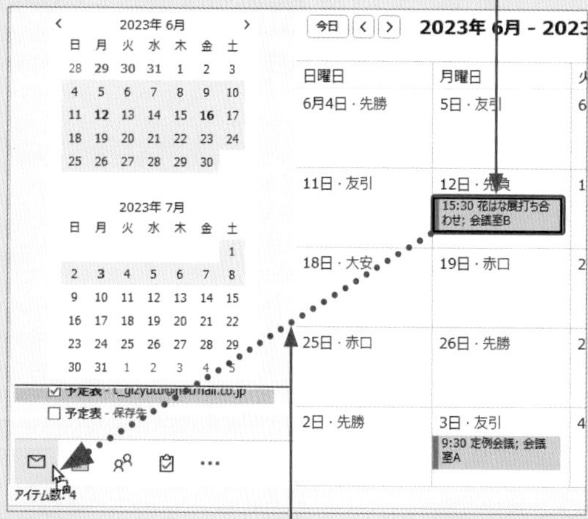

2 ナビゲーションバーの［メール］にドラッグします。

3 ［メッセージ］ウィンドウが表示されるので、宛先を入力し、

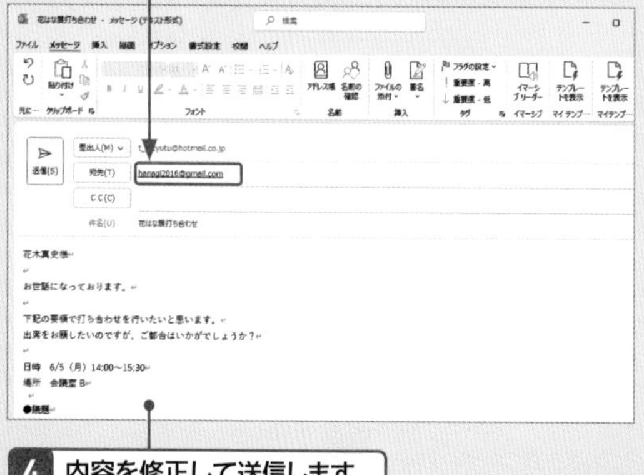

4 内容を修正して送信します。

重要度 ★★★ 天気予報

Q 363 予定表に天気予報を表示したい！

A 最大3日間の天気予報が表示されます。

予定表には、天気予報サービスから取得した天気情報が表示されています。今日から3日間の所在地地域の天気予報が表示されており、最大5つの地域を登録することができます。画面サイズによっては、今日の天気のみや今日と明日の2日間の天気が表示されます。なお、サービスの不具合で天気予報が表示されないこともあります。

今日から3日間の天気予報が表示されます。

重要度 ★★★ 天気予報

Q 364 詳しい天気予報を知りたい！

A ポップアップ表示やWebページで確認できます。

天気予報にマウスポインターを合わせると、ポップアップ表示され、詳細な天気予報が確認できます。さらに、［オンラインで詳細を確認］をクリックすると、Webブラウザーが起動して、より詳しい天気情報を確認することができます。

マウスポインターを合わせると、詳細な天気予報が表示されます。

ここをクリックすると、天気予報のWebページが表示されます。

重要度 ★★★　天気予報

Q 365 天気予報の表示地域を変更したい!

A 検索ボックスに市町村名や郵便番号を入力します。

天気予報の表示地域は、最大5つまで設定できます。表示地域を設定するには、表示地域の［天気の場所のオプション］をクリックして、［場所の追加］をクリックし、都道府県と市区町村、あるいは郵便番号を入力して検索します。すでに地域を登録してある場合は、表示される一覧から目的の地域をクリックします。

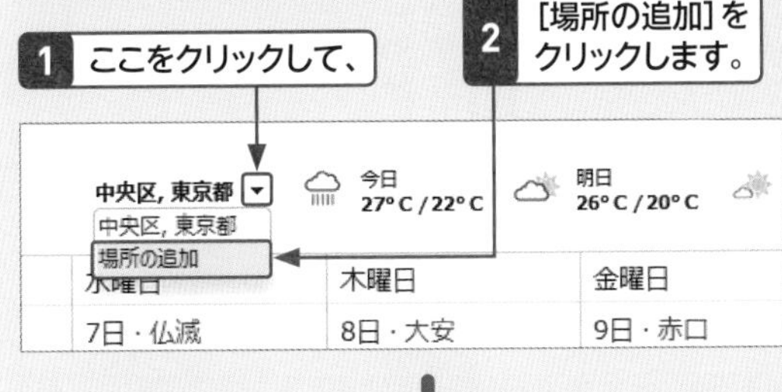

なお、登録した地域を削除したい場合は、地域の一覧を表示して、削除したい地域にマウスポインターを合わせ、✖をクリックします。

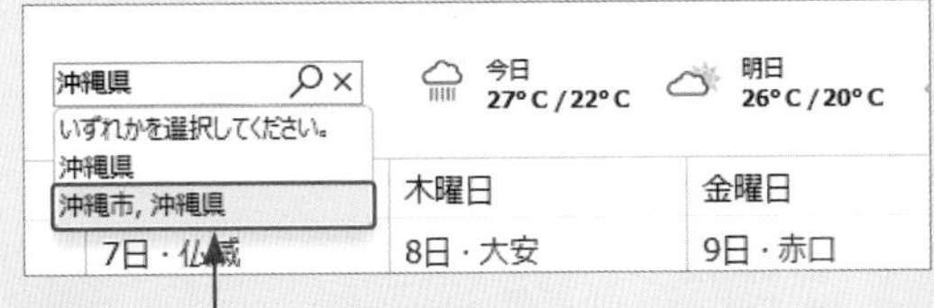

5 「いずれかを選択してください」と表示された場合は、該当する地域をクリックすると、

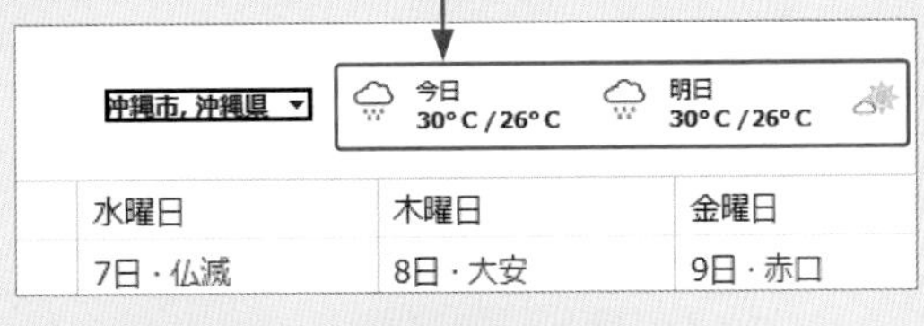

● 登録した表示地域を削除するには

1 ここをクリックして、

沖縄市, 沖縄県　今日 30°C / 26°C　明日 30°C / 26°C
中央区, 東京都
沖縄市, 沖縄県 ✖
場所の追加
木曜日　金曜日
7日・仏滅　8日・大安　9日・赤口

2 削除したい地域のここをクリックします。

重要度 ★★★　天気予報

Q 366 天気予報を表示させたくない!

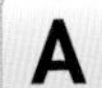

A ［Outlookのオプション］の［予定表］で設定します。

予定表に天気予報を表示させたくない場合は、［ファイル］タブの［オプション］をクリックして表示される［Outlookのオプション］ダイアログボックスの［予定表］で、［予定表に天気予報を表示する］をクリックしてオフにします。

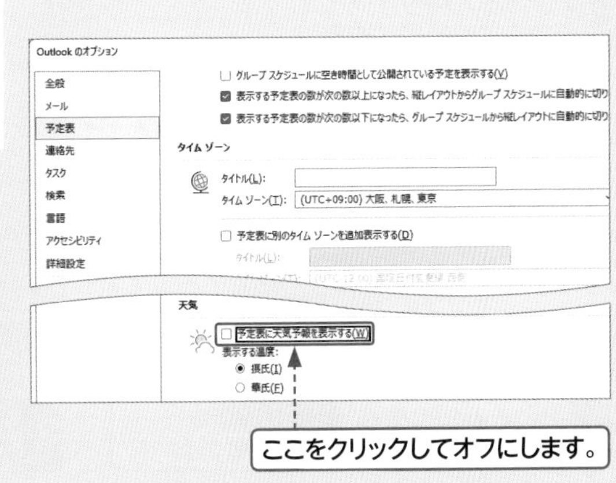

重要度 ★★★　分類項目

Q 367 予定に分類項目を設定したい!

A [予定]タブの[分類]から設定します。

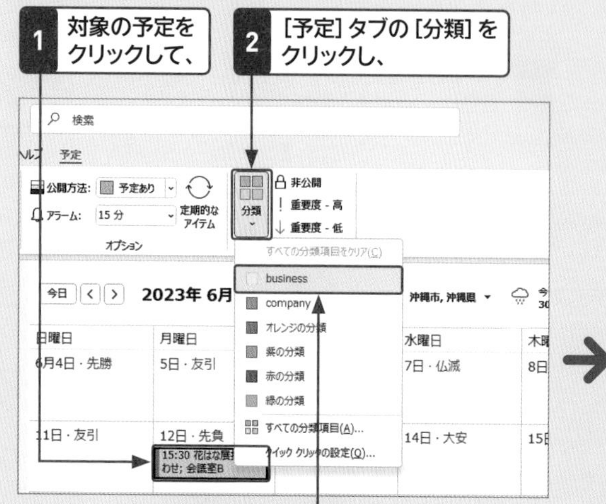

3 任意の分類項目をクリックすると、

5 ほかの予定にも同様に分類項目を設定します。

初期設定では、予定の色と祝日の色はすべて同じ色で表示されます。予定表に分類項目を設定して、仕事の予定やプライベートの予定など、内容別に色分けしておくと見やすくなります。

分類項目を解除するには、予定をクリックして、[予定]タブの[分類]から[すべての分類項目をクリア]をクリックするか、現在設定されている分類項目をクリックします。また、分類項目を変更するには、手順3で[すべての分類項目]をクリックして変更します。分類項目は、新規に作成することもできます。 参照▶Q 307, Q 308

重要度 ★★★　分類項目

Q 368 分類項目ごとに予定を表示したい!

A ビューを[一覧]にして、分類項目で並べ替えます。

分類項目は、メール、連絡先、予定表、タスクで共通して利用でき、分類項目による並べ替え操作もほぼ共通しています。予定表の場合は、いったんビューを[一覧]に変更してから並べ替えます。

[表示]タブの[ビューの変更]をクリックして[一覧]をクリックし、[並べ替え]で[分類項目]をクリックします。

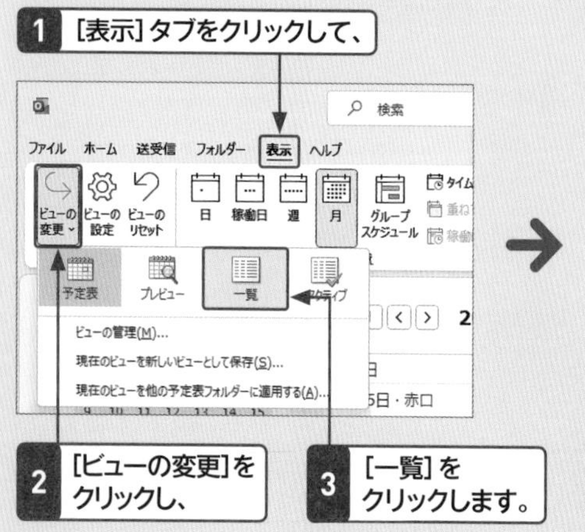

2 [ビューの変更]をクリックし、
3 [一覧]をクリックします。

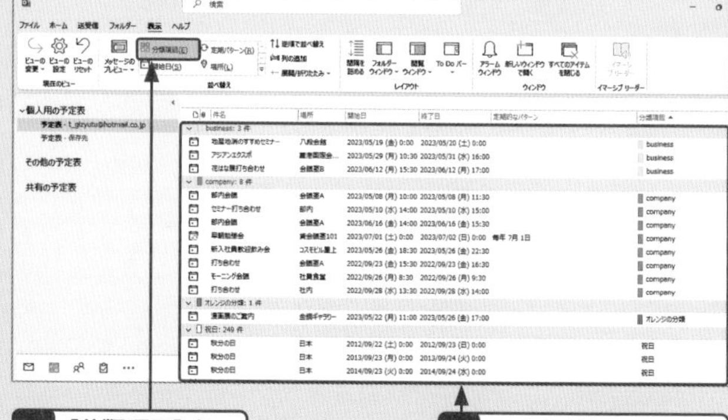

4 [分類項目]をクリックすると、
5 予定が分類項目でグループ化されます。

重要度 ★★★ 複数の予定表

Q 369 複数の予定表を使い分けたい！

A ［ホーム］タブの［予定表を開く］から予定表を作成します。

Outlookでは、仕事用とプライベート用など複数の予定表を作成して、用途に合わせて使い分けることができます。追加した予定表を並べて表示したり、予定表間で予定をコピーしたり、重ねて表示したりとさまざまな使い方が可能です。

参照▶Q 371, Q 372

1 ［ホーム］タブの［予定表を開く］をクリックして、

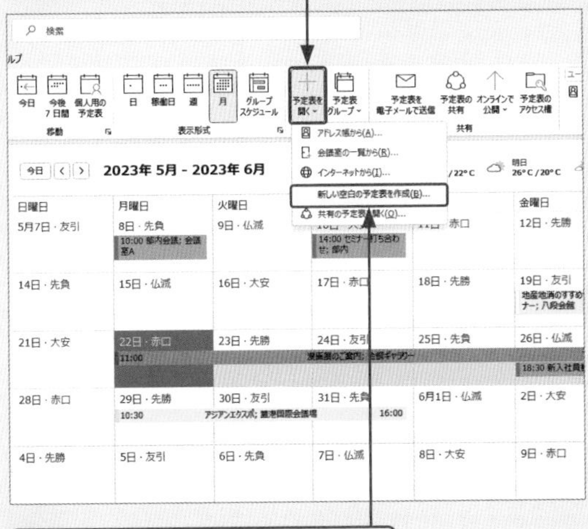

2 ［新しい空白の予定表を作成］をクリックします。

3 予定表の名前を入力して、

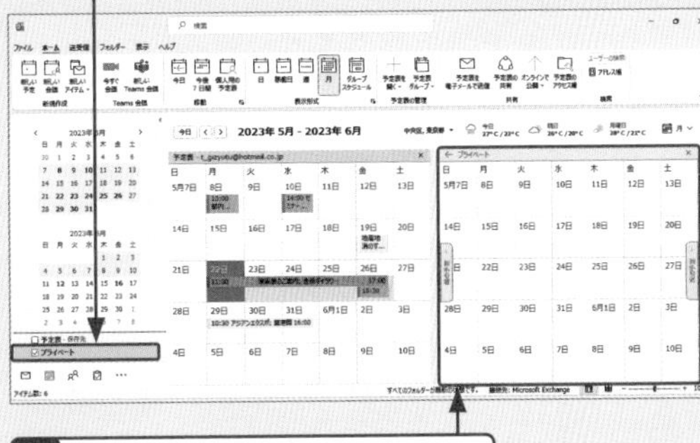

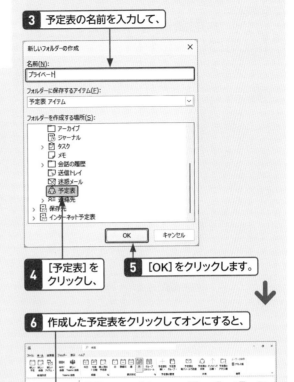

4 ［予定表］をクリックし、

5 ［OK］をクリックします。

6 作成した予定表をクリックしてオンにすると、

7 追加した予定表が表示されます。

重要度 ★★★ 複数の予定表

Q 370 予定表の背景色を変更したい！

A ［表示］タブの［色］から変更します。

予定表の背景色は自動で設定されますが、変更することもできます。背景色を変更したい予定表のタブをクリックし、［表示］タブの［色］をクリックして変更します。選択可能な色は9色ですが、予定表のタブや曜日の見出しの色、分類項目で登録した色以外で設定するとよいでしょう。

1 背景色を変更したい予定表のタブをクリックして、

2 ［表示］タブの［色］をクリックし、

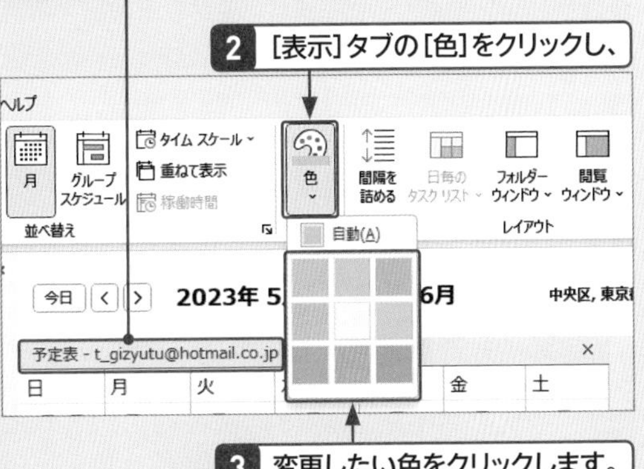

3 変更したい色をクリックします。

重要度 ★★★ 複数の予定表

Q 371 予定表間で予定をコピーしたい！

A コピーしたい予定をドラッグします。

複数の予定表を並べて表示し、予定表間で予定をドラッグすると、その予定をコピーすることができます。ナビゲーションウィンドウで並べて表示したい予定表をクリックしてオンにし、コピーしたい予定をドラッグします。

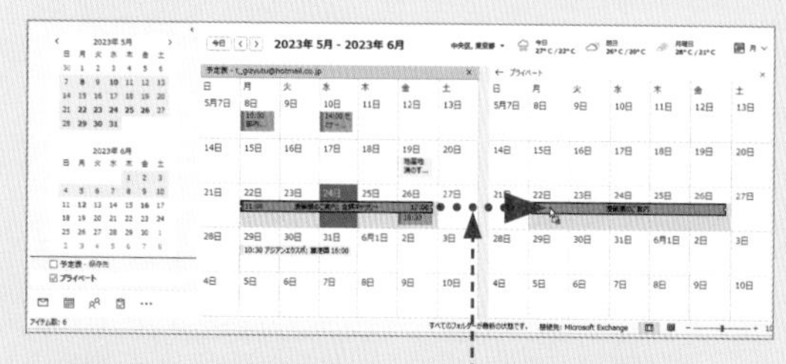

重要度 ★★★ 複数の予定表

Q 372 予定表を重ねて表示したい！

A [表示]タブの[重ねて表示]をクリックします。

2つの予定表を表示しておき、[表示]タブの[重ねて表示]をクリックすると、予定表を重ねて表示することができます。重ねて表示した予定表を切り替えるときは、予定表のタブをクリックします。重なりを解除する場合は、再度[重ねて表示]をクリックします。

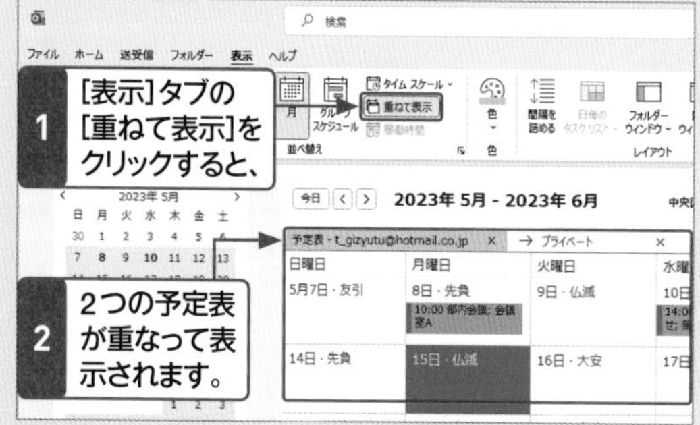

重要度 ★★★ 複数の予定表

Q 373 予定表の表示／非表示を切り替えたい！

A 予定表のチェックボックスをオンまたはオフにします。

複数の予定表を登録している場合に予定表の表示／非表示を切り替えるには、ナビゲーションウィンドウで設定します。予定表の左側にあるチェックボックスをクリックしてオンにすると表示され、オフにすると非表示になります。ただし、両方オフにすることはできません。

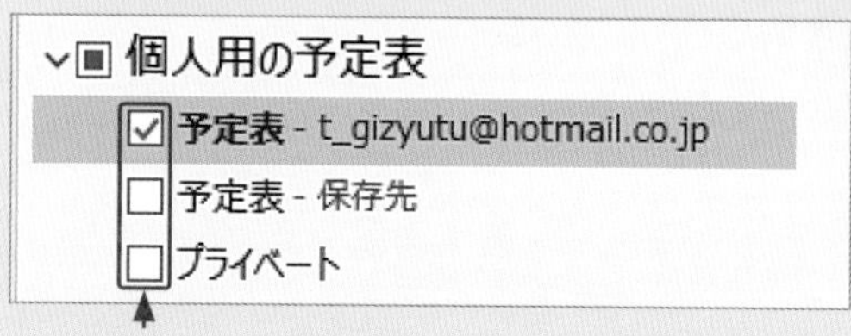

重要度 ★★★ 複数の予定表

Q 374 予定表を削除したい！

A 予定表を右クリックして、[予定表の削除]をクリックします。

不要になった予定表を削除するには、ナビゲーションウィンドウで削除する予定表を右クリックして、[予定表の削除]をクリックし、確認のダイアログボックスで[はい]をクリックします。削除した予定表は[削除済みアイテム]フォルダーに移動されます。

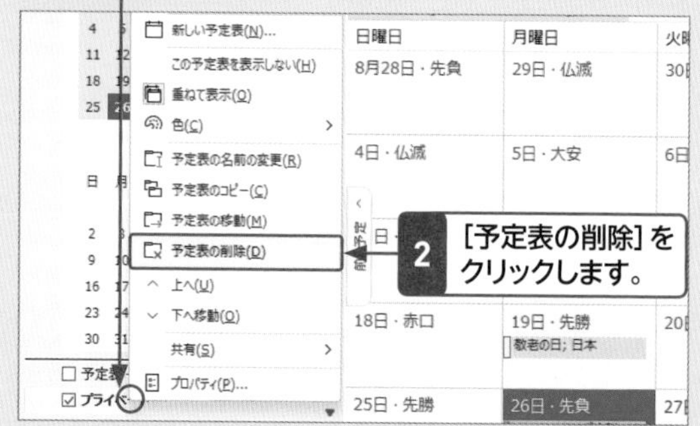

第8章

タスク

重要度★★★　タスクの基本

Q 375 [タスク]画面の構成を知りたい!

A 下図で各部の名称と機能を確認しましょう。

Outlookでは、これから取り組む仕事のことを「タスク」と呼びます。タスクでは、仕事の件名や開始日、期限、仕事の内容などの基本情報のほかに、進捗状況、優先度、達成率といった詳細情報を登録することで、仕事を管理することができます。登録したタスクは、[To Doバーのタスクリスト]や[タスク]で一覧表示されます。

タスクを登録するときは、[ホーム]タブの[新しいタスク]をクリックして、[タスク]ウィンドウを表示します。

● [To Doバーのタスクリスト] の一覧表示画面

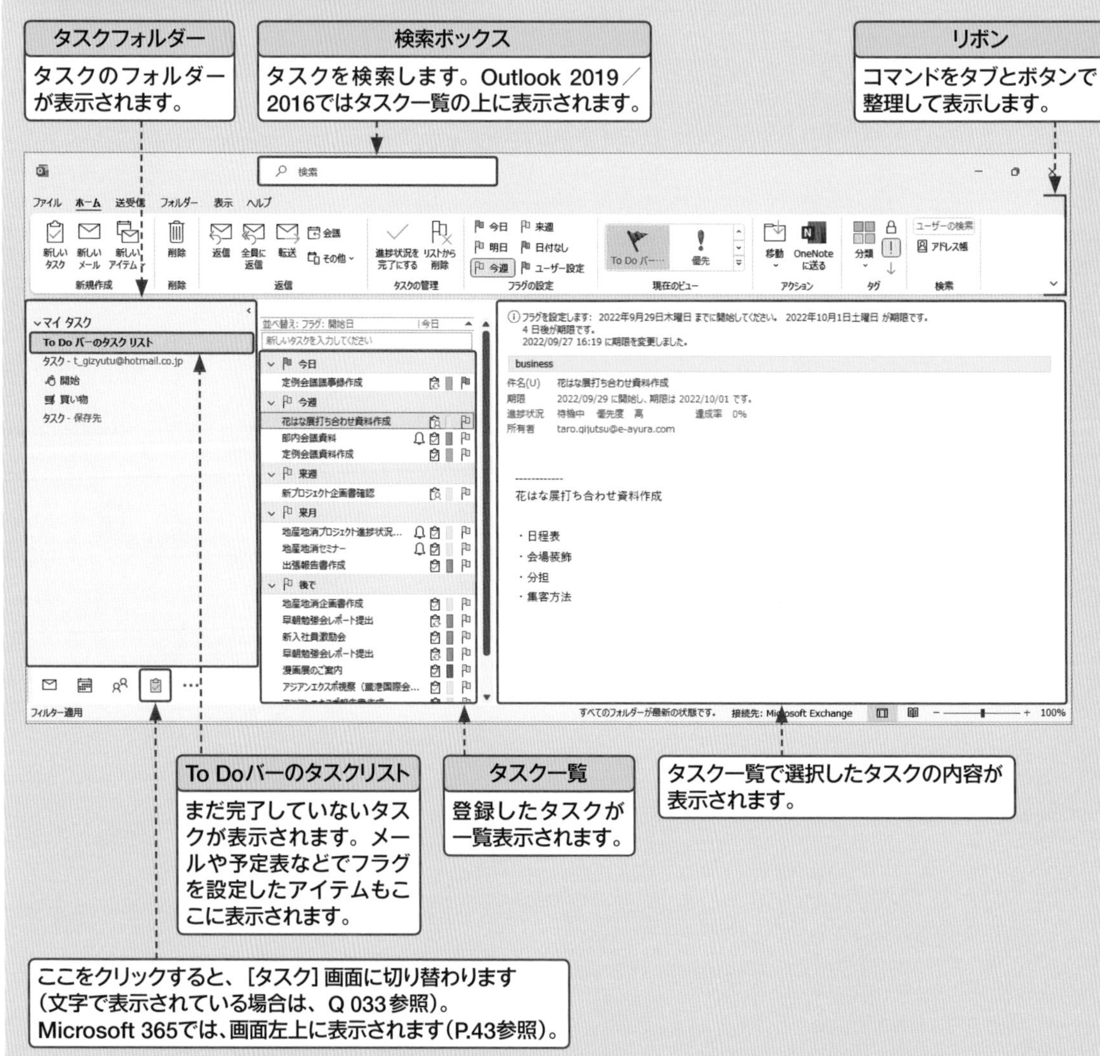
タスクフォルダー
タスクのフォルダーが表示されます。
検索ボックス
タスクを検索します。Outlook 2019／2016ではタスク一覧の上に表示されます。
リボン
コマンドをタブとボタンで整理して表示します。
To Doバーのタスクリスト
まだ完了していないタスクが表示されます。メールや予定表などでフラグを設定したアイテムもここに表示されます。
タスク一覧
登録したタスクが一覧表示されます。
タスク一覧で選択したタスクの内容が表示されます。
ここをクリックすると、[タスク]画面に切り替わります(文字で表示されている場合は、Q 033参照)。
Microsoft 365では、画面左上に表示されます(P.43参照)。

● [タスク] の一覧表示画面

タスク一覧
登録したタスクや完了したタスクが表示されます。[メール] 画面でフラグを設定したタスクは表示されません。
タスク
[タスクリスト] 形式でタスクが一覧表示されます。
期限
タスクの期限が表示されます。
分類項目
タスクに設定した分類項目が表示されます。
フラグ
タスクの進捗状況がアイコンで表示されます。

● [タスク] ウィンドウの画面構成

件名
タスクの件名を入力します。

開始日
タスクの開始日を指定します。省略することもできます。

期限
タスクの期限を指定します。

進捗状況
タスクの進捗状況を [未開始] [進行中] [完了] [待機中] [延期] から指定します。

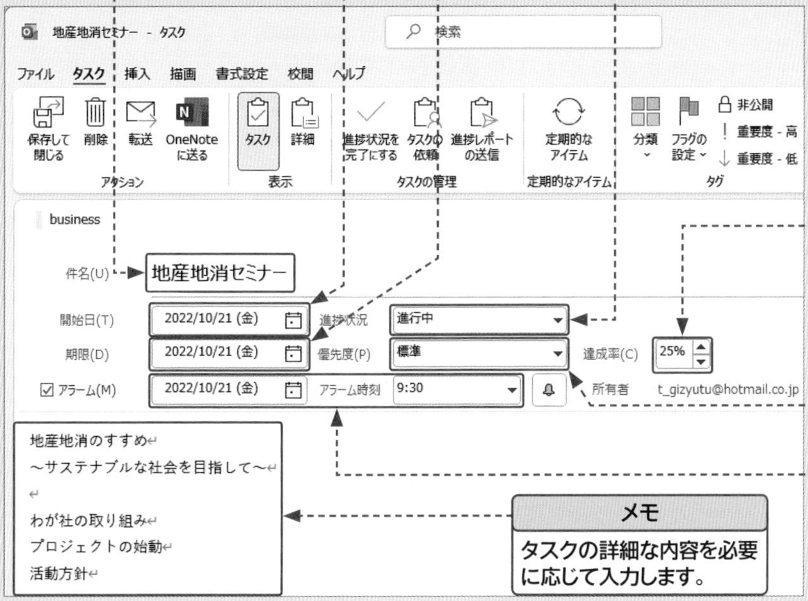

地産地消セミナー - タスク　検索

ファイル　タスク　挿入　描画　書式設定　校閲　ヘルプ

保存して閉じる　削除　転送　OneNoteに送る　アクション　タスク　詳細　表示　進捗状況を完了にする　タスクの依頼　進捗レポートの送信　タスクの管理　定期的なアイテム　定期的なアイテム　分類　フラグの設定　非公開　重要度 - 高　重要度 - 低　タグ

business

件名(U)　地産地消セミナー

開始日(T)　2022/10/21 (金)　進捗状況　進行中

期限(D)　2022/10/21 (金)　優先度(P)　標準　達成率(C)　25%

アラーム(M)　2022/10/21 (金)　アラーム時刻　9:30　所有者　t_gizyutu@hotmail.co.jp

地産地消のすすめ
～サステナブルな社会を目指して～

わが社の取り組み
プロジェクトの始動
活動方針

達成率
タスクの進行状況をパーセントで指定します。

優先度
タスクの優先度を [低] [標準] [高] から指定します。

アラーム
指定した時刻にアラームを鳴らすように設定します。

メモ
タスクの詳細な内容を必要に応じて入力します。

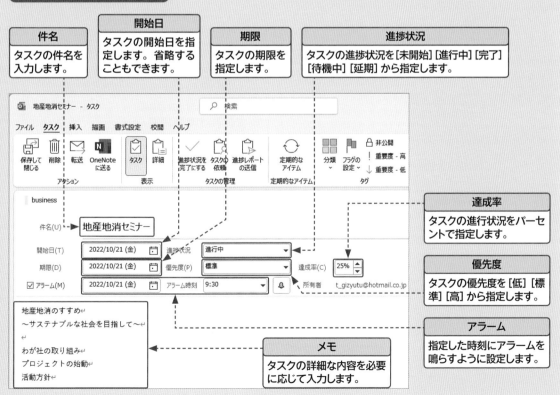

重要度 ★★★　タスクの基本

Q 376 タスクとは？

A やらなければならない「仕事」のことです。

Outlookで作成する「タスク」とは、期限までにやらなければならない「仕事」のことです。これから取り組む仕事の開始日と期限を設定し、進捗状況や優先度、達成率などを登録することによって、「今、何をやらなければいけないのか」を随時把握し、確認できる機能が「タスク」です。タスクは「To Do」とも呼ばれます。

重要度 ★★★　タスクの基本

Q 377 タスクと予定表の違いを知りたい！

A 計画を立てることが「予定」、計画の要素が「タスク」です。

「タスク」と「予定表」は、どちらもスケジュール管理を行うOutlookの機能です。予定表は今後の予定をカレンダーで管理します。タスクは開始日と期限を仕事単位で管理します。タスクと予定表の使い分けが難しい場合は、通常の予定は予定表に、仕事の締め切りのみをタスクに登録するなどの使い分けをするとよいでしょう。

重要度 ★★★　タスクの基本

Q 378 タスクのアイコンの種類を知りたい！

A 期限を示すフラグや分類項目を示すアイコンなどがあります。

タスクの一覧には、期限を示すフラグアイコンやアラームを示すアイコン、分類項目を示すアイコンなどが表示されます。期限を示すフラグアイコンは、今日、明日、今週、来週、日付なし、ユーザー設定の区別をフラグ（旗）の色によって表します。

● フラグアイコンの種類

アイコン	機　能
今日	期限が本日のタスクです。
明日	期限が明日のタスクです。
今週	期限が今週中のタスクです。
来週	期限が来週のタスクです。
日付なし	期限が設定されていないタスクです。
ユーザー設定	ユーザー設定の開始日と期限、アラームが設定されているタスクです。

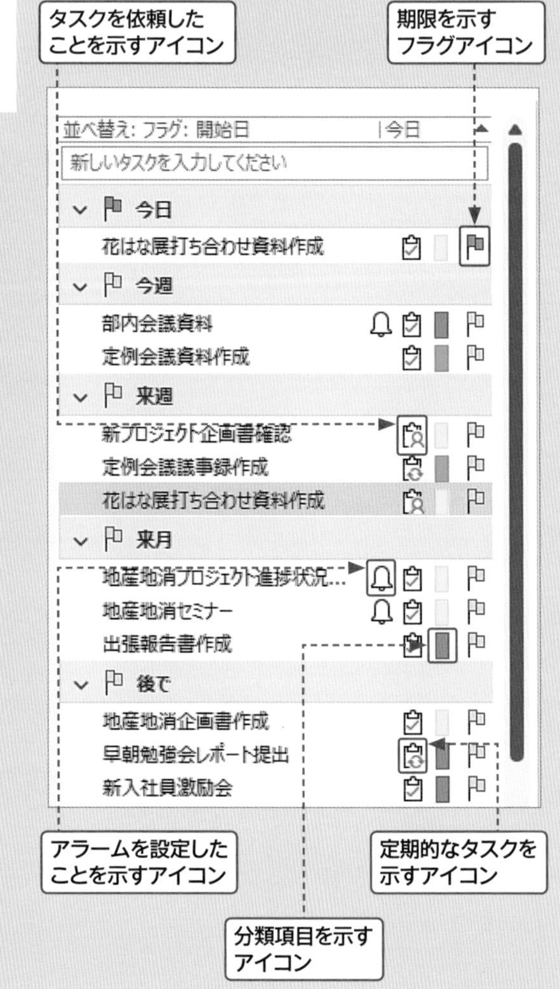

重要度 ★★★　タスクの登録

Q 379 新しいタスクを登録したい！

A1 [ホーム]タブの[新しいタスク]をクリックして登録します。

新しいタスクを登録するには、[ホーム]タブの[新しいタスク]をクリックします。[タスク]ウィンドウが表示されるので、必要な項目を入力します。登録したタスクは、期限が近い順に[今日][明日][来週]といったグループごとに表示されます。
タスクの登録は、開始日や期限を省略して件名だけを登録しておくこともできます。この場合は、[日付なし]として登録されます。

1 [ホーム]タブの[新しいタスク]をクリックします。

2 タスクの件名を入力して、
3 [開始日]のここをクリックし、

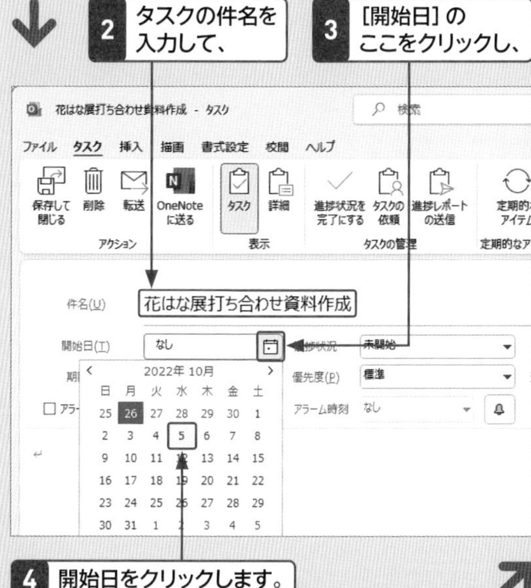

4 開始日をクリックします。

5 [期限]のここをクリックして、
6 期限日をクリックします。

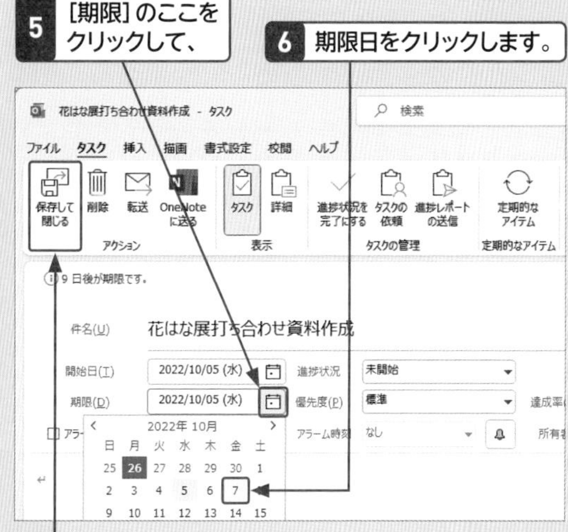

7 [タスク]タブの[保存して閉じる]をクリックすると、

8 タスクが登録されます。

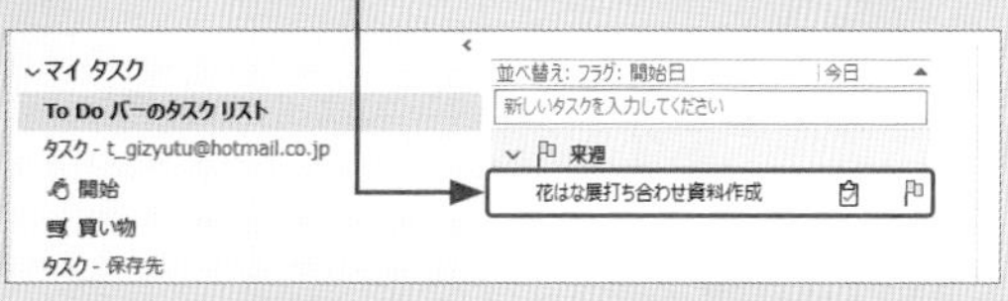

A2 [To Doバーのタスクリスト]から登録します。

タスクは、[To Doバーのタスクリスト]の[新しいタスクを入力してください]ボックスから登録することもできます。この場合は、期限が[今日]のタスクとして登録されます。

1 ここに件名を入力すると、

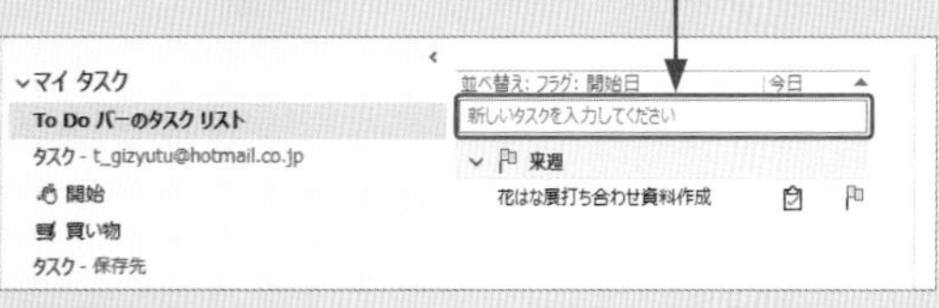

2 期限が[今日]のタスクとして登録されます。

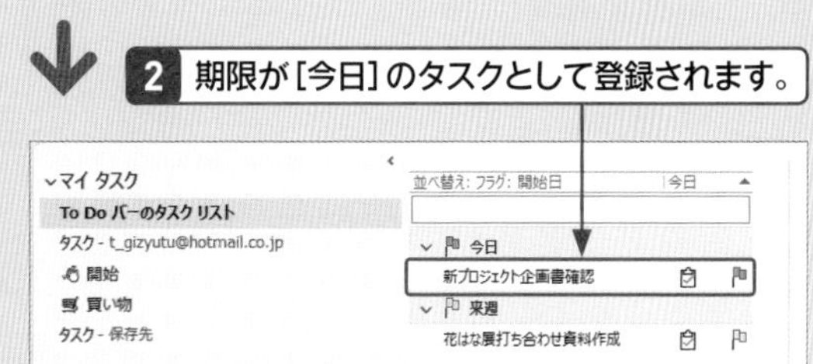

重要度 ★★★　タスクの登録

Q 380 タスクに詳細な情報を登録したい!

A [タスク]ウィンドウを表示して、詳細な情報を登録します。

タスクには、件名や開始日、期限といった基本的な情報のほかに、進捗状況や優先度、タスクの詳しい内容などを登録することができます。これらの情報を利用することで、タスクのより厳密な管理が可能になります。なお、[達成率]と[進捗状況]は連動しています。達成率が0％で進捗状況が「未開始」に、100％で「完了」に、それ以外では「進行中」になります。

1 詳細な情報を設定するタスクをダブルクリックして、

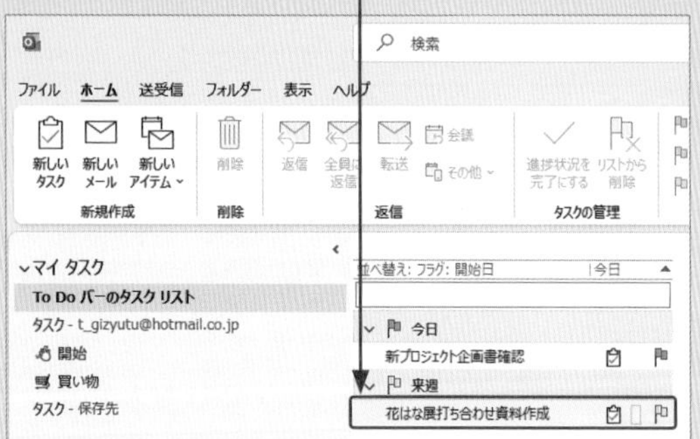

2 [進捗状況]をクリックし、

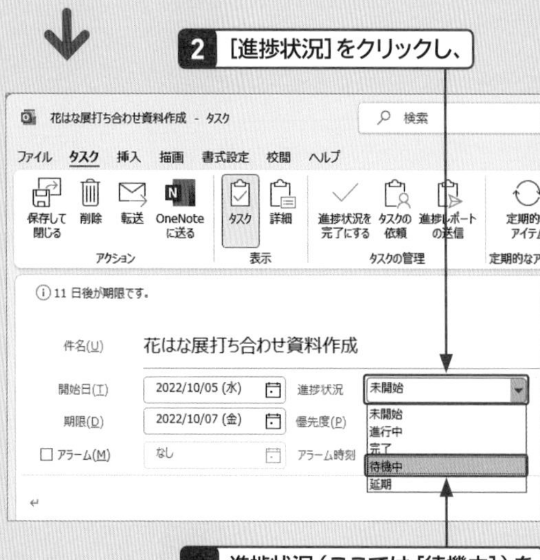

3 進捗状況(ここでは[待機中])をクリックします。

4 [優先度]をクリックして、

[達成率]は必要に応じて設定します。

5 優先度(ここでは[高])をクリックします。

6 タスクの内容を入力して、

7 [タスク]タブの[保存して閉じる]をクリックします。

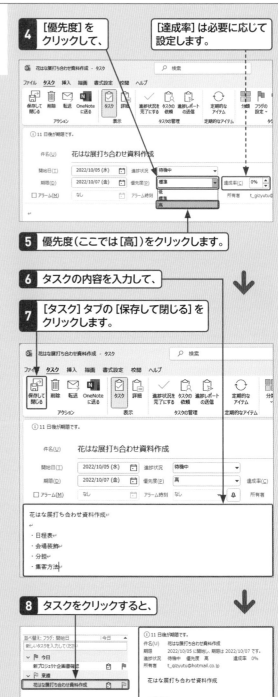

8 タスクをクリックすると、

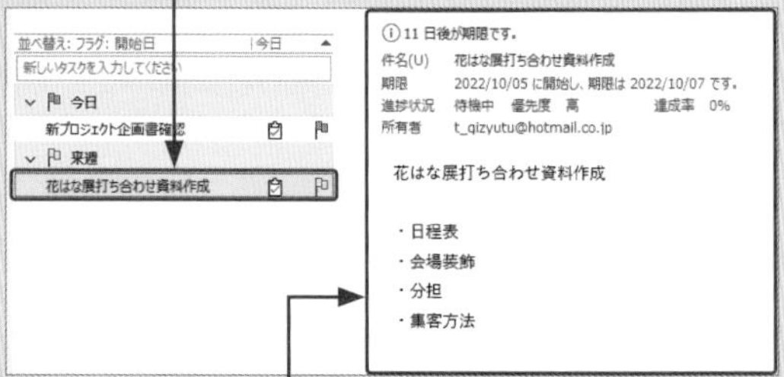

9 タスクの詳細な内容が表示されます。

重要度 ★★★ タスクの登録

Q 381 登録したタスクの内容を変更したい！

A [タスク]ウィンドウを表示して変更します。

タスクを登録したあとで、開始日や期限、内容などが変更になった場合は、変更したいタスクをダブルクリックして[タスク]ウィンドウを表示し、変更します。

ここでは、［今日］のタスクとして登録したタスクの期限を変更します。

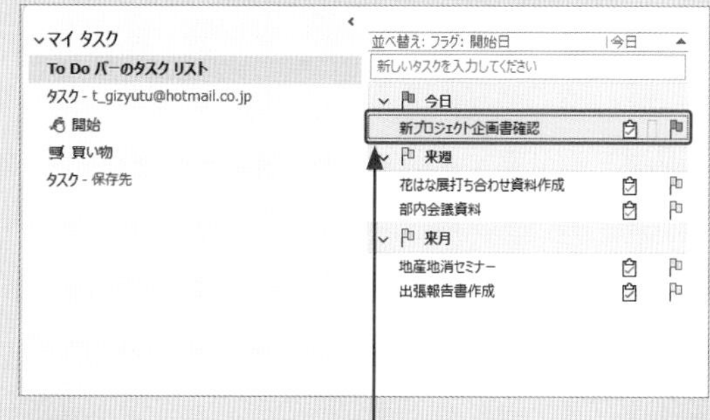

1 変更したいタスクをダブルクリックして、

2 開始日と期限を指定し、

新プロジェクト企画書確認 - タスク

件名(U) 新プロジェクト企画書確認

開始日(T) 2022/10/03 (月)

期限(D) 2022/10/05 (水)

3 ［タスク］タブの［保存して閉じる］をクリックすると、

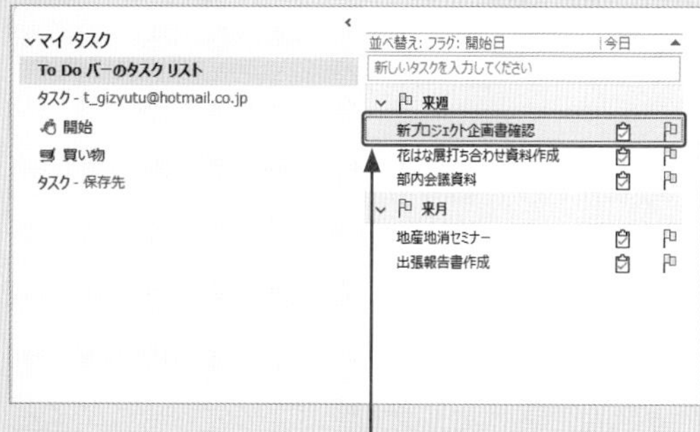

4 期限が設定され、表示位置が移動されます。

重要度 ★★★ タスクの登録

Q 382 登録したタスクを削除したい！

A ［ホーム］タブの［リストから削除］をクリックします。

登録したタスクがキャンセルになった場合などは、タスクをクリックして、［ホーム］タブの［リストから削除］をクリックするか、タスクを右クリックして［削除］をクリックすると、削除することができます。削除したタスクは［削除済みアイテム］フォルダーに移動されるので、間違って削除してしまった場合は、もとに戻すことができます。

参照▶Q 186

1 削除したいタスクをクリックして、

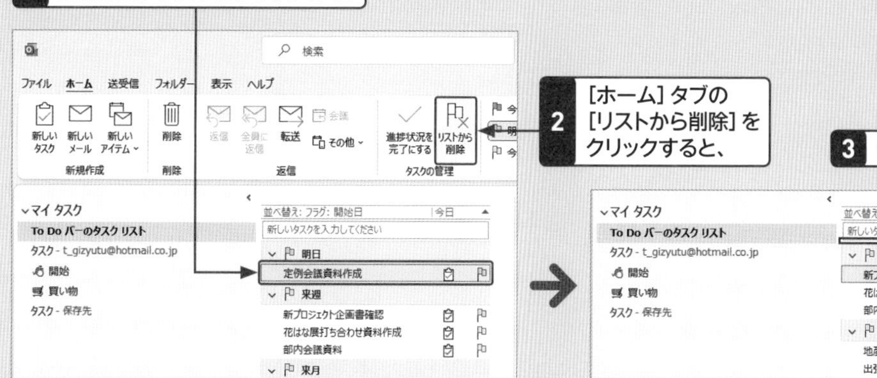

重要度 ★★★　タスクの登録

Q 383 定期的なタスクを登録したい！

A [タスク]ウィンドウで[定期的なアイテム]をクリックして設定します。

「毎週決まった曜日に資料を作成する」というように、同じパターンで繰り返すタスクがある場合は、定期的なタスクとして登録しておくと便利です。定期的なタスクを登録するには、[タスク]ウィンドウを表示してタスクの内容を入力し、[タスク]タブの[定期的なアイテム]をクリックして、タスクの間隔を指定します。タスク一覧には直近のタスクのみ表示され、現在のタスクが完了すると、次のタスクが表示されます。

ここでは、「毎月第1火曜日に定例会議の議事録を作成する」というタスクを登録します。

1 [ホーム]タブの[新しいタスク]をクリックします。

2 定期的なタスクの件名を入力して、

3 開始日と期限を指定し、

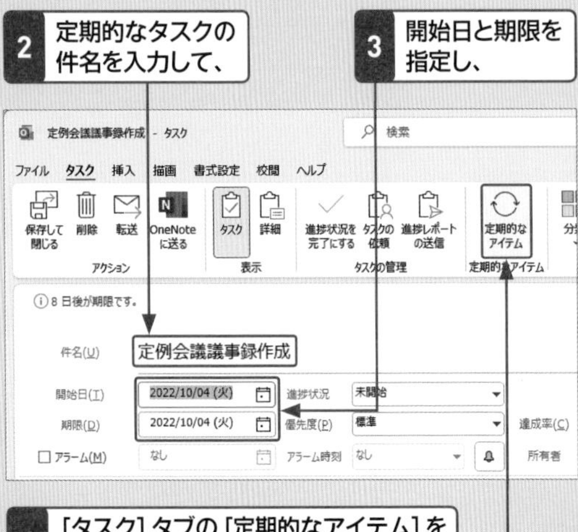

4 [タスク]タブの[定期的なアイテム]をクリックします。

5 [月]をクリックしてオンにし、

6 曜日を「1」か月ごとに指定します。

7 [第1]と[火曜日]を選択して、

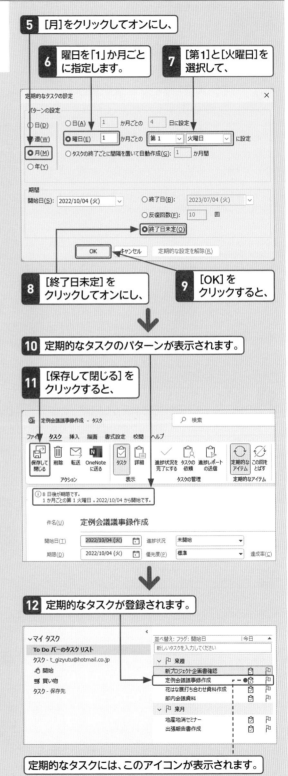

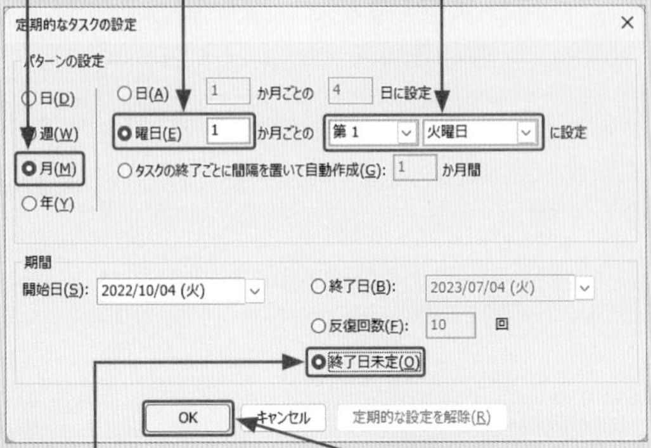

8 [終了日未定]をクリックしてオンにし、

9 [OK]をクリックすると、

10 定期的なタスクのパターンが表示されます。

11 [保存して閉じる]をクリックすると、

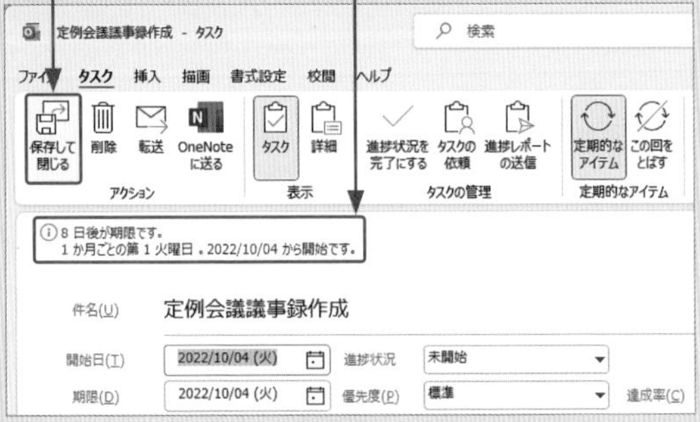

12 定期的なタスクが登録されます。

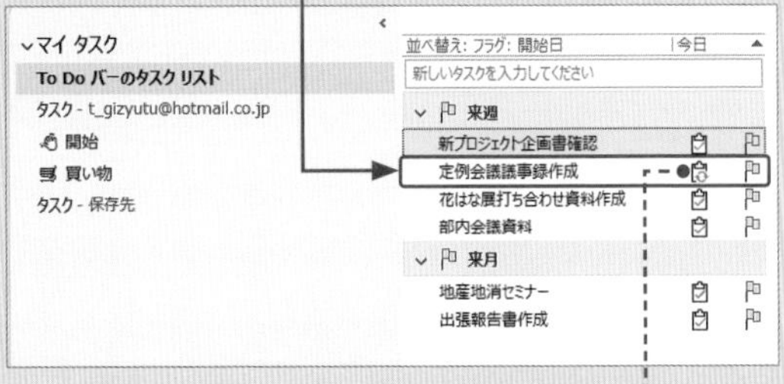

定期的なタスクには、このアイコンが表示されます。

重要度 ★★★　タスクの登録

Q 384 タスク完了日の一定期間後に次のタスクを発生させたい！

A [定期的なタスクの設定]ダイアログボックスで設定します。

現在のタスク完了日の一定期間後に、次のタスクが自動的に発生するように設定することができます。[定期的なタスクの設定]ダイアログボックスを表示してタスクの周期を指定し、[タスクの終了ごとに間隔を置いて自動作成]をクリックしてオンにし、次のタスクの期限を指定します。

参照▶Q 383

定期的なタスクの設定
パターンの設定
○日(D)　○日(A) 1 か月ごとの 4 日に設定
○週(W)　○曜日(E) 1 か月ごとの 第1 火曜日
◉月(M)　◉タスクの終了ごとに間隔を置いて自動作成(G) 1 か月間
○年(Y)

ここをクリックしてオンにし、期限を指定します。

重要度 ★★★　タスクの管理

Q 385 タスクの期限日にアラームを鳴らしたい！

A [タスク]ウィンドウの[アラーム]で設定します。

重要なタスクには、アラームを設定しておくと安心です。初期設定では、アラームをオンにすると、期限日の午前8時にアラームが鳴るように設定されていますが、この設定は変更することができます。ただし、アラームの鳴る時刻にOutlookが起動していることが必要です。

参照▶Q 387

ここでは、登録したタスクにアラームを設定します。

1 アラームを設定するタスクをダブルクリックします。

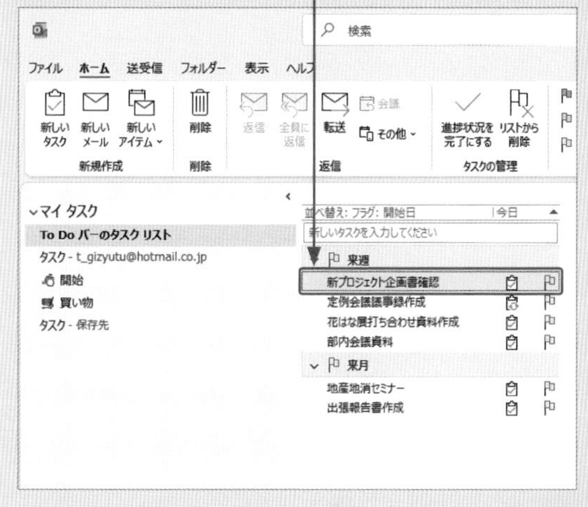

2 [アラーム]をクリックしてオンにし、

3 ここをクリックして、

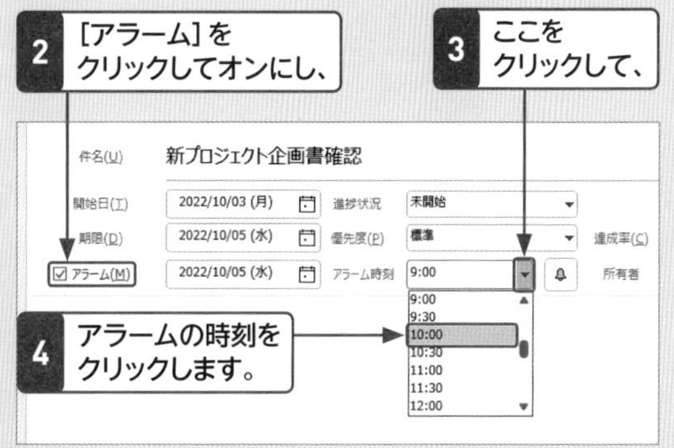

4 アラームの時刻をクリックします。

5 [タスク]タブの[保存して閉じる]をクリックすると、

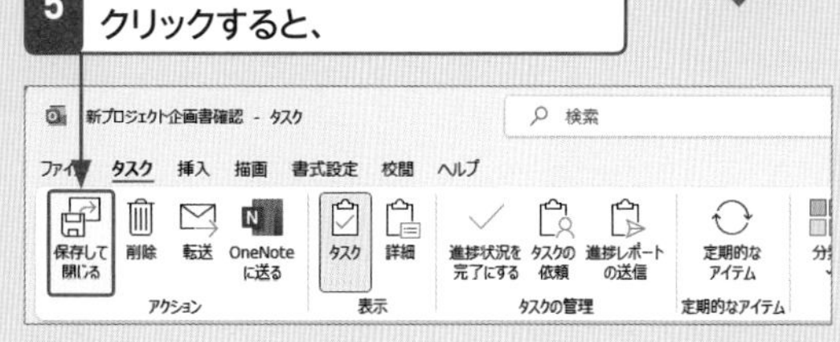

6 アラームが設定され、タスクにアラームのアイコンが表示されます。

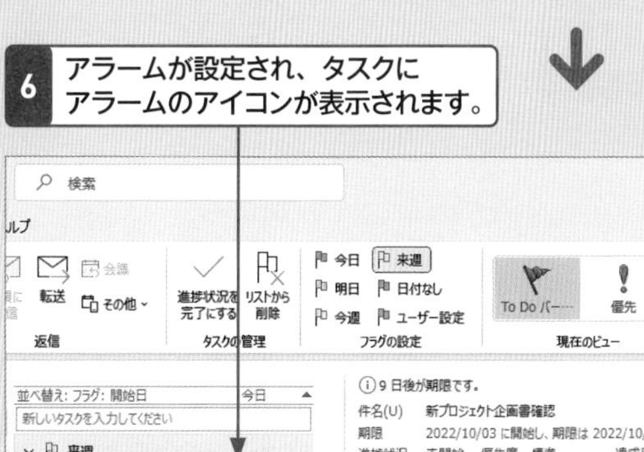

重要度 ★★★ タスクの管理

Q 386 アラームを再度鳴らしたい!

A [アラーム]ダイアログボックスの[再通知]をクリックします。

アラームを設定した時刻になると[アラーム]ダイアログボックスが表示され、アラームが鳴ります。アラームを再度鳴らしたい場合は、タイミングを指定して、[再通知]をクリックします。アラームを消すには、[アラームを消す]をクリックします。

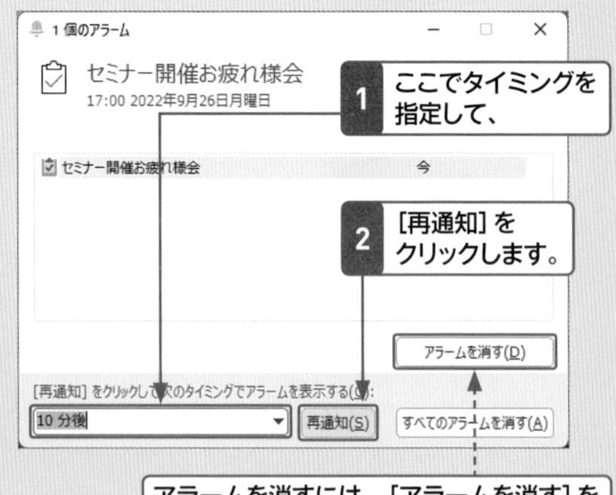

重要度 ★★★ タスクの管理

Q 387 アラームの鳴る時間を変更したい!

A [Outlookのオプション]の[タスク]で設定します。

初期設定では、アラームは期限日の午前8時に鳴るように設定されています。この時間を変更するには、[ファイル]タブから[オプション]をクリックすると表示される[Outlookのオプション]ダイアログボックスの[タスク]で設定します。タスクの登録時に時間を設定することもできます。

参照 ▶ Q 385

ここをクリックしてオンにすると、タスクの登録時にアラームが設定されます。
ここをクリックすると、アラームの既定時間を変更することができます。

重要度 ★★★ タスクの管理 ⊗2021 ⊗2019 ⊗2016

Q 388 ほかのウィンドウの上にアラームを表示したい!

A [Outlookのオプション]の[詳細設定]で設定します。

アラームを設定した時刻になると、[タスク]画面の上に[アラーム]ダイアログボックスが表示されます。作業をしているほかのウィンドウの上に表示されるようにしたい場合は、[Outlookのオプション]ダイアログボックスの[詳細設定]で設定します。ただし、この機能はMicrosoft 365に限られます。

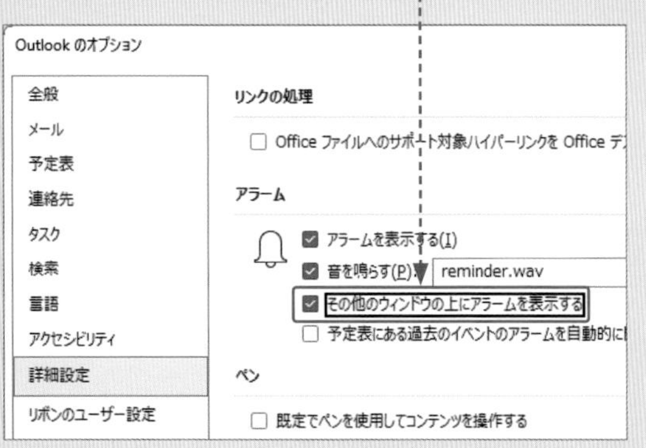

重要度 ★★★　タスクの管理　✕2021 ✕2019 ✕2016

Q 389 終了したタスクのアラームを自動的に削除したい！

[Outlookのオプション]の[詳細設定]で設定します。

Outlookを起動したときに、過去のタスクのアラームが表示されるのはうっとうしいものです。Microsoft 365では、過去のタスクのアラームを自動的に消去するように設定することができます。[Outlookのオプション]ダイアログボックスの[詳細設定]で設定します。

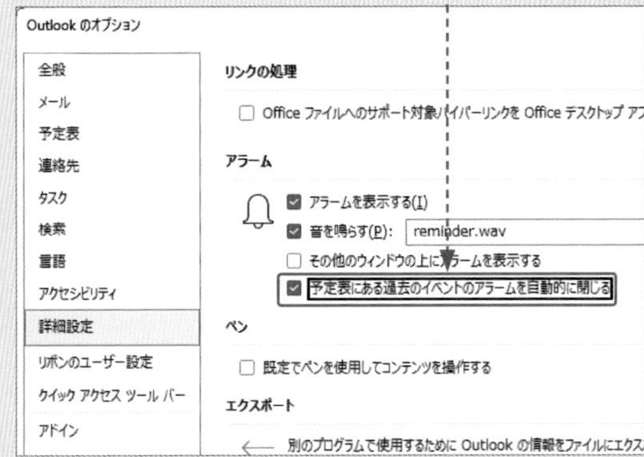

重要度 ★★★　タスクの管理

Q 390 アラームを表示しないようにしたい！

[Outlookオプション]の[詳細設定]からオフにします。

Outlookの初期設定では、アラームを設定した時刻になると、[アラーム]ダイアログボックスが表示されるように設定されています。ダイアログボックスを表示したくない場合は、[Outlookのオプション]ダイアログボックスの[詳細設定]で[アラームを表示する]をオフに設定します。

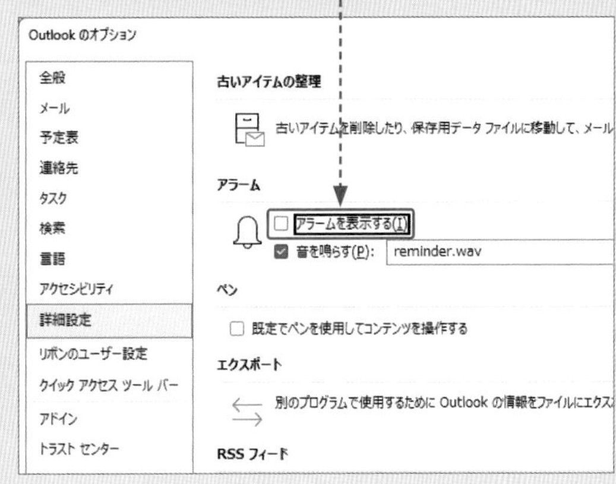

重要度 ★★★　タスクの管理

Q 391 アラーム音を鳴らさないようにしたい！

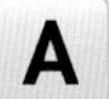

[Outlookオプション]の[詳細設定]からオフにします。

Outlookの初期設定では、アラームを設定した時刻になると音が鳴るように設定されています。アラーム音を鳴らしたくない場合は、[Outlookのオプション]ダイアログボックスの[詳細設定]で[音を鳴らす]をオフに設定します。

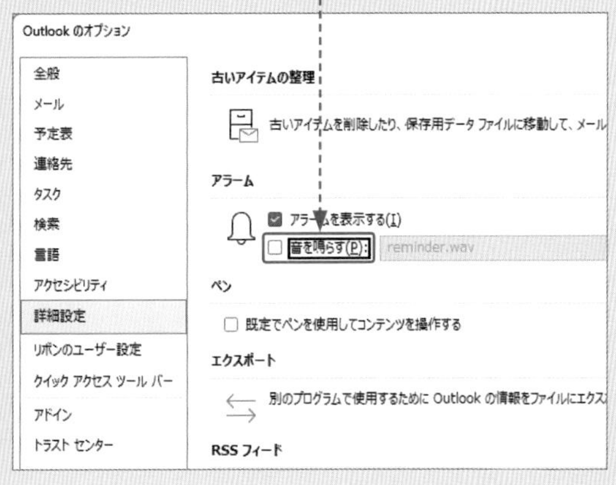

重要度 ★★★ タスクの管理

Q 392 定期的なタスクを1回飛ばしたい！

A [タスク]タブの[この回をとばす]をクリックします。

定期的なタスクを登録すると、[タスク]タブに[この回をとばす]コマンドが表示されます。定期的なタスクの現在の回を飛ばしたいときは、定期的なタスクをダブルクリックして開き、[タスク]タブの[この回をとばす]をクリックします。タスクを飛ばすと、期限は次の回に設定されます。 参照 ▶ Q 383

1 定期的なタスクをダブルクリックします。

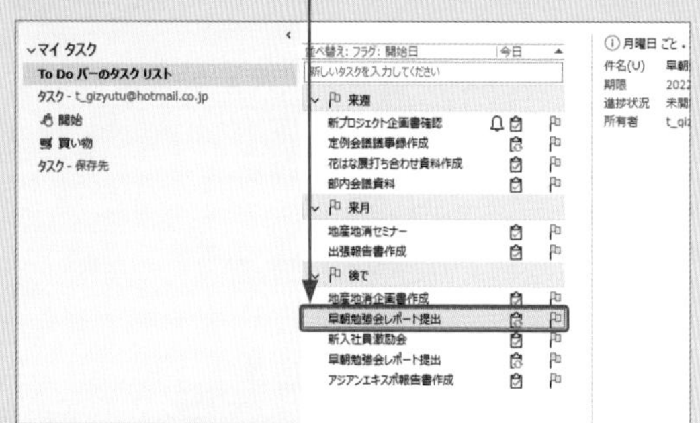

2 [この回をとばす]をクリックすると、

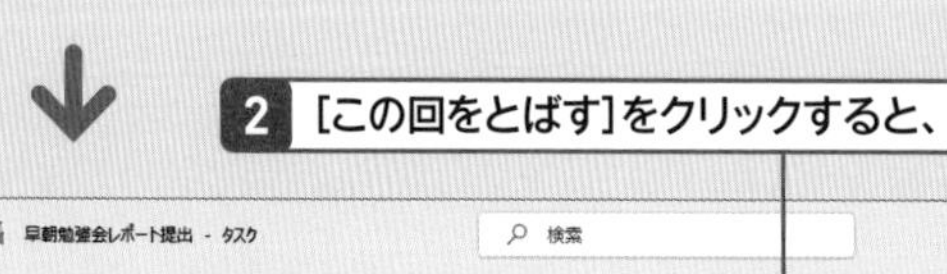

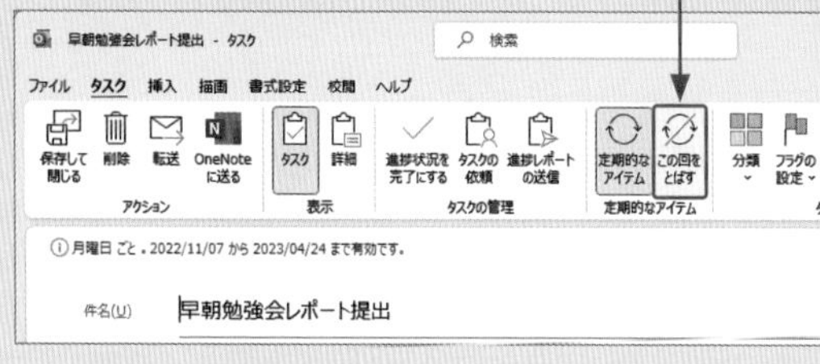

3 期限が次の回に設定されます。

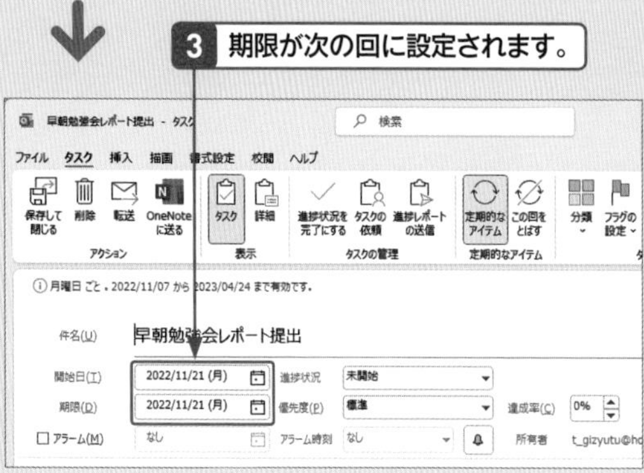

重要度 ★★★ タスクの管理

Q 393 登録したタスクを確認したい！

A ビューを変更して確認します。

登録したタスクは、ビューを切り替えて確認することができます。今日行うべきタスクを確認したいときは[今日]、今後1週間のタスクを確認したいときは[今後7日間のタスク]のビューと、目的に合わせて切り替えることができます。

もとのビューに戻すには、手順2で[To Doバーのタスクリスト]をクリックします。

1 [ホーム]タブの[現在のビュー]の[その他]をクリックして、

2 [今後7日間のタスク]をクリックすると、

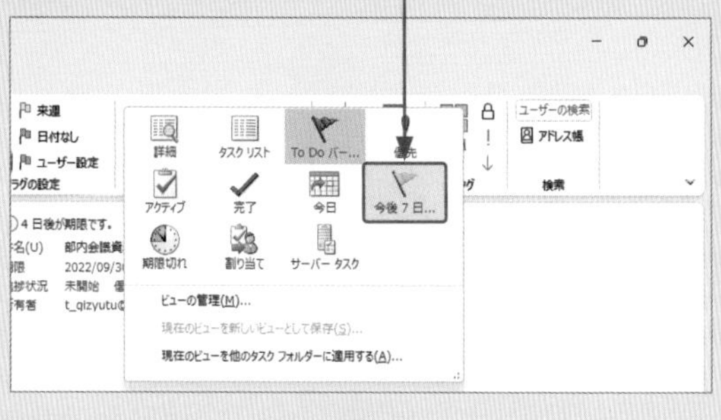

3 期限が7日以内のタスクが一覧表示されます。

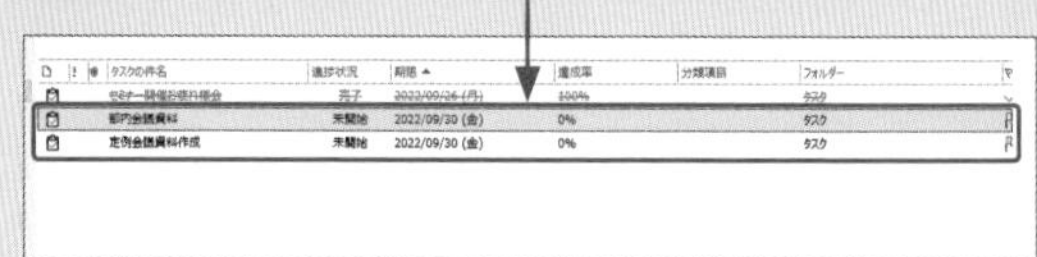

重要度★★★　タスクの管理

Q 394 完了したタスクはどうすればよい？

A [進捗状況を完了にする]をクリックして、完了させます。

完了したタスクをそのままにしていると、まだ完了していないタスクとして残ってしまいます。タスクが完了したときは、タスクの完了操作を行いましょう。
完了したタスクをクリックして、[ホーム]タブの[進捗状況を完了にする]をクリックするか、タスクの右横にあるフラグアイコンをクリックすると、完了させることができます。なお、期限を過ぎても完了されていないタスクは赤字で表示されます。

1 完了したタスクをクリックして、

2 [ホーム]タブの[進捗状況を完了にする]をクリックすると、

3 タスクが一覧から消えます。

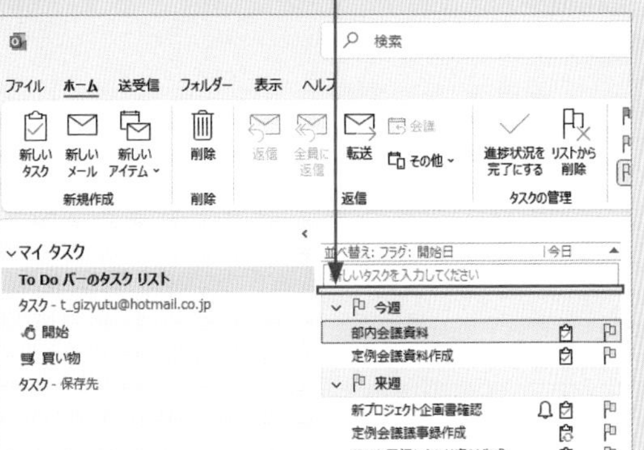

重要度★★★　タスクの管理

Q 395 完了したタスクを確認したい！

A ビューを[完了]にすると確認できます。

完了したタスクは、[To Doバーのタスクリスト]には表示されなくなりますが、削除されたわけではありません。完了したタスクを確認するには、[ホーム]タブの[現在のビュー]の[その他]をクリックして、[完了]をクリックします。完了したタスクが一覧表示され、それぞれのタスクには取り消し線と完了のマークが表示されています。

1 [ホーム]タブの[現在のビュー]の[その他]をクリックして、

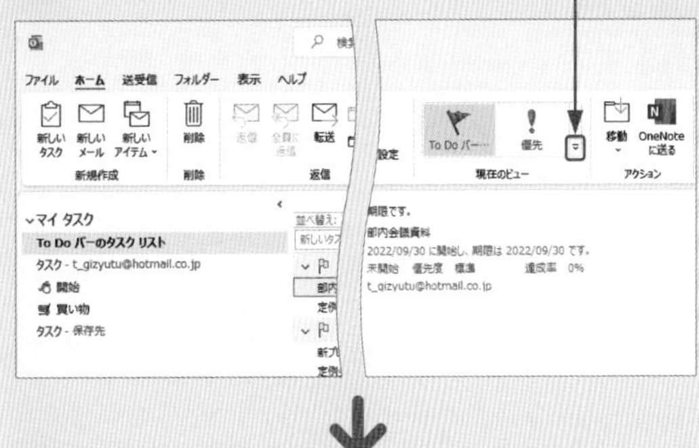

2 [完了]をクリックすると、

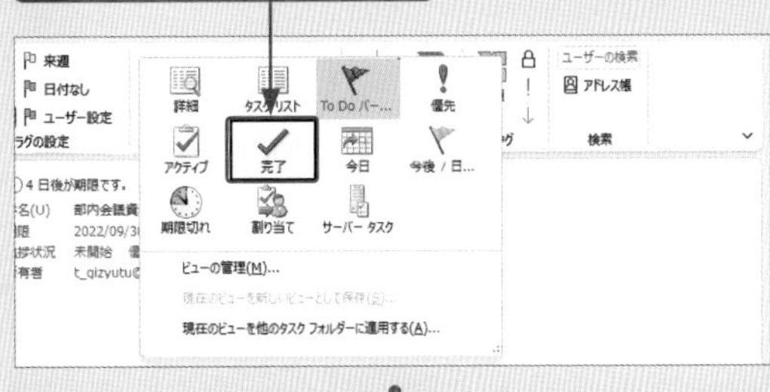

3 完了したタスクを確認することができます。

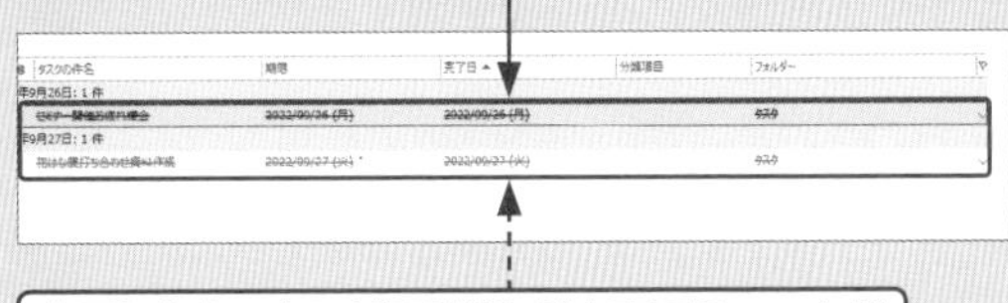

完了したタスクには取り消し線と完了のマークが表示されます。

重要度 ★★★ タスクの管理

Q 396 完了したタスクを削除してはダメ？

A あとから確認できるように履歴として残しておきましょう。

完了したタスクはリストから削除することもできますが、削除してしまうと、どのようなタスクをいつ行ったのか、あとから確認することができません。タスクが完了したら完了の操作を行って、タスクの履歴を残しておくようにしましょう。

参照▶Q 394

重要度 ★★★ タスクの管理

Q 397 タスクの完了を取り消したい！

A 完了したタスクのチェックボックスをクリックしてオフにします。

誤って完了操作を行ってしまった場合は、タスクの完了を取り消すことができます。[ホーム]タブの［現在のビュー]の［その他]をクリックして、[タスクリスト]をクリックし、[タスクリスト]を表示します。完了を取り消したいタスクのチェックボックスをクリックしてオフにすると、タスクの完了が取り消され、取り消し線も削除されます。

1 チェックボックスをクリックしてオフにすると、

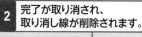

2 完了が取り消され、取り消し線が削除されます。

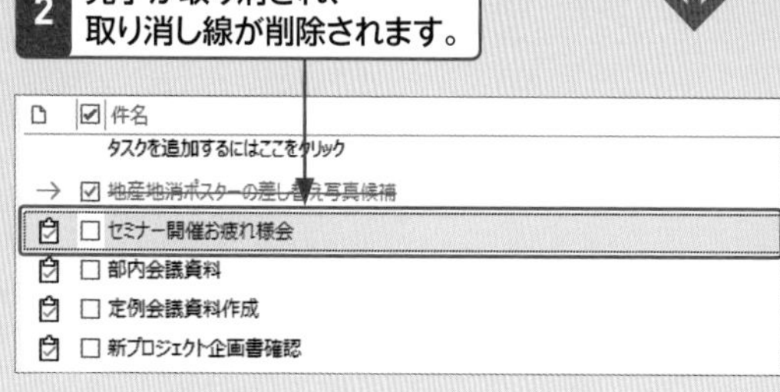

重要度 ★★★ タスクの管理

Q 398 タスクを検索したい！

A 検索ボックスを利用します。

目的のタスクを検索するには、検索ボックスにキーワードを入力して、Enterを押します。完了したタスクも検索結果に含めたい場合は、[タスクリスト]の一覧を表示して、同様に検索します。

[検索]タブの［検索結果を閉じる]をクリックすると、もとの画面に戻ります。なお、Outlook 2019／2016では検索ボックスはタスク一覧の上にあります。

1 ここにキーワードを入力して、

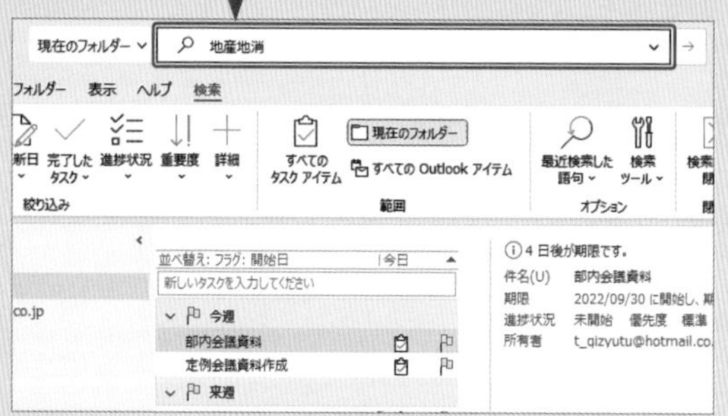

2 Enterを押すと、

3 キーワードに該当するタスクが検索されます。

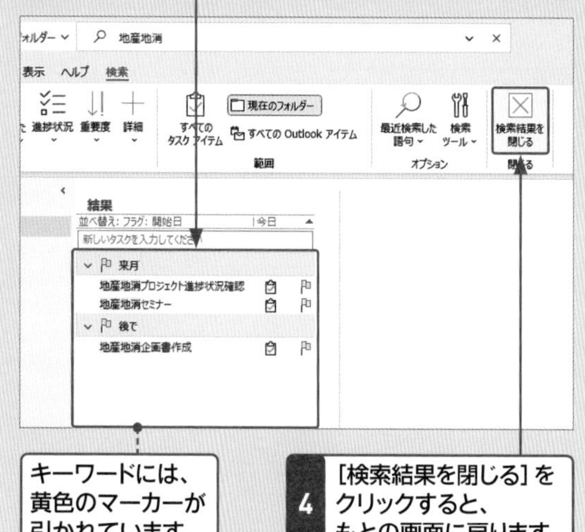

キーワードには、黄色のマーカーが引かれています。

4 [検索結果を閉じる]をクリックすると、もとの画面に戻ります。

重要度★★★ タスクの管理

Q 399 タスクのビューを変更したい！

A ［ホーム］タブの［現在のビュー］で変更します。

登録したタスクは、目的に合わせてビュー（表示形式）を切り替えて表示することができます。ビューの切り替えは、［ホーム］タブの［現在のビュー］の［その他］▽もしくは、［表示］タブの［ビューの変更］をクリックし、表示される一覧から設定します。下図のように11種類のビューが用意されています。

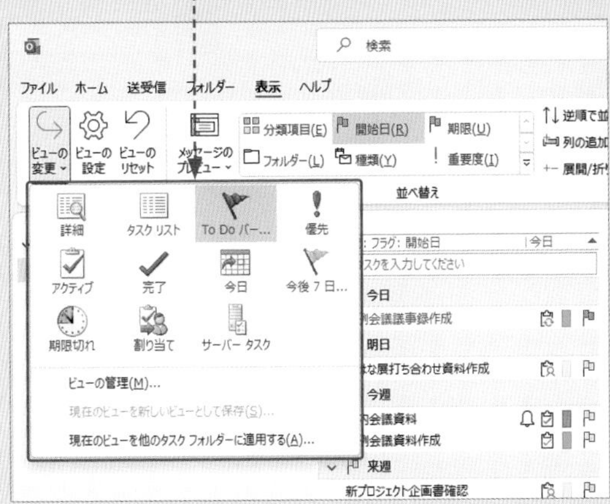

●タスクのビューの種類

ビュー	機　能
詳細	すべてのタスクの詳細項目が表示されます。
タスクリスト	すべてのタスクの件名や期限が表示されます。
ToDoバーのタスクリスト	完了していないタスクが表示されます。
優先	タスクが優先度別に表示されます。
アクティブ	完了していないタスクのみが表示されます。
完了	完了したタスクのみが表示されます。
今日	今日が期限、もしくは期限の過ぎたタスクが表示されます。
今後7日間のタスク	期限が7日以内のタスクが表示されます。
期限切れ	期限の過ぎたタスクのみが表示されます。
割り当て	ほかの人に依頼したタスクが表示されます。
サーバータスク	サーバーに保存されているタスクが表示されます。

重要度★★★ タスクの管理

Q 400 タスクをグループごとに表示したい！

A ［表示］タブの［並べ替え］で［グループごとに表示］をオンにします。

［To Doバーのタスクリスト］に表示されたタスクは、初期設定では期限が近い順に「今日」「明日」「今週」のようにグループごとに表示されます。グループごとに表示されない場合は、［表示］タブの［並べ替え］の［その他］をクリックするか、一覧の上にある［並べ替え］をクリックして、［グループごとに表示］をクリックしてオンにします。

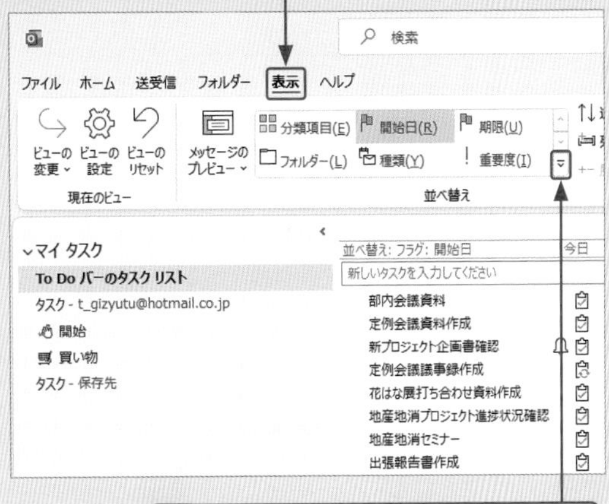

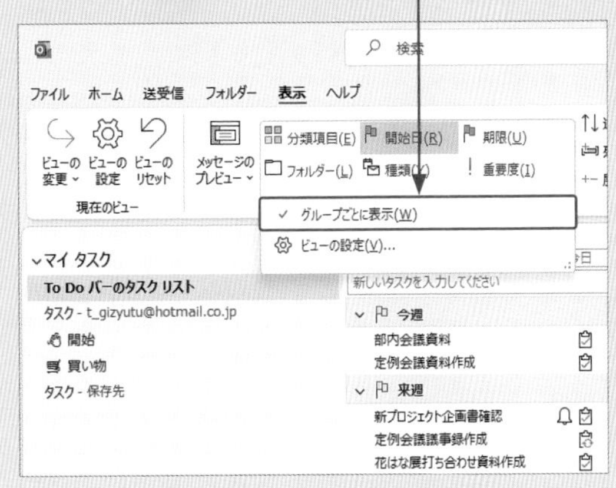

重要度 ★★★ タスクの管理

Q 401 タスクを並べ替えたい!

A [表示]タブの[並べ替え]から並べ替え方法を指定します。

[To Doバーのタスクリスト]でタスクを並べ替えるには、[表示]タブの[並べ替え]の一覧から並べ替え方法を指定します。並べ替え方法には、分類項目、開始日、期限、フォルダー、種類、重要度の6種類があります。
また、一覧の上にある列見出しをクリックして、[並べ替え]をクリックすることでも同様に並べ替えることができます。

1 [表示]タブをクリックして、

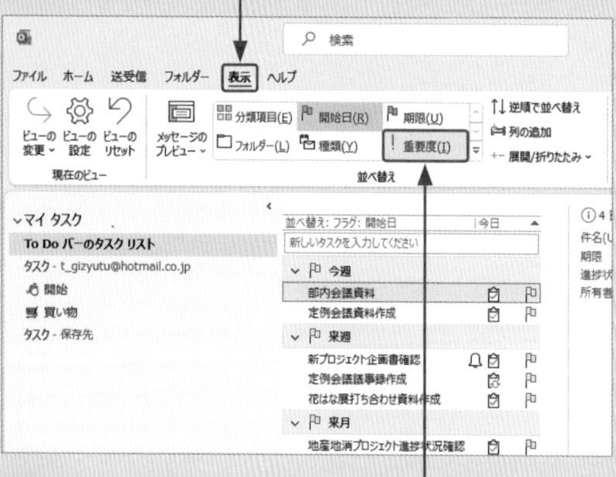

2 並べ替え方法(ここでは[重要度])をクリックすると、

3 タスクが重要度(優先度)別に並べ替えられます。

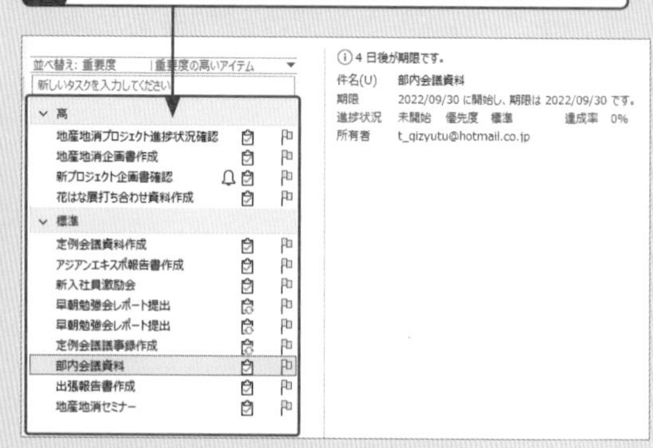

● 列見出しをクリックして並べ替える

1 ここをクリックして、

2 [並べ替え]をクリックし、

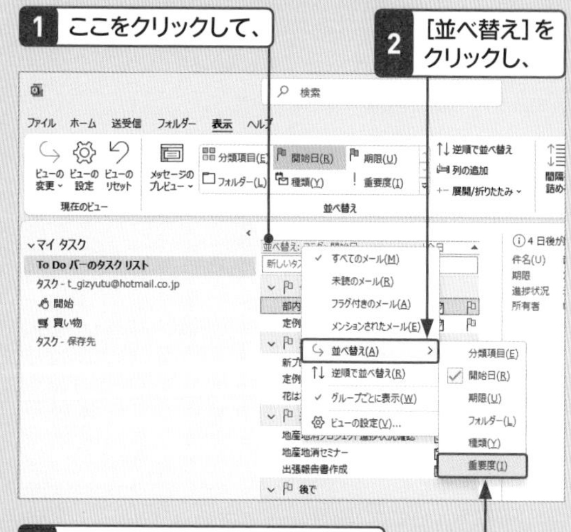

3 並べ替え方法をクリックします。

重要度 ★★★ タスクの管理

Q 402 すべてのタスクを一覧表示したい!

A フォルダーウィンドウの[タスク]をクリックします。

完了したタスクも含めたすべてのタスクを一覧表示するには、[ホーム]タブの[現在のビュー]の一覧から[タスクリスト]をクリックする方法が一般的ですが、フォルダーウィンドウにある[タスク]をクリックしても、[タスクリスト]形式でタスクが一覧表示されます(初期設定の場合)。

1 [タスク]をクリックすると、

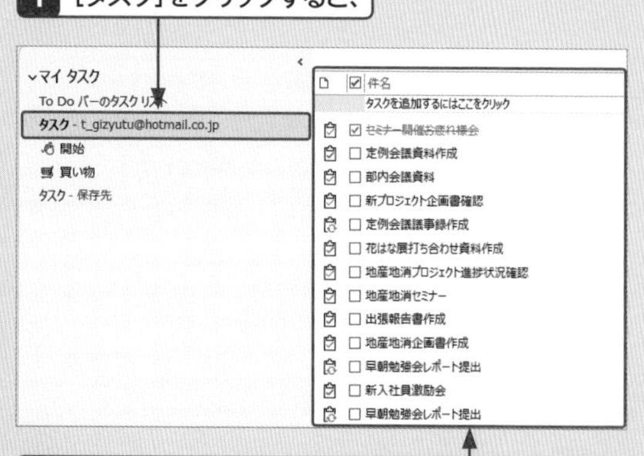

2 [タスクリスト]形式でタスクが一覧表示されます。

重要度 ★★★ タスクの管理

Q 403 メールの内容を［タスク］に登録したい！

A メールをナビゲーションバーの［タスク］にドラッグします。

受信したメールをナビゲーションバーの［タスク］にドラッグすることで、かんたんにタスクを登録することができます。ただし、件名や開始日、期限などは、メールをもとにした情報が登録されているので、適宜修正が必要です。メモ欄には、メールの本文がそのまま登録されるので、もとのメールを探して内容を確認する手間を省くことができます。また、［メール］画面でメールにフラグを付けると、［To Doバーのタスクリスト］に登録されますが、［タスクリスト］には表示されないので注意してください。 参照▶Q 213

1 ［受信トレイ］をクリックして、

2 タスクに登録したいメールをクリックし、

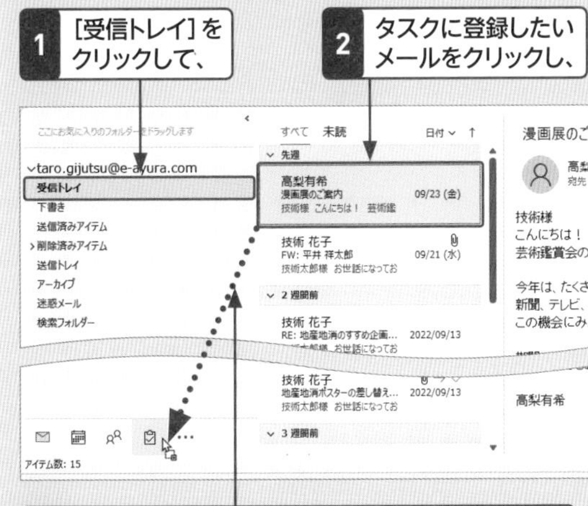

3 ナビゲーションバーの［タスク］にドラッグします。

4 ［タスク］ウィンドウが表示されるので、件名、開始日、期限などを修正して、

5 本文を入力し、

メールの内容がメモ欄に表示されます。

6 ［タスク］タブの［保存して閉じる］をクリックします。

7 ［タスク］をクリックして、［タスク］画面を表示すると、

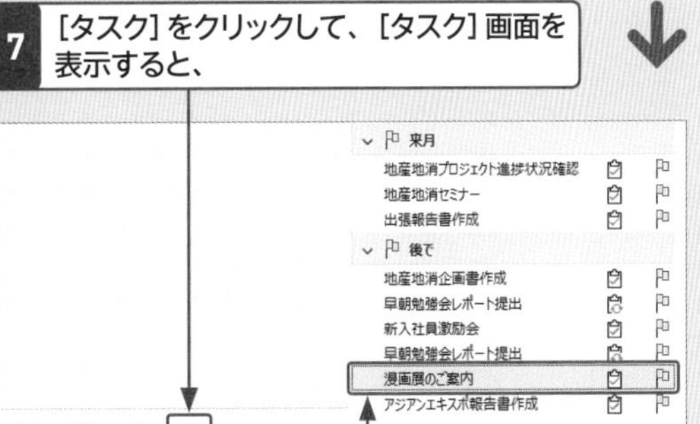

8 タスクが登録されているのが確認できます。

● メールにフラグを付けた場合

1 メールにフラグを付けると、

2 ［To Doバーのタスクリスト］に登録されます。

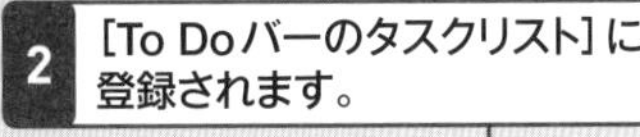

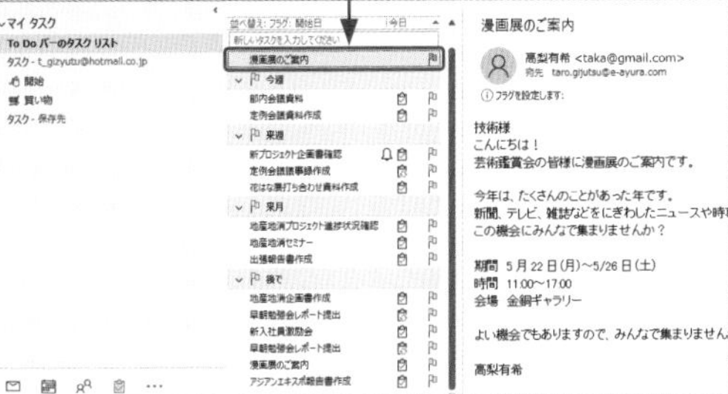

重要度 ★★★　タスクの管理

Q 404 タスクの進捗状況をメールで送りたい！

A タスクをナビゲーションバーの[メール]にドラッグします。

タスクに登録した仕事の進捗状況をメールで送信することができます。タスクをナビゲーションバーの[メール]にドラッグすると、件名とタスクの内容が入力された[メッセージ]ウィンドウが表示されるので、内容を適宜編集して、メールを送信します。

なお、この方式で作成したメールは、リッチテキスト形式になります。[メッセージ]ウィンドウの[書式設定]タブの[テキスト]をクリックすると、テキスト形式に変更することができますが、書式が解除されてしまいます。相手にリッチテキスト形式で送信してもよいか、事前に確認しておくとよいでしょう。

1 メールで送信したいタスクをクリックして、

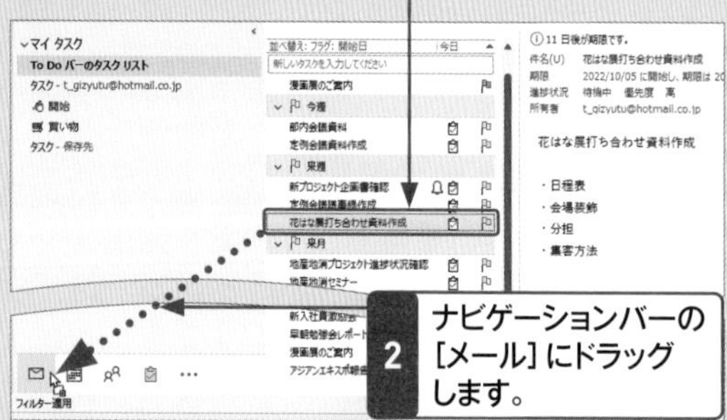

2 ナビゲーションバーの[メール]にドラッグします。

3 宛先を入力して、

4 本文を入力し、送信します。

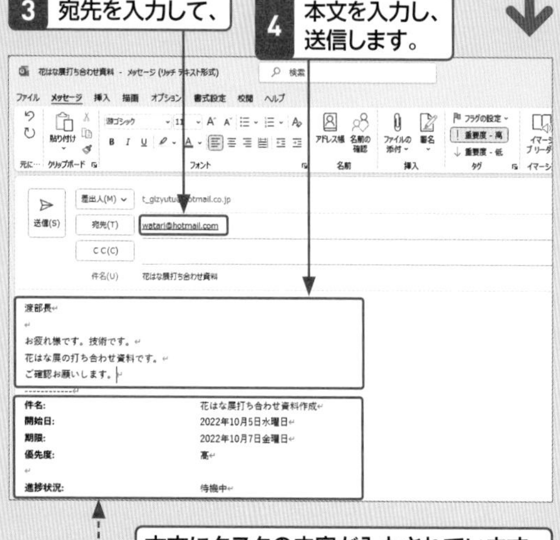

本文にタスクの内容が入力されています。

●メールの形式をテキスト形式に変更する

1 [メッセージ]ウィンドウの[書式設定]タブをクリックして、

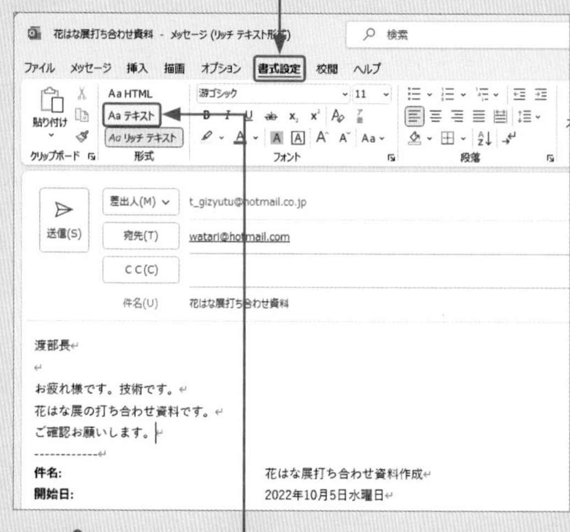

2 [テキスト]をクリックします。

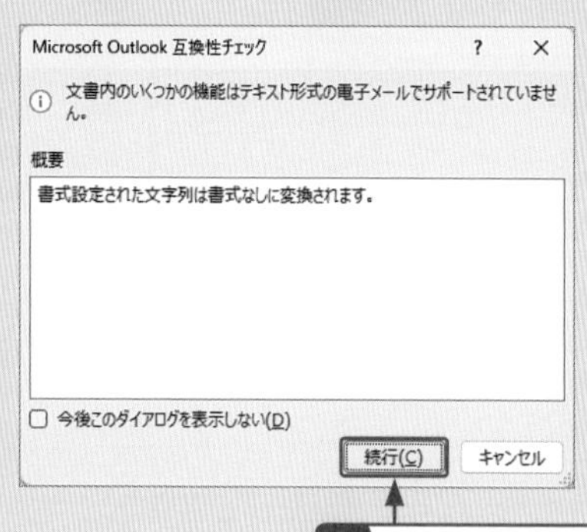

3 [続行]をクリックすると、

4 テキスト形式に変更され、書式設定が解除されます。

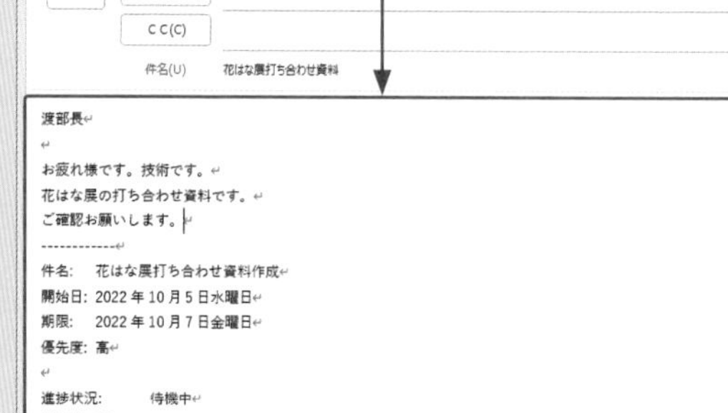

重要度 ★★★ タスクの管理

Q 405 タスクを［予定表］に登録したい！

A タスクをナビゲーションバーの［予定表］にドラッグします。

［タスク］と［予定表］は、どちらもスケジュール管理を行うものです。機能も似ているので、慣れないうちは使い分けがうまくいかずに、同じ時間帯にタスクと予定を登録してしまったり、タスクと予定を逆に登録してしまったりすることがあります。
Outlookでは、タスクの内容を［予定表］に登録したり、予定を［タスク］に登録したりすることができるので、この機能を利用すると、ミスを防ぐことができます。ただし、もとのタスクを修正しても、予定表には反映されないので注意が必要です。

1 予定表に登録したいタスクをクリックして、

2 ナビゲーションバーの［予定表］にドラッグすると、

3 ［予定］ウィンドウが表示されるので、内容を確認します。

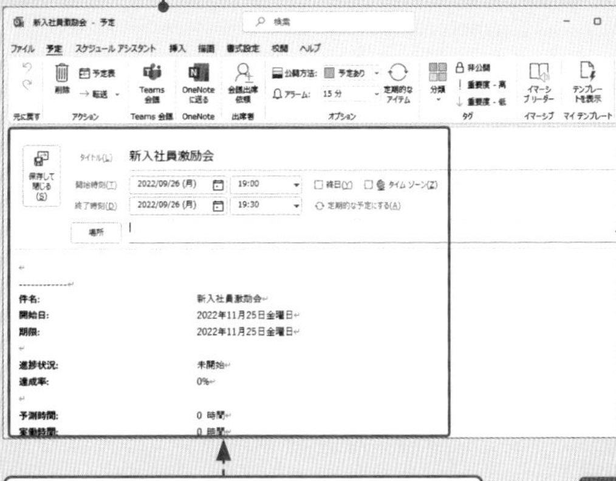

タイトルや時刻、メモが入力されています。

4 開始時刻や終了時刻、場所を修正して、

5 ［保存して閉じる］をクリックします。

6 ［予定表］をクリックして、［予定表］画面を表示すると、

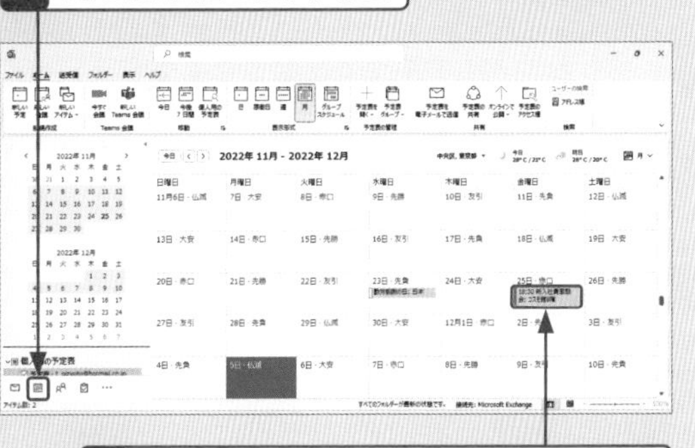

7 予定が登録されていることが確認できます。

重要度 ★★★ タスクの管理

Q 406 予定を［タスク］に登録したい！

A 予定をナビゲーションバーの［タスク］にドラッグします。

重要な予定は［タスク］としても登録すると、進捗状況の管理ができます。［予定表］の予定をナビゲーションバーの［タスク］にドラッグすると、予定の内容が入力された［タスク］ウィンドウが表示されるので、必要に応じて内容を修正し、タスクに登録します。ただし、もとの予定を修正しても、タスクには反映されないので注意が必要です。

1 タスクに登録したい予定をクリックして、

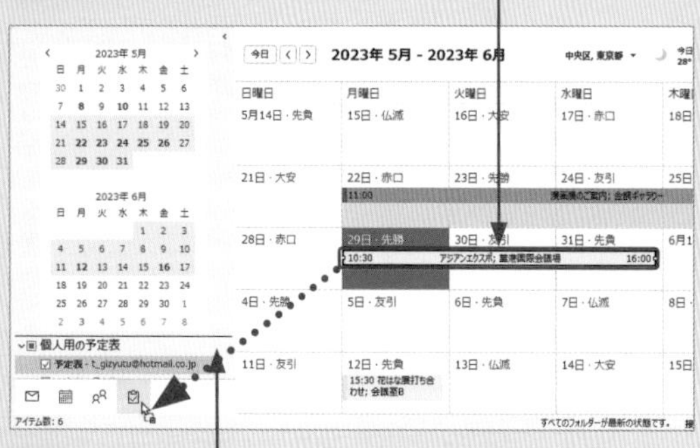

2 ナビゲーションバーの［タスク］にドラッグします。

3 必要に応じて件名を変更し、

4 開始日や期限、本文などを修正して、

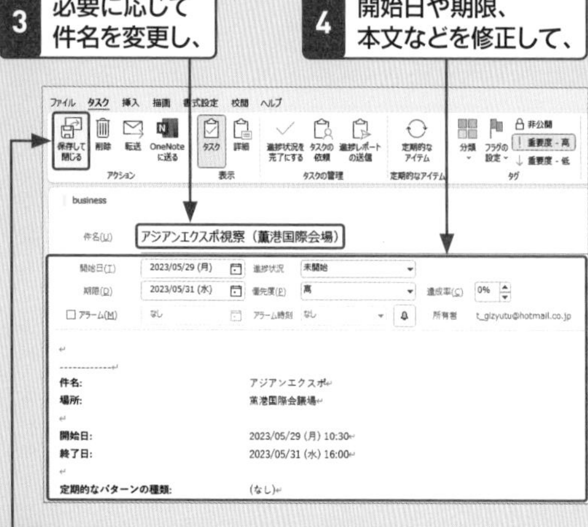

5 ［タスク］タブの［保存して閉じる］をクリックします。

重要度 ★★★ タスクの管理

Q 407 ［予定表］にタスクを表示したい！

A ［表示］タブの［日毎のタスクリスト］から設定します。

Outlookでは、［予定表］の下にタスク欄を表示して、その日に行うべきタスクを表示させることができます。［予定表］画面の［表示］タブの［日毎のタスクリスト］から設定します。［日毎のタスクリスト］は、日・稼働日・週単位の表示形式で利用できます。

［日毎のタスクリスト］を表示すると、［予定表］から予定をドラッグして、タスクに追加することができます。また、その逆も可能です。

1 ［予定表］画面を表示して［表示］タブをクリックします。

2 ［日毎のタスクリスト］をクリックして、

3 ［標準］をクリックすると、

4 ［予定表］の下にタスクの一覧が表示されます。

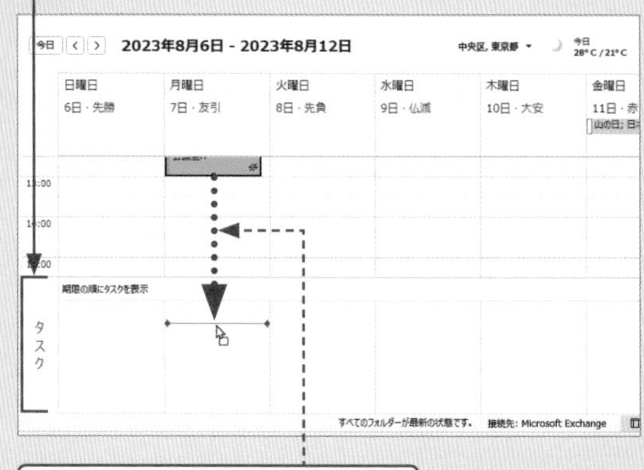

予定をドラッグして、タスクに追加することができます。

Q 408 タスクを[メモ]に登録したい！

A タスクをナビゲーションバーの[メモ]にドラッグします。

Outlookには、かんたんなメモを残したり、デスクトップ上に付箋紙のように表示したりできる［メモ］機能が用意されています。重要なタスクの内容を［メモ］に登録しておくと、Outlookを最小化しても、デスクトップ上にメモが残るので便利です。ただし、Outlookを終了するとデスクトップ上のメモの表示も消えてしまいます。

なお、この機能を利用するには、ナビゲーションバーのアイコンを文字にして、［メモ］を表示しておく必要があります。 参照▶Q 033, Q 035, Q 460

あらかじめナビゲーションバーに［メモ］を表示しておきます。

1 タスクをクリックして、

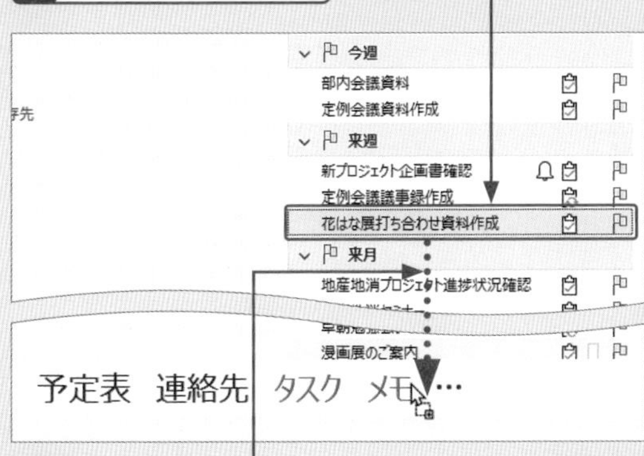

2 ナビゲーションバーの［メモ］にドラッグすると、

3 タスクの内容が表示された［メモ］が表示されます。

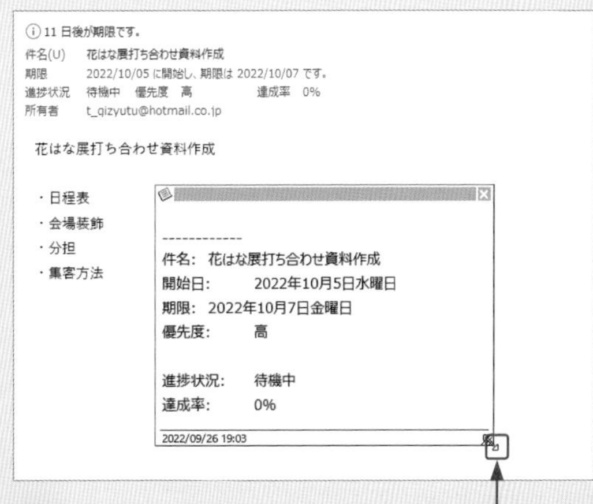

4 ここをドラッグすると、［メモ］ウィンドウを拡大／縮小することができます。

5 Outlookを最小化すると、

6 デスクトップ上に［メモ］ウィンドウのみが表示されます。

7 ここをクリックすると、

8 ［メモ］画面にメモが保存されます。

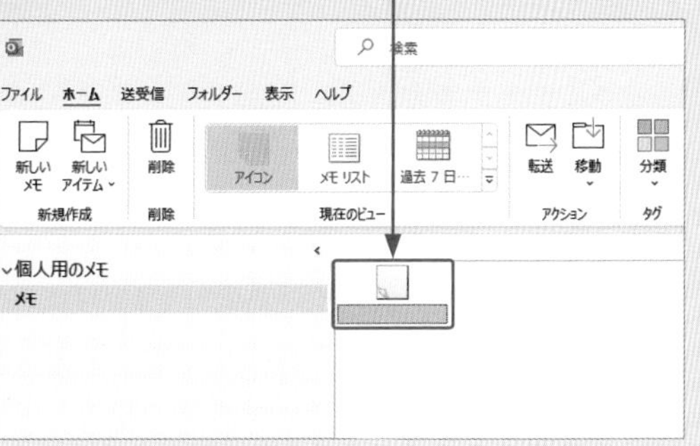

重要度 ★★★　タスクの依頼

Q 409 タスクをメールで依頼したい！

A [タスクの依頼]をクリックして、メールを送信します。

Outlookでは、タスクをほかの人に依頼する「タスクの依頼」機能が用意されています。対象のタスクを表示して、[タスク]タブの[タスクの依頼]をクリックし、宛先と本文を入力して送信します。メールを送信すると、タスクが添付ファイルとして相手に届けられます。

1 依頼するタスクをダブルクリックして、

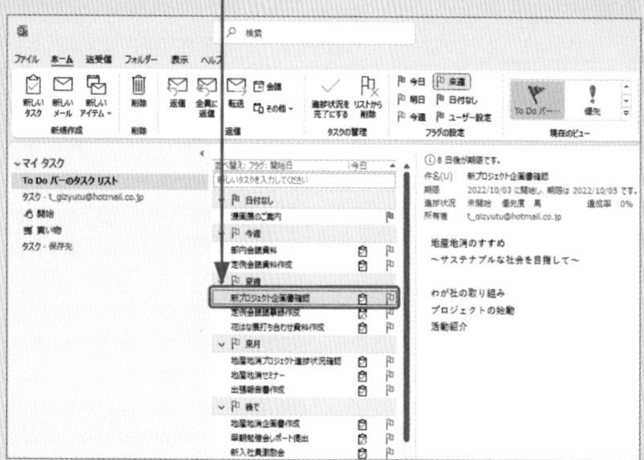

2 [タスク]タブの[タスクの依頼]をクリックします。

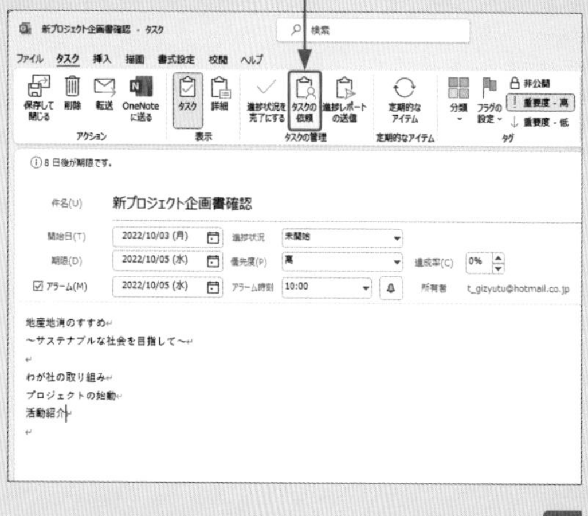

3 [宛先]を指定して、

4 本文を入力し、

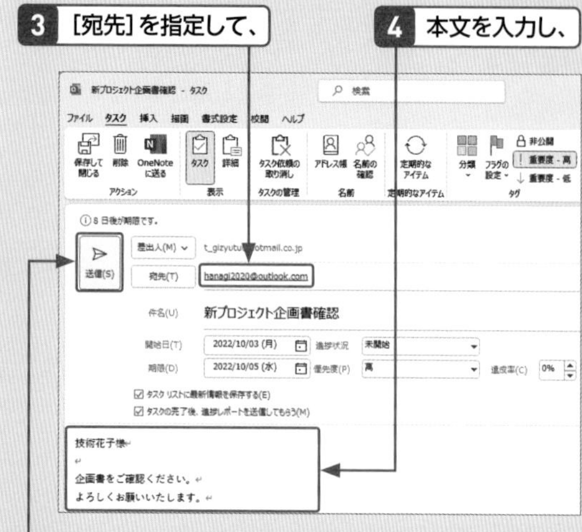

5 [送信]をクリックすると、

6 タスクの依頼がメールで送信されます。

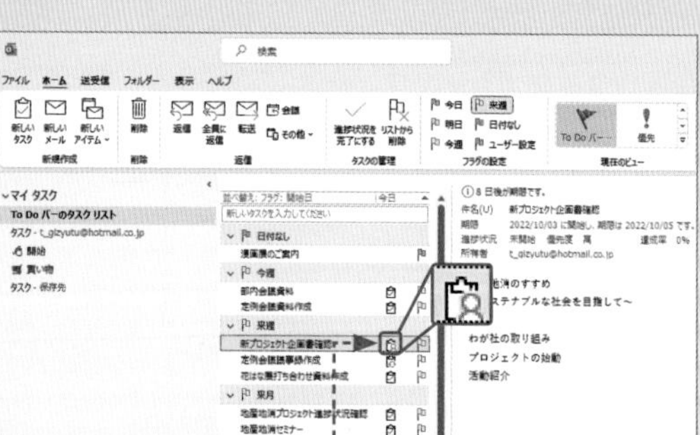

タスクを依頼すると、アイコンの表示が変わります。

7 依頼済みのタスクを表示すると、「受信者からの返信待ちです。」と表示されています。

重要度 ★★★ タスクの依頼

Q 410 タスク依頼のメールをキャンセルしたい!

A [タスク]タブの[タスク依頼の取り消し]をリックします。

[タスクの依頼]をクリックしたあとでも、そのタスクの依頼を取り消すことができます。[タスク]ウィンドウの[タスク]タブで[タスク依頼の取り消し]をクリックします。ただし、タスク依頼のメールを送信してしまった場合は、依頼を取り消すことはできません。

1 タスクをダブルクリックして、[タスク]ウィンドウを表示し、

2 [タスクの依頼]をクリックします。

3 [タスク]タブの[タスク依頼の取り消し]をクリックすると、

4 タスク依頼が取り消されます。

重要度 ★★★ タスクの依頼

Q 411 メールで依頼されたタスクを登録したい!

A 添付ファイルをナビゲーションバーの[タスク]にドラッグします。

タスクを依頼されると、「Task Request」と記載されたメールが届き、タスクがファイルとして添付されてきます。依頼されたタスクを自分のタスクとして登録するには、添付ファイルをナビゲーションバーの[タスク]にドラッグし、必要に応じて内容を変更して[保存して閉じる]をクリックします。

1 メールに添付されているファイルをクリックして、

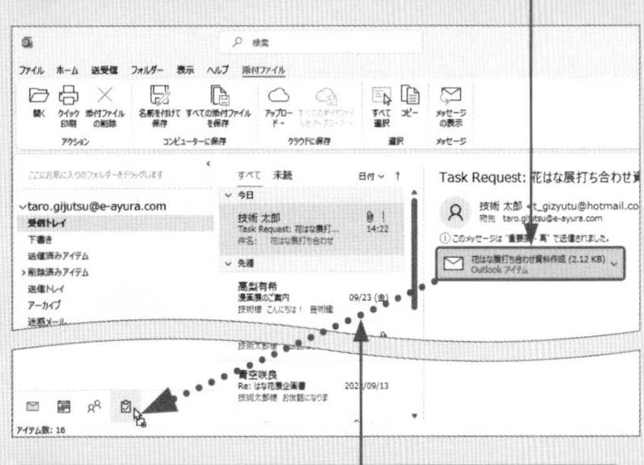

2 ナビゲーションバーの[タスク]にドラッグします。

3 必要に応じて内容を変更して、

4 [保存して閉じる]をクリックすると、

5 タスクが登録されます。

重要度 ★★★ 分類項目

Q 412 タスクに分類項目を設定したい！

A [ホーム]タブの[分類]から分類項目を指定します。

仕事の内容などに応じて分類項目を設定しておくと、タスクをひと目で判別できます。分類項目は、タスクの一覧の[ホーム]タブや、タスクを登録する際の[タスク]ウィンドウで設定することができます。

分類項目を解除するには、タスクをクリックして、[ホーム]タブの[分類]から[すべての分類項目をクリア]をクリックするか、現在設定されている分類項目をクリックしてオフにします。

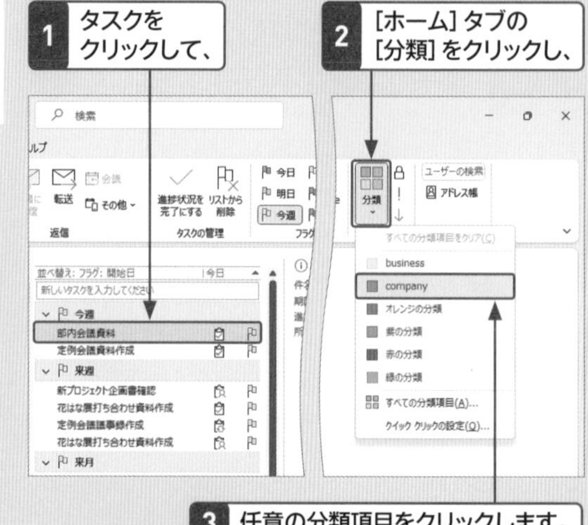

重要度 ★★★ 分類項目

Q 413 設定した分類項目を変更したい！

A [色分類項目]ダイアログボックスで変更します。

設定した分類項目を変更するには、タスクをクリックして[ホーム]タブの[分類]をクリックし、[すべての分類項目]をクリックします。[色分類項目]ダイアログボックスが表示されるので、現在設定されている分類項目をクリックしてオフにし、変更したい分類項目をクリックしてオンにします。目的の分類項目がない場合は、[新規作成]や[名前の変更]をクリックして作成することができます。

参照▶Q 208

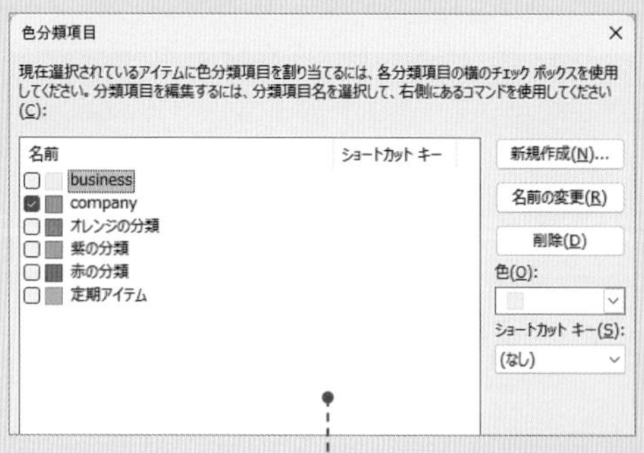

重要度 ★★★ 分類項目

Q 414 分類項目ごとにタスクを表示したい！

A タスクを分類項目別に並べ替えます。

[To Doバーのタスクリスト]でタスクを分類項目ごとに並べ替えるには、[表示]タブの[並べ替え]の一覧から[分類項目]をクリックします。また、[タスクリスト]では、列見出しの[分類項目]をクリックすることで並べ替えることができます。

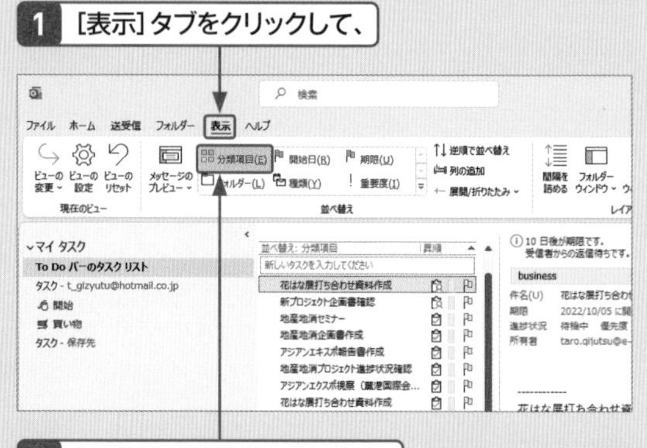

第9章

印刷

重要度★★★ 印刷の基本

Q 415 印刷の基本操作を知りたい！

A ［ファイル］タブをクリックして［印刷］をクリックします。

Outlookでは、印刷時のスタイルを指定して印刷することができます。使用できるスタイルは、［メール］［予定表］などの機能によって異なります。
それぞれの画面で、［ファイル］タブをクリックして［印刷］をクリックします。［印刷］画面が表示されるので、印刷のスタイルを指定し、必要に応じて［印刷オプション］で部数や印刷範囲などを設定します。設定したら、印刷プレビューで印刷イメージを確認し、印刷を行います。

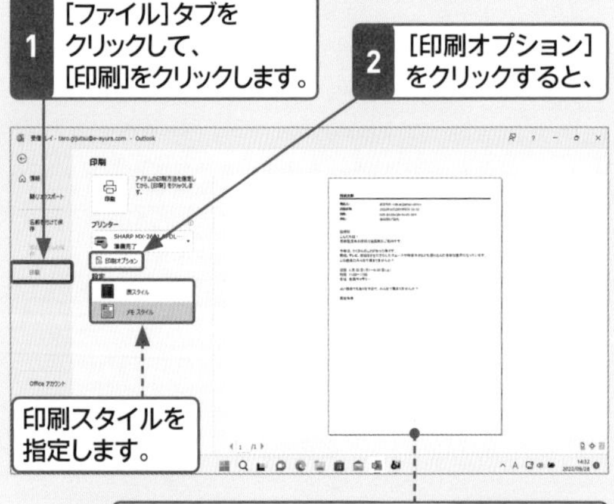

重要度★★★ 印刷の基本

Q 416 印刷プレビューの表示を拡大／縮小したい！

A 印刷プレビュー右下のコマンドをクリックします。

印刷プレビューの右下にある［実際のサイズ］と［1ページ］を利用すると、プレビューの表示形式を変更することができます。複数のページを印刷する場合は、複数ページを表示させることもできます。また、印刷プレビューにマウスポインターを合わせ、マウスポインターが虫眼鏡の形に変わった状態でクリックすると、クリックした部分を中心に拡大することができます。再度クリックすると、もとの表示に戻ります。

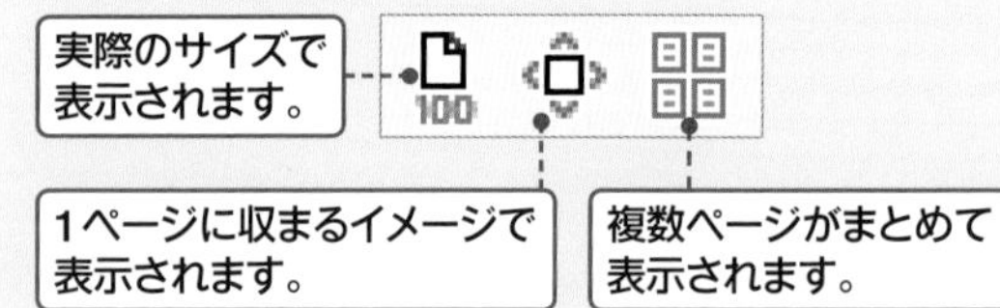

実際のサイズで表示されます。
100
1ページに収まるイメージで表示されます。
複数ページがまとめて表示されます。

重要度★★★ 印刷の基本

Q 417 印刷プレビューで次ページを表示したい！

A 印刷プレビュー左下の［次のページ］をクリックします。

印刷するページが複数ある場合は、印刷プレビューの左下にある［前のページ］、［次のページ］が有効になります。次ページを表示したい場合は、［次のページ］をクリックします。また、印刷プレビューのスクロールバーをドラッグすることでも、ページを移動することができます。

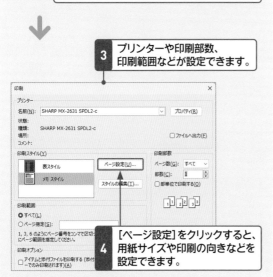

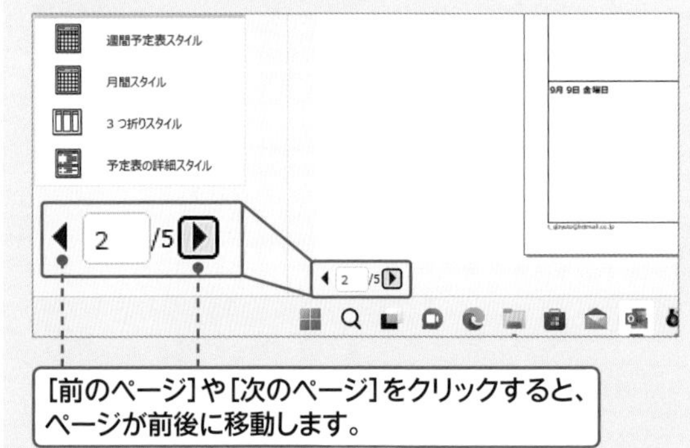

重要度 ★★★ 印刷の基本

Q 418 印刷範囲を指定したい!

A [印刷]ダイアログボックスで指定します。

印刷範囲は、[印刷]画面の[印刷オプション]をクリックすると表示される[印刷]ダイアログボックスで設定します。印刷範囲には、[すべて]と[ページ指定]のほかに、印刷スタイルによって[すべてのアイテム]あるいは[選択しているアイテム]を指定することができます。
また、[予定表]の場合は、印刷範囲の[開始日]と[終了日]で印刷範囲を指定することができます。

● [メール]の[表スタイル]の例

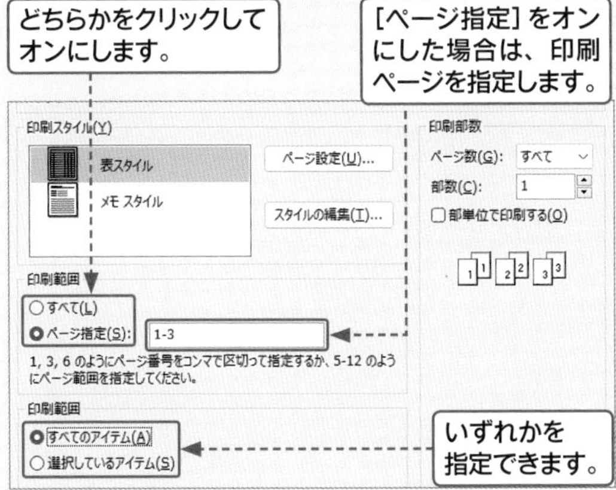

● [予定表]の例

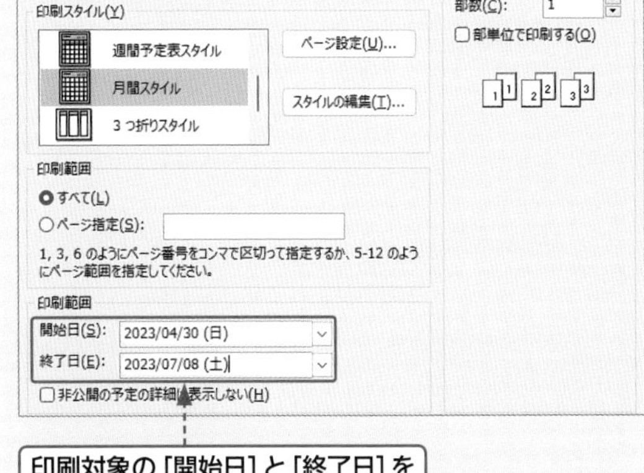

重要度 ★★★ 印刷の基本

Q 419 印刷部数を指定したい!

A [印刷]ダイアログボックスで指定します。

印刷部数を指定するには、[印刷]画面で[印刷オプション]をクリックします。[印刷]ダイアログボックスが表示されるので、[部数]を数値で指定します。また、[ページ]数では、偶数ページだけ、奇数ページだけを指定して印刷することもできます。

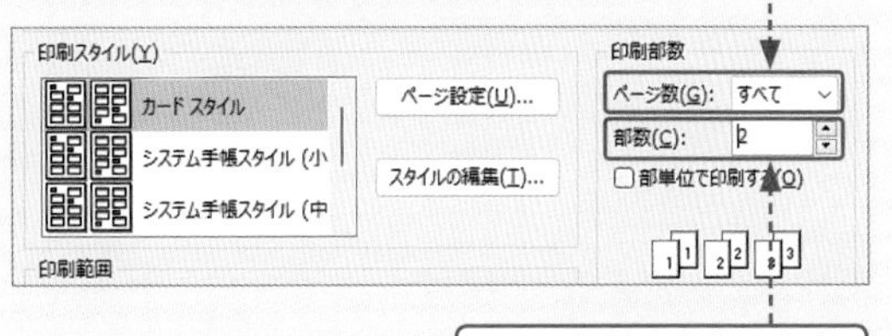

重要度 ★★★ 印刷の基本

Q 420 部単位で印刷したい!

A [印刷]ダイアログボックスで指定します。

部単位の印刷とは、複数ページを複数部印刷する際に、1部ずつページ順で印刷する方法です。部単位で印刷すると、印刷後に手作業で並べ替える手間が省けるので便利です。部単位で印刷するには、[印刷]画面の[印刷オプション]をクリックすると表示される[印刷]ダイアログボックスで指定します。なお、プリンターによっては対応していない場合もあります。

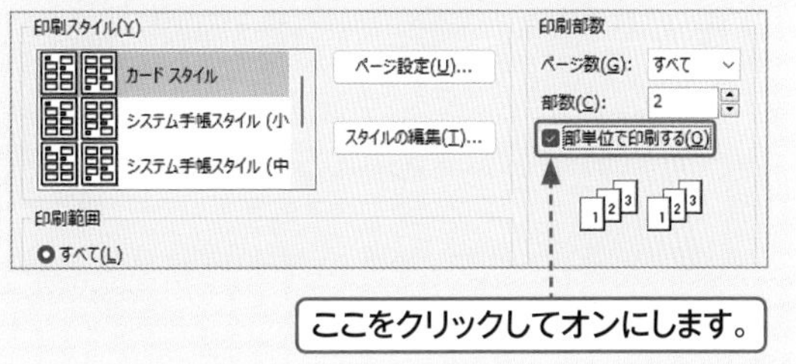

重要度 ★★★ メールの印刷

Q 421 メールの内容を印刷したい！

A 印刷スタイルを［メモスタイル］に設定して印刷します。

メールの内容を印刷するには、印刷したいメールをクリックして、［ファイル］タブをクリックし、印刷スタイルを指定して印刷を行います。

［メール］の印刷には、［表スタイル］と［メモスタイル］の2つのスタイルが用意されています。メールの内容を印刷したい場合は、［メモスタイル］を利用します。メモスタイルでは、画面に表示されているメールと同じような形式で印刷することができます。

部数や用紙サイズ、印刷の向きなどを変更する場合は、［印刷］画面の［印刷オプション］をクリックして設定します。

1 印刷したいメールをクリックして、

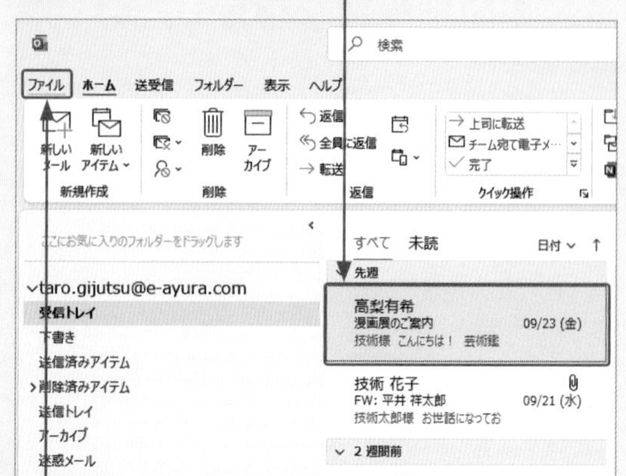

2 ［ファイル］タブをクリックします。

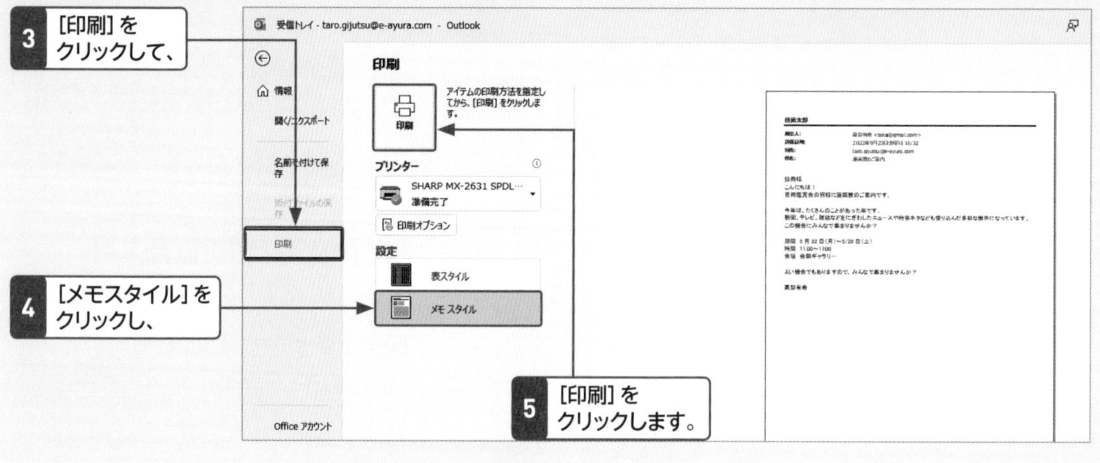

3 ［印刷］をクリックして、

4 ［メモスタイル］をクリックし、

5 ［印刷］をクリックします。

重要度 ★★★ メールの印刷

Q 422 メールの一覧を印刷したい！

A 印刷スタイルを［表スタイル］に設定して印刷します。

メールの一覧を印刷したい場合は、［表スタイル］を利用します。表スタイルでは、すべてのメールが日付ごとに一覧で表示されます。差出人、件名、受信日時、サイズ、分類項目が印刷されます。

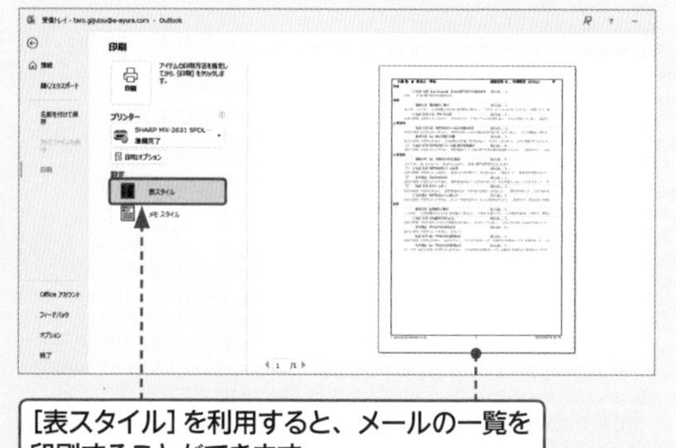

［表スタイル］を利用すると、メールの一覧を印刷することができます。

重要度 ★★★ メールの印刷

Q 423 メールの必要な部分のみを印刷したい!

A [メッセージ]ウィンドウを表示して、不要な部分を削除します。

メールの必要な部分のみを印刷したい場合は、[メッセージ]ウィンドウを表示して、不要な部分を消去します。不要な部分を消去したら、[メッセージ]ウィンドウの[ファイル]タブをクリックして[印刷]をクリックし、[メモスタイル]で印刷します。
印刷が済んだら、[メッセージ]ウィンドウを保存せずに閉じます。

1 [メッセージ]ウィンドウを表示して、

2 [メッセージ]タブの[その他の移動アクション]をクリックし、

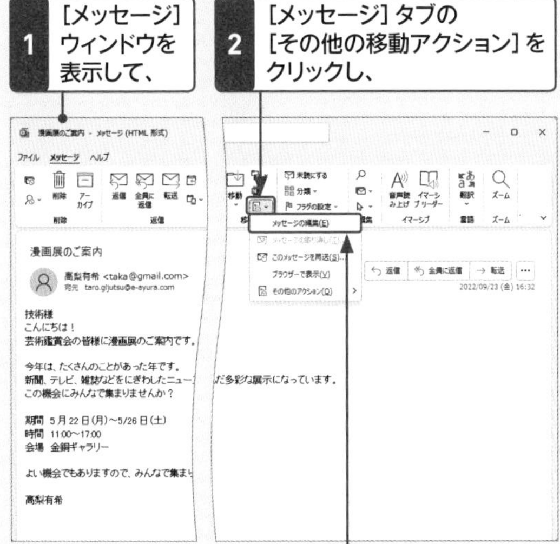

3 [メッセージの編集]をクリックします。

4 本文にカーソルが表示されるので、不要な部分をドラッグして選択し、

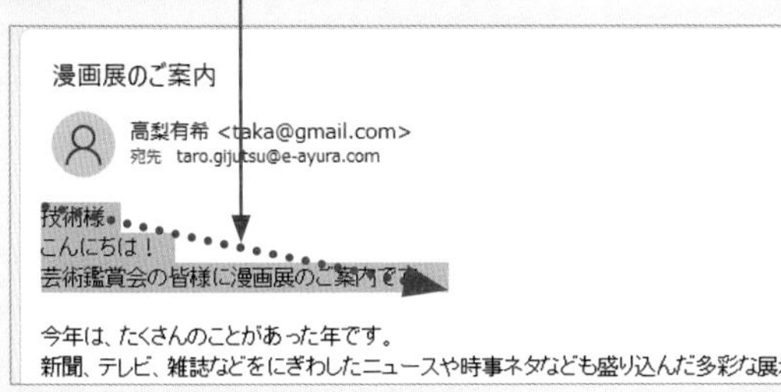

5 Delete を押して消去します。

6 [ファイル]タブをクリックして、

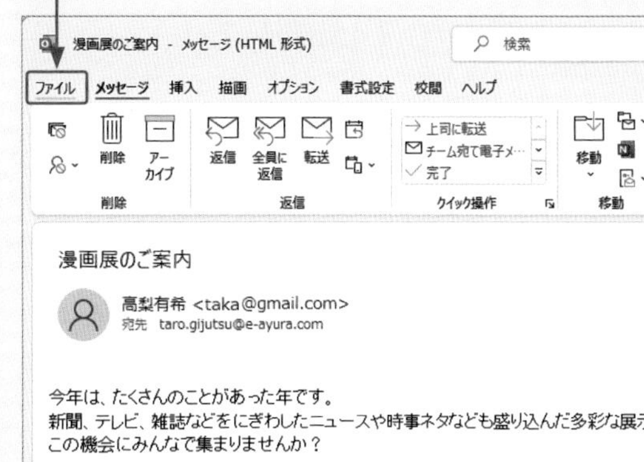

7 [印刷]をクリックし、

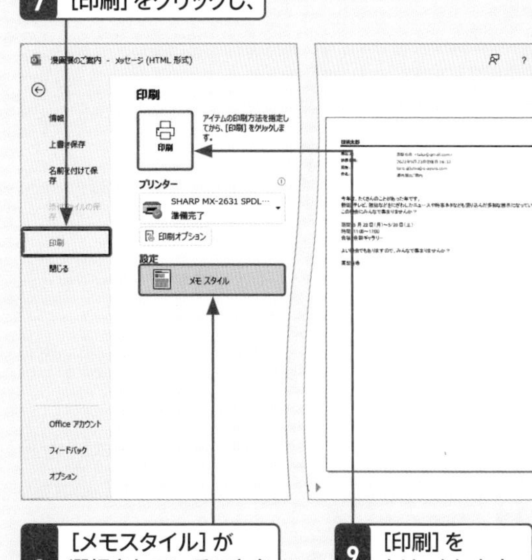

8 [メモスタイル]が選択されていることを確認して、

9 [印刷]をクリックします。

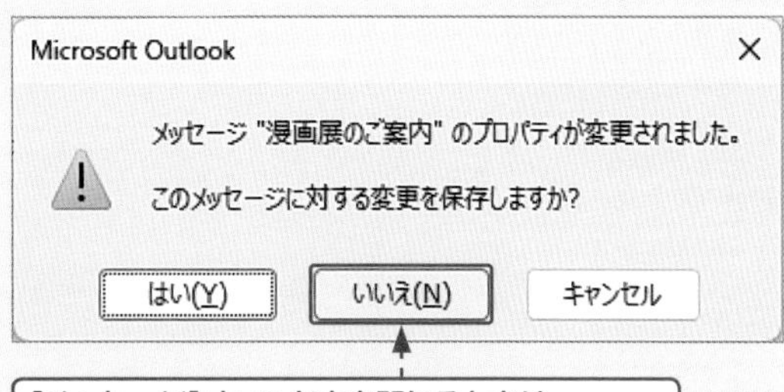

[メッセージ]ウィンドウを閉じるときは、確認のメッセージで[いいえ]をクリックします。

重要度 ★★★ メールの印刷

Q 424 複数のメールをまとめて印刷したい！

A 印刷するメールを選択して、[メモスタイル] で印刷します。

複数のメールをまとめて印刷したい場合は、印刷したいメールを Ctrl を押しながらクリックして選択します。[ファイル] タブをクリックして [印刷] をクリックし、[メモスタイル] で印刷すると、選択したメールをまとめて印刷することができます。
なお、複数のメールを選択したときは、[印刷] 画面のプレビューに [プレビュー] アイコン が表示されます。クリックするとメールの内容が表示されます。

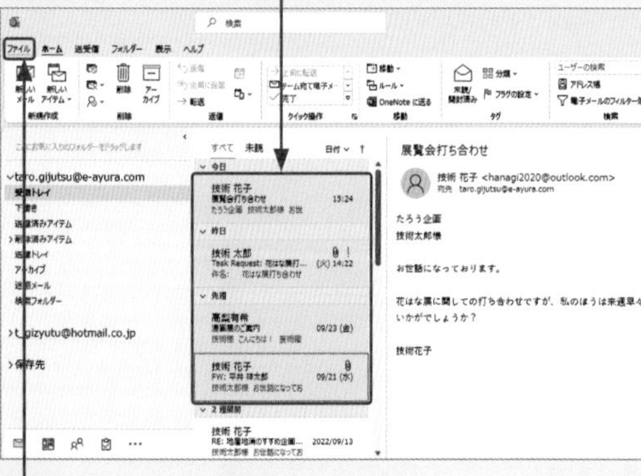
1 印刷したいメールを Ctrl を押しながらクリックして選択します。
2 [ファイル] タブをクリックして、

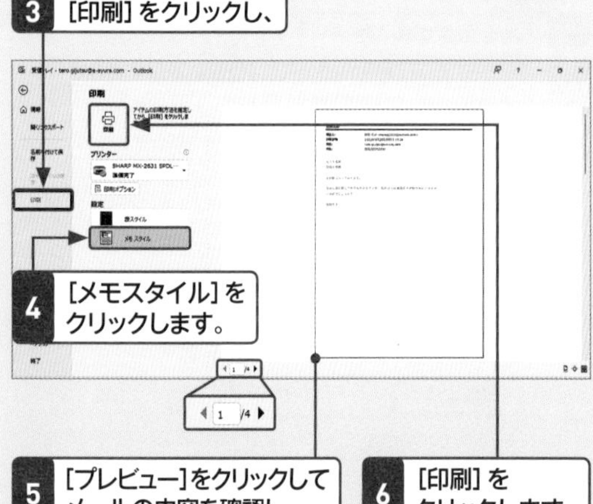
3 [印刷] をクリックし、
4 [メモスタイル] をクリックします。
5 [プレビュー] をクリックしてメールの内容を確認し、
6 [印刷] をクリックします。

重要度 ★★★ メールの印刷

Q 425 メールの添付ファイルも印刷したい！

A [印刷オプション] で [アイテムと添付ファイルを印刷する] をオンにします。

メールを印刷する際に、添付されたファイルもいっしょに印刷することができます。[印刷] 画面の [印刷オプション] をクリックすると表示される [印刷] ダイアログボックスで、[アイテムと添付ファイルを印刷する] をクリックしてオンにし、印刷を実行します。

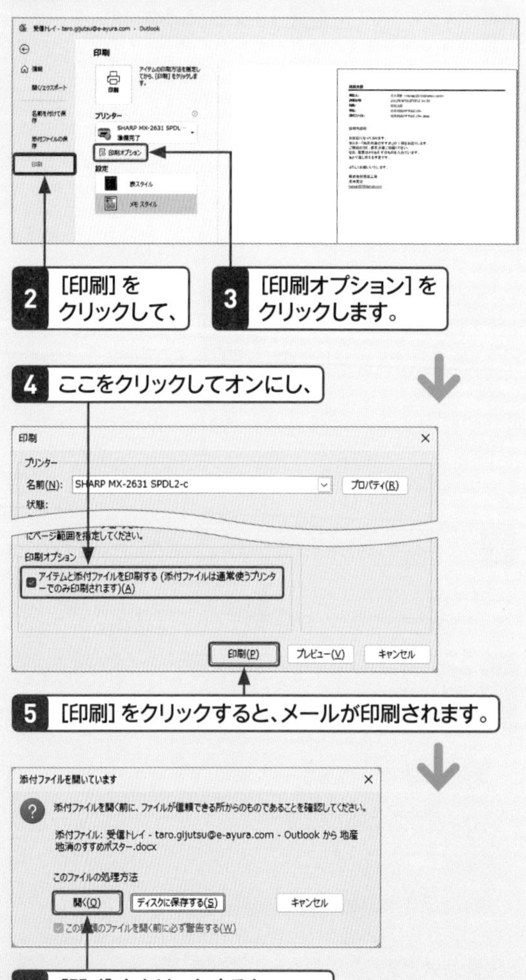
1 添付ファイル付きのメールをクリックして、[ファイル] タブをクリックします。
2 [印刷] をクリックして、
3 [印刷オプション] をクリックします。
4 ここをクリックしてオンにし、
印刷
プリンター
名前(N): SHARP MX-2631 SPDL2-c
プロパティ(R)
状態:
にページ範囲を指定してください。
印刷オプション
アイテムと添付ファイルを印刷する (添付ファイルは通常使うプリンターでのみ印刷されます)(A)
印刷(P)
プレビュー(V)
キャンセル
5 [印刷] をクリックすると、メールが印刷されます。
添付ファイルを開いています
添付ファイルを開く前に、ファイルが信頼できる所からのものであることを確認してください。
添付ファイル: 受信トレイ - taro.gijutsu@e-ayura.com - Outlook から 地産地消のすすめポスター.docx
このファイルの処理方法
開く(O)
ディスクに保存する(S)
キャンセル
この種類のファイルを開く前に必ず警告する(W)
6 [開く] をクリックすると、添付ファイルが印刷されます。

重要度 ★★★ 連絡先の印刷

Q 426 連絡先の一覧を印刷したい!

A 印刷スタイルを[カードスタイル]に設定して印刷します。

連絡先の一覧を印刷したい場合は、[カードスタイル]を利用します。[カードスタイル]が表示されない場合は、[連絡先]画面で連絡先を[連絡先カード]ビューにしてから、印刷を実行します。[カードスタイル]では、連絡先の情報をカードの一覧形式で印刷することができます。

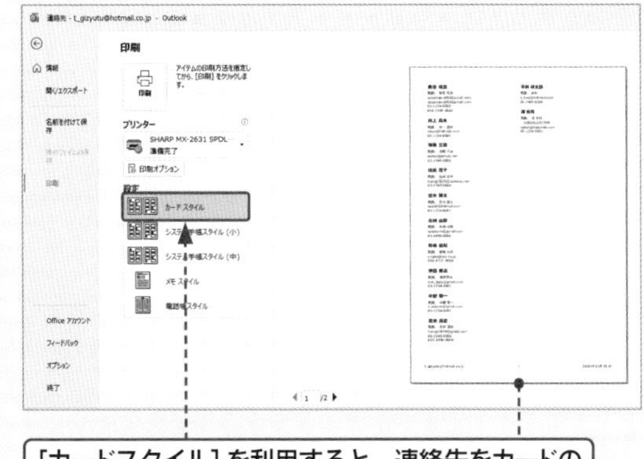

[カードスタイル]を利用すると、連絡先をカードの一覧形式で印刷することができます。

重要度 ★★★ 連絡先の印刷

Q 427 印刷した連絡先を手帳にはさんで持ち歩きたい!

A 印刷スタイルを[システム手帳スタイル]に設定して印刷します。

連絡先の印刷には、[システム手帳スタイル]が用意されています。システム手帳スタイルには、「小」と「中」の2種類が用意されているので、使用している手帳に合わせていずれかを指定します。[システム手帳スタイル]が表示されない場合は、[連絡先]画面で連絡先を[連絡先カード]ビューにしてから、印刷を実行します。

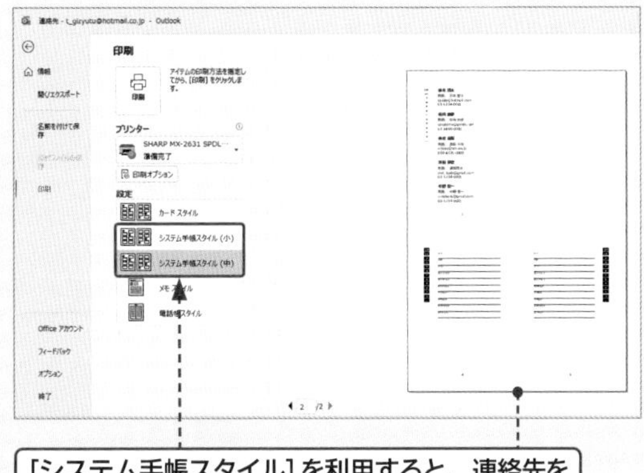

[システム手帳スタイル]を利用すると、連絡先を手帳サイズで印刷することができます。

重要度 ★★★ 連絡先の印刷

Q 428 連絡先を電話帳のように印刷したい!

A 印刷スタイルを[電話帳スタイル]に設定して印刷します。

[連絡先]を電話帳形式で印刷したい場合は、[電話帳スタイル]を利用します。電話帳スタイルでは、連絡先をアルファベット順、五十音順に並べて印刷することができます。[電話帳スタイル]が表示されない場合は、[連絡先]画面で連絡先を[連絡先カード]ビューにしてから、印刷を実行します。

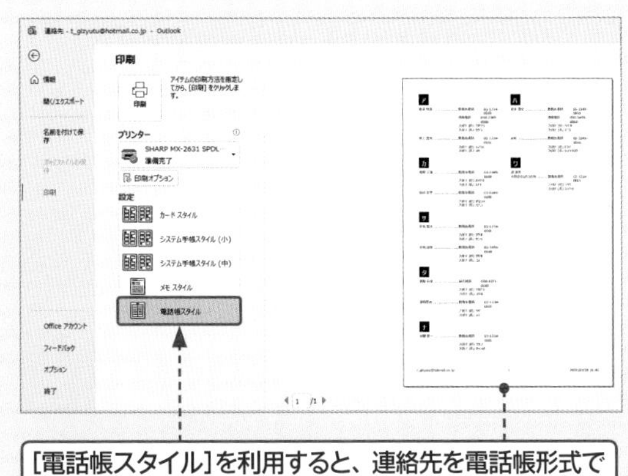

[電話帳スタイル]を利用すると、連絡先を電話帳形式で印刷することができます。

重要度 ★★★ 連絡先の印刷

Q 429 連絡先を1枚に1件ずつ印刷したい！

A 印刷スタイルを［メモスタイル］に設定して印刷します。

［連絡先］を1枚に1件ずつ印刷したい場合は、［メモスタイル］を利用します。あらかじめ1件もしくは複数の連絡先を選択してから印刷を実行してください。
なお、複数の連絡先を選択したときは、［印刷］画面のプレビューに［プレビュー］アイコン が表示されます。クリックすると連絡先の内容が表示されます。

ここでは、複数の連絡先を1件ずつ印刷します。

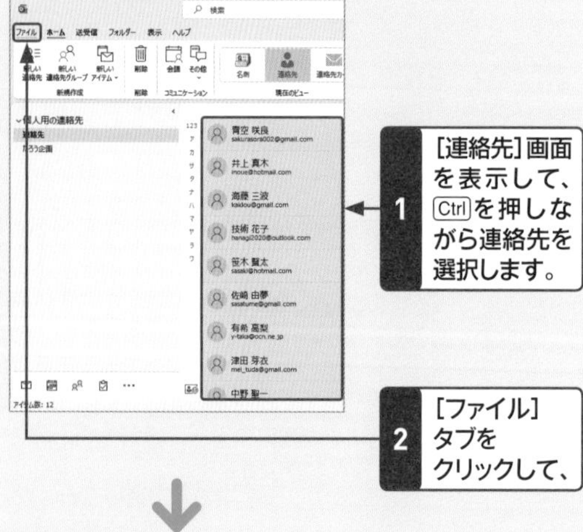

1 ［連絡先］画面を表示して、Ctrlを押しながら連絡先を選択します。
2 ［ファイル］タブをクリックして、

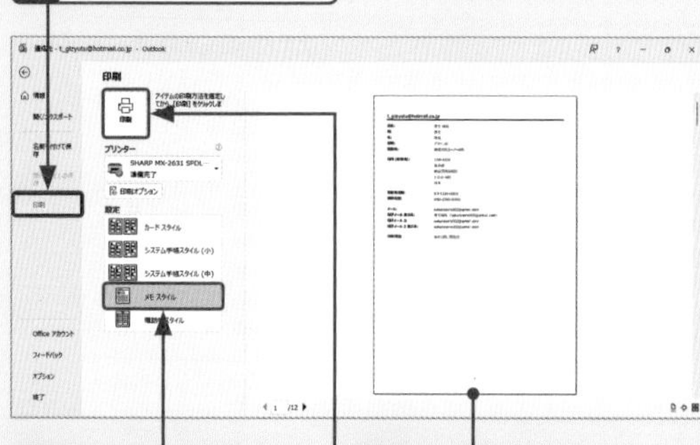

重要度 ★★★ 予定表の印刷

Q 430 予定表の印刷スタイルを知りたい！

A ［予定表］には6種類の印刷スタイルが用意されています。

［予定表］の印刷には、［1日スタイル］［週間議題スタイル］［週間予定表スタイル］［月間スタイル］［3つ折りスタイル］［予定表の詳細スタイル］の6つのスタイルが用意されています。印刷対象範囲は、開始日と終了日を指定することで、任意に選択することができます。用途に応じた形式で印刷するとよいでしょう。

● ［予定表］の印刷スタイル

項目	機　能
1日スタイル	その日の予定、タスクリスト、メモが印刷されます。
週間議題スタイル	1週間の予定が箇条書きで印刷されます。
週間予定表スタイル	1週間の予定がカレンダー風に印刷されます。
月間スタイル	1カ月の予定がカレンダー風に印刷されます。
3つ折りスタイル	その日の予定、タスクリスト、週間予定表が印刷されます。
予定表の詳細スタイル	予定の詳細が印刷されます。

重要度 ★★★　予定表の印刷

Q 431 予定表を印刷したい！

A 目的の印刷スタイルと範囲を指定して印刷します。

予定表を印刷するには、[予定表]画面を表示して、[ファイル]タブから[印刷]をクリックし、目的のスタイルをクリックします。続いて、[印刷オプション]をクリックして[印刷]ダイアログボックスを表示し、印刷範囲で開始日と終了日を指定します。用紙サイズや印刷の向きを変更する場合は、[ページ設定]をクリックすると表示される[ページ設定]ダイアログボックスの[用紙]で設定します。

1 [予定表]画面を表示して、

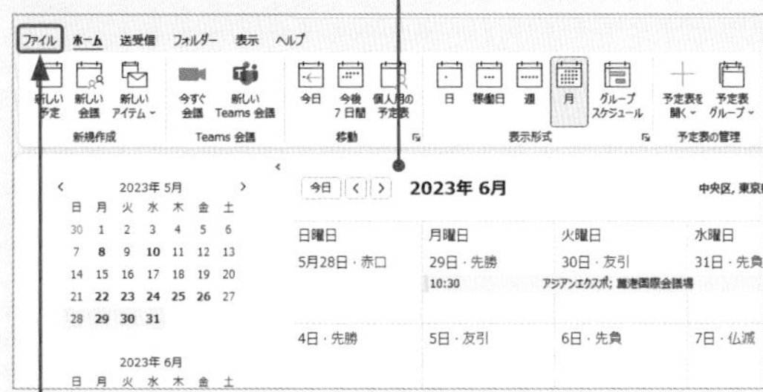

2 [ファイル]タブをクリックします。

3 [印刷]をクリックして、

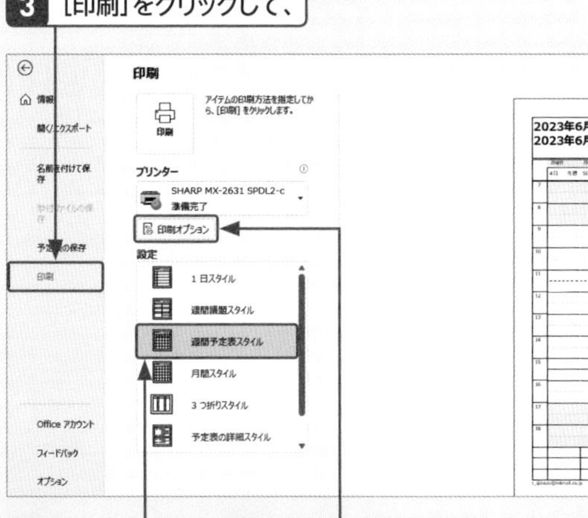

4 目的の印刷スタイルをクリックし、

5 [印刷オプション]をクリックします。

6 印刷範囲で印刷対象の開始日を指定して、

7 終了日を指定し、

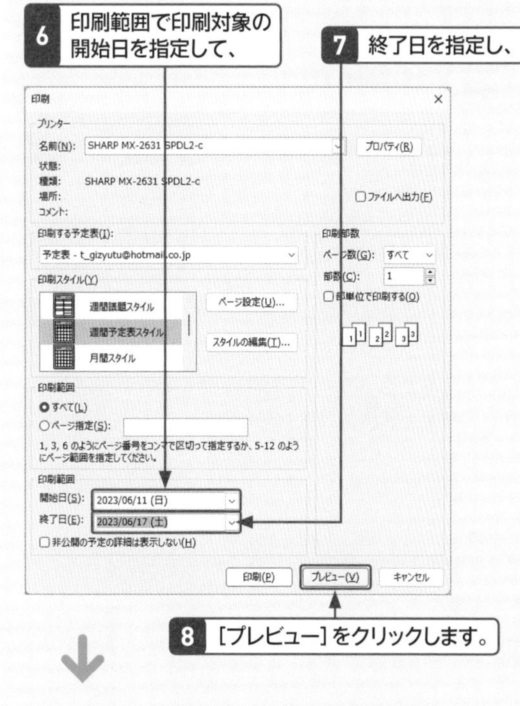

8 [プレビュー]をクリックします。

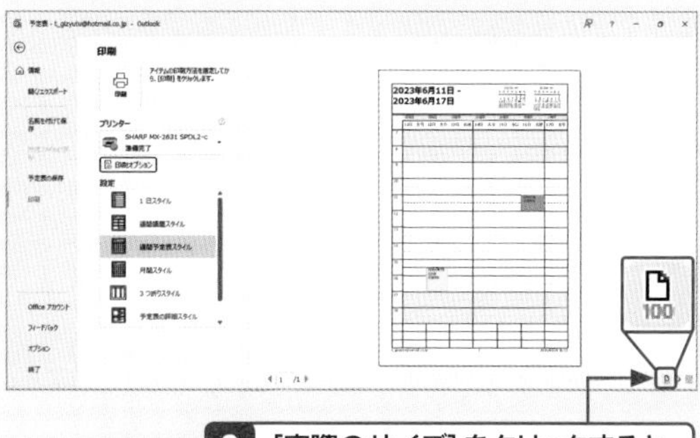

9 [実際のサイズ]をクリックすると、

10 プレビューが拡大されます。

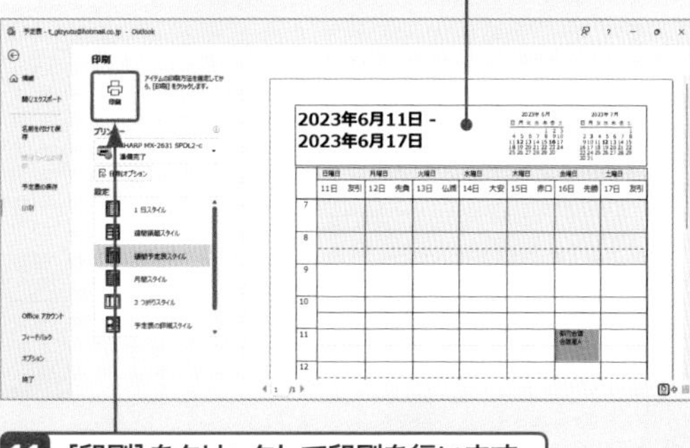

11 [印刷]をクリックして印刷を行います。

重要度 ★★★　そのほかの印刷

Q 432 ヘッダーとフッターを付けて印刷したい！

A [ページ設定]ダイアログボックスでヘッダーとフッターを設定します。

「ヘッダー」とはページの上部に印刷される印刷日やユーザー名、ページ数などの情報のことで、「フッター」とはページの下部に印刷される情報のことです。
ヘッダーとフッターを付けて印刷するには、[印刷]ダイアログボックスで[ページ設定]をクリックすると表示される[ページ設定]ダイアログボックスで設定します。ヘッダーとフッターの設定では、現在のページや日付のほか、直接文字を入力することもできます。

ここでは、予定表を[週間予定表スタイル]でA4用紙に2週間分印刷します。ヘッダーには印刷日、フッターにはページ番号を設定します。

1 [予定表]画面を表示して、

2 [ファイル]タブをクリックします。

3 [印刷]をクリックして、

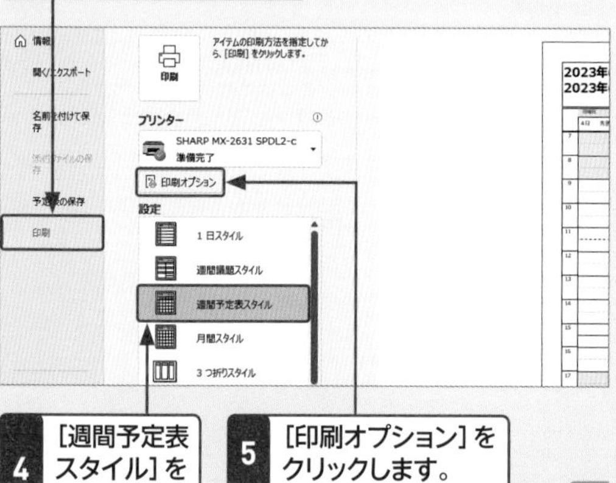

4 [週間予定表スタイル]をクリックし、

5 [印刷オプション]をクリックします。

6 [ページ設定]をクリックして、

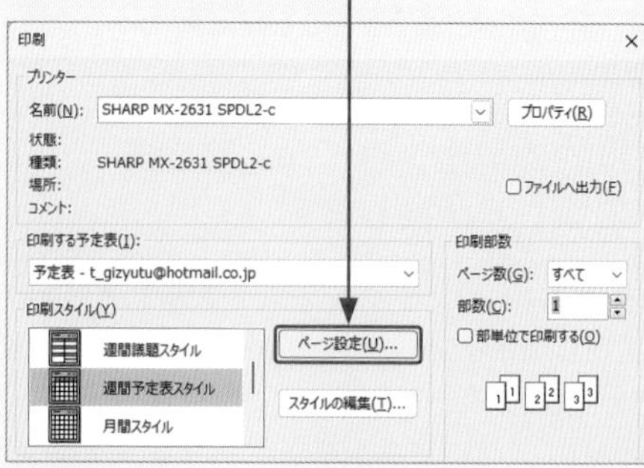

7 [用紙]をクリックし、

8 [A4]をクリックして、

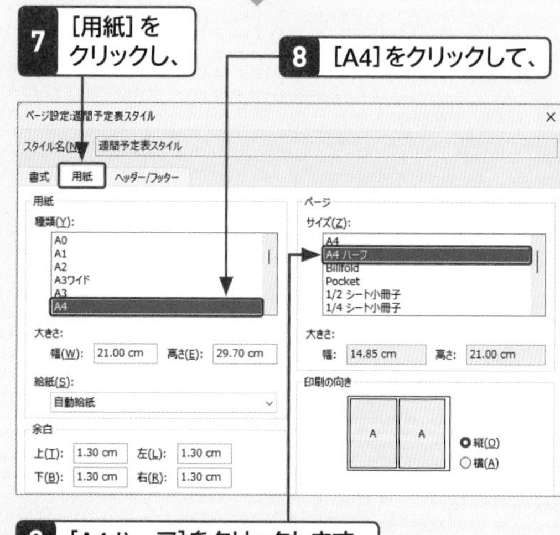

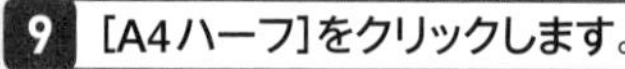

9 [A4ハーフ]をクリックします。

10 [ヘッダー／フッター]をクリックして、

11 ヘッダーを表示したい場所をクリックします。

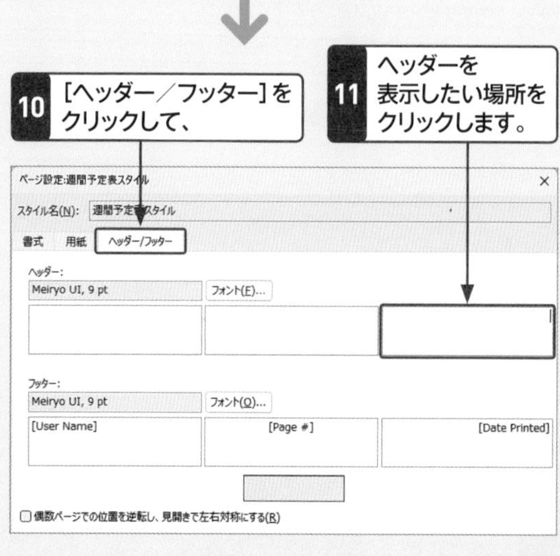

12 印刷したい情報（ここでは印刷日）を入力して、

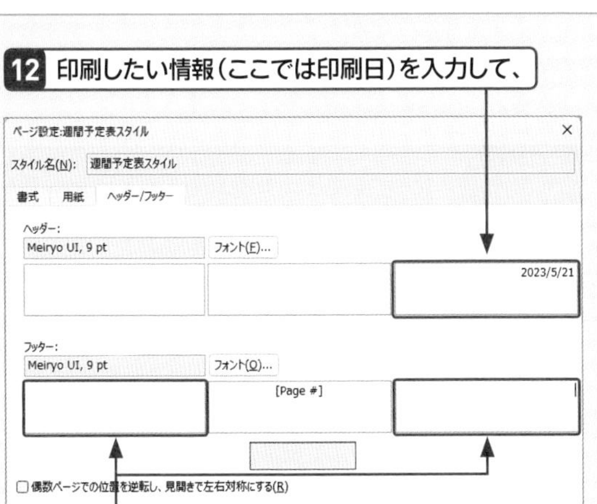

13 不要な情報を削除し、

14 [OK] をクリックします。

15 印刷範囲を指定して、

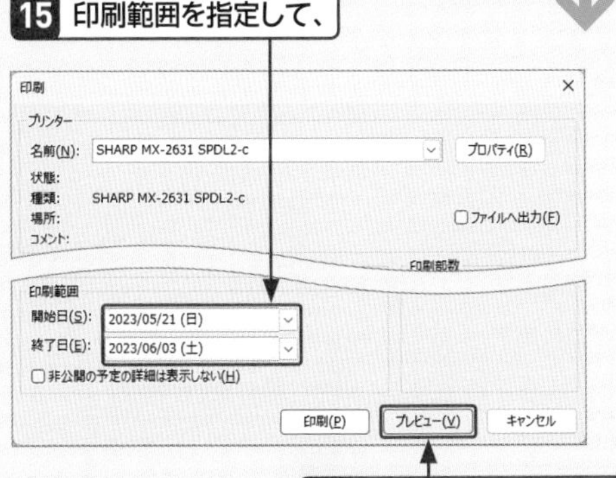

16 [プレビュー] をクリックし、

17 設定内容を確認して、

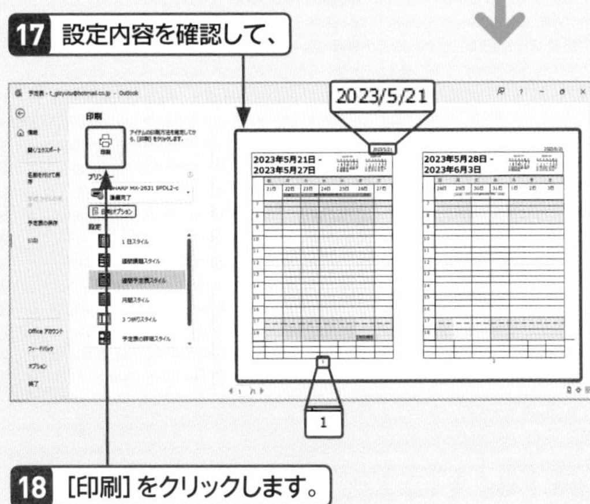

18 [印刷] をクリックします。

● ヘッダーとフッターの設定

手順**12**のヘッダーやフッターの設定では、自由に文字を入力できるほか、あらかじめ用意されている要素を設定することができます。

● あらかじめ用意されている要素

- **[Page #]**
  ページ番号を設定します。
- **[Total Pages]**
  総ページ数を設定します。
- **[Date Printed]**
  印刷した日付と時刻を設定します。
- **[Time Printed]**
  印刷した時刻を設定します。
- **[User Name]**
  パソコンのユーザー名を設定します。

● 設定内容

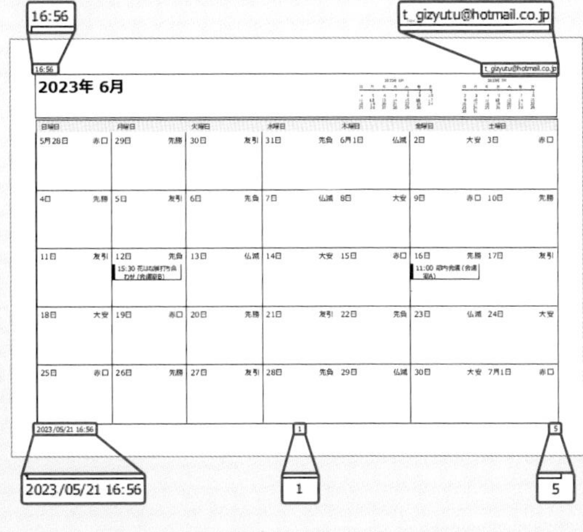

重要度 ★★★ そのほかの印刷

Q 433 タスクを印刷したい！

A ［表スタイル］あるいは［メモスタイル］で印刷します。

タスクの一覧は［表スタイル］で印刷されますが、［To Doバーのタスクリスト］などでタスクを選択して内容を表示している場合は、［メモスタイル］でタスクの内容を印刷することもできます。

タスクを［表スタイル］で印刷する場合は、［詳細］［タスクリスト］［優先］［今後7日間のタスク］など、現在表示しているビューの内容が印刷されます。 参照▶Q 399

● ［表スタイル］での印刷

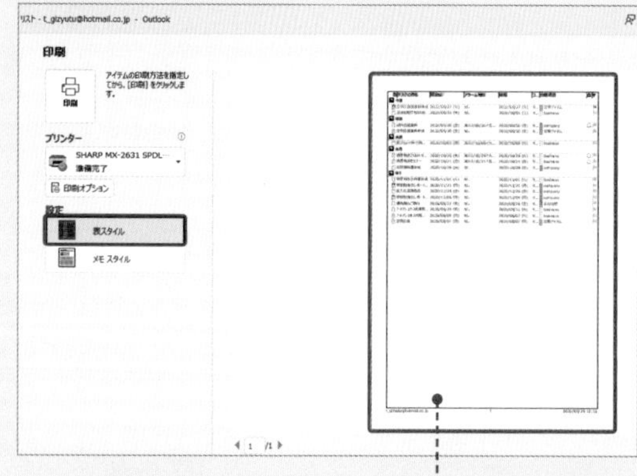

現在表示しているビューの内容が印刷されます。

● ［メモスタイル］での印刷

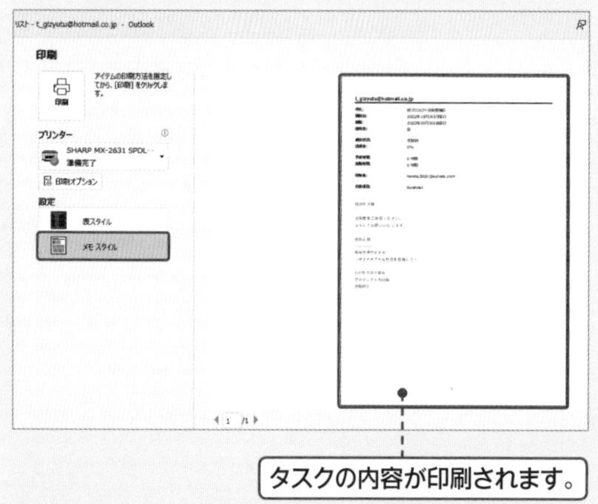

タスクの内容が印刷されます。

重要度 ★★★ そのほかの印刷

Q 434 メモを印刷したい！

A ［メモスタイル］で印刷します。

メモは1枚ずつ印刷したり、まとめて印刷したりすることができます。1枚のメモを印刷する場合は［メモ］画面で印刷したいメモをクリックして、複数のメモをまとめて印刷する場合は複数のメモを選択して印刷を行います。

また、メモを右クリックして［クイック印刷］をクリックすると、［印刷］画面が表示されずに、そのままメモを印刷することができます。

なお、複数のメモを選択した場合は、［印刷］画面のプレビューに［プレビュー］アイコン 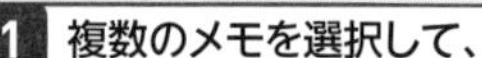 が表示されます。クリックすると内容が表示されます。

ここでは複数のメモをまとめて印刷します。

1 複数のメモを選択して、

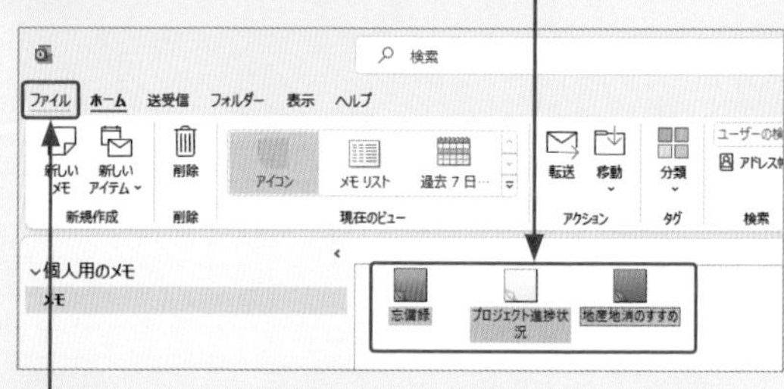

2 ［ファイル］タブをクリックします。

3 ［印刷］をクリックして、

4 ［プレビュー］をクリックしてメモの内容を確認し、

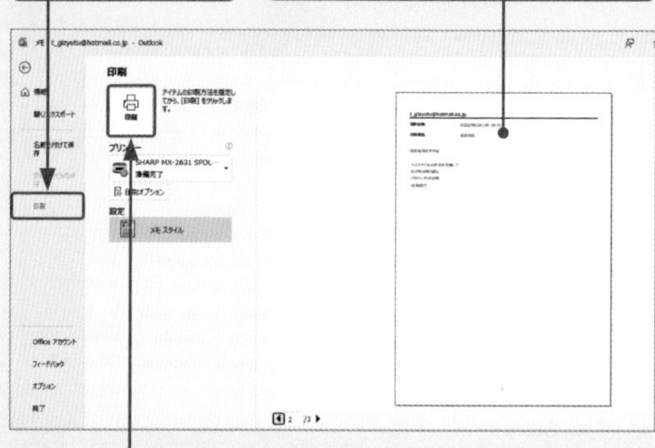

5 ［印刷］をクリックします。

重要度 ★★★　そのほかの印刷

Q 435 アドレス帳を印刷したい！

A 連絡先をCSV形式で書き出して Excelで印刷します。

Outlookには、アドレス帳を印刷する機能がありません。アドレス帳を印刷するには、Outlookのアドレス帳（連絡先）のデータをエクスポートして、そのファイルをExcelで開き、Excelの印刷機能を使って印刷します。エクスポートする際は、Excelで読み込めるコンマ区切りのファイル（CSV）形式で書き出します。

ここでは、第6章のQ 273でエクスポートしたファイルをExcelで開いて印刷します。編集したファイルは、Excelブックとして保存しておくとよいでしょう。

なお、Excel 2016の場合は、手順❷で［外部データの取り込み］から［テキストファイル］をクリックします。

1 Excelを起動して［空白のブック］を表示し、［データ］タブをクリックして、

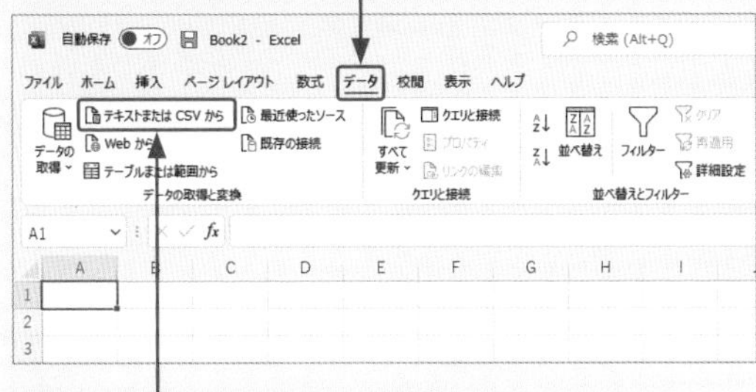

2 ［テキストまたはCSVから］をクリックします。

3 ファイルの保存場所を指定して、

4 アドレス帳のファイルをクリックし、

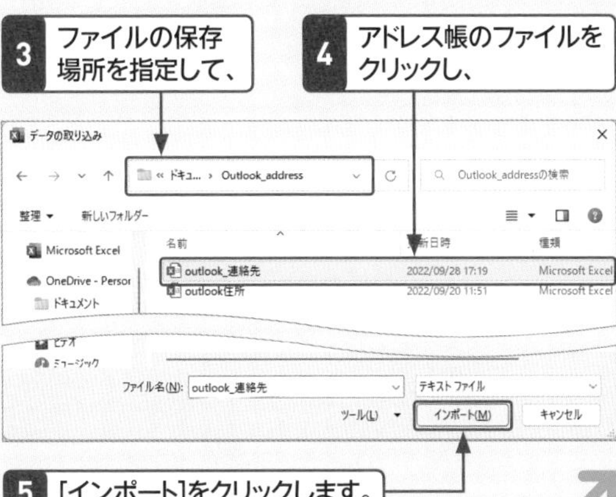

5 ［インポート］をクリックします。

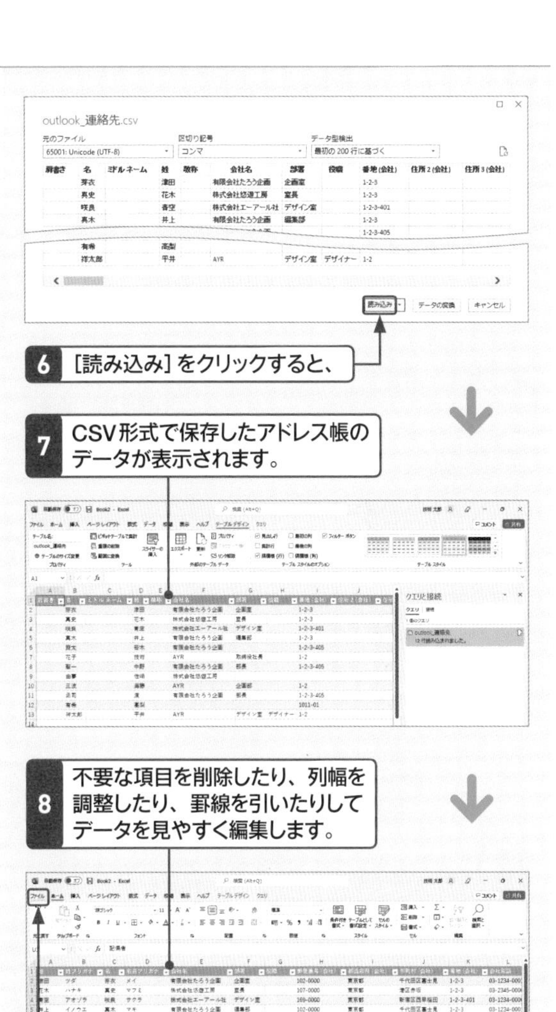

6 ［読み込み］をクリックすると、

7 CSV形式で保存したアドレス帳のデータが表示されます。

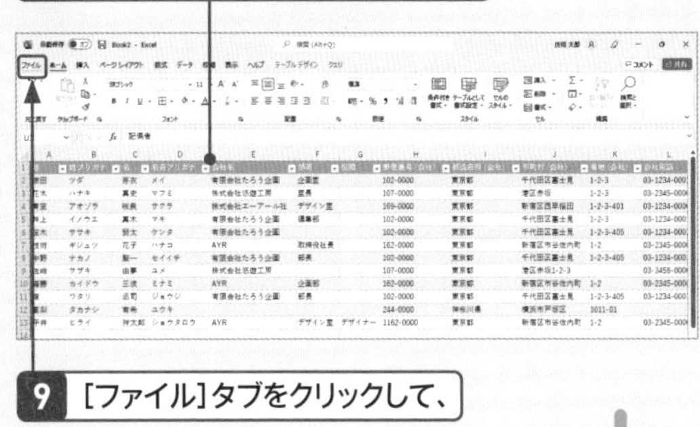

8 不要な項目を削除したり、列幅を調整したり、罫線を引いたりしてデータを見やすく編集します。

9 ［ファイル］タブをクリックして、

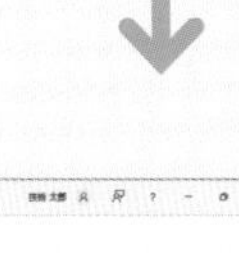

10 ［印刷］をクリックし、

11 用紙サイズや印刷の向きなどを設定して、

12 ［印刷］をクリックします。

Q 436 網かけを外して印刷したい!

A [ページ設定]で[網かけ印刷をする]をオフにします。

初期設定では、予定表などを印刷した際に、網かけが設定されて印刷されます。印刷結果に網かけをしたくない場合は、[ページ設定]ダイアログボックスの[書式]で設定します。

ここでは、予定表を[月間スタイル]で印刷します。

1 [ファイル]タブから[印刷]をクリックして、

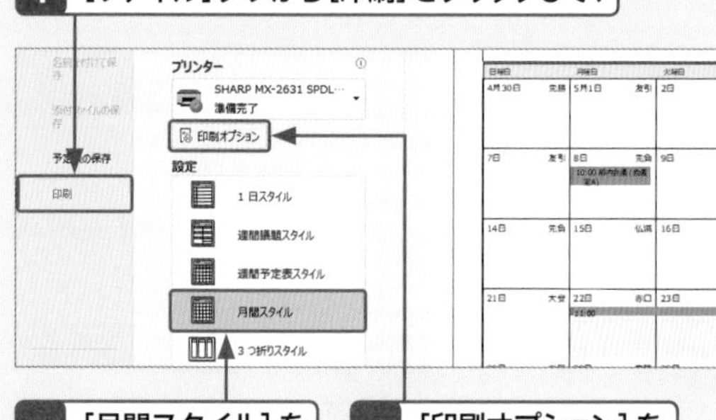

2 [月間スタイル]をクリックし、

3 [印刷オプション]をクリックします。

4 [ページ設定]をクリックして、

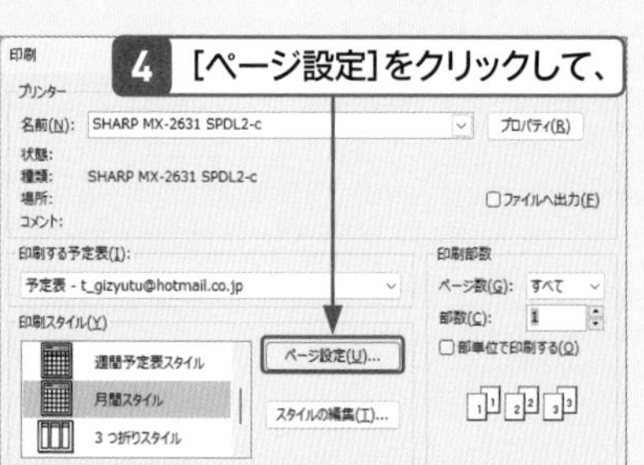

5 [書式]をクリックし、

6 [網かけ印刷をする]をクリックしてオフにし、

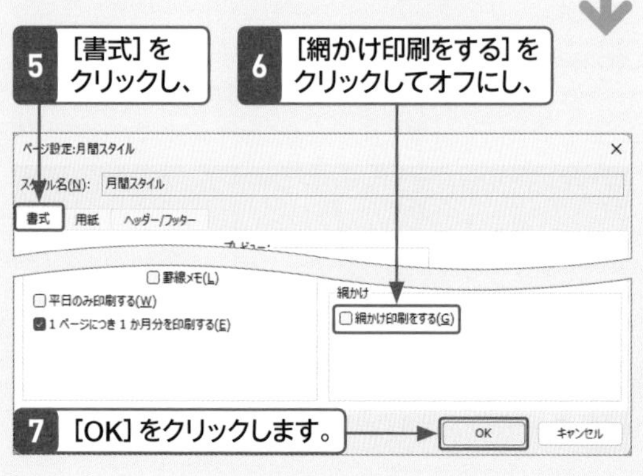

7 [OK]をクリックします。

Q 437 PDFで保存したい!

A プリンターで「Microsoft Print to PDF」を選択して印刷します。

Outlookの各アイテムをPDFファイルとして保存したい場合は、Windowsに搭載されている「Microsoft Print to PDF」を使用して、印刷結果をPDFファイルとして保存します。

1 PDFで保存したいメールをクリックして、

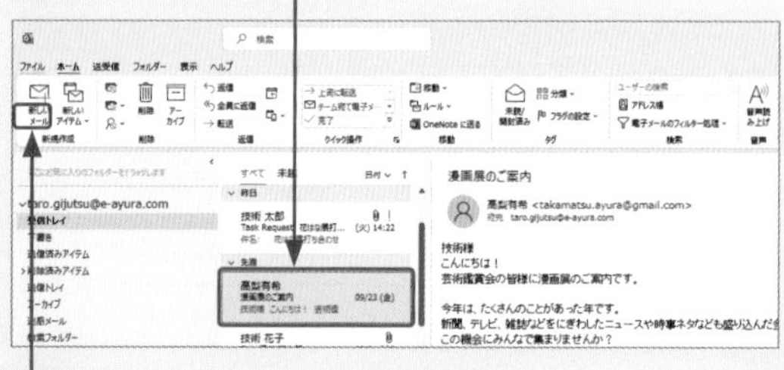

2 [ファイル]タブをクリックします。

3 [印刷]をクリックして、

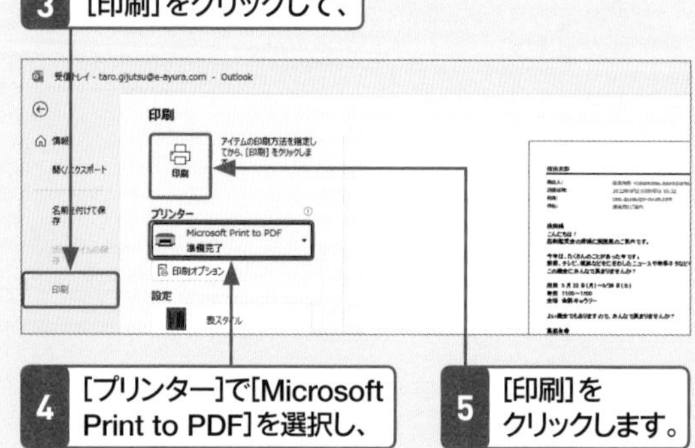

4 [プリンター]で[Microsoft Print to PDF]を選択し、

5 [印刷]をクリックします。

6 保存先を指定して、

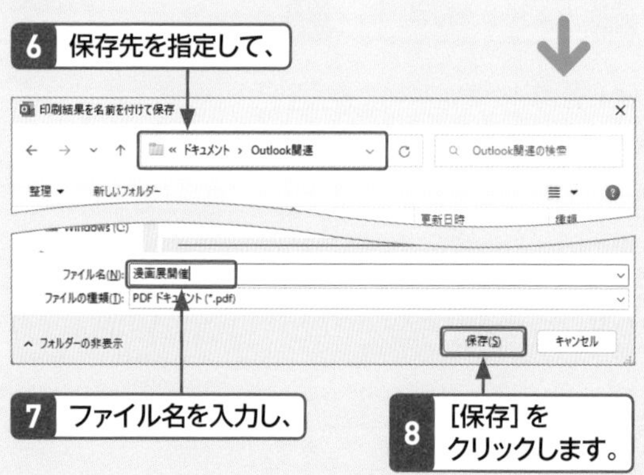

7 ファイル名を入力し、

8 [保存]をクリックします。

第10章

アプリ連携・共同作業

重要度 ★★★ Microsoft Teams

Q 438 Microsoft Teamsとは?

A ビデオ会議や通話、チャットなどができるアプリです。

「Microsoft Teams」(マイクロソフトチームズ)(以下「Teams」)は、マイクロソフトが提供するアプリです。Teamsを利用すると、ビデオ会議やビデオ通話、チャットをしたり、ファイルの共有や共同編集をしたりすることができます。

Windows 11には、家庭向けの無料版「Teams」アプリが付属していますが、利用できる機能は限られます。Outlookと連携して、テレワークなどでビデオ会議を行ったりする場合は、別途一般法人向けの有料版のTeamsを契約して利用する必要があります。

● 家庭向けの無料版「Teams」アプリ

Windows 11には家庭向けの無料版のTeamsが付属しています。

● 一般法人向けの有料版「Teams」アプリ

Outlookと連携してビデオ会議を行う場合は、一般法人向けの有料版のTeamsをインストールする必要があります。

重要度 ★★★ Microsoft Teams

Q 439 Microsoft Teamsと連携できない!

A Outlook用のTeamsアドインを有効にします。

OutlookとMicrosoft Teamsは、同じMicrosoftアカウントでサインインすれば、自動的に連携されます。連携できない場合は、Outlook用のTeamsアドインが有効になっていないことが考えられます。この場合は、[Outlookのオプション]ダイアログボックスを表示して、アドインを有効にします。なお、Windows 11に付属している家庭向けの無料版Teamsを使っている場合は、連携することはできません。

1 [ファイル]タブから[オプション]をクリックして、[Outlookのオプション]ダイアログボックスを表示します。

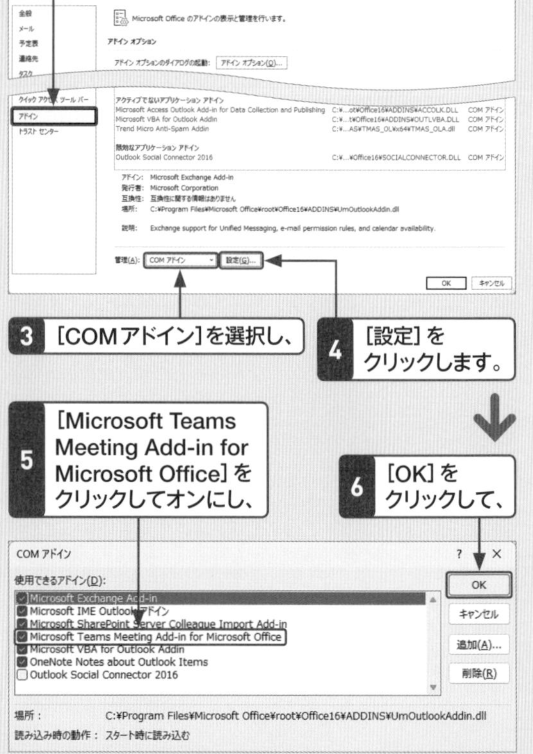

7 Outlookを再起動します。

重要度★★★ Microsoft Teams

Q 440 OutlookからTeamsのビデオ会議の出席依頼をしたい!

A [予定表]画面で[新しいTeams会議]をクリックします。

OutlookとTeamsを連携していると、Outlookの[予定表]画面の[ホーム]タブに[新しいTeams会議]アイコンが表示されます。OutlookからTeamsのビデオ会議の出席依頼をするには、[新しいTeams会議]をクリックして、出席依頼を送信します。

1 Outlookの[予定表]画面を開いて、

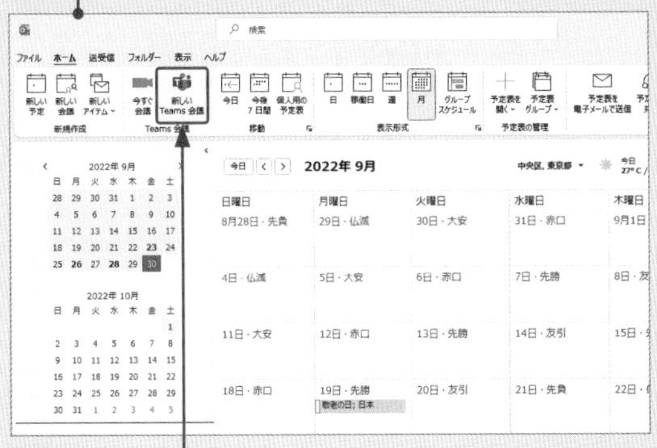

2 [ホーム]タブの[新しいTeams会議]をクリックします。

3 [会議]ウィンドウが表示されるので、会議のタイトルを入力して、

4 [必須]をクリックし、

5 [必須出席者]と[任意出席者]を指定して、

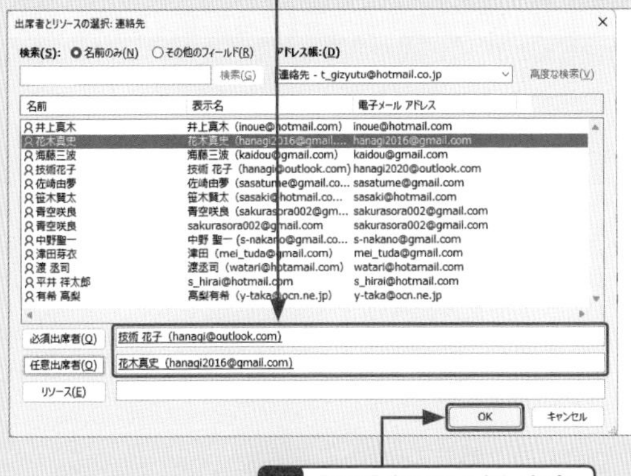

6 [OK]をクリックします。

7 打ち合わせ日時を指定して、

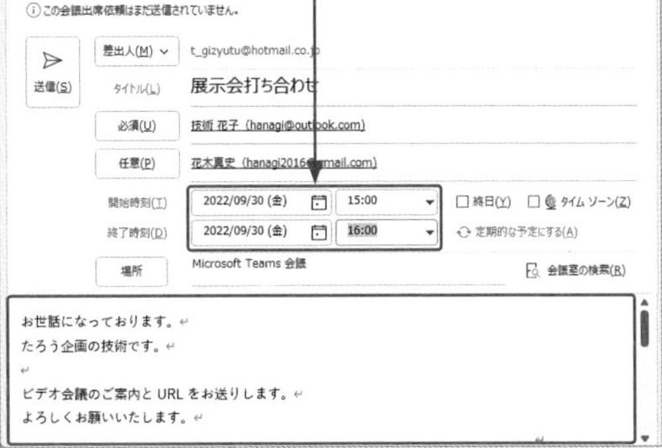

8 本文を入力し、

9 [送信]をクリックすると、

10 会議の出席依頼が送信されます。

重要度 ★★★ Microsoft Teams

Q 441 届いた出席依頼からビデオ会議に参加したい！

A メールに表示されているリンクをクリックします。

Teams会議の出席依頼のメールには、Teams会議に出席するためのリンクが表示されています。そのリンクをクリックすると、ビデオ会議に参加することができます。なお、手順❸で［このブラウザーで続ける］をクリックすると、WebブラウザーでTeams会議に出席することもできます。

1 出席依頼のメールを表示して、

2 会議に参加するためのリンクをクリックします。

3 Teamsに参加する方法（ここでは［Teams（職場または学校）を開く］）をクリックして、

4 ［開く］をクリックします。

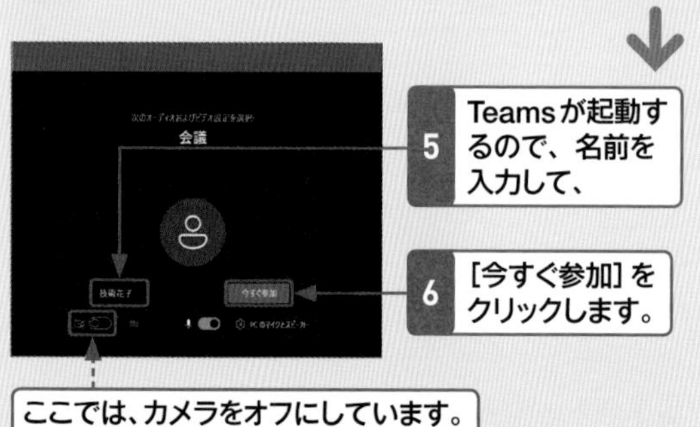

5 Teamsが起動するので、名前を入力して、

6 ［今すぐ参加］をクリックします。

ここでは、カメラをオフにしています。

重要度 ★★★ Microsoft Teams

Q 442 OutlookからTeamsのビデオ会議の設定を変更したい！

A 設定を変更して［変更内容を送信］をクリックします。

OutlookからTeamsのビデオ会議の設定を変更するには、［予定表］画面で設定を変更したいビデオ会議の予定をダブルクリックします。［会議］ウィンドウが表示されるので設定を変更して、変更内容を送信します。

設定を変更して［変更内容を送信］をクリックします。

重要度 ★★★ Microsoft Teams 2021 2019 2016

Q 443 すべての会議をTeamsのビデオ会議にしたい！

A ［Outlookのオプション］ダイアログボックスで設定します。

Microsoft 365では、すべての会議をTeamsのビデオ会議に設定することができます。［Outlookのオプション］ダイアログボックスの［予定表］で［会議プロバイダー］をクリックして設定を行います。アドインがインストールされていれば、Google MeetやZoomも選択できます。

参照▶Q 447, Q 448

1 ［すべての会議にオンライン会議を追加］をオンにし、

2 ［会議プロバイダー］をクリックして、

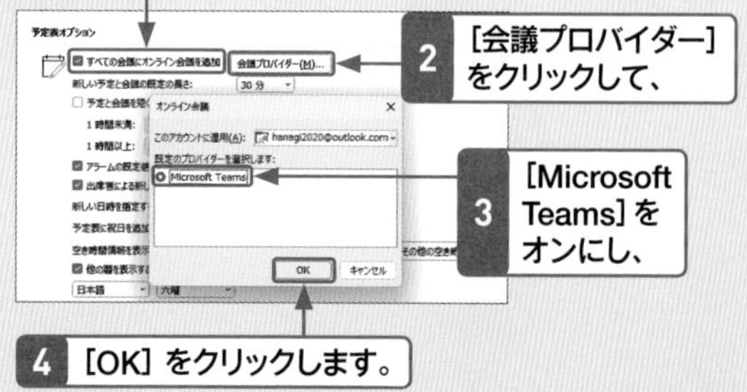

3 ［Microsoft Teams］をオンにし、

4 ［OK］をクリックします。

重要度 ★★★　Microsoft Teams

Q 444 予約したビデオ会議をキャンセルしたい！

A ［会議］ウィンドウで［会議のキャンセル］をクリックします。

出席を依頼したビデオ会議をキャンセルするには、［会議］ウィンドウを表示して、［会議のキャンセル］をクリックし、［キャンセル通知を送信］をクリックします。ビデオ会議の予定をキャンセルすると、出席者に会議をキャンセルしたことを通知するメールが送信されます。

1 会議を設定した予定をダブルクリックして［会議］ウィンドウを表示します。

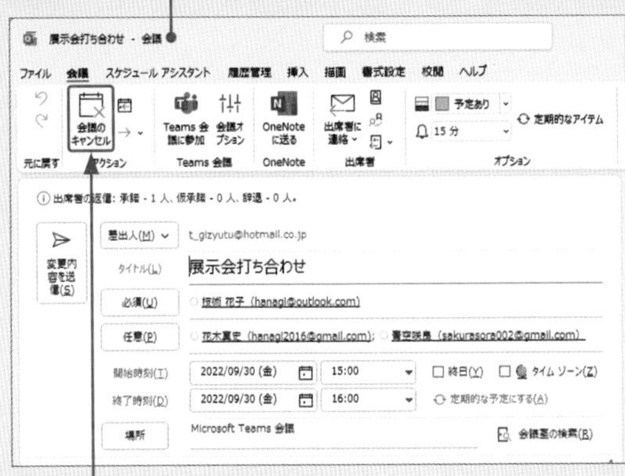

2 ［会議のキャンセル］をクリックして、

3 ［キャンセル通知を送信］をクリックすると、

4 出席者に会議キャンセルのメールが送信されます。

重要度 ★★★　Microsoft Teams

Q 445 Teamsで予約したビデオ会議をOutlookで確認したい！

A Outlookのカレンダーに登録された予定で確認できます。

OutlookとTeamsは、同じMicrosoftアカウントでサインインすると、自動的に連携されるので、Teamsで予約したビデオ会議は、Outlookのカレンダーに自動的に登録されます。登録された予定をダブルクリックすると、［会議］ウィンドウが表示され、内容を確認することができます。

1 Teamsで予約したビデオ会議がOutlookのカレンダーに登録されます。

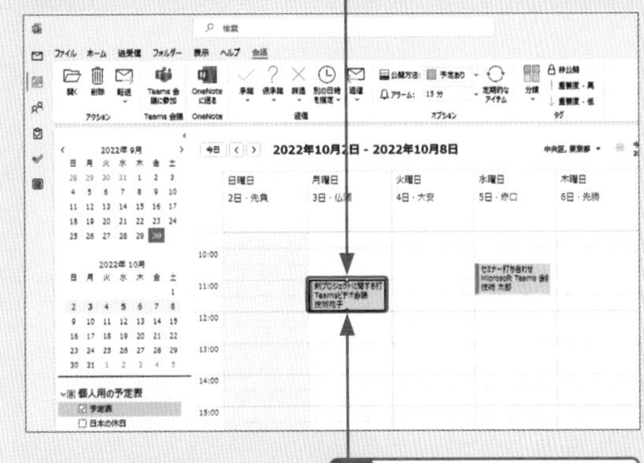

2 ダブルクリックすると、

3 ［会議］ウィンドウが表示され、内容を確認できます。

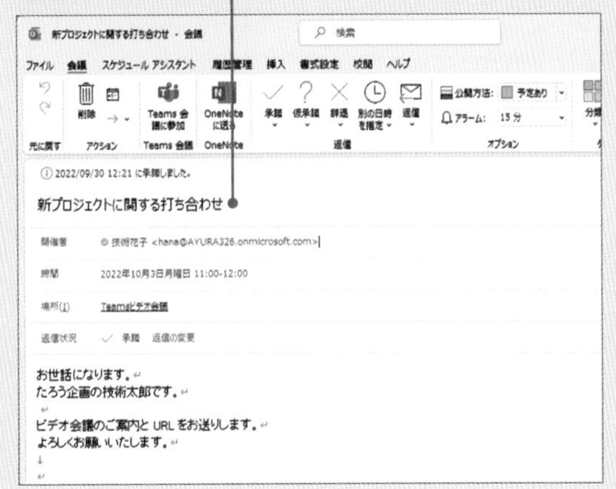

重要度 ★★★　アドイン

Q 446 Outlookのアドインを活用したい！

A ［ホーム］タブの［アドインを入手］から追加します。

「アドイン」とは、アプリの追加機能として動作するプログラムのことです。Outlookには、たくさんのアドインが用意されており、必要に応じて追加することができます。［メール］画面の［ホーム］タブの［アドインを入手］をクリックすると、アドインの一覧画面が表示されます。なお、［アドインを入手］コマンドは、メールアカウントがOutlook.comかExchangeの場合、表示されます。

重要度 ★★★　アドイン

Q 447 Google Meetのアドインを活用したい

A 「Google Meetアドイン」を追加します。

「Google Meetアドイン」を使うと、Outlookの予定やメールにGoogle Meetのビデオ会議を追加することができます。アドインの一覧画面で「Google Meetアドイン」を検索し、［追加］をクリックします。

重要度 ★★★　アドイン

Q 448 Zoomのアドインを活用したい！

A 「Zoom for Outlook」アドインを追加します。

「Zoom for Outlook」アドインを使うと、Outlookの予定にZoomのビデオ会議を追加できます。アドインの一覧画面で「Zoom for Outlook」を検索し、［追加］をクリックします。同じ画面で［削除］をクリックすると、アドインが削除されます。

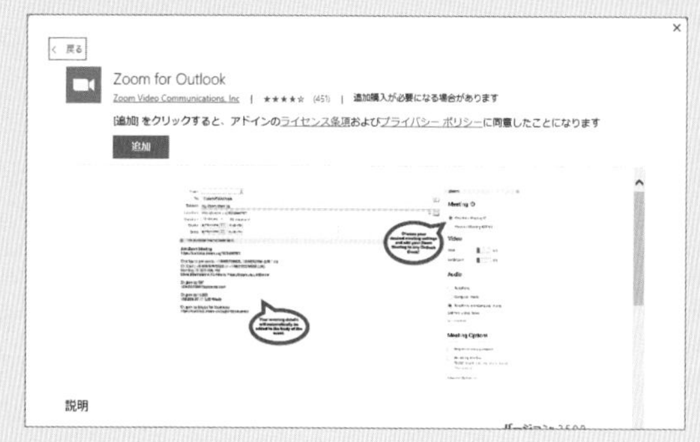

重要度 ★★★　アドイン

Q 449 Dropboxのアドインを活用したい！

A 「Outlook版Dropbox」アドインを追加します。

「Outlook版Dropbox」アドインを使うと、メールの添付ファイルのかわりにDropboxに保存されたファイルをリンクとして送信することができます。サイズに関係なくファイルを送信することが可能で、受信した添付ファイルをDropboxに保存することもできます。

重要度★★★ Outlook.com

Q 450 Outlook.comでメールを送受信したい!

A WebブラウザーでOutlook.comのWebサイトへアクセスします。

Outlook.comは、マイクロソフトが提供するWebメールサービスです。Microsoftアカウントを取得すると、だれでも無料で利用することができます。OutlookでOutlook.comのアカウントを使用している場合、メールの内容が同期されます。

1 Webブラウザー(ここではMicrosoft Edge)を起動して、「https://outlook.live.com/」にアクセスしてサインインします。

2 Outlook.comの[受信トレイ]が表示され、メールを読むことができます。

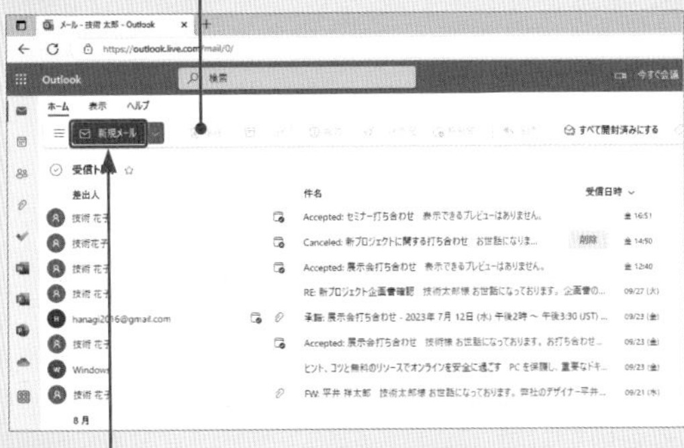

3 [新規メール]をクリックすると、

4 メールの作成画面が表示されます。

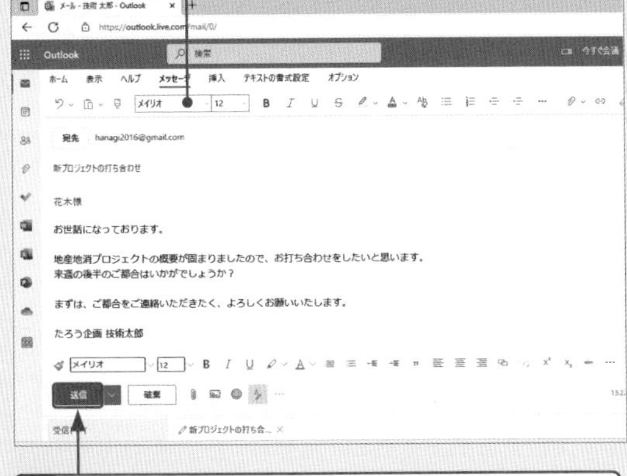

5 宛先、件名、本文を入力して、[送信]をクリックします。

重要度★★★ Outlook.com

Q 451 Outlook.comで予定表を表示したい!

A ナビゲーションバーで[予定表]をクリックします。

Webブラウザーを起動して、https://outlook.live.com/にアクセスし、Outlook.comを表示します。ナビゲーションバーの[予定表]をクリックすると、予定表画面が表示されます。OutlookでOutlook.comのアカウントを使用している場合、予定表の内容が同期されます。

1 Outlook.comを表示して、

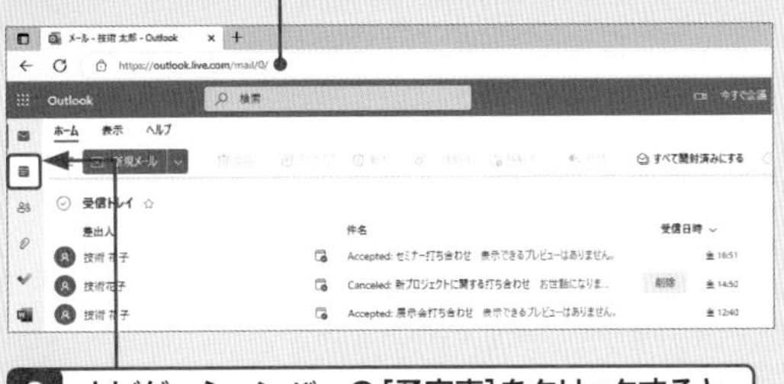

2 ナビゲーションバーの[予定表]をクリックすると、

3 予定表が表示されます。

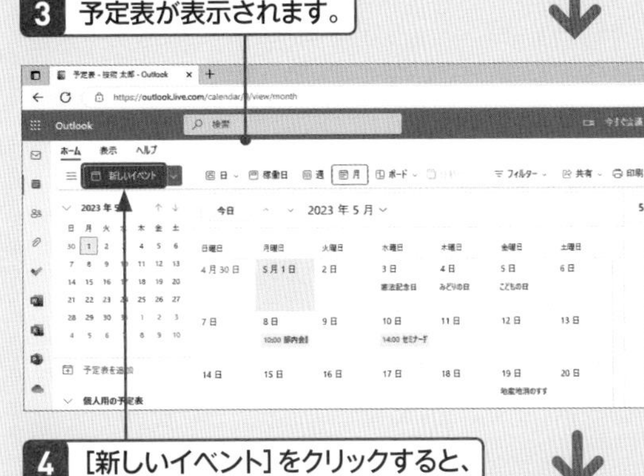

4 [新しいイベント]をクリックすると、

5 予定表を登録する画面が表示されます。

重要度 ★★★ Outlook.com

Q 452 Outlook.comで連絡先を管理したい!

A ナビゲーションバーで[連絡先]をクリックします。

Webブラウザーを起動して、https://outlook.live.com/にアクセスし、Outlook.comを表示します。ナビゲーションバーの[連絡先]をクリックすると、連絡先画面が表示されます。OutlookでOutlook.comのアカウントを使用している場合、連絡先の内容が同期されます。

1 Outlook.comを表示して、

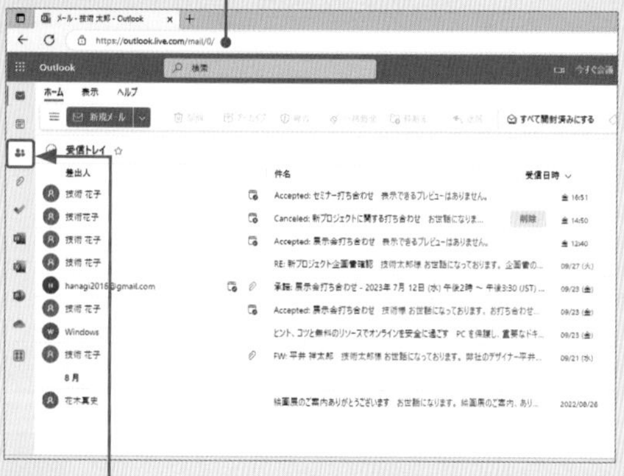

2 ナビゲーションバーの[連絡先]をクリックすると、

3 連絡先が表示されます。

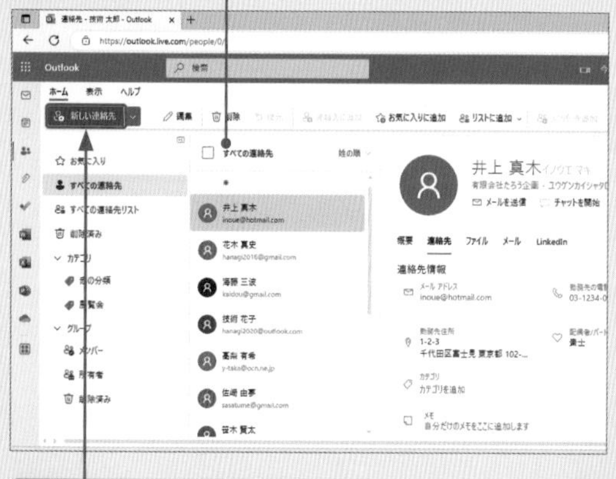

4 [新しい連絡先]をクリックして、

5 名前、メールアドレス、電話番号などを入力して、

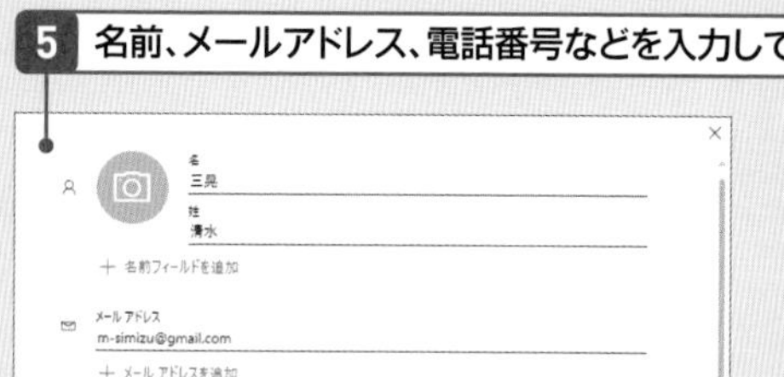

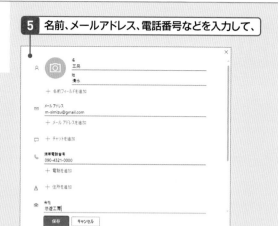

6 [保存]をクリックすると、

7 連絡先が登録されます。

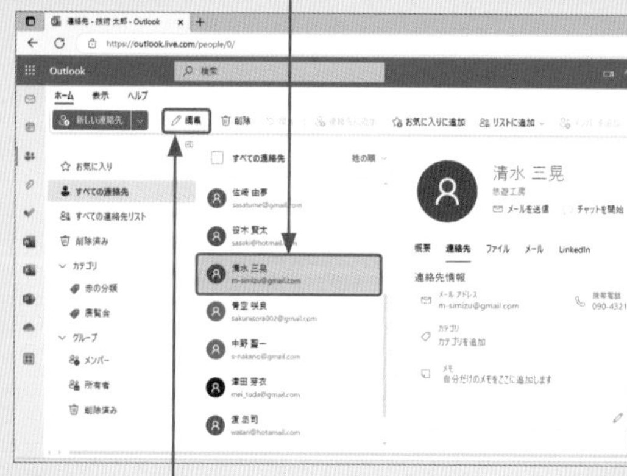

8 [編集]をクリックすると、

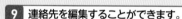

9 連絡先を編集することができます。

Q 453 OutlookでOutlook.comの予定表を表示したい！

A OutlookにMicrosoftアカウントのメールアドレスを登録します。

Outlook.comの予定表は、Microsoftアカウントによって管理されているWebサイトに保存されています。OutlookでOutlook.comの予定表を表示するには、OutlookにMicrosoftアカウントのメールアドレスを登録します。Outlook.comの予定表とOutlookに登録した予定表の内容は同期されます。

1 [ファイル]タブをクリックして、

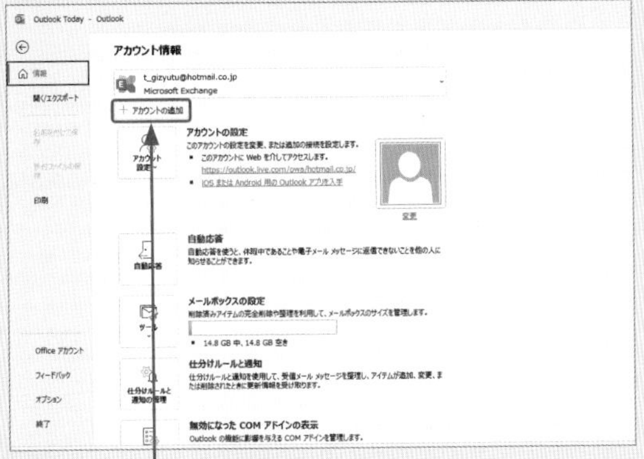

2 [アカウントの追加]をクリックします。

3 Microsoftアカウントのメールアドレスを入力して、

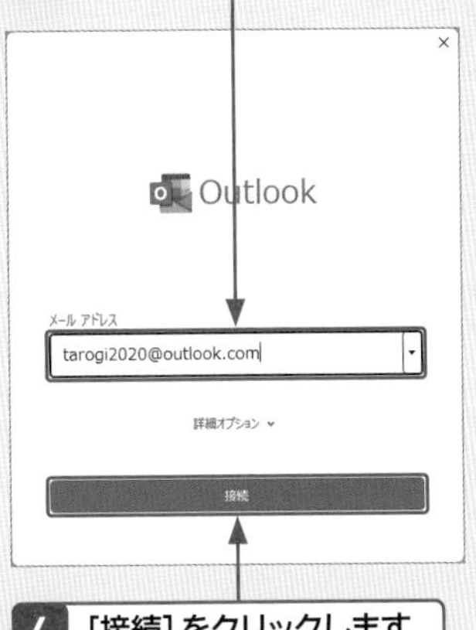

4 [接続]をクリックします。

5 「アカウントが正常に追加されました」と表示されたことを確認して、

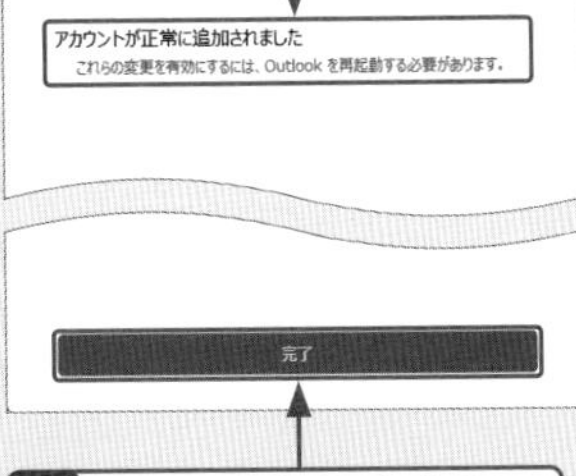

6 [完了]をクリックすると、

7 Microsoftアカウントのメールアカウントが追加表示されます。

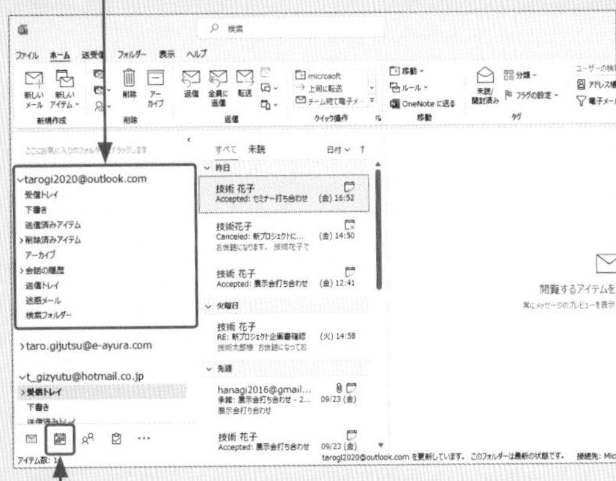

8 ナビゲーションバーの[予定表]をクリックすると、

9 Outlook.comの予定表が追加されているのが確認できます。

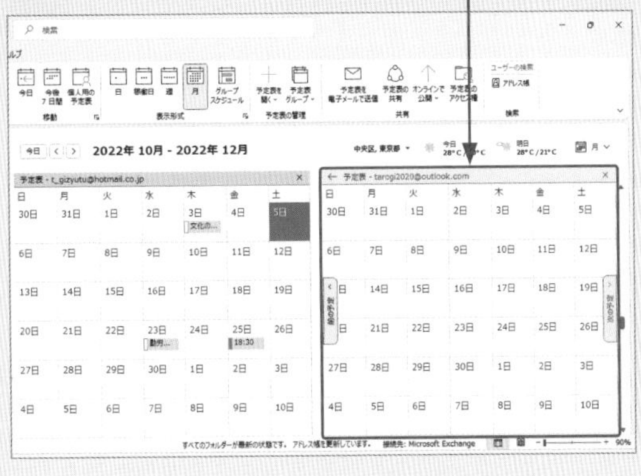

重要度 ★★★　そのほかの連携・共同作業

Q 454 OutlookでOneDriveのファイルを共同編集したい

A OneDriveのファイルの共有リンクをコピーして送信します。

Microsoft アカウントのメールアドレスを登録していれば、オンラインストレージサービスのOneDrive を利用して、ファイルを共同で編集することができます。OneDriveのファイルを共有するには、エクスプローラーでOneDriveのファイルを右クリックして、共有リンクをコピーし、メールで送信します。

● OneDrive 上のファイルを共有する

1 エクスプローラーでOneDriveを表示して、共有するファイルを右クリックし、

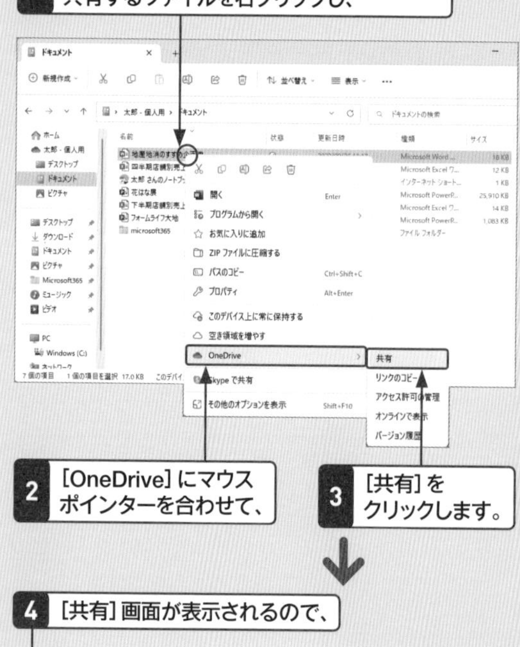

2 [OneDrive] にマウスポインターを合わせて、

3 [共有] をクリックします。

4 [共有] 画面が表示されるので、

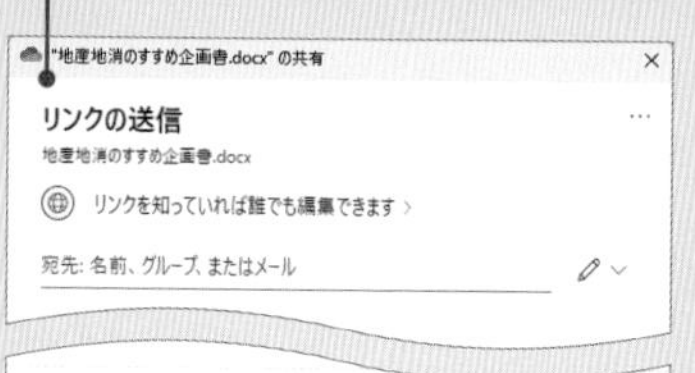

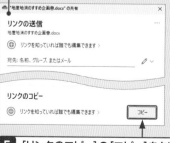

5 [リンクのコピー] の [コピー] をクリックして、

6 [コピー] をクリックし、

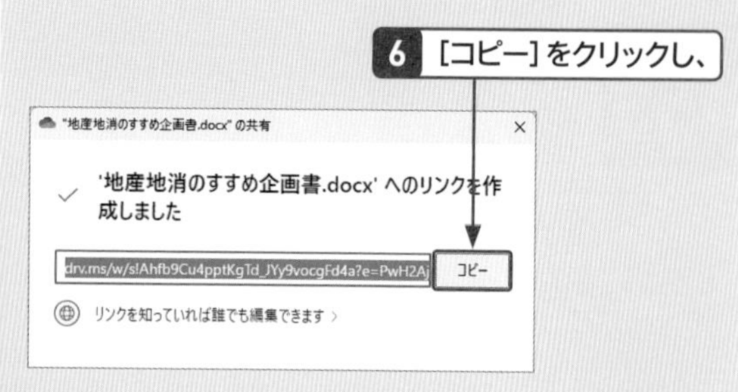

7 メールに貼り付けて送信します。

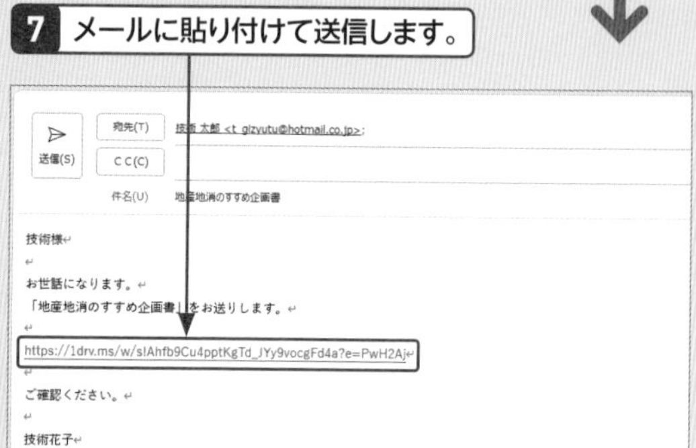

● OneDrive 上のファイルを編集する

1 受信したメールを開いて、

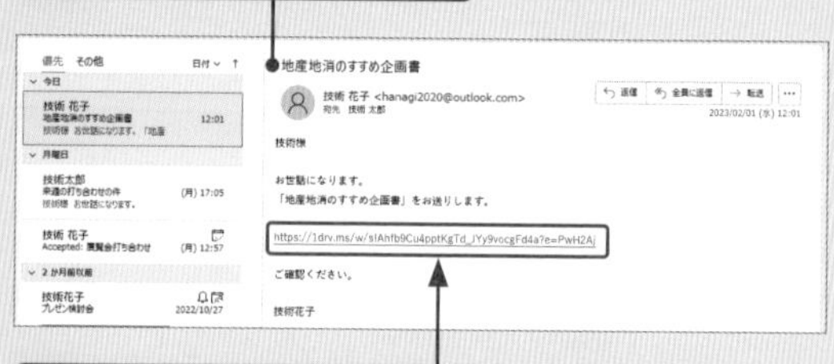

2 共有ファイルへのリンクをクリックすると、

3 Web上で文書が表示されます。

4 [編集] をクリックすると、

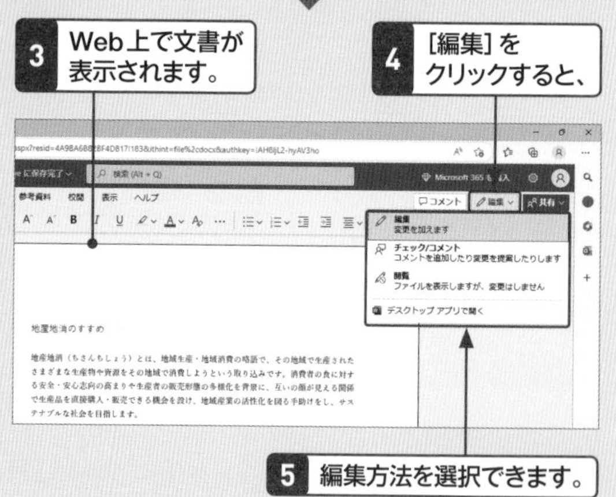

5 編集方法を選択できます。

Q 455 OutlookでGoogleカレンダーを表示したい!

A Googleカレンダーの URLをコピーして貼り付けます。

Googleカレンダーは、Googleが提供するスケジュール管理サービスです。OutlookでGoogleカレンダーを利用するには、WebブラウザーでGoogleカレンダーを開き、iCal形式の非公開URLをコピーして、下の手順でOutlookの予定表に追加します。

なお、下記の方法で表示したGoogleカレンダーは、予定の閲覧はできますが、予定を変更したり新規登録したりすることはできません。

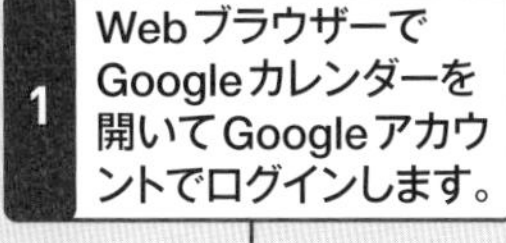

1 WebブラウザーでGoogleカレンダーを開いてGoogleアカウントでログインします。

2 [設定メニュー]をクリックして、

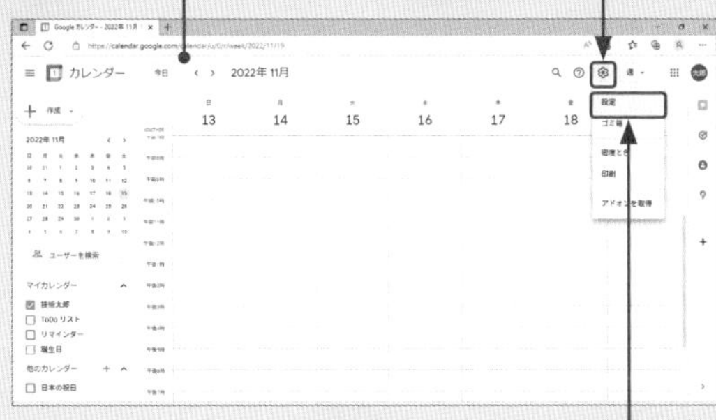

3 [設定]をクリックします。

4 同期したいレンダー名をクリックして、

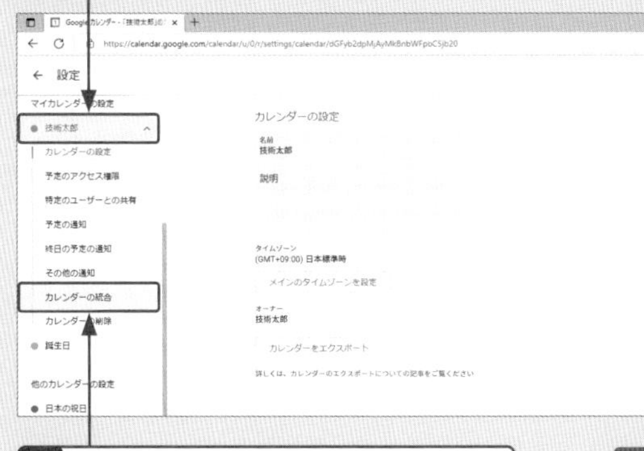

5 [カレンダーの統合]をクリックします。

6 [iCall形式の非公開URL]の[表示を切り替え]をクリックすると、非公開URLが表示されるので、

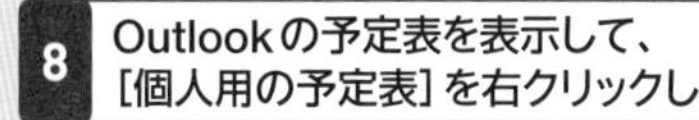

7 [クリップボードにコピー]をクリックします。

8 Outlookの予定表を表示して、[個人用の予定表]を右クリックし、

9 [予定表の追加]にマウスポインターを合わせて、

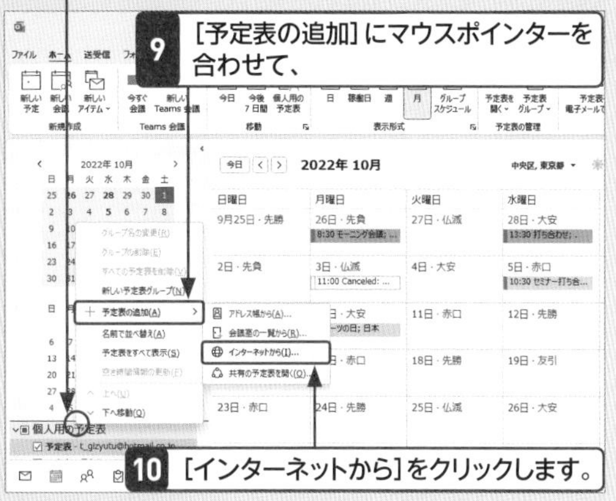

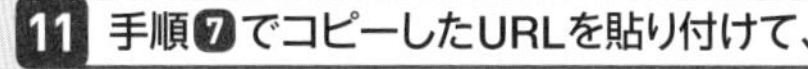

10 [インターネットから]をクリックします。

11 手順7でコピーしたURLを貼り付けて、

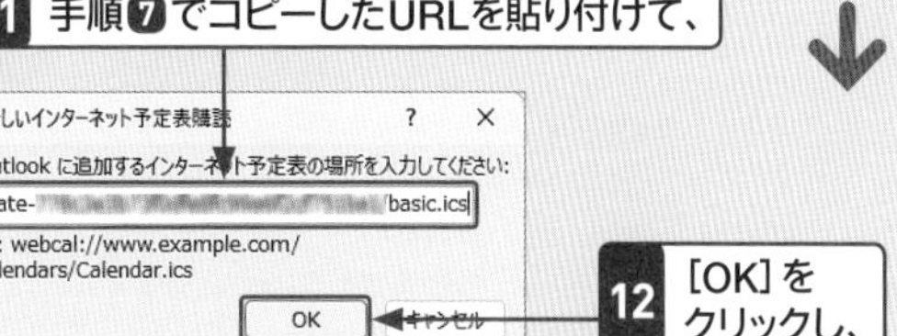

12 [OK]をクリックし、

13 [はい]をクリックすると、

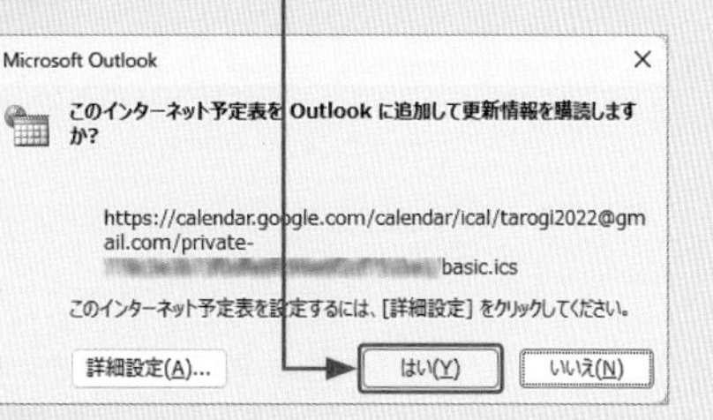

14 Googleカレンダーが追加され、表示されます。

重要度 ★★★　スマートフォン

Q 456 メールをスマートフォンのOutlookで確認したい!

A 「Microsoft Outlook」アプリをインストールします。

スマートフォンでOutlookを使うには、「Microsoft Outlook」アプリをインストールします。iPhoneの場合は「App Store」から、Androidスマートフォンの場合は「Playストア」からダウンロードしてインストールします。パソコンのOutlookで利用しているMicrosoftアカウントのメールアドレスを設定すると、メールや予定表が同期されます。

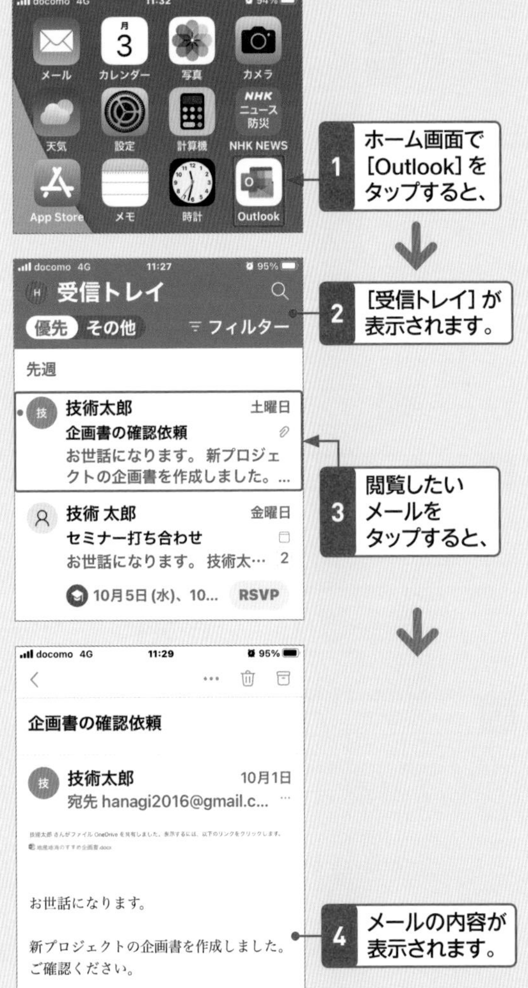

重要度 ★★★　スマートフォン

Q 457 予定表をスマートフォンのOutlookで確認したい!

A 「Microsoft Outlook」アプリで[予定表]をタップします。

Outlookの予定表をスマートフォンで確認するには、「Microsoft Outlook」アプリを起動して、画面右下の[予定表]をタップします。予定表が表示されるので、閲覧したい予定をタップすると、予定の内容が表示されます。なお、手順❸の画面で▤をタップすると、予定の一覧のほか、「1日」「3日間」「月」のいずれかの表示に切り替えることができます。

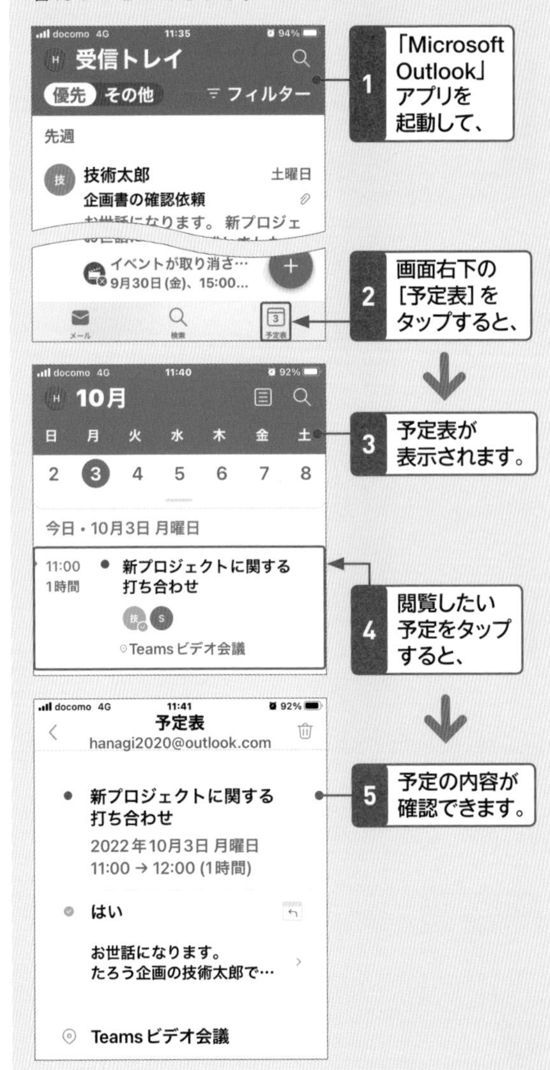

第11章

そのほかの便利機能

重要度★★★ Outlook Today

Q 458 Outlook Todayとは？

A 現在登録されている情報をまとめて表示する機能です。

「Outlook Today」は、[予定表]、[タスク]、[メッセージ]の今日現在の情報を1画面にまとめて表示する機能です。

[予定表]では今日から数日分の予定が、[タスク]では今後のタスクの一覧が、[メッセージ]では[受信トレイ]などにあるメールの未読数が表示されます。Outlook Todayを利用すると、今日行うべき仕事を瞬時に確認することができます。表示する項目内容や表示スタイルは、変更することができます。

Outlook Todayを表示するには、[メール]画面で、メールアカウント名をクリックします（複数ある場合はどちらかのメールアカウント名）。ここでは、Outlook Todayの画面構成を確認しましょう。

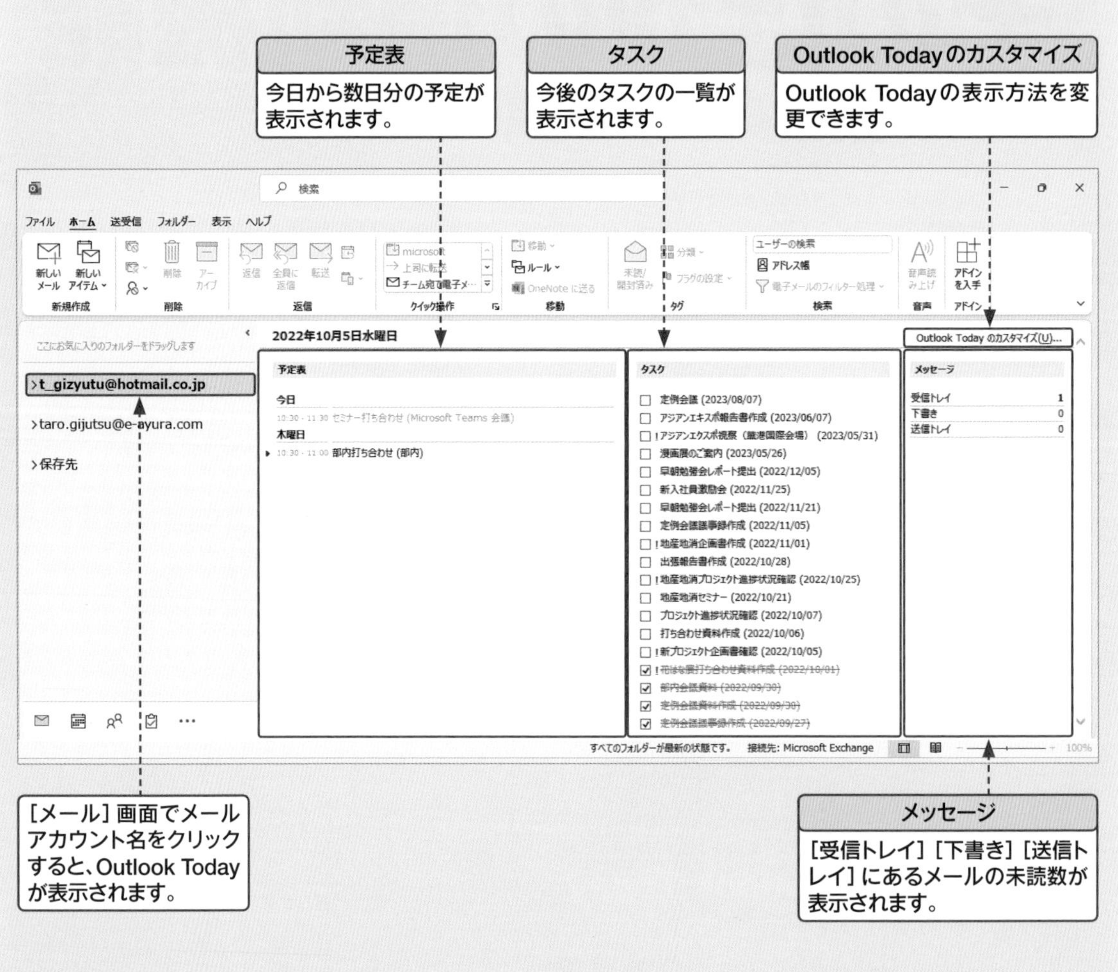

重要度 ★★★ Outlook Today

Q 459 Outlook Todayの表示を変更したい!

A Outlook Today画面で[Outlook Todayのカスタマイズ]をクリックします。

Outlook Todayの表示を変更するには、Outlook Today画面で[Outlook Todayのカスタマイズ]をクリックします。メールや予定表、タスクなどの表示の変更のほかに、Outlookの起動時にOutlook Todayを表示するように設定したり、Outlook Todayのスタイルなどを変更することもできます。

1 メールアカウント名をクリックして、

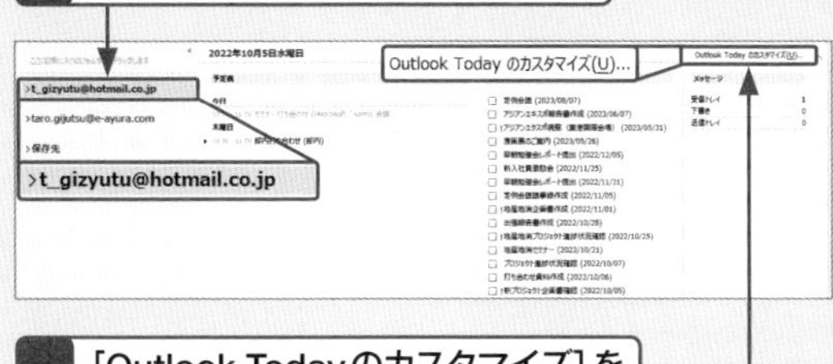

2 [Outlook Todayのカスタマイズ]をクリックします。

3 目的の項目を設定して、

4 [変更の保存]をクリックします。

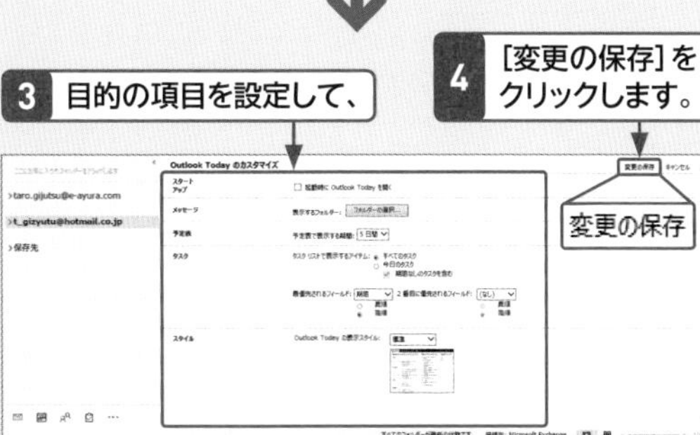

●[Outlook Todayのカスタマイズ]画面の設定項目

項目	機能
スタートアップ	Outlookの起動時にOutlook Todayを表示するかどうかを設定します。
メッセージ	[フォルダーの選択]をクリックして、[メッセージ]に表示するメールのフォルダーを設定します。
予定表	[予定表]に表示する期間を「1日間～7日間」の中から設定します。
タスク	[タスク]に表示するアイテムと、フィールドの優先順などを設定します。
スタイル	Outlook Todayの表示スタイルを設定します。

●[メッセージ]に表示するフォルダーを変更する

1 [フォルダーの選択]をクリックして、

2 表示するフォルダーをクリックしてオンにし、

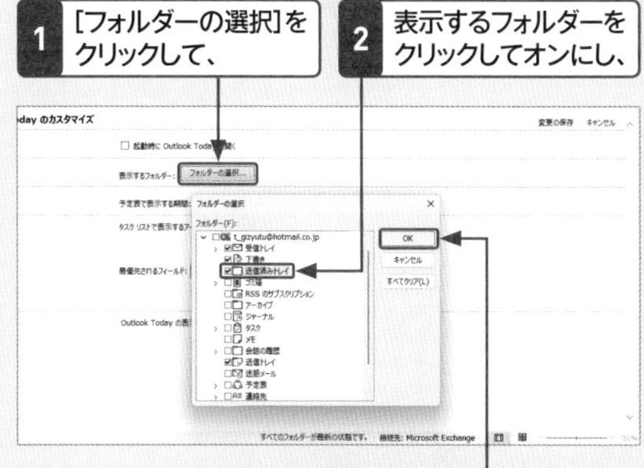

3 [OK]をクリックします。

● Outlook Todayの表示スタイルを変更する

1 ここをクリックして、設定したいスタイル(ここでは[黄昏])をクリックします。

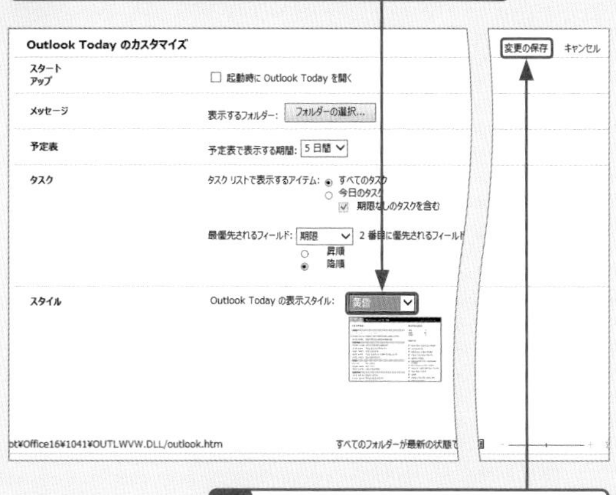

2 [変更の保存]をクリックすると、

3 Outlook Todayの表示スタイルが変更されます。

重要度 ★★★ メモ

Q 460 メモを作成したい!

A ナビゲーションバーから[メモ]をクリックして作成します。

Outlookには、予定表やタスクに登録するまでもない内容を書き留めて管理ができる[メモ]機能が用意されています。ナビゲーションバーの…(Microsoft 365では[その他のアプリ])をクリックして、[メモ]をクリックすると、[メモ]画面が表示されます。

1 ナビゲーションバーのここをクリックして、

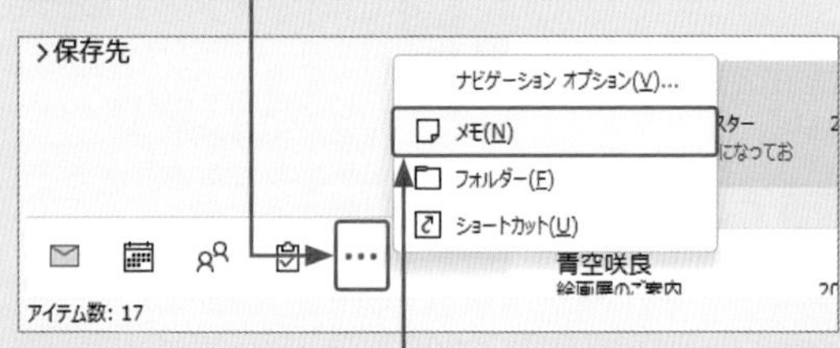

2 [メモ]をクリックします。

3 [ホーム]タブの[新しいメモ]をクリックして、

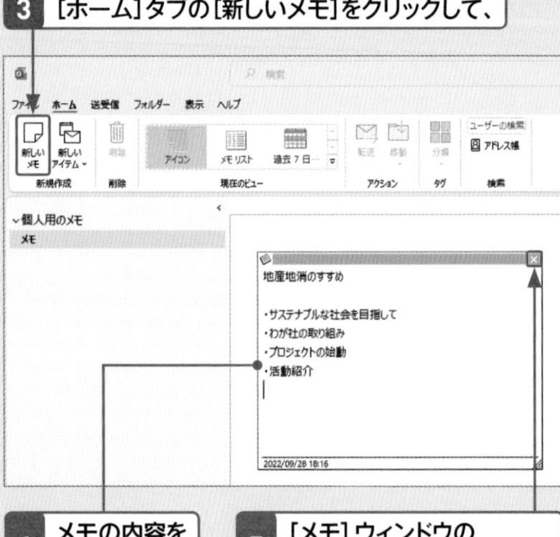

4 メモの内容を入力します。

5 [メモ]ウィンドウの[閉じる]をクリックすると、

6 メモが保存され、アイコンで表示されます。

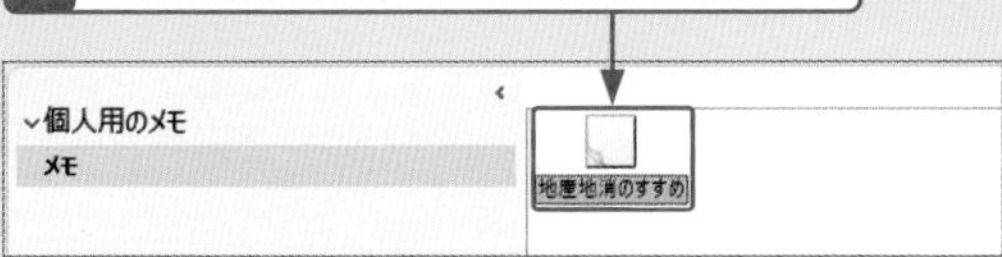

重要度 ★★★ メモ

Q 461 メモを表示したい!

A メモをダブルクリックします。

[メモ]画面に保存されたメモを表示するには、メモをダブルクリックします。表示された[メモ]ウィンドウは、ドラッグしてデスクトップの任意の場所に移動することができます。メモは、[メール]画面や[予定表]画面に切り替えた際にも表示されています。
また、Outlookを最小化すると、デスクトップ上に[メモ]ウィンドウのみが表示されます。ただし、Outlookを終了すると、メモも閉じてしまいます。

1 メモをダブルクリックすると、

2 [メモ]ウィンドウが表示されます。

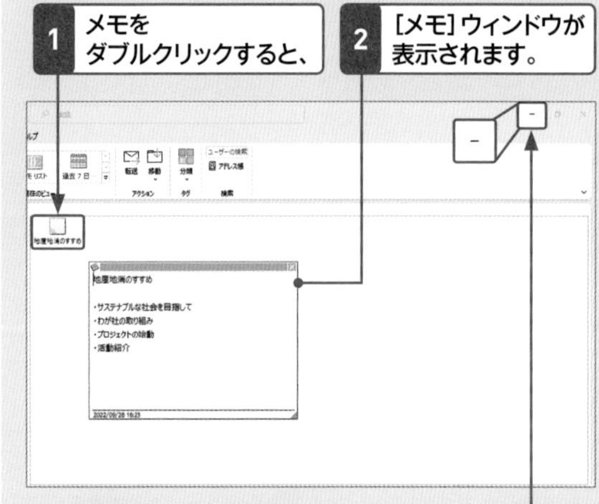

3 Outlookの画面の[最小化]をクリックすると、

4 デスクトップ上に[メモ]ウィンドウのみが表示されます。

重要度 ★★★　メモ

Q 462 メモの色を変更したい！

A ［分類項目］を使用して色を設定します。

メモは初期設定では黄色で作成されますが、分類項目の色に変更することができます。メモをクリックして、［ホーム］タブの［分類］クリックし、一覧から変更したい色をクリックします。一覧に使用したい色がない場合は、［すべての分類項目］をクリックして、新規に分類項目を作成します。

1 メモをクリックして、

2 ［ホーム］タブの［分類］をクリックし、

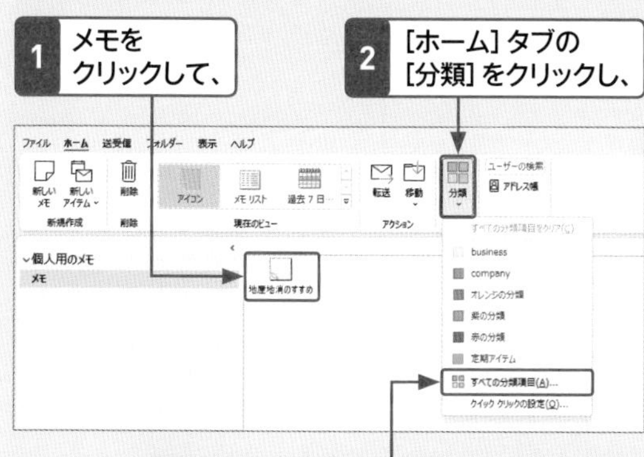

3 ［すべての分類項目］をクリックします。

4 ［新規作成］をクリックして、

5 分類項目の名前を入力し、

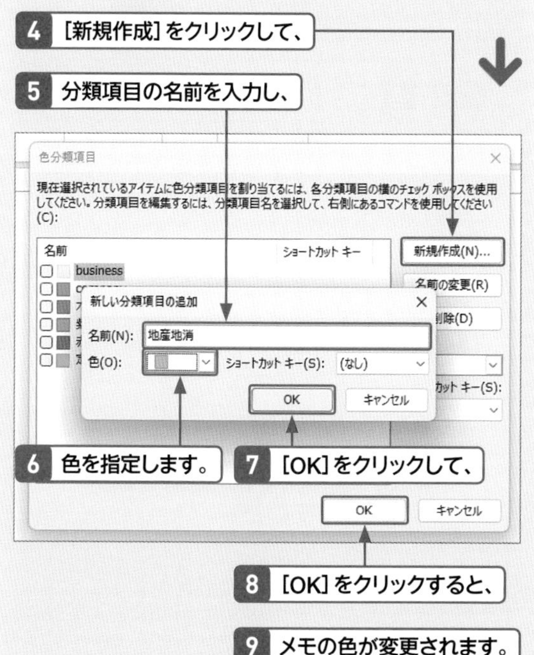

6 色を指定します。

7 ［OK］をクリックして、

8 ［OK］をクリックすると、

9 メモの色が変更されます。

重要度 ★★★　メモ

Q 463 メモのサイズを変更したい！

A ［メモ］ウィンドウの右下隅をドラッグします。

メモのサイズは自由に変更することができます。［メモ］ウィンドウを表示して右下隅にマウスポインターを合わせ、ポインターの形が⤡に変わった状態でドラッグします。

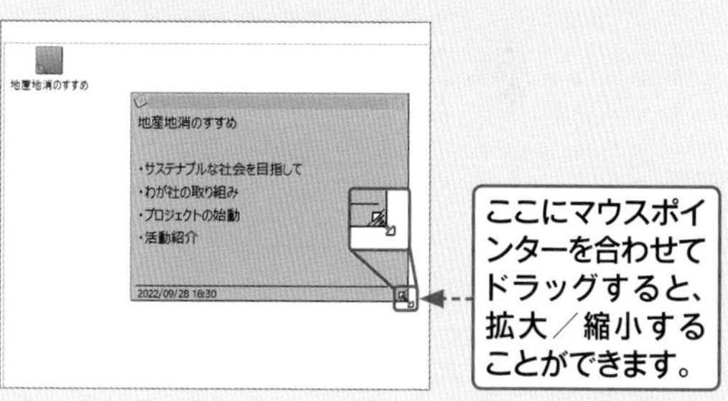

ここにマウスポインターを合わせてドラッグすると、拡大／縮小することができます。

重要度 ★★★　メモ

Q 464 メモを削除したい！

A メモをクリックして、［ホーム］タブの［削除］をクリックします。

メモを削除するには、メモをクリックして［ホーム］タブの［削除］をクリックします。［メモ］ウィンドウを表示している場合は、左上の をクリックして［削除］をクリックします。

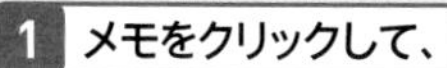

1 メモをクリックして、

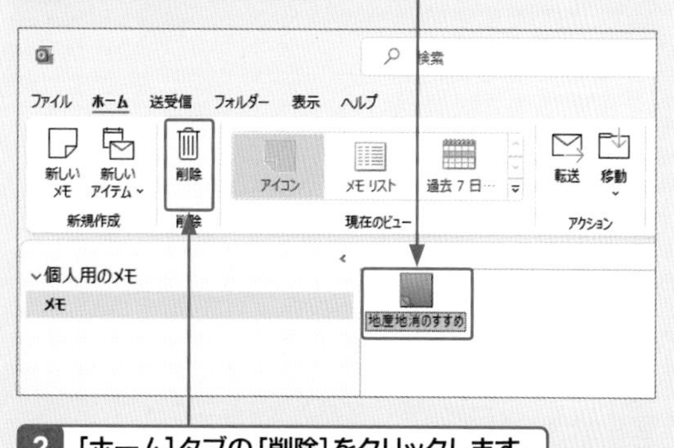

2 ［ホーム］タブの［削除］をクリックします。

重要度 ★★★　データ整理

Q 465 [削除済みアイテム]の中を自動的に空にしたい!

A [Outlookのオプション]ダイアログボックスで設定します。

[削除済みアイテム]フォルダーは、Outlookの終了時に自動的に空にするように設定することができます。[Outlookのオプション]ダイアログボックスの[詳細設定]で設定します。

終了時に削除済みアイテムフォルダーを空にするように設定すると、Outlookの終了時に確認のメッセージが表示されます。

1 [ファイル]タブから[オプション]をクリックして、[Outlookのオプション]ダイアログボックスを表示します。

2 [詳細設定]をクリックして、

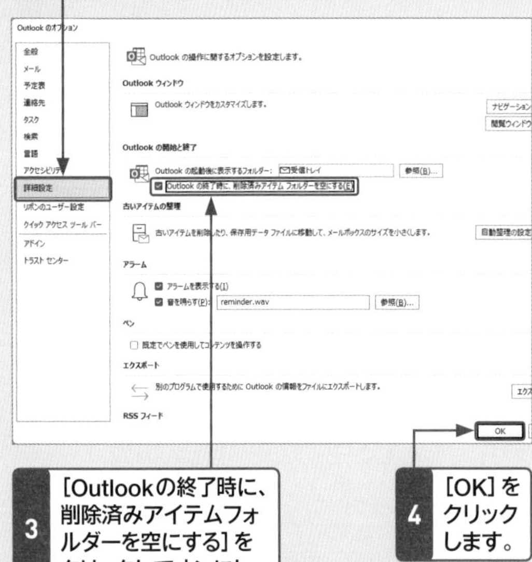

3 [Outlookの終了時に、削除済みアイテムフォルダーを空にする]をクリックしてオンにし、

4 [OK]をクリックします。

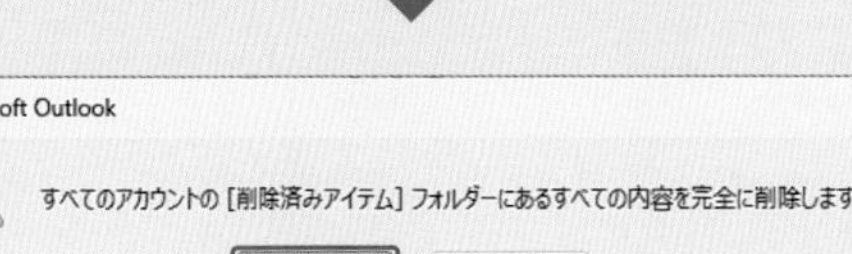

5 Outlookの終了時に確認のメッセージが表示されるので、[はい]をクリックします。

重要度 ★★★　データ整理

Q 466 各フォルダーのサイズを確認したい!

A [メールボックスの整理]ダイアログボックスから確認します。

各フォルダーのサイズを確認するには、[ファイル]タブの[ツール]から[メールボックスの整理]をクリックし、表示される[メールボックスの整理]ダイアログボックスから確認します。

1 [ファイル]タブをクリックして、

2 [ツール]をクリックし、

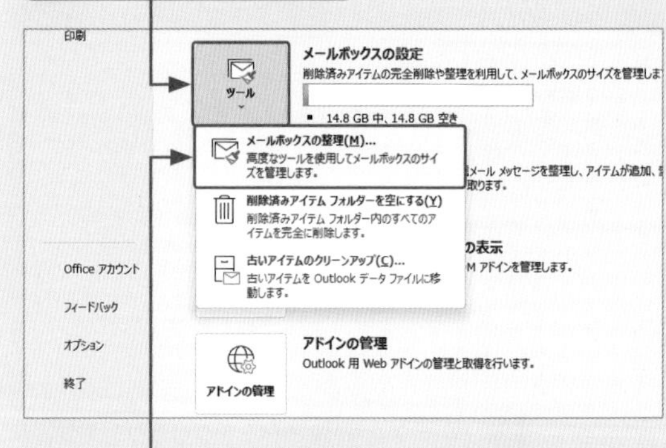

3 [メールボックスの整理]をクリックします。

4 [メールボックスのサイズを表示]をクリックすると、

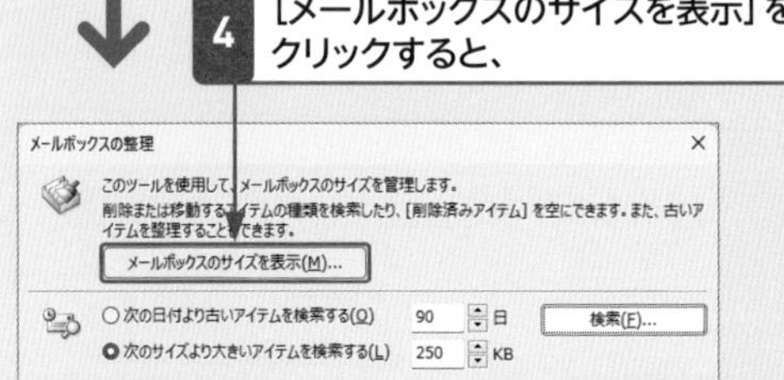

5 各フォルダーのサイズを確認できます。

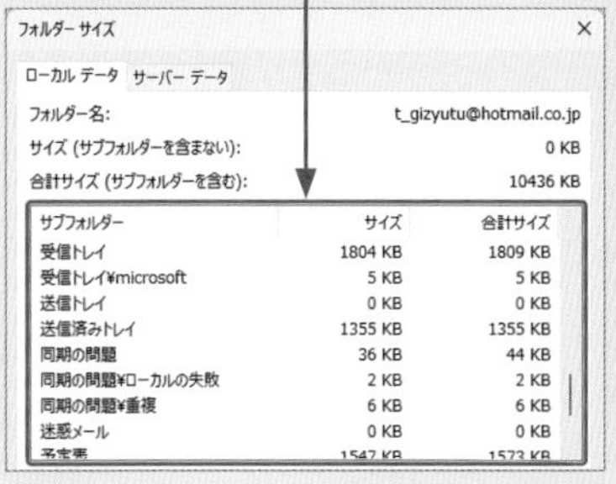

サブフォルダー	サイズ	合計サイズ
受信トレイ	1804 KB	1809 KB
受信トレイ¥microsoft	5 KB	5 KB
送信トレイ	0 KB	0 KB
送信済みトレイ	1355 KB	1355 KB
同期の問題	36 KB	44 KB
同期の問題¥ローカルの失敗	2 KB	2 KB
同期の問題¥重複	6 KB	6 KB
迷惑メール	0 KB	0 KB

Q 467 Outlookのデータをバックアップ／移行するには？

A インポートとエクスポートを利用します。

● バックアップと移行／復元

Outlookでは、メールや連絡先などのデータはすべてOutlookデータファイル（.pst）に保存されます。このデータファイルをバックアップすることによってメールや連絡先のデータをまとめて移行／復元することができます。バックアップデータの移行／復元は、Outlookの同じバージョンだけでなく、異なるバージョンや別のパソコンでも行えます。
なお、Outlookデータファイル（.pst）はメールアカウントごとに作成されます。メールアカウントが複数ある場合は、メールアカウントの数だけバックアップや移行／復元を行う必要があります。

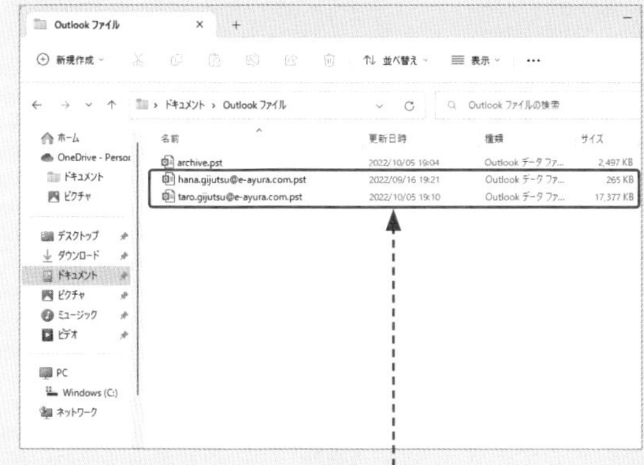

メールや連絡先などのデータはすべてOutlookデータファイル（.pst）に保存されます。

● データのエクスポート

データをバックアップをするには、Outlookデータファイル（.pst）をエクスポート（書き出し）して、USBメモリーや外付けのハードディスク、CD／DVDなどに保存します。
Outlookデータファイルをバックアップしておくと、データを別のパソコンに移行したい場合や、なんらかの原因でデータが失われてしまった場合でも、バックアップデータからメールや連絡先を復元することができます。

Outlookのデータを保存（バックアップ）するときは、エクスポート機能を利用します。

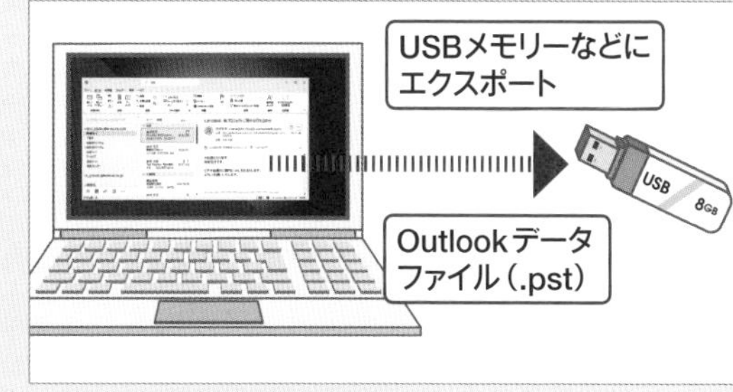

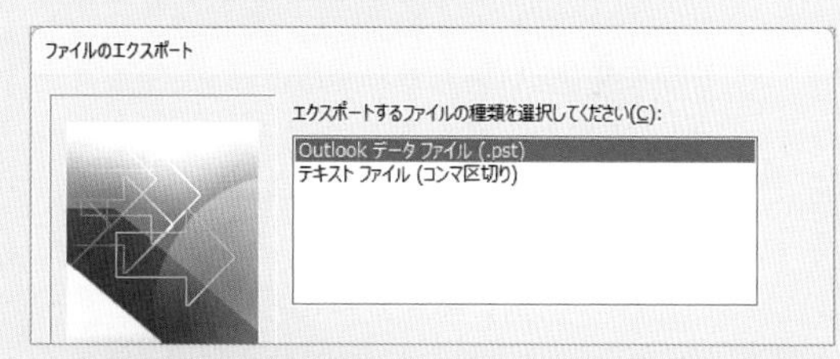

● データのインポート

データを移行／復元するには、利用する側で、Outlookバックアップデータをインポート（書き込み）します。データファイル内のデータをすべて移行することも、メールや連絡先など特定のデータだけを移行することもできます。

バックアップしたOutlookのデータを移行するときは、インポート機能を利用します。

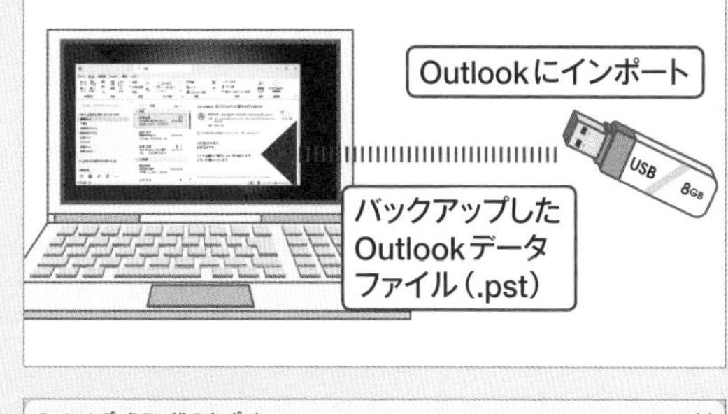

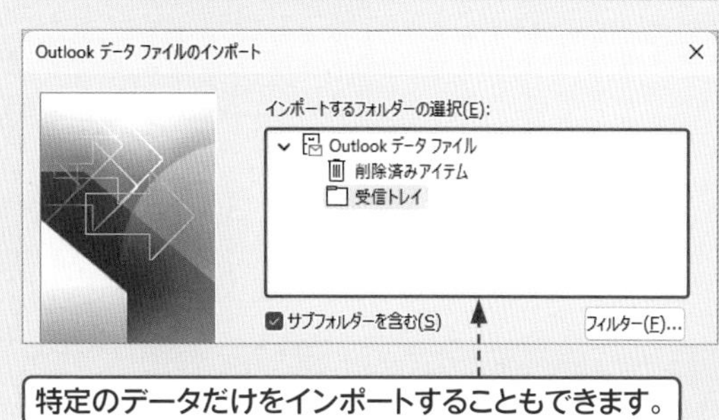

特定のデータだけをインポートすることもできます。

重要度 ★★★　バックアップ／データ移行

Q 468 Outlookのデータをバックアップしたい！

A Outlookデータファイルをエクスポートします。

Outlookでは、メールや連絡先などのデータをUSBメモリーや外付けのハードディスクなどに保存(バックアップ)しておくことができます。データを保存しておくと、データを別のパソコンに移行したり、パソコンが故障してデータが失われた場合に、保存したデータを使って、データをもとに戻したりすることができます。Outlookのメールや連絡先などのデータは、Outlookデータファイル(.pst)に保存されます。このOutlookデータファイルを書き出すことで、メールや連絡先などを一度にバックアップすることができます。データのバックアップには、「エクスポート」機能を利用します。

ここでは、OutlookのデータをUSBメモリーにバックアップします。

1 パソコンにUSBメモリーを接続します。

2 Outlookを起動して、[ファイル]タブをクリックし、

3 [開く／エクスポート]をクリックして、

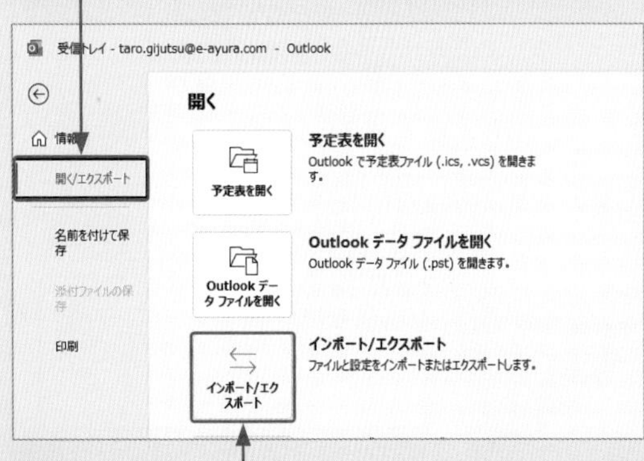

4 [インポート／エクスポート]をクリックします。

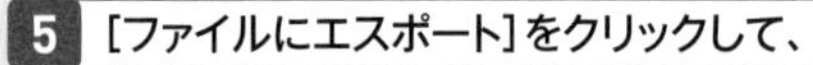

5 [ファイルにエスポート]をクリックして、

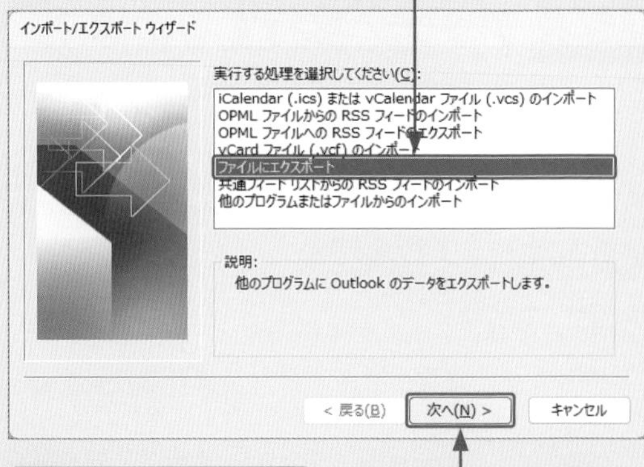

6 [次へ]をクリックし、

7 [Outlookデータファイル(.pst)]をクリックして、

8 [次へ]をクリックします。

9 バックアップするメールアカウントをクリックして、

10 [サブフォルダーを含む]をクリックしてオンにし、

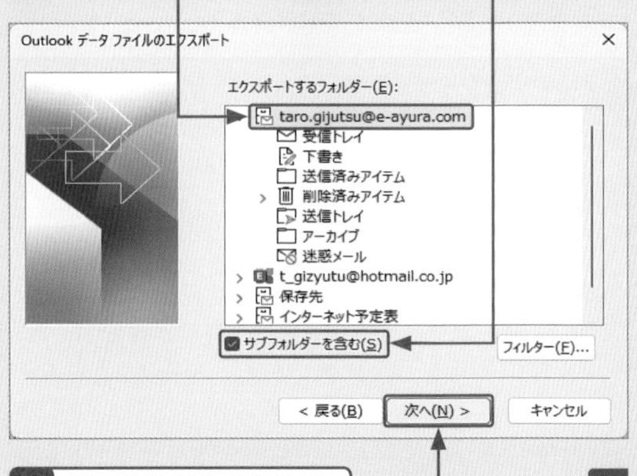

11 [次へ]をクリックします。

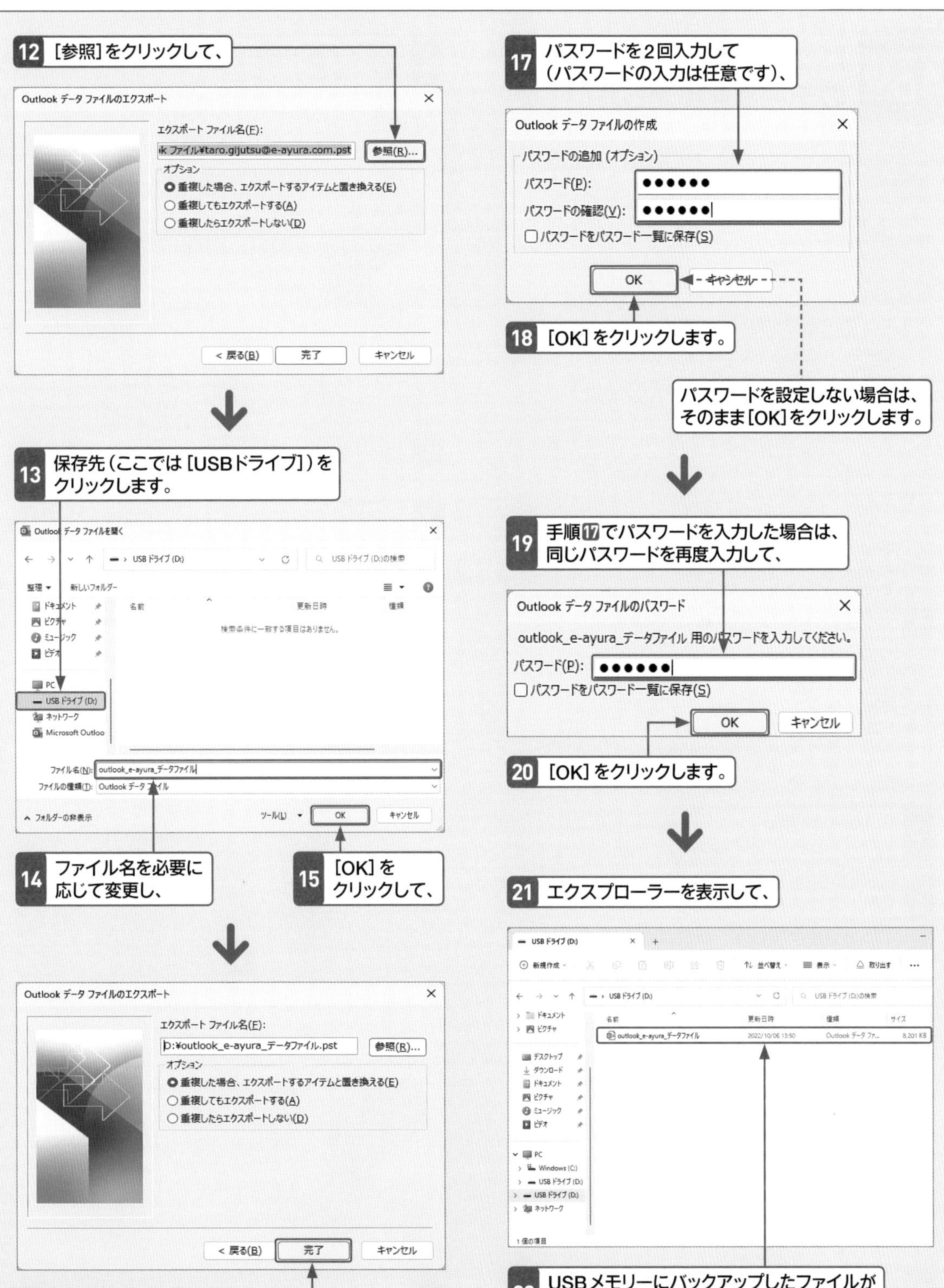

12 [参照]をクリックして、
Outlook データ ファイルのエクスポート
エクスポート ファイル名(E):
参照(R)...
オプション
重複した場合、エクスポートするアイテムと置き換える(E)
重複してもエクスポートする(A)
重複したらエクスポートしない(D)
< 戻る(B)
完了
キャンセル
13 保存先(ここでは[USBドライブ])をクリックします。
Outlook データ ファイルを開く
USB ドライブ (D:)
ファイル名(N): outlook_e-ayura_データファイル
ファイルの種類(T): Outlook データ ファイル
OK
キャンセル
14 ファイル名を必要に応じて変更し、
15 [OK]をクリックして、
Outlook データ ファイルのエクスポート
エクスポート ファイル名(E):
D:¥outlook_e-ayura_データファイル.pst
参照(R)...
16 [完了]をクリックします。
17 パスワードを2回入力して(パスワードの入力は任意です)、
Outlook データ ファイルの作成
パスワードの追加 (オプション)
パスワード(P):
パスワードの確認(V):
パスワードをパスワード一覧に保存(S)
OK
キャンセル
18 [OK]をクリックします。
パスワードを設定しない場合は、そのまま[OK]をクリックします。
19 手順17でパスワードを入力した場合は、同じパスワードを再度入力して、
Outlook データ ファイルのパスワード
outlook_e-ayura_データファイル 用のパスワードを入力してください。
パスワード(P):
パスワードをパスワード一覧に保存(S)
OK
キャンセル
20 [OK]をクリックします。
21 エクスプローラーを表示して、
USB ドライブ (D:)
outlook_e-ayura_データファイル
22 USBメモリーにバックアップしたファイルが保存されていることを確認します。

Q 469 バックアップしたOutlookのデータを復元したい！

A バックアップしたOutlookデータファイルをインポートします。

パソコンを修理した際にハードディスクを初期化したり、Windowsを再インストールしたりした場合は、Outlookのデータが失われていることがあります。この場合は、Outlookを再インストールして、バックアップしたデータを復元することで、もとの状態に戻すことができます。Outlookでデータを復元するには、「インポート」機能を利用します。バックアップしたOutlookデータファイル(.pst)に含まれるすべてのデータを復元したり、特定のデータを指定して復元したりすることができます。

ここでは、USBメモリーに保存したOutlookのバックアップデータをインポートします。

1 パソコンにUSBメモリーを接続します。

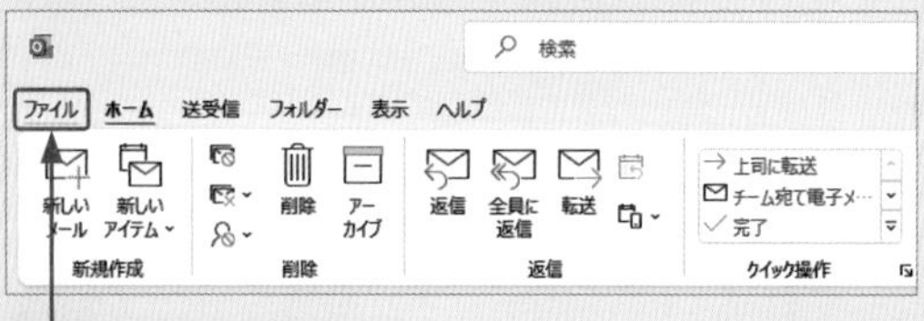

2 Outlookを起動して、[ファイル] タブをクリックし、

3 [開く／エクスポート] をクリックして、

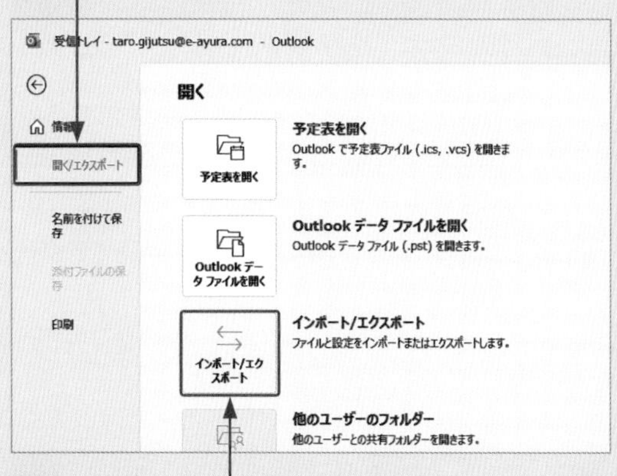

4 [インポート／エクスポート] をクリックします。

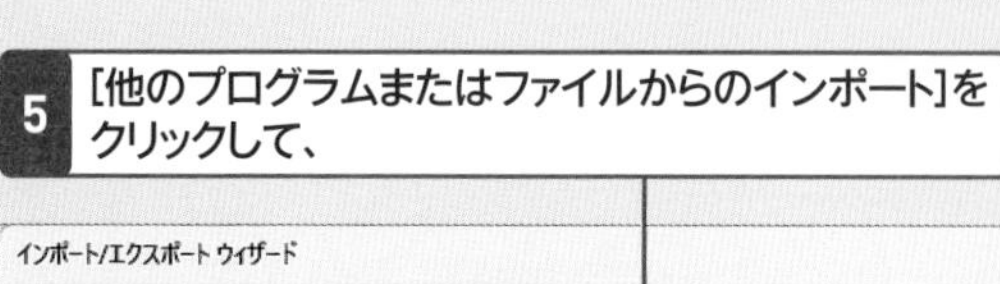

5 [他のプログラムまたはファイルからのインポート]をクリックして、

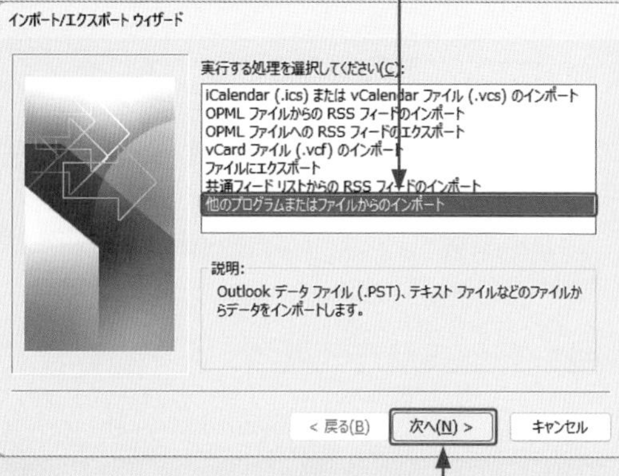

6 [次へ] をクリックします。

7 [Outlookデータファイル(.pst)]をクリックして、

8 [次へ] をクリックし、

9 [参照] をクリックします。

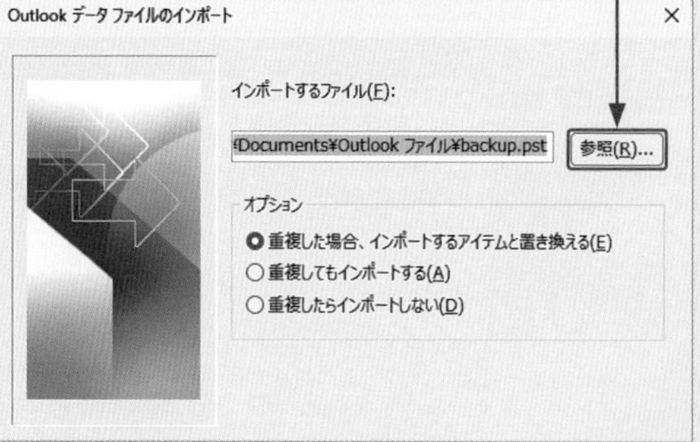

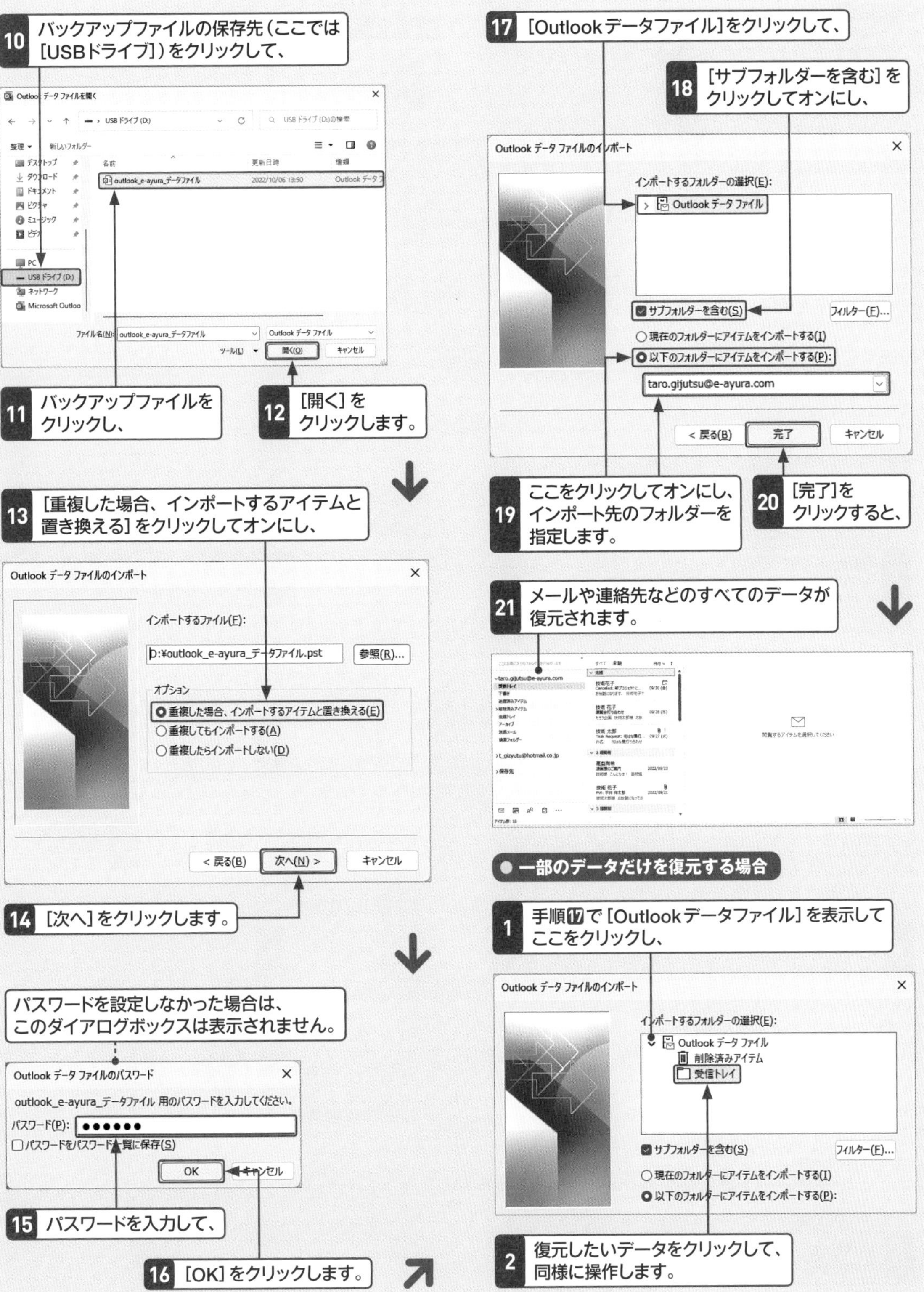
10 バックアップファイルの保存先（ここでは[USBドライブ]）をクリックして、
Outlook データ ファイルを開く
USB ドライブ (D:)
outlook_e-ayura_データファイル
ファイル名(N): outlook_e-ayura_データファイル
Outlook データ ファイル
開く(O)
キャンセル
11 バックアップファイルをクリックし、
12 [開く]をクリックします。
13 [重複した場合、インポートするアイテムと置き換える]をクリックしてオンにし、
Outlook データ ファイルのインポート
インポートするファイル(F):
D:¥outlook_e-ayura_データファイル.pst
参照(R)...
オプション
重複した場合、インポートするアイテムと置き換える(E)
重複してもインポートする(A)
重複したらインポートしない(D)
< 戻る(B)
次へ(N) >
キャンセル
14 [次へ]をクリックします。
パスワードを設定しなかった場合は、このダイアログボックスは表示されません。
Outlook データ ファイルのパスワード
outlook_e-ayura_データファイル 用のパスワードを入力してください。
パスワード(P):
パスワードをパスワード一覧に保存(S)
OK
キャンセル
15 パスワードを入力して、
16 [OK]をクリックします。
17 [Outlookデータファイル]をクリックして、
18 [サブフォルダーを含む]をクリックしてオンにし、
Outlook データ ファイルのインポート
インポートするフォルダーの選択(E):
Outlook データ ファイル
サブフォルダーを含む(S)
フィルター(F)...
現在のフォルダーにアイテムをインポートする(I)
以下のフォルダーにアイテムをインポートする(P):
taro.gijutsu@e-ayura.com
< 戻る(B)
完了
キャンセル
19 ここをクリックしてオンにし、インポート先のフォルダーを指定します。
20 [完了]をクリックすると、
21 メールや連絡先などのすべてのデータが復元されます。
一部のデータだけを復元する場合
1 手順17で[Outlookデータファイル]を表示してここをクリックし、
Outlook データ ファイルのインポート
インポートするフォルダーの選択(E):
Outlook データ ファイル
削除済みアイテム
受信トレイ
サブフォルダーを含む(S)
フィルター(F)...
現在のフォルダーにアイテムをインポートする(I)
以下のフォルダーにアイテムをインポートする(P):
2 復元したいデータをクリックして、同様に操作します。

重要度 ★★★ トラブル解決

Q 470 Outlookが起動しない！

A Officeプログラムを修復するか、新しくプロファイルを作成します。

Outlookが起動しなかったり、起動時に「Microsoft Exchangeへの接続ができません」などのメッセージが表示されたりする場合は、Officeプログラムの修復を行います。修復を行っても起動しない、あるいはエラーが解決しない場合は、新しいプロファイルを追加してメールアカウントを設定します。

● Officeプログラムを修復する

1 タスクバーの［検索］をクリックして、「コントロールパネル」を検索して表示し、［プログラムのアンインストール］をクリックします。

2 Officeプログラムをクリックして、

3 ［変更］をクリックし、

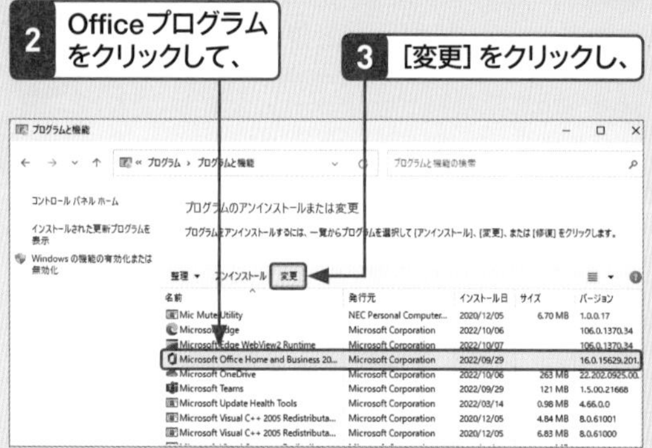

4 ［クイック修復］あるいは［オンライン修復］をクリックしてオンにします。

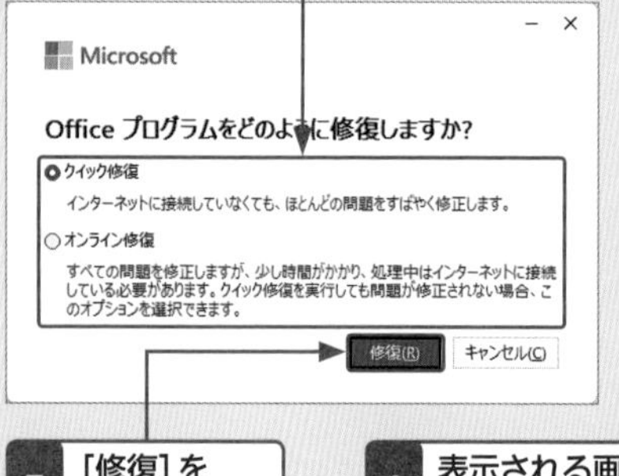

Microsoft
Office プログラムをどのように修復しますか?
クイック修復
インターネットに接続していなくても、ほとんどの問題をすばやく修正します。
オンライン修復
すべての問題を修正しますが、少し時間がかかり、処理中はインターネットに接続している必要があります。クイック修復を実行しても問題が修正されない場合、このオプションを選択できます。
修復(R)
キャンセル(C)

5 ［修復］をクリックして、

6 表示される画面に従って操作します。

● 新しいプロファイルを作成する

1 ［ファイル］タブをクリックして、［アカウント設定］から［プロファイルの管理］をクリックします。

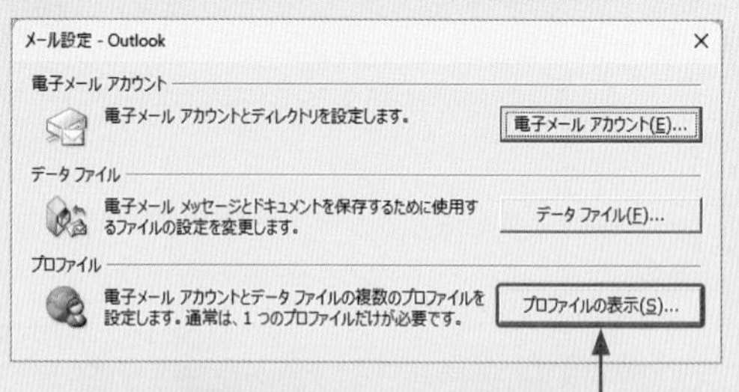

2 ［プロファイルの表示］をクリックして、

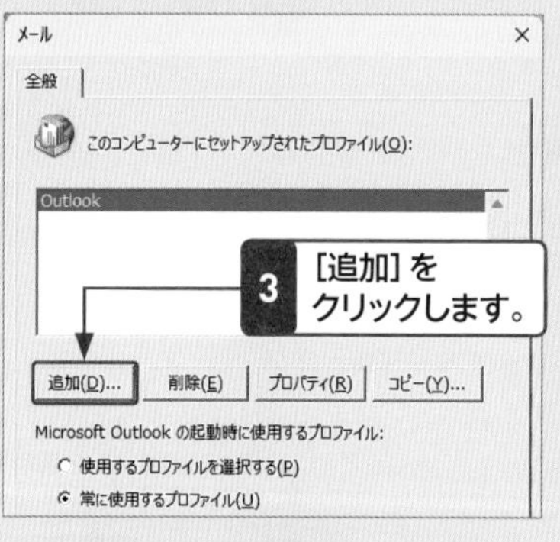

3 ［追加］をクリックします。

4 新しいプロファイル名を入力して、

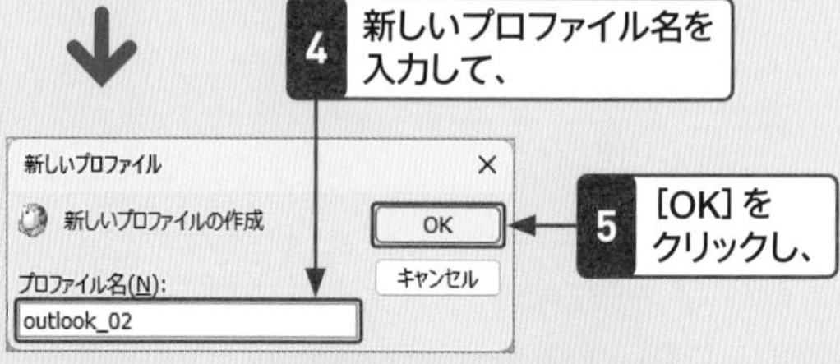

5 ［OK］をクリックし、

6 表示される画面に従ってメールアカウントを設定します。

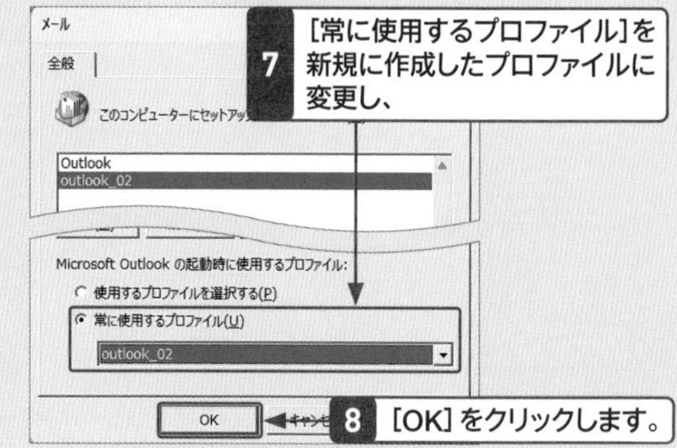

7 ［常に使用するプロファイル］を新規に作成したプロファイルに変更し、

8 ［OK］をクリックします。

重要度 ★★★ トラブル解決

Q 471 Outlookの動作がおかしい！

A1 パソコンを再起動します。

Outlookの動作がおかしいときは、パソコンを再起動すると、動作が正常に戻ることがあります。[スタート]をクリックして[電源]アイコンをクリックし、[再起動]をクリックします。

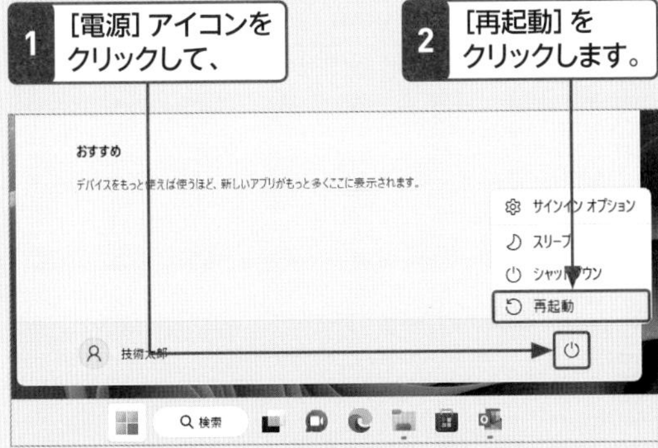

A2 Outlookを最新の状態に更新（アップデート）します。

Outlookを更新（アップデート）すると最適に動作することがあります。[ファイル]タブから[Officeアカウント]をクリックし、[更新オプション]をクリックして、[今すぐ更新]をクリックします。なお、通常は更新プログラムが自動的にインストールされるように設定されています。設定されていない場合は、更新を有効にしましょう。 参照▶Q 009

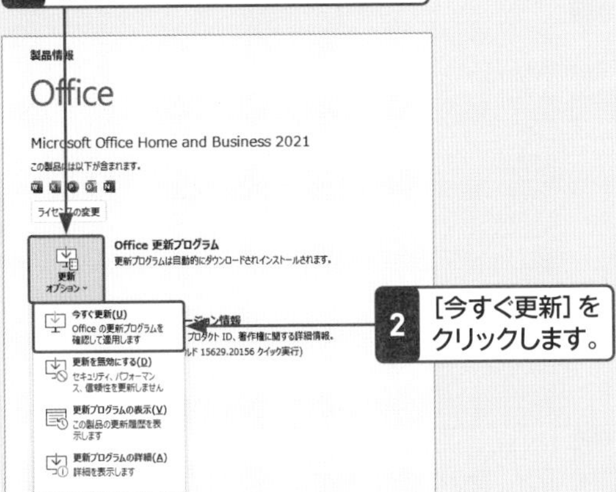

重要度 ★★★ トラブル解決

Q 472 Outlookが反応しなくなった！

A [タスクマネージャー]を起動してOutlookを強制終了します。

Outlookが反応しなくなった場合、通常は「Outlookは応答していません」というメッセージが表示されるので、画面の指示に従います。それでもOutlookが何の反応もしないときは、Ctrl と Alt と Delete を同時に押して、[タスクマネージャー]をクリックするか、[スタート]を右クリックして[タスクマネージャー]をクリックします。続いて、画面に表示されている[Microsoft Outlook]をクリックして、[タスクを終了する]（Windows 10では[タスクの終了]）をクリックして強制終了します。
何度も同じような状態になる場合は、タスクバーの[検索]をクリックして「コントロールパネル」を検索して表示し、Officeプログラムを修復しましょう。

参照▶Q 470

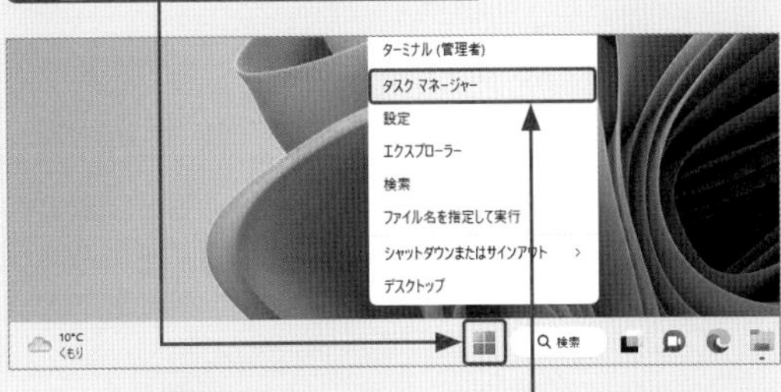

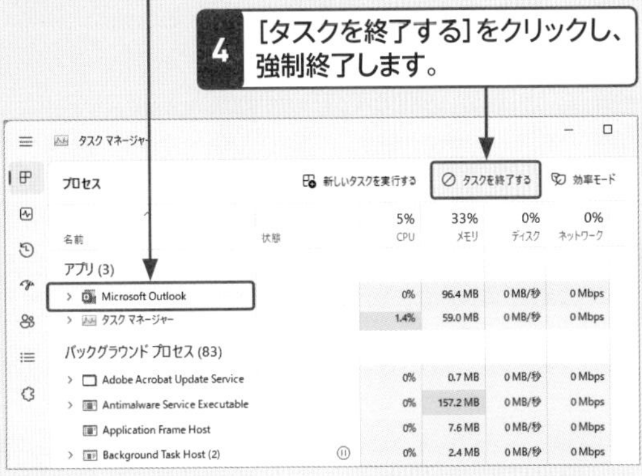

重要度 ★★★ トラブル解決

Q 473 Outlookの起動が遅い！

A アドインを無効にします。

Outlookの起動が遅くなった場合は、アドインが原因していると考えられます。アドインを無効にすることによって、起動時間を短くすることができます。なお、「アドイン」とは、アプリに新しい機能を追加するプログラムのことです。

1 [ファイル]タブから[オプション]をクリックして、[Outlookのオプション] ダイアログボックスを表示します。

2 [アドイン]をクリックして、

3 [COMアドイン]を選択し、

4 [設定]をクリックします。

5 無効にしたいアドインをクリックしてオフにし、

6 [OK] をクリックします。

重要度 ★★★ トラブル解決

Q 474 Outlookが起動しても受信トレイが表示されない！

A [Outlookのオプション] ダイアログボックスで設定します。

Outlookを起動すると、初期設定ではメールの［受信トレイ］が表示されます。設定を変更するなどして［受信トレイ］が表示されない場合は、［Outlookのオプション］ダイアログボックスで、Outlookの起動時に表示するフォルダーを［受信トレイ］に設定します。

1 [ファイル]タブから[オプション]をクリックして、[Outlookのオプション] ダイアログボックスを表示します。

2 [詳細設定] をクリックして、

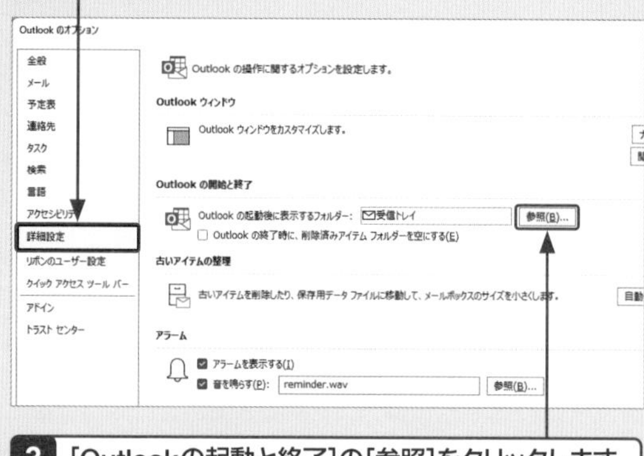

3 [Outlookの起動と終了]の[参照]をクリックします。

4 [受信トレイ] をクリックして、

5 [OK]をクリックし、

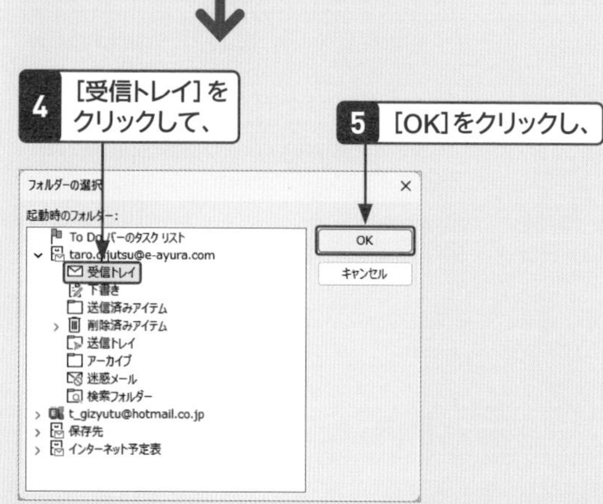

6 [Outlookのオプション] ダイアログボックスの[OK] をクリックします。

重要度 ★★★ トラブル解決

Q 475 メールを削除しようとするとエラーが起きる!

A セーフモードで起動するか、プロファイルを作成し直します。

特定のメールを削除しようとするとエラーが起きるような場合は、Outlookデータファイル(.pst)が破損している可能性があります。この場合は、Outlookをセーフモードで起動して削除するか、新しいプロファイルを作成してメールアカウントを作成します。
なお、「セーフモード」とは、Windowsの機能を限定し、必要最低限のシステム環境でパソコンを起動するモードのことです。 参照▶Q 470

1 [スタート]を右クリックして、

2 [ファイル名を指定して実行]をクリックします。

3 「outlook.exe /safe」と入力して、

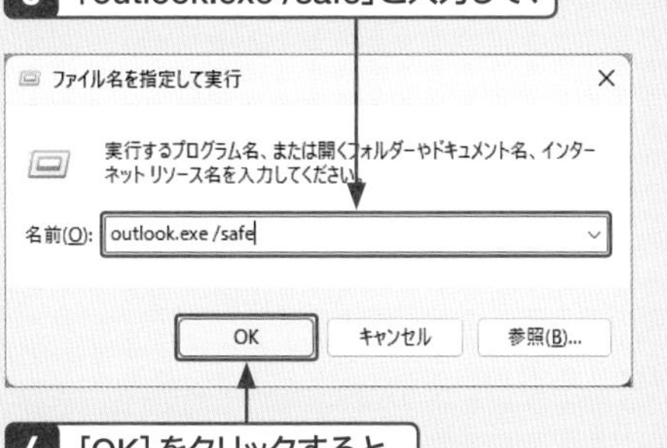

4 [OK]をクリックすると、

5 Outlookがセーフモードで起動されるので、特定のメールを削除できるかどうか確認します。

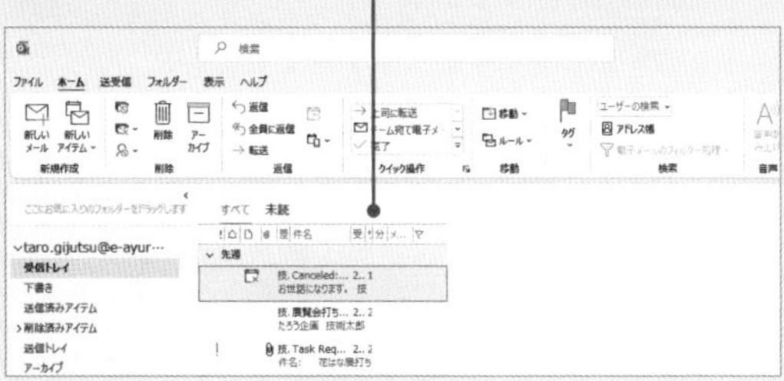

重要度 ★★★ トラブル解決

Q 476 セーフモードで起動したらいつもと画面が違う!

A [表示]タブの[閲覧ウィンドウ]から表示をもとに戻します。

セーフモードで起動すると、閲覧ウィンドウが表示されないなど、画面表示が多少異なります。[表示]タブをクリックして、[閲覧ウィンドウ]をクリックし、位置を指定すると、通常の画面に戻ります。
なお、セーフモードで起動したOutlookをいったん終了して再起動すると、セーフモードが解除されます。

Outlookをセーフモードで起動すると、閲覧ウィンドウが表示されません。

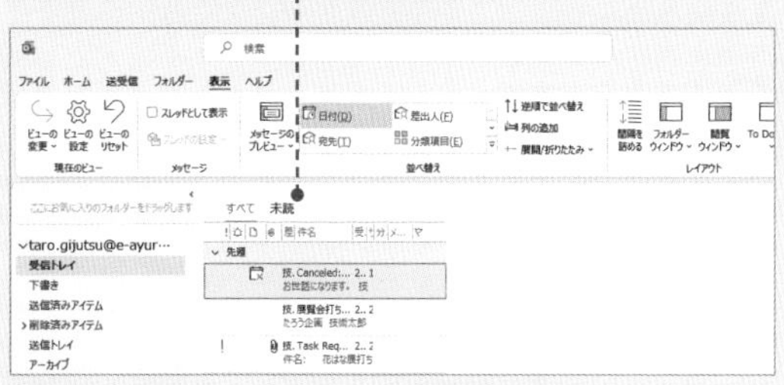

1 [表示]タブをクリックして、

2 [閲覧ウィンドウ]をクリックし、

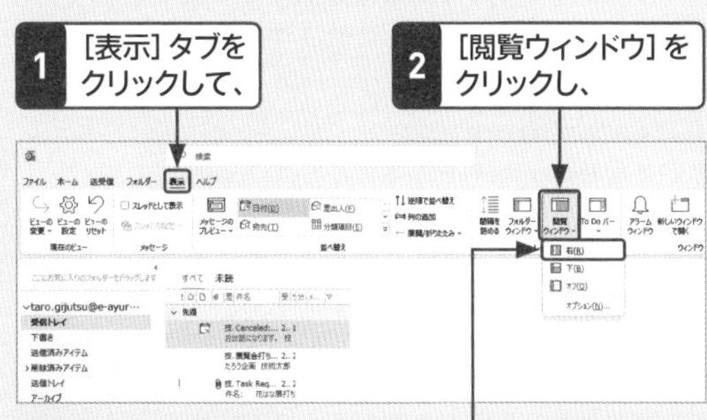

3 表示する位置(ここでは[右])をクリックすると、

4 通常の画面に戻ります。

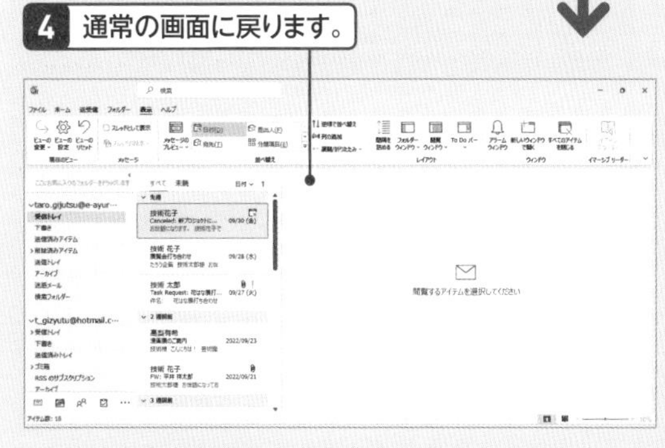

重要度★★★ トラブル解決

Q 477 Outlook起動時にプロファイルの選択画面が表示される!

A 起動時に使用するプロファイル名を設定します。

1台のパソコンを複数のユーザーが使用して、ユーザーごとにメールアカウントを設定している場合などは、Outlookの起動時に使用するプロファイル名を選択するダイアログボックスが表示されることがあります。このダイアログボックスを表示しないようにするには、起動時に使用するプロファイルを設定します。

1 [プロファイルの選択]ダイアログボックスが表示された場合は、

2 ここをクリックして、

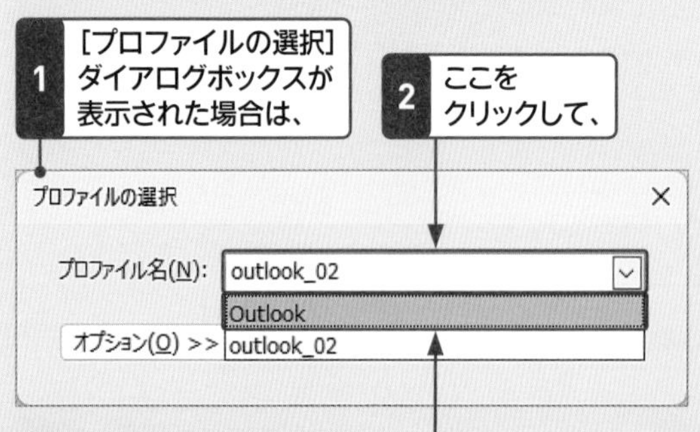

3 使用するプロファイルをクリックし、

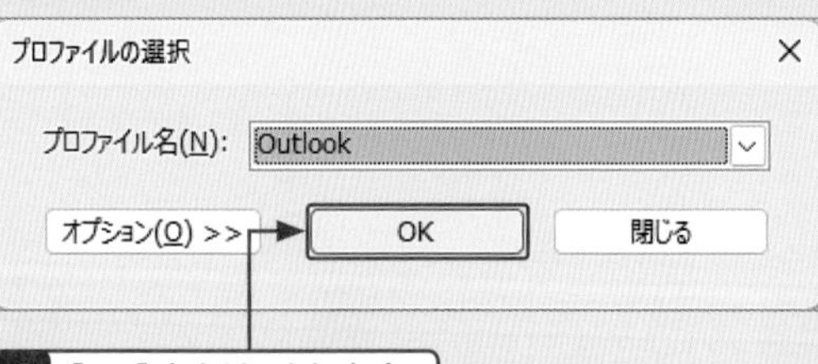

4 [OK]をクリックします。

● 起動時に使用するプロファイルを設定する

1 [ファイル]タブをクリックして、

2 [アカウント設定]をクリックし、

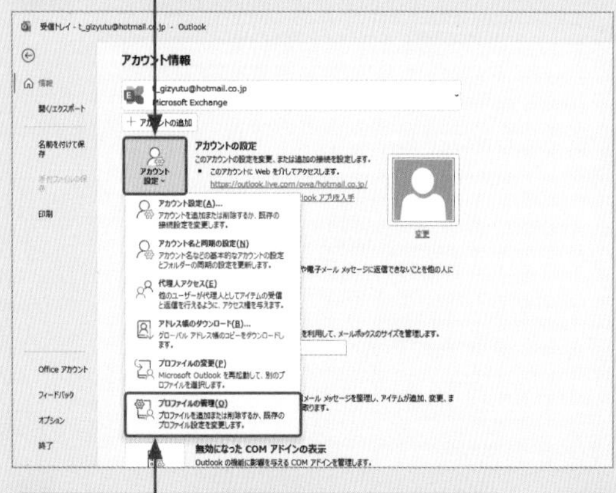

3 [プロファイルの管理]をクリックします。

4 [プロファイルの表示]をクリックします。

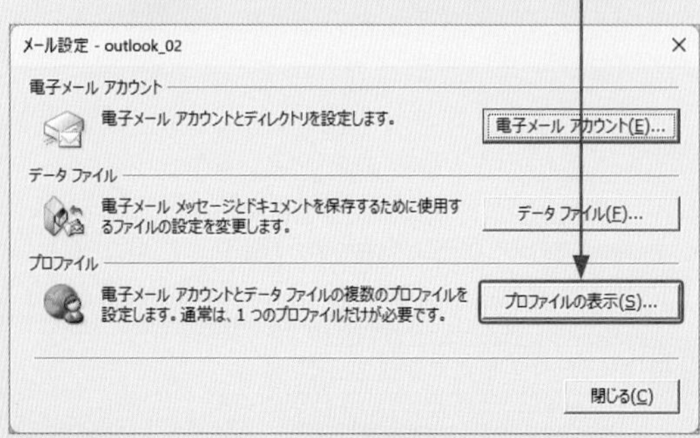

5 [常に使用するプロファイル]をクリックしてオンにし、

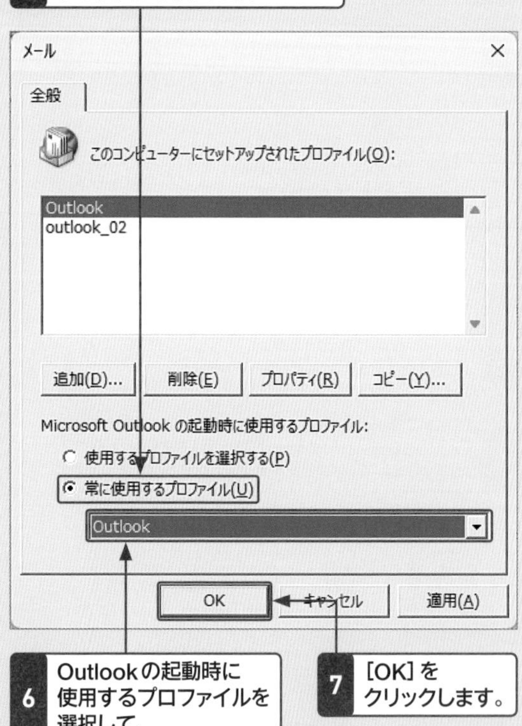

6 Outlookの起動時に使用するプロファイルを選択して、

7 [OK]をクリックします。

重要度 ★★★　トラブル解決

Q 478 「このフォルダーのセットを開けません」と表示されて起動できない！

A 受信トレイ修復ツールを実行するか、Outlookデータファイルをもとに戻します。

右図のようなメッセージが表示された場合は、Outlookのメールや連絡先などが保存されているOutlookデータファイル（.pst）が破損しているか、誤って削除してしまったか、移動した可能性があります。Q 248を参照して「受信トレイ修復ツール（SCANPST.EXE）」を実行するか、Q 479を参照してOutlookデータファイルをもとに戻します。

重要度 ★★★　トラブル解決

Q 479 「～.pstは見つかりません」と表示されて起動できない！

A Outlookデータファイルを誤って削除したか、移動した可能性があります。

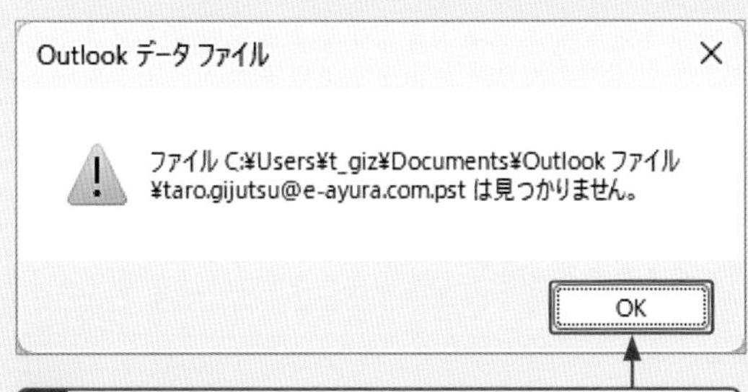

1 このようなエラーメッセージが表示された場合は、[OK] をクリックして、

2 Outlookデータファイルを確認し、

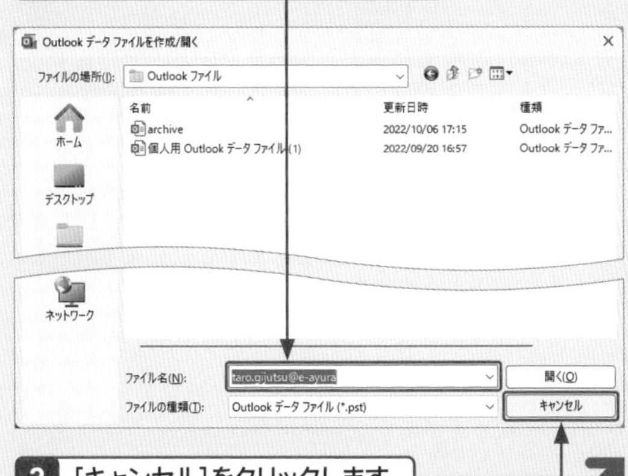

3 [キャンセル]をクリックします。

Outlookデータファイル（.pst）は、Outlookのメールや連絡先などが保存されているファイルです。このようなメッセージが表示された場合は、Outlookデータファイルを誤って削除してしまったか、移動してしまった可能性があります。ごみ箱を確認して、Outlookデータファイルが残っている場合はOutlookデータファイルをもとに戻します。

Outlookデータファイルを移動した場合は、手順2で表示されたファイルを検索し、もとの場所（ドキュメント内の「Outlookファイル」フォルダー）に戻します。

4 デスクトップのごみ箱をダブルクリックして、

5 ごみ箱にあるOutlookデータファイルを右クリックし、

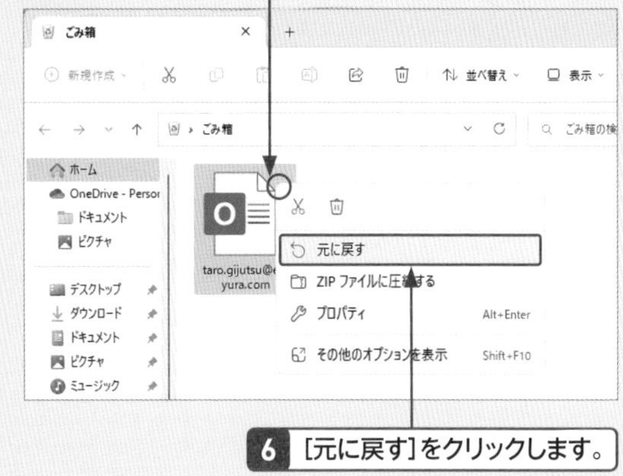

6 [元に戻す]をクリックします。

Outlook 2021／Microsoft 365のリボン一覧

Outlook 2021／Microsoft 365では、リボンのレイアウトを「クラシックリボン」と「シンプルリボン」の2種類から選択できます。ここでは、それぞれのおもなリボンを機能とタブ別に一覧で紹介します（[フォルダー]タブはクラシックリボンにしかありません）。なお、シンプルリボンに表示されていないコマンドは、リボンの右端にある[その他のコマンド]をクリックすると表示されます。

●メール機能

● クラシックリボンの[ホーム]タブ

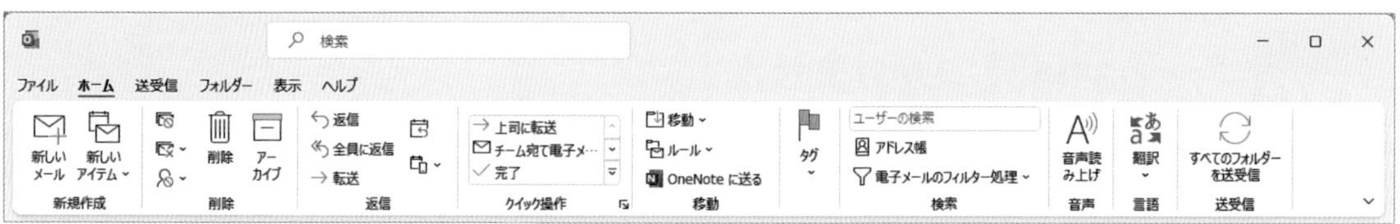

● シンプルリボンの[ホーム]タブ

リボンに表示されていないコマンドは、[その他のコマンド]をクリックすると表示されます。

● クラシックリボンの[送受信]タブ

● シンプルリボンの[送受信]タブ

● クラシックリボンの［フォルダー］タブ（クラシックリボンのみ）

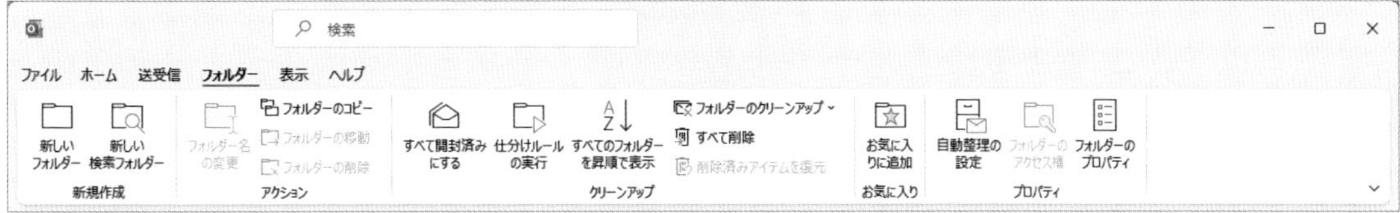

● クラシックリボンの［表示］タブ

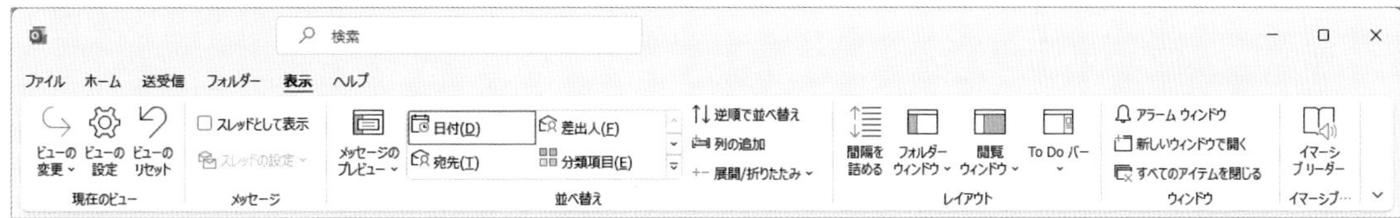

● シンプルリボンの［表示］タブ

●連絡先機能

● クラシックリボンの［ホーム］タブ

● シンプルリボンの［ホーム］タブ

● クラシックリボンの［フォルダー］タブ（クラシックリボンのみ）

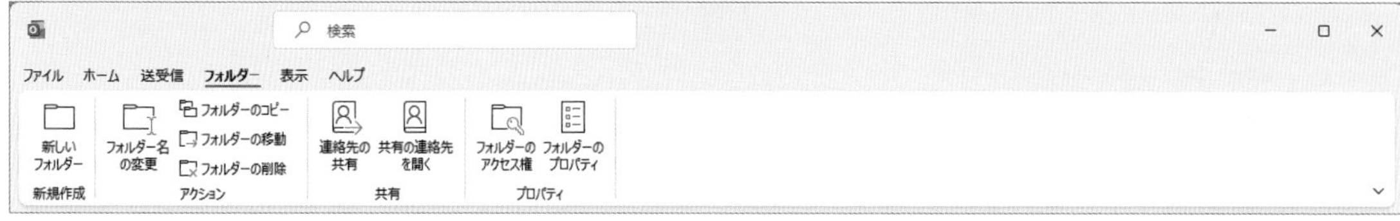

● クラシックリボンの［表示］タブ

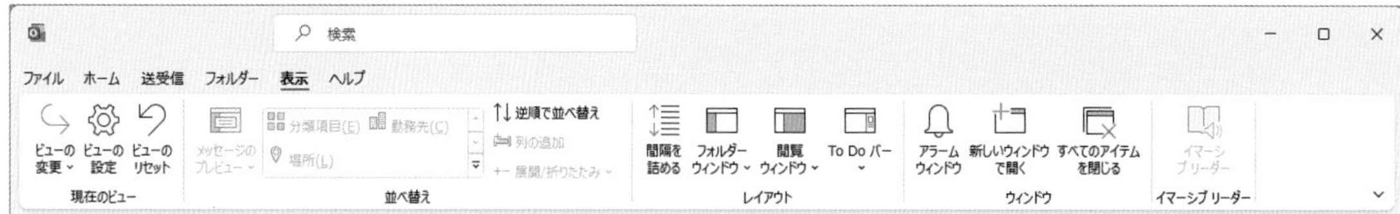

● シンプルリボンの［表示］タブ

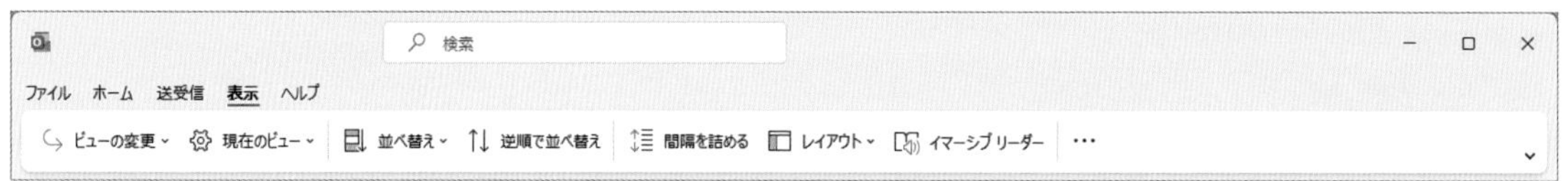

●予定表機能

● クラシックリボンの［ホーム］タブ

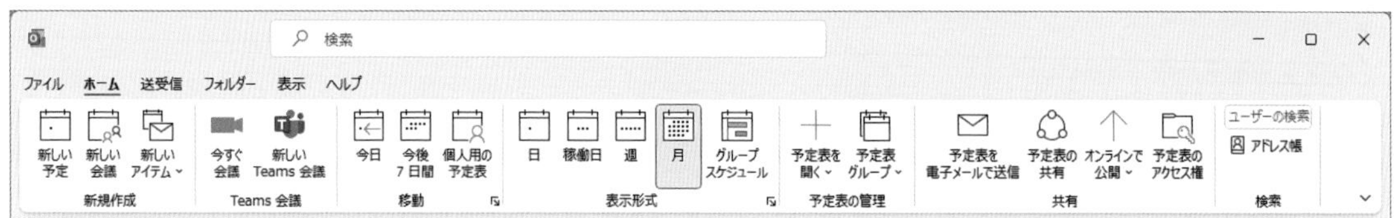

● シンプルリボンの［ホーム］タブ

● クラシックリボンの[表示]タブ

● シンプルリボンの[表示]タブ

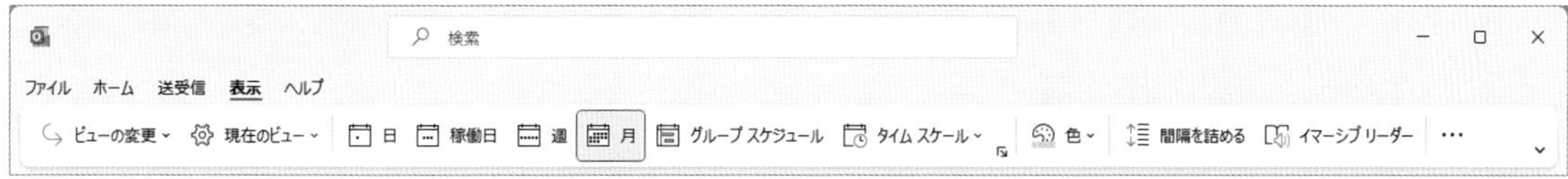

●タスク機能

● クラシックリボンの[ホーム]タブ

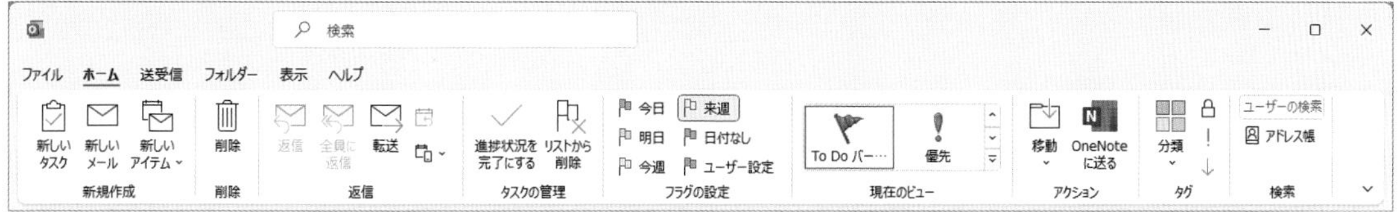

● シンプルリボンの[ホーム]タブ

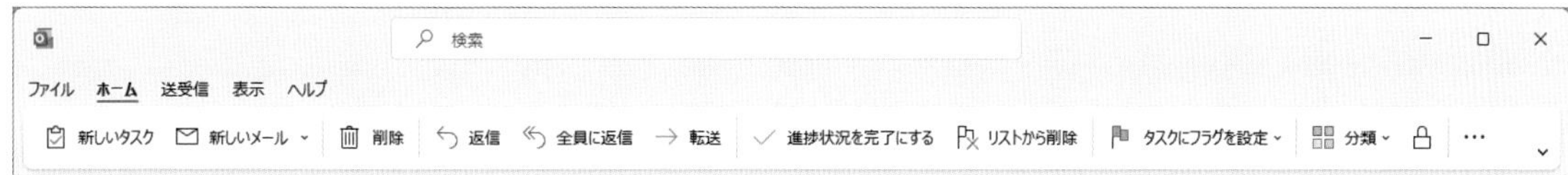

● クラシックリボンの[表示]タブ

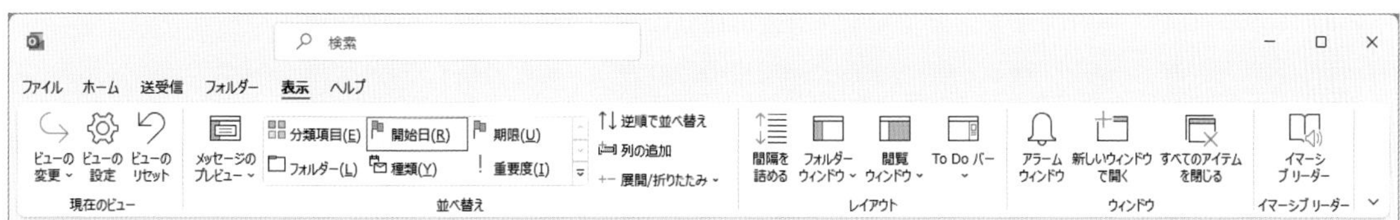

● シンプルリボンの[表示]タブ

ショートカットキー一覧

Outlookを活用するうえで覚えておくと便利なのがショートカットキーです。ショートカットキーとは、キーボードの特定のキーを押すことで、操作を実行する機能です。ショートカットキーを利用すれば、すばやく操作を実行することができます。ここでは、Outlookで利用できるおもなショートカットキーを紹介します。

基本操作	
Esc	ウィンドウやダイアログボックスを閉じる。
Enter	選択したメールや予定、連絡先などを開く。
Ctrl＋F1	リボンを折りたたむ／展開する。
Ctrl＋A	すべてのアイテムを選択する。
Ctrl＋S／Shift＋F12	保存する（タスクを除く）。
Alt＋S	保存して閉じる（メールを除く）。
Alt＋B／Alt＋←	前のビューに戻る。
Alt＋→	次のビューに進む。
Ctrl＋Z／Alt＋BackSpace	直前の操作を取り消す。
Ctrl＋N	新しいアイテムの作成画面を表示する。
Ctrl＋D／Delete	アイテムを削除する。
Ctrl＋F	選択したアイテムを添付ファイルとして転送する。
Ctrl＋O	アイテムを開く。
Ctrl＋P	アイテムを印刷する。
Ctrl＋Y	アイテムを別のフォルダーに移動する。
Ctrl＋E／F3	アイテムを検索する。
Ctrl＋Shift＋Y	アイテムをコピーする。
Ctrl＋Shift＋V	アイテムを移動する。
Ctrl＋Shift＋E	新しいフォルダーを作成する。
Ctrl＋Shift＋I	任意のビューから［受信トレイ］に移動する。
Ctrl＋Shift＋O	任意のビューから［送信トレイ］に移動する。
F1	［ヘルプ］ウィンドウを表示する。
F7	スペルチェックを行う。
F9	すべてのフォルダーを送受信する。
Tab	次の項目にカーソルを移動する。
Shift＋Tab	前の項目にカーソルを移動する。
Alt＋数字キー	クイックアクセスツールバーのコマンドを実行する（左から1、2、3、…）。
Alt＋F4	ウィンドウを閉じる／Outlookを終了する。

メール	
Ctrl＋1	［メール］画面に切り替える。
Ctrl＋Shift＋M	メールを作成する。
Ctrl＋Enter／Alt＋S	メールを送信する。
Ctrl＋R／Alt＋R	メールに返信する。
Ctrl＋Shift＋R／Alt＋L	全員にメールを返信する。

メール	
Ctrl＋F	メールを転送する。
←（→）	メールの一覧でグループを折りたたむ（展開する）。
↑	メールのビュー内で前のメールに移動する。
↓	メールのビュー内で次のメールに移動する。
Alt＋PageUp	[閲覧ウィンドウ]内で前のメールに移動する。
Alt＋PageDown	[閲覧ウィンドウ]内で次のメールに移動する。
Ctrl＋M／F9	新規メールを確認する。
Ctrl＋Q	メールを開封済みにする。
Ctrl＋U	メールを未開封にする。
Ctrl＋Space	HTMLメール作成時に、選択した範囲の書式を統一する。
Ctrl＋Shift＋G	フラグを設定する。
Ctrl＋Shift＋P	検索フォルダーを作成する。
F4	[メッセージ]ウィンドウで検索／置換を実行する。

予定表	
Ctrl＋2	[予定表]画面に切り替える。
Ctrl＋Shift＋A	予定を作成する。
Ctrl＋Alt＋1	日単位のビューに切り替える。
Ctrl＋Alt＋2	稼働日のビューに切り替える。
Ctrl＋Alt＋3／Alt＋-	週単位のビューに切り替える。
Ctrl＋Alt＋4／Shift＋Alt＋=	月単位のビューに切り替える。
Ctrl＋,（カンマ）	前の予定に移動する。
Ctrl＋.（ピリオド）	次の予定に移動する。
Ctrl＋G	指定の日付に移動する。
Alt＋↓（↑）	翌週（前週）に移動する。
Alt＋PageDown（PageUp）	翌月（前月）に移動する。
Alt＋Home	週初めに移動する。

連絡先	
Ctrl＋3	[連絡先]画面に切り替える。
Ctrl＋Shift＋C	連絡先を作成する。
Ctrl＋Shift＋L	連絡先グループを作成する。
Ctrl＋Shift＋B	アドレス帳を表示する。
F11	連絡先を検索する。

タスク	
Ctrl＋4	[タスク]画面に切り替える。
Ctrl＋Shift＋K	タスクを作成する。

メモ	
Ctrl＋5	[メモ]画面に切り替える（Microsoft 365以外）。
Ctrl＋Shift＋N	メモを作成する。

Backstage(バックステージ)ビュー

[ファイル]タブをクリックしたときに表示される画面のことです。Backstageビューでは、アカウント情報の管理、ファイルの操作、印刷、Officeアカウントの管理、オプションの設定などが行えます。

参考▶Q 039

BCC(ビーシーシー)

Blind Carbon Copyの略で、宛先以外の人に同じ内容のメールを送信するときに利用します。誰に対してメールを送信したのか知られたくない場合に利用します。

参考▶Q 145

CC(シーシー)

Carbon Copyの略で、本来の宛先の人とは別に、ほかの人にも同じ内容のメールを送信するときに利用します。CCに指定された宛先は、全受信者に表示されます。

参考▶Q 144

CSV(シーエスブイ)形式ファイル

Comma Separated Valueの略で、項目間がコンマ「,」で区切られているテキストファイルのことです。ファイルの拡張子は「.csv」で、メモ帳やExcelなどでそのまま開くことができます。

参考▶Q 272

Gmail(ジーメール)

Googleが提供するWebメールサービスです。無料版では15GBまでの容量を使用できます(Google Driveなど、ほかのGoogleサービスと合わせた容量)。OutlookにGmailのアカウントを設定することもできます。

参考▶Q 022

HTML(エイチティーエムエル)形式メール

HyperText Markup Languageの略で、Webページを記述する言語を使用して作成されたメールのことです。文字サイズやフォント、文字色を変えたり、画像を挿入したりと、メールにさまざまな装飾を施すことができます。

参考▶Q 063

iCloud(アイクラウド)

Appleが提供するiPhoneやiPad、Mac用のクラウドサービスです。OutlookにiCloudのメールアカウントを設定することもできます。

参考▶Q 023

IMAP(アイマップ)

Internet Message Access Protocolの略で、メールサーバーからメールを受信するための規格の1つです。メールサーバー上にメールを保管し、操作や管理を行います。

参考▶Q 018

Microsoft 365(マイクロソフトサンロクゴ)

月額や年額の金額を支払って使用するサブスクリプション版のOfficeのことで、ビジネス用と個人用があります。個人用はMicrosoft 365 Personalという名称で販売されており、Windowsパソコン、Mac、タブレット、スマートフォンなど、複数のデバイスに台数無制限(同時利用は5台まで)にインストールできます。

参考▶Q 003

Microsoft Teams(マイクロソフトチームズ)

マイクロソフトが提供するアプリです。Teamsを利用すると、ビデオ会議やビデオ会話、チャットをすることができます。また、ファイルを共有したり、共同編集をしたりすることもできます。

参考▶Q 438

Microsoft(マイクロソフト)アカウント

マイクロソフトがインターネット上で提供するOneDriveなどのWebサービスや、各種アプリを利用するために必要な権利のことです。マイクロソフトのWebサイトから無料で取得できます。

参考▶Q 021

Office(オフィス)

マイクロソフトが提供する、ExcelやWordなどの業務アプリのことです。OutlookもOfficeに含まれます。発売時期により、2021や2019などのバージョンがあります。

参考▶Q 002

OneDrive(ワンドライブ)

マイクロソフトが提供しているオンラインストレージサービス(データの保管場所)です。無料版では5GBの容量を使用できます。

参考▶Q 171

Outlook.com(アウトルックドットコム)

マイクロソフトが提供しているWebメールサービスです。無料版では15GBの容量を使用できます。

参考▶Q 005, Q 450

Outlook Today（アウトルックトゥディ）

予定表、タスク、メールの今日現在の情報を表示する機能です。メール画面でメールアカウント名をクリックすると表示されます。 参考▶Q 458

Outlook（アウトルック）データファイル

Outlookで作成するメールや予定表、連絡帳、タスクなどのデータが保存されるファイルです（拡張子「.pst」）。データファイルは、メールアカウントごとに作成されます。 参考▶Q 011

PDF（ピーディーエフ）ファイル

アドビ社によって開発された電子文書の規格の1つです。レイアウトや書式、画像などがそのまま維持されるので、パソコン環境に依存せずに、同じ見た目で文書を表示できます。 参考▶Q 437

POP（ポップ）

Post Office Protocolの略で、メールサーバーからメールを受信するためのプロトコル（通信規約）の1つです。メールの送信に使われるSMTPとセットで利用されます。 参考▶Q 017

SMTP（エスエムティーピー）

Simple Mail Transfer Protocolの略で、メールサーバーへメールを送信するためのプロトコル（通信規約）の1つです。メールの受信に使われるPOPとセットで利用されます。 参考▶Q 017

To Do（トゥドゥ）バー

予定表、連絡先、タスクなどの情報を画面の右側に表示する機能です。Outlookのメール、予定表、連絡先、タスクの各画面で表示できます。 参考▶Q 040

Web（ウェブ）メール

メールの閲覧やメールの作成、送信などをWebブラウザー上で行うメールシステムのことです。インターネットに接続できる環境があれば、どのデバイスからでもメールを利用することができます。Webメールには、Outlook.com、Gmail、Yahoo!メールなどがあります。 参考▶Q 005, Q 022

アーカイブ

メールなどのデータをまとめることをいいます。削除したくはないけれど、[受信トレイ]に置いておきたくないメールをとりあえず保管しておく場所として有用です。Outlook 2016以降では[アーカイブ]フォルダーが標準で搭載されています。 参考▶Q 189

圧縮ファイル

圧縮プログラムを使ってサイズを小さくしたファイルのことをいいます。Windowsでは、おもにZIP形式の圧縮ファイルが使われます。 参考▶Q 169

アドイン

アプリに新しい機能を追加するプログラムのことです。Outlookに組み込まれているものや、マイクロソフトのWebサイトからダウンロードしてインストールするものがあります。 参考▶Q 446, Q 473

アドレス帳

連絡先に登録されている名前や表示名、メールアドレスを一覧表示したものです。おもにメールを作成するときに利用されます。 参考▶Q 286

アラーム

予定しているイベントやタスクの期限日の前にアラーム音と通知ウィンドウを表示する機能です。アラームのオン／オフや表示する時間、サウンドを変更することもできます。 参考▶Q 342, Q 385

印刷プレビュー

印刷結果のイメージを画面で確認する機能です。実際に印刷する前に印刷プレビューで確認することで、印刷の無駄を省くことができます。 参考▶Q 415

インポート

データをアプリやパソコンに取り込んで使えるようにすることです。 参考▶Q 467

エクスポート

ほかのアプリやパソコンで利用できるファイル形式でデータを保存することです。 参考▶Q 467

閲覧ウィンドウ

メールや連絡先の一覧で選択したメールの内容や連絡先の情報が表示される場所です。 参考▶Q 055, Q 256

閲覧ビュー

Outlookに用意されている表示モードの1つです。フォルダーウィンドウが最小化されて、閲覧ウィンドウが大きく表示されます。 参考▶Q 037

エンコード

一定の規則に基づいて、ある形式のデータを別の形式のデータに変換することです。 参考▶Q 080

お気に入り

メール画面で頻繁に利用するフォルダーを表示しておき、すばやくアクセスできるようにする機能です。連絡先では、ナビゲーションバーのプレビューやTo Doバーに、登録したお気に入りを表示することができます。 参考▶Q 196, Q 270

既読

メールをすでに読み終わった状態(開封済み)のことです。 参考▶Q 086

クイックアクセスツールバー

よく使う機能をコマンドとして登録しておくことができる領域です。クリックするだけで必要な機能を実行できるので、タブを切り替えて機能を実行するよりすばやく操作が行えます。 参考▶Q 051, Q 054

クイック検索

細かい条件を付けずに、対象となる文字をキーワードにしてメールを検索する機能です。差出人名や件名などでメールをすばやく検索することができます。連絡先、予定表、タスクでもクイック検索が行えます。 参考▶Q 092

クイック操作

頻繁に行っている操作を登録して、1回のクリックで実行できるようにする機能です。メールを開封済みにしてフォルダーに移動する、上司にメールを転送する、チーム宛にメールを作成する、などの操作があらかじめ用意されています。新規に登録することもできます。 参考▶Q 249

クイックパーツ

頻繁に使う文章を定型句として登録しておくことができる機能のことです。 参考▶Q 154

クラシックリボン

Outlook 2019/2016に搭載されている従来型のリボンです。Outlook 2021とMicrosoft 365でもクラシックリボンに切り替えて表示することができます。本書では、クラシックリボンで操作解説を行っています。 参考▶Q 042

検索フォルダー

検索条件に一致するメールを検索するために利用するフォルダーです。一度検索条件を設定しておくと、その条件に一致するメールがこのフォルダーに表示されます。メール自体は移動しません。 参考▶Q 095

自動応答

あらかじめ設定しておいたメールを不在時に返信できる機能です。Outlook.comなどのマイクロソフトが提供しているメールアカウントで利用できます。 参考▶Q 253, Q 254

自動送信

[配信タイミング]を使用して、指定した日時にメールが送信されるように設定しておく機能です。ただし、実際に送信されるときにパソコンおよびOutlookが起動している必要があります。 参考▶Q 163

署名

メールの最後に記載されている差出人情報のことです。通常は、自分の名前や住所、電話番号、メールアドレスなどを記載します。 参考▶Q 159

仕分けルール

特定の差出人や、件名に特定の文字を含むメールを指定したフォルダーに移動したり、フラグを設定したり、新しいメールの通知ウィンドウを表示したりして、メールを管理する機能です。 参考▶Q 199

シンプルリボン

コマンドが1行に表示された、簡略化されたリボンのことです。シンプルリボンはOutlook 2021とMicrosoft 365に搭載されています。 参考▶Q 042

ズームスライダー

閲覧ウィンドウの表示倍率を拡大、縮小する機能です。ズームスライダーのつまみを左右にドラッグするか、スライダーの左右にある［縮小］⊟／［拡大］⊞をクリックすると、10%～400%の間で表示倍率を変更できます。 参考▶Q 029

ステータスバー

アイテム数や作業のステータス、ビューの切り替え用のコマンドなどが表示されます。 参考▶Q 029

スレッド

同じ件名のメールを1つにまとめて階層化して表示する機能です。 参考▶Q 119

セーフモード

Windowsの機能を限定し、必要最低限のシステム環境でパソコンを起動するモードのことです。 参考▶Q 475

タイムスケール

予定表に表示される時間を表示するグリッド線（罫線）です。初期設定では30分間隔ですが、5分～60分の間で変更することができます。 参考▶Q 313, Q 321

タイムテーブル

予定表で登録した予定が表示される場所です。日、週、月単位などの表示形式によって表示方法が異なります。

参考▶Q 313

タスク

これから取り組む「仕事」のことです。仕事の開始日と期限を設定し、「今、何をやらなければならないか」を随時把握し、確認できる機能です。「To Do」とも呼ばれます。

参考▶Q 376

タブ

Outlookの機能を実行するためのものです。タブの数は、Outlookのバージョンによって異なりますが、Outlook 2021では6個のタブが表示されています。それぞれのタブにはコマンドが用途別のグループに分かれて配置されています。そのほかのタブは、作業に応じて必要なものが表示されるようになっています。

参考▶Q 041, Q 047

テキスト形式メール

テキスト（文字）のみで構成されたメールの形式です。容量が軽い、受信者の環境やメールアプリに影響されにくい、などのメリットがあります。 参考▶Q 063

デスクトップ通知

メールを受信した際にデスクトップに表示される通知のことです。差出人の名前や件名、メールの一部が表示されます。表示させないように設定することもできます。

参考▶Q 070

転送

受信したメールを、そのメールの差出人以外の人に送ることをいいます。転送メールの件名の先頭には「FW:」が付きます。 参考▶Q 150

添付ファイル

メールといっしょに送信したり、受信したりする文書や画像などのファイルのことです。 参考▶Q 123, Q 167

テンプレート

メールを作成する際のひな型となるファイルのことです。頻繁に送信するメールをテンプレートとして保存しておくと、一から入力するより効率的です。

参考▶Q 157

ドメイン

メールサービスを提供する事業者や組織を識別するための文字列のことです。メールアドレスの場合は、@より後ろがドメイン名です。 参考▶Q 015

ナビゲーションバー

メール、予定表、連絡先、タスクなど、各機能の画面に切り替えるアイコンが表示されている領域です。アイコンの順序や表示数を変更することもできます。

参考▶Q 029, Q 034, Q 035

パスワード

メールやインターネット上のサービスを利用する際に、正規の利用者であることを証明するために入力する文字列のことです。 参考▶Q 015

バックアップ

データファイルを誤って削除してしまったり、なんらかの原因でファイルが壊れたりした場合に備えて、ほかの記憶媒体に保存しておくことです。

参考▶Q 467, Q 468

ビュー

選択したフォルダーに含まれるメールや連絡先の一覧が表示される領域です。表示方法を切り替えることもできます。

参考▶Q 055, Q 256

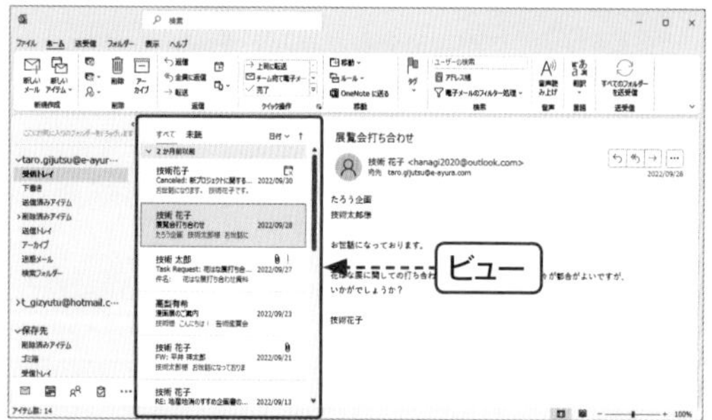

標準ビュー

Outlookに用意されている表示モードの1つです。初期設定では標準ビューで表示されます。 参考▶Q 037

フォルダーウィンドウ

Outlookに設定したメールアカウントの各フォルダーや、連絡先のフォルダーが表示される領域です。

参考▶Q 029, Q 256

フォント

文字のデザインのことで、書体ともいいます。日本語書体には明朝体、ゴシック体、ポップ体、楷書体、行書体など、さまざまな種類があります。 参考▶Q 175

フッター

ページの下部余白に印刷される情報のことです。ページ番号やページ数などを挿入できます。 参考▶Q 432

フラグ

メールやタスクに期限を付けて管理したいときに付ける機能です。フラグを設定すると、今日、明日、今週、来週など、期限ごとに色の異なるフラグが表示されます。

参考▶Q 213, Q 378

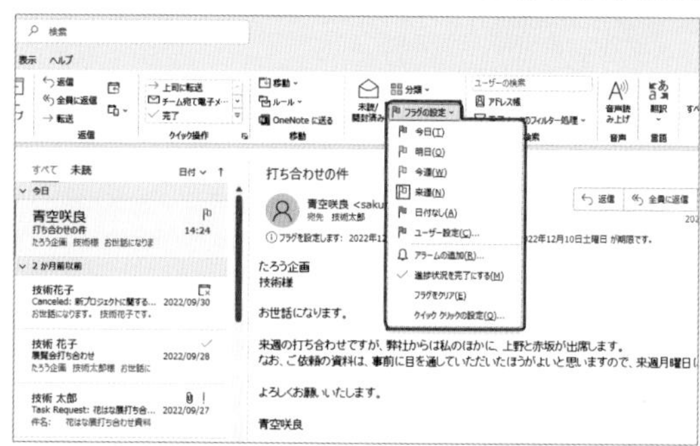

プロトコル

コンピューター間でデータをやりとりするために決められた通信規約です。メールを送信するときのSMTP、メールを受信するときのPOPやIMAP、ホームページを閲覧するときのHTTPなど、用途によってさまざまなプロトコルが規定されています。 参考▶Q 017, Q 018

プロバイダー

インターネットへの接続サービスを提供する事業者のことです。正式には「インターネットサービスプロバイダー」といいます。 参考▶Q 014

プロファイル

Outlookで使用するメールアカウントの設定情報、データファイル（.pst）の場所など、Outlookを使用するうえでのユーザー情報のことです。 参考▶Q 470, Q 477

分類項目

メールなどのアイテムをグループ別に色を付けて管理する機能です。仕事の内容やプライベートなどに分けて分類することで、目的の項目が探しやすくなります。メール、予定表、連絡先、タスクで共通して利用できます。

参考▶Q 206

ヘッダー

ページの上部に印刷される情報のことです。ユーザー名や印刷日、印刷時間などを挿入できます。

参考▶Q 432

✎ ヘッダー情報

メールを表示した際に、送信元のメールアドレスや件名、自分のメールアドレス、受信日時などの情報が表示される領域のことです。メールの［プロパティ］ダイアログボックスを表示すると、より詳細なヘッダー情報を確認することができます。 **参考▶Q 081**

✎ 返信

受信したメールに返事を出すことをいいます。返信メールの件名の先頭には「RE:」が付きます。**参考▶Q 149**

✎ 保護ビュー

インターネット経由でやりとりされたファイルをコンピューターウイルスなどの不正なプログラムから守るための機能です。保護ビューのままでもファイルを閲覧することはできますが、編集や印刷が必要な場合は、編集を有効にすることができます。 **参考▶Q 128**

✎ 未読

メールをまだ読んでいない状態のことをいいます。未読のメールは、件数と件名が太字の青字で表示されます。
参考▶Q 086

✎ 迷惑メール

一方的に送られてくる広告や勧誘などのメール、詐欺目的のメールのことです。「スパムメール」ともいいます。
参考▶Q 221

✎ メールアカウント

メールサーバーにアクセスしてメールを利用するための権限および使用権のことです。メールサーバーを利用するためのユーザー名（ユーザーIDやアカウント名ともいいます）とパスワードのことをいう場合もあります。 **参考▶Q 013**

✎ メールアドレス

メールを送受信する際に利用者を特定するための文字列のことです。単に「アドレス」ともいいます。 **参考▶Q 015**

✎ メールサーバー

メールの送受信を行うインターネット上のコンピューターまたはそのプログラムのことです。プロバイダーによっては、受信メールサーバー（POPサーバー）、送信メールサーバー（SMTPサーバー）などと機能ごとに用意されている場合があります。 **参考▶Q 016**

✎ メモ

Outlookに搭載されている、かんたんなメモを記述したり、デスクトップ上に付箋のように表示したりすることができる機能です。 **参考▶Q 460**

✎ 文字化け

メールを送受信した際に、文字データが正しく表示されずに、意味不明な文字や記号などが連なった状態で表示される現象のことをいいます。文字化けのおもな原因は、メールのエンコードの設定です。 **参考▶Q 080**

✎ ユーザーアカウント

コンピューターやネットワーク上の各種サービスを利用するのに必要な権利のことです。通常は、ユーザーIDとパスワードを入力することで本人確認ができるしくみになっています。単に「アカウント」ともいいます。
参考▶Q 013, Q 014

✎ 優先受信トレイ

［受信トレイ］を［優先］タブと［その他］タブに分割する機能です。重要なメールとそのほかのメールを振り分けるために利用されます。Outlook.comなどのマイクロソフトが提供しているメールアカウントで利用できます。 **参考▶Q 083**

✎ 予定表

タイトルや開始時刻、終了時刻などを登録してスケジュールを管理する機能です。 **参考▶Q 313**

✎ リッチテキスト形式メール

文字サイズやフォント、文字色を変えたり、画像を挿入したりして表現力の高いメールを作成することができるOutlook独自の形式です。 **参考▶Q 063**

✎ リボン

Outlookの操作に必要なコマンドが表示されるスペースのことです。コマンドは用途別のタブに分類されています。 **参考▶Q 041**

✎ 連絡先グループ

複数のメールアドレスを1つの名前のグループにまとめる機能です。連絡先グループを作成することによって、グループのメンバーにまとめてメールを送信することができます。 **参考▶Q 294, Q 295**

目的別索引

A～Z

あ行

か行

な行

は行

ま行

や行

ら行

用語索引

記号・A～Z

あ行

か行

さ行

た行

な行

は行

ま行

や行

ら行

お問い合わせについて

本書に関するご質問については、本書に記載されている内容に関するもののみとさせていただきます。本書の内容と関係のないご質問につきましては、一切お答えできませんので、あらかじめご了承ください。また、電話でのご質問は受け付けておりませんので、必ずFAXか書面にて下記までお送りください。
なお、ご質問の際には、必ず以下の項目を明記していただきますよう、お願いいたします。

1 お名前
2 返信先の住所またはFAX番号
3 書名（今すぐ使えるかんたん Outlook 完全ガイドブック 困った解決&便利技［Office 2021/2019/2016/Microsoft 365 対応版］）
4 本書の該当ページとQ番号
5 ご使用のOSとOutlookのバージョン
6 ご質問内容

なお、お送りいただいたご質問には、できる限り迅速にお答えできるよう努力いたしておりますが、場合によってはお答えするまでに時間がかかることがあります。また、回答の期日をご指定なさっても、ご希望にお応えできるとは限りません。あらかじめご了承くださいますよう、お願いいたします。
また、本書では画面の表示を「クラシックリボン」にして解説していますので、画面の違いについてはあらかじめP.49やP.316～319を参照してください。

今すぐ使えるかんたん Outlook 完全ガイドブック 困った解決&便利技 [Office 2021/2019/2016/Microsoft 365 対応版]

2023年 5月 5日 初版 第1刷発行
2024年 8月 20日 初版 第2刷発行

著 者● AYURA
発行者●片岡 巌
発行所●株式会社 技術評論社
東京都新宿区市谷左内町 21-13
電話 03-3513-6150 販売促進部
03-3513-6160 書籍編集部
カバーデザイン●田邉 恵理香
本文デザイン●リンクアップ
編集／DTP ● AYURA
担当●田中 秀春
製本／印刷●株式会社シナノ

定価はカバーに表示してあります。

ISBN978-4-297-13433-4 C3055
Printed in Japan

■お問い合わせの例

FAX

1 お名前
技術 太郎
2 返信先の住所またはFAX番号
03-XXXX-XXXX
3 書名
今すぐ使えるかんたん Outlook 完全ガイドブック 困った解決&便利技 [Office 2021/2019/2016/ Microsoft 365 対応版]
4 本書の該当ページとQ番号
70ページ Q 073
5 ご使用のOSとOutlookのバージョン
Windows 11
Outlook 2021
6 ご質問内容
メールの文字サイズが変更できない

※ご質問の際に記載いただきました個人情報は、回答後速やかに破棄させていただきます。

問い合わせ先

〒162-0846
東京都新宿区市谷左内町 21-13
株式会社技術評論社 書籍編集部
「今すぐ使えるかんたん Outlook
完全ガイドブック 困った解決&便利技
［Office 2021/2019/2013/Microsoft 365 対応版］」
質問係
FAX番号 03-3513-6167

URL：https://book.gihyo.jp/116